TRAITÉ

PRATIQUE ET THÉORIQUE

D'ANATOMIE

COMPARATIVE.

Tout exemplaire qui ne sera pas signé par l'auteur sera considéré comme contrefait.

Paris, imprimé par BETHUNE et PLON.

TRAITÉ

PRATIQUE ET THÉORIQUE

D'ANATOMIE

COMPARATIVE,

COMPRENANT

L'ART DE DISSÉQUER LES ANIMAUX DE TOUTES LES CLASSES

ET LES MOYENS DE CONSERVER LES PIÈCES ANATOMIQUES;

PAR

HERCULE STRAUS-DURCKHEIM.

TOME PREMIER.

PARIS,

MÉQUIGNON-MARVIS FILS,

LIBRAIRE-ÉDITEUR,

RUE DE L'ÉCOLE-DE-MÉDECINE, 3.

—

1842.

PRÉFACE.

Il est étonnant que, malgré le grand nombre de personnes qui depuis des siècles se sont occupées d'anatomie, les procédés qu'on emploie généralement dans les dissections soient encore si imparfaits, et presque exclusivement réduits à ceux dont on fait usage pour la dissection du corps humain. Et c'est avec des instruments et des moyens si grossiers qu'on se livre à des recherches anatomiques sur les animaux les plus petits! Mais aussi comment réussit-on? fort mal il est vrai; car, quelle que soit l'habileté de l'opérateur, il est impossible qu'il puisse faire une dissection soignée, exacte et complète avec d'aussi mauvais instruments.

Livré à mes propres moyens pendant ma jeunesse, où j'ai commencé à m'occuper d'anatomie et de physiologie comparatives; obligé de faire moi-même toutes mes préparations, sans en excepter les travaux les plus simples, personne ne m'ayant jamais aidé en quoi que ce soit, j'ai suppléé aux aides, qui contribuent tant aux travaux des autres, en imaginant divers instruments et des procédés qui me permissent de me passer du secours d'autrui; et, m'étant occupé dans mon jeune âge plus particulièrement de l'étude de l'organisation des animaux inférieurs, tels que les insectes, j'ai dû surtout chercher, pour des objets si petits, des moyens qui pussent me faciliter le travail, et je parvins à en découvrir plusieurs sans lesquels je n'eusse jamais pu réussir à faire des dissections aussi fines. En me livrant plus tard, d'une manière exclusive, à l'étude de ces sciences, et me trouvant en rapport avec d'autres anatomistes, je fus étonné

TOM. I.   *a*

de voir que j'étais plus avancé qu'eux dans la partie pratique de l'anatomie ; et, quoique je me fisse en tout temps un
plaisir de montrer mes procédés à qui voulait les voir, peu de
personnes cependant les ont adoptés ; presque toutes préfé-
raient continuer leurs anciens moyens plutôt que de changer
quelque chose à leurs habitudes. Cet attachement aux vieilles
routines est quelquefois même inconcevable ; car beaucoup
d'anatomistes n'ont ni scalpel, ni brucelles, ni ciseaux un
peu fins et bien conditionnés ; et c'est pour ainsi dire à ces
trois objets que se réduisent tous leurs instruments, sans
qu'ils aient jamais cherché à les perfectionner ou à en imaginer d'autres plus appropriés à des dissections fines et soignées. C'est ainsi surtout que le microscope composé a été
jusqu'à présent un appareil si incommode pour les préparations anatomiques, qu'il est presque toujours impossible
de s'en servir pour cet objet. Cela vient de ce que les mécaniciens qui font ces instruments, ne s'en servant jamais
eux-mêmes, n'en connaissent en conséquence pas l'emploi,
et que les naturalistes qui en font usage, ne les construisant
pas, ne peuvent rien y changer, et sont obligés de les employer tels qu'ils sont : il paraît que jamais le naturaliste et
le mécanicien n'ont cherché à s'entendre pour en composer
un approprié aux opérations anatomiques. On conçoit que,
pour disséquer des corps fort déliés, tels que les parties de la
bouche d'un insecte, et des objets moins grands encore, il
faut être parfaitement à son aise, avoir surtout les bras et les
mains bien appuyés, afin de pouvoir faire, avec l'extrémité
de l'instrument qu'on tient entre les doigts, des mouvements
très-petits et sûrs, qui souvent n'excèdent pas la ving-
tième partie d'un millimètre, et qu'avec cela il est nécessaire
de pouvoir regarder en même temps commodément dans le
microscope pour voir ce qu'on fait. Eh bien, la plupart de
ces instruments sont tellement hauts qu'ils dépassent la tête de
l'observateur assis à la table sur laquelle pose l'instrument ;
l'on conçoit que dès lors il serait illusoire de le présenter à
quelqu'un pour qu'il s'en servît. D'autres fois, c'est le microscope horizontal, qui est bien l'appareil le plus impropre aux
travaux anatomiques qu'on puisse imaginer, obligeant l'anatomiste d'avoir les bras étendus devant lui dans la position la

plus fatigante, où il lui serait impossible de disséquer, même grossièrement, un animal de grande taille.

Dans le microscope que je décris dans cet ouvrage, instrument dont les proportions et la mécanique sont de mon invention, j'ai cherché à éviter tous ces inconvénients, et il remplit en effet mieux que tout autre les conditions nécessaires aux travaux anatomiques, en même temps qu'il est bien plus simple et moins cher que ceux employés jusqu'ici.

Je m'arrête à ce seul exemple de l'imperfection dans les procédés anatomiques généralement en usage; les autres se feront facilement remarquer.

Quoique je n'aie jamais fait mystère des moyens que j'emploie pour disséquer les petits animaux, je ne les ai pas fait connaître jusqu'à présent par une publication spéciale, l'idée ne m'en étant pas venue; mais, me trouvant en 1834 à la réunion des naturalistes allemands à Stouttgardt, ces messieurs me firent l'honneur de me prier de leur faire, pour clore la session, quelques démonstrations de mes procédés anatomiques, demande à laquelle je me rendis avec plaisir; mais, n'ayant que peu de temps pour cela, et point d'instrument que je pusse mettre sous leurs yeux, je fus obligé de les décrire simplement en m'aidant de quelques figures tracées sur un tableau. Cela parut cependant intéresser assez ces messieurs pour qu'ils m'engageassent à publier ces procédés; et, quoique je le leur promisse alors, ce n'est que dans ces derniers temps que je pus m'en occuper, ayant eu d'autres travaux à achever.

Mon intention était d'abord de ne décrire exclusivement que mes instruments et mes procédés; mais j'aperçus bientôt qu'il était impossible de les faire connaître sans indiquer aussi les organes auxquels ils sont appliqués : d'où résultait qu'il fallait encore y ajouter une description, au moins abrégée, de l'organisation de tous les animaux, dans ce qu'on a de plus essentiel à connaître pour leur dissection, et j'y ai en conséquence joint un précis très-succinct d'anatomie comparative théorique, où je n'ai toutefois dû entrer dans aucun détail sur les familles, les genres et les espèces, ces détails étant hors de propos dans un ouvrage d'anatomie pratique, et les procédés à employer étant absolument les mêmes pour la plu-

a.

part des animaux de même conformation. Cependant, quoique je n'indique que sommairement la forme et la disposition des organes dans ce qu'ils ont de général dans chaque classe, et quelquefois dans les ordres, lorsque ceux-ci sont très-différents, cet ouvrage pourra toutefois être suffisant pour guider les premiers pas de ceux qui désirent se livrer à l'étude de l'anatomie comparative théorique; science infinie dans ses détails, où le seul moyen d'étude réellement fructueux et solide est de disséquer. Le commençant n'apprend que peu, n'apprend même rien, dans les ouvrages purement descriptifs, lorsqu'il ne les étudie que par la simple lecture, parce qu'il ne saurait les comprendre; car cela n'est réellement possible qu'à celui qui, déjà versé dans la science, n'a qu'à distinguer une légère modification d'un fait dont quelque chose d'analogue lui est connu.

Le commençant doit, au contraire, se borner presque exclusivement à l'anatomie pratique, et s'appliquer surtout à l'étude des espèces qui peuvent être considérées comme les types de leur classe. Il doit étudier ensuite successivement les types des ordres et des familles, en suivant autant que possible la série naturelle des animaux, et commencer, en conséquence, par l'*homme*. La connaissance approfondie de l'organisation du corps humain peut même être considérée comme un quart ou un cinquième de toute l'anatomie comparative, tant qu'on n'entre pas dans les détails minutieux, car l'on n'a plus qu'à étudier les différences que les animaux présentent entre eux.

C'est surtout en suivant une bonne méthode d'étude qu'on pourra faire de rapides progrès dans cette science si vaste, mais aussi si attachante; tandis que lorsqu'on ne s'en occupe que simplement, comme d'un objet d'agrément et accessoire aux affaires ordinaires où l'on ne peut voir les choses que par fragments, il est impossible qu'on parvienne à des connaissances d'ensemble qui puissent permettre d'envisager la science dans ses principes, ne pouvant saisir les vrais rapports des faits, chacun de ces derniers se présentant comme un cas particulier qui ne paraît se rattacher à aucune loi générale précédemment démontrée; et ces faits isolés conduisent le plus souvent aussi à de faux raisonnements, les rapportant d'ordinaire à des principes purement hypothétiques, d'où l'on arrive à des théories entièrement erronées, qu'on est trop disposé à créer *a priori*.

Malheureusement, peu de personnes commencent l'étude de l'histoire naturelle avec l'intention d'en faire leur occupation exclusive ; et ce n'est que plus tard, entraînées qu'elles sont par l'intérêt qu'offre cette science, et je dirai même par le charme que son étude présente, qu'elles s'y livrent entièrement, après avoir déjà passé les plus précieuses années de ∗ leur jeunesse.

L'histoire naturelle est, par le nombre immense des êtres qu'elle embrasse, une science tellement vaste, qu'on peut dire, sans crainte d'exagérer, qu'il faudrait à un homme, même fort habile, plus de quatre cents ans pour en composer un traité complet, tel qu'on peut l'exiger aujourd'hui, pour être au niveau des ouvrages qu'on publie sur les autres sciences d'observation. Or, on conçoit qu'il est de toute impossibilité qu'on puisse en faire une étude approfondie dans toutes ses parties. Aussi la partage-t-on déjà depuis longtemps en plusieurs branches, dont chacune est considérée aujourd'hui comme une science à part ; branches que le véritable naturaliste doit cependant toutes connaître suffisamment pour comprendre ce qui est écrit sur chacune, afin de bien appliquer ces notions là où il en a besoin. Mais il ne doit toutefois diriger ses recherches que sur une seule de ces parties qu'il peut facilement embrasser, et dans laquelle il lui est, en conséquence, possible de faire des découvertes qui restent acquises à la science.

Il serait donc bien à désirer qu'un certain nombre de naturalistes et surtout d'anatomistes comparateurs voulussent s'entendre pour concourir à la publication d'un ouvrage général, non pas en travaillant en commun, ainsi qu'on le fait souvent, où les uns ont d'ordinaire toute la peine des recherches, tandis que les autres en recueillent le fruit en y attachant leur nom ; mais simplement pour suivre un même plan, où chacun s'occuperait principalement d'une spécialité. De cette manière, on parviendrait à former, en assez peu de temps, un traité complet dont toutes les parties se feraient suite, et où chacune serait signée de son véritable auteur.

Le commençant qui désirerait se vouer à l'étude de l'anatomie et de la physiologie comparative, pourrait, étant bien
dirigé, faire, en quelques années, une étude approfondie de
tout ce que la science a de général et d'essentiel, pour n'avoir
plus ensuite qu'à faire l'application de ces connaissances acquises aux travaux ultérieurs qu'il entreprendrait. C'est le moyen
le plus convenable d'étudier ces sciences, et même toutes les
autres; car ce n'est pas en suivant simplement des cours qu'on
apprend beaucoup, vu que les professeurs ne saisissent pas toujours le véritable but dans lequel sont instituées les leçons qu'ils
sont chargés de faire, et n'exposent souvent de réellement nouveau à leurs auditeurs que les hypothèses qu'ils forment. Quant
à moi, je regrette infiniment le temps que j'ai employé à suivre
la plupart des cours, même ceux d'hommes fort savants.

L'enseignement oral ne peut être utile qu'autant que les
élèves y apprennent à connaître des faits que les livres élémentaires ne leur indiquent pas, tels que les découvertes les
plus récentes, qui ne peuvent pas être arrivées à leur connaissance, n'ayant pas le temps de les rechercher; travail que le
professeur doit faire pour eux, et leur en exposer le résultat
pour les tenir au courant des progrès de la science. C'est-à-
dire que, pour cet objet, le cours doit être le complément des
ouvrages que les élèves ont entre les mains, et qui ne leur servent qu'à étudier d'avance les leçons qu'on doit leur faire.

Les ouvrages élémentaires ne pouvant contenir que la description succincte des objets dont traite la science, il est essentiel que les élèves voient ceux-ci pour les connaître, et c'est
encore au professeur à les mettre sous leurs yeux; mais si ces
démonstrations sont d'une grande importance pour les étudiants,
il faut aussi qu'elles soient réelles et satisfaisantes, afin qu'ils
puissent examiner ce qu'on prétend leur montrer, car il ne suffit pas toujours de voir les objets dans les cabinets à travers des
vitraux, ou à grande distance entre les mains du professeur,
qui fort souvent a lui-même besoin de la loupe pour les distinguer. Enfin ce n'est que dans un cours qu'on peut faire devant les élèves les expériences probantes des faits consignés
dans les livres; mais il faut que ces expériences soient nécessaires, c'est-à-dire qu'elles soient bornées à celles qu'il est
difficile de comprendre, à celles qu'il faut avoir au moins vu

faire pour les répéter en cas de besoin, tandis qu'on doit s'abstenir d'employer le temps à des démonstrations inutiles. Or, ce ne sont pas toujours là les principes que les professeurs suivent dans leurs leçons, plusieurs y exposant autant que possible tous les faits relatifs à la science qu'ils enseignent, en s'attachant même de préférence aux plus simples, aux plus vulgairement connus, à ceux décrits au delà de tout besoin dans les ouvrages élémentaires, et que les élèves, même les plus nouveaux, connaissent déjà parfaitement par la lecture de leurs livres; détails pour lesquels on leur fait ainsi perdre un temps précieux qu'il serait si important d'employer à des démonstrations plus intéressantes.

Beaucoup de professeurs rédigent même, une fois pour toujours, leur cours, et le récitent ensuite tous les ans par cœur sans jamais rien y changer, répétant chaque fois les mêmes erreurs reconnues depuis long-temps.

En résumé je dirai donc qu'un cours doit être : 1° l'exposé verbal des progrès que la science a faits depuis la publication des livres classiques que les élèves suivent d'ordinaire; et, pour y mettre de l'ensemble, le professeur ne doit indiquer seulement que ce qu'il y a de plus essentiel dans ces ouvrages, en suivant le plan de celui qu'il a adopté comme base de son enseignement, en y intercalant les faits nouveaux les plus remarquables, laissant pour l'étude à domicile tout ce qui n'exige pas de démonstration. Encore doit-il plutôt s'attacher à indiquer aux élèves la manière la plus convenable d'étudier la science, que la science elle-même.

2° Le professeur doit placer sous les yeux de son auditoire les objets les plus importants à connaître, et se servir pour cela des moyens les plus propres à les faire voir, et cela assez long-temps pour qu'on puisse les examiner.

3° Le professeur ne doit faire exécuter que les expériences les plus essentielles, celles constatant les faits sur lesquels repose la science, et surtout ceux où il peut exister quelques doutes.

4° Enfin le meilleur moyen d'enseignement est de faire faire les expériences et autres travaux aux élèves eux-mêmes, pour leur apprendre à les répéter et à se servir habilement des instruments qu'on y emploie. Ces derniers avantages ne sauraient, il est vrai, être accordés à tous ; mais cela est aussi fort inutile, car parmi les personnes qui suivent les cours il n'y a jamais qu'un fort petit nombre qui désire réellement approfondir la science, et c'est à celui-ci seul que le professeur devra accorder ses soins.

En publiant ce traité de dissection, mon but a été de faciliter aux commençants l'étude de l'anatomie comparative en leur indiquant les procédés qui me paraissent les plus convenables pour en rendre la pratique plus facile, et d'engager par là quelques personnes à consacrer leurs loisirs à cette science, aujourd'hui presque abandonnée en France.

Cet ouvrage est divisé en deux *parties :* dans la première sont décrits les instruments et les procédés généraux dont on fait usage pour disséquer les animaux de toutes les classes, et dont beaucoup sont nouveaux ; j'y ai joint en outre quelques indications sur la manière que je crois la plus avantageuse de dessiner les objets d'histoire naturelle, vu qu'il est très-important que l'anatomiste dessine lui-même ce qu'il découvre ; un autre, quelque habile artiste qu'il soit, ne pouvant pas saisir dans toutes les circonstances les caractères que présentent les pièces qu'on veut figurer, et moins encore les vues de l'anatomiste.

Dans la *seconde partie*, comprenant plus spécialement *l'art de disséquer*, je décris succinctement l'organisation de tous les animaux, dans ce qu'ils ont de commun et d'essentiel, par classes, et même par ordres lorsque ceux-ci diffèrent beaucoup entre eux ; ce qui est suffisant pour guider ceux qui veulent se livrer à des recherches anatomiques. Cette partie est divisée en treize *chapitres* relatifs aux différents systèmes d'organes ou grands appareils dont se compose le corps des animaux, et classés suivant une méthode purement anatomique où chaque système est précédé de tous ceux qu'il est nécessaire de connaître pour comprendre la description de celui dont on traite.

Les chapitres sont ensuite partagés chacun en quatre *divisions*, d'après les quatre embranchements qui constituent le règne animal ; et ces coupes secondaires sont encore subdivisées en *articles* ayant rapport aux différentes classes d'animaux admises dans ces mêmes embranchements. Cette

division purement zoologique devait être adoptée ici, ainsi
qu'on le fait généralement dans tous les ouvrages d'anatomie
comparative, pour suivre plus exactement la gradation des
organes dans la série des animaux, afin de pouvoir faire ressortir autant que possible les divers modes que suit cette
même gradation, soit que les organes se simplifient de plus
en plus, soit qu'ils se compliquent graduellement, selon les
circonstances dans lesquelles ils se trouvent ; gradation dont
la connaissance peut conduire plus facilement à la découverte
des véritables lois qui régissent l'organisation, l'un des buts
principaux qu'on se propose dans l'étude de l'anatomie et de
la physiologie comparatives ; chaque article est ensuite encore
divisé en deux ou en trois *paragraphes :* dans le premier
je décris le système d'organes dans ce qu'il a d'essentiel, en
y indiquant plus particulièrement la disposition, la forme et
les rapports des organes qui le composent, afin qu'on puisse
plus facilement les reconnaître lorsqu'on les a sous les yeux.

Dans le second paragraphe sont enseignés les procédés spéciaux qu'on doit employer pour disséquer convenablement ces
organes ; et enfin dans le troisième j'indique les moyens de
conserver les pièces anatomiques pour les faire servir à la démonstration.

C'est en établissant ainsi séparément l'échelle de gradation
de chaque appareil dans toute la série animale, et en comparant ensuite ces échelles entre elles, qu'on reconnaît la dépendance réciproque des organes par l'influence qu'ils exer-
cent les uns sur les autres, ainsi que l'analogie qui existe entre
eux ; et de l'ensemble doit ressortir à la fin le véritable *système
naturel de classification* des animaux, dont la découverte
est un autre but principal vers lequel tendent les naturalistes ;
système qui doit être fondé sur l'analogie des parties, et par
conséquent sur celle des animaux entiers, c'est-à-dire que la
classification doit être réellement le résultat de l'étude de l'organisation, et non pas un simple arrangement arbitraire basé
sur des principes établis d'avance selon l'opinion qu'on a
adoptée, et d'après laquelle on distribue les espèces. Cependant, comme l'anatomiste comparateur doit nécessairement
connaître les animaux dont il étudie la structure ainsi que les
divisions du règne animal auxquelles ils appartiennent, et au

moins les *embranchements*, les *classes* et les *ordres*, l'organisation variant beaucoup des uns aux autres, et infiniment moins dans les coupes inférieures, comprenant les *familles*, les *tribus* et les *genres* ; j'ai ajouté à cet ouvrage une introduction où j'expose les caractères distinctifs de ces grands groupes, et les résume ensuite en tableaux synoptiques dans lesquels j'indique, autant qu'il m'a été possible de le faire, les principales ramifications que le règne animal présente, la succession que je crois exister entre ses divisions, ainsi que les genres par lesquels les ordres me paraissent s'avoisiner. Pour ce dernier objet, je n'ai cependant pas toujours pu déterminer exactement les animaux formant les transitions ; et, laissant leurs noms en blanc, je fais par là même appel aux personnes qui les connaîtraient de bien vouloir les publier dans leurs ouvrages afin de remplir ces lacunes.

J'ai établi ces tableaux d'après les principes que j'ai énoncés à ce sujet, il y a quatorze ans, dans mes *Considérations générales sur l'anatomie comparative des animaux articulés* ; c'est-à-dire que je les ai formés, non d'après quelques caractères adoptés *a priori*, comme on le fait généralement ; mais en rapprochant et en groupant les animaux les uns autour des autres, d'après l'analogie de leur organisation considérée sous tous les rapports, sans attacher à aucun fait anatomique ou à une fonction quelconque l'idée d'une prépondérance préconçue d'où aurait pu naître un système artificiel ; cette prépondérance, devant se montrer comme le résultat du travail, ne doit en conséquence pas être le principe sur lequel celui-ci est basé. Examinant ensuite l'ensemble de la disposition qui en est résultée, les groupes ayant des caractères communs se dessinaient d'eux-mêmes, et les genres formant les transitions des uns aux autres se trouvaient naturellement placés sur leurs limites respectives. Si je me suis trompé à certains égards, faute de connaissances suffisantes, mes erreurs pourront facilement être rectifiées par ceux qui les reconnaîtront ; car il ne s'agira que d'une simple substitution de genres ou de la transposition d'ordres, ma division ne reposant sur aucun principe qui puisse être détruit : je crois que c'est là le seul moyen par lequel on pourra arriver à l'établissement du *système naturel*.

Ne pouvant pas refondre entièrement toutes les divisions du règne animal, ce qui eût été bien au-dessus de mes moyens, ne connaissant pas suffisamment tous les détails anatomiques nécessaires pour un travail aussi étendu, j'ai souvent adopté des divisions généralement admises, que j'ai simplement cherché à rapprocher de celles avec lesquelles elles ont le plus d'affinité dans l'ensemble de leur organisation, en tant que celle-ci est connue; et je suis de là, sans doute, souvent tombé dans l'erreur.

Quoique nous possédions déjà un assez grand nombre d'ouvrages sur l'anatomie et la physiologie comparatives, il règne encore une bien grande confusion dans la nomenclature de ces deux sciences; car, non-seulement chaque auteur en adopte une à son choix, mais la plupart la négligent encore beaucoup relativement à l'emploi des termes, donnant souvent aux mêmes parties des noms différents, ou employant le même mot pour désigner divers objets, et sont de là obligés d'y ajouter des épithètes, afin d'indiquer plus exactement l'organe dont ils parlent; ce qui rend la diction difficile, et les descriptions longues et obscures. Je me bornerai simplement à quelques exemples : le nom de *ventricule* désigne à la fois les cavités de l'encéphale, celles du cœur et l'estomac, le ventricule succenturié annexe de ce dernier chez certains animaux, et deux cavités du larynx. On nomme également *sinus* certaines cavités osseuses de la tête, et quelques veines très-dilatées; l'adjectif *cardiaque* est tantôt appliqué aux organes qui dépendent du cœur, et tantôt à ceux dépendants du cardia. Aux membres antérieurs comme aux postérieurs il existe des muscles *biceps*. Il existe aussi plusieurs muscles *pyramidaux* et *jumeaux* qui n'ont absolument aucune analogie. Il y a deux *mâchoires* tout à fait différentes auxquelles s'applique le même adjectif *maxillaire*, qui s'applique en outre encore aux os *intermaxillaires*, de manière qu'il faut toujours y ajouter un second adjectif pour caractériser définitivement l'organe : je pourrais encore en citer beaucoup d'autres.

La nomenclature anatomique aurait donc bien besoin d'une réforme générale, et cela le plus tôt possible, avant que cette science ne fît de plus grands progrès, afin de prévenir les

difficultés et la confusion qui naissent des dénominations va-
gues et compliquées actuellement en usage ; confusion qui ira
en augmentant toujours, tant qu'on n'adoptera pas des principes d'après lesquels les noms devront être formés. Je ne veux
pas dire qu'on doive adopter une nomenclature fondée sur
des racines, avec certaines désinences déterminées, comme
on l'a admis en chimie ; ce qui aurait d'un côté l'avantage de
faciliter l'étude, mais de l'autre aussi l'inconvénient d'être
inapplicable dans la plupart des cas ; mais je veux simplement
dire qu'il serait urgent de fixer d'une manière rigoureuse la
valeur de chaque terme, valeur établie d'après certains principes rationnels et logiques : par exemple, de faire disparaître
les doubles emplois, de remplacer les termes inutilement composés par d'autres plus simples, de ne donner aux choses que
des noms substantifs applicables dans la plupart des cas aux
objets analogues, etc.

J'ai bien essayé de réformer quelques-unes de ces expressions vicieuses, mais celles seulement qui induisent le plus en
erreur ; pour cela, j'ai fouillé dans les auteurs anciens pour
tâcher de trouver des synonymes par lesquels j'ai pu remplacer quelques-unes de ces dénominations, et afin d'employer
des noms tout faits, pour ne pas encourir le reproche de
compliquer inutilement la science de termes nouveaux, comme
beaucoup le font pour le simple plaisir d'innover. Souvent
cependant les noms déjà proposés m'ont manqué, et ce n'est
que dans ce cas de nécessité que j'ai cru pouvoir me permettre
d'en établir de nouveaux.

Un usage qui s'établit malheureusement de plus en plus,
veut que tout nom anatomique soit significatif et tiré de racines ; comme la langue française ne s'y prête pas facilement, tous les termes sont pris du grec ou du moins du latin ;
et il arrive fort souvent que les racines dont on a besoin ne
se trouvent pas dans ces langues, ou qu'elles donnent naissance à des expressions déjà existantes, ou bien encore les
noms qu'on compose deviennent si peu euphoniques et même
tellement barbares, qu'ils sont choquants pour l'oreille ; et j'ai
quelquefois été obligé de suivre ce mauvais exemple par cela
seul qu'il était reçu. Or, tout cela ne serait encore qu'un
demi-mal ; mais ce qui est plus déplorable est qu'un nom

à étymologie ne s'applique le plus souvent qu'à l'objet individuel auquel on l'a donné, et ne saurait du reste convenir
à ses analogues, où précisément cette étymologie induit en
erreur. Ainsi les doigts de la main, qui, à l'exception du
pouce, sont désignés par leur ordre numérique, peuvent très-
bien être indiqués de cette manière chez l'homme et chez
les animaux qui ont cinq doigts; mais il est évident que chez
les espèces où quelques-uns de ces derniers disparaissent,
ceux qui restent ne sauraient plus conserver les mêmes noms :
ainsi, dans les Ruminants, le *premier* doigt est l'analogue
du *troisième* de l'homme; et le *second*, l'analogue du *quatrième*. Il en est de même des noms à épithètes; les organes
qu'on nomme ici *grands* sont là les *petits ;* ce qu'on appelle
dans une espèce *antérieur* est *postérieur* dans une autre, *et
vice versa.* S'il existe un *antérieur*, un *moyen* et un *postérieur*, il est évident que si le premier ou le dernier disparaît, le second ne saurait plus conserver sa dénomination.
Ce que je viens de dire pour ces différents noms à étymologie
s'applique presque à tous.

Si maintenant à cette immense série de noms qui induisent ainsi en erreur on ajoute ceux à double emploi, auxquels
on est obligé d'ajouter diverses épithètes pour ne pas confondre des choses qui n'ont aucune analogie, on concevra combien il serait convenable de simplifier le langage anatomique
en assignant à chaque organe individuel un nom simple.

Les seuls noms qui ne présentent aucune difficulté et qui
soient applicables dans tous les cas où les objets qu'ils désignent se rencontrent, sont précisément ceux qui n'ont aucune
étymologie connue, ou du moins qui ont une étymologie tellement obscure que la plupart des personnes ne la connaissent
pas, et ne peuvent en conséquence y ajouter aucune signification; tels sont ceux de *tête, crâne, œil, nez, gastrocnémien, soléaire, estomac, iléon, colon, cœur, aorte,
artère, veine, saphène, salvatelle, cerveau, nerf*, etc.; ce
sont des noms de ce genre que je voudrais qu'on donnât à tous
les organes; ces noms peuvent en outre avoir l'avantage d'être
euphoniques et plus ou moins courts. On dira que, ces termes
ne signifiant rien qui puisse indiquer le caractère de l'objet, ils
sont fort difficiles à retenir : cela est vrai, et c'est là en effet

la raison pour laquelle on a introduit les noms étymologiques ; mais ce défaut disparaît devant cet autre bien plus grand où il faut souvent ajouter quatre à cinq épithètes pour arriver à la désignation d'un organe, comme par exemple : *muscle interosseux externe du troisième doigt de la main*, nom qui n'est même applicable que chez les animaux qui ont cinq doigts, et doit nécessairement être changé chez ceux qui en ont quatre, trois, deux et un. Et d'ailleurs, cette difficulté ne serait pas plus grande que pour la zoologie et la botanique, où les genres portent des noms qui ne signifient rien, ou sont même entièrement barbares, lorsqu'on a voulu latiniser des noms d'hommes pour les appliquer à des objets qui n'ont souvent absolument rien de commun avec les personnes auxquelles on les dédie.

Quoique je sois de l'opinion que les seuls noms qu'il serait convenable d'admettre en anatomie comparative sont ceux qui n'ont aucune étymologie, je n'oserais cependant en proposer que lorsque d'autres anatomistes et surtout des hommes recommandables par leur savoir les auraient approuvés, pour ne pas introduire dans la science des expressions qui ne seraient pas adoptées, qui ne feraient que la compliquer inutilement, et deviendraient par cela même ridicules, comme tout ce que le public refuse de sanctionner.

N'ayant pas eu l'occasion de disséquer avec un soin suffisant tous les systèmes d'organes dans tout le règne animal, j'ai eu recours pour l'anatomie descriptive aux ouvrages spéciaux les plus recommandables qui traitent des diverses parties de cette science, et parmi lesquels je dois plus particulièrement citer la plupart des suivants, auxquels je renvoie aussi pour de plus amples détails.

ARNOLD. *Der Kopftheil des vegetativen Nervensystems beim Menschen*, in-4° avec pl. Leipz., 1831.

ARSAKY. *De piscium cerebro et medulo spinalis.* Hall., 1813 ; thèse inaugurale.

BERZELIUS. *Traité de chimie*, éd. franç., par M. JOURDAN, 8 vol. in-8°. Paris, de 1829 à 1833.

BOJANUS. *Anat. testudinis europææ*, in-folio avec pl., de 1819 à 1821.

BRESCHET. *Recherch. anat. et phys. sur l'org. de l'ouïe*, etc., *dans l'homme et les anim. vertéb.*, dans les *Mém. de l'acad. roy. de méd.*, t. V, 1836.

BRESCHET et ROUSSEL DE VAUZEM. *Recherch. anat. et physiol. sur les appareils tégument. des anim.*, dans les *Ann. des scienc. nat.*, 2ᵉ série, t. II, p. 321, avec pl., 1834.

BURDACH. *Vom Ban und Leben des Gehirns*, 3 vol. in-4° avec pl. Leibzig, 1819 à 1826.

CARUS. *Lehrbuch der vergleichenden Zootomie*, 2 vol. in-8° avec atlas. Leipzig, 1834. Trad. en français par M. JOURDAN, 3 vol. avec atlas.

CLOQUET (Jules). *Anat. de l'homme*, 5 vol. in-fol. avec pl. Paris, de 1821 à 1831.

CUVIER (Fréd.). *Des dents des Mammif. consid. comme caract. zool.*, in-8° avec pl. Strasbourg, 1825.

CUVIER (Georges). *Anat. comp.*, 5 vol. in-8° avec pl. Paris, 1805. — *Mém. pour servir à l'hist. et à l'anat. des Mollusques*, 1 vol. in-4° avec pl. Paris, 1817. — *Anat. de la Perca fluviatilis*, dans le 1ᵉʳ vol. de l'*Hist. des Poissons*, in-8° avec atlas. Paris, 1828.

DICQUEMARE. *Mém. pour servir à l'hist. des anémones de mer* (Actinia), avec pl., 1774.

DUGÈS. *Recherches sur l'ostéol. et la myol. des Batraciens*, in-4° avec pl., 1834.

ESCHSCHOLTZ. *System der Acalephen*, in-4° avec pl. Berlin, 1829.

FOHMANN. *Anat. Untersuch. über die Verbind. der Saugadern mit den Venen.* Heidelberg, 1821. — *Das Saugadersystem der Wirbelthiere*, in-fol. avec pl. Leipzig, 1827.

GALL et SPURZHEIM. *Anat. et phys. du syst. nerv.*, 4 vol. in-fol. avec pl. Paris, 1810-1819.

LAUTH (Alex.). *Essai sur les veines lymph. Thèse inaug.* Strasbourg, 1824. — *Mém. sur les vaiss. lymph. des Oiseaux*, dans les *Ann. des scienc. nat.*, t. III, pl. 21-25, 1825. — *Nouveau Manuel de l'anatomiste*, in-8°, Paris, 1835.

MANEC. *Anat. analyt. représentant le grand sympathique*, 1 tableau gr. in-fol. Paris, 1829.

MECKEL (J.-F.). *Anat. des Gehirns der Vœgel*, avec pl., dans le *Deutsche Archiv für die Phys.*, t. II, 1816. — *Syst. der Vergl. anat.*, 6 vol. in-8°. Halle, 1821-1823. Trad. en français par MM. RIESTER et SANSON sous le titre de *Traité génér. d'anat. comp.* 10 vol. in-8°. Paris, 1828-1838.

MONRO (Alex.). *Vergleich. des Bau. und der Physiol. der Fische mit dem menschen u. d. übrig. Thiere. Leips.;* trad. de l'anglais, 1787.

OKEN. *Uber die Bedeütung der Schedelknochen*, in-4°. Iena, 1807; et *Isis*, 1817, p. 1204.

OTTO. *Uber das Nervensystem der Eingeweidewürmer*, dans le *Magazin der Gesel. naturforschender Freunde zu Berlin*, t. VII, p. 223, avec pl., 1816.

OWEN. *Mem. on the Pearly Nautilus*, in-4° avec pl. Londres, 1832.

STRAUS-DURCKHEIM. *Consid. génér, sur l'anat. comp. des anim. art.*, 1 vol. in-4° avec atlas. Strasbourg, 1828.

TIEDEMANN. *Anat. und Naturgesch. der Vögel*, in-8°. Heidelberg, 1810.—*Anat. der Röhren-Holothurie*, *des pomeranzenfarbigen Seesterns und Stein-Seeigels*, in-fol. avec pl. Landshut, 1816.

TREMBLAY. *Mém. pour servir à l'hist. nat. d'un genre de Polypes*, in-4° avec pl. Leyde, 1744.

TREVIRANUS. *Uber den incren Bau der Arachniden*, in-4° avec pl. Nurnberg, 1812.

VICQ-D'AZIR. *OEuvres de Vicq-d'Azir*, publiées par Moreau, 6 vol. in-8° avec atlas grand in-4°. Paris, 1805.—*Traité d'anat. et phys. avec des pl. coloriées représentant au naturel les divers organes de l'homme et des anim.*, in-fol. Paris, 1786.

WEITBRECHT. *Syndesmol. oder Beschreibbung der Bœnder des menschl. Kœrpers*, in-8°, trad. du latin, 1779, édit. latine. Pétersbourg, 1742.

INTRODUCTION.

L'infinité des objets qu'embrasse la ZOOLOGIE OU HISTOIRE NATU-
RELLE DES ANIMAUX a fait que depuis long-temps on a distingué cette
science en deux parties principales dont l'une, ou l'ANATOMIE, traite
de l'organisation des animaux ; et dont la seconde, ou la ZOOLOGIE
PROPREMENT DITE, a pour objet de faire connaître d'une part les différences qui existent entre ces mêmes animaux, en les distinguant en
espèces, dont chacune est *formée de l'ensemble de tous les individus descendant ou présumés descendre d'individus primitifs semblables ;* et d'autre part de faire connaître les diverses
facultés et autres qualités propres à chacune de ces espèces ou à chacun
des groupes que celles-ci forment. Or, comme le nombre des espèces
est presque infini, il eût été impossible de les distinguer réellement,
et surtout de pouvoir trouver leurs descriptions dans les ouvrages qui
en traitent, sans les avoir classées d'après un mode qui pût faciliter
les recherches et soulager la mémoire. Ce mode de classification peut,
comme on le pense bien, reposer simplement sur un principe purement artificiel convenu d'avance, pourvu qu'il soit partout applicable.
Et en effet on en a imaginé plusieurs sous le nom de *systèmes de
classification*, qu'on doit plutôt appeler *modes de classification;*
mais on s'est bientôt aperçu que les animaux étaient formés d'après
un certain plan déterminé d'où dépendent des affinités naturelles qui
les lient tous entre eux, c'est-à-dire qu'il existait réellement une
classification ou un *système naturel* fondé sur des lois déterminées qui régissent le règne animal ; et la découverte de ces lois, dont
on ne fait encore qu'entrevoir l'existence par leurs effets, devint
bientôt l'un des buts principaux que se proposèrent les naturalistes.

Or, comme les caractères distinctifs de chaque espèce, et surtout
des groupes que celles-ci forment, dépendent essentiellement de l'organisation, il est évident que ce sont les anatomistes qui doivent plus

particulièrement les faire connaître, et que les zoologistes n'ont plus
qu'à classer les espèces d'après ces données, à moins que ces caractères ne soient entièrement extérieurs et ne demandent aucune préparation anatomique pour être découverts ; mais ces mêmes caractères
extérieurs ne sont guère propres qu'à servir à distinguer les espèces ou
bien les *genres*, groupes du premier degré, dont la formation est par
là plus particulièrement du domaine de la zoologie. C'est l'anatomiste
aussi qui peut seul faire connaître les rapports qui existent entre les
diverses subdivisions du règne animal d'après l'ensemble de l'organisation ; seul il peut indiquer les genres par lesquels ces divisions s'a-
voisinent; enfin lui seul peut déterminer la circonscription de chacune
de ces divisions, auxquelles il ne s'agit plus que d'imposer des noms.
En effet ce sont les anatomistes qui ont établi d'ordinaire les grandes
divisions du règne animal, et celles-là seules qui étaient de la dernière
évidence au premier aperçu, et qu'on nomme de là *familles natu-*
relles, par la grande ressemblance qui existe entre toutes les espèces
qui les composent, où les zoologistes n'ont guère pu se tromper en
les adoptant, ont été établies par ces derniers, et ont même le plus
souvent été reconnues et nommées par le vulgaire, guidé par le bon
sens.

Mais l'anatomiste a besoin aussi de connaître les espèces principales
de chaque famille ainsi que leurs facultés et leurs mœurs, afin de les
prendre en considération dans ses recherches, comme étant en partie
le but pour lequel chaque animal a été créé. Il résulte de là que l'a-
natomie et la zoologie proprement dites se servent mutuellement de
base.

D'après ce que je viens de dire, la classification doit résumer en
elle l'histoire de toute l'organisation, et se trouver de là exposée à la
fin des ouvrages d'anatomie ; et dans ses subdivisions chaque groupe
doit se trouver placé à côté de ceux avec lesquels il a le plus d'affinités
dans l'ensemble de l'organisation. Mais, comme on est à tout instant
obligé d'indiquer des noms d'espèces, de familles, d'ordres, etc., auxquels se rapportent les faits anatomiques dont on parle, le lecteur doit
connaître d'avance au moins les principales divisions du règne animal ;
ce qui suppose quelques notions de zoologie. Or, comme cette connaissance peut être facilement acquise au moyen d'un exposé succinct des
caractères de classification des divers groupes, et surtout des groupes
supérieurs, qu'il est plus particulièrement nécessaire de connaître pour
l'intelligence de cet ouvrage, j'indique simplement ici les carac-

tères distinctifs des EMBRANCHEMENTS, des CLASSES et des ORDRES.

En étudiant l'organisation des animaux, on reconnaît bientôt qu'il existe une grande différence entre les modes d'après lesquels ils sont formés, qu'ils sont loin d'offrir tous une égale complication dans le nombre et la composition de leurs organes, et qu'il y a sous ce rapport non-seulement une gradation souvent insensible d'une espèce à l'autre, mais que la structure de beaucoup d'espèces paraît même si simple qu'on ne peut y découvrir aucun organe bien déterminé : d'où résulte qu'il existe une gradation très-étendue dans toute la série des animaux, depuis l'*homme*, qu'on regarde comme l'être le plus complétement organisé, jusqu'à ces espèces si imparfaites qu'on ne peut même pas distinguer d'une manière certaine des plantes les plus simples.

En regardant l'*homme* comme l'être le plus élevé par son organisation, quoiqu'il ne le soit réellement que par sa haute intelligence, et remarquant qu'il se trouve réellement placé à l'une des extrémités de la classe des MAMMIFÈRES, dont il fait partie, on crut à tort devoir distribuer les animaux de toutes les autres classes de manière que chacune de ces dernières commençât de même par les espèces qu'on crut les mieux organisées, et finît par les plus simples. Ce principe, établi ainsi *a priori*, a été l'une des grandes causes qui ont empêché les naturalistes d'arriver sur la véritable voie qui puisse conduire à la découverte du système naturel ; car la gradation qui existe dans la série des animaux n'est pas aussi uniforme qu'on a voulu le faire admettre en suivant le faux principe que les espèces les mieux organisées doivent nécessairement être placées avant celles qui le sont moins; principe dû, d'une part, au manque de connaissances anatomiques, et, de l'autre, à l'ancienne routine de classer les animaux d'après certains organes *choisis d'avance*, quoiqu'on prétendît ne se guider que d'après l'organisation. Il est résulté de là des arrangements où l'ordre indiqué par l'analogie est complétement interverti et où les diverses subdivisions s'avoisinent le plus souvent par les espèces qui n'ont pas la moindre ressemblance. C'est ainsi que dans le dernier ouvrage de CUVIER, portant le titre de *Règne animal distribué d'après son organisation*, ce célèbre naturaliste laisse croire qu'enfin il a non pas tranché, mais vraiment dénoué le nœud gordien de la *distribution naturelle des animaux*, tandis qu'on y trouve les classes comme expressément rapprochées par les espèces les plus disparates. C'est ainsi que les *Balæna* sont suivies des *Vultur;* les *Anas* et les

1.

Mergus des *Testudo;* les *Rana*, les *Salamandra* et les *Siren* des *Perca;* les *Ammocœtes* des *Octopus;* les *Nummulites* des *Clio;* les *Pyrgo* des *Limax;* les *Chiton* des *Radiolites;* les *Polyctinum* des *Lingula;* les *Crania* des *Pentalasmis;* les *Diadema* des *Serpula;* les *Gordius* des *Cancer;* les *Paradoxides* des *Mygale;* les *Ocypete* (de la famille des Acarides) des *Gloméris;* les *Phthiridium* des *Asterias;* les *Sternaspis* des *Filaria;* les *Ligula* des *Medusa;* les *Navicula* des *Actinia*, et enfin les *Spongia* sont suivies des *Furcularia.*

On se demande quelle ressemblance il y a entre tous ces genres pris deux à deux, par lesquels les classes sont rapprochées ; et l'on pourrait en demander autant pour la plupart des divisions inférieures dans cet ouvrage, que j'ai cité parce qu'il est classique en France.

Dans une classification naturelle, toutes les divisions, jusqu'aux plus petites, doivent au contraire s'avoisiner par les espèces qui, parmi toutes, se ressemblent le plus ; et l'on n'y arrivera que lorsqu'on voudra se donner la peine d'étudier avec soin la structure au moins des genres les plus remarquables, et on se convaincra alors facilement que les animaux ne forment point une série simple, mais une série rameuse, comme je l'ai déjà montré dans mes *Considér. génér. sur l'anat. compar. des anim. articulés.* On verra aussi que la série n'est pas uniformément décroissante, mais que, dans la plupart des divisions, l'organisation des espèces monte graduellement vers un point culminant occupé par son *type*, d'où elle descend vers les autres divisions pour remonter de nouveau dans la plupart d'entre elles : de manière que, dans son ensemble, l'échelle de gradation des animaux est à comparer à une grande formation de montagnes dont la série des cimes s'abaisse graduellement dans les diverses chaînes latérales, jusqu'à se perdre dans la plaine.

Je fais dans la distribution des divers *ordres* plusieurs changements qui me paraissent nécessaires pour rapprocher les uns des autres les genres qui ont le plus d'affinité. Il suffira de comparer les tableaux synoptiques placés plus bas, avec les ouvrages méthodiques, avec le *Règne animal* de Cuvier, par exemple, pour voir de suite les modifications que j'y ai faites. Ce savant classe d'abord tous les animaux suivant une série simple ; ce qui est, il est vrai, nécessaire dans tout ouvrage imprimé ; mais il aurait dû indiquer au moins quelque part quelle est la vraie série qu'il a adoptée, ce qu'il n'a pas fait, se contentant d'avouer enfin, dans son premier volume de l'*Histoire des poissons*, p. 567, que « *c'est surtout dans cette dernière* (famille des chondroptérygiens) *que se montre bien la vanité de ces systèmes qui tendent à ranger les êtres sur une seule ligne ;* » et p. 568 : « *Que l'on n'imagine donc point que, parce que nous plaçons un genre ou une famille avant une autre, nous les considérons précisément comme plus parfaits, comme supérieurs à cette autre dans le système des êtres. Celui-là seulement pourrait avoir cette prétention qui poursuivrait le projet chimérique de ranger les êtres sur une seule ligne, et c'est un projet auquel nous avons depuis long-temps renoncé. Plus nous avons fait de progrès dans l'étude de la nature, plus nous nous sommes convaincus que cette idée est l'une des plus fausses que l'on ait jamais eues en histoire naturelle.* »

D'après une déclaration aussi formelle et aussi énergique de ce savant, on croirait que depuis *long-temps* il a fait connaître dans quelques-uns de ses ouvrages quels sont les véritables rapports qui existent entre les diverses ramifications du règne animal; mais nulle part, que je sache, il n'a jamais touché à cette question, continuant toujours «*à ranger les êtres sur une seule ligne,*» sans dire que cela ne doit pas être ainsi. C'est surtout dans les deux éditions de son *Règne animal distribué d'après son organisation*, publiées en 1817 et 1829, qu'il eût été surtout convenable de faire connaître la distribution naturelle des animaux ; mais pas plus qu'ailleurs; et ce n'est que dans son *Histoire des poissons* qu'il fait la protestation que je viens de rapporter, ouvrage publié après que j'avais moi-même indiqué dans un tableau synoptique quels sont les rapports des classes et des ordres dans l'embranchement des animaux articulés, ouvrage dont CUVIER a eu connaissance cinq ans avant, comme commissaire de l'Académie. Cependant, malgré la manière énergique avec laquelle il s'exprime contre les séries simples, il place encore les poissons sur une seule ligne [1], sans indiquer une autre distribution, et commence même par la famille des *Percoïdes* sans dire pourquoi il la place en tête de la classe, et je crois qu'il aurait même été fort embarrassé d'en indiquer la raison. Dans sa seconde édition du *Règne animal,* publiée un an après, ce célèbre naturaliste con-

[1] Tom. 1, p. 572.

tinue encore à placer tous les animaux suivant une série simple, et c'est là que j'ai pris le singulier rapprochement des classes que j'ai rapporté plus haut.

On divise généralement le RÈGNE ANIMAL en quatre grandes divisions ou EMBRANCHEMENTS, dont le dernier, ou celui des ZOOPHYTES, renferme, il est vrai, des animaux extrêmement différents qui ne pouvaient pas être facilement placés dans l'un des trois autres.

Le PREMIER EMBRANCHEMENT, ou celui des VERTÉBRÉS, est caractérisé par un corps divisé en deux moitiés latérales égales, soutenu par une charpente intérieure osseuse ou *squelette*, celui-ci divisé en un grand nombre de pièces articulées entre elles et ayant pour partie centrale une série de pièces courtes, impaires, nommées *vertèbres*, formant une colonne placée le long de la ligne médiane dorsale. Le tronc du système nerveux, ou *moelle épinière*, placé également le long du dos, traversant la colonne vertébrale. Jamais plus de deux paires de membres locomoteurs. Sang rouge, circulant dans deux systèmes de vaisseaux, dont l'un centrifuge ou *artériel*, et l'autre centripète ou *veineux*. Canal intestinal à deux orifices, la *Bouche* et l'*Anus*, placés le premier à l'extrémité antérieure du tronc, le second à son extrémité postérieure, à la base de la queue. Sexes séparés.

Le SECOND EMBRANCHEMENT, celui des ANIMAUX ARTICULÉS, a le corps également divisé en deux moitiés latérales, symétriques, égales, dont la parité est même plus parfaite que chez les Vertébrés. Le squelette remplacé dans sa fonction par les téguments plus ou moins endurcis et fractionnés en pièces, dont une série centrale forme des anneaux ou *segments* qui entourent le tronc et correspondent à autant de parties analogues entre elles, dans lesquelles le corps se subdivise quant aux organes de la vie de relation. Le système nerveux a son renflement principal ou cerveau, placé au-dessus de l'extrémité antérieure du canal alimentaire; et la moelle épinière, qui lui fait suite, est placée en dessous, le long de la face ventrale du corps. Les membres locomoteurs en nombre indéterminé. Un canal intestinal ayant la bouche distincte de l'anus (chez les individus à l'état parfait) aux deux extrémités du corps. Sexes séparés, ou réunis dans quelques genres seulement.

Le TROISIÈME EMBRANCHEMENT, celui des MOLLUSQUES, est également composé d'animaux à corps formé de deux moitiés latérales semblables, mais dont l'égalité n'est le plus souvent pas si parfaite que chez les Vertébrés et surtout chez les Articulés. Corps mou, rarement soutenu par des parties solides organisées, mais fort souvent par des concrétions sécrétées. Le système nerveux a le cerveau placé sur l'œsophage, comme chez les Articulés, et une seconde masse nerveuse plus ou moins composée, ou *neurosome sous-œsophagien*, également centrale, placée sous le canal intestinal ; mais ces masses inférieures ne se répètent pas pour former une série. Le canal alimentaire a deux orifices, mais souvent rapprochés l'un de l'autre. La bouche toujours à l'extrémité antérieure. Circulation sanguine complète au moyen d'artères, de veines et d'un ou de plusieurs cœurs. Sexes séparés ou réunis sur le même individu, mais par *ordres*. Les membres locomoteurs, lorsqu'ils en ont, sont purement charnus.

Le QUATRIÈME EMBRANCHEMENT, ou des ZOOPHYTES, n'a aucun caractère positif commun, mais simplement des caractères négatifs, et renferme tous les animaux qui n'entrent pas dans les trois premiers embranchements. Cela vient en partie de ce que l'on y place des animaux trop différents. Les ZOOPHYTES diffèrent des VERTÉBRÉS en ce qu'ils n'ont point intérieurement de squelette articulé pair ; des ANIMAUX ARTICULÉS, en ce que leur corps ne se subdivise point en parties successives analogues [1] ; ils diffèrent des MOLLUSQUES soit par le manque d'une circulation complète ou d'un cœur, soit par leur corps divisé en plus de deux parties semblables ; chez beaucoup, et ce sont les vrais ZOOPHYTES, le corps est composé, pour les organes de la vie de relation, de plus de deux parties, rayonnant autour d'un axe commun. Enfin on y place les plus petits animaux sous le nom d'INFUSOIRES, dont on n'a pas encore pu reconnaître suffisamment l'organisation pour les placer convenablement.

L'embranchement des Vertébrés, auquel appartient l'espèce humaine, est aujourd'hui divisé en quatre *classes* : les Mammifères, les Oiseaux, les Reptiles et les Poissons ; mais, comme l'ordre des Chéloniens, de la classe des Reptiles, est composé d'animaux formés sur un modèle tout particulier, j'en fais une classe à part.

PREMIÈRE CLASSE. — MAMMIFÈRES. *Caractères essentiels.* Sang chaud et rouge ; circulation double parfaite (le sang venant de diverses parties du corps, par les veines arrive au cœur droit, d'où il se

---

[1] Les *tænia*, dont le corps est articulé, paraissent être des animaux composés, dont chaque article est un animal simple, et peut vivre séparé. Si cela était autrement, il faudrait placer ces animaux dans le second embranchement

rend, par l'artère pulmonaire, dans les poumons, revient ensuite, par la veine pulmonaire, au cœur gauche, qui le pousse, par les artères, de nouveau dans toutes les parties du corps) sans que le sang des deux circulations se mêle : le cœur droit et le cœur gauche ne communiquant pas entre eux ; respiration aérienne par des poumons ; gestation utérine (où le fœtus est greffé sur la mère et se nourrit de son sang). Ils allaitent leurs jeunes.

Caractères secondaires. Jamais apodes, ayant au moins les membres antérieurs.

2ᵉ CLASSE. — OISEAUX. *Caractères essentiels.* Sang chaud et rouge ; circulation double parfaite, sans mélange de sang artériel et veineux ; respiration aérienne par poumons ; ovipares.

Caractères secondaires. Quatre membres, dont les deux postérieurs seuls servent à la marche ; corps couvert de plumes ; point de dents, qui sont remplacées par un bec à deux mandibules cornées.

Cette classe, la plus naturelle de tout le règne animal, est généralement considérée comme étant la seconde des Vertébrés, ayant en effet beaucoup d'analogie avec celle des Mammifères ; mais il me paraît qu'elle se rattache plutôt à la classe des Reptiles.

Les Oiseaux se rapprochent des premiers en ce qu'ils ont comme eux le sang chaud et que les ventricules de leur cœur ne communiquent pas entre eux ; tandis que, sous tous les autres rapports, ils ressemblent plus aux Reptiles, le squelette, les muscles et le mode de génération ayant plus d'analogie avec ce que l'on voit chez ces derniers, qui présentent par là réellement la condition intermédiaire entre les Mammifères et les Oiseaux. On a cru trouver dans les *Ornithorhynchus* un passage entre ces deux dernières classes ; mais encore ici l'analogie est plus grande avec les Reptiles, et les Oiseaux me paraissent se rattacher aux autres Vertébrés par le genre fossile des *Pterodactylus*, de l'ordre des Sauriens, qui présente, au moins dans le squelette, la plus grande analogie avec les oiseaux.

Quant au genre d'Oiseaux qui forme la transition, il est fort difficile de l'indiquer, ces animaux se ressemblant infiniment sous tous les rapports. Cependant, comme les organes de la bouche offrent chez tous les Vertébrés des caractères fort importants pour la classification, et le genre *Anas*, de l'ordre des PALMIPÈDES, ayant un bec non entièrement corné et armé en outre de dents servant à broyer les aliments, quoique ce ne soient plus des dents enchâssées, mais simplement des saillies de bec, je crois devoir placer ce genre en tête de la classe ; ces caractères indiquant toutefois encore une affinité plus grande avec les Reptiles.

3ᵉ CLASSE. — REPTILES. *Caractères essentiels.* Sang rouge froid, à une température basse ; circulation double, imparfaite ; le sang veineux et le sang artériel se mêlant (ordinairement dans le cœur, par la communication des deux ventricules) ; membres, deux paires, une paire, ou nuls, mais toujours en dehors du thorax.

Caractères secondaires. Corps nu ou couvert d'écailles.

Cette classe approche beaucoup de celle des Mammifères, à laquelle elle me paraît faire immédiatement suite, en se liant aux Cétacés, et spécialement au genre *Delphinus* par le genre *Ichthyosaurus,* de l'ordre des *Sauriens,* dont le squelette ressemble beaucoup à celui de ces animaux ; tandis qu'un autre genre également fossile du même ordre, celui des *Pterodactylus*, est, comme je viens de le dire, celui auquel paraît se rattacher la classe des Oiseaux. Un troisième genre encore inconnu, mais qui doit être voisin des *Ichthyosaurus*, est sans doute le point de départ de la classe des Chéloniens. Enfin, la classe des Poissons s'y rattache par les *Siren* ou les *Lepidosiren.*

4ᵉ CLASSE. — CHÉLONIENS. *Caractères essentiels.* Quatre membres, dont les épaules et le bassin sont enveloppés par les côtes, et par conséquent placés dans le thorax.

Caractères secondaires. Respiration pulmonaire ; cœur à deux oreillettes et deux ventricules, ceux-ci communiquant entre eux ; point de dents, remplacées par un bec corné.

Cette classe, une des plus naturelles, mais aussi une des plus extraordinaires de tout le règne animal, se rattache, comme je viens de le dire, aux Sauriens, avec lesquels elle a de très-grandes ressemblances ; mais il serait difficile de dire quel genre en est le plus rapproché. Cependant, si on a principalement égard au développement du squelette, ce serait celui des *Trionix.*

5ᵉ CLASSE. — POISSONS. *Caractères essentiels.* Circulation simple, le cœur artériel ayant disparu et la veine branchiale se continuant directement avec l'aorte ; respiration aquatique par branchies.

Caractères secondaires. Sang rouge et froid ; corps nu ou couvert d'écailles.

Cette classe semble se rattacher aux Reptiles batraciens, et spécialement au genre *Siren,* par les *Muræna*, de l'ordre des Apodes ; et depuis que j'ai cru devoir rapprocher ces deux classes par le genre que je viens de nommer, M. NATERER a fait connaître le genre *Lepidosiren*, qui se place en effet entre les deux, en formant la transition entre les deux classes.

Mais, d'un autre côté, il est évident que les POISSONS cartilagineux, et surtout les SÉLACIENS, ont, sous tous les rapports, des caractères qui les rapprochent plus que tous les autres poissons du type des Reptiles. Mais il n'existe aucun genre parmi ceux-ci auquel on puisse les rattacher avec certitude; et dans le cas où cette transition serait découverte, je pense que le genre *Scyllium* devra être porté en tête de la classe.

L'EMBRANCHEMENT DES ANIMAUX ARTICULÉS est divisé en six classes : celles des Annélides, des Myriapodes, des Insectes, des Crustacés, des Arachnides et des Cirrhipèdes.

PREMIÈRE CLASSE. — ANNÉLIDES. *Caractères essentiels.* Corps allongé vermiforme, mou, multiarticulé; circulation sanguine bien établie, mais sans cœur musculeux distinct; respiration branchiale, ou par les téguments.

Caractères secondaires. Sexes réunis; point de tête mobile; corps composé de deux parties : d'une tête lorsqu'elle existe, et du tronc, formant une seule cavité viscérale.

Cette classe se rattache par le genre *Gordius* à la classe des Poissons, et cela au genre *Ammocœtes*, de l'ordre des Galéxiens, les deux genres placés au degré le plus bas des embranchements dont ils font partie. C'est à cette classe que se rattachent le plus grand nombre d'autres, et elle forme ainsi la partie centrale du règne animal, où l'organisme est arrivé, non précisément à sa condition la plus simple, ce qui serait trop peu, mais à un état qu'on peut appeler *élémentaire*, en ce sens que les principaux systèmes d'organes qui caractérisent tous les animaux s'y trouvent déjà à l'état de rudiment, ou commencent à paraître dans une famille peu éloignée. Cette classe, et spécialement son ordre des ABRANCHES, forme ainsi la véritable *souche* ou tronc commun du règne animal; souche d'où partent les quatre embranchements pour se modifier chacun d'après un mode qui lui est propre; où l'organisme parcourt dans chacun une échelle différente de gradation, en se compliquant de plus en plus, jusqu'à un certain point culminant, d'où il redescend d'ordinaire en se simplifiant de nouveau jusqu'aux derniers échelons, où la plupart des rameaux se terminent en cul-de-sac, ou bien se lient par des espèces encore inconnues ou perdues.

2ᵉ CLASSE. — MYRIAPODES. *Caractères essentiels.* Corps vermiforme ; tégument solide , articulé ; membres ambulatoires en nombre de plus de six ; respiration trachéenne ; tête mobile.

Caractères secondaires. Corps composé de deux parties, la tête et le tronc ; celui-ci composé d'un grand nombre de segments semblables, tous pédifères ; cœur artériel seulement , point de système veineux ; sexes séparés.

Cette classe fait immédiatement suite aux Annélides Dorsibranches les plus complétement organisés , et se trouve ainsi à un degré au-dessus d'eux. J'ai déjà fait remarquer ce rapport en présentant mes *Considérations générales sur l'anatomie comparée des Animaux articulés* , en 1823 , à l'Académie des sciences. Mais ne connaissant pas alors les genres par lesquels ces deux classes s'avoisinent , et ne jugeant de leur affinité que d'après l'ensemble de l'organisation des animaux des deux classes , j'ai signalé l'existence d'au moins un genre intermédiaire inconnu placé à la suite des *Eunices*, et que je crus devoir conduire aux CHILOGNATHES, et spécialement au genre *Polyxenus.* Ce genre fut découvert en effet, depuis, par M. LANSDOWN GUILDING [1] , qui le nomma *Peripatus*, le considérant toutefois comme un Mollusque, quoique ce soit bien certainement ou un ANNÉLIDE ou un MYRIAPODE , en se rapprochant plus particulièrement des CHILOPODES. Je rectifie , en conséquence , ici l'erreur que j'ai commise, et qu'on me pardonnera, je pense. N'ayant pas eu l'occasion de disséquer moi-même un de ces remarquables animaux, qui sont encore fort rares dans les collections , je ne puis pas fixer définitivement sa place dans l'une ou dans l'autre classe. Cependant, comme on dit qu'il vit à terre, je serais disposé à penser qu'il respire l'air par des trachées , et alors ce serait un MYRIAPODE ; quoique cependant il fût possible aussi qu'il respirât par les téguments à l'instar des *Hirudo* , et alors ce serait un ABRANCHE et loin des *Eunices,* auxquels il semble cependant devoir faire suite. S'il appartient à la classe des MYRIAPODES , le dernier chaînon des ANNÉLIDES serait encore à découvrir. Ce doit être un ver à corps mou , portant au moins à la partie antérieure du corps un certain nombre de pattes articulées et cornées, sinon à tous les segments, et peut-être des membres cirrhés aux segments postérieurs, comme chez les *Eunices.*

3ᵉ CLASSE.—INSECTES. *Caractères essentiels.* Pattes au nombre de six portées par les trois premiers segments du corps ; corps partagé

---

[1] *Zoological Journ.* , t. ɪɪ, p. 443, pl. xɪv.

en trois parties : la tête, mobile ; le tronc, composé de trois segments pédifères ; et l'abdomen, formant plus particulièrement la cavité viscérale ; cœur artériel seulement, pas de système veineux ; respiration par trachées.

Caractères secondaires. Deux yeux composés, et quelquefois encore des yeux simples ou stémates ; tous, à l'exception du premier ordre, subissant des métamorphoses ; sexes séparés. Les ailes dont un grand nombre sont pourvus sont des organes spéciaux et non des pattes transformées comme chez les oiseaux.

Cette classe fait suite aux CHILOPODES de la classe des MYRIAPODES, en s'y rattachant par les *Lepisma* aux *Scutigera*.

4ᵉ CLASSE. — CRUSTACÉS. *Caractères essentiels.* Cœur artériel reçu dans une oreillette enveloppante ; système artériel en forme de vaisseau libre ; système veineux en forme de sinus communiquant ; respiration branchiale ; tête distincte, mobile ou fixe ; des antennes ; pattes non rayonnées.

Caractères secondaires. Jamais d'ailes ; animaux aquatiques, à l'exception des genres *Oniscus* et *Armadillo*.

Cette classe me paraît devoir également faire suite à celle des ANNÉLIDES, en s'y rattachant, probablement par les *Idotea*, à un genre encore inconnu d'ANNÉLIDES voisin des *Eunices*.

5ᵉ CLASSE. — ARACHNIDES. Animaux acéphales ; corps formé de deux parties seulement, le tronc et l'abdomen, chacune composée de plusieurs segments entièrement confondus ; la première portant les yeux, les organes de la bouche et les pattes ambulatoires, celles-ci rayonnant sur un centre commun occupé par un petit sternum extérieur ; un sternum intérieur cartilagineux, occupant le centre du tronc et se prolongeant souvent dans l'abdomen, celui-ci renfermant les viscères ; point d'antennes ; bouche composée d'une paire de chélicères de deux articles non palpifères, d'une à cinq paires de mâchoires palpifères, quelquefois d'un labre et d'une lèvre. Chez certaines espèces, la bouche est un suçoir composé de plusieurs pièces cornées ; système circulatoire semblable à celui des Crustacés.

Quoique tous les ARACHNIDES aient de grandes analogies et soient toujours assez bien caractérisés pour qu'on ne puisse les confondre avec aucun animal d'une autre classe, aucun des caractères que je viens d'énumérer n'est sans exception, si ce n'est l'existence du sternum cartilagineux intérieur, exclusivement propre à ces animaux, et il faut toujours en réunir plusieurs pour déterminer ces animaux.

Dans mes *Considérations générales*, etc., p. 22, publiées en 1828, j'ai placé les *Limulus* parmi les CRUSTACÉS, en en formant un ordre particulier que j'ai nommé GNATOPODES, nom indiquant la particularité que présentent ces animaux de mâcher leur nourriture avec leurs pattes. Étant encore dominé alors de l'opinion généralement admise que ces animaux devaient appartenir à cette classe, et cherchant à les rapprocher à la fois d'un genre de CRUSTACÉS et d'un genre d'ARACHNIDES, animaux dont ils se rapprochent beaucoup, je ne pus trouver parmi ceux-là que les *Calappa*, auxquels ils ressemblent un peu; mais la différence est si grande, que j'ai moi-même mis ce rapprochement en doute. Bientôt après, cependant, dès 1829, surmontant l'effet de l'autorité des autres naturalistes, j'ai proposé, dans une monographie anatomique de la *Mygale Blondii* que j'ai soumise au jugement de l'Académie des sciences, de placer l'ordre des GNATHOPODES dans la classe des ARACHNIDES, où ils constituent une division d'Arachnides branchifères, en opposition avec les pulmonaires et les trachéens, et je pus alors classer bien plus convenablement ces animaux et mieux marquer la liaison qui existe entre les deux classes.

Les *Limulus* se rattachent, en effet, beaucoup mieux aux *Thelyphonus*, et la classe entière des ARACHNIDES se lie très-bien par les *Scorpio* aux *Astacus* parmi les CRUSTACÉS DÉCAPODES.

6e CLASSE. — CIRRHIPÈDES. *Caractères essentiels.* Corps fixé par un pédicule plus ou moins long, et reçu entre deux valves calcaires; hermaphrodites.

Caractères secondaires. Membres multiarticulés exclusivement préhenseurs et respiratoires; tête confondue avec le corps.

L'EMBRANCHEMENT DES MOLLUSQUES comprend cinq classes: les Céphalopodes, les Ptéropodes, les Gastéropodes, les Acéphales et les Brachiopodes.

PREMIÈRE CLASSE. — CÉPHALOPODES. *Caractères essentiels.* Corps renfermé dans un manteau en forme de sac, d'où sort la tête, surmontée d'un cercle de plusieurs membres locomoteurs plus ou moins coniques, au centre desquels est la bouche; cœurs séparés, un artériel et un ou deux veineux; sexes séparés.

Caractères secondaires. Respiration par branchies, celles-ci placées dans le sac; une coquille extérieure ou intérieure calcaire ou cornée, celle-ci quelquefois rudimentaire; bouche armée de deux mandibules cornées, crochues, semblables à un bec d'oiseau; la tête renferme un anneau cartilagineux dans lequel passent l'œsophage et le cerveau ; deux grands yeux latéraux.

Cette classe paraît rattacher l'embranchement des MOLLUSQUES par le genre *Nautilus* à la classe des ANNÉLIDES, et spécialement aux *Serpula*, de l'ordre des TUBICOLES, si, comme l'affirment RUMPHIUS [1] et M. OWEN [2], les seuls naturalistes qui aient eu l'occasion de disséquer des *Nautilus,* les pieds de ces animaux sont dépourvus de ventouses.

2ᵉ CLASSE. — PTÉROPODES. *Caractères essentiels.* Corps sans membres ambulatoires, nageant au moyen de deux expansions charnues placées en forme d'ailes aux côtés de la tête ; respiration branchiale; hermaphrodites.

Caractères secondaires. Les uns pourvus d'une coquille calcaire extérieure ou intérieure, les autres en sont privés.

Ces animaux paraissent se rattacher par les *Pneumodermon?* à la classe des CÉPHALOPODES ; mais il est difficile de dire à quel genre de ces derniers ils se lient.

3ᵉ CLASSE. — GASTÉROPODES. *Caractères essentiels.* Corps en forme de disque musculeux en dessous, sur lequel ces animaux rampent; dos couvert d'un manteau en forme de bouclier ; tête placée à l'extrémité antérieure du corps, et peu distincte de ce dernier, mais portant différentes tentacules. La tête renferme toujours une masse musculeuse plus ou moins compliquée destinée aux mouvements des organes buccaux; un cœur artériel seulement.

Caractères secondaires. La plupart ont une hernie naturelle sortant du milieu du manteau, reçue et protégée dans une coquille conique le plus ordinairement contournée en spirale. Cette hernie renferme la majeure partie des viscères. Quelques-uns ont cette coquille cachée dans le manteau, d'autres en sont privés. Enfin, un seul genre, celui des *Chiton,* l'a formée de plusieurs écussons placés à nu sur le dos à la suite les uns des autres; un seul ordre est à sexes séparés, six sont hermaphrodites avec accouplement, et deux hermaphrodites sans accouplement.

Cette classe me paraît se rattacher, par les *Carinaria?* de l'ordre des HÉTÉROPODES, à la classe des PTÉROPODES, et cela aux *Limacina.*

---

[1] *D'Amboinsche rariteitkamer,* p. 59, pl. XVII, 1741.

[2] *Mem. on the Pearly Nautilus,* 1832.

4ᵉ CLASSE. — ACÉPHALES. *Caractères essentiels*. Point de tête du tout; aucun organe masticateur, et partant point de masse musculaire destinée aux mouvements de ces organes; corps reçu dans un manteau en forme de deux lames, à bords inférieurs libres, ou réunis en forme de tube ou en forme de sac; respiration branchiale; un cœur artériel seulement.

Caractères secondaires. Le corps le plus souvent reçu entre deux valves calcaires latérales, égales ou inégales, qui manquent dans quelques genres, formant l'ordre des TUNICIERS.

Il est fort difficile de dire par quel genre les ACÉPHALES se rattachent à quelque autre classe de MOLLUSQUES ou d'ARTICULÉS. Cependant la présence du pied d'un grand nombre de ces animaux les rapproche des GASTÉROPODES, et ils s'en rapprochent encore par la forme de leur coquille bivalve, qui retrouve ses représentants d'une part dans la coquille spirale de la plupart des GASTÉROPODES, et de l'autre dans l'opercule de beaucoup de genres de PECTINIBRANCHES, comme les *Nerita*. En considérant ce caractère tiré des coquilles, le genre d'ACÉPHALES qui approcherait le plus des GASTÉROPODES operculés serait celui du *Gryphœa*, genre fossile qu'on place toutefois parmi les OSTRACÉS, qui manquent pour la plupart de pieds, quoiqu'il soit possible que ce genre en ait eu un, et d'autant plus que les coquilles paraissent avoir été libres. Si au contraire on voulait avoir égard, comme caractère plus essentiel, à la forme et à la disposition du cœur et au genre d'hermaphrodisme des ACÉPHALES, il faudrait les rapprocher des SCUTIBRANCHES; et c'est en effet par là que ces deux classes me paraissent s'avoisiner. Voyez à ce sujet le paragraphe relatif aux muscles.

5ᵉ CLASSE. — BRACHIOPODES. *Caractères essentiels.* Corps reçu entre deux valves et porté sur un pédicule fixe; tête pourvue de deux bras coniques pectinés; deux cœurs paraissant à la fois veineux et artériels; point de membres articulés.

L'organisation de ces animaux n'étant encore que très-peu connue, il est difficile d'assigner leur place dans la série des animaux; la présence des deux valves et celle du pédicule des *Lingula* les rapproche des ANATIFES; mais le reste de leur organisme les en éloigne beaucoup. Ils paraissent avoir aussi quelque analogie avec les CÉPHALOPODES par les bras qui surmontent leur tête; enfin, leur corps renfermé entre deux valves les rapproche en même temps des ACÉPHALES, dans le voisinage desquels les auteurs les placent en effet.

Et je les y placerai de même, attendant de bons renseignements sur leur organisation.

L'EMBRANCHEMENT DES ZOOPHYTES se subdivise en six classes : les Entozoaires, les Échinodermes, les Foraminifères, les Acalèphes, les Polypes et les Infusoires.

PREMIÈRE CLASSE. — ENTOZOAIRES. *Caractères essentiels.* Corps pair; système nerveux longitudinal; point de circulation connue; point d'organe spécial pour la respiration.

Caractères secondaires. La plupart vermiformes et vivant dans le corps d'autres animaux; quelques-uns à sexes séparés, les autres hermaphrodites; corps sans aucune partie solide, si ce n'est quelques crochets cornés à la tête.

Ces animaux ont bien évidemment beaucoup d'analogie avec les ANNÉLIDES, et je ne sais ce qui a pu engager CUVIER à les placer entre les ÉCHINODERMES et les ACALÈPHES, avec lesquels ils ont si peu d'analogie, surtout avec les derniers. Mais leur organisation est encore plus simple que celle des ANNÉLIDES, même les plus bas. On devrait même les séparer des autres ZOOPHYTES pour en faire un embranchement à part, dans lequel on pourrait encore placer les INFUSOIRES, dont beaucoup de genres, tels que tous ceux à corps mou, appartiennent réellement à cette classe; et alors les trois autres classes de ZOOPHYTES, qu'il serait dans ce cas plus convenable de nommer ANIMAUX RAYONNÉS, seraient plus faciles à caractériser. Les Entozoaires se lient par les *Filaria* aux *Gordius* de la classe des ANNÉLIDES, deux genres qui ont beaucoup de ressemblance.

2ᵉ CLASSE. — ÉCHINODERMES. *Caractères.* Corps divisé pour les organes de la vie de relation en plus de deux parties égales rayonnant autour d'un axe commun; circulation sanguine intestinale complète (dans les espèces dont l'organisation est bien connue); une cavité viscérale renfermant un canal intestinal flottant; partie centrale du système nerveux en forme d'anneaux entourant l'œsophage.

Cette classe se lie par le genre *Thalassema* à celui des *Strongylus* de la classe des ENTOZOAIRES, dont les muscles doublant les téguments forment, entre autres, huit bandes longitudinales allant de la bouche à l'anus, et indiquent ainsi déjà une disposition rayonnée.

3ᵉ CLASSE. — FORAMINIFÈRES. *Caractères.* Ce sont, d'après M. D'ORBIGNY, « des animaux microscopiques, non agrégés, à existence individuelle toujours distincte, composés d'un corps formé d'une masse colorée, de consistance glutineuse; entier et alors arrondi, ou divisé en segments, ceux-ci placés sur une ligne simple ou alterne, enroulés en spirale ou pelotonnés autour d'un axe; ce corps est contenu dans une coquille crétacée, rarement cartilagineuse, modelé sur les segments de l'animal, et en suivant toutes les modifications de forme et d'enroulement. De l'extrémité du dernier segment, d'une ou de plusieurs ouvertures de la coquille ou des pores de son pourtour, partent des filaments contractiles, incolores, très-allongés, plus ou moins grêles, divisés et ramifiés, servant à la reptation. »

M. D'ORBIGNY, qui a le premier publié en 1826[1] un travail général de classification sur ces animaux, qu'il a découverts en majeure partie, en forma, d'abord, un ordre de la classe des CÉPHALOPODES. Mais des recherches faites sur quelques-uns des genres par M. DUJARDIN, et publiées en 1835[2], engagèrent ce savant à les placer parmi les ZOOPHYTES, sous le nom de SYMPLECTOMÈRES; et reconnaissant plus tard[3] que ces animaux rampaient au moyen de leurs tentacules qu'ils accrochent aux corps voisins, il changea de nouveau leur nom en celui de RHIZOPODES[4] et les plaça auprès des *Proteus*. M. D'ORBIGNY adopta, dès 1835, l'opinion de M. DUJARDIN, que les FORAMINIFÈRES devaient rentrer dans l'embranchement des ZOOPHYTES; mais il les plaça, et, je crois, avec raison, auprès des ÉCHINODERMES, en en formant une classe spéciale, et publia en 1839[5] un travail fort étendu sur ces animaux, où il expose avec détail leur histoire et leurs caractères de classification.

Ces animaux ont bien au premier abord une ressemblance frappante avec les Céphalopodes Polythalames, par leur têt cloisonné, droit ou spirale, ainsi que par les tentacules qui surmontent leur tête. En les examinant cependant de plus près, on voit que leur enveloppe calcaire n'est point une coquille libre de laquelle l'animal puisse sortir à volonté, mais au contraire un têt constituant les téguments, comme chez les Échinides : et les Foraminifères approchent d'autant plus de ces derniers que non-seulement les tentacules qui entourent leur

---

[1] *Tabl. méthod. de la classe des Céphalopodes.* — *Ann. des Scienc. nat.*, t. VII, p. 96.

[2] *Ann. des Scienc. nat.*, 2e série, t. III, p. 108.

[3] P. 312.

[4] T. IV, p. 343.

[5] *Hist. phys., polit. et nat. de l'île de Cuba*, par M. Ramon de la Sagra. — Art. *Foraminifères*.

bouche, mais encore ceux qui sortent des divers pores distribués sur
leur têt paraissent tout à fait semblables aux pieds tubuleux des Échinodermes, et servent de même à la locomotion.

Quoique ces données, les seules qu'on ait sur ces animaux, si difficiles à observer à cause de leur petitesse, soient encore peu nombreuses, elles établissent toutefois des caractères suffisants pour qu'on ait
pu déterminer la place qu'ils doivent occuper dans la série des êtres.

4ᵉ CLASSE. — ACALÈPHES. *Caractères.* Animaux nageurs. Corps
gélatineux, rayonné; point de cavité abdominale; canal intestinal se
subdivisant par des cœcums ramifiés dans toutes les parties du corps
où ses branches portent le chyle. Hermaphrodites.

Cette classe fait immédiatement suite aux ÉCHINODERMES STÉLÉRIDES,
auxquels ils se lient par le genre *Ægina.*

5ᵉ CLASSE. — POLYPES. *Caractères essentiels.* Corps en forme
de bourse ou en cellule, à bouche large à l'extrémité; point de système circulatoire ni de système nerveux apparents.

Caractères secondaires. Corps généralement composé de plusieurs individus ayant une partie commune; la bouche le plus souvent entourée d'une couronne de tentacules. La plupart hermaphrodites.

Cette classe se rattache par les *Lucernaria* aux ACALÈPHES DIS-
COPHORES.

Quelques genres de cette classe, tels que les *Plumatella,* et,
suivant M. MILNE EDWARDS, les *Eschara,* les *Tubulipora,* les
Flustra et genres voisins, me paraissent avoir de l'analogie avec les
Céphalopodes par la forme générale du corps, ainsi que par les principaux traits de leur organisation intérieure. Ces animaux sont, de
même que ces derniers, renfermés dans un sac ouvert en avant et
contenus dans une cellule qui diffère de la coquille des Céphalopodes
en ce qu'elle est fixe et non spirale. Leur tête est de même couron-
née d'un cercle de tentacules ou bras, au centre duquel est la bouche, conduisant dans un canal alimentaire qui se prolonge dans le
fond du sac, d'où il revient sur lui-même jusqu'au-devant de la bou=
che où s'ouvre l'anus comme chez les Céphalopodes, tandis que chez
les vrais Polypes les excréments ressortent par la bouche. Le corps
est, en outre, comme celui des Céphalopodes, retenu dans la cellule par plusieurs muscles au moyen desquels ces animaux peuvent
sortir de cette dernière et y rentrer.

Quand on aura étudié ces petits animaux avec quelque soin, on pourra mieux établir leur place dans la série animale, où ils devront probablement former une classe à part.

6ᵉ CLASSE. — INFUSOIRES. Dernière du RÈGNE ANIMAL. *Caractères*. Visibles seulement au moyen du microscope; ils vivent dans les liquides.

Je conserve encore cette classe telle qu'elle est dans les ouvrages de zoologie proprement dite, quoiqu'il soit évident pour moi qu'on y réunit des animaux de classes et même d'embranchements différents; mais tous sont tellement petits qu'il est impossible de les disséquer, pour connaître d'une manière certaine la place que chaque genre doit occuper dans la série des animaux; et l'on ne peut guère se guider que d'après l'apparence, mais encore cette apparence vaut mieux que le simple caractère d'être excessivement petit, le seul pour lequel on réunit ces animaux en un même groupe. En examinant ces êtres avec quelque soin, on voit bientôt par leurs formes extérieures et leurs mouvements qu'ils n'appartiennent évidemment pas tous à une même classe. Ainsi, plusieurs *Trichoda*, et particulièrement les *Tr. cimex* et *cicada* de MÜLLER, et quelques *Kerona*, surtout les *K. patella*, Mül., et *vannus*, Mül., sont sans aucun doute des CRUSTACÉS et paraissent appartenir à mon ordre des OSTRAPODES (*Cypris*); et le *Kerona lyncaster*, Mül., paraît approcher des *Lynceus*. Les *Paramœcium*, les *Proteus*, les *Anchelis*, les *Cyclidium*, les *Kolpoda*, les *Gonium*, les *Bursaria*, les *Zoosperma*, les *Cercaria*, les *Vibrio*, la plupart des *Leucophra* de Müller, les *Himantopus*, une partie des *Trichoda* de Müller, et probablement aussi les *Volvox*, sont des ENTOZOAIRES. Les *Leucophra cornuta*, Mül., et *L. heteroclita*, Mül., les *Vaginicola* et les *Vorticella* sont des POLYPES; enfin, il ne reste guère dans la classe qu'on peut continuer de nommer INFUSOIRES, mais qu'il serait plus convenable d'appeler ROTIFER, que les *Brachionus*, les *Furcularia*, plusieurs *Trichoda* de Müller, comme le *Tr. longicauda* et *Innata?* ainsi que quelques autres peut-être; et enfin les *Monas*, qui sont trop petits pour qu'on puisse les placer convenablement.

Ces diverses classes du règne animal se divisent ensuite chacune en plusieurs ORDRES, ou groupes du troisième degré. Ceux-ci se divisent en FAMILLES, les familles en TRIBUS, les tribus en GENRES, et enfin les genres en ESPÈCES.

Pour nommer une espèce on est convenu, d'après LINNÉUS, d'in

2.

diquer le nom du genre, qui est pris *substantivement*, et d'y ajouter celui de l'espèce, qui est le plus souvent un *adjectif*.

Ne pouvant pas entrer ici dans tous les détails de la nomenclature de ces subdivisions qui sont spécialement du ressort de la zoologie, je me bornerai à indiquer simplement les noms et les caractères essentiels des ordres; ce qui suffit pour l'intelligence de cet ouvrage.

Dans les ouvrages les plus récents, et particulièrement dans le *Règne animal* de CUVIER, on divise la classe des MAMMIFÈRES en neuf ordres : les Bimanes, les Quadrumanes, les Carnassiers, les Marsupiaux, les Rongeurs, les Édentés, les Pachydermes, les Ruminants et les Cétacés.

Mais je ferai remarquer que cette division n'est point naturelle, vu que les CARNASSIERS se distinguent en quatre divisions : les CHEIROPTÈRES, les PLANTIGRADES, les CARNIVORES[1] et les AMPHIBIES, dont les différences sont bien évidemment aussi grandes qu'entre ces mêmes Carnassiers et les Rongeurs, entre les Rongeurs et les Édentés; et surtout entre les Cheiroptères d'une part et les Amphibies de l'autre, qui s'éloignent plus que tous les autres du type ordinaire, et j'élève en conséquence ces familles au rang d'ordre. Quant à l'ordre des MARSUPIAUX, fondé sur le mode de génération de ces animaux, qui mettent leurs jeunes au jour à l'état fœtal long-temps avant qu'ils n'aient acquis le développement de ceux des autres Mammifères, il ne forme pas dans son ensemble une division naturelle, et devrait être réparti dans les autres ordres, où chaque groupe ne formerait qu'une simple famille. En effet, il y en a qui approchent des Quadrumanes lémuriens, d'autres sont des Plantigrades, d'autres des Carnivores, d'autres encore des Rongeurs; et il paraît qu'il en a existé même qui approchaient des Amphibies. Mais en séparant ainsi tous les genres qui peuvent entrer dans les autres ordres, il en reste encore, tels que ceux des *Halmaturus,* des *Lipurus* et des *Hypsiprymnus,* qu'on ne peut placer nulle part, et pour lesquels il faudrait créer cependant un ordre particulier auquel il serait difficile de trouver des caractères bien tranchés; et l'on peut en conséquence conserver pour eux l'ordre des MARSUPIAUX tel qu'il est. Je

---

[1] Ces noms de Carnassiers et de Carnivores ne doivent pas être rigoureusement pris dans le sens de leur étymologie, car beaucoup d'autres Mammifères mangent également de la chair sans faire partie de ces divisions

ferai seulement remarquer que cet ordre, étant composé d'animaux très-différents, se lie à la fois à plusieurs autres. En effet, les *Phalangista* se rattachent le mieux aux Quadrumanes par les *Cheirogaleus;* et les *Petaurus* viennent se lier d'une part aux Cheiroptères par les *Galeopithecus*, et de l'autre aux Rongeurs par les *Pteromys.* Il est vrai toutefois que ce dernier ordre se rattache d'une manière plus naturelle encore aux *Phascolomys*, animaux qui ont tous les caractères des Rongeurs, et devrait réellement prendre rang parmi eux s'ils n'étaient pas Marsupiaux; en y formant toutefois une petite branche à part, car non-seulement il ne se place pas entre deux genres de Rongeurs, mais je n'en connais pas même un seul auquel il se lie immédiatement, si ce n'est aux *Cavia;* de sorte qu'en rattachant les Rongeurs aux Marsupiaux par les *Phasco-lomys,* on serait encore embarrassé de savoir par quel genre cet ordre doit commencer. Mais je crois au contraire que dans la série naturelle les Rongeurs se rattachent par les *Pteromys* aux *Petaurus,* ceux-ci aux *Phalangista*, et ces derniers enfin aux Quadrumanes par les *Cheirogaleus;* et que l'ordre des Marsupiaux devrait être démembré, comme je viens de le dire, pour placer une partie de ses genres dans les autres ordres, et celui des *Phascolomys* parmi les Rongeurs; mais cette question ne pourra être décidée que lorsque l'organisation de ces animaux sera mieux connue.

Il est fort probable que l'ordre des Pachydermes doit être rapproché de celui des Rongeurs, auquel il paraît faire suite. En effet, d'une part, les *Éléphants*, et surtout les *Hyrax*, ont de l'analogie avec les Rongeurs; et, d'autre part, les *Paca* en ont avec les Pachydermes; mais la liaison entre ces animaux n'est pas intime, et je n'ai indiqué qu'avec un point de doute les *Paca* et les *Hyrax* comme formant les limites des deux ordres.

Il serait possible aussi que les Pachydermes dussent se lier aux Édentés par le *Megatherium*, mais le passage serait encore plus brusque.

Je divise ainsi la classe des MAMMIFÈRES en douze ordres : les Bimanes, les Quadrumanes, les Plantigrades, les Carnivores, les Marsupiaux, les Cheiroptères, les Rongeurs, les Édentés, les Pachydermes, les Ruminants, les Amphibies et les Cétacés.

1er ORDRE. — BIMANES. Pouce opposable aux membres antérieurs seulement; marche sur les membres postérieurs; trois sortes de dents contiguës, à croissance limitée.

II᷉ Ordre. — Quadrumanes. Pouce opposable aux quatre membres ; trois sortes de dents contiguës, à croissance limitée.

III᷉ Ordre. — Plantigrades. Pouce appuyant sur le sol, non opposable ; plantigrades aux membres postérieurs ; trois sortes de dents à croissance limitée ; non marsupiaux.

IV᷉ Ordre. — Carnivores. Pouce raccourci ou nul, touchant rarement au sol ; marche digitigrade aux quatre membres, propres à la marche ; trois sortes de dents à croissance limitée, molaires tranchantes ; non marsupiaux.

V᷉ Ordre. — Marsupiaux. Gestation extra-utérine ou marsupiale.

VI᷉ Ordre. — Cheiroptères. Une membrane aliforme réunissant les quatre membres et s'étendant entre les doigts ; marche plantigrade ; trois sortes de dents.

VII᷉ Ordre. — Rongeurs. Deux incisives en haut, deux en bas, à croissance continue ; pas de canine ; lèvre supérieure fendue ; non marsupiaux.

VIII᷉ Ordre. — Édentés. Quatre membres propres à la marche ; point d'incisives ; dents à croissance continue ; non marsupiaux.

IX᷉ Ordre. — Pachydermes. Des sabots, grands ongles larges, arrondis, ou comprimés l'un contre l'autre, enveloppant la phalangette et appuyant par toute leur face inférieure sur le sol ; des incisives supérieures ; non ruminants, non marsupiaux.

X᷉ Ordre. — Ruminants. Deux doigts touchant à terre aux quatre pieds et garnis de sabots ; point d'incisives supérieures ; ruminants.

XI᷉ Ordre. — Amphibies. Quatre membres, dont les antérieurs à peine propres à la marche ; les postérieurs propres à la nage seulement.

XII᷉ Ordre. — Cétacés. Point de membres postérieurs.

On divise la classe des Oiseaux en six ordres assez peu distincts les uns des autres, et, pour ainsi dire, purement artificiels. Les caractères par lesquels on les différencie étant si légers que le plus souvent les ordres passent les uns dans les autres par des nuances insensibles ; je crois cependant devoir en établir encore un de plus pour les oiseaux de proie nocturnes, qui forment un des groupes les plus naturels et les plus distincts, et constitueront le quatrième ordre.

I᷉ʳ Ordre. — Palmipèdes. Tarses courts, pieds palmés.

II᷉ Ordre. — Échassiers. Tarses et jambes très-élevés ; ces dernières nues dans leur partie inférieure.

IIIe Ordre. — Rapaces. Doigts non palmés, trois en avant, un en arrière ; bec très-crochu et fort ; la mandibule supérieure très-pointue, dépassant de beaucoup l'inférieure ; une membrane molle ou *cire* entourant la base du bec ; sourcils très-proéminents en forme de crête ; carnassiers, insectivores, diurnes.

IVe Ordre. — Nyctériens. Deux doigts en avant et deux en arrière ; bec très-crochu et fort, entouré d'une cire, à mandibule supérieure très-pointue, dépassant de beaucoup l'inférieure ; la conque de l'oreille très-évasée ; yeux entourés d'un grand cercle de plumes raides ; carnassiers, insectivores, nocturnes.

Ve Ordre. — Gallinacés. Bec légèrement arqué ; une cire faible ; narines couvertes d'une plaque cartilagineuse ; ils vivent de grains, de baies et d'insectes, jamais de chair.

VIe Ordre. — Grimpeurs. Deux doigts dirigés en arrière et deux en avant ; ils vivent de graines, de baies et d'insectes ; diurnes.

VIIe Ordre. — Passereaux. Composé d'un nombre considérable d'espèces, la plupart granivores, frugivores ou insectivores, rarement carnivores, jamais herbivores, ayant la plus grande analogie entre elles sans présenter un seul caractère qui leur soit exclusivement propre. C'est le restant des Oiseaux après qu'on en a séparé les six ordres précédents. Pieds non palmés ; bec plus ou moins conique, très-légèrement crochu dans un grand nombre d'espèces.

La classe des reptiles (dont je sépare les Chéloniens) se compose encore de trois ordres : les Sauriens, les Ophidiens et les Batraciens ; mais il paraît, d'après la disposition du squelette, que les *Ichthyosaurus* et les *Plésiosaurus* doivent former un ordre particulier, s'éloignant beaucoup des vrais Sauriens.

Ier Ordre. — Sauriens. Cœur composé de deux ventricules communicants et de deux oreillettes distinctes ; respiration en tous temps pulmonaire ; deux ou quatre pattes propres à la marche.

IIe Ordre. — Ophidiens. Cœur et respiration comme chez les Sauriens ; pas de membres propres à la marche ou à la nage, mais simplement rudimentaires ou nuls.

IIIe Ordre. — Batraciens. Cœur composé d'une oreillette et d'un ventricule faisant à la fois les fonctions de cœur artériel et de cœur veineux.

La classe des Chéloniens ne forme qu'un seul ordre, celui des testudinés.

Celle des poissons est divisée par les zoologistes, et spécialement

par Cuvier dans son *Règne animal*, en huit ordres : les Acanthoptérygiens, les Malacoptérygiens abdominaux, les Malacoptérygiens
subbrachiens, les Malacoptérygiens apodes, les Lophobranches, les
Plectognathes, les Sturioniens et les Chondroptérygiens à branchies
fixes ; division principalement établie, d'après Rai et Artedi, sur la
nature épineuse ou membraneuse des nageoires, sur la nature osseuse
ou cartilagineuse du squelette et la forme ainsi que la disposition des
branchies, en considérant comme le caractère le plus essentiel la forme
épineuse des rayons des nageoires; Cuvier dit même [1] : « Après avoir
étudié pendant quarante ans les poissons....., je me suis convaincu de la
nécessité de ne mêler jamais aucun Acanthoptérygien avec des poissons
d'autres familles. » Ce caractère de la forme épineuse ou molle des
rayons des nageoires conduit cependant à séparer des espèces du reste
très-semblables; et Cuvier lui-même place les *Loricaria*, les *Polyp-
terus*, les *Monacanthus*, les *Triacanthus*, et surtout les *Ba-
listes*, etc., qui ont des rayons épineux à leurs nageoires, parmi les
Malacoptérygiens.

J'adopte toutefois pour le moment la division de Cuvier pour l'application que je puis avoir à en faire dans le présent ouvrage, laissant
à d'autres, qui se sont plus occupés que moi de l'histoire des Poissons,
le soin de rectifier les erreurs de cette classification, et me borne simplement à donner aux ordres une autre disposition et à proposer de former,
d'une part, de la famille des raia, et, de l'autre, de celle des cyclostomes, deux ordres à part : le premier sous le nom de batoïdes [2],
ces animaux différant beaucoup des *Squalus*, type de la famille des
sélaciens, que j'élève également au rang d'ordre. D'autre part, je
forme de la famille des Cyclostomes l'ordre des galéxiens [3], le nom
de Cyclostome étant employé pour un genre de Gastéropodes.

Ier Ordre. — Sélaciens. Squelette cartilagineux ; vertèbres distinctes; branchies fixées par leur bord externe; cavité branchiale
ouverte au dehors par plusieurs ouvertures; corps allongé ; pectorales
peu élargies.

IIe Ordre. — Galéxiens. Squelette cartilagineux très-imparfait,
où l'on ne distingue plus de véritables côtes, et où les vertèbres sont
confondues en un cordon continu.

---

[1] *Hist. des Poissons*, t. 1, p. 562.

[2] De βατός, Raia.

[3] De γαλέξια, Lampreda.

IIIe Ordre. — Batoïdes. Squelette cartilagineux ; corps large , déprimé, discoïde , terminé par une queue grêle ; pectorale occupant toute la longueur du tronc , depuis la bouche jusqu'aux ventrales.

IVe Ordre. — Sturioniens. Squelette cartilagineux ; cavité branchiale n'ayant qu'un orifice de chaque côté , avec un opercule , sans rayons à la membrane branchiostége ; branchies libres.

Ve Ordre. — Lophobranches. Squelette osseux , ainsi que dans tous les ordres suivants ; branchies libres en forme de houppes.

VIe Ordre. — Acanthoptérygiens. Branchies libres au bord externe et en forme de peigne , de même que dans tous les ordres qui suivent; nageoires à rayons épineux en tout ou en partie.

VIIe Ordre. — Plectognathes. Os maxillaire supérieur soudé à l'intermaxillaire , qui forme seul les bords de la bouche ; arcade palatine fixe , s'engrenant avec le crâne ; les opercules des branchies et les rayons branchiostéges cachés sous une peau épaisse qui ne laisse voir à l'extérieur qu'une petite fente branchiale ; des vestiges de côtes ; point de nageoires ventrales.

VIIIe Ordre. — Subbranchiens. Nageoires à rayons flexibles ou multi-articulés; ventrales sous les pectorales ; bassin adhérent aux os de l'épaule.

IXe Ordre. — Abdominaux. Nageoires à rayons multi-articulés ; ventrales en arrière , éloignées des pectorales.

Xe Ordre. — Apodes. Nageoires à rayons multi-articulés ; point de ventrales.

La classe des annélides , la première du second embranchement , se divise en quatre ordres.

Ier Ordre. — Abranches. Point de branchies distinctes ; point de ventouses à la bouche ou à la queue.

IIe Ordre. — Sicyapodes. Point de branchies distinctes ; la bouche faisant la fonction de ventouse , et une ventouse à l'extrémité de la queue.

IIIe Ordre. — Dorsibranches. Branchies distinctes placées sur le dos; corps sans fourreau.

IVe Ordre. — Tubicoles. Branchies placées sur diverses parties ; corps renfermé dans un tube solide.

La classe des myriapodes , seconde de l'embranchement des Animaux articulés , se divise en deux ordres : les Chilopodes et les Chilognathes.

I⁰ᵉʳ ORDRE. — CHILOPODES. Autant de paires de pattes qu'il y a de sternum au corps,

IIᵉ ORDRE, — CHILOGNATHES. Deux paires de pattes à chaque segment.   .

La classe des INSECTES, troisième de l'embranchement, est divisée en neuf ordres :

Iᵉʳ ORDRE. — THYSANOURES. Broyeurs, aptères ; les trois segments pédifères semblables.

IIᵉ ORDRE. — COLÉOPTÈRES. Broyeurs ; première paire d'ailes en forme d'écaille non membraneuse, la seconde servant seule au vol.

IIIᵉ ORDRE. — ORTHOPTÈRES. Broyeurs ; première paire d'ailes demi-membraneuses contribuant déjà au vol.

IVᵉ ORDRE. — NÉVROPTÈRES. Broyeurs ; les deux paires d'ailes égales, membraneuses et agissant autant l'une que l'autre dans le vol.

Vᵉ ORDRE. — HYMÉNOPTÈRES. Broyeurs et suceurs ; les ailes membraneuses, les postérieures plus petites que les antérieures.

VIᵉ ORDRE. — HÉMIPTÈRES. Suceurs ; les ailes antérieures coriaces, et agissant peu dans le vol, ou membraneuses et plus grandes que les postérieures ; demi-métamorphose.

VIIᵉ ORDRE. — LÉPIDOPTÈRES. Suceurs ; les quatre ailes également grandes et membraneuses ; métamorphose complète.

VIIIᵉ ORDRE. — DIPTÈRES. Suceurs ; les ailes antérieures seules développées et propres au vol, les postérieures rudimentaires (les balanciers) ; métamorphose complète.

IXᵉ ORDRE. — APTÈRES. Suceurs ; point d'ailes ; les trois segments pédifères bien distincts et mobiles ; métamorphose complète.

La classe des CRUSTACÉS, quatrième des Animaux articulés, se divise en sept ordres :

Iᵉʳ ORDRE. — ISOPODES. Tête mobile ; organes de la bouche très-propres à broyer ; corps formé d'une première série assez nombreuse (ordinairement de sept), de segments semblables pédifères ; les suivants modifiés, portant les pattes branchiales ; animaux libres.

IIᵉ ORDRE. — PARASITES. Tête mobile ; organes buccaux rudimentaires ; corps formé de plusieurs segments semblables pédifères peu propres à la marche ; animaux parasites.

IIIᵉ ORDRE. — AMPHIPODES. Tête mobile ; organes de la bouche propres à broyer ; corps composé d'une série de segments dissemblables, dont les pattes varient d'une paire à l'autre.

IVᵉ ORDRE. — STOMAPODES. Point de tête mobile, ou bien en

simple rudiment ; bouche portée sous la partie antérieure du thorax formé par plusieurs segments confondus, et couverts d'un bouclier commun formant une tête de remplacement ; des pattes ambulatoires en petit nombre (trois paires) placées sur des segments spéciaux à la suite de la tête de remplacement; la principale partie de la cavité viscérale dans les segments qui suivent, et qui portent en dessous des membres branchiaux.

Vᵉ ORDRE. — DÉCAPODES. Point de tête mobile ; la bouche et cinq paires de pattes articulées sur une pièce unique, formée par la réunion de plusieurs segments confondus, et le tout recouvert par un bouclier général divisé en deux parties consécutives, dont l'antérieure correspondant aux organes buccaux forme avec eux et leurs dépendances une tête de remplacement analogue à celle des Stomapodes ; la partie postérieure du bouclier correspond au thorax; postérieurement un abdomen formé de plusieurs segments tous mobiles, ou le premier seulement ; branchies attenant aux organes de la bouche et aux pattes, et cachées sous le bouclier.

VIᵉ ORDRE. — OSTRAPODES. Corps reçu entre deux valves latérales mobiles; trois ou quatre paires de pattes propres à la marche ; branchies attenant aux organes buccaux.

VIIᵉ ORDRE. — BRANCHIOPODES. Point de tête mobile, point de pattes propres à la marche ; les antérieures (ordinairement une seule paire) servent de rames, quelquefois toutes, comme chez les Cyclops ; les autres, le plus souvent en nombre considérable, converties en branchies.

La classe des ARACHNIDES, cinquième des Animaux articulés, est divisée par les auteurs en deux ordres seulement : celui des Pulmonaires et celui des Holètres ou Trachéens, auxquels je joins un troisième, celui des Branchifères ou Gnathopodes.

Iᵉʳ ORDRE. — PULMONAIRES. Respiration par des poumons au nombre d'un à quatre paires, placés dans la seconde partie du corps ou abdomen.

IIᵉ ORDRE. — GNATHOPODES. Respiration par branchies placées sous l'abdomen et formées par des pattes transformées.

IIIᵉ ORDRE. — HOLÈTRES. Respiration par trachées dont les orifices sont sous l'abdomen.

La classe des CIRRHIPÈDES, sixième et dernière de l'embranchement des Animaux articulés, se divise en trois ordres : les Anatifes, les Balanides et les Coronulides.

Ier Ordre. — Anatifes. Corps reçu entre deux valves latérales et porté sur un pédoncule mou coriace.

IIe Ordre. — Balanides. Valves petites, n'embrassant pas entièrement le corps, qui s'enfonce dans son pédoncule; pédoncule trèscourt en cône tronqué sessile, formé de la réunion de plusieurs plaques calcaires latérales, et fermé à sa base par une lame calcaire.

IIIe Ordre. — Coronulides. Pédoncule conique ou cylindrique formé de pièces calcaires caverneuses, et fermé à la base par une lame membraneuse; valves au nombre de quatre; ils vivent en parasites sur certains animaux.

La classe des céphalopodes, première de l'embranchement des mollusques, forme deux ordres.

Ier Ordre. — Polythalames, Lam. *Caractères*. Corps renfermé en tout ou en partie dans une coquille extérieure ou intérieure, dont la cavité est divisée par des cloisons en plusieurs concamérations formant une seule série, dont le corps de l'animal ne remplit que la dernière, et dont les autres sont traversées par un tuyau contenant un prolongement filiforme du corps étendu jusqu'au sommet de la spire.

IIe Ordre. — Cryptobranches, Blainv. *Caractères*. Corps contenant une coquille plus ou moins rudimentaire dans la partie dorsale, ou bien lui-même renfermé dans une coquille extérieure spirale non cloisonnée, et dans les deux cas non adhérente à l'animal.

La classe des ptéropodes, seconde de l'embranchement, ne forme qu'un seul ordre.

La troisième, ou celle des gastéropodes, est divisée en neuf ordres d'après les organes de la respiration, et surtout d'après la simple disposition de ce dernier; ce qui me paraît être une disposition fautive, la respiration n'ayant plus chez ces animaux une influence aussi grande sur les autres fonctions que chez les Vertébrés et même chez les Articulés. Mais comme nous ne possédons pas encore assez de données sur l'organisation de ces animaux pour pouvoir dès à présent établir leur classification naturelle, il ne convient pas d'essayer de changer leur division en ordres et en familles, dans la crainte de remplacer simplement une mauvaise classification par une autre qui, sans doute, ne serait pas meilleure; et je me borne à indiquer uniquement ici les ordres tels qu'ils sont généralement admis, en essayant de les rapprocher par les genres qui paraissent former les passages des uns aux autres.

Quoique les nudibranches approchent des ptéropodes par les *Glaucus*, qui nagent également au moyen des branchies, faisant les fonctions de rames, les HÉTÉROPODES ont cependant encore plus d'affinité avec les animaux de cette dernière classe, et doivent, en conséquence, former le premier ordre de GASTÉROPODES, en faisant suite aux PTÉROPODES. Ils n'ont encore qu'un pied rudimentaire propre au rampement, et se meuvent, de même que ces derniers, exclusivement par la nage, qu'ils exécutent au moyen de la partie inférieure de leur corps, formant une lame verticale qu'on compare au pied des autres Gastéropodes.

L'enchaînement des PULMONÉS, des PECTINIBRANCHES, des SCUTIBRANCHES et des CYCLOBRANCHES paraît fort naturel. Ce dernier ordre a cependant, sous plusieurs rapports aussi, des analogies avec celui des INFÉROBRANCHES, et en l'y rattachant avec les SCUTIBRANCHES et peut-être même avec les PECTINIBRANCHES, ceux-ci, comme animaux à sexe séparé, ne se trouveraient plus intercalés entre d'autres ordres hermaphrodites, et formeraient une fin de branche. Mais nous n'avons pas encore de données suffisantes pour pouvoir résoudre cette question.

Quant aux TUBULIBRANCHES, il est probable que les deux genres composant encore cet ordre devront un jour rentrer dans celui des PECTINIBRANCHES, ainsi que M. RÜPPELL l'a déjà fait voir pour le genre *Magilus*, qu'on avait à tort placé dans le premier de ces ordres.

La plupart des GASTÉROPODES sans coquille me paraissent devoir être rapprochés et constituer la souche du tronc principal de la classe ; d'où les espèces à coquille intérieure ou rudimentaire conduiraient aux branches occupées par les genres à coquille plus développée ; la présence ou l'absence de ces coquilles portant de grandes modifications dans l'organisation de ces animaux. Mais quoi qu'il en soit, les neuf ordres actuellement admis peuvent être distribués de la manière suivante :

Ier ORDRE. — HÉTÉROBRANCHES. Corps non discoïde en dessous, mais comprimé dans sa partie ventrale en une lame verticale servant de nageoire. Branchies arborescentes placées sur la partie postérieure du corps.

IIe ORDRE. — NUDIBRANCHES. Point de coquille. Branchies sur le dos et non recouvertes. Un disque sous le ventre pour la reptation. Hermaphrodisme imparfait.

IIIe ORDRE. — INFÉROBRANCHES. Point de coquille. Branchies en lamelles placées en une série de chaque côté sous le bord du manteau. Hermaphrodites imparfaits.

IVe ORDRE. — TECTIBRANCHES. Branchies en forme de lamelles ou d'arbuscules non symétriques placées au côté droit ou sur le dos , et recouvertes par le manteau. Hermaphrodites imparfaits.

Ve ORDRE. — PULMONÉS. Ils respirent l'air par une cavité pulmonaire, disposée sous le manteau, dans la dernière partie de la coquille, et ouverte par un pneustome , orifice assez étroit placé au côté droit du manteau.

VIe ORDRE. — PECTINIBRANCHES , placées dans une cavité formée, comme celle des pulmonés, par la partie antérieure du manteau, et renfermées de même dans le dernier tour de spire de la coquille. Sexes séparés.

VIIe ORDRE. — TUBULIBRANCHES. Coquille plus ou moins tubuliforme. Branchies en peignes, disposées comme chez les Pectinibranches. Hermaphrodites ?

VIIIe ORDRE. — SCUTIBRANCHES. Branchies placées sous la partie antérieure du manteau, qui leur forme une cavité occupant le dernier tour de spire de la coquille. Hermaphrodites parfaits. Cœur à deux oreillettes; le ventricule traversé par le rectum.

IXe ORDRE. — CYCLOBRANCHES. Branchies en lamelles placées en une série sous les bords latéraux du manteau. Coquille non spirale. Hermaphrodites parfaits. Cœur à deux oreillettes non traversé par le rectum.

La quatrième classe des Mollusques, ou celle des ACÉPHALES , est divisée en deux ordres, les Ostracodermes (Testacés, Cuvier) et les Tuniciers , Lam. Mais ces derniers diffèrent assez des autres pour qu'on doive en faire une classe à part , ainsi qu'on l'a déjà fait remarquer.

Ier ORDRE. — OSTRACODERMES. Corps reçu entre deux coquilles calcaires latérales ou *valves* qui leur servent d'abri. Bouche à l'une des extrémités du corps sans organe masticateur; l'anus à l'autre extrémité.

IIe ORDRE. — TUNICIERS. Corps nu.

La cinquième classe, celle des BRACHIOPODES, n'étant composée que d'un très-petit nombre de genres, n'est pas divisée en ordres ; et, d'ailleurs, ces animaux sont encore très-peu connus.

La classe des ENTOZOAIRES , première de l'embranchement des ZOOPHYTES , est formée de deux ordres.

Iᵉʳ ORDRE. — CAVITAIRES. Une cavité générale dans laquelle flottent les viscères.

IIᵉ ORDRE. — PARENCHYMATEUX. Point de cavité viscérale; les viscères disséminés dans le parenchyme du corps.

La seconde classe, celle des ÉCHINODERMES, je la partage, comme le fait LAMARCK, en trois ordres, d'après la forme du corps.

Iᵉʳ ORDRE. — FISTULIDES. Corps plus ou moins cylindrique, non épineux; les deux orifices du canal intestinal distincts, et le plus souvent aux deux extrémités ou pôles du corps.

IIᵉ ORDRE. — ÉCHINIDES. Corps plus ou moins sphéroïde ou déprimé par les pôles, couvert d'épines. Bouche distincte de l'anus.

IIIᵉ ORDRE. — STÉLÉRIDES. Échinodermes voisins des *Asterias*, et ayant en conséquence le corps en forme d'étoile, dont chaque branche est soutenue par une série de petites pièces calcaires ou spondyles imitant des vertèbres, mais appartenant au système tégumentaire.

La troisième classe, ou les FORAMINIFÈRES, est divisée, d'après M. D'ORBIGNY, en six ordres :

Iᵉʳ ORDRE. — MONOSTÈGUES. Coquille composée d'une seule loge crétacée ou membraneuse.

IIᵉ ORDRE. — STICHOSTÈGUES. Loges empilées ou superposées bout à bout sur un seul axe droit ou arqué, soit qu'elles débordent ou non en se recouvrant. Point de spire.

IIIᵉ ORDRE. — HÉLICOSTÈGUES. Loges empilées ou superposées sur un seul axe, formant une volute spirale, régulière et nettement caractérisée. Spire oblique ou enroulée sur le même plan.

IVᵉ ORDRE. — ENTOMOSTÈGUES. Loges assemblées par alternance régulière ou non, empilées sur deux seuls axes distincts, se contournant ensemble en spirale régulière. Spire oblique ou enroulée sur le même plan.

Vᵉ ORDRE. — ÉNALLOSTÈGUES. Loges assemblées en tout ou en partie, par alternance, sur deux ou trois axes distincts, sans former de spirale.

VIᵉ ORDRE. — AGATHISTÈGUES. Loges pelotonnées sur deux, trois, quatre ou cinq faces autour d'un axe commun, faisant chacun, dans son enroulement, la longueur totale de la coquille, ou la moitié de la circonférence; par ce moyen, l'ouverture, presque toujours munie d'un appendice, se trouve alternativement à une extrémité ou à l'autre.

La quatrième classe, ou celle des ACALÈPHES, est divisée, par

M. Eschscholtz, en trois ordres, que je dispose comme il suit :

Iᵉʳ Ordre. — Discophores. Une grande cavité digestive au centre du corps, se subdivisant plus ou moins en appendices ramifiés. Pas d'autres moyens de natation que les contractions successives du corps, lequel a la forme d'un chapiteau de champignon. Cet ordre paraît se rattacher, par les *Ægina*, aux *Asterias*; mais il serait aussi possible que son premier genre fût celui des *Homopneusis*, que M. Lesson place à tort parmi les Mollusques (*Voyage de la Coquille, Mollusques,* pl. 12, tom. II, p. 451), étant un véritable Médusaire, et qu'il se rattachât aux *Comatula*, parmi les Stélérides.

IIᵉ Ordre. — Cténophores. Une grande cavité digestive au centre du corps, mais non ramifiée; des nageoires consistant en plusieurs séries de lamelles ou de filets placés à l'extérieur longitudinalement autour de l'axe.

IIIᵉ Ordre. — Syphonophores. Point de cavité digestive centrale, mais plusieurs suçoirs placés symétriquement autour de l'axe, et dont les canaux se subdivisent immédiatement dans le corps. Organes natatoires consistant en cavités d'où l'animal chasse rapidement l'eau, ou bien en des vessies remplies de gaz; et souvent les deux espèces de cavités se trouvent réunies.

La cinquième classe des Zoophytes, ou les polypes, est composée de trois ordres.

Iᵉʳ Ordre. — Éleuthères. Str. - Dur. [1] (Polypes nus). Corps entièrement mou, sans concrétions.

IIᵉ Ordre. — Cellulicoles. Str.-Dur. Habitent des polypiers en forme de tubes ou de cellules, qui les enveloppent.

IIIᵉ Ordre. — Axifères. Ont le corps commun soutenu par un axe solide.

Enfin, la sixième et dernière classe des zoophytes, celle des infusoires, après en avoir séparé les genres qui paraissent appartenir à d'autres classes, se divise encore en deux ordres.

Iᵉʳ Ordre. — Rotifères. Organes présumés de la respiration, qui paraissent tourner comme des roues.

IIᵉ Ordre. — Homogènes. Corps où l'on ne distingue aucun organe déterminé.

---

[1] D'ἐλεύθερος, libre. Str. - Dur.

32 *bis.*

R
1er EMBRANCH
1re
P

D

4e
P
D

5e
P

D
2e EMBRANCH
1re
P

3e EMBRANCHEMENT. MOLLUSQUES.
1re CLASSE. CÉPHALOPODES.
Pr Genre. *Nautilus?*
.... D
Genre. *?.........* 4e
2e CLASSE. PTÉROPODES. .... P
Pr Genre. *Pneumodermon?* Dr Genre. *?.........*

Dr Genre. *Limacina.* 5e CLASSE. ARACHNIDES.
3e CLASSE. GASTÉROPODES. Pr Genre. *Scorpio.* D
Pr Genre. *Carinaria?* 6e
Genre. *Emarginula.* Dr Genre. *Ixodes.* P

Dr Genre. *Chiton.* 4e CLASSE. ACÉPHALES. D
Pr Genre. *Anodont?*
Genre. *Anomia?*
.... 5e
Dr Genre. *Polyclinum?* P

D

IN

INOTIQUE

NE	ANIMA	
NT.	ANIMA	
SSE.	MAMMI	
nre.	Homo.	
nre.	Delphin	
nre.	Balæna.	
SSE.	CHÉLO	
nre.	Trioniz.	
nre.	Testudo.	
SSE.	POISSO	
nre.	Scyllium	
nre.	Ammoca	
NT.	ARTICU	
SSE.	ANNÉL	
nre.	Gordius.	
nre.	Serpula.	
nre.	Peripatu	
nre.	(Inconnu)	
SSE.	CRUSTA	
nre.	Idotea.	
nre.	Astacus.	
nre.	Limnadi	
SSE.	CIRRHI	
nre.	Pentalas	
nre.	Tubicinel	
SSE.	BRACH	
nre.	Discina	
nre.	?.......	

32 *bis.*

TABLEAU SYNCT

RÈN

1er EMBRANCHENT
1re ASSE
P ENT
. . ENT
. . . . .
D ENT

4e ASSE
P ENT
D . . . .

5e ASS.
P ENT
. . . . .
D ENT

2e EMBRANCHENT
1re ASS.
P ENT
. . . . .
. . .

	3e EMBRANCHEMENT.	MOLLUSQUES.		ENT
	1re CLASSE.	CÉPHALOPODES.		. . .
	Pr Genre.	*Nautilus?*	D	. . .
	. . . .	. . . .	4e ASS.	
	Genre.	*?*	P ENT	
2e CLASSE.	PTÉROPODES.	. . . .	. . .	ENT
Pr Genre.	*Pneumodermon?*	Dr Genre.	*?*	
. . . .	. . . .			D . . . .
Dr Genre.	*Limacina.*	5e CLASSE.	ARACHNIDES.	D ENT
3e CLASSE.	GASTÉROPODES.	Pr Genre.	*Scorpio.*	6e ASS.
Pr Genre.	*Carinaria?*	. . . .	. . . .	P ENT
. . . .	. . . .	Dr Genre.	*Ixodes.*	D . . . .
Genre.	*Emarginula.*			
. . . .	. . . .	4e CLASSE.	ACÉPHALES.	
Dr Genre.	*Chiton.*	Pr Genre.	*Anodont?*	
		. . . .	. . . .	
		Genre.	*Anomia?*	5e . . .
		. . . .	. . . .	P ENT
		Dr Genre.	*Polyclinum?*	. . . .
				D ENT

[SYNOP]TIQUE GÉNÉRAL DU RÈGNE ANIMAL.

[RÈG]NE	ANIMAL.							
[E.BRANCH]T.	ANIMAUX VERTÉBRÉS.							
[1re CLA]SSE.	MAMMIFÈRES.							
[Pr Ge]nre.	*Homo.*							
......	*........*							
nre.	*Delphinus.*							
......	*........*	3e CLASSE.	REPTILES.					
[Dr Ge]nre.	*Balæna.*	Pr Genre.	*Ichthyosaurus.*					
		....						
		Genre.	(*Inconnu*).					
[2e CLA]SSE.	CHÉLONIENS.	....	*........*					
[Pr G]nre.	*Trionix.*	Genre.	*Pterodactylus.*					
		....	*........*	2e CLASSE.	OISEAUX.			
[Dr Ge]nre.	*Testudo.*	....	*........*	Pr Genre.	*Anas.*			
		Genre.	*Lepidosyren.*	....	*........*			
[3e CLA]SSE.	POISSONS.	....	*........*	Dr Genre.	*Lanius.*			
[Pr Ge]nre.	*Scyllium.*	Dr Genre.	*Pipa.*					
nre.	*Ammocœtes.*							
[E.BRANCH]T.	ARTICULÉS.							
[1re CLA]SSE.	ANNÉLIDES.							
[Pr Ge]nre.	*Gordius.*							
nre.	*Serpula.*		4e EMBRANCHEMENT.	ZOOPHYTES.				
.....	*........*		1re CLASSE.	ENTOZOAIRES.				
nre.	*Peripatus?*		Pr Genre.	*Filaria.*				
.....	*........*	2e CLASSE.	MYRIAPODES.	....	*........*			
[Pr Ge]nre.	(*Inconnu*).	Pr Genre.	*Geophilus.*	Genre.	*Strongylus.*			
[2e CLA]SSE.	CRUSTACÉS.	Dr Genre.	*Scutigera.*	....	*........*	2e CLASSE.	ÉCHINODERMES
[Pr Ge]nre.	*Idotea.*	3e CLASSE.	INSECTES.	Dr Genre.	*Ligula.*	Pr Genre.	*Thalassema.*
.....	*Astacus.*	Pr Genre.	*Lepisma.*			....	*........*
nre.	*Astacus.*			3e CLASSE.	FORAMINIFÈRES.	Genre.	?
[Dr Ge]nre.	*Limnadia.*	Dr Genre.	*Pulex.*	Pr Genre.	*Orbulina.*	Dr Genre.	*Asterias?*
[3e CLA]SSE.	CIRRHIPÈDES.			....	*........*	4e CLASSE.	ACALÈPHES.
[Pr Ge]nre.	*Pentalasmis.*			Dr Genre.	*Adelosina.*	Pr Genre.	*Ægina?*
.....	*........*					....	?
[Dr Ge]nre.	*Tubicinella.*					Dr Genre.	?
						5e CLASSE.	POLYPES.
						Pr Genre.	*Lucernaria.*
						Genre.	*Vaginicola?*
[2e CLA]SSE.	BRACHIOPODES.			6e CLASSE.	INFUSOIRES.	....	*........*
[Pr Ge]nre.	*Discina?*			Pr Genre.	*Furcularia.*	Dr Genre.	*Spongia.*
.....	*........*			....	*........*		
[Dr Ge]nre.	?			Dr Genre.	*Monas.*		

TABLEAU SYNOPTIQUE
DE LA CLASSE DES MAMMIFÈRES.

RÈGNE ANIMAL.

1er EMBRANCHEMENT. VERTÉBRÉS.

1re CLASSE. MAMMIFÈRES.

Ire ORDRE. BIMANES.
  Genre. *Homo.*

IIe ORDRE. QUADRUMANES.
  Pr Genre. *Pithecus.*
  ....
  Dr Genre. *Cheirogaleus.*

IIIe ORDRE. PLANTIGRADES.
  Pr Genre. *Tapirus.*
  ....
  Dr Genre. *Gulo.*

IVe ORDRE. CARNIVORES.
  Pr Genre. *Mephitis.*
  ....
  Dr Genre. *Lutra.*

XIe ORDRE. AMPHIBIES.
  Pr Genre. *Phoca.*
  ....
  Dr Genre. *Trichechus.*

XIIe ORDRE. CÉTACÉS.
  Pr Genre. *Halicore.*
  ....
  Genre. *Delphinus.*
  Dr Genre. *Balæna.*

Ve ORDRE. MARSUPIAUX.
  Pr Genre. *Phalangista.*
  ....
  Genre. *Petaurus.*
  Dr Genre. *Phascolomys.*

VIe ORDRE. CHEIROPTÈRES.
  Pr Genre. *Galopithecus.*
  Dr Genre. *Pteropus.*

VIIIe ORDRE. ÉDENTÉS.
  Pr Genre. *Dasypus.*
  Dr Genre. *Ornithorhyncus.*

VIIe ORDRE. RONGEURS.
  Pr Genre. *Pteromys.*
  ....
  Genre. *Bathyergus.*
  Dr Genre. *Paca?*

IXe ORDRE. PACHYDERMES.
  Pr Genre. *Hyrax?*
  Dr Genre. *Anoplotherium?*

Xe ORDRE. RUMINANTS.
  Pr Genre. *Camelus.*
  ....
  Dr Genre. *Bos.*

CLASSE. REPTILES.

1er ORDRE. SAURIENS.
  Pr Genre. *Ichthyosaurus.*

TABLEAU SYNOPTIQUE
DES CLASSES DES OISEAUX, DES REPTILES ET DES CHÉLONIENS.

CLASSE DES MAMMIFÈRES.

```
............ Genre.      Delphinus.
3e CLASSE. REPTILES.
1er ORDRE. SAURIENS.
  Pr Genre.  Ichthyosaurus.
............ Genre.      ?
............ Genre.      Pterodactylus.
............ Genre.      Uroplatus.
IIe ORDRE. OPHIDIENS.
  Dr Genre.  Bips.
  Pr Genre.  Pseudopus.
  Dr Genre.  Cæcilia.

4e CLASSE. CHÉLONIENS. TESTUDINÉS.
  ORDRE.
  Pr Genre.  Trionix.
  Dr Genre.  Testudo.
IIIe ORDRE. BATRACIENS.
  Pr Genre.  Salamandra? Menopoma?
............ Genre.      Lepidosyren.
  Dr Genre.  Pipa.

5e CLASSE. POISSONS. SÉLACIENS.
1er ORDRE.
  Pr Genre.  Scyllium.
```

```
2e CLASSE. OISEAUX. PALMIPÈDES.
1er ORDRE.
  Pr Genre.  Anas.
  Dr Genre.  Podiceps.
IIe ORDRE. ÉCHASSIERS.
  Pr Genre.  Fulica.
............ Genre.      Cariama.
  Dr Genre.  Otis.
Ve ORDRE. GALLINACÉS.
  Pr Genre.  Casuarius.
............ Genre.      Opisthocomus.
  Dr Genre.  Columba.

VIe ORDRE. GRIMPEURS.
  Pr Genre.  Musophaga.
  Dr Genre.  Galbula.
VIIe ORDRE. PASSEREAUX.
  Pr Genre.  Alcedo.
  De Genre.  Lanius.
```

```
IIIe ORDRE. RAPACES.
  Pr Genre.  Serpentarius.
  Dr Genre.  Harpyia
IVe ORDRE. NYCTÉRIENS.
  Pr Genre.  Noctua.
  Dr Genre.  Otus.
```

TABLEAU SYNOPTIQUE DE LA CLASSE DES POISSONS.

CLASSE DES REPTILES.

.... Genre. *Amphiuma*, ou *Lepidosiren?*
5ᵉ CLASSE. POISSONS.
1ᵉʳ ORDRE. SELACIENS.
Pʳ Genre. *Scyllium.*

IIᵉ ORDRE. GALENIENS.
Pʳ Genre. *Petromizon.*

Dᵉ Genre. *Ammocœtes.*

.... Genre.
.... Genre. *Squatina.*

Dᵉ Genre. *Mustelus.*
IVᵉ ORDRE. STURIONIENS.
Pʳ Genre. *Chimæra.*

Dᵉ Genre. *Accipenser.*
Vᵉ ORDRE. LOPHOBRANCHES.
Pʳ Genre. *Pegasus.*

Dᵉ Genre. *Syngnathus.*
VIᵉ ORDRE. ACANTHOPTÉRIGIENS.
Pʳ Genre. *Fistularia.*

IIIᵉ ORDRE. BATOIDES.
Pʳ Genre. *Rhinobatus.*
Dᵉ Genre. *Anarrhichas.*

.... Genre. ?

Dᵉ Genre.
VIIᵉ ORDRE. SUBBRACHIENS.
Pʳ Genre. *Gadus.*

VIIᵉ ORDRE. PLECTOGNATHES.
Pʳ Genre. *Triacanthus.*
Dᵉ Genre. *Ostracion.*

Dᵉ Genre. *Brotula.*
Xᵉ ORDRE. APODES.
Pʳ Genre. *Anarrhichas.*

2ᵉ EMBRANCHEMENT. ANIMAUX ARTICULÉS.
1ʳᵉ CLASSE. ANNÉLIDES.
1ᵉʳ ORDRE. ABRANCHES.
Pʳ Genre. *Gordius.*

IXᵉ ORDRE. ABDOMINAUX.
Pʳ Genre. *Aulopus.*
Dᵉ Genre. *Polypteres.*

Dᵉ Genre. *Muræna.*

3.

TABLEAU SYNOPTIQUE
DES CLASSES DES ANNÉLIDES ET DES MYRIAPODES.

CLASSE DES POISSONS.

2e EMBRANCHEMENT. ANIMAUX ARTICULÉS.

1re CLASSE. ANNÉLIDES.
1er ORDRE. ABRANCHES.
Pr Genre. Gordius.
Dr Genre. Ammocrtes.

IIIe ORDRE. DORSIBRANCHES.
Pr Genre. Arenicola.
Dr Genre. Nais.
Genre. ....
Genre. Eunices.
Dr Genre. Peripatus?
Genre. Inconnu.

1er ORDRE. SUÇAIPODES.
Pr Genre. Nephelis.
Dr Genre. Hirudo.

2e CLASSE. MYRIAPODES.
1er ORDRE. CHILOPODES.
Pr Genre. Geophilus.
Genre. Scolopendra.
Dr Genre. Scutigera.

IIe ORDRE. CHILOGNATHES.
Pr Genre. Polydesmus.
Dr Genre. Polyxenus.

3e CLASSE. INSECTES. THYSANOURES.
1er ORDRE. Pr Genre. Lepisma.

4e EMBRANCHEMENT. ZOOPHYTES.

1re CLASSE. ENTOZOAIRES. CAVITAIRES.
1er ORDRE. Pr Genre. Filaria.

IVe ORDRE. TUBICOLES.
Pr Genre. Spio.
Dr Genre. Serpula.

4e CLASSE. CRUSTACÉS.
1er ORDRE. ISOPODES.
Pr Genre. Idotea.

3e EMBRANCHEMENT. MOLLUSQUES.

1re CLASSE. CÉPHALOPODES.
Pr Genre. POLYTHALAMES. Nautilus?

TABLEAU SYNOPTIQUE

DE LA CLASSE DES INSECTES.

CLASSE DES MYRIAPODES.
Dᵉ Genre. .... *Scutigera.*

3ᵉ CLASSE.— INSECTES.

1ʳᵉ ORDRE. THYSANOURES.
Pʳ Genre. .... *Lepisma.*
Dʳ Genre. .... *Pediculus.*

IIᵉ ORDRE. COLÉOPTÈRES.
Pʳ Genre. .... *Forficula.*
Dʳ Genre. .... *Claviger.*

IIIᵉ ORDRE. ORTHOPTÈRES.
Pʳ Genre. .... *Thryps.*
.... Genre. .... *Blatta?*
.... Genre. .... *Mantis.*
Dʳ Genre. .... *Gryllo-Talpa.*

IVᵉ ORDRE. NEVROPTÈRES.
Pʳ Genre. .... *Mantispa.*
Dʳ Genre. .... *Psocus.*

Vᵉ ORDRE. HYMÉNOPTÈRES.
Pʳ Genre. .... *Cimbex.*
Dʳ Genre. .... ?

VIᵉ ORDRE. HÉMIPTÈRES.
Pʳ Genre. .... *(Geocorise).*
Dʳ Genre. .... *(Cicadaire).*

VIIᵉ ORDRE. LÉPIDOPTÈRES.
Pʳ Genre. .... *Sesia.*
Dʳ Genre. .... *Pterophorus.*

VIIIᵉ ORDRE. DIPTÈRES.
Pʳ Genre. .... *Tabanus.*
Dʳ Genre. .... *Nycteribia?*

IXᵉ ORDRE. APTÈRES.
.... Genre. .... *Pulex.*

TABLEAU SYNOPTIQUE

DES CLASSES DES CRUSTACÉS, DES ARACHNIDES ET DES CIRRHIPÈDES.

———

CLASSE DES ANNÉLIDES.

```
                        ........   ........
               Dʳ Genre.  (Inconnu).
               4ᵉ CLASSE. CRUSTACÉS.
               Iᵉʳ ORDRE. ISOPODES.
               Pʳ Genre.  Idotea.
                        ........
               Genre.   Sphéroma.  ————————
                        ........   ........      IIIᵉ ORDRE.   AMPHIPODES.
               Dʳ Genre. Proto             Pʳ Genre.    Hiella.
                                                        ........    ........
  IIᵉ ORDRE. PARASITES.                                 Dʳ Genre.   Phronima.
  Pʳ Genre. Nymphon.                                    IVᵉ ORDRE.  STOMAPODES.
           ........                                     Pʳ Genre.   Squilla.
  Dʳ Genre. Lernæa.                                     ........    ........
                                                        Dʳ Genre.   Erichthus.
                                                        Vᵉ ORDRE.   DÉCAPODES.
                                                        Pʳ Genre.   Mysis.
                                   ————— Genre.   ?......
           VIᵉ ORDRE. OSTRAPODES.              ........    ........
           Pʳ Genre.  Cythere.                 ........    ........
           Dʳ Genre.  Cypris.                  ————— Genre.   Astacus.
           5ᵉ CLASSE. ARACHNIDES.
           Iᵉʳ ORDRE. PULMONAIRES.             Dʳ Genre.   Nebalia.
           Pʳ Genre.  Scorpio.                 VIIᵉ ORDRE. BRANCHIOPODES.
                     ———— Genre. Thelyphonus.  Pʳ Genre.   Cyclops.
                                 ........       ........    ........
  IIᵉ ORDRE. GNATHOPODES.        ........       Dʳ Genre.   Limnadia.
  Genre. Limulus.                ........       6ᵉ CLASSE. CIRRHIPÈDES.
                     ———— Genre. Phryaus.       Iᵉʳ ORDRE.  ANATIFES.
  IIIᵉ ORDRE. HOLÈTRES.                         Pʳ Genre.   Pentalasmis.
  Pʳ Genre. Phalangium.          Dʳ Genre. Salticus.
           ........                             Dʳ Genre.   Pollicipes? Lithotry
  Dʳ Genre. Ixodes.                             IIᵉ ORDRE.  BALANIDES.
                                                Pʳ Genre.   Pyrgoma.
                                                ........
                                                Dʳ Genre.   Tetraclita ?
                                                IIIᵉ ORDRE. CORONULIDES.
                                                Pʳ Genre.   Coronula.
                                                ........
                                                Dʳ Genre.   Tubicinella
```

TABLEAU SYNOPTIQUE

DES CLASSES DES CÉPHALOPODES ET DES PTÉROPODES.

CLASSE DES ANNÉLIDES.

. . . .	. . . .
Dr Genre.	*Serpula*.
3e EMBRANCHEMENT.	MOLLUSQUES.
1re CLASSE.	CÉPHALOPODES.
Ier ORDRE.	POLYTHALAMES.
Pr Genre.	*Nautilus ?* ou *Orthoceras ?*
. . . .	. . . .
Dr Genre.	*Spirula*.
IIe ORDRE.	CRYPTOBRANCHES.
Pr Genre.	*Argonauta*.
. . . .	. . . .
Dr Genre.	? . . . .
2e CLASSE.	PTÉROPODES.
Pr Genre.	*Pneumodermon ?*
. . . .	. . . .
Dr Genre.	*Limacina*.
3e CLASSE.	GASTÉROPODES.
Ier ORDRE.	HÉTÉROPODES.
Pr Genre.	*Carinaria ?*

TABLEAU SYNOPTIQUE

DES CLASSES DES GASTÉROPODES,
DES ACÉPHALES ET DES BRACHIOPODES

CLASSE DES PTÉROPODES.

Dr Genre.	*Limacina.*					
3e CLASSE.	GASTÉROPODES.					
Ier ORDRE.	HÉTÉROPODES.					
Pr Genre.	*Carinaria?*					
....	....					
Genre.	?........					
....	....	IIe ORDRE.	NUDIBRANCHES.			
Dr Genre.	*Phylliroë.*	Pr Genre.	*Glaucus.*			
		....	....			
		Genre.	*Tritonia.*			
IIIe ORDRE.	INFÉROBRANCHES.	....	....			
Pr Genre.	*Phyllidia.*	Dr Genre.	*Doris.*			
....	....	IVe ORDRE.	TECTIBRANCHES.			
Dr Genre.	*Diphyllidia.*	Pr Genre.	*Dolabella?*			
		....	....			
		Genre.	*Aplysia.*			
Ve ORDRE.	PULMONÉS.	....	....			
Pr Genre.	*Parmacella.*	Dr Genre.	*Umbrella.*			
....	....					
Dr Genre.	*Vitrina.*					
VIe ORDRE.	PECTINIBRANCHES.					
Pr Genre.	*Cyclostoma?*					
....	....					
Genre.	*Magilus.*					
....	....	VIIe ORDRE.	TUBULIBRANCHES.			
Dr Genre.	*Sigaretus.*	Pr Genre.	*Vermetus.*			
VIIIe ORDRE.	SCUTIBRANCHES.	....	....			
Pr Genre.	*Stomatia.*	Dr Genre.	*Siliquaria.*			
....	....					
Genre.	*Emarginula.*					
....	....	4e CLASSE.	ACÉPHALES.			
Dr Genre.	*Parmaphorus.*	Ier ORDRE.	OSTRACODERMES.			
IXe ORDRE.	CYCLOBRANCHES.	Pr Genre.	*Anodont?*			
Pr Genre.	*Patella.*	....	....			
....	....	Genre.	*Anomia.*			
Dr Genre.	*Chiton.*	....	....	5e CLASSE.	BRACHIOPODES.	
		Dr Genre.	(*Enfermés*).	Pr Genre.	*Discina.*	
		IIe ORDRE.	TUNICIERS.	....	....	
		Pr Genre.	*Ascidia?*	Dr Genre.	?........	
		....	....			
		Dr Genre.	*Polyclinum.*			

TABLEAU SYNOPTIQUE

DES CLASSES DES ENTOZOAIRES, DES ÉCHINODERMES, DES FORAMINIFÈRES ET DES ACALÈPHES.

CLASSE DES ANNÉLIDES.

.... Genre. *Gordius.*
4ᵉ EMBRANCHEMENT. ZOOPHYTES.
1ʳᵉ CLASSE. ENTOZOAIRES.
Iᵉʳ ORDRE. CAVITAIRES.
Pʳ Genre. *Filaria.*

.... Genre. *Strongylus.*
Dʳ Genre. *Pentastoma.*
IIᵉ ORDRE. PARENCHYMATEUX.
Pʳ Genre. *Echinorhynchus.*

Dʳ Genre. *Ligula.*

2ᵉ CLASSE. ÉCHINODERMES.
Iᵉʳ ORDRE. FISTULIDES.
Pʳ Genre. *Thalassema.*

Dʳ Genre. *Pentactes?*
IIᵉ ORDRE. ÉCHINIDES.
Pʳ Genre. *Echinus.*

.... Genre. *?........*

3ᵉ CLASSE. FORAMINIFÈRES.
Iᵉʳ ORDRE. MONOSTÈGUES.
Pʳ Genre. *Orbulina.*

Dʳ Genre. *Scutella.*
IIIᵉ ORDRE. STÉLÉRIDES.
Pʳ Genre. *Ophiura.*

Dʳ Genre. *Gromia.*
IIᵉ ORDRE. STICHOSTÈGUES.
Pʳ Genre. *Nodosaria.*

Dʳ Genre. *Asterias?*
4ᵉ CLASSE. ACALÈPHES.
Iᵉʳ ORDRE. DISCOPHORES.
Pʳ Genre. *Ægina?*

Dʳ Genre. *Verbina.*
IIIᵉ ORDRE. HÉLICOSTÈGUES.
Pʳ Genre. *Cristellaria.*

.... Genre. *Pelagia.*

ᵉ ORDRE. CTÉNOPHORES.
ᵉ Genre. *Cydippe.*

Dʳ Genre. *Gaudryina.*
IVᵉ ORDRE. ENTOMOSTÈGUES.
Pʳ Genre. *Asterigerina.*

ʳ Genre. *Beroe.*

.... Genre. *?........*

Dʳ Genre. *Cassidulina.*
Vᵉ ORDRE. ÉNALLOSTÈGUES.
Pʳ Genre. *Dimorphina.*

CLASSE. POLYPES.
ORDRE. ÉLEUTHÈRES.
ᵉ Genre. *Lucernaria.*

Dʳ Genre. *Rhyzostoma.*
IIIᵉ ORDRE. SIPHONOPHORES.
Pʳ Genre. *Porpita.*

Dʳ Genre. *Cuneolina.*
VIᵉ ORDRE. AGATHISTÈGUES.
Pʳ Genre. *Uniloculina.*

Dʳ Genre. *Agalma?*

Dʳ Genre. *Adelosina.*

TABLEAU SYNOPTIQUE

DES CLASSES DES POLYPES ET DES INFUSOIRES.

CLASSE DES ACALÈPHES.

....	....
Genre.	?........
5e CLASSE.	POLYPES.
1er ORDRE.	ÉLEUTHÈRES.
1er Genre.	Lucernaria.
....	....
De Genre.	Vorticella.
IIe ORDRE.	CELLULICOLES.
1er Genre.	Folliculina? Lam.
....	....
Genre.	Vaginicola? Lam.
....	....
De Genre.	Tubularia?
IIIe ORDRE.	AXIFÈRES.
1er Genre.	Tubulipora.
....	....
De Genre.	Spongia.

6e CLASSE.	INFUSOIRES.
1er ORDRE.	ROTIFÈRES.
1er Genre.	Furcularia.
....	....
De Genre.	?........
IIe ORDRE.	HOMOGÈNES.
1er Genre.	?........
....	....
De Genre.	Monas.

Cette abondance d'objets que la zoologie embrasse, le nombre des espèces connues, s'élevant déjà à plus de 100,000, distribuées en plus de 4,000 genres, lesquels, groupés en *tribus*, et celles-ci en *familles*, composent la série des *ordres* qui viennent d'être énumérés ; cette abondance d'objets, dis-je, qu'il s'agit d'étudier, a fait qu'on subdivise aujourd'hui cette science en plusieurs branches secondaires, dont la plupart des savants n'embrassent qu'une ou deux ; et ces parties, qui ont même reçu des noms, ont ainsi été, en quelque sorte, élevées au rang de sciences particulières. Il en est de même de la science de l'organisation, qu'on a distinguée en ANATOMIE et en PHYSIOLOGIE, dont la première a plus spécialement pour objet l'étude de la structure du corps des animaux, et la seconde celle de la fonction que chaque partie remplit ; comme si la structure d'un objet et l'usage pour lequel il a été formé pouvaient être examinés séparément. Si ce morcellement des sciences a l'avantage de pouvoir mieux les étudier dans leurs détails, il a aussi le grand inconvénient de les rompre dans leur ensemble, et de faire que les savants qui se livrent à ces spécialités ne sauraient jamais s'élever à des considérations générales, à moins de les inventer, comme on le fait malheureusement trop souvent ; car il est même impossible de se livrer à l'étude de l'une des principales branches de la zoologie générale sans s'occuper aussi de l'autre ; et il est moins possible encore de séparer l'anatomie de la physiologie.

La science de l'anatomie, prise dans l'acception la plus étendue de cette dénomination, comprend l'étude de l'organisation des animaux sous tous les rapports sous lesquels on puisse la considérer ; mais elle prend des noms différents selon la partie qu'on traite ou le point de vue sous lequel on la considère. C'est ainsi que dans les temps anciens, où l'on ne s'intéressait guère qu'à la connaissance de l'organisation de l'homme, le nom d'ANATOMIE ne s'appliquait généralement qu'à la partie de la science qui traite de ce dernier ; mais plus tard, et surtout dans ces derniers temps, on a appliqué à l'anatomie de l'homme plus particulièrement le nom d'ANTHROPOTOMIE, et à celle des animaux celui de ZOOTOMIE. Or, comme il est en outre convenable d'étudier l'organisation des divers animaux en les comparant entre eux pour en faciliter l'étude, afin d'en mieux déduire les lois auxquelles l'organisation est soumise, on a généralement donné à cette science, où l'on compare ainsi l'organisation des animaux, le nom français fort mal composé d'ANATOMIE COMPARÉE, ce qui signifie proprement que la science est comparée, tandis que c'est l'organisation des divers ani-

maux qu'on compare dans cette science, qui elle-même est *comparative*. Cette faute n'existe pas en effet dans d'autres langues ; les
Allemands disent *Vergleichende Anatomie*, et non *Verglichene
Anatomie* ; les Anglais, *Comparative anatomy*, et non *Compa-
red anatomy*. Je crois de là devoir aussi changer la dénomination
française, et dire ANATOMIE COMPARATIVE.

L'étude des divers systèmes d'organes qui composent le corps des
animaux a également reçu un nom spécial pour chacun, et même deux,
dont l'un, terminé en *tomie*, exprime plus particulièrement la science
pratique de la dissection des organes ; et le second, terminé en *logie*,
désigne plus spécialement la science théorique qui traite de ces organes. C'est ainsi qu'on a formé les dénominations suivantes :

Dermotomie et *dermologie*, pour les téguments.

Ostéotomie et *ostéologie*, pour le squelette.

Syndesmotomie et *syndesmologie*, pour les ligaments.

Myotomie et *myologie*, pour les muscles.

Splanchnotomie et *splanchnologie*, pour les viscères en général.

Adénotomie et *adénologie*, pour les glandes.

Aidoïtomie et *aidoïlogie*, pour les organes génitaux.

Angiotomie et *angiologie*, pour les vaisseaux sanguins et lymphatiques.

Névrotomie et *névrologie*, pour les nerfs.

Histotomie et *histologie*, pour les tissus en général.

Embryotomie et *embryologie*, pour toute l'anatomie des fœtus.

TRAITÉ

PRATIQUE ET THÉORIQUE

D'ANATOMIE COMPARATIVE.

PREMIÈRE PARTIE.

DES OBJETS PROPRES A L'ART DE DISSÉQUER.

Les procédés qu'on peut employer dans la dissection des animaux peuvent être distingués, suivant la taille de ces derniers, en quatre classes : ceux qu'on emploie pour les animaux très-grands, comme le *cheval*, le *bœuf*, et au-dessus; ceux pour les animaux de grande taille moyenne, comme l'*homme*, les petits RUMINANTS, etc. ; ceux propres à la dissection des espèces de petite grandeur moyenne, tels que le *chat*, le *lapin*, la plupart des OISEAUX, etc. ; et enfin ceux dont on est obligé de se servir pour les animaux de très-petite dimension, qu'on ne peut guère disséquer qu'avec le secours d'instruments grossissants. Quoique tous les animaux forment, quant à leur grandeur, une série où rien n'indique les limites des divisions dont je viens de parler, limites en apparence arbitraires, ces quatre classes n'en existent pas moins relativement aux moyens que nos facultés nous donnent. L'organisation des très-petits animaux ne pouvant être étudiée qu'avec le secours d'appareils amplificateurs, il est évident qu'on est obligé d'employer pour cet objet, non-seulement ces mêmes appareils qui permettent de les bien voir, mais encore les autres instruments doivent être également proportionnés à la difficulté du travail, et souvent d'une forme toute différente de ceux employés pour les grands animaux ; enfin, les recherches ne peuvent être faites que dans un local parfaitement éclairé. Ce n'est pas au fond d'une grande salle de dissection qu'on peut se livrer à cette sorte de recherches; mais il faut être, pour cela, placé bien à son aise, le plus près possible d'une fenêtre donnant un beau jour ; et comme cette sorte de recherches ne demande pas un grand local, c'est dans son cabinet même que l'observateur peut le plus facilement s'y livrer ; et je les appelle, de là, *travaux de cabinet.*

La dissection des animaux de petite taille moyenne peut également être faite dans le cabinet, où l'on a, non-seulement tous les livres de sa bibliothèque dont on peut avoir besoin, mais encore une foule d'autres avantages. Je la comprends aussi également dans les travaux que je nomme de cabinet.

Il n'en est pas de même de la dissection des animaux des deux autres classes que j'ai établies ; non-seulement elle exige un grand emplacement, que le cabinet de l'observateur ne présente pas ordinairement, mais elle entraîne encore avec elle des difficultés et des désagréments qu'on ne voudrait pas avoir dans le lieu habituel du travail : c'est-à-dire l'embarras que causent la grandeur des sujets, la quantité de liquides qui en découlent, la masse de débris qu'ils fournissent, et enfin la mauvaise odeur qu'ils répandent ; tout cela exige que leur dissection soit faite dans un local à part, même éloigné des appartements habités, et autant que possible dans des *salles* basses, où il est facile d'apporter des corps d'animaux très-pesants, qui toutefois ne surpassent pas la charge d'un homme.

Enfin, le corps des animaux d'un poids fort considérable ne pouvant guère être transporté qu'avec le secours de plusieurs hommes, et même sur des chariots, on conçoit qu'il est de là difficile de les disséquer dans des salles ordinaires dont les portes sont trop petites, et qu'il faut avoir à cet effet de *grandes salles* à portail. On conçoit aussi que les instruments qu'on peut employer pour des animaux très-grands, doivent être proportionnés aux dimensions de ces derniers, et, comme nous le verrons, ils doivent souvent être de forme différente de ceux qu'on emploie pour les dissections de cabinet.

CHAPITRE PREMIER.

DES LABORATOIRES.

D'après ce que je viens d'exposer, je distingue trois espèces de lieux où l'on peut se livrer aux préparations anatomiques : les *grandes salles de dissection*, les *salles ordinaires de dissection* et les *cabinets* de l'observateur ; mais on doit y joindre encore diverses autres localités dont on a besoin pour y faire exécuter différents travaux ; ce sont : un *lieu de macération* où l'on place les vaisseaux dans lesquels on fait préparer les squelettes par la putréfaction ; des *boîtes à squelettes par le secours des insectes*, véritables laboratoires où les insectes sont chargés de préparer les os ; enfin , un *atelier* pour y exécuter divers travaux accessoires.

ARTICLE PREMIER.

GRANDES SALLES DE DISSECTION.

§ Ier. *Local.*

Les grandes salles de dissection n'existent que dans les écoles vétérinaires ou bien dans les établissements où l'on professe l'anatomie comparative. Ce doit être, comme je l'ai déjà fait remarquer, un vaste local au rez-de-chaussée, ouvert à l'extérieur par un portail par lequel on puisse y introduire le corps d'un très-grand animal, même celui d'un *éléphant* conduit sur un chariot. Cette salle, quoique placée au rez-de-chaussée, doit être exposée de manière à ne pas être humide, l'humidité prédisposant les sujets en travail à se corrompre plus facilement, en même temps que les murs et les planchers s'imprègnent davantage des vapeurs miasmatiques que les animaux exhalent, et rendent ces lieux plus insalubres que les salles à parois sèches. Ce local doit être parfaitement éclairé, et des deux côtés, si cela est possible, ou bien par le haut, afin que les objets qu'on prépare ne se trouvent pas placés dans l'obscurité. Cela est surtout nécessaire aussi pour qu'on ait assez de jour pendant l'hiver, où le ciel est le plus souvent couvert, et enfin parce que le grand jour contribue beaucoup à assainir un lieu. La salle doit donc être percée d'un grand nombre de fenêtres, et le mieux serait que les trumeaux fussent le plus étroits possible. Il est fort avantageux aussi que la salle soit un peu élevée, pour que les vapeurs de mauvaise odeur que répandent les corps, et qui montent généralement par l'effet de leur légèreté spécifique, puissent s'accumuler plus particulièrement dans la partie supérieure du local au-dessus des têtes de ceux qui disséquent, d'où on peut les faire échapper par des issues qu'on leur ménage. Ces ouvertures peuvent être placées au-dessus du milieu de chaque fenêtre, le plus près du plafond ; ce seront des ouvertures rondes d'un décimètre de diamètre, fermées par un tourniquet-ventilateur en fer-blanc, ayant la forme d'une petite roue tournant sur son centre, et composée de lames disposées en rayon, toutes obliques dans le même sens, ayant une inclinaison de 50 d. Au moyen de ces ventilateurs, l'air chargé de mauvaises odeurs sort facilement par le haut de la salle, et ces ventilateurs, tournant rapidement par l'effet du courant d'air sur leurs lames obliques, ne laissent pas entrer si facilement le froid rayonnant que si l'ouverture était entièrement ouverte. L'air se trouvant constamment renouvelé dans la salle, l'on n'est pas obligé d'y faire dégager du chlore pour neutraliser les vapeurs putrides qui s'exhalent des corps soumis à la dissection, et qu'on est souvent dans la nécessité de conserver fort long-temps. Ce gaz désinfectant devient nuisible lorsqu'il est trop concentré.

L'étendue de la salle doit, comme on le conçoit, être proportionnée au nombre d'animaux qu'on peut disséquer à la fois, et calculée, d'une part, d'après ceux de la plus grande taille ordinaire, comme les gros ruminants, dont le corps de chacun avec sa plate-forme, que je décris plus bas, demande à peu près un espace de 20 mètres carrés ; et, de l'autre, d'après le nombre de tables nécessaires pour préparer des parties peu volumineuses, et dont chacune demande un espace d'environ 9 mètres carrés. Si donc la salle doit contenir trois plates-formes rangées d'un côté à la suite l'une de l'autre, et une série de quatre tables de l'autre, ce qui me paraît le plus convenable, elle doit avoir 13 mètres de long sur 7,5^m de large. Cette salle étant déjà très-vaste, son plafond devra être soutenu par deux colonnes placées au tiers moyen de la longueur.

Au-dessus de chaque plate-forme seront solidement attachées au plafond deux ou trois poulies, par le moyen desquelles on pourra hisser ou suspendre quelques parties du corps de l'animal qu'on dissèque ; il y en aura aussi une petite au-dessus de chaque table.

Le plancher de la salle sera dallé et légèrement en pente vers un endroit latéral, par où l'eau ou autres liquides répandus puissent s'échapper par une ouverture.

Les dissections se faisant généralement en hiver, il est impossible de se passer de feu, et une température de 8 à 10° ne facilite pas trop la putréfaction dans cette saison. On placera, en conséquence, des poêles dans le milieu de la salle, et en nombre proportionné à son étendue. S'il y en a deux, on laissera un peu plus du tiers de la longueur de la salle entre eux ; les murs absorbant une grande quantité de chaleur, il arriverait que si les poêles étaient appliqués contre ces derniers, on pourrait compter plus d'un quart de chaleur de perdue ; de même aussi qu'un poêle posé par toute sa base sur le sol perd considérablement de chaleur.

Ces poêles doivent être pourvus d'un four où l'on puisse faire chauffer de l'eau, ou toute autre matière dont on peut avoir besoin. Pour les masses à injections, il sera cependant plus convenable de les préparer dans un laboratoire séparé, afin d'éloigner les odeurs désagréables que ces matières répandent le plus souvent.

§ II. *Meubles.*

Les objets meubles dont doit être pourvue une grande salle de dissection, sont des *armoires*, des *plates-formes*, des *tables* et quelques *chaises*.

Armoires. — Aux murs des deux extrémités de la salle seront placées de grandes *armoires* à tablettes, dans lesquelles on renferme les instruments et autres objets dont on fait un emploi journalier, afin de les avoir sous la main sans qu'ils gènent. L'usage les indique mieux que je ne puis le faire ici.

Plates-formes. — La difficulté de placer le corps d'un très-grand animal sur une table élevée de 6 à 7 décimètres, comme elles le sont ordinairement, en même temps que le tout présente une trop grande élévation pour voir les parties placées en dessus, oblige de disséquer ces animaux à terre ou bien sur des plates-formes peu élevées.

Dans les écoles vétérinaires, on dissèque généralement les animaux, soit par terre, soit sur les chariots sur lesquels on les amène; mais on éprouve le grand inconvénient de ne pas pouvoir les retourner facilement pour placer telle partie au jour afin de la mieux voir. Je propose donc de faire usage de plates-formes de dimension suffisante pour y placer un cheval ou un bœuf entier; car bien rarement on a l'occasion de disséquer des espèces plus grandes, comme des *girafes*, des *éléphants* ou des *rhinocéros;* et alors on tâchera de les disséquer par terre, car il serait vraiment hors de propos d'avoir des plates-formes assez grandes pour ces animaux, qui occuperaient un emplacement fort considérable sans aucune utilité pendant de nombreuses années.

Ces *plates-formes* (fig. 1) seront en carré long de 2,5^m sur 1,0^m, avec une hauteur de 0,4^m, et formées d'une charpente horizontale couverte d'un plateau en petits madriers, afin d'être plus solides. Ce plateau sera un peu concave, avec une rigole dans le milieu, et le tout légèrement incliné vers l'une des extrémités, afin de faciliter l'écoulement des liquides. A l'extrémité la plus déclive se trouvera un trou (*a*) auquel sera adapté en dessous un petit bout de tuyau par lequel les liquides tomberont dans un vase propre à les recevoir.

La charpente servant de base au plateau a la forme d'un **X**, dont la principale pièce (*bc*) est une poutrelle de 1,5 décimètres carrés placée en diagonale sous le plateau. Sur cette pièce s'ajustent deux autres de même force (*d e* et *f g*), se dirigeant de la pièce principale vers les deux autres angles diagonalement opposés de la plate-forme; mais ces deux branches ne se joignent pas au centre pour ne pas affaiblir la pièce principale dans cette partie, où se trouve placé un pivot en fer (*o*) fixé au plancher et pénétrant dans un trou de la pièce (*b c*).

Les branches en diagonale de la charpente sont en outre réunies par des étais (*h i k l*) plus faibles, parallèles aux côtés de la plate-forme. Sous chacune des extrémités des quatre branches principales se trouve une roulette en bois, ou mieux en fer (*b c d f*), d'un diamètre d'environ 1,8 décimètre, placée dans une direction perpendiculaire aux rayons pour faciliter les mouvements de rotation de la plate-forme. Les deux roulettes placées à l'extrémité où est l'ouverture (*a*) par où s'écoulent les liquides, seront un peu plus petites pour donner au plateau une légère pente vers ce côté.

C'est sur ces plates-formes qu'on placera les corps des grands animaux qu'on veut disséquer ; et si l'on avait un sujet trop grand, on pourrait augmenter la surface en plaçant la tête avec une portion du cou sur un prolongement consistant en une simple planche maintenue en place par le poids même du corps.

Tables de dissection. — Les *tables de dissection*, placées dans les grandes salles, formeront une rangée, le long du côté opposé aux plates-formes, à une distance d'un mètre du mur, et séparées l'une de l'autre par un espace de 2,6ᵐ entre leurs centres. Ces tables seront formées sur le modèle de celles des salles de dissection ordinaires, et j'y renvoie pour la description. Leurs dimensions pourront cependant être un peu moindres, et n'avoir que 1ᵐ de long sur 0,8ᵐ de large, vu qu'on n'y dissèque guère que des corps d'une moyenne taille, comme ceux d'un mouton ou d'une chèvre, ou bien des fragments de grands animaux. Quelques-unes pourront même être plus petites encore et avoir simplement la forme des tables ordinaires.

Chaises. — Il y aura, pour chaque plate-bande et chaque table, à peu près trois *chaises*, mais en bois, comme étant moins salissantes que celles en paille, et plus faciles à nettoyer ; c'est-à-dire, ce seront de petits bancs carrés, à siége plein, avec ou sans dossier.

N. B. Outre les meubles que je viens d'indiquer, il y aura encore quelques tables à pupitre et des chevalets de dessinateur, que je décrirai plus bas à l'occasion des meubles du cabinet de travail, et j'y renvoie.

Désinfectoirs. — Il convient d'avoir, dans les locaux où l'on dissèque, des *désinfectoirs*, appareils où l'on dégage du chlore.

ARTICLE II.

SALLES ORDINAIRES DE DISSECTION.

§ Iᵉʳ. *Local.*

Le local destiné aux dissections des animaux de grande taille moyenne doit être semblable aux salles en usage dans les écoles de médecine, et proportionné au nombre de tables qu'on veut y placer, en comptant au plus cinq élèves par table, ce qui est déjà beaucoup. Ces salles doivent être également très-claires, et percées de fenêtres des deux côtés, de manière qu'il y en ait une vis-à-vis de chaque table; et comme la distance la plus convenable entre ces dernières est d'environ 3ᵐ du centre de l'une à celui de l'autre (un peu plus que pour les tables des salles des écoles vétérinaires, qui sont plus petites), afin de ne pas être gêné, c'est aussi d'après cette mesure que doivent être disposées les fenêtres. Les salles ordinaires auront, du reste, les mêmes dispositions que les grandes salles, avec cette différence qu'au lieu des plates-formes il y aura une rangée de tables de plus, laissant, dans le milieu de la salle, un espace de 2,8ᵐ, dans lequel seront placés les poêles. Or, comme la longueur de chaque table est de 1,8ᵐ, et qu'il faut au moins, entre les tables et les fenêtres, un espace de 1ᵐ, il en résulte que la largeur totale de la salle aura environ 8,1ᵐ.

Quant à la longueur de la salle, elle est déterminée par le nombre de tables dont on a besoin; si, cependant, il en fallait beaucoup, il serait convenable d'établir plusieurs salles, dont chacune aurait environ 18ᵐ de long, contenant dix tables. Les poêles et les armoires sont les mêmes que pour les grandes salles.

§ II. *Meubles.*

Les meubles des salles de dissection des écoles de médecine sont à peu près les mêmes que ceux des écoles vétérinaires; les plates-formes y seront seulement remplacées par une rangée de tables, de manière qu'il y en a deux, une de chaque côté.

Tables de dissection. — Les *tables de dissection* les plus commodes doivent être faites de manière que le plateau tourne sur son centre, afin qu'on puisse diriger la partie qu'on prépare vers le côté d'où vient la principale lumière. Ce plateau aura 1,5ᵐ de long sur 0,55ᵐ de large, il sera légèrement concave, et couvert d'une lame de plomb ou de zinc, pour empêcher la trop prompte corruption du bois, en même temps que les tables sont de la sorte plus faciles à nettoyer, et répandent moins de mauvaise odeur. Vers l'une des extrémités un peu plus déclives est percé au milieu un trou (fig. 2, *a*) par lequel s'écoulent les liquides répandus sur la table. Sous ce trou est fixé de côté un crochet de fer auquel on accroche un seau (*b*), destiné à recevoir ces liquides, afin qu'ils ne se répandent pas sur le plancher. Ce seau est ainsi emporté avec le plateau lorsque celui-ci tourne.

Le plateau est appliqué sur une table ronde à quatre pieds fixés au plancher, et au milieu est un fort pivot en fer autour duquel le plateau tourne.

4.

ARTICLE III.

CABINET DE L'ANATOMISTE.

§ Iᵉʳ. *Local.*

Le *cabinet* de l'anatomiste est le lieu où il s'occupe de la dissection des animaux de petite grandeur moyenne et au-dessous ; et d'ordinaire aussi le lieu où il se livre à d'autres travaux , tels que les observations microscopiques , le dessin et la rédaction de ses ouvrages. Ce local doit donc différer beaucoup des salles de dissection dont je viens de parler.

Ce cabinet doit , autant que possible , être exposé au midi , ou , mieux encore , vers le soleil , lorsque celui-ci marque le milieu du temps ordinaire du travail , afin qu'il puisse éclairer directement les objets que l'on dissèque. La fenêtre doit être, si cela est possible, sans embrasure , pour qu'on puisse placer la table tout contre les vitres.

Chaque côté de la fenêtre doit être garni en dedans d'un store blanc d'une toile un peu épaisse , qui ne laisse pas traverser une lumière brillante. Ces stores sont baissés ou levés par le moyen d'une corde sans fin, pour qu'on puisse les arrêter à toutes les hauteurs voulues.

Ces stores couvriront de leur ombre toute la table de dissection , à l'exception de la place où se trouve la pièce sur laquelle on fait ses recherches; et, comme le faisceau de lumière qui passe en dessous est d'ordinaire encore trop large, on le rétrécira au moyen d'écrans placés soit sur la table , soit contre la fenêtre, et qu'on glisse selon le besoin les uns derrière les autres, pour ne laisser arriver sur l'objet en travail que le rayon de lumière nécessaire , tandis que tout le reste de la table est dans l'ombre et permet d'y placer les dessins qu'on fait ou le papier sur lequel on écrit sans que la lumière qui frappe ces objets ne blesse les yeux.

Ces écrans peuvent être posés inférieurement sur une des traverses de la fenêtre et appuyés en haut contre une tringle ou un simple cordon à demeure, tendu transversalement devant le carreau. L'autre côté de la fenêtre aura, comme on le jugera convenable, son store levé ou baissé.

Des stores en couleur, et surtout des verts, auraient l'avantage de soulager la vue en jetant une teinte adoucie sur tous les objets placés sur la table ; ce qui serait fort important pour l'observateur, qui se trouve souvent dans l'obligation de fatiguer considérablement ses yeux dans les moments où il se livre à des travaux sur de très-petits animaux, et surtout à des observations microscopiques ; mais ces mêmes teintes colorées, donnant aussi au papier sur lequel on dessine une couleur particulière, nuisent considérablement à l'effet lorsqu'on voit ensuite ces mêmes dessins à la lumière blanche. Chacun aura donc à se déterminer à ce sujet d'après l'avantage qu'il veut obtenir, et emploiera soit des stores blancs, soit des stores verts.

Au-dessus du milieu de la table de dissection sera fixé au plafond un crochet en fer auquel on pourra suspendre divers objets dont on peut avoir besoin, notamment l'injectoire, dont je donnerai plus tard la description.

§ II. *Meubles.*

Le cabinet de l'anatomiste, lui servant à la fois de laboratoire et de demeure ordinaire, renferme un plus grand nombre de meubles que les salles de dissection, ainsi qu'une partie de sa bibliothèque, et plusieurs autres objets utiles à ses recherches.

Table de dissection. — Nous avons vu précédemment comment devaient être faites les tables des salles de dissection; celles sur lesquelles on opère dans le cabinet diffèrent notablement de celles-là, et se rapprochent davantage des tables ordinaires.

Comme il est généralement admis, pour la facilité du travail, que les objets qu'on dessine doivent être éclairés par la gauche, la table de dissection doit être placée contre la fenêtre de manière à recevoir la lumière de ce côté.

Cette *table*, de dimension commode, peut avoir, par exemple, 1 mètre de long sur 0,6^m de large, ce qui me paraît être la grandeur la plus convenable. Quant à la hauteur, elle doit varier selon la taille de la personne qui en fait usage, et être telle que, lorsqu'on y est assis, on puisse facilement regarder dans le microscope, avec les mains commodément appuyées sur la platine de cet instrument, dans la position où l'on est lorsqu'on dissèque; ce qui est la condition essentielle sans laquelle on ne pourrait se livrer à des recherches anatomiques avec le microscope.

Table à chevalet du dessinateur. — Donnant dans cet ouvrage quelques indications sur ma manière de dessiner les objets d'anatomie, je dois placer ici la description de la *table à chevalet* d'une construction particulière dont je me sers. Cette table (fig. 3), de forme allongée, mais en sens opposé à celui des tables ordinaires, a environ 7 décimètres de large transversalement, et 8 décimètres dans l'autre sens. Elle est très-solide, surtout dans ses pieds, vu qu'on est souvent obligé de s'appuyer fortement dessus, et cela dans une direction oblique en avant. Cette table n'a pas de plateau fixe, mais elle en reçoit au besoin un mobile qu'on y place à volonté; sa moitié antérieure (*a*) est seule couverte d'une légère tablette non débordante pour empêcher la poussière de tomber dans un tiroir latéral (*b*) placé dessous, en même temps qu'elle contribue à donner de la solidité au meuble. Le reste n'est pas couvert, de manière qu'il se trouve au delà de cette tablette un grand vide (*c*) entouré par le cadre de la table.

Au bord antérieur est adapté, par le moyen de deux charnières, un chevalet solide (*d*) aussi large que la table, et susceptible de s'abattre entièrement sur cette dernière, en s'y enfonçant de toute son épaisseur, et de se relever presque verticalement. Du tiers supérieur des montants du chevalet, descend de chaque côté un support (*e*) mobile par une charnière, et les deux sont réunis par deux traverses qui les maintiennent en place. Ces supports appuient inférieurement sur les divers degrés d'une crémaillère placée sur le côté antérieur des pieds postérieurs de la table (*f*), selon l'obliquité qu'on veut donner au chevalet. C'est pour livrer passage à ces supports que la table forme derrière le tiroir ce grand vide dont j'ai parlé. Pour les degrés les plus élevés du chevalet, les entailles de la crémaillère sont placées sur le bord supérieur du cadre de la table (*g*).

Les montants du chevalet sont percés de plusieurs trous, comme ceux d'un chevalet ordinaire, servant à y placer les chevilles qui soutiennent soit le tambour à dessin, soit tout autre objet qu'on veut y placer.

Cette table à chevalet sert très-commodément pour les grands dessins; en y plaçant le tambour de la même manière qu'un peintre place son tableau sur le chevalet ordinaire; et selon qu'on a besoin d'avancer le corps sur le dessin pour y travailler à la partie supérieure, on baisse plus ou moins le chevalet, et on peut, en raison de sa solidité, appuyer tout le corps dessus.

Si on veut s'en servir pour faire des lavis, circonstance où il faut que la table soit horizontale, on baisse entièrement le chevalet et on le recouvre du plateau mobile semblable à celui d'une table à dessin ordinaire.

Lampe. — Un instrument, et en même temps un meuble indispensable, surtout pour ceux qui se livrent à des observations microscopiques, est une bonne *lampe* à coulisse, c'est-à-dire qui puisse s'élever et s'abaisser à volonté pour faire arriver le jet de lumière dans la direction la plus convenable sur le miroir du microscope ou sur l'objet lui-même lorsqu'il est opaque. Cette lampe sert du reste, comme d'ordinaire, pour éclairer pendant les travaux du soir.

Pour les observations microscopiques, il est bon que la lampe soit couverte d'un écran afin de garantir les yeux de la lumière directe, qui gêne et affaiblit la vue.

ARTICLE IV.

BOITES A SQUELETTES POUR LES INSECTES.

Ces *boîtes* sont de véritables petits laboratoires où l'on se sert de divers insectes, et surtout des fourmis, pour faire les squelettes de très-petits vertébrés. Ces boîtes, de la capacité d'un demi-litre, et rarement plus, doivent être en bois, mais faites de manière à ne pas craindre l'humidité ; elles doivent fermer exactement, sans laisser de fente de plus d'un millimètre de large. On peut aussi les avoir en fer-blanc ou en zinc, mais alors il faut que leurs surfaces extérieure et intérieure soient dépolies et même rudes pour que les insectes puissent les parcourir pour entrer et sortir. Ces boîtes doivent avoir sur les côtés un grand nombre de trous juste assez grands pour laisser passer une fourmi, mais pas assez pour leur permettre d'emporter quelques petits osselets, ce qu'elles ne manquent pas de faire lorsqu'elles le peuvent. Si ces boîtes sont destinées à y faire travailler les *dermestes*, les *ptinus fur* ou les *anthrenus*, elles peuvent être d'une matière quelconque, même en carton, vu que ces insectes ne rongeant que les substances organiques sèches conservées dans l'intérieur des maisons, ces boîtes n'ont de là pas besoin d'être exposées à l'humidité ; tandis que celles où travaillent les fourmis renferment des animaux frais, et doivent être placées près des fourmilières. Les *dermestes* et les *ptinus* sortent rarement de ces boîtes et s'y multiplient même. Pour l'emploi de ces boîtes, voyez le paragraphe sur les procédés pour faire les squelettes.

ARTICLE V.

LIEU DE MACÉRATIONS.

§ Ier. *Local.*

Dans tout établissement où l'on prépare des squelettes, il est nécessaire d'avoir, dans un endroit écarté, un lieu où l'on fait macérer les os pour les priver des parties molles par l'effet de la décomposition putride. Ce peut être une salle basse, une chambre quelconque, même un simple hangar ; mais il faut avoir soin qu'il ne soit pas exposé de manière que le soleil donne sur les baquets dans lesquels on fait macérer ; et le mieux est un endroit obscur, mais non pas frais, pour que la putréfaction ne soit pas retardée. Ces conditions, que doit remplir le lieu où l'on fait macérer, sont exigées pour empêcher qu'il ne se développe de la matière verte ou de la moisissure dans les baquets, mais surtout la première, qui s'attache aux os au fond de l'eau, s'y incruste et leur donne une teinte noire ou jaune dont on ne peut plus les débarrasser ; et cela arrive lorsque le baquet est exposé au grand air, et surtout au soleil ; et, quand même il ne s'y développerait pas de matière verte, les chairs elles-mêmes brunissent et teignent les os.

Ce lieu doit être dans un endroit écarté pour qu'on ne soit pas incommodé par la mauvaise odeur, qui cependant ne se fait pas sentir fortement tant qu'on ne touche pas aux baquets de macération ; mais, sitôt qu'on les remue seulement un peu, le dégagement de vapeurs fétides a lieu.

§ II. *Meubles.*

Les meubles des lieux de macération se réduisent à de simples vases nommés *baquets*, dans lesquels on fait macérer les os, et à un seau pour porter de l'eau.

Baquets. — Les *baquets* ne sont autre chose que ces vaisseaux cylindriques que tout le monde connaît. On en a de toutes dimensions : les grands en bois, les moyens en poterie et les plus petits souvent en verre. Les baquets en bois doivent être en sapin, en frêne ou en tout autre bois qui ne déteint pas, et par conséquent pas en chêne ni en noyer, qui donnent une couleur noirâtre à l'eau, surtout s'il s'y trouve un peu de fer, ce qui peut accidentellement arriver. Dans ce cas l'acide gallique de ces bois forme avec le fer de la véritable encre qui pénètre dans les os et les colore de manière à ne plus pouvoir être blanchis; et même, sans qu'il y ait de fer dans l'eau, le tanin rend l'eau toute noire et colore les os en gris. Les meilleurs baquets sont ceux en poterie ; mais ils ne peuvent servir que pour les petits animaux. On peut les tenir plus propres, pouvant mieux les purger des germes de la matière verte et de la moisissure, s'il y en a ; ce qui est fort difficile avec des baquets en bois ; car, lorsque ces matières s'y sont une fois développées, on a la plus grande peine à y détruire leurs germes qui s'incrustent dans le bois. On peut cependant y parvenir en plaçant le baquet renversé sur un feu de braise et en le chauffant presque jusqu'à l'ignition ; car l'eau bouillante qu'on y met ne les détruit pas.

Les vases en poterie de terre, on les fera de même fortement chauffer au feu pour y détruire ces germes ; enfin les vases en verre, qui sont généralement les plus petits, on les rince avec un acide concentré après les avoir bien lavés, afin que cet acide n'ait plus à agir que sur ces germes s'il en reste.

Les baquets doivent être placés, si cela se peut, à l'abri d'un courant d'air, qui favorise l'évaporation de l'eau, qu'on est obligé de remplacer au fur et à mesure. Pour prévenir cet inconvénient, on couvre les baquets le mieux possible ; et, pendant tout le temps qu'on y fait macérer, il faut tâcher de ne pas y toucher que lorsqu'il le faut, pour ne pas répandre de mauvaise odeur.

ARTICLE VI.

SÉCHOIR.

§ Ier. *Local.*

On doit avoir dans le voisinage du lieu de macération un emplacement exposé au soleil pour y faire sécher et blanchir les os. Une partie de ce local, qui est le mieux placé dans un jardin ou sur une terrasse, doit être à ciel découvert, pour que les os qu'on y veut faire blanchir y soient exposés le plus long-temps possible à l'action du soleil, de la rosée, de la pluie et de la neige, dont les retours alternatifs produisent le blanchiment.

La seconde partie du séchoir doit être une chambre pourvue d'un poêle, dans laquelle on puisse faire sécher promptement toute espèce de préparats [1]. Les procédés qu'on emploie seront décrits au chapitre relatif au système osseux.

§ II. *Meubles et ustensiles.*

Dans la partie extérieure des séchoirs seront placées plusieurs tables à bords relevés, afin que les objets placés dessus ne tombent pas facilement ; et à l'extrémité la plus basse de ces tables sera pratiqué un petit trou par lequel peut s'écouler l'eau qui aura pu y tomber.

Le plateau de ces tables peut être en bois, en lattes ou bien en métal.

Dans la chambre il y aura, outre le poêle, des tables et divers endroits où l'on pourra accrocher des préparats.

Il s'y trouvera en outre plusieurs claies, qu'on peut suspendre au plafond ou poser sur des poteaux et servant à y faire sécher diverses pièces.

ARTICLE VII.

ATELIER.

§ Ier. *Local.*

Un établissement où l'on se livre à l'étude de l'anatomie et, entre autres, à l'art de faire des squelettes, doit nécessairement avoir un

---

[1] J'emploie ce mot, que j'adopte de l'allemand, pour remplacer celui de *préparation*, généralement en usage ; vu que ce dernier exprime plutôt l'action de préparer que le nom de l'objet préparé.

atelier pourvu d'assez nombreux outils, la plupart propres à l'art du tourneur : c'est là où l'on ajuste définitivement les pièces de métal, de bois, de cuir, etc., dont on a besoin pour monter les squelettes ; enfin c'est là qu'on prépare les matières à injection et qu'on lute les vases dans lesquels on conserve les préparats anatomiques.

Cet atelier doit renfermer un petit tour servant surtout à y monter des mèches pour percer les os. Il doit s'y trouver une cheminée à âtre pour les opérations qui exigent du feu, enfin une fontaine fournissant l'eau dont on a si souvent besoin ; c'est là aussi où peuvent se trouver les magasins où l'on conserve les vases, les liqueurs conservatrices, les matières à injections, etc.

§ II. *Meubles et outils.*

Outre le tour et la fontaine dont je viens de parler, on doit avoir dans l'atelier tous les instruments nécessaires aux travaux qu'on y exécute ; et, comme ils sont tous connus, je me bornerai simplement à en examiner les plus essentiels ; les autres se feront connaître par le besoin. Ce sont : une grande table, un petit établi avec étau et enclume, une meule ou pierre à repasser les gros instruments, des outils dépendants du tour, comme un petit tour à archet avec des mèches de diverses grosseurs, des limes, des râpes, des burins, des ciseaux, diverses pinces à fil métallique, des pinces coupantes, des tenailles, des marteaux, un maillet, des emporte-pièces de différentes grandeurs pour les étiquettes, des scies, etc. ; mais, outre ces outils ordinaires, il convient encore d'en avoir quelques autres dont l'emploi est, sinon indispensable, du moins fort utile. Ce sont les suivants :

Tournette à couper les plaques de verre servant de couvercles aux bocaux. — Les bocaux dans lesquels sont conservés les préparats anatomiques sont fermés soit par des bouchons, soit par des plaques en verre hermétiquement lutées aux vases. Ces plaques, généralement rondes, sont difficiles à tailler à la main, à moins d'avoir un patron en bois pour chaque grandeur, ce qui serait presque infini et coûterait plus cher qu'une tournette dont on se sert pour couper de semblables plaques. Cette *tournette* consiste en une planche de 5 décim. de long sur 2 décim. ou un peu plus de large (fig. 4 *a*). Sur le milieu de cette planche servant de base est fixé un disque rond en bois (*b*), d'environ 4 décim. de diamètre, tournant sur son centre. Vers l'une des extrémités de la planche, à une petite distance du bord du disque, est fixé, au milieu de cette planche, un piton en fer (*c*) formant deux oreilles latérales, entre lesquelles joue en charnière l'extrémité d'une tringle carrée (*d*), également en fer, pouvant s'élever et s'abaisser verticalement pour se placer parallèlement au disque, sur le centre duquel passe cette tringle et se prolonge jusqu'au delà de ce dernier, où elle s'applique dans un second piton à oreilles, semblable au premier, et disposé de même (*c*), mais sans cheville formant l'axe de mouvement. Cette tringle, placée aux deux bouts dans les mortaises des deux pitons, sera en conséquence parallèle au disque, sur lequel elle sera élevée d'environ 15 millim. Sur cette tringle glisse un petit chariot en cuivre (*f*) portant en dessous un diamant pour couper le verre, et au-dessus une vis de contre-pression pour fixer le chariot sur la tringle. Autour du centre du disque sont tracés, sur celui-ci un grand nombre de cercles concentriques distants de 5 millim., servant à indiquer la grandeur des plaques qu'on veut tailler, et en même temps pour ajuster convenablement le morceau de verre qu'on emploie.

Pour se servir de cette tournette, on place le morceau de verre sur le centre du disque et le chariot portant le diamant de manière à ce que ce dernier corresponde au cercle de la grandeur dont on veut que soit la plaque ; on abaisse la tringle sur la plaque de verre, en la maintenant de la main gauche, de manière que le diamant appuie un peu sur cette dernière ; faisant ensuite tourner avec la main droite le disque, celui-ci emporte avec lui la plaque de verre, et le diamant la coupe.

Pour couper des plaques qui ne soient pas rondes, comme cela arrive fort souvent, tous les bocaux n'ayant pas cette forme, on trace le contour qu'on veut lui donner sur une feuille de papier ; on place celui-ci sous le morceau de verre, et on coupe la plaque librement, à main levée, en suivant la figure placée dessous.

Pierre fine à repasser. — Comme il est nécessaire d'avoir des scalpels et autres instruments tranchants qui coupent bien, et qu'on ne peut pas les faire aiguiser à tout moment par le coutelier, on doit avoir de petits appareils servant à les repasser soi-même. Je ne veux pas dire qu'il faille entreprendre de les aiguiser lorsqu'ils sont fortement émoussés, ce qui n'arrive que de loin en loin, car alors on fait mieux de les envoyer au coutelier, qui a à sa disposition tous les moyens nécessaires pour cela ; mais je veux parler du simple *repassage* par lequel on leur *donne le fil*, ce qui se fait ordinairement en les frottant sur une *pierre à rasoir* ; mais, pour peu qu'on n'ait pas soin de ses instruments, ou qu'on ne sache pas bien les repasser, ce qui demande encore à être appris, les tranchants deviennent en peu de temps si mauvais, qu'il est impossible de faire quelque chose de bon avec ses scalpels, et il faut les repasser. Je viens de dire qu'on se sert habituellement pour cela de pierres à rasoir de forme entièrement plate, et même les couteliers en font usage ; et ceux-ci, ayant souvent des pierres qui servent depuis long-temps, elles finissent par devenir fortement concaves, tandis que c'est, au contraire, convexes qu'elles devraient être, comme je le ferai voir ; aussi, les rasoirs et autres instruments affûtés sur ces pierres perdent-ils bientôt leur tranchant, ou, pour mieux dire, ils ne coupent jamais bien.

Pour que le tranchant d'un instrument soit le plus fin possible, on conçoit que l'angle que les deux faces de la lame font entre elles doit être extrêmement aigu, or, si ses faces étaient planes, toute la lame serait si mince qu'elle n'aurait aucun soutien ; mais on est arrivé à remplir la première condition sans tomber dans l'inconvénient de la seconde, en rendant les deux faces concaves, de manière qu'elles forment entre elles un angle courbe, qui est, comme on sait, le plus aigu possible, tandis que le dos de la lame peut être fort épais pour donner toute la solidité nécessaire à l'instrument : c'est sur ce principe que sont formées les lames des rasoirs ; mais cela ne suffit pas, car, en repassant la lame sur une pierre plane, il est évident que son bord, en s'usant, devient plat, et le tranchant, formé alors par deux faces planes, est moins aigu, et l'instrument coupe moins bien. Enfin, si la pierre est concave par l'usure, le fil ne saurait être bien coupant ; il faut, en conséquence, repasser ses instruments sur des surfaces convexes, et la pierre plane ne servira que pour les instruments ordinaires et les aiguilles.

Champignon à repasser. — Pour repasser les tranchoirs que je décris plus bas, dont la lame très-large ressemble beaucoup à celle d'un rasoir, et en général pour toute autre lame à face large, qui doit bien couper, comme celle des scalpels, on doit se servir de plaques en verre légèrement convexes d'un côté, ou *champignons à repasser,* proposées par M. Trécourt. Ces plaques (fig. 5) ont un diamètre d'environ 0,08^m ; la surface convexe est finement usée à l'émeri, et la face plate est collée sur un champignon en bois, dont le pédicule sert de poignée. Pour en faire usage, on met une petite quantité (la valeur d'une très-petite lentille) d'émeri, le plus fin possible, sur la plaque ; on le délaie avec un peu d'huile d'olive, et l'on frotte simplement la lame, dont les faces sont plus fortement concaves que le champignon n'est convexe, à plat sur la plaque, ayant soin de faire également appuyer le tranchant et le dos, et faisant en sorte que tous les points de la longueur de la lame soient frottés à leur tour ; car on conçoit qu'à chaque trait ce n'est jamais qu'un seul point du tranchant et du dos qui appuie sur la plaque. Après avoir frotté ainsi la lame pendant quelques minutes, on enlève une partie de l'émeri, et on continue à frotter ; puis, après quelques minutes encore, on enlève une autre partie, et ainsi trois ou quatre fois, jusqu'à ce qu'il ne reste presque plus d'émeri sur la plaque ; on essuie l'instrument, et on cesse lorsqu'on le trouve suffisamment tranchant. Mais il faut avoir soin de ne pas trop user la lame, car alors il se forme un morfil, pris sur la largeur de la lame, et qui empêche l'instrument de couper. Si l'instrument n'est que peu émoussé, il suffit souvent de trois minutes pour le repasser.

Il est inutile de dire que les instruments qui servent à couper des parties solides n'ont pas besoin de ce soin.

A défaut de ces plaques, on se servira de pierres à rasoir ordinaires, ayant soin de toujours tenir la lame bien à plat sur la pierre.

Meule fine à repasser. — Quant aux tout petits scalpels, dont les lames sont fort étroites, il est difficile de les promener sur le champignon en appuyant également le tranchant et le dos; et j'aime mieux employer une petite *meule* également en verre, de 4 à 5 centimètres de diamètre sur 10 à 12 millimètres d'épaisseur. Cette meule (fig. 6, *a*) est montée sur un petit touret muni d'une roue (*b*), à peu près comme les meules ordinaires, et mue par une manivelle qu'on fait aller d'une main; et le tout se fixe, quand on veut en faire usage, sur le bord d'une table, au moyen de deux vis de pression.

Ce petit appareil a environ 6 décimètres de long, et la roue 2,5 décimètres de diamètre. La meule doit être parfaitement ronde, son bord convexe très-finement usé à l'émeri; et, pour en faire usage, on se sert, de même que pour les champignons dont je viens de parler, d'émeri très-fin.

Le devant du support de la meule, partie opposée à la roue, présente un bord droit horizontal (*c*), placé à environ 35 millimètres plus bas que l'axe de la meule, et à 30 millimètres plus en avant; sur ce bord à angle droit est fixé, au moyen d'une charnière, le bord d'une petite planche carrée (*d*), ayant transversalement la même longueur que le support de la meule, c'est-à-dire environ 8 centimètres, et, d'avant en arrière, 7 centimètres. Sur cette planchette sont fixés deux listels en queue d'aronde, parallèles, dirigés d'avant en arrière, sur lesquels glisse une tablette (*e*) de 2 décimètres de long transversalement sur 12 centimètres de large. Cette tablette présente, au milieu de son bord antérieur, une échancrure dans laquelle passe la meule. (Cette tablette n'est que tracée en pointe dans la figure pour ne pas cacher la planchette placée dessous.) Cette tablette, étant mobile, peut être avancée vers la meule, de manière que celle-ci pénètre toujours le plus avant possible dans l'échancrure de cette tablette, quelle que soit la position de cette dernière.

Sous la planchette (*d*) est fixé un arc gradué en cuivre (*f*), traversant le support où il peut être fixé par une vis de pression (*g*), de manière à rendre la planchette fixe dans telle inclinaison qu'on veut, à l'égard de la meule, et, par suite, de donner à la tablette également la position qu'on veut par rapport à cette dernière.

Pour aiguiser les instruments, on donne à la tablette telle inclinaison qu'on juge à propos, selon la forme de chacun, afin qu'en couchant cet instrument à plat sur la tablette, la lame s'applique exactement à plat contre la meule, et qu'on n'ait plus qu'à la promener le long de celle-ci pendant qu'on tourne la roue; et la lame s'aiguise exactement sans qu'il s'établisse plusieurs facettes, comme cela arrive en les aiguisant à la main libre.

En plaçant certains instruments, et entre autres les scalpels, à plat sur la planchette, la lame présente son tranchant et non sa face à la meule. Pour établir cette dernière disposition, on emploie un petit support en bois d'environ 1 centimètre cube dans lequel est une entaille où pénètre à frottement la partie postérieure qui ne coupe pas de la lame du scalpel; l'instrument ainsi fixé dans le support, on peut maintenir sa lame en appuyant le support sur la planchette, et la présenter par le côté à la meule.

Mais s'il est bon d'avoir les moyens de repasser soi-même les instruments, qui perdent facilement le vif tranchant si nécessaire pour faire des dissections soignées, il est convenable aussi de prévenir les accidents par lesquels ces instruments le perdent sans utilité, en heurtant contre des corps durs où ils s'ébrèchent, ce qui n'arrive que trop souvent sur les tables où l'on pose ces instruments. Pour éviter, autant que possible, ces accidents, on doit couvrir la table d'un gros linge plusieurs fois double, sur lequel tous les instruments posent. Par ce moyen, les tranchants, et surtout les pointes, ne heurtent jamais contre la table, et ces instruments ne glissent pas facilement pour se heurter entre eux. Ces toiles, faisant en outre l'office de coussins, permettent d'y laisser tomber les instruments sans les casser, et de les relever plus facilement lorsqu'on en a besoin, avantage que l'on n'a pas lorsqu'ils sont placés à nu sur la table. Enfin, ces toiles absorbent rapidement les liquides qu'on verse et empêchent qu'ils ne salissent les objets placés dans le voisinage.

Porte-mèches à archet. — Outre les instruments ordinaires dépendant d'un tour en l'air, il doit y avoir encore des *porte-mèches*, dont l'un est le porte-mèche fixe qu'on visse à une table et qu'on met en mouvement au moyen d'un archet. C'est avec le secours de cet instrument qu'on perce les pièces solides de moyenne grandeur, et la plus forte mèche qui s'y adapte peut avoir 2 millimètres de grosseur.

Porte-mèche à main. — Une seconde espèce de *porte-mèche*, servant à percer des trous très-fins, comme ceux qu'on peut faire avec une aiguille, est destiné à être simplement mis en mouvement avec les doigts entre lesquels on roule le manche de l'instrument formant la principale pièce. Ce n'est autre que le porte-aiguille des brodeuses au crochet, dont l'aiguille est remplacée par une petite mèche.

Mais ces instruments sont ordinairement très-faibles et cassent facilement. Il est, en conséquence, plus convenable d'en avoir d'une autre façon, formés d'une tige en acier fendue dans le milieu à son extrémité (fig. 7, *a*) dans un espace de 2 à 3 centimètres, et dont chaque moitié est creusée au milieu d'une petite gouttière, de manière que les deux, étant réunies, forment un canal central dans lequel on place la mèche ; et celle-ci y est fortement retenue au moyen d'un coulant (*b*) qui serre les deux branches.

Les mèches fines ont la forme de celles dont on se sert pour percer les métaux, ou bien elles sont simplement en pointe arrondie ou carrée lorsqu'elles doivent servir à percer des os très-minces.

Réchaud à lampe. — Comme on a souvent besoin de tenir quelque liquide à une température élevée, il est fort utile d'avoir un petit *réchaud* à l'esprit-de-vin sur lequel on puisse placer un vase contenant la matière à chauffer. Cet appareil peut avoir une forme quelconque ; la plus convenable, selon moi, est cependant celle où le gril sur lequel pose le vase est formé par un cercle d'un décimètre, ou un peu plus de diamètre, duquel partent trois languettes se dirigeant vers le centre qu'elles n'atteignent pas, laissant au milieu un espace vide d'environ 2 centimètres, afin que les languettes n'interceptent pas la flamme. La lampe, placée sous le milieu du gril, doit être faite de manière que, par une vis de rappel, elle puisse être levée ou baissée, pour graduer la chaleur selon le besoin. Ces réchauds à lampe sont surtout nécessaires pour tenir chauds les divers appareils à injection pendant qu'on prépare les vaisseaux qu'on veut injecter, afin que les masses contenues dans ces appareils ne figent pas.

CHAPITRE II.

DES INSTRUMENTS PROPRES AUX TRAVAUX ANATOMIQUES.

Outre les instruments proprement dits de dissection, l'anatomiste comparateur en emploie encore plusieurs autres, dont les uns simplement accessoires servent indirectement aux travaux anatomiques, et dont les autres, plus spécialement préparatoires, sont destinés à faciliter les diverses opérations qu'il a à faire.

ARTICLE PREMIER.

DES INSTRUMENTS ACCESSOIRES.

Ces instruments, en quelque sorte étrangers au véritable art de la dissection, sont en petit nombre, et servent simplement à donner à l'anatomiste les moyens soit de prédisposer les objets dont il a besoin pour ses travaux ultérieurs, soit pour conserver les pièces anatomiques en nature ou en dessin.

Néosogène. — L'anatomiste ayant souvent besoin de disséquer des fœtus d'oiseaux à divers degrés de développement bien exactement connus, il est nécessaire qu'il ait à sa disposition un appareil à incubation ou *néosogène* dans lequel il puisse faire couver les œufs.

On en a de diverses formes, les uns cylindriques, les autres sphériques, etc.; mais, à mon avis, les premiers, étant plus faciles à construire, sont de là moins chers, et l'incubation s'y fait tout aussi bien.

C'est un cylindre en fer-blanc (fig. 8) de 4 décimètres de diamètre sur 46 centimètres de haut, fermé inférieurement par un fond en cuivre battu, concave en dessous (*k*). Les parois latérales sont doubles, c'est-à-dire qu'il y a deux cylindres l'un dans l'autre (*a* et *b*), distants à peu près de 15 millimètres, tous deux soudés au fond et maintenus à distance par quelques petites traverses; et la cavité que ces cylindres interceptent est remplie de charbon de bois pilé fin et tassé, pour empêcher la déperdition de la chaleur. Ce double cylindre est couvert d'un couvercle en bois (*c, c*), percé de douze petits trous de 5 millimètres, disposés en deux cercles, dont l'un à 15 centimètres et l'autre à 8 centimètres du centre, pour laisser échapper l'air contenu dans le néosogène.

Dans le cylindre intérieur se trouve un troisième (*d, d*), fixé sur un double fond en fer-blanc (*e, e*), supporté par douze petites colonnes creuses de 4 centimètres de haut (*f, f*), disposées en deux cercles à 11 centimètres et à 6 centimètres du centre, ouvertes en dessous sous le fond en cuivre, et en dessus dans la cavité du cylindre intérieur. C'est dans cet espace de 4 centimètres qui entoure ce dernier de toutes parts que circule l'air chaud; et c'est par les petits cylindres creux que l'air extérieur pénètre dans le néosogène et ressort par le couvercle, en s'y renouvelant ainsi constamment. Les deux espaces compris entre les trois cylindres sont couverts chacun par un couvercle annulaire emboîtant, de manière que la chaleur qui s'accumule dans les deux cavités ne se perde pas facilement.

Le cylindre intérieur (*d, d*) est couvert au contraire d'un grillage auquel est suspendu un cercle de peau de mouton avec la laine pendante, et percé d'un grand nombre de petits trous pour le passage de l'air.

Dans la cavité du cylindre intérieur sont posés l'un sur l'autre cinq bassins en fer-blanc (*g, g*), dont les bords ont 4 centimètres de haut et dont les fonds sont criblés comme une passoire d'une grande quantité de petits trous. Dans chacun des quatre bassins inférieurs sont fixées à distance égale six colonnes (*h*, *h*) de 8 centimètres de haut servant de support au bassin placé au-dessus ; le plus inférieur repose sur des colonnes semblables, mais de 4 centimètres de haut seulement, fixées au fond, et le supérieur n'en porte pas du tout.

Au centre de chaque bassin est un cylindre creux (*i*, *i*) un peu plus haut que les bords du bassin, et d'un diamètre de 3 centimètres, dont la cavité perce le fond, de manière que les cinq forment ensemble un canal central traversant tout le néosogène. C'est dans ces bassins remplis de paille hachée qu'on place les œufs.

Il serait possible qu'on pût obtenir une chaleur plus égale partout avec moins de perte, en établissant au milieu de ce canal un tube vertical en cuivre (*k*, *k*) faisant corps avec le fond inférieur où il serait ouvert, et fermé à son extrémité supérieure. L'air chauffé par la lampe (*m*) placée sous l'orifice de ce tube central acquerrait dans ce dernier une haute température ; sa chaleur se répartirait latéralement avec égalité, et le fond lui-même ne deviendrait jamais très-chaud ; tandis que par l'absence de ce tube la chaleur de la lampe est en partie réfléchie par le fond.

Cet appareil est posé sur un trépied (*l*) sous lequel est placée la lampe (*m*), portée sur une tige verticale (*n*), le long de laquelle elle peut glisser pour être rapprochée ou éloignée du fond du néosogène, afin de graduer la température qu'on veut donner à ce dernier ; température qui doit être dans le premier demi-jour de 30°, arriver le second à 32° ; le second jour à 35°, le troisième à 42°, où on la maintient.

Le tout est enveloppé d'un manteau de laine.

Le néosogène doit être placé dans un appartement où il n'y a pas de courant d'air bien actif, qui refroidirait l'appareil.

En plaçant les œufs dans les bassins, on leur fait une petite marque avec de l'encre, afin de reconnaître la partie qu'on a placée le premier jour en dessus ; et tous les jours ou tous les deux on les retourne.

Il n'est peut-être pas inutile de faire remarquer ici qu'il paraît que, pour les œufs de poule, ceux qui sont sensiblement plus pointus à l'un des bouts qu'à l'autre produisent plus particulièrement des mâles ; tandis que ceux dont les bouts sont presque d'égale grosseur produisent des femelles. Ceux-là sont aussi généralement plus gros.

Miroir réflecteur. — J'ai dit, en parlant du cabinet de l'anatomiste, que les fenêtres devaient être exposées vers le soleil au moment où il marque le milieu du temps ordinaire du travail, afin qu'il pût éclairer les petits objets qu'on dissèque et qu'on ne verrait pas assez bien sans cela. Mais le temps pendant lequel le soleil pénètre dans l'appartement n'est d'ordinaire que de huit heures au plus ; et il arrive fort souvent qu'on le perd au moment où on en a le plus besoin pour terminer une observation. Il est de là fort avantageux de pouvoir l'y ramener encore pendant quelque temps, et j'emploie pour cela un simple miroir plan que je fixe au dehors de la fenêtre à une hauteur d'environ deux mètres au-dessus du plancher de l'appartement, et en le disposant de manière qu'il réfléchisse la lumière du soleil sur la table. On gagne par là environ deux heures le matin et autant le soir. Ce miroir, qui n'aura qu'environ un décimètre carré, doit être de la meilleure qualité possible pour que la lumière qu'il réfléchit soit belle et égale ; car les miroirs ordinaires, à surfaces non parfaitement droites et mal polies, produisent une lumière ombrée, qui non-seulement n'éclaire pas bien, mais fatigue encore beaucoup la vue, qui a déjà considérablement à souffrir par le travail qu'on fait au soleil.

Tambour à dessiner. — Ayant très-souvent besoin de changer de dessin pendant qu'on dissèque, selon qu'on veut placer une figure sur une feuille ou sur une autre, on ne peut guère avoir chacune de ces dernières tendue sur une planche particulière, ce qui deviendrait très-gênant ; et, d'ailleurs, les planches ne peuvent servir que pour des dessins au pinceau, tandis qu'il vaut bien mieux dessiner les objets anatomiques à la mine de plomb ; dessins pour lesquels le papier tendu sur une planche ne peut guère servir. J'emploie, pour remplacer ces planches, un châssis en bois (fig. 9, *a*) de la grandeur voulue, sur lequel est tendue une feuille de parchemin servant de matelas au papier. Ce tambour est recouvert par un cadre en carton (*b*) de la même grandeur que le châssis, auquel il est uni par une charnière latérale : ce cadre sert à recouvrir les bords du papier ainsi que le sous-main, afin de les retenir en place et d'empêcher surtout le papier d'être écorné. Ce tambour donne au papier une élasticité suffisante pour qu'on puisse faire un dessin aussi léger qu'on le désire, et le cadre le maintient presque aussi fixe que s'il était collé ; le tout est fort léger ; et l'on change de papier avec la plus grande facilité. Il est inutile, je pense, de dire qu'il faut que le parchemin soit d'un grain égal et doux.

J'ai de ces tambours de diverses grandeurs : le plus petit, pour des dessins in-quarto ; le plus grand, pour des feuilles jésus.

Sauçoir. — J'ai déjà dit que je dessinais ordinairement à la mine de plomb ; et comme j'ai souvent besoin de calquer des figures pour les transporter à une place déterminée de telle ou telle planche, je recueille la poussière des crayons, qui me sert de *sauce* pour faire ces calques ; et, soit dit en passant, je ne pointe pas mes crayons avec un couteau, comme on le fait ordinairement, mais au moyen d'une

la décoction de la colle de poisson. On lave pour cela cette dernière à l'eau froide, afin d'enlever les saletés qu'elle peut avoir; on la divise en petites parcelles, et on la fait tremper vingt-quatre heures dans de l'eau froide bien propre. Si la colle n'est pas falsifiée, elle sera très-ramollie dans cet espace de temps, sans être gluante et sans être pâteuse. La colle de poisson ainsi ramollie dans l'eau, on la fait bouillir dans environ soixante-dix parties d'eau sur une de colle sèche. Elle ne tarde pas à fondre en laissant simplement quelques flocons de matières animales non solubles dans l'eau bouillante; et l'on continue l'opération jusqu'à ce que le liquide soit assez concentré pour que, en en plaçant une petite gouttelette entre les doigts, on sente qu'elle colle. Alors on retire le vase du feu, on passe le liquide par un linge très-fin, et l'encollage est fait.

On doit employer dans cette opération un vase très-propre, tel qu'une fiole à médecine ou un petit pot en porcelaine, et avoir soin que, pendant l'ébullition, les particules de colle de poisson ne s'attachent pas au vase, où elles ne tarderaient pas à brûler.

Après avoir employé une partie de ce liquide, on fait concentrer le reste dans un vase largement ouvert et sur un très-petit feu jusqu'à ce que le liquide devienne filant; on le verse alors sur une assiette bien polie, qu'on frotte préalablement avec un peu d'huile, mais le moins possible, et seulement pour que la colle ne s'y attache pas. On place l'assiette dans un lieu frais, où le liquide ne tarde pas à se prendre en gelée. Dans cet état, on expose la gélatine à un courant d'air pour la sécher. Une fois bien sèche, on la brise par petites parcelles, qu'on conserve, pour en faire usage, dans un endroit sec où elle ne puisse pas se salir.

Lorsqu'on veut l'employer, on en prend une partie qu'on fait tremper pendant vingt-quatre heures dans cinquante fois son poids d'eau; on place ensuite le tout sur un feu doux pour faire fondre la gélatine sans la faire bouillir; car les ébullitions répétées lui enlèvent la faculté de coller. Lorsqu'elle est fondue, on remue bien le liquide, on fait évaporer jusqu'à la concentration indiquée ci-dessus, et on l'emploie légèrement tiède.

A défaut de colle de poisson qu'on prépare soi-même, on peut employer la gélatine en tablettes dont on se sert pour faire les gelées qu'on mange, et connue dans le commerce de Paris sous le nom de *gélatine grenadine*, ou bien tout simplement la colle forte de Flandre (celle qui est jaune et transparente).

Pour appliquer l'encollage, on place le dessin horizontalement sur une table, et l'on verse le liquide dessus par petites quantités, qu'on étend au moyen d'un pinceau à lavis bien fin et large. On mouille ainsi fortement le dessin, avec soin de ne pas frotter avec le pinceau, qui doit à peine toucher le papier, pour ne pas enlever le crayon.

Si dans certains endroits le liquide s'accumule entre quelques plis du papier qui se fronce, on enlève ce qu'il y a de trop en le pompant avec le même pinceau qui sert à l'étendre. Il suffit pour cela de toucher ce liquide avec le pinceau bien exprimé. Si on le laissait, la trop grande quantité de gélatine qu'il déposerait formerait des croûtes.

Il faut avoir soin, en étendant l'encollage sur le dessin, de mouiller d'abord les parties les plus claires, et ensuite successivement celles de plus en plus obscures, pour prévenir le cas où quelques parcelles de mine de plomb, en se détachant des parties foncées, ne viennent se fixer sur les teintes claires et ne les salissent. Il faut aussi avoir soin de ne jamais tremper le pinceau dans le vase contenant le liquide sans l'avoir bien exprimé auparavant, pour ne pas salir ce dernier par des parties de mine de plomb que le pinceau peut avoir enlevées.

L'encollage ainsi également étendu sur toutes les parties détrempe le crayon et le fixe si bien au papier que, lorsque le dessin est sec, on peut le frotter avec de la gomme élastique sans rien enlever. Cet encollage donne même à la mine de plomb un beau vernis mat en lui enlevant son éclat métallique; brillant qui fait reconnaître, après que le dessin est séché, quelles sont les parties qui n'ont pas été mouillées, et on les retouche.

En mouillant ainsi le dessin, le papier se crispe; mais on le tend de nouveau, comme on le fait pour tout autre papier ou gravure, mais en humectant le papier légèrement avec une éponge sur le revers.

Si l'on trouve que quelques parties foncées ne sont pas assez noires, on peut très-bien les retoucher après à l'encre de la Chine, qui se marie parfaitement avec le crayon. On peut d'ailleurs faire à la mine de plomb de bonne qualité des teintes tout aussi noires.

L'encollage dont se servent les enlumineurs d'estampes est fort bon pour donner du corps au papier et l'empêcher de boire; mais il ne saurait servir pour fixer la mine de plomb, étant d'un blanc laiteux qui altère les teintes. Voici comment on le compose. Prenez 3 litres d'eau, 30 grammes de savon blanc de Marseille, 60 grammes d'alun de Rome, 30 grammes de colle de Flandre, et mieux encore de la colle de poisson ; faites dissoudre d'abord le savon, puis la colle, et ensuite l'alun sur un feu doux.

ARTICLE II.

INSTRUMENTS PRÉPARATOIRES.

Les instruments préparatoires sont destinés à faciliter les travaux anatomiques et servent soit à préparer les objets à la dissection proprement dite, soit à étendre nos moyens d'investigation. Ce sont principalement ceux qui, montrant de très-petits objets sous des dimensions plus grandes, nous permettent non-seulement de mieux voir leurs parties, mais aussi de mieux diriger nos instruments tranchants ; ou bien ce sont les instruments et les moyens d'injection par lesquels on rend les organes creux plus apparents, etc.

§ Ier. *Instruments d'amplification.*

Lorsqu'on dissèque de petits animaux dont les organes qu'on veut étudier ne peuvent pas être bien distingués à la vue simple, on est obligé d'avoir recours à des moyens de grossissement, dont les appareils qui produisent cet effet sont connus sous les noms de *loupe*, de *microscope simple* et de *microscope composé.*

Loupes et porte-loupes. — La *loupe* est composée d'une pièce principale consistant en un simple morceau de verre en forme de *lentille* et ainsi nommé, garnie d'une monture par laquelle on la tient, et qui la préserve en même temps du frottement contre les corps étrangers, qui altérerait son poli, et par là sa propriété et son usage. Ces lentilles se distinguent en cinq espèces : les *biconvexes*, dont les deux faces sont convexes ; les *plan-convexes*, dont l'une des faces est convexe et l'autre plane ; les *ménisques*, convexes d'un côté et concaves de l'autre ; les *plan-concaves*, planes d'un côté et concaves de l'autre ; et enfin les *biconcaves*, concaves des deux côtés. Les deux premières grossissent les objets, les deux dernières les font paraître plus petits, et la troisième produit l'un ou l'autre effet, selon que la face convexe ou la face concave est plus bombée, comme on le démontre dans les ouvrages de physique.

Ceux qui ont fait usage de ces instruments savent que ce n'est guère qu'en regardant à travers le centre d'une loupe ordinaire qu'on voit les objets bien nets ; tandis que, en regardant à travers les parties latérales, tout paraît tiraillé en tous sens et entièrement confus : effet qu'on nomme *aberration de sphéricité* de la loupe, du nom de la cause qui le produit ; une bonne loupe devant, rigoureusement parlant, être d'une autre courbe que la sphère et souvent hyperbolique, pour ne pas produire cette confusion. On est cependant parvenu à corriger cet effet en employant conjointement deux lentilles plan-convexes rapprochées dans la même monture par leurs faces convexes. Ainsi assemblées, les deux lentilles, ou, en quelque sorte, les deux demi-lentilles ne produisent plus que fort peu d'aberration de sphéricité, et l'on voit également distinct à travers toutes les parties. Je recommande de là aux anatomistes de faire principalement usage de ces loupes doubles, les ordinaires fatiguant en outre beaucoup la vue.

Depuis quelque temps on fait aussi usage de loupes doubles dont les verres ont la forme de parties de cylindres divisés parallèlement à l'axe et assemblés par leurs faces planes, mais croisées à angle droit. Cette sorte de verres est d'un grand avantage pour les instruments d'optique très-délicats, mais peu pour les simples loupes, dont le grossissement est faible.

La loupe peut être employée à nu, et d'ordinaire elle est montée dans une garniture; mais, dans l'un et l'autre cas, on est toujours obligé de la maintenir d'une main, ce qui empêche l'observateur de se servir de cette dernière pour disséquer. Cet inconvénient a fait qu'on a imaginé plusieurs moyens de la supporter pour laisser les mains libres. On sait que beaucoup d'horlogers la tiennent simplement entre la joue et le sourcil, ce qui doit être difficile et fatigant; et d'autres la tiennent maintenue par un support particulier ordinàirement en cuivre, nommé de là *porte-loupe d'horloger.*

Cet instrument, destiné à ne recevoir qu'une seule espèce de loupe dont ces artistes font usage, est suffisant pour eux, quoique mauvais en lui-même; et cependant tous les anatomistes, du moins tous ceux de ma connaissance, s'en servent assez généralement sans avoir cherché à le perfectionner.

Le *porte-loupe* (fig. 13) dont je fais usage consiste en une plaque en cuivre (*a*) de 11 centimètres de long sur 8 de large, servant de base; ou bien en une plaque en bois, de même grandeur, doublée en dessous en plomb pour lui donner du poids. Sur le milieu de cette plaque ou platine s'élève, vers la partie postérieure, une tige verticale en acier (*b*), de 2 décimètres de haut sur 5 millimètres de diamètre. Sur cette tige glisse à frottement une douille (*c*) ou toute autre pièce qui se déplace avec quelque résistance due au frottement; et sur le milieu de celle-ci, à sa face antérieure, s'articule une tringle droite (*d*), d'environ 3 décimètres de long sur 5 millimètres de grosseur. Cette tringle porte à son extrémité une tige de même grosseur (*e*), mais de 4 centimètres de longueur seulement, faisant la continuation de la tringle, à laquelle elle est unie par une charnière à mouvement vertical, lequel peut être arrêté par une vis de pression. A la suite de cette seconde pièce de la tige il s'en trouve une troisième (*f*) de même longueur ou un peu moindre, articulée de même, mais terminée par un canon dans lequel se fixe à frottement la queue de la loupe (*g*).

Sur la partie antérieure de la platine s'élève une tige fixe (*h*) de 11 centimètres de longueur, courbée en S, formant un étai à la tringle, mais dirigée obliquement en avant, de manière que l'extrémité inférieure fixée à la platine soit dirigée en dessous, et l'extrémité supérieure en haut. Celle-ci se termine par un anneau (*i*) mobile dans la direction de la tringle, et dans lequel celle-ci passe en y appuyant par le milieu de sa longueur. Cet étai, en même temps qu'il forme l'appui de la tringle, forme aussi dans son anneau l'axe sur lequel cette dernière fait la bascule, de manière qu'en élevant l'extrémité postérieure de la tringle, la partie antérieure s'abaisse; et c'est de cette manière que l'on met la loupe, placée en avant, à la hauteur voulue. Cet étai sert encore à empêcher les vibrations qui pourraient être communiquées à la tringle, et par elle à la loupe, comme cela a lieu dans le porte-loupe des horlogers, où la tringle est horizontale et fixe à sa base. Malgré ce support, les vibrations se font encore sentir lorsque la table se trouve ébranlée par l'effet d'une personne qui marche dans l'appartement, ou bien par une grosse voiture qui passe dans la rue; mais ce léger mouvement oscillatoire est entièrement détruit en collant sous la platine une pièce de drap un peu épais, qui l'amortit.

La loupe qu'on fixe dans le canon de la troisième pièce de la tringle est montée sur un simple anneau en cuivre, souvent muni en dessus d'un élargissement ou *garde-vue* interceptant la lumière latérale qui peut fatiguer l'œil; mais cette précaution me paraît peu nécessaire, à moins que ce ne soit pour les loupes très-petites. En dessous, à la face tournée vers l'objet, la lentille doit, au contraire, n'avoir que la plus faible garniture possible pour ne pas jeter d'ombre sur l'objet.

Au milieu de la garniture est fixée une petite tige ou *queue de la loupe*, de 4 centimètres de long et légèrement conique, pénétrant dans le canon de la tringle, où elle est fixée à frottement.

Par le moyen de cet appareil fort simple, on peut facilement explorer toute la surface d'un corps dont la largeur égale la distance de la platine à la loupe. L'élévation et l'abaissement de celle-ci, pour la mettre à point, se font en glissant la douille portant la tringle sur la tige verticale, et on la met horizontale ou dans un degré d'obliquité voulue par le moyen des deux charnières de l'extrémité antérieure de la tringle. Enfin, si on veut que la lentille soit inclinée de côté, on la fait tourner sur elle-même dans le canon.

La loupe étant montée par simple frottement sur le canon, on peut la changer avec la plus grande facilité.

Le porte-loupe ne servant d'ordinaire que pour voir les objets éclairés directement, sans le secours d'un miroir de réflexion qui envoie la lumière par en dessous, il est évident qu'on ne peut l'employer que dans de faibles grossissements, où la grande distance focale de la lentille permet à la lumière d'arriver entre celle-ci et l'objet; tandis que pour les forts grossissements, où la loupe est très-rapprochée de ce dernier, ainsi que de la tête de l'observateur, l'objet se trouve dans l'ombre, et il faut avoir recours au microscope simple que je décrirai plus bas.

Les plus fortes lentilles dont on puisse faire usage avec le porte-loupe ne donnent guère qu'un grossissement de quinze à vingt fois le diamètre, et déjà ce dernier chiffre est très-fort. Je recommande, en conséquence, de n'employer pour cet appareil sans lumière réfléchie que trois loupes, c'est-à-dire d'un grossissement d'environ *cinq fois, dix fois* et *vingt fois* le diamètre : au delà le foyer est trop court.

Le grossissement d'une lentille se mesure d'une manière facile. On sait que les physiologistes et les physiciens considèrent comme vue naturelle, normale, celle qui distingue le mieux les objets les plus déliés à une distance de 22 centimètres [1]; qu'on appelle *myopes* les yeux dont cette distance focale est plus petite, et *presbytes* ceux qui l'ont plus grande. En trouvant, par l'effet des verres grossissants, le moyen de rapprocher les objets plus qu'on ne peut le faire dans l'état naturel, on les voit nécessairement sous un angle plus grand ; d'où résulte le grossissement, qui est proportionnel au *sinus* de ces angles, ce qui exige qu'on fasse encore un calcul pour avoir le grossissement avec exactitude. Mais on peut l'obtenir plus facilement et d'une manière fort correcte par la simple observation, et cela pour toutes les espèces d'yeux, qu'ils soient dans l'état normal, ou myopes ou presbytes; conditions pour lesquelles les degrés de grossissement des instruments d'amplification ne sont pas les mêmes, les myopes voyant à la vue simple les objets plus grands que les presbytes.

Pour mesurer le grossissement d'un verre, il faut déterminer d'abord la distance focale des yeux, qui est celle à laquelle on voit le mieux les objets les plus ténus, tels que les filaments qui garnissent le bord d'un morceau de papier déchiré. On place ensuite sous la loupe un petit objet dont on connaît exactement la grandeur; et au point où on le voit le plus nettement, on regarde avec l'un des yeux cet objet à travers la lentille, et de l'autre œil on fixe un plan placé à la distance focale de ce dernier ; l'image grossie de l'objet paraît projetée sur ce plan, et on en mesure les dimensions avec un compas; divisant ensuite cette grandeur amplifiée par la grandeur réelle, on aura le degré de grossissement.

Microscope simple. — Lorsqu'on veut examiner des objets très-petits, pour lesquels on doit employer des lentilles d'un fort grossissement, le foyer de ces verres est tellement court, qu'on est obligé

---

[1] La plupart des opticiens considèrent la distance focale de la bonne vue simple comme étant de 10 pouces (0,27m), tandis qu'elle n'est réellement que de 8 ; ils y trouvent l'avantage que le chiffre qui exprime le grossissement de leurs instruments est plus grand de 2/10. Il faut de là toujours rabattre 1/5 du grossissement qu'ils annoncent, en admettant même qu'ils ne trompent pas.

d'approcher l'œil de si près que la tête fait ombre ; de manière qu'il est impossible d'éclairer ces objets par la lumière directe, à moins de l'y faire arriver tout à fait horizontalement, ce qui est le plus souvent impossible. On a de là imaginé, il y a, à ce qu'il paraît, plus de quatre cents ans [1], un appareil par lequel l'objet est éclairé par en dessous au moyen d'un miroir de réflexion ; et c'est là le *microscope* dont se servirent les premiers micrographes avant qu'on n'eût inventé un autre plus compliqué, qui reçut le nom de microscope composé, et le premier, en conséquence, celui de *microscope simple*.

Cet instrument, auquel j'ai apporté quelques modifications, en y adaptant surtout ma platine tournante, se compose d'un pied ou socle cylindrique (fig. 14, *a*) d'environ 1 décimètre de diamètre sur 1 centimètre de haut, en cuivre rempli de plomb pour lui donner de la fixité. Sur le bord postérieur de ce socle s'élève une colonne creuse (*b*) de 9 centimètres de hauteur, portant dans son intérieur une tige également creuse (*c*) qui s'y adapte exactement, et sort par le haut au moyen d'une crémaillère (*d*). Cette tige en contient une seconde pleine (*e*) qui tourne sur elle-même à frottement, et peut être tirée par en haut pour allonger le tout selon le besoin. Celle-ci en porte à son extrémité une horizontale creuse fixe (*f*) de 4 centimètres de long de *e* en *f*. Dans cette pièce horizontale est placée une autre (*g*) sortant et rentrant en avant au moyen d'une vis de rappel placée à l'extrémité postérieure (*h*). A son extrémité antérieure, cette tige forme un canon dans lequel s'adapte à frottement la queue des diverses loupes (*i*), absolument comme au porte-loupe.

Sous la tige horizontale, à 11 centimètres au-dessus du plan de position de l'instrument, est placée une *platine* ou table sur laquelle on pose les objets. Cette platine est un disque rond de 9 centimètres de large, percé au centre d'une ouverture ayant 2 centimètres de diamètre, et tournant autour de son centre sur une autre platine plus petite fixée à la colonne (*b*) au moyen d'une console circulaire (*k*) et d'une coulisse verticale pour qu'on puisse l'enlever. A la face inférieure de la platine fixe est un disque ou *diaphragme* ayant trois ouvertures, dont une aussi grande que celle de la platine, une de 10 millimètres et une de 4 ; le restant du diaphragme, assez large pour fermer l'ouverture de la platine, sert à intercepter la lumière ; sur les bords de la

---

[1] Il paraît que les verres grossissants ou loupes ont été inventés déjà vers la fin du treizième siècle, car on les attribue au frère BACON, mort en 1292 ; et le microscope simple avec un miroir de réflexion a été découvert sans aucun doute peu après, quoiqu'on n'en connaisse pas, que je sache, l'époque ; et les micrographes n'en ont fait usage que long-temps après. Le microscope composé a été inventé vers l'année 1620 ; mais son auteur est inconnu.

platine tournante sont , à égale distance , six trous prolongés en dessous en petits canons (*t*) de 10 millimètres de long , dans lesquels on
place le support du microtome.

Vers le bas de la colonne est fixé le *miroir de réflexion* (*n*), tournant sur un axe horizontal (*o*) et sur son diamètre , afin de pouvoir
être dirigé de tous côtés. Il est fixé à la colonne à environ 7 centimètres au-dessous de la surface de la platine, afin que celle-ci ne lui fasse
pas ombre lorsque la lumière lui vient à 50°, ce qui arrive souvent. Ce
miroir est plan, et porte au revers une plaque blanche, c'est-à-dire une
simple feuille de papier sous un verre à surfaces bien dressées. Ce réflecteur donne dans beaucoup de cas une lumière plus agréable et
mieux appropriée à l'observation qu'on fait , que celle du miroir qui
est souvent trop vive.

Ce microscope simple reçoit non-seulement les diverses lentilles du
porte-loupe, mais encore une ou deux plus fortes, dont l'une grossit
de quarante à cinquante fois, et la seconde de soixante à soixante-dix
fois ; mais déjà l'emploi de cette dernière est fort difficile, et il vaut
bien mieux se servir pour ce grossissement du microscope composé.

Chaque lentille sera composée, comme pour le porte-loupe, de deux
verres plan-convexes rapprochés par leur convexité, afin de corriger
l'aberration de sphéricité , d'autant plus forte que la lentille est plus
puissante. Les lentilles les plus fortes, servant seules au microscope
simple, pourront avoir une garniture un peu large formant un *garde-
vue* d'environ 1 centimètre, pour empêcher que l'œil ne soit fatigué
par l'éclat du miroir. Ne pouvant pas atteindre avec les lentilles qui
grossissent plus de vingt fois , les objets placés au fond d'un verre de
montre , la queue de leur monture doit être deux fois coudée , ainsi
qu'elle est représentée figure 15.

Le microscope simple que je viens de décrire est celui dont on peut
faire usage quand on n'a pas de microscope composé ; mais lorsqu'on
possède ce dernier, surtout lorsqu'il est fait sur le modèle décrit plus
bas, il est plus convenable de n'avoir qu'un microscope simple dont la
platine et le miroir soient supprimés , c'est-à-dire réduit au socle ou
pied , à la colonne primitive et à la partie portant les loupes ; encore
le socle devra-t-il être beaucoup plus petit, de 8 centimètres de large
seulement, en croissant; et l'échancrure, telle que le socle du microscope
composé, s'y adapte exactement. Pour employer cet instrument, on le
rapproche du pied du microscope composé, dont la platine et le miroir,
avec leurs accessoires, lui servent comme s'ils lui appartenaient.

Le microscope simple est principalement destiné à observer les objets encore bien visibles à l'œil nu ; tandis que ceux d'une dimension
moindre doivent être examinés au microscope composé. On s'en sert
aussi pour préparer les objets qu'on veut ensuite voir plus gros sous ce

dernier ; et pour que cela soit plus facile, il est infiniment plus commode de se servir du même pied pour les deux instruments. Par ce moyen, on peut alternativement employer les deux microscopes sans déranger l'objet qu'on observe, éprouvant de très-grandes difficultés pour transporter ces mêmes objets de l'un à l'autre.

Microscope composé. — On donne le nom de *microscope composé* à un appareil beaucoup plus compliqué que le microscope ancien ou simple, et destiné à faire voir les objets très-petits sous le plus grand grossissement possible, même jusqu'à mille fois le diamètre. Il reçoit l'épithète de *composé*, par opposition avec le simple, de ce qu'il est formé principalement de deux lentilles, dont une très-petite appelée *objectif* (fig. 16, B), comme placée près de l'objet qu'on observe, recueille la lumière rayonnante colorée qui en émane, et la réunit sur un point opposé placé dans l'intérieur de l'instrument, en y figurant une image renversée de l'objet, comme dans une chambre obscure; image déjà grossie et placée à son tour au foyer d'une seconde lentille plus grande, nommée *oculaire* (A), comme placée près de l'œil et faisant les fonctions de microscope simple à l'égard de cette image, qu'il fait paraître plus grande encore, mais toujours dans la même position renversée. Comme mon but n'est pas de donner ici la description et la démonstration physique de cet appareil, mais simplement une description suffisante pour en expliquer l'emploi, je n'entrerai pas dans d'autres détails sur la composition de sa partie dioptrique, et renvoie pour cela ceux qui voudraient la connaître à fond aux ouvrages sur l'optique.

Le même corps de microscope est susceptible de faire voir les objets sous des grossissements très-différents, selon la force des objectifs et des oculaires qu'on y place; et cela depuis les plus faibles, comme de dix fois le diamètre, jusqu'aux plus forts, mais toujours avec un affaiblissement de lumière d'autant plus grand que le grossissement est plus fort ; défaut qu'on est cependant parvenu à corriger beaucoup en employant de la lumière concentrée et de meilleures dispositions dans les verres.

Les divers microscopes composés qu'on construit varient considérablement, tant pour la forme et la disposition des parties que pour les dimensions, chaque mécanicien ayant pour ainsi dire son propre modèle ; mais beaucoup de ces artistes n'en connaissent pas le véritable emploi, et croient qu'il suffit d'y voir les objets très-gros et clairs pour que le but soit atteint ; tandis que la plupart de ces instruments sont si mal appropriés aux recherches anatomiques, qu'il est souvent impossible de s'en servir.

M'étant occupé pendant long-temps d'observations faites au microscope, j'ai cherché à corriger les défauts de ces instruments tels qu'on

les avait alors; et celui que je décris ici, et dont je me sers maintenant, me paraît le mieux approprié à la dissection des objets très-fins.

Le pied de cet instrument (fig. 16) est à peu près le même que celui
du microscope simple décrit plus haut. Il est composé d'un socle
massif (*aa* en cuivre rempli de plomb), ayant la forme d'un disque
cylindrique de 11 centimètres de large sur 12 millimètres de haut.
Sur le milieu de ce socle s'élève un tambour cylindrique (*b*) d'environ
9 centimètres de haut sur 8 de diamètre, supportant la platine, à laquelle il donne plus de fixité que dans le microscope simple, la moindre flexion dans cette dernière influant sensiblement sur le foyer de
l'instrument dans les forts grossissements. Sur ce cylindre est fixée à
demeure la plaque inférieure de la platine, et sur celle-ci la platine
mobile (*cc*), tournant sur son centre comme dans le microscope simple; le tout ayant une hauteur de 11 centimètres, qui me paraît la
plus convenable, de la surface de la platine au-dessus de la table
de travail. Le devant du tambour présente une vaste ouverture ellip-
tique (*d*) occupant presque toute la hauteur de ce dernier : c'est par
cette ouverture qu'arrive la lumière sur le miroir réflecteur placé dans
l'intérieur.

Le miroir (*e*), au lieu d'être fixé à une certaine distance au-dessous
de la platine, est au contraire mobile de bas en haut, au moyen d'une
crémaillère dont le bouton (*f*) est en arrière du tambour, au milieu à
peu près de sa hauteur, opposé au milieu de la grande ouverture antérieure. Ce miroir est en outre mobile sur son diamètre transversal,
comme dans tous les microscopes, et le bouton (*g*) avec lequel on le
fait tourner sur lui-même est fixé sur une tige sortant au milieu du
côté droit du tambour par une fente verticale pratiquée dans la moitié
inférieure de ce dernier. Le diamètre du miroir est de 4 centimètres;
mais au lieu d'un seul miroir, comme dans le microscope simple, il y
en a deux opposés, dont l'un plan et l'autre concave, celui-ci pour
servir à concentrer la lumière dans les forts grossissements. Le foyer
virtuel de ce miroir doit avoir environ 85 centimètres; c'est-à-dire
que le miroir étant le plus baissé, ce foyer doit être à 5 millimètres au-
dessous de la surface de la platine mobile sur laquelle est placé l'objet;
de manière que dans cette position, ou un peu relevé, la lumière se
trouve concentrée à son maximum sur l'objet. Or, comme la petite
image du soleil a environ 2 millimètres, et le miroir 40 de diamètre,
cette lumière se trouve concentrée en raison inverse du carré de ces
deux membres, c'est-à-dire quatre cents fois; et la concentration étant
d'autant plus faible que le miroir est plus élevé, on n'a qu'une lumière
trois cents fois plus forte que la lumière ordinaire en le faisant monter
du quart de la distance focale; et cela est assez, car placé plus haut, la
platine fait ombre.

Outre les miroirs proprement dits, on aura encore une plaque de papier blanc enchâssée dans un anneau, et sous verre, pour remplacer le réflecteur blanc du microscope simple, et dont on recouvre simplement l'un des miroirs.

La *platine supérieure* tournant sur l'inférieure, fixée au tambour, est une plaque ronde de 10 centimètres de large, débordant le tambour; son mouvement sur le centre doit être aisé et doux, mais non trop facile. Au milieu de cette double platine est une grande ouverture ronde de 2 centimètres de large, comme dans le microscope simple; et sur la partie débordante de la plaque mobile sont percés à égales distances six trous de 3 millimètres, prolongés en dessous en un petit canon (*h*) dont la longueur totale, y compris l'épaisseur de la platine, a environ 15 millimètres. C'est dans ces canons qu'on place le support du microtome dont je parlerai plus bas.

A l'un des côtés, la platine supérieure se prolonge en un appendice (*i*) d'environ 5 centimètres au moins de long sur 4 de large, avec une épaisseur de 8 millimètres. Cet appendice est divisé à son extrémité en fourche à branches parallèles, recevant entre elles le pied de la colonne (*lm*) supportant le corps du microscope, lequel y est maintenu fixe au moyen d'un fort écrou placé sous cet appendice. En plaçant ainsi le pied du corps du microscope sur la platine tournante même, on a l'avantage que l'instrument reste toujours bien centré sur la platine pendant que celle-ci tourne. Ce perfectionnement est dû à M. Trécourt.

Immédiatement sous la platine inférieure fixe est appliqué un *diaphragme* (*k*) semblable à celui qu'on trouve à la plupart des microscopes, et consistant en une plaque circulaire mince, mobile sur son centre, et dont le bord traverse à droite d'environ 2 ou 3 millimètres le tambour, afin qu'on puisse le faire tourner avec le doigt. Sur un cercle concentrique de ce diaphragme, et dont le tracé passe par le centre de la platine, sont percées, absolument comme dans le microscope simple, trois ouvertures circulaires, dont l'une a 2 centimètres de large, comme celle de la platine; la seconde, 10 millimètres, et la troisième, 4. Ces ouvertures sont disposées de sorte que, lorsque l'une est au centre, on ne voie rien des autres, et qu'il reste encore une portion assez large du diaphragme pour fermer complétement l'ouverture de la platine, afin d'intercepter toute lumière. Pour que ces ouvertures se placent exactement au centre de cette dernière, ce qui est important surtout pour la plus petite ouverture, afin que l'objet soit bien éclairé, on a placé dans l'intérieur du tambour, sous le bord du diaphragme, un ressort qui s'engrène dans une petite fente de ce dernier lorsque l'une des ouvertures ou le milieu de la partie pleine est arrivé exactement au centre : ce qu'on entend en même temps qu'on le sent en faisant tourner le diaphragme.

On emploie la grande ouverture lorsqu'on éclaire par le miroir plan, et les autres selon que la lumière est plus ou moins concentrée; tandis que l'on intercepte tout à fait la lumière quand on observe des corps opaques qui demandent à être éclairés par la lumière décrite.

Le *corps* ou la partie dioptrique du microscope (A, B, C) est supporté par une forte colonne ronde (*l*, *m*) de 12 centimètres de haut en tout, fixé inférieurement par un large empatement (*t*) sur l'appendice de la platine mobile au moyen de l'écrou (*j*) dont j'ai parlé plus haut. Cette colonne est composée de trois cylindres qui s'enveloppent, dont un central, plein et fixe, a 16 millimètres de grosseur, et forme la moitié inférieure de l'empatement (*t*). Le second cylindre ou le moyen a 21 millimètres de grosseur, et enveloppe le premier, sur lequel il tourne par un mouvement aisé, mais un peu serré, et forme la moitié supérieure de l'empatement de la colonne. Son mouvement de rotation est limité à un quart de tour par une vis butante (*n*) par laquelle le microscope est parfaitement centré sur la platine, et peut à volonté être écarté en tournant à droite, soit pour pouvoir mettre le microscope simple à sa place, soit pour changer d'objectif.

Le cylindre extérieur (*o*) a 26 millimètres de diamètre, mais n'atteint pas l'empatement, laissant entre lui et ce dernier un espace d'environ 1 centimètre afin de pouvoir descendre et monter sur le cylindre moyen, par l'effet d'une vis de rappel dont le bouton (*p*) est sous l'écrou de la colonne que la vis traverse; c'est au moyen de cette vis qu'on fait exécuter au corps du microscope son mouvement lent pour mettre l'objet exactement au foyer.

En avant, vers le centre de la platine, le cylindre extérieur porte une longue lame verticale (*q*) dirigée en avant et se terminant à un autre cylindre creux également vertical et fixe (*r*) d'environ 7 centimètres de haut sur 32 millimètres de grosseur, et dont les parois ont 2 millimètres d'épaisseur. C'est dans ce cylindre que glisse le tube extérieur (*s*) du corps du microscope dont l'axe correspond parfaitement au centre de la platine et du miroir; et pour que le mouvement soit doux sans être trop facile, le cylindre fixe est fendu dans toute sa longueur pour faire ressort sur le microscope.

Le microscope composé montrant les objets renversés, on éprouve la plus grande difficulté à manier et surtout à disséquer ces mêmes objets, vu qu'on se trompe à tout instant de côté; aussi faut-il une bien grande habitude de cet instrument pour pouvoir s'en servir pour cela. En ayant fait un grand usage pendant long-temps, je suis bien parvenu à exécuter ces mouvements sans me tromper, et

même assez promptement ; mais lorsque je restais quelque temps
sans m'y exercer, je me trompais encore. Cette difficulté m'a engagé
à chercher à construire un de ces instruments qui ne renversât pas
les images ; et j'y ai réussi en ajoutant au microscope ordinaire un
objectif additionnel (C) placé plus bas que le premier, lequel produit à l'égard de celui-ci le même effet que ce dernier produit sur
l'oculaire ; de manière que l'image se trouvant deux fois renversée est
par conséquent redressée. Pour cela le cylindre extérieur fixe (*r*) reçoit, à frottement, un premier tube (*s*) de 95 centimètres de long,
pourvu en haut d'un rebord moletté, et à son extrémité inférieure un
pas de vis intérieur sur lequel se visse l'objectif additionnel (C). Dans
ce premier tube glisse ensuite, également à frottement, le tube (*t*)
formant le corps du microscope ordinaire (A, B), portant en haut
l'oculaire (A) et en bas l'objectif (B). Ce dernier tube peut sortir inférieurement du tube extérieur (*s*) afin d'approcher son objectif (B)
de l'objet lorsqu'on veut faire des observations où il est inutile que
l'image soit redressée, ce qui arrive avec les forts grossissements ; et
peut remonter dans le même tube pour placer l'objectif ordinaire de
manière que l'image produite par l'objectif additionnel soit à son
foyer : points marqués extérieurement sur les deux tubes.

Ce perfectionnement donne au microscope une distance focale fort
grande ; avantage important, permettant de disséquer commodément
les objets qu'on examine. Mais comme on emploie une lentille de
plus, il y a aussi perte de lumière ; et on ne peut guère avoir d'image
bien nette avec un grossissement de plus de cent fois le diamètre, et
alors le foyer est encore de 12 millimètres ; grossissement d'ailleurs
extrême pour qu'on puisse disséquer, vu que les mouvements qu'on
fait étant grandis dans les mêmes proportions, il faut déjà avoir la
main bien exercée pour qu'avec ce grossissement ils ne soient pas
désordonnés, ne serait-ce que par le tremblement causé par les pulsa-
tions des artères [1].

Pour produire les divers grossissements dans un microscope, il

[1] Il y a plus de vingt-cinq ans que j'ai apporté ce perfectionnement au microscope ; mais, comme je n'en avais pas besoin pour moi-même, je ne l'ai exécuté
qu'en carton, et l'ai communiqué à MM. Trécourt et Oberhaüser, à qui j'ai fait
cadeau de mon invention de la platine tournante, pour laquelle ils ont pris un
brevet. Mais ce n'est que dans ces derniers temps que je suis parvenu à leur
faire exécuter ce microscope qui redresse les images ; et j'ai appris depuis que
le même perfectionnement a été trouvé récemment par M. Fischer de Waldheim, de Moscou, qui annonça cet instrument sous le nom de *microscope pan-
cratique* : ayant reconnu qu'il donnait, avec les mêmes verres, tous les grossissements voulus, qu'il suffisait pour cela de changer la distance focale des deux

suffit de changer d'objectifs ou d'oculaires, qu'on a à cet effet de différentes forces; et en les combinant de toutes les manières, on obtient un nombre considérable de grossissements dont beaucoup rentrent les uns dans les autres ou à peu près; mais tous sont loin d'être aussi clairs et aussi nets, et il est même rare qu'un même oculaire produise avec deux objectifs des effets également beaux. Les combinaisons les plus convenables doivent pour cela être établies une fois pour toujours par l'artiste même qui en fait le choix, et l'observateur doit se garder de démonter ses objectifs, souvent composés de plusieurs verres, dans la crainte de les mêler et de ne plus pouvoir les assembler convenablement.

Un autre perfectionnement qu'on a apporté au microscope est d'y avoir appliqué la *chambre claire*, au moyen de laquelle l'image grossie est projetée sur un papier où l'on trace ses contours, avec un crayon qu'on voit en même temps dans ses dimensions naturelles. On construit de ces chambres claires de diverses façons, mais je n'en connais pas qui remplisse le but désiré; dans toutes, on a de la peine à bien voir à la fois l'image et le crayon; et, pour peu qu'on déplace l'œil, ce qu'il est fort difficile d'empêcher, l'un ou l'autre disparaît, ou devient du moins si peu apparent qu'on ne peut faire de dessin bien exact. Le premier de ces instruments qu'on ait appliqué au microscope est le *miroir de Sœmmering*, petite plaque plane en acier parfaitement polie en miroir d'environ 15 millimètres de large, placée au-dessus de l'oculaire dans une position inclinée à 50°, de manière que du même œil on voit autour du miroir l'image dans le microscope, et dans le miroir celle du crayon projeté sur un papier placé vis-à-vis. On y a ensuite appliqué la chambre lucide, qui ne produit pas de meilleur effet. Un autre petit appareil, proposé par M. DOYÈRE, consiste en un miroir en acier de 6 millimètres de diamètre avec un trou rond au milieu et placé au-dessus de l'oculaire dans une position inclinée à 50° plongeant à droite, et horizontalement, vis-à-vis de ce miroir, se trouve un prisme rectangulaire équilatéral, dont la face formant l'hypoténuse renvoie dans le même miroir l'image non grossie du crayon, placé sur la table à côté du microscope. Par le moyen de cette chambre claire on voit par le trou du miroir l'image grossie par le microscope, et autour du trou l'image deux fois réfléchie du crayon; mais on a encore bien de la peine à voir à la fois l'une et l'autre.

---

objectifs. Je n'avais pas remarqué cette dernière propriété, dont la découverte est due à M. DE WALDHEIM, et n'ai reconnu que cette autre de montrer les objets redressés.

Comme il est fort important de connaître la grandeur réelle des objets qu'on observe, on en mesure les dimensions au moyen du *micromètre*, échelle gravée sur verre, dont les divisions indiquent des *dixièmes*, des *centièmes* et même des *cinq centièmes* de millimètre. On place, si on le peut, l'objet sur cette échelle, et l'on compte le nombre de divisions qu'il couvre ; mais cela est rarement possible, ces objets se trouvant d'ordinaire dans de l'eau, et il faut éviter de salir le micromètre pour ne pas être obligé de l'essuyer, dans la crainte de détruire son échelle. Dans ce cas, on a recours à un autre instrument, ou *micromètre à pointe*, qui est en quelque sorte le complément du micromètre proprement dit : c'est un oculaire dont le tube est traversé dans deux points opposés, à la distance du foyer de la lentille, d'une aiguille horizontale dont les pointes vont à la rencontre l'une de l'autre au moyen d'une vis dont le bouton est en dehors. Pour mesurer la grandeur d'un objet, on le place aussi bien que possible au centre du champ du microscope, et on pousse les pointes des deux aiguilles jusqu'à ce qu'elles touchent les deux extrémités dont on veut connaître la distance ; enlevant ensuite l'objet, on le remplace par le micromètre sur verre, et l'on voit combien de divisions sont comprises entre les deux aiguilles.

On peut aussi employer un moyen plus simple, plus expéditif, et tout aussi exact : on détermine, une fois pour toujours, la force de grossissement de tous les oculaires combinés à tous les objectifs, et on en forme un tableau semblable à la table de Pythagore. Pour cela, on place sur la platine, au foyer du microscope, un micromètre bien exact, dont on projette l'image grossie sur un plan horizontal placé à côté du microscope, à une distance de l'œil égale à celle où l'on voit le mieux les objets, ou, pour avoir une distance normale, à 22 centimètres, qui est celle des meilleures vues ; absolument de la même manière indiquée plus haut pour mesurer le grossissement des loupes. On regarde à la fois des deux yeux : avec l'un l'image dans le microscope, et avec l'autre le plan dont je viens de parler, sur lequel l'image paraît placée, et l'on n'a qu'à prendre, au moyen d'un compas ou d'une échelle métrique ordinaire, l'écartement des divisions de cette image ; et, par une simple multiplication, on aura le grossissement parfaitement exact de l'instrument. Par exemple : si les divisions du micromètre sont des $\frac{1}{100}$ de millimètre, et que 10 paraissent égales à 34 millimètres de l'échelle vue à nu, *une seule* ou $\frac{1}{100}$ de millimètre couvrira 3,4 de millimètre ; c'est-à-dire que le grossissement sera de 3,4 × 100 ou 340. Connaissant ainsi la force exacte de l'instrument, on n'aura qu'à faire l'opération contraire pour mesurer la grandeur réelle d'un objet ; c'est-à-dire qu'on projettera l'image sur le plan indiqué un peu plus haut ; on prendra sa longueur apparente au moyen

6.

d'un compas, et divisant le nombre de millimètres qu'il paraît avoir par le chiffre du grossissement, on aura la grandeur réelle. Exemple: Si le grossissement est de deux cents fois, et que l'objet paraisse avoir 15 millimètres, la grandeur réelle sera de $\frac{15}{200}$ ou 0,75 de millimètre; si le grossissement est de trois cent soixante-onze fois, et que l'image couvre 26 millimètres, la grandeur réelle sera de $\frac{26}{371} = 0,07008$ ou 0,07 de millimètre. On n'aura, par ce moyen, qu'une seule fois besoin du micromètre; et l'on peut même s'en passer tout à fait en s'en construisant un soi-même par un procédé fort simple; micromètre que j'ai employé avant que j'en eusse un gravé sur verre.

On prend pour cela le fil métallique le plus fin qu'on puisse se procurer (celui que j'ai employé avait moins de 0,1 de millimètre), on l'entortille autour d'une petite tige en métal, telle qu'une longue aiguille, pour en faire une spirale semblable aux élastiques de bretelles, dont on rapproche parfaitement les tours pour qu'ils se touchent partout; on en fait ainsi une longueur d'au moins 4 à 5 centimètres, et plus si cela est possible. Mesurant ensuite la longueur totale au moyen d'un mètre bien fait, on n'a qu'à diviser cette longueur par le nombre de tours de spire du fil, et l'on a le diamètre exact du fil métallique qu'on a employé. En coupant ensuite de petits morceaux de ce même fil, qu'on porte sous le microscope, on en prend la grosseur en projetant son image grossie sur un plan horizontal, ainsi que je viens de le dire, et l'on forme avec cet étalon des échelles sur papier, divisées en fractions décimales de millimètre, une pour chaque grossissement du microscope. Pour s'en servir, on n'a qu'à les placer à côté du microscope, exactement à la distance de l'œil à laquelle ces échelles ont été faites, et l'on y projette les images des objets qu'on veut mesurer; le nombre des divisions qu'elles recouvrent sera la grandeur réelle de ces objets; ou bien, on prend avec un compas la grandeur apparente de l'image, et on la porte sur l'échelle qui se rapporte au grossissement. Ce moyen est fort bon pour vérifier l'exactitude des micromètres sur verre. Connaissant la grosseur exacte du fil métallique, on n'a qu'à la mesurer avec ces instruments, et voir si les mesures coïncident.

Le microscope composé n'embrassant dans les forts grossissements qu'un espace de 1 millimètre, espace qui forme son *champ*, il est fort difficile d'amener les objets au centre de la platine où est placé l'instrument, les mouvements qu'on leur fait exécuter au moyen de la main étant trop brusques et trop grands. M. BRAUN, mécanicien allemand, a imaginé une *platine supplémentaire* (fig. 17) qu'on place sur la platine ordinaire, avec laquelle elle tourne; et, par cette pièce, on peut faire mouvoir avec facilité les objets dans tous les sens. Ce petit appareil, aussi ingénieux que simple, consiste en une plaque ronde (*aa*) en cuivre aussi grande que la platine tournante, et d'une épaisseur d'un peu plus de 1 millimètre, et fixée sur cette dernière par quatre languettes descendant sur les bords, qu'elles embrassent.

Cette plaque est percée au centre d'une ouverture arrondie de 2 centimètres (*b*), correspondant exactement à celle de la platine tournante. Sur les côtés sont percées deux fentes (*cc*) dirigées de la circonférence vers le centre, formant entre elles un angle droit ; leurs extrémités approchent de 8 millimètres du bord de la plaque, et de 3 millimètres de celui de l'ouverture centrale ; leur largeur est de 4 millimètres.

Sur cette plaque est appliquée une seconde un peu plus épaisse (*dd*), de 78 centimètres de diamètre, également arrondie, et percée au centre d'une ouverture de 2 centimètres ; aux endroits correspondant aux fentes de la plaque inférieure, il manque à la supérieure un segment de 5 millimètres de large (*ff*), et le bord droit qui marque la corde de ces segments est en biseau. Le segment manquant est ajouté sous forme d'une pièce à part mobile, dont le bord droit, également en biseau, recouvre celui de la plaque, et empêche celle-ci de se soulever. Chacun de ces segments porte sous sa partie moyenne une petite pièce en carré long, taillée en queue d'aronde, retenue dans la fente de la plaque inférieure, dans laquelle cette pièce glisse en emportant le segment du cercle fixé dessus. Dans l'épaisseur du petit espace qui se trouve entre l'extrémité de la fente et le bord de la plaque inférieure, est une vis de rappel (*gg*) au moyen de laquelle on peut pousser le segment de cercle le long de la fente, perpendiculairement à la seconde ; et l'on fait ainsi glisser la plaque supérieure le long de l'autre segment. Le mouvement opposé ou de retour est produit dans l'appareil de M. Braun par un seul ressort fixé et appliqué sur la plaque inférieure, en appuyant contre le bord de la supérieure, au point diamétralement opposé à l'angle que les deux segments forment entre eux, de manière à agir à la fois contre les deux vis de rappel ; mais il est plus convenable qu'il y en ait deux (*hh*) opposés aux deux vis. Au moyen de cette platine supplémentaire, on peut amener par des mouvements lents les objets parfaitement au centre du champ du microscope.

Plusieurs micrographes emploient un petit appareil qui accompagne souvent les microscopes, et servant à comprimer les objets mous, tels que le corps de petits animaux pour les rendre transparents, afin de mieux voir les parties intérieures ; et ce petit appareil a reçu de là le nom de *compresseur*. Il consiste, dans le principe, en deux plaques de verre qu'on peut appliquer l'une sur l'autre avec une force de pression déterminée, graduée selon le besoin. On conçoit donc qu'on peut modifier considérablement ce compresseur quant à sa forme et à son mécanisme. Quoique je fasse très-peu usage de cette sorte de moyen, par lequel les objets perdent leur forme naturelle pour en prendre mille autres, et où il est en outre impossible de les manier, étant enfermés entre les deux verres, je dois toutefois indiquer ici le mécanisme de ceux de ces instruments qui me paraissent les plus convenables.

Déjà Goeze (*Versuch einer Naturgeschichte der Eingeweide würmer*, 1782) employa deux compresseurs : le premier consistant en deux plaques de verre, dont l'une était fixée au fond d'un tube en bois, et dont la seconde glissait à frottement dans le tube, et pouvait y être enfoncée au degré voulu pour comprimer le corps des animaux; le second de ces compresseurs était en cuivre et plus compliqué, mais de même forme à peu près. La plaque mobile enchâssée dans une garniture en cuivre s'enfonçait au moyen d'une vis dans le tube portant la première plaque, de manière à permettre de comprimer très-lentement les objets, et entre les deux plaques se trouvaient deux ressorts en acier qui les faisaient écarter lorsqu'on retirait la vis. Goeze se servait avec grand avantage de ces deux instruments pour forcer, par la compression, les vers intestinaux, dont il s'occupait principalement, à développer leurs organes buccaux et leurs crochets, ou bien à lâcher leurs œufs, etc., et même à faire crever leur peau pour voir le contenu de leur corps.

Le compresseur proposé par M. Schick (fig. 18, 19) a pour base une plaque carrée (*aa*) de 6 centimètres de long sur 3 de large, percée vers l'une des extrémités d'une ouverture (*b*) aussi grande que celle de la platine du microscope. Dans cette ouverture est fixé à demeure un disque en verre; au côté opposé, la plaque forme en dessus deux oreillons (*c*) servant de support à une pièce (*d*) en forme de tube qui se meut verticalement entre les deux oreillons au moyen d'un axe transversal. Dans ce tube ou canon glisse une tige (*e*) mise en mouvement par une vis de rappel (*f*) placée à l'extrémité du tube (*d*). Cette tige porte à son extrémité interne un demi-anneau (*g*) mobile transversalement, et recevant entre ses branches un anneau (*h*) également mobile, mais sur son diamètre transversal par deux pitons traversant les extrémités des branches du demi-cercle (*g*). C'est dans cet anneau qu'est enchâssé le verre supérieur (*i*), faisant saillie en dessous, pour mieux s'appliquer sur le verre inférieur. Sous l'extrémité interne du canon (*d*) est un ressort (*k*) qui tend à faire écarter les deux verres, et à côté de l'extrémité opposée du même canon est une vis de contre-pression (*l*) par laquelle on peut serrer les verres l'un contre l'autre.

Au moyen de la vis de rappel (*f*) on peut avancer ou reculer le verre supérieur, afin de faire rouler l'objet sur l'inférieur; et pour le faire rouler également dans la direction transversale, on a adapté à cet instrument une plaque (*m*) portant le verre inférieur et glissant transversalement dans une coulisse de la pièce principale (*aa*). Cette plaque mobile est mise en mouvement par une vis de rappel (*n*) placée latéralement au-devant de l'anneau portant le verre supérieur, afin de ne pas gêner le mouvement latéral de ce dernier.

Un autre compresseur, proposé par M. le professeur BISCHOFF, de Heidelberg, et exécuté par M. DÉSAGA, mécanicien de la même ville, est beaucoup plus volumineux et plus compliqué. Il consiste en une base circulaire (fig. 20 et 21, *aa*) sur le milieu de laquelle s'élève un cylindre court (*bb*) dont la lumière est égale à l'ouverture centrale de la platine du microscope, et même plus grande. Dans l'orifice supérieur de ce cylindre est enchâssé le verre inférieur (*c*) du compresseur ; sur ce premier cylindre glisse un second (*dd*) qui ne peut pas tourner, et se meut simplement dans le sens vertical ; mais il porte en dehors un pas de vis sur lequel se visse un troisième cylindre (*ee*) qui l'enveloppe, lequel est contourné par une gorge à pas de vis concave (*ff*) s'engrenant avec une vis de rappel sans fin (*g*) ; et ce troisième cylindre se meut circulairement sur la base (*aa*) dans laquelle il est enchâssé. Sur le second cylindre est adapté un couvercle (*hi*) en forme d'anneau portant le verre supérieur (*j*), et mobile horizontalement en tournant sur un pivot (*h*) qui traverse un prolongement de l'anneau ; et au côté opposé se trouve un prolongement semblable (*i*) portant un crochet qui se fixe à un piton à tête (*k*) placé sur le bord du second cylindre.

On place l'objet sur la plaque inférieure en verre, et ramenant au-dessus le couvercle, on l'accroche au petit piton, et l'on fait rapprocher les deux verres en vissant le troisième cylindre sur le second, d'abord à la main pour le mouvement prompt, et ensuite, pour rendre le mouvement très-lent, on applique la vis de rappel (*g*) dans la gorge à pas de vis (*f*). Pour cela, cette vis sans fin est écartée par un ressort (*l*) lorsqu'on visse avec la main, et on la ramène dans la gorge par un petit tenon (*m*) en forme de levier.

Voyez, pour les autres instruments accessoires du microscope, le *microphore*, les *petits bassins* à dissection en verre, les *petits scalpels*, les *aiguilles droites* et *courbes* à dissection, et les *pipettes*.

Tel est le microscope avec ses parties accessoires que je propose aux anatomistes comme le mieux approprié aux travaux de dissection. Car, je le répète, il ne suffit pas que cet instrument grossisse beaucoup et donne une belle lumière, il faut aussi qu'on puisse s'en servir. Or la plupart de ceux qu'on a sont si hauts qu'ils dépassent la tête de l'observateur assis à la même table sur laquelle pose le microscope ;

d'où résulte déjà le principal inconvénient, auquel les mécaniciens n'ont pas pensé, qu'on ne peut pas regarder dans l'instrument à moins de le placer plus bas, ainsi qu'ils le conseillent ; mais alors l'objet est trop bas pour les mains, qui doivent le manier avec une parfaite aisance. Or celui que je viens de décrire a sa platine à 11 centimètres au-dessus de la table, ce qui est l'élévation la plus commode ; et le corps du microscope, dans son plus grand allongement, lorsqu'on emploie l'objectif additionnel ou de redressement, n'est que 25 centim. ; ce qui donne à l'instrument entier une hauteur totale d'environ 36 centimètres, assez peu élevée pour qu'une personne même de petite taille puisse y regarder facilement.

La colonne (*tm*, fig. 16) doit être assez éloignée du centre de la platine pour que, en écartant le corps du microscope, en le portant à droite afin de le remplacer par le microscope simple, la tête de l'observateur ne soit pas gênée par cette colonne, et que l'œil puisse commodément arriver au centre de la platine, où est la lentille. Or un écartement de 7 centimètres entre la colonne et le centre de la platine est suffisant.

Le mouvement latéral par lequel on porte le corps du microscope à droite, au delà de la platine, est très-nécessaire 1° pour pouvoir changer plus facilement d'objectif sans être obligé de rien démonter ; 2° pour remplacer à volonté le microscope composé par le simple, et vice versa ; 3° pour changer plus commodément les objets.

L'emploi alternatif des deux microscopes arrive fort souvent lorsqu'on dissèque, vu que le simple, dont le champ est fort grand, sert de chercheur pour le composé ; on est par conséquent à tout instant obligé d'y avoir recours pour découvrir les petites parties qu'on veut examiner et les amener au centre de la platine. Or cette dernière opération est fort difficile lorsqu'on n'emploie que le microscope composé, même en changeant d'objectifs et d'oculaires pour en avoir de plus faibles, afin que le champ soit plus grand et permette de découvrir les parties qu'on veut examiner ; car déjà ce changement de lentilles est plus long que le déplacement des microscopes ; ensuite le champ n'est jamais aussi grand, et enfin on ne peut conduire le microscope que sur une ligne transversale passant par le centre de la platine ; tandis que le microscope simple peut être dirigé de tous côtés. Je viens de dire qu'on peut plus facilement amener, par le microscope simple, une partie quelconque au centre de la platine. En effet, cet instrument étant porté sur un pied particulier, il suffit de faire tourner la platine pour apercevoir où est son centre, et l'on y pousse l'objet ; et, lorsqu'il y est, on n'a qu'à détourner le microscope simple et amener le composé pour que l'objet se présente dans le champ de celui-ci.

Une des plus grandes difficultés dans les dissections microscopiques est de placer convenablement l'objet qu'on veut examiner, et de le tourner pour le voir par toutes ses faces, sans rien déranger du reste ; et ce sont là les deux grands avantages que présentent, d'une part, la platine tournante que j'ai appliquée au microscope, et, de l'autre, l'emploi de mon microphore. Par le moyen de cette platine, on peut non-seulement éclairer successivement l'objet de tous les côtés pour mieux étudier sa forme par l'effet des diverses ombres que les parties jettent, mais on peut encore le disséquer le plus commodément possible par chacune de ses faces, en les plaçant successivement devant soi ; et par le moyen du microphore, on le fait tourner sur lui-même.

L'ouverture centrale de la platine doit avoir au moins 2 centim., et doit pouvoir être rétrécie à volonté ou fermée complétement au moyen de diaphragmes, sans ébranler l'objet pour ne pas le déranger : car à tout instant on est obligé d'agrandir ou de rétrécir cette ouverture, selon la largeur du faisceau de lumière dont on a besoin ; et on détruit souvent tout ce qu'on a fait pendant plusieurs heures en déplaçant seulement l'objet, éprouvant, dans beaucoup de cas, les plus grandes difficultés à le disposer convenablement soit pour le disséquer, soit pour le dessiner.

En plaçant et en ôtant souvent le pied du microscope de dessus la platine, il arrive qu'à la longue il se décentre, c'est-à-dire qu'en le ramenant au centre il ne s'y place pas parfaitement. C'est pour corriger ce léger défaut que j'ai fait placer dans l'empatement de la colonne une vis butante de rappel, au moyen de laquelle on peut parfaitement le régler. Et pour connaître exactement le centre de la platine, on a un petit disque en cuivre entrant avec précision dans l'ouverture de cette dernière, et au milieu de ce disque est percé un trou extrêmement petit qui en marque le centre. En faisant passer un filet de lumière à travers cette perforation, il doit paraître parfaitement au milieu du champ ; et si, par hasard, ce trou ne s'y trouvait pas exactement, on lui verrait décrire un petit cercle en y appliquant le microscope simple ; et par ce moyen on peut même corriger le défaut de cette petite pièce accessoire.

Chacun place le microscope de la manière qui lui est la plus commode ; la plupart se mettent en face de la fenêtre et tournent le miroir vers cette dernière. Cela peut être fort bon tant qu'il ne s'agit que d'une simple observation d'un instant ; mais, lorsqu'on veut travailler la majeure partie de la journée et dessiner en même temps ce qu'on découvre, il est bien plus convenable d'avoir la lumière à gauche : par là l'ouverture qu'on ménage à la fenêtre pour laisser entrer le faisceau de lumière est plus près du miroir et de l'objet et les éclaire mieux. Et si l'on emploie la lumière du soleil avec le porte-loupe, ce petit faisceau de lumière se déplace moins rapidement que lorsque l'instrument est éloigné de cette ouverture de toute la largeur de la table. Enfin, lorsqu'on dessine, on suppose d'ordinaire la lumière à gauche; et l'on doit, autant que cela est possible, employer toujours les mêmes procédés et rester dans les mêmes conditions pour rendre les dessins plus comparables.

§ II. *Des injections.*

Quoique le sang des Vertébrés soit d'un rouge vermillon dans les artères et d'un rouge noirâtre dans les veines, on a de la peine à distinguer d'une manière bien nette les petites ramifications des vaisseaux qui renferment l'un ou l'autre, surtout les artères, qui sont vides après la mort; et, quoique les veines soient gorgées de sang, elles sont si molles par la faiblesse de leurs parois qu'il est encore fort difficile de les suivre; en même temps que le sang qui les remplit, restant en partie liquide, s'épanche par la moindre piqûre qu'on fait à un de ces vaisseaux et salit le préparat à tel point qu'on a de la peine à reconnaître les parties.

Enfin les vaisseaux lymphatiques et les canaux excréteurs des glandes, n'ayant pas d'ordinaire une couleur qui puisse les faire distinguer, surtout lorsqu'ils sont fins, on a la plus grande peine à les apercevoir dans leur état naturel; et il en est à peu près de même des vaisseaux des animaux inférieurs, dont le sang n'a le plus souvent pas de couleur bien apparente.

Pour remédier à ces inconvénients, on a imaginé d'injecter dans les vaisseaux des matières colorées nommées *masses à injection*, susceptibles de pénétrer dans les plus petits rameaux, matières qui, prenant de la consistance par le refroidissement, donnent de la solidité à ces vaisseaux, en même temps qu'elles les rendent plus apparents par la couleur qu'on donne à la masse à injection.

La découverte de ce procédé d'injecter ainsi les vaisseaux avec une matière susceptible de se solidifier est due à SWAMMERDAM, qui imagina d'y pousser, au moyen d'une seringue, de la cire colorée. Il fit un de ces préparats sur un utérus et sur un foie dont VAN HORNE fit la démonstration en 1667, dans l'amphithéâtre de Leyde. SWAMMERDAM communiqua son procédé à plusieurs de ses amis, et le publia, en 1672, dans son *Miraculum naturæ*.

Les anciens se contentaient de suivre aussi bien que possible les vaisseaux vides ou gorgés de sang, ce qui n'est facile que pour les gros troncs; et dans le seizième siècle seulement on imagina, pour rendre les petits vaisseaux visibles, de les insuffler au moyen de tubes très-fins, ou bien d'y pousser par les mêmes tubes quelques liqueurs colorées qui les rendaient visibles dans de petits espaces, procédé dont faisait déjà usage J. Sylvius, mort en 1555.

Régner de Graaf (*Tractatus de usu siphonis in anatomia*) donna en 1668 la description et la figure de la seringue dont il se servait, laquelle était à peu près la même que celle dont on se sert encore aujourd'hui, n'en différant qu'en ce qu'elle n'était pas munie de robinets. Et le procédé de Swammerdam, modifié dès l'origine pour ce qui concerne les masses à injection, n'a guère été perfectionné depuis. Au lieu de n'employer que de la cire, on proposa un composé de cire, de poix-résine et de térébenthine, substances auxquelles on ajouta bientôt après du suif; composition dont on fait encore généralement usage aujourd'hui, en variant les proportions de ces ingrédients.

Homberg (*Mém. de l'Acad.*, 1699, p. 165) proposa de remplacer la cire par un alliage formé de parties égales de *bismuth*, de *plomb* et d'*étain*, formant un métal très-fusible, qui pénètre dans de très-petits vaisseaux et a l'avantage de pouvoir être soumis sans inconvénient à la macération pour détruire par la putréfaction le parenchyme des organes et de donner ainsi le moule intérieur des vaisseaux représenté en métal. On verra plus bas que ce procédé a encore été perfectionné depuis. Le même savant imagina aussi d'appliquer la pompe pneumatique aux vaisseaux qu'on veut injecter pour y faire préalablement le vide, afin que les gaz qu'ils contiennent naturellement n'opposent pas de résistance à la matière injectée. Ce dernier procédé, trouvant de nombreux contradicteurs, fut bientôt abandonné; et personne, que je sache, ne l'emploie plus aujourd'hui, quoiqu'il soit réellement fort bon pour obtenir des injections très-fines; et je pense que c'était là en grande partie le secret de Ruysch pour faire les beaux préparats qu'on admire encore aujourd'hui.

François Nichols, professeur à Oxford, est, dit-on, l'inventeur des injections à corrosion par les masses résineuses, perfectionnées depuis par Hunter, Sue, etc. Il proposa pour cela une composition qui n'est pas attaquée par les acides minéraux, dont on se sert pour enlever le parenchyme des organes. Cette masse est formée de cire, de résine et de térébenthine, substances préférables aux matières grasses, telles que le suif, le saindoux et les huiles grasses qu'on emploie dans les injections ordinaires.

Rouhaut (*Mém. de l'Acad.*, 1718, p. 219) se servit le premier, d'après l'indication de Méry, de colle de poisson ou de Flandre pour les injections très-fines, et il les colorait avec du vermillon, de l'indigo ou du vert-de-gris, comme on le fait encore maintenant.

D'autres proposèrent pour les très-petits vaisseaux de l'huile de térébenthine, d'olive ou d'aspic, de la cire d'Espagne dissoute dans l'alcool ou bien du mercure, dont parla déjà CAMÉRARIUS en 1689 (*Ephem. Nat. curios., decad.* 2, *ann.* 7, *obs.* 228).

A. Des masses à injection.

Une matière à injection doit varier dans sa composition selon le but qu'on veut atteindre, et on les distingue sous ce rapport en trois classes : 1° les *masses communes*, destinées à remplir les gros vaisseaux, dans lesquels des substances plus ou moins visqueuses peuvent facilement couler ; 2° les *masses fines*, susceptibles de pouvoir pénétrer dans les vaisseaux capillaires ; et 3° les *masses à corrosion*, employées pour remplir les vaisseaux, dont on fait ensuite disparaître les parois membraneuses, soit par la putréfaction, soit par la corrosion, pour obtenir leur moule intérieur, afin de reconnaître par là leur forme et leur mode de subdivision.

Les masses communes doivent former un corps solide à la température ordinaire pour ne pas s'écouler des vaisseaux lorsqu'ils se trouvent ouverts ; tandis qu'elles doivent être fluides à la température d'environ 50°, qui n'est pas assez élevée pour altérer sensiblement les tissus des organes. Sans être nécessairement très-fluides à cette température, elles doivent être cependant le moins visqueuses possible ; et toutes choses égales, la plus fluide et la moins visqueuse sera toujours la meilleure, pouvant alors pénétrer plus avant dans les petits vaisseaux. A l'état solide, les masses doivent être un peu dures, non cassantes, et même tenaces, afin que les vaisseaux qu'elles remplissent puissent être pliés sans se rompre ; et enfin elles ne doivent pas coûter cher. C'est d'ordinaire la cire qui en fait la base, et on en mitige la dureté et le peu de fusibilité en y mêlant soit de l'huile, soit du suif ou du saindoux. Quant à l'huile grasse qui convient le mieux, je trouve que c'est celle de *pavot* faite à froid, connue dans le commerce sous les noms d'*huile d'œillette* ou d'*huile blanche,* étant la moins visqueuse des huiles ordinaires.

Pour ce qui concerne les matières avec lesquelles on colore les masses pour faire ressortir les vaisseaux sur le parenchyme des organes, elles peuvent consister ici en des substances simplement tenues en suspension ; il suffit qu'elles soient préalablement broyées bien fin, pour ne pas se déposer trop facilement et ne pas faire éprouver de résistance à la masse à l'entrée des petits vaisseaux.

Quant aux injections fines, il est au contraire fort important de faire un bon choix dans les ingrédients qu'on emploie ainsi que dans les proportions dans lesquelles ils entrent dans la composition de la masse, la condition principale que celle-ci doit présenter étant d'être pénétrante, c'est-à-dire de s'introduire avec facilité dans les plus petits vaisseaux, même dans ceux imperceptibles à la vue simple.

Ces masses doivent également figer quelque temps après avoir été injectées; elles peuvent cependant aussi rester liquides pour les vaisseaux d'une extrême finesse, cela présentant moins d'inconvénients que pour les gros, ceux qui sont très-déliés retenant les liquides par l'effet de leur capillarité.

Les masses fines doivent surtout être très-fluides et nullement visqueuses, à la température à laquelle on les injecte. Pour les essayer, on n'a qu'à les chasser, par la force des poumons, d'un tube capillaire dans lequel on en a introduit une petite quantité. Elles doivent sortir par jets, et celles qui sont portées le plus loin sont les meilleures.

On en a d'ailleurs un assez grand nombre, dont chacune a ses avantages, et c'est d'après ces derniers qu'on se règle, selon le but qu'on se propose d'atteindre et les circonstances dans lesquelles on se trouve. Il y en a de grasses, de gélatineuses, de métalliques, d'aqueuses, de spiritueuses, etc., que je vais passer successivement en revue.

Ici la matière colorante doit être le mieux broyée possible pour les injections fines ordinaires, et même être en dissolution dans la masse pour les vaisseaux les plus ténus, afin de ne pas diminuer sa liquidité et ne pas s'opposer à son entrée dans les capillaires très-déliés. Cette dernière condition, fort essentielle, n'a guère été prise en considération, jusqu'à présent, par les anatomistes, qui emploient généralement ou des couleurs simplement suspendues dans les masses, ou du mercure, qui est loin de pénétrer dans les vaisseaux capillaires. Pour mon usage, j'emploie pour les injections très-fines des couleurs dissoutes dans la masse; et si je fais usage de couleurs en suspension, elles sont lévigées avec le plus grand soin, comme je l'indiquerai plus bas.

Il est vrai que les matières colorantes dissoutes dans la masse se dissolvent aussi le plus souvent, après, dans la liqueur conservatrice dans laquelle on place les pièces anatomiques; d'où il résulte le double inconvénient que les vaisseaux injectés y pâlissent en abandonnant la matière colorante au liquide qui les baigne, et de rendre le préparat indistinct en teignant le liquide; aussi je ne conseille pas d'en faire usage pour les pièces qu'on veut conserver, mais bien pour celles qui ne doivent servir qu'à des recherches. Encore peut-on faire choix de couleurs qui se dissolvent dans la masse qu'on emploie, et non dans la liqueur conservatrice; et ces couleurs sont sans contredit les meilleures.

Lorsqu'il ne s'agit que de faire des injections fines ordinaires ou demi-fines, on emploie ou la gélatine, ou des matières grasses, dont la base doit être le sperma ceti et une huile essentielle, l'un et l'autre pénétrant dans de fort petits vaisseaux ; mais le premier a l'inconvénient d'être très-friable, de manière que les vaisseaux injectés n'ont aucune consistance par cette substance et ne tiennent que par leurs parois. Lorsqu'au contraire on veut étudier sur un préparat le système vasculaire jusque dans ses plus petites ramifications, qui échappent à la vue, on ne peut guère faire usage que de masses liquides, très-subtiles, coulant avec autant de facilité que le sang lui-même. Quoique les masses fines puissent être liquides à la température ordinaire, lorsqu'on les emploie pour des vaisseaux très-déliés, elles ont cependant toujours l'inconvénient de se répandre plus ou moins lorsqu'on manie la pièce, et de salir ; mais elles ont aussi l'avantage de ne pas figer au moment, quelquefois retardé, où on veut en faire usage ; et c'est cette condition qui doit les faire adopter ou rejeter selon les cas particuliers où l'on se trouve. Elles peuvent surtout être employées lorsqu'on ne veut pas conserver les préparats ; car, dans le cas contraire, les vaisseaux se dégorgeraient et finiraient par se vider complétement.

Lorsqu'on compose une masse fine, il faut aussi avoir soin qu'aucun corps étranger ne s'y trouve, pas même un peu de poussière, dans la crainte que, s'engageant dans l'ajutage, il ne l'obstrue.

Les matières qu'on emploie généralement pour composer les masses à injection sont les suivantes : la *cire jaune* ou *blanche*, le *suif*, le *saindoux*, le *sperma ceti* ou *blanc de baleine*, les *huiles grasses*, les *huiles essentielles*, surtout les *essences de térébenthine* et de *lavande*, la *térébenthine de Venise*, la *résine de Bourgogne*, la *colophane*, le *plâtre*, la *gélatine*, le *blanc d'œuf*, le *lait*, l'*eau*, l'*alcool*, le *mercure* et le *métal fusible de Darcet*.

La *cire*, et surtout la *cire blanche*, donne à la fois de la consistance et de la ténacité aux masses ; mais comme elle ne fond qu'à un degré un peu élevé de température, à 68°, elle ferait crisper les vaisseaux si on l'employait seule ; aussi la mélange-t-on avec d'autres corps gras plus fusibles, tels que le suif, le saindoux ou quelque huile. La cire jaune, moins pure que la blanche, et de là moins pénétrante, n'est employée que pour les injections les plus ordinaires, et sa couleur, en s'alliant à celle qu'on ajoute dans la masse, l'altère en la rendant livide ; et même la cire blanche, colorée par une matière quelconque, ne prend jamais une belle teinte

Le *suif de mouton*, plus blanc que celui de bœuf, doit être préféré, pour cette raison, à ce dernier. Il est plus fusible que la cire, fondant à 37 ou 40° de température. C'est bien une matière fort pénétrante, qui prend des couleurs très-vives, mais il est cassant en hiver et mou en été ; aussi ne l'emploie-t-on seul que pour les injections les plus ordinaires ; et l'alliant à de la cire, qui donne de la consistance et de la ténacité, on en forme une fort bonne masse.

Le *saindoux*, ou *graisse de porc*, plus fusible encore que le suif, fondant de 27 à 31°, est même liquide pendant les grandes chaleurs de l'été ; on ne l'emploie donc pas seul comme masse, et simplement pour rendre la cire plus fusible ; mais comme il n'a, sous le rapport de la pénétrabilité, pas d'avantage sur le suif, on ne s'en sert guère, et les couleurs qu'il prend sont d'ailleurs moins brillantes que celles du suif.

Le *sperma ceti* est, de tous les corps gras solides, celui qui pénètre le mieux dans les petits vaisseaux, en même temps qu'il fond à une température peu élevée, à 45°, et prend une solidité égale à celle de la cire ; mais il a le grand inconvénient d'être très-friable, cristallisant en lamelles écailleuses qui se séparent très-facilement ; aussi ne peut-on pas l'employer seul comme masse, à moins que les parois des vaisseaux ne soient assez fortes pour soutenir la matière injectée. Le sperma ceti, étant plus diaphane que le suif et la cire, se colore parfaitement et prend des couleurs très-vives. Allié à une huile essentielle, il forme une très-bonne masse fine, fort belle.

Les *huiles grasses* sont toutes trop visqueuses pour pouvoir entrer dans la composition des masses fines ; et c'est l'huile de pavot faite à froid, connue des peintres sous le nom d'*huile blanche*, qui, étant la plus fluide de toutes, doit être préférée aux autres ; et après elle, l'huile d'olive. Elles se colorent à peu près également bien.

L'*huile d'amandes douces*, très-fluide, peut être employée pour de petites injections fines ; mais elle est chère.

Les *huiles essentielles* sont toutes très-fluides, et peuvent par conséquent entrer dans la composition des masses fines et en former à elles seules de bien pénétrantes ; mais elles sont fort chères. On emploie cependant l'*huile d'aspic*, l'*huile de lavande*, et, plus ordinairement, l'*huile* ou l'*essence de térébenthine*, qu'il faut toutefois éviter de laisser exposée à l'air, qui l'altère en la rendant gluante. Cette dernière est si peu visqueuse qu'elle laisse déposer bien plus vite que l'eau les matières colorantes qu'elle tient en suspension, à quelque finesse que ces substances soient réduites. Ainsi, l'indigo, dont une partie restera un mois entier en suspension dans l'eau, se dépose entièrement au bout de vingt-quatre heures dans l'essence de térébenthine.

La *térébenthine de Venise*, qu'on trouve dans le commerce sous une forme onctueuse, devient très-fluide par la chaleur, mais à une température trop élevée pour qu'on puisse l'employer en grande quantité dans la composition des masses, et surtout des masses fines ;

cette substance étant fort gluante, elle donne de la ténacité aux autres composants des masses qui n'en ont pas assez, comme la cire, le suif, le sperma ceti, etc.

La *résine de Bourgogne*, ou *poix blanche*, est dure et cassante, surtout par le chôc, et ne fond qu'à une haute température, en même temps qu'elle est peu pénétrante, ce qui la rend impropre pour constituer à elle seule une masse à injection ; mais en l'alliant à d'autres corps qui lui donnent plus de fusibilité et un peu plus de mollesse pour être moins cassante, elle devient le principal composant des masses à corrosion, étant peu altérable par l'eau et les acides. Elle se colore par l'orcanète, mais prend une teinte orangée due sans doute à sa couleur propre.

La *colophane*, qu'on emploie aussi quelquefois, n'a, que je sache, aucun avantage, étant moins fusible encore que la résine de Bourgogne et plus cassante.

Je vais donner ici la composition des masses le plus généralement employées, dont beaucoup ne sont que de légères modifications les unes des autres, et parmi lesquelles chacun peut choisir. Pour être plus complet, je transcris un grand nombre de ces recettes, indiquées par divers auteurs, et notamment par AL. LAUTH, dans son *Nouveau Manuel de l'anatomiste*, p. 696, 1835, cet habile anatomiste ayant recueilli autant de recettes qu'il a pu trouver, et je les marque toutes d'un *.

Masses communes. — 1° SWAMMERDAM proposa d'employer simplement de la cire pure.

2° SUE se servait de la masse suivante : *suif*, 16 onces [1] ; *cire*, 6 onces ; on fait fondre les deux matières ensemble en remuant de temps en temps ; lorsque tout est près d'être fondu, on ajoute 3 ou 4 onces de *saindoux*, ou 3 onces d'*huile d'olive*, et 4 onces de *térébenthine de Venise*. Lorsque ces substances sont bien mêlées, on ajoute la matière colorante composée de 3 onces de *vermillon*, de *vert-de-gris* ou de *bleu de Prusse en vessie*, broyés à l'huile, en délayant la couleur peu à peu dans la masse et dans une terrine dont le fond n'est pas trop chauffé, ce qui altérerait la couleur rouge en la rendant plus foncée ; puis on passe.

3° La matière la moins chère et qu'emploient pour cela, fort souvent, les élèves en médecine lorsqu'ils étudient l'angiologie, où ils ne cherchent à connaître que les principaux vaisseaux, est tout simplement le *suif* coloré, soit en rouge par le vermillon pour les artères, soit en bleu pour les veines [2]. Lorsque les préparats ne doivent

---

[1] L'once est de 30,6 grammes.

[2] On est convenu de ces couleurs pour ces deux espèces de vaisseaux : les lym-

pas être conservés, le suif seul suffit; mais il ne conviendrait pas pour les pièces de cabinet.

4° * *Suif en branches*, 5 onces; *poix de Bourgogne*, 2 onces; *huile d'olive* ou de *noix*, 2 onces; *essence de térébenthine*, 1 once.

5° * *Suif*, 3 onces; *résine blanche* (de Bourgogne), 2 onces; *térébenthine de Venise*, 1 once.

6° * *Suif* et *résine blanche*, de chacune, 16 onces; *cire*, 3 onces; *térébenthine de Venise*, 2 onces; *essence de térébenthine*, 1 once.

7° * *Suif purifié*, 2 livres; *cire*, 1 once; *térébenthine de Venise*, 4 onces. C'était la composition dont LAUTH se servait d'ordinaire, la trouvant très-pénétrante; mais comme elle a l'inconvénient de laisser facilement déposer la matière colorante (probablement le cinabre, qui est fort pesant), il a corrigé en partie ce défaut en y ajoutant 4 onces de *blanc de baleine*.

8° * *Suif*, 12 onces; *cire*, de 3 à 6 onces; *blanc de baleine*, 4 onces.

9° * *Suif*, 12 onces; *cire blanche* ou *jaune*, 5 onces; *huile d'olive*, 3 onces.

10° * *Cire*, 12 onces; *térébenthine de Venise*, 6 onces; *suif*, 3 onces; *essence de térébenthine*, 1 once.

11° * *Cire blanche* ou *jaune*, 8 onces; *colophane*, 4 onces; *vernis de térébenthine*, 3 onces.

12° * *Blanc de baleine*, 2 onces; *cire*, 1 once; *térébenthine de Venise*, 1 once; injection très-pénétrante.

13° La masse commune dont je fais usage consiste en *cire blanche*, 100 grammes; *suif blanc* (de mouton), 100 grammes; *térébenthine de Venise*, 50 grammes. On fait d'abord fondre la cire, puis on ajoute le suif, et après la térébenthine, en chauffant tout juste autant qu'il faut pour rendre les trois substances très-fluides; et, lorsque le tout est bien mêlé, on ajoute la matière colorante et on passe à travers un linge d'un tissu serré. On peut remplacer le suif par du saindoux ou de l'huile de pavot faite à froid (huile blanche des peintres); mais alors il faut que ces deux ingrédients soient en moindre quantité, de 75 grammes à peu près, sans quoi la masse serait trop molle. On peut aussi remplacer la cire blanche par de la jaune.

S'il se forme de l'écume pendant l'opération, on l'enlève; et si l'on aperçoit qu'il se forme un dépôt, on laisse la masse fondue en repos

---

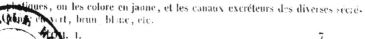
...tiques, on les colore en jaune, et les canaux excréteurs des diverses sécré... ...ent..., brun, blanc, etc.

pendant une heure ou deux, sur un feu très-doux, pour que le dépôt ne soit pas troublé; puis on décante.

Je ferai remarquer ici qu'il faut toujours faire fondre les diverses matières dans le mélange, de manière que les premières soient celles qui s'altèrent le moins par la chaleur : les huiles essentielles s'évaporent et deviennent brunes; les huiles grasses deviennent visqueuses; les résines deviennent également brunes et visqueuses; le sperma ceti s'évapore. Enfin, une forte chaleur altère toujours les couleurs, surtout les végétales et les animales, de manière qu'il ne faut les mettre dans le mélange que lorsque celui-ci est bien fait et prêt à être employé. C'est dans l'ordre suivant qu'on doit faire fondre les ingrédients : la cire, le suif, la résine de Bourgogne, le sperma ceti, le saindoux, la térébenthine de Venise, les huiles grasses et les huiles essentielles.

14° Les masses grasses communes généralement employées ne fondent guère qu'à une température un peu élevée, et, figeant aussi rapidement, ont de là le double inconvénient d'être difficiles à manier, vu qu'on se brûle souvent les mains, et que, pour peu qu'on perde du temps, la masse fige dans les appareils, ou du moins dans les gros vaisseaux, avant de pénétrer dans les petits. Je proposerai d'employer la masse suivante, qu'on peut employer à froid, et qui ne fige que plusieurs heures après avoir été injectée. C'est simplement l'*élaïdine* colorée par une matière non altérable par l'acide nitrique. Pour former l'élaïdine, on prend 100 parties d'*huile d'olive* et on y ajoute un mélange de 9 parties d'*acide nitrique* à 38° et de 3 parties d'*acide nitrique anhydre*. On mêle bien le tout en secouant fortement le vase qui le contient; on y ajoute la matière colorante et on injecte. Si l'huile d'olive est bien pure, cette masse fige au bout de 70 minutes; mais si elle contenait seulement $\frac{1}{100}$ d'huile de pavot (huile siccative), la solidification serait retardée de près de trois quarts d'heure. En n'employant que $\frac{1}{20}$ du mélange des acides, la solidification n'a lieu qu'au bout de dix heures. On peut aussi employer d'autres huiles *non siccatives*, telles que celles d'*amandes douces*, d'*amandes amères*, de *noisettes*, de *noix d'acajou* et de *colza*, mais la solidification est moins rapide. Cette masse gonfle en se figeant, devient poreuse et présente très-peu de consistance; une fois solide, elle fond à une température de 40°, et ne se fige de nouveau qu'au bout de plusieurs heures, ce qui permet de la préparer d'avance et de l'injecter tiède et même à froid. Cette propriété qu'a l'élaïdine de ne se solidifier que fort lentement fait que, malgré qu'elle soit un peu visqueuse à l'état liquide, elle pénètre peu à peu dans les très-petits vaisseaux par l'effet de l'élasticité des organes environnants qui agissent sur elle.

15° Une masse commune, destinée à remplir simplement les plus gros vaisseaux des animaux de très-grande taille, est le *plâtre* délayé dans de l'*eau* tenant $\frac{1}{30}$ *de son poids de colle de Flandre* en dissolution, et presque froide, pour qu'elle reste liquide. On tâchera de choisir du plâtre qui ne soit ni tout fraîchement cuit, ni éventé ; le premier, figeant trop promptement, ne laisserait le plus souvent pas le temps d'achever l'opération, et le second n'absorbe plus assez d'eau pour qu'on puisse suffisamment le délayer ; la gélatine donne, d'une part, plus de solidité au plâtre, et l'empêche de figer trop promptement ; il faut aussi avoir soin de ne pas injecter à chaud, ce qui fait prendre le plâtre trop vite. On doit employer du plâtre très-fin, celui dont on se sert pour mouler les figures. On l'essaiera d'abord en en gâchant une petite quantité dans de l'eau presque froide, en lui donnant la consistance d'une crème très-coulante ; il doit rester au moins *cinq minutes* avant de se prendre en masse et sans laisser d'eau.

On pourra injecter cette masse au moyen de la seringue ordinaire, mais on risque d'abîmer l'instrument par le frottement du plâtre contre les parois ; et je propose, en conséquence, pour la remplacer, un appareil particulier, très-simple, que chacun pourra confectionner lui-même. Voyez l'*appareil hydraulique*, à l'article des instruments à injection.

Masses fines. — Pour les préparats à conserver.

16° La meilleure masse dont on fasse usage est la *gélatine* dissoute dans l'eau. Prenez pour cela, en hiver, 7 grammes, et, en été, 12 grammes de *gélatine sèche pure* ; faites-la tremper pendant quelques heures dans 100 grammes d'*eau pure* ; lorsqu'elle est ramollie au point de ressembler à de la gelée, faites-la fondre dans la même eau, sur un feu doux, sans faire bouillir, et ayant bien soin de toujours remuer le liquide pour que la gélatine ne s'attache pas, et retirer le vase du feu aussitôt que la dissolution est bien parfaite ; en bouillant, la gélatine perd en partie la propriété de se prendre en gelée, et, après plusieurs refontes, elle ne se fige plus du tout. La proportion de 12 parties de gélatine sur 100 parties d'eau est celle qu'on doit employer pour des préparats qui doivent être conservés dans des liqueurs à 32° de température de nos étés. Il sera d'ailleurs toujours bon d'essayer la masse avant de l'employer, toutes les gélatines n'étant pas également bonnes. Pour cela, laissez tomber une goutte de la dissolution sur un corps froid à la température ordinaire, tel que du verre, du marbre, une assiette, etc. Si le liquide est convenablement concentré, la goutte doit figer en quelques minutes en une faible gelée, qui prend plus de consistance au bout de dix à douze heures, surtout en la mettant dans un lieu frais. Légèrement

7.

chauffée, cette gelée doit fondre en un liquide aussi coulant que de l'eau.

La meilleure gélatine, mais aussi la plus chère, est la *colle de poisson*, qu'on peut très-bien remplacer par celle tirée des os, et surtout par celle connue dans le commerce de Paris sous le nom de *gélatine grenadine*, dont on fait usage pour les aliments. En la faisant tremper pendant quelques heures dans de l'eau, elle en absorbe à peu près la quantité indiquée ci-dessus pour les masses d'été, de manière qu'on n'a qu'à la faire fondre sans autre eau que celle qu'elle a absorbée, et sa fusion est très-prompte sur un feu doux. On peut aussi employer avec avantage la *colle forte de Flandre* dans les mêmes proportions avec l'eau, dont elle absorbe moins en vingt-quatre heures; mais elle a l'inconvénient d'être légèrement jaunâtre, ce qui est d'ailleurs fort peu de chose, et de fondre plus difficilement et moins complétement. Voyez aussi ce qui a été dit sur la gélatine, à la page 72.

Si le liquide n'était pas assez concentré, on le réduirait par l'évaporation sur un feu doux; et, s'il l'était trop, on y ajouterait un peu d'eau en le laissant encore un instant sur le feu et en l'agitant toujours, afin que le mélange soit bien homogène.

La solution étant au point convenable, on la passe à travers un linge à tissu très-serré, et on y ajoute la matière colorante. Cette masse est employée tiède.

Pour que la matière colorante non en dissolution dans l'eau soit réduite à l'état de la plus grande division de ses particules, il convient de la diviser dans l'eau qu'on emploie pour faire tremper la gélatine et par les procédés indiqués plus bas au paragraphe des matières colorantes. On aura, par ce moyen, exactement la nuance qu'on désire en même temps que la matière colorante ne se déposera pas.

Cette masse peut être conservée sous forme de gelée en la tenant sous une couche un peu forte d'alcool; mais lorsqu'on voudra s'en servir, il faudra enlever d'abord ce liquide, bien rincer avec de l'eau froide la surface de la gelée, et faire fondre ensuite sur un feu doux la quantité de cette dernière dont on aura besoin. On peut aussi réduire la masse toute colorée, par l'évaporation, à la consistance d'un sirop, et la verser, à l'épaisseur de 5 millimètres à peu près, sur des assiettes qu'on aura très-légèrement graissées; on expose ensuite ces assiettes au grand air pour sécher la masse. Lorsqu'elle a un peu de consistance à la surface, on détache les plaques des assiettes et on les retourne pour que la dessiccation soit plus prompte. On obtient par là des lames sèches d'environ 1 millimètre d'épaisseur, qu'on conserve pour l'usage.

L'injection faite, on place la pièce anatomique dans un endroit frais, pour faire plus promptement figer la masse ; ou bien on la laisse dans un lieu chaud, pour que la masse reste liquide et puisse encore, après l'opération, s'insinuer dans les très-petits vaisseaux ; on l'expose ensuite au frais. Une fois figée, elle ne se dissout plus à la température de l'atmosphère.

17° Le *blanc d'œuf* constitue également une excellente masse fine à employer même à froid. Pour la préparer, on mêle une partie de blanc d'œuf avec deux parties d'eau, on agite bien le mélange, et on le laisse reposer pendant quelque temps, même vingt-quatre heures si cela se peut, afin de laisser aux deux liquides le temps de se pénétrer réciproquement. On filtre ensuite à travers un linge serré, sans trop presser le résidu composé des parties membraneuses, pour que ces dernières ne sortent pas, et on se sert du mélange. L'injection faite, on place la préparation dans l'un des réactifs suivants, qui ont la propriété de faire coaguler l'albumine en la rendant en même temps opaque.

Je placerai ici en première ligne le *sulfate de peroxyde de fer* dissous dans *cent fois* son poids d'eau, dont il est parlé plus bas à l'occasion des liqueurs conservatrices. En y plongeant la pièce anatomique, la masse injectée se prend de suite en une gelée opaque qui malheureusement n'est pas blanche, mais d'une couleur brun-jaunâtre due au réactif. On peut toutefois colorer préalablement la masse avec une matière colorante très-fine, telle que l'indigo, le laque de garance, etc. ; et mieux encore, s'il ne s'agit que d'une pièce de simple étude, avec une matière colorante soluble dans l'eau, telle que la gomme-gutte, l'orseille, etc., qu'on ajoute à l'eau avant de la mêler au blanc d'œuf, et par le procédé indiqué un peu plus bas à l'occasion de l'emploi des matières colorantes.

Je dois faire remarquer que la solution un peu concentrée de sulfate de peroxyde de fer, même dans les proportions de $\frac{1}{50}$, a la propriété de coaguler d'abord l'albumine, et de la redissoudre un instant après ; et qu'il ne faut en conséquence l'employer que beaucoup plus faible à $\frac{1}{100}$ et même au-dessous.

Le coagulum d'une apparence gélatineuse est très-abondant, formant un volume plus grand que celui du blanc d'œuf employé ; c'est-à-dire qu'une partie notable de l'eau, dans laquelle on a délayé ce dernier afin de le rendre suffisamment fluide pour pénétrer dans les vaisseaux très-fins, se combine avec lui en formant le coagulum ; ce qui n'a pas lieu avec les autres substances, telles que l'alcool et les acides, qui ne coagulent que l'albumine seule, laquelle nage en flocons dans l'eau qu'on y a ajoutée.

Le blanc d'œuf, soit pur, soit mêlé avec de l'eau, soit desséché, peut être conservé des mois entiers sans rien perdre de sa propriété de servir comme masse à injection, coagulable par le sulfate de per-oxyde de fer. Étant desséché, il suffit de le détremper dans vingt-quatre fois son poids d'eau; ce qui a lieu en peu de temps pour composer la masse, le blanc d'œuf se réduisant par la dessiccation à ⅛ de son poids.

L'*alcool* produit un coagulum d'un très-beau blanc opaque semblable au blanc d'œuf cuit, mais il ne coagule que l'albumine seule et non la masse entière composée d'une partie seulement sur deux de cette dernière; d'où il résulte que le coagulum dans les vaisseaux n'est que partiel et par conséquent floconneux.

On cite encore le *deutochlorure de mercure*, dont on doit employer 3 parties sur 10,5 d'albumine pour produire la coagulation de cette dernière; mais je ferai remarquer que d'une part ce sel ne coagule également que le blanc d'œuf contenu dans la masse, et que d'autre part il attaque et abîme en peu de temps les instruments en acier avec lesquels on dissèque les objets, et qu'en conséquence il ne saurait être employé.

18° Le *lait* seul forme encore une fort bonne masse fine et froide qui n'a besoin d'aucune préparation préalable, sinon qu'il doit être frais, avant que la crème ne commence à s'en séparer; celle-ci étant d'une part moins fluide que le lait passe plus difficilement dans les vaisseaux, mais en l'enlevant on prive le lait d'une partie de sa matière caséeuse qui doit former la masse compacte. Ce liquide étant d'un beau blanc opaque, il est dans beaucoup de cas inutile de le colorer; mais il prend aussi très-bien toutes les couleurs qu'on voudra lui donner. Pour le colorer, on emploiera, comme pour la gélatine, les procédés indiqués un peu plus bas pour la manière de bien diviser la matière colorante. L'injection faite, on coagule le lait contenu dans les vaisseaux en faisant tremper la pièce pendant quelque temps dans un acide étendu d'eau, comme du *vinaigre*, de l'*acide sulfurique*, de l'*acide hydrochlorique*, etc., affaiblis au point qu'ils aient encore l'activité du bon vinaigre : à peu près une partie d'acide sulfurique sur dix à douze d'eau. Le coagulum forme du *caillé* de consistance de gelée, qui ne s'écoule pas des vaisseaux. Il est inutile de dire que les matières colorantes ne doivent pas être acides.

Le meilleur lait est celui qui est le plus riche en caséum, c'est-à-dire le lait de *brebis;* vient ensuite celui de *chèvre*, puis celui de *vache.*

19° *Sperma ceti*, vingt-cinq parties; *térébenthine de Venise,* dix parties; *essence de lavande* ou de *térébenthine*, dix parties. C'est une masse des plus pénétrantes, qui fond à moins de 36° et prend de la consistance en refroidissant. C'est la masse fine grasse dont je me sers ordinairement pour les petits sujets, tels que des mollusques.

Étant grasse, les extravasations qu'elle forme ne s'attachent pas aux organes et ne les salissent en conséquence pas, et peuvent facilement être enlevées; avantage qu'on n'a pas avec les masses non grasses. Cette masse doit être conservée dans un bocal bien bouché pour que l'huile essentielle ne s'évapore pas; et si une partie s'était évaporée, ce qu'on remarque à la fusion plus difficile de la masse, on en ajouterait un peu. Cette masse doit fondre en en plaçant une parcelle sur la main.

Quant aux préparats de simple étude, non destinés à être conservés et où l'on veut injecter les plus petits vaisseaux dans lesquels le sang ou un fluide quelconque puisse pénétrer, on peut y employer des masses naturellement liquides, colorées par des substances qui y sont en dissolution. Je distingue parmi ces masses :

20° Les *huiles essentielles*, et surtout celles de *térébenthine* et de *lavande* colorées pour l'*orcanète*, qui leur donne une très-belle couleur rouge, mais peu intense.

21° L'*eau* ou l'*alcool*, colorés par une matière qui s'y trouve en dissolution, ou, à défaut de celle-ci, par une substance simplement tenue en suspension, mais extrêmement divisée et qui ne se dépose pas promptement, forment d'excellentes masses pour les injections les plus fines. Je les colore d'ordinaire par l'*orseille*, qui donne à ces deux liquides une superbe couleur pourpre (si l'eau est distillée, et rouge-violet si elle ne l'est pas et contient des alcalis), de *laque de garance* et autres matières colorantes tenues en suspension, la *gomme-gutte* ou de *vert-de-gris* lorsque les tissus des organes injectés ne sont pas perméables à ces liquides, car souvent l'injection passe dans les tissus et tout est abîmé; lorsqu'au contraire le liquide s'infiltre dans les tissus, j'emploie de l'*indigo*.

22° L'*alcool* coloré par l'*orcanète* qui s'y dissout prend une très-belle couleur cerise tirant sur l'orange, mais pénètre facilement dans les tissus.

23° Une masse qu'on employait beaucoup autrefois, mais dont l'usage paraît diminuer un peu maintenant, est la *cire d'Espagne* dissoute dans l'*alcool;* aussi, je ne la conseille pas, étant très-gluante et de là peu pénétrante, en même temps qu'il est presque impossible d'en débarrasser les instruments qui en sont barbouillés. D'ailleurs, on sait que cette matière est composée de *gomme-laque*, de *térébenthine* et de *cinabre;* or, les deux résines, quoique dissoutes dans l'alcool, ne forment jamais un liquide bien coulant; et le cinabre, se déposant facilement, bouche les ajutages, et surtout les vaisseaux où il cause des ruptures et de là des extravasations.

24° Le *mercure* constitue, par sa liquidité à la température ordinaire et son bel éclat, la masse fine la plus généralement employée, et l'on ne fait même guère usage d'autre: mais à côté de ces deux avantages, auxquels il faut encore joindre celui de ne pas salir les préparats, il présente tant d'inconvénients que je le regarde comme une des plus mauvaises masses qu'on puisse employer. 1° Il ne pénètre pas dans les vaisseaux très-fins; 2° il dilate si fortement ceux qu'il remplit, qu'il les rend tout à fait méconnaissables; 3° les vaisseaux ainsi gorgés forment ensemble des masses dans lesquelles il est le plus souvent impossible de rien distinguer; 4° les pièces injectées deviennent si lourdes qu'elles s'écrasent sous leur propre poids, au point que souvent on ne peut plus les manier; 5° à la moindre rupture d'un vaisseau, et cela est inévitable, tout le mercure s'écoule; 6° le métal abîme tous les instruments avec lesquels il se trouve en contact, à l'exception de ceux en fer et en platine, ce qui le rend fort difficile à manier, vu qu'il est presque impossible qu'il ne touche pas quelque instrument en cuivre dont on fait un si grand usage; enfin, 7° ce métal est si cher qu'on ne peut guère l'employer.

Masses à corrosion. — On distingue deux espèces de masses à corrosion : l'une métallique et l'autre résineuse.

25° J'ai fait remarquer plus haut que déjà HOMBERG proposa en 1699 de faire des injections avec un alliage de parties égales de *bismuth*, de *plomb* et d'*étain*. NEWTON en modifia un peu les composants pour le rendre plus fusible encore, et le forma de cinq parties de *bismuth*, de trois d'*étain* et de deux de *plomb*; alliage qui fond à 100° et porte le nom de *métal fusible de Newton*. Depuis M. D'ARCET l'a modifié encore en le composant de huit parties de *bismuth*, de cinq de *plomb* et de trois d'*étain*; alliage qui porte également son nom, et qui fond à 94° de température; et en y ajoutant $\frac{1}{16}$ de mercure il fond même à 53°. Il peut donc très-bien servir aux injections et pénétrer dans de très-petits ramuscules, mais il faut avoir soin de ne pas l'employer trop chaud pour ne pas faire crisper les vaisseaux. L'injection se fait simplement par l'effet du poids du métal qu'on verse dans le vaisseau au moyen d'un tube en carton qu'on y adapte. Mais on fera bien de purger préalablement, autant que possible, les vaisseaux du sang qu'ils contiennent, et d'en faire sortir l'air au moyen d'une pompe pneumatique, afin que le métal qui fige rapidement n'éprouve aucun obstacle.

La pièce injectée est ensuite mise soit dans de l'eau et abandonnée à l'action de la putréfaction, soit dans un liquide corrodant qui détruit plus rapidement le parenchyme des organes. Cette masse a en outre l'avantage de former des préparats très-solides qu'on ne risque pas de briser au moindre attouchement.

En employant ce métal, il faut avoir soin qu'il ne se trouve pas en contact avec d'autres métaux que du fer et du platine, à cause du mercure qu'il renferme.

26° Hunter formait, d'après Nichols, une masse à corrosion composée de *résine pure*, 8 onces; *cire blanche*, 10 onces; *térébenthine de Venise*, 12 onces. Elle est moins friable que la suivante, mais aussi moins pénétrante.

27° Sue en prépara une composée de *cire blanche*, 12 onces; *résine purifiée*, 10 onces; *essence de térébenthine*, de 6 à 8 onces, et colorée par le jaune d'Angleterre. Il faisait fondre d'abord la résine sur un feu doux, puis il la passait et y ajoutait la cire qu'il passait aussi, ensuite la matière colorante, et enfin l'essence de térébenthine.

28°* Lauth décrit, d'après Bogros, qui n'en est toutefois pas l'auteur, une autre masse à corrosion. On fait bouillir pendant quatre à cinq heures une partie de térébenthine de Venise dans 3 parties d'eau; on verse le tout dans de l'eau froide, en ayant soin de malaxer la térébenthine cuite à mesure qu'elle se refroidit, en ajoutant de nouvelles quantités d'eau jusqu'à ce que le refroidissement soit parfait. Dans cet état la térébenthine contient une certaine quantité d'eau dont il faut la purger; à cet effet on la met dans un vase qu'on expose à un feu modéré, il s'en dégage bientôt une écume très-abondante produite par l'eau qui tend à s'évaporer. On continue cette opération jusqu'à ce que l'écume ait entièrement disparu, ayant soin de remuer continuellement la masse à l'aide d'une spatule.

Pour composer la matière à injection, on fait fondre au bain-marie 8 onces de *térébenthine cuite* avec 2 onces de *cire*; lorsque le mélange est dissous, on y ajoute 3 onces de *vermillon*, ou 1 once de *bleu de Prusse* broyé à l'huile; après quoi on passe l'injection à travers un linge pour s'en servir.

Je n'ai pas essayé cette composition, mais il me paraît qu'elle doit être à la fois cassante et peu pénétrante, en même temps que la quantité de matière colorante est beaucoup trop grande.

29°* Lauth propose lui-même une autre composition moins longue à préparer, formée de 6 onces de *colophane*, 2 onces de *cire blanche*, autant de *térébenthine de Strasbourg*, 1 once de *blanc de baleine* ou un peu moins. Mais cette composition paraît devoir être également fort cassante.

J'ai fait, au sujet des masses à corrosion ou à macération, divers essais, et voici la composition qui m'a paru le mieux remplir le but qu'on se propose.

30° *Cire blanche*, 2 parties; *térébenthine de Venise*, 2 parties; *térébenthine de Bourgogne* (poix blanche), 1 partie. Cette masse fond à une température peu élevée et pénètre dans de fort petits vaisseaux, en même temps qu'elle est flexible et résiste fort bien à l'action des matières en putréfaction.

31° En prenant parties égales de *cire blanche*, de *térébenthine de Venise* et de *térébenthine de Bourgogne*, on obtient
une masse plus ferme que la précédente, tenace, mais moins pénétrante, et qui demande à être chauffée un peu plus fort.

Matières colorantes des masses. — On emploie généralement le
vermillon ou le *carmin* pour colorer les masses en rouge, l'*indigo* ou le *bleu de Prusse* pour les colorer en bleu, diverses *terres*
ou la *gomme-gutte* pour le jaune, le *vert-de-gris* pour le vert, et
enfin on colore d'ordinaire en noir par le *noir de fumée*. A ces diverses matières colorantes j'ajouterai encore la *laque de garance,
l'orcanète, l'orseille, le jaune de chrome, le jaune indien* et
le *chromate neutre de potasse*. Parmi ces substances, la gomme-
gutte, le vert-de-gris, l'orcanète, l'orseille et le chromate neutre de
potasse sont tous solubles dans l'*alcool*; les mêmes, à l'exception
de l'orcanète, le sont dans l'*eau*, et les mêmes encore, à l'exception
de l'orseille et du chromate neutre de potasse, le sont dans les *corps
gras*. Les autres substances ne sont solubles dans aucun de ces
menstrues, et demandent à être broyées pour servir à colorer les
masses; toutes en conséquence ne sont pas propres à faire atteindre
le but qu'on se propose; et l'on doit bien choisir ces couleurs selon les
opérations auxquelles elles doivent servir. Lorsqu'on veut injecter
des pièces qui doivent être conservées dans la liqueur, il faut avoir
grand soin de n'employer que des couleurs insolubles dans ce
même liquide; car, d'une part, les vaisseaux se décoloreraient, et, de
l'autre, le liquide, en prenant cette couleur, nuirait à l'effet que la
pièce anatomique doit produire. On doit ainsi bannir toutes les couleurs solubles ci-dessus, et que je proscris à regret, vu les belles
teintes qu'elles donnent. Cependant, par cela même qu'elles sont solubles dans le liquide servant de véhicule à la couleur, je les recommande pour les masses les plus fines servant à de simples injections
d'étude.

Pour les masses communes, on peut employer toute espèce de matière colorante, quand même elle ne serait pas fine; il suffit qu'elle
soit inaltérable à la lumière, ainsi que dans la liqueur conservatrice
qu'on emploie.

Le *vermillon* est bien certainement une des couleurs les plus vives et
les plus brillantes qu'on puisse employer, mais il a l'inconvénient d'être
très-pesant et de se déposer rapidement : de manière que, si la matière à
injection ne fige pas promptement, toute la couleur s'accumule dans
les parties inférieures des vaisseaux, et laisse les supérieures incolores.
Un autre défaut est de ne pas se broyer assez fin pour pénétrer dans
les vaisseaux d'une grande ténuité et de former même des amas qui
bouchent leurs orifices. Enfin il ne se lie pas facilement avec l'eau,

où il reste toujours coagulé et grumeleux, état qu'on ne peut pas détruire par le broiement. Il est de là peu propre à colorer la masse gélatineuse et autres dont le dissolvant est l'eau; mais il se broie très-bien dans les corps gras.

Le *carmin* serait une fort bonne couleur si d'une part il n'était pas si cher, et si de l'autre sa couleur ne s'altérait pas par la décomposition à une température assez basse, à 50°, qu'on atteint ordinairement avec les masses grasses. Ce n'est donc guère que pour les masses dont l'eau tiède est le dissolvant qu'on peut l'employer.

La *laque de garance* est bien préférable; elle est moins chère à beaucoup près, et peut supporter des températures très-élevées en même temps qu'elle colore à la fois très-bien les corps gras, l'eau et l'alcool.

L'*orcanète*, qu'on n'emploie, que je sache, nulle part dans les injections, quoiqu'elle donne une très-belle couleur, est une matière colorante d'un rouge ponceau, tirée de l'écorce de la *buglosse des teinturiers (anchusa tinctoria)*. On la trouve à l'état brut dans le commerce. Cette matière colorante se dissout avec la plus grande facilité dans tous les corps gras ainsi que dans l'alcool, mais non dans l'eau, ce qui la rend propre à colorer les masses grasses, et est surtout très-utile pour les injections les plus fines, pénétrant avec le dissolvant dans les vaisseaux, quelque déliés qu'ils soient; mais il ne faut pas que les préparats soient conservés dans l'alcool, ou les vaisseaux se décoloreraient.

Comme on est obligé de préparer soi-même la couleur, voici comment on fait : on commence par enlever toutes les parties ligneuses qui se trouvent mêlées dans l'orcanète du commerce, ces parties ne contenant pas de principe colorant; on réduit l'écorce à l'état de poudre la plus fine, afin que la couleur puisse en être plus facilement extraite, et on la met simplement dans le corps gras fondu, mais très-peu chauffé, pour que la chaleur n'altère pas la couleur en faisant frire la partie corticale proprement dite. Il suffit de laisser ainsi infuser pendant quelque temps *une* partie d'orcanète dans *dix* de liquide, pour que ce dernier se colore en un rouge vif, qui devient très-foncé au bout d'une heure; et, si l'on voulait que l'extraction fût plus complète, il suffirait de décanter le dissolvant, de bien broyer le marc dans un mortier et de le remettre dans le même liquide.

Pour teindre les masses, on peut colorer séparément chaque composant, ou du moins ceux qui ne demandent pas à être trop fortement chauffés, et faire ensuite les mélanges comme ils sont indiqués plus haut; ou bien on peut se borner à colorer simplement les composants naturellement liquides, comme les huiles grasses et essentielles, dans lesquelles on laisse macérer long-temps l'orcanète afin que le liquide ait tout le temps de se saturer.

La couleur de l'orcanète est peu solide et s'altère assez facilement dans certaines substances, surtout lorsqu'elles sont acides.

Je dois faire observer aussi que, lorsqu'on compose une masse, il faut avoir soin de ne chauffer que très-peu les parties colorées par l'orcanète, car une forte chaleur l'altère en la rendant brunâtre et enfin tout à fait d'un brun sale. Ce que je dis ici de l'orcanète s'applique du reste aussi à toutes les matières colorantes végétales et animales, qui s'altèrent à une trop forte chaleur.

L'*orseille* est une couleur d'un beau rouge-pourpre, tirée de la *variolaria dealbata*, des *lichen rocella*, *lichen tartareus*, etc. Cette couleur est soluble dans l'alcool et dans l'eau, mais non dans les corps gras. Elle peut très-bien servir pour les injections les plus fines, mais seulement pour des pièces qui ne doivent pas être conservées dans la liqueur, où les vaisseaux se décoloreraient.

Il n'existe pas de couleur bleue soluble dans l'eau, dans l'alcool ou dans les huiles, et dont on pourrait se servir pour les injections les plus fines de recherche. L'on est obligé de se servir d'autres simplement tenues en suspension dans les liquides; mais heureusement nous en possédons qui s'y divisent tellement qu'il est presque impossible de reconnaître si elles sont en dissolution ou non : ce sont l'*indigo* et le *bleu de Prusse*.

Cependant, quoique l'indigo soit une couleur très-fine, il est plus difficile à broyer que le bleu de Prusse et demande à être préparé un peu lorsqu'on veut en faire usage pour les injections fines, contenant toujours des substances étrangères, et, entre autres, du sable et diverses terres qui pourraient obstruer les ajutages très-déliés. On doit en conséquence non-seulement employer l'indigo de la meilleure qualité, celui connu dans le commerce sous le nom d'*indigo de Guatimala* ou d'*indigo flore*, qui est le plus riche en couleur; mais il faut encore le débarrasser du sable. Pour cela on peut employer deux moyens : le premier consiste à concasser la couleur et à la mettre dans un nouet de toile très-forte, d'un tissu serré, et de la faire tremper purement et simplement pendant un jour dans le liquide qui doit servir de véhicule à la masse. L'indigo étant alors bien détrempé, on pétrit légèrement le nouet dans ce liquide pour en faire sortir la couleur à travers la toile, et l'on continue jusqu'à ce que le liquide ait la teinte voulue. On peut même le rendre plus foncé, laisser ensuite déposer les parties les plus grossières, et décanter le liquide tenant encore en suspension les parties les plus fines, et celles formant le dépôt sont employées pour les injections grossières.

L'indigo ne s'altérant pas dans l'eau, on peut laisser entièrement déposer celui qui reste le plus long-temps en suspension, et enlever ensuite l'eau, dont on ne laisse qu'une petite quantité. On peut en faire ainsi une très-grande provision; et, comme il ne se concrète pas dans cet état de marc et reste divisé en très-petites particules, on en aura ainsi toujours de prêt pour les injections fines. Ce procédé peut également être employé pour toute autre matière colorante inaltérable dans le véhicule.

Si on voulait employer l'indigo pour des masses grasses, c'est dans ces substances en dissolution qu'on le ferait dissoudre de la même manière; mais il vaut mieux employer alors le bleu de Prusse, qui donne aux corps gras une teinte bien plus belle que celle de l'indigo, tandis que celui-ci colore mieux que le bleu de Prusse les liquides aqueux et spiritueux.

La seconde manière de préparer la couleur pour la purger du sable est de la léviger, c'est-à-dire de la broyer par les procédés ordinaires, et de la mettre dans de l'eau, qu'on remue fortement et qu'on décante pour laisser déposer le restant de la couleur qu'elle tient en suspension. Puis on broie de nouveau le premier dépôt, et on répète la même opération; mais ce procédé, qui n'est pas meilleur que le premier, est infiniment plus long, et l'on obtient difficilement un liquide très-foncé; car généralement on est obligé d'employer beaucoup plus d'eau pour délayer successivement les divers marcs.

L'indigo ainsi obtenu par lévigation, séché et conservé pour l'usage, demande à être broyé de nouveau lorsqu'on veut l'employer; ce qui renouvelle les mêmes inconvénients, c'est que des grumeaux peuvent obstruer les ajutages ou bien les petits vaisseaux eux-mêmes.

Quant à la lévigation des couleurs dans les corps gras, tels que les huiles, pour les employer dans les masses grasses, elle est presque impossible, à cause de la malpropreté que cela occasionne. L'indigo en suspension dans les corps gras finit par se déposer entièrement; et on peut enlever une partie du véhicule et obtenir une teinte très-concentrée.

Le *bleu de Prusse* est plus propre que l'indigo pour colorer les masses grasses, leur donnant des teintes incomparablement plus belles en même temps qu'il se réduit plus facilement par le broiement; et on se sert pour cela des mêmes procédés que pour l'indigo.

On emploiera de préférence les variétés les plus foncées, dont $\frac{1}{400}$ suffit pour donner aux masses grasses une superbe couleur barbeau; et il faut plus d'indigo. Je dois cependant faire remarquer que, spécifiquement plus pesant que l'indigo, il se dépose entièrement dans l'eau au bout de deux ou trois heures, et un peu moins promptement dans les corps gras. On doit le décanter en conséquence déjà au bout de cinq minutes pour ne laisser déposer que les particules les plus pesantes. Il faut aussi avoir soin de ne pas trop le chauffer, une forte chaleur le rendant vert et enfin brun , surtout si le véhicule est de la résine ou de l'essence de térébenthine.

Le *vert-de-gris* , se dissolvant à la fois dans les corps gras , dans l'alcool et dans l'eau , est , comme je l'ai indiqué plus haut , par cela même , entièrement impropre pour les préparats qui doivent être conservés; mais, pour la même raison aussi, très-bon pour les injections fines des préparats de simple étude.

Pour produire la couleur verte des masses servant aux préparats à conserver , on combinera le bleu de Prusse ou l'indigo avec le jaune indien ou le jaune de chrome.

Le *noir de fumée* donne la couleur la plus fine qu'on puisse employer , surtout pour les corps gras , où il se divise à l'infini , $\frac{1}{300}$ donnant encore une couleur noire terne.

On désigne dans les ouvrages la *gomme-gutte* comme matière colorante à employer pour teindre les masses en jaune. Cette couleur est en effet la plus belle et la plus fine dont on puisse faire usage ; mais elle ne saurait être employée, étant , comme le vert-de-gris , soluble dans toutes les liqueurs conservatrices. Du reste , sa couleur opaque faisant parfaitement ressortir les plus petits vaisseaux qui en sont remplis, on pourra s'en servir pour les préparats d'étude.

La couleur jaune que je crois la plus convenable pour les injections fines est le *jaune indien* , substance légère qui ne se dépose que lentement , et qu'on divise par les procédés indiqués pour l'indigo ; mais il est un peu cher.

Pour les masses grasses communes , on peut employer le *jaune de chrome* , beaucoup moins cher que le jaune indien , mais aussi bien plus lourd ; ce qui fait qu'il se dépose assez facilement.

Quant aux préparats de simple étude , ils peuvent être très-bien injectés avec une solution d'une partie de *chromate neutre de potasse* dans *dix parties d'eau*. Quoique ce liquide soit limpide , il colore très-fortement, et une dissolution de $\frac{1}{1000}$ de ce sel est encore très-jaune. Cette substance n'est pas soluble dans les corps gras et ne saurait servir à les colorer.

On met d'ordinaire beaucoup trop de matières colorantes dans les masses. Cela vient en grande partie de ce que ces matières sont mal broyées. Lauth indique ainsi : pour le cinabre , le bleu de Prusse et l'indigo, $\frac{1}{10}$; pour la gomme-gutte, $\frac{4}{15}$; pour le carmin cependant, $\frac{4}{120}$; pour le jaune de Cassel , $\frac{1}{6}$, etc. Mais toutes ces quantités sont bien trop fortes. Voici celles que j'emploie en broyant le mieux possible les couleurs :

Le vermillon doit être $\frac{1}{50}$ du poids de la masse grasse , et même à moins de $\frac{1}{100}$ il donne encore une teinte d'un beau rouge.

L'indigo et le bleu de Prusse très-foncés suffisent à $\frac{1}{300}$ pour donner une teinte barbeau foncé ; à $\frac{1}{800}$ même le bleu de Prusse produit encore une très-belle couleur ciel, et dans la proportion de $\frac{4}{100}$ la cire paraît presque noire ; mais, dans les très-petits vaisseaux, où la masse devient transparente, la teinte est d'un très-beau bleu.

Il faut $\frac{1}{100}$ de jaune indien et de laque de garance ou bien $\frac{1}{50}$ de gomme-gutte pour obtenir de belles couleurs, et le vert-de-gris doit être $\frac{1}{20}$ de la masse grasse.

Pour les couleurs solubles, comme l'orcanète et l'orseille, il est difficile de fixer la proportion, vu que ces matières ne sont pas pures. On obtient cependant une très-belle teinte ponceau avec $\frac{1}{10}$ d'orcanète brute, et à $\frac{1}{100}$ on obtient encore, avec le sperma ceti, un très-beau ponceau clair. Ces substances n'étant d'ailleurs pas chères, on en mettra plutôt trop que trop peu, sauf à ajouter après de la matière non colorée jusqu'à ce qu'on ait la teinte voulue.

Les quantités de matières colorantes que j'ai indiquées sont celles qu'il faut pour la cire blanche, dont la masse est opaque, et la couleur de là peu vive. Le suif, plus diaphane, reçoit par la même quantité une teinte plus belle et plus claire ; cependant le sperma ceti prend, par l'effet de sa demi-transparence, les couleurs les plus brillantes, mais aussi les moins foncées.

Les matières colorantes donnent aux résines des teintes moins belles qu'à la cire, ces substances étant elles-mêmes colorées ; et les couleurs deviennent entièrement livides lorsqu'on chauffe un peu fortement la masse.

Pour colorer la gélatine ou l'albumine, on emploie les couleurs solubles dans l'eau ou bien celles qui s'y broient le mieux, mais surtout les moins pesantes, comme l'indigo, le bleu de Prusse, le carmin, la laque de garance, le jaune indien, etc. Ces matières colorantes, obtenues à l'état de la plus grande finesse par les procédés indiqués plus haut, peuvent être conservées, ainsi que je l'ai déjà dit, en suspension dans l'eau, et on se servira de cette eau même pour y faire gonfler et fondre la gélatine.

Les proportions de la quantité de couleur à celle de l'eau sont à peu près les mêmes que pour les injections grasses.

Pour colorer la gélatine et l'albumine en vert, je me sers d'indigo et d'une couleur jaune quelconque, surtout de la gomme-gutte ou du jaune indien.

Les résines servant aux masses à corrosion, et pour des préparats qu'on conserve secs, prennent une très-belle couleur verte par le vert-de-gris.

B. *Des instruments à injection.*

On se sert généralement, et surtout pour les grosses injections, de la seringue de Swammerdam, instrument déjà proposé par cet anatomiste dès l'origine de la découverte, et qui n'a éprouvé que de bien faibles perfectionnements. On se sert aussi depuis fort longtemps, pour les injections fines, de simples tubes verticaux remplis de mercure pour injecter ce métal par l'effet de son propre poids. Ces tubes ont été un peu perfectionnés sous le rapport de leur mode de suspension et sous celui de la nature des ajutages très-fins qu'on y adapte; et dans ces derniers temps on y a adapté un tube flexible dans sa partie inférieure, afin de pouvoir mieux diriger l'ajutage.

Mais voilà à peu près tout ce qu'on a fait, et la plupart des anatomistes se servent encore de ces anciens moyens, fort souvent incommodes. J'y ai apporté différents perfectionnements, que je ferai successivement connaître ici.

Seringue de Swammerdam. — L'instrument qu'on emploie le plus habituellement pour les injections est la seringue inventée pour cet objet par SWAMMERDAM, à laquelle je crois devoir donner le nom de son célèbre inventeur. Elle est formée dans son ensemble sur le modèle le plus ordinaire : c'est un corps de cylindre dans lequel on pousse un piston pour en chasser la matière à injection dans les vaisseaux.

Comme il serait fort difficile, et souvent impossible, de fixer la canule aux vaisseaux pendant qu'elle tient au corps de l'instrument, elle forme une pièce à part qu'on place préalablement dans le vaisseau en l'y attachant au moyen d'une ligature; et, après avoir chargé la seringue, on l'unit seulement à la canule en l'y fixant d'une manière quelconque.

Le liquide pouvant s'écouler de la seringue en la renversant, on ferme le goulot terminal, au moyen d'un robinet adapté à ce dernier, jusqu'à ce que la seringue soit unie à la canule; et, comme il serait également difficile de la visser sur cette dernière pendant que celle-ci est fixée au vaisseau, ce qui produirait un effort de torsion sur celui-ci, elle s'y fixe d'ordinaire au moyen d'une douille de baïonnette ou par tout autre mécanisme facile à être mis en usage. Le piston porte généralement un large bouton à son extrémité, que la personne qui injecte place contre sa poitrine afin de le pousser avec plus de force et plus de régularité. Les seringues ordinaires, employées dans les écoles de médecine, contiennent environ deux litres de liquide, ce qui suffit pour une injection où l'on n'a en vue que de remplir les principaux troncs; et d'ailleurs, si la contenance d'une seringue ne suffit pas, on en met plusieurs, l'instrument se décrochant facilement de sa canule, qui reste à demeure dans le vaisseau jusqu'à ce que l'opération soit terminée.

Pour des animaux de forte taille, on emploie des seringues semblables, mais plus grandes, auxquelles on a ajouté, au milieu du corps de pompe, deux poignées, par le moyen desquelles on peut tenir l'instrument avec plus de force lorsqu'on y pousse le piston.

On a même imaginé de placer les très-grandes seringues sur une espèce d'affût où elles sont fixées, et où le piston est poussé au moyen d'une manivelle et d'une crémaillère par lesquelles on agit avec plus de force, et la canule est liée au corps de pompe par un tube intermédiaire flexible. Mais ces appareils ont le grand désavantage qu'on ne sent pas la résistance que la matière injectée éprouve dans les vaisseaux; d'où il résulte qu'on fait très-souvent crever ces derniers; aussi sont-ils peu employés.

Outre les grandes seringues dont je viens de parler, on en a aussi de plus petites, jusqu'à la contenance d'environ 4 à 5 centilitres.

Ces instruments sont d'ordinaire en cuivre jaune et doivent être parfaitement calibrés pour que, d'une part, le piston éprouve partout le même degré de frottement, et accuse de là les plus faibles résistances que la matière injectée lui oppose lorsqu'elle trouve de la difficulté à pénétrer dans les vaisseaux, afin que l'opérateur modère ses efforts dans la crainte de rompre quelque vaisseau; d'autre part, pour que le piston ne vienne pas à couler tout à coup avec plus de facilité et ne produise des saccades qui causeraient facilement des ruptures. Le piston doit, en outre, être parfaitement adapté à la cavité pour que la matière à injecter n'aille pas à rebours, et avoir dans sa masse au moins la hauteur du diamètre de la seringue. Cette masse est formée, d'ordinaire, de rondelles de feutre de chapeau, qui peuvent être plus ou moins serrées au moyen d'une vis sur laquelle est montée la plaque inférieure de la masse. Mais M. CHARRIÈRE a imaginé une autre espèce de piston, infiniment meilleur, ne laissant point échapper de matière à injection et glissant beaucoup plus facilement. Il consiste également en deux disques parallèles (fig. 22, *a*, *b*) placés à distance l'un de l'autre, et à peine un peu plus petits que le calibre du corps de pompe; au lieu des rondelles de feutre qui remplissent l'intervalle, il n'y en a que deux en cuir mou (*c, d*), placées au milieu l'une contre l'autre, et d'un diamètre de moitié plus grand que l'âme de la seringue; les intervalles entre ces deux rondelles et les disques de la masse sont remplis d'un ficelage qui laisse un espace assez grand entre lui et les parois de la seringue pour loger les deux rondelles en cuir qui se rabattent en forme de coiffe, chacune sur le ficelage de son côté, en s'appliquant aux parois de la seringue. En enfonçant le piston, le liquide contenu dans cette dernière cherche à s'échapper du côté de la tige (e), et, pénétrant dans la cavité en forme de cloche que forme la rondelle qu'il touche, il en applique les bords contre les parois de la seringue qui s'opposent à son passage. En retirant, au contraire, le piston, l'air qui tend à pénétrer du côté de la tige, dans le corps de pompe, produit le même effet sur l'autre rondelle, qui s'oppose de même à son entrée ; et, dans l'un comme dans l'autre mouvement, le piston glisse avec la plus grande facilité.

Chaque fois qu'on s'est servi d'un instrument à injection, on doit le démonter dans toutes les pièces qui ont été en contact avec la matière à injection, les bien nettoyer et les placer, autant que possible, chacune séparément dans la boîte où on les renferme ordinairement, de crainte qu'elles ne s'encrassent et ne s'oxydent. Pour nettoyer les pièces graissées, on emploiera de l'essence de térébenthine, et, pour les autres, l'eau chaude ou l'alcool, selon que l'un de ces deux liquides a servi de dissolvant à la masse.

Le bouton des plus petites seringues doit être concave ou en forme d'anneau, pour y appliquer plus facilement le pouce avec lequel on chasse le piston, et le couvercle du corps de pompe que traverse la tige de ce dernier doit être pourvu de deux anneaux opposés fixes dans lesquels on passe les deux premiers doigts de la main, pendant qu'on pousse le piston, afin que le mouvement soit plus régulier et plus sûr.

J'ai dit que la canule se fixait ordinairement au corps de pompe par une douille de baïonnette ; on peut la fixer aussi de toute autre manière, et la meilleure, selon moi, est celle où la canule se monte simplement à frottement ; et pour que les deux pièces ne puissent pas se séparer dans les grosses seringues où l'on est obligé d'employer une force assez grande pour enfoncer le piston, la canule sera munie à sa base de deux oreilles opposées, percées d'un trou, auxquelles on attachera soit une boucle faite avec un cordon, pour y passer deux doigts de la main qui soutient le corps de pompe, soit un cordon portant à son extrémité une petite cheville, qu'on tient entre les doigts.

Comme on est dans le cas d'injecter la même quantité de matière par des vaisseaux plus ou moins grands, chaque corps de pompe doit recevoir plusieurs canules de calibre également différent. La plus forte pour injecter un *homme* doit avoir extérieurement un diamètre d'environ 15 millimètres, afin de pouvoir être adaptée à l'aorte, et la plus faible 3 millimètres seulement, et on en aura encore deux ou trois de calibres intermédiaires.

Les grosses canules seront munies d'un robinet au moyen duquel on pourra interrompre l'écoulement de la matière ; et l'extrémité du tube sera garnie, ainsi qu'il a été dit plus haut, de deux arêtes cir-

culaires destinées à recevoir entre elles la ligature par laquelle le
vaisseau est assujetti, tandis que les petites canules n'auront besoin
que d'une seule arête placée près du bout, l'effort que le vaisseau
supporte étant moins grand.

Les canules en cuivre étant généralement lourdes, et tiraillant de
là fortement les vaisseaux auxquels elles sont attachées, on a proposé
de les remplacer par d'autres en gomme élastique; mais, comme il
faut également que le corps de celles-ci soit en métal, afin de pouvoir
être monté sur la seringue, et surtout pour porter un robinet, il ne
reste plus que le tube qui puisse être en gomme élastique, et la
petite différence du poids ne vaut pas la peine d'y faire cette modification.

La seringue de Swammerdam, très-bonne lorsqu'il ne s'agit que de
faire des injections fort étendues sur de gros vaisseaux, ne saurait
plus être employée avec avantage ni pour des injections très-fines,
pour lesquelles j'indique d'autres moyens, ni pour des injections d'a-
nimaux de très-grande taille, comme les *éléphants*, qui exigent une
masse fort considérable de matière à injection, pour laquelle les seringues ordinaires, de grandeur proportionnée, seraient trop difficiles à
manœuvrer; et, pour ces opérations, je propose un appareil hydraulique décrit un peu plus bas.

En plaçant entre le corps de pompe et la canule un tuyau flexible
d'environ 5 décimètres, pour les grandes seringues de la contenance
d'un litre, on peut, au moyen de ce conduit flexible, appuyer l'instrument contre quelque corps solide placé sur la table de dissection,
la plate-forme ou le bassin du bain dans lequel est placé le sujet, afin
que, d'une part, on n'ait pas la peine de soutenir cet instrument, et
que, de l'autre, on puisse lui donner la fixité nécessaire pour éviter les
mouvements irréguliers qui peuvent produire des ruptures dans les
vaisseaux.

Pompe à injection. — L'appareil (fig. 23) dont je donne ici la
description remplace parfaitement la seringue de Swammerdam sans
en avoir les inconvénients, et a surtout l'avantage de laisser sentir la
moindre résistance que la matière injectée éprouve dans les vaisseaux,
en même temps qu'on peut continuer l'injection sans l'interrompre
pour charger le récipient.

Cette *pompe* est formée d'un bassin cylindrique en cuivre (*a*);
sur le milieu du fond est vissé verticalement le corps d'une pompe
foulante (*b*). Sur l'un des côtés de ce dernier se trouve, au niveau du
fond de ce bassin, une ouverture munie en dedans d'une soupape (*c*),
laissant entrer le liquide contenu dans le bassin et aspiré par le piston
sans le laisser ressortir. Au fond du corps de pompe, et vers le côté,
est une ouverture de sortie (*d*) donnant dans une petite chambre (*e*)

8.

située dans le socle et d'un diamètre un peu plus grand que le corps de pompe. Cette ouverture est munie d'une soupape (*f*) placée dans cette chambre, laissant sortir le liquide de la pompe sans le laisser rentrer. Cette soupape est portée sur un ressort en forme de languette fixé au côté opposé à l'ouverture de communication avec le corps de pompe et servant à relever la soupape pour la serrer contre l'ouverture. Le fond de la petite chambre est fermé par une plaque vissée (*g*) qu'on peut enlever par en-dessous pour nettoyer la chambre, s'il y a lieu. A la paroi latérale de cette dernière, près de l'ouverture garnie de la soupape, est l'orifice d'un canal horizontal (*h*) placé dans le socle du bassin, et dont l'autre orifice (*i*) est extérieurement sur ce dernier près de son bord inférieur. Sur ce dernier orifice du canal est fixé à vis un robinet (*k*), et, sur celui-ci, la tête (*l*) d'un tube flexible (*m*) de même calibre que le canal horizontal dont il forme la continuation. Ce tube, de différente longueur selon les dimensions de l'appareil, est d'environ 0,5^m pour un de grandeur moyenne, porte à son extrémité une canule (*p*) semblable à celle de la seringue de Swammerdam et destinée à être placée dans les vaisseaux. Sous le fond du bassin est un socle (*n*) en plomb formant la base de l'appareil, et dans lequel est placée la petite chambre du milieu, ainsi que le canal horizontal. Sur le milieu du bord supérieur du bassin est placée en travers une lame étroite en cuivre (*o*) fixée au bassin par ses extrémités, et traversée dans le milieu par le corps de pompe que cette traverse maintient en place.

Le tube flexible peut être d'une seule pièce entre le robinet et l'ajutage, et alors celui-ci doit être placé seul sur le vaisseau ; et au moment d'injecter, on y fixe seulement le tube, ce qui n'est pas toujours facile lorsque le vaisseau est placé profondément dans une cavité entre les organes qui en rendent les abords difficiles. Il est de là plus convenable que le tube soit en deux parties, une longue, fixée au robinet, et une courte (*m'*), à l'ajutage (*p*). Par le moyen de ces deux prolongements, on pourra plus facilement unir l'ajutage à l'appareil au moment où l'on veut injecter ; et les diverses pièces qui se font suite ne seront unies entre elles que par frottement, ce qui suffit.

Les tubes flexibles doivent être très-pliants, de manière à exercer le moins de force possible sur les vaisseaux, mais sans laisser échapper la matière à injection à travers leurs parois. Pour les masses dissoutes dans l'eau ou dans l'alcool, rien n'est préférable aux tubes en *caoutchouc*, qu'il ne faut pas confondre avec ceux en *gomme élastique artificielle*, semblables aux sondes ordinaires, qui ne sont faites que d'huile de lin préparée et séchée, cette dernière substance étant dissoute par l'alcool, tandis que, pour les corps gras, il faut au contraire faire usage de tubes en *huile de lin*, le caoutchouc étant dissous par ces substances, et surtout à chaud. Mais il est difficile de trouver dans le commerce des tubes en vrai caoutchouc, et ceux qu'on vend sont si grossièrement faits qu'on ne peut guère les employer : j'ai été obligé de les faire moi-même pour en avoir de bons.

Pour ce qui est des tubes très-gros, qu'on ne trouve pas chez les marchands de sondes, on peut très-bien les faire en cuir.

Au moyen de cet appareil, on injecte très-commodément sans crainte de déranger quelque chose dans le corps du sujet. Pour cela, on place la pompe sur la table, près de ce dernier, où le poids du socle en plomb contribue beaucoup à la tenir fixe. On place la canule dans le vaisseau, comme à l'ordinaire, sans être obligé de la détacher à tout instant de l'appareil pour charger la pompe. On verse la matière à injecter dans le bassin et on la pousse dans les vaisseaux en faisant jouer la pompe, dont le calibre doit être fort petit ; ce qui permet, d'une part, de faire mouvoir plus facilement le piston, et a, de l'autre, le très-grand avantage de laisser sentir très-distinctement la moindre résistance que la matière injectée éprouve dans les vaisseaux ; ce qui indique qu'on doit suspendre un instant l'opération pour laisser le temps au liquide de pénétrer dans les capillaires, après quoi on essaie de nouveau de faire aller la pompe, mais avec le plus grand ménagement, dans la crainte de causer la rupture de quelque vaisseau.

Avec un appareil de cette espèce, dont le bassin est de la contenance d'environ un demi-litre, et dont le corps de pompe a 18 centimètres de haut sur un calibre intérieur de 18 millimètres de diamètre, on peut très-bien injecter le corps d'un enfant de dix ans, et même d'un homme, par les crurales ou les carotides.

Cet instrument, pouvant facilement être appliqué à l'injection d'animaux de grandeurs fort différentes, excepté peut-être les plus petits, doit être pourvu de canules (p , fig. 24) de divers calibres, depuis celui d'un millimètre de diamètre jusqu'à celui égal au calibre du canal horizontal.

Comme il est souvent difficile de placer une canule ou un ajutage droit dans un vaisseau, surtout lorsque ce dernier est adhérent, il sera nécessaire d'en avoir aussi de coudés, c'est-à-dire dont la partie terminale fasse un angle droit avec le reste du tube ; mais il suffit que cette partie repliée ait en longueur deux ou trois fois la grosseur du tube, ce qu'il faut pour y placer commodément les ligatures.

Lorsqu'on veut injecter deux vaisseaux à la fois, comme les deux artères crurales, le tube élastique partant de l'appareil doit être double, c'est-à-dire qu'au lieu d'une monture simple du tube, cette monture sera bifurquée; ou plutôt on placera cette dernière pièce, représentée fig. 25, sur le trajet du tube.

Poire à injection. — L'anatomiste comparateur ayant très-souvent

des animaux de fort petite dimension à injecter, tels que des MOLLUS-
QUES, des CRUSTACÉS et autres, il est nécessaire qu'il ait aussi des appareils à injection, non-seulement proportionnés à la grandeur de ces
petits sujets, mais encore commodes à mettre en pratique ; et comme
ceux dont je viens de parler sont ou trop compliqués ou incommodes
et demandent de grands préparatifs, qui deviennent très-pénibles et
trop longs pour de si petites espèces, où quelques gouttes de matière
à injection suffisent souvent pour remplir tous les vaisseaux, j'ai imaginé de petits instruments extrêmement simples qui remplissent parfaitement leur but. L'un est une *poire en caoutchouc* de la forme
d'une fiole à médecine (fig. 26), et environ de la capacité d'une
sphère de 3 centimètres, avec un goulot en métal de 5,5 centimètres
de long.

Les parois de la poire doivent avoir partout à peu près 2 millimètres
d'épaisseur, et l'extrémité du goulot formera un canon destiné à recevoir l'ajutage qui s'y monte à frottement.

L'ajutage, formé d'un tube capillaire en acier, sera monté sur une
garniture (fig. 27) en bois, en ivoire ou en fer, afin de pouvoir
servir aux injections de mercure. Il sera même convenable que ces
ajutages puissent se monter également sur les autres appareils à injections fines. Voyez, plus bas, la manière de faire les ajutages très-fins
en acier.

Pour se servir de cette poire à injection, on la remplit en lui faisant aspirer le liquide, c'est-à-dire en plongeant l'extrémité de son
goulot dans ce dernier après avoir fortement comprimé la poire, qui,
revenant sur elle-même après qu'on a cessé de la presser, se remplit
d'elle-même. On y place ensuite l'ajutage et on la prend dans la main
droite, de manière que l'ajutage soit tenu entre le pouce et l'index ;
on introduit l'ajutage dans le vaisseau, et, pressant la poire dans la
main, on fait éjaculer la matière avec la force voulue. L'injection cessant avec la pression, on peut remplir à volonté de très-petites parties
seulement. L'élasticité de la poire la faisant revenir sur elle-même sitôt
qu'on cesse de presser, elle aspire l'air extérieur qui se précipite dans
son intérieur par l'ajutage et remplit le vide produit par la sortie de
la matière. Pour que cet air ne ressorte pas lorsqu'on presse de nouveau, on tiendra la poire dans la main, de manière que la saillie du
ventre soit en dessus ; l'air gagne cette partie supérieure, et l'orifice
intérieur du tube plonge toujours dans la matière à injection.

Comme il est très-difficile d'injecter même de fort petits vaisseaux
sans les lier à l'ajutage pour empêcher le liquide de sortir à côté de
ce dernier, et que, fort souvent, on n'a pas d'aide qui puisse placer
la ligature pendant qu'on tient l'appareil à injection à la main, il faut
placer cette ligature soi-même, et voici comment. Après avoir ouvert

le vaisseau, on l'entoure d'un nœud à très-longs bouts, dont on entortille l'un autour de l'index de la main gauche, et l'autre autour du médius, après l'avoir fait passer autour d'une petite poulie ou simplement d'un clou fixé à la table. Plaçant ensuite avec la main droite l'ajutage dans le vaisseau, on l'y attache en tirant les deux bouts de fil pour serrer le nœud.

Clysette. — Quoique la poire à injection soit bien l'instrument le plus simple et le moins dispendieux qu'on puisse employer pour les petites injections, elle présente cependant divers inconvénients qu'il est nécessaire d'éviter. On trouve d'abord assez rarement dans le commerce des poires en caoutchouc assez petites pour servir facilement à cet usage; encore leurs parois sont-elles le plus souvent trop faibles. Ce petit appareil est ensuite, vu sa forme, fort difficile à nettoyer, tandis qu'il est important de le tenir toujours très-propre pour que les anciennes masses à injection n'y laissent pas de résidus, lesquels peuvent former, en séchant, des grumeaux qui ne manqueraient pas d'obstruer les ajutages; enfin, le plus grand défaut de ces poires est que le caoutchouc est attaqué par les corps gras, et notamment par les huiles essentielles, dont on fait quelquefois usage. J'ai de là cherché à composer un petit appareil que je nomme *clysette* [1], lequel réunit tous les avantages de la poire à injection sans en avoir les défauts.

Cette clysette (fig. 28) est formée sur le modèle des soufflets, c'est-à-dire composée de deux battants circulaires en métal (*a*) (la figure ne représente que le battant fixe vu par sa face intérieure) d'environ 3,5 centimètres de diamètre réunis par une charnière intérieure (*b*). Le battant fixe se prolonge dans la direction d'un rayon faisant un angle droit avec celui passant par la charnière en un petit tube (*c*) d'un centimètre de long avec un calibre de 3 millimètres, s'ouvrant dans la cavité du battant le long de la face latérale de ce dernier (*d*), ce tube ne devant pas s'ouvrir sur le bord, lequel doit rester libre dans toute sa circonférence pour y assujettir la peau du petit soufflet. Sur ce tube se monte à frottement un autre tube un peu plus long (*e*) qui l'embrasse; ce second tube donne à angle oblique dans l'extrémité d'un troisième (*f*) de 5 centimètres de long avec un calibre de 4 à 5 millimètres, avec lequel il fait corps. Ce dernier tube est fermé postérieurement par une vis (*g*) qui le clôt hermétiquement, et il se termine, à l'extrémité opposée ou antérieure, en un canon rodé dans lequel se place la garniture de l'ajutage, comme dans la poire. Le bord des deux battants a environ 3 millimètres d'épaisseur, et

---

[1] De κλύζω, seringuer.

se trouve creusé d'une gorge profonde dans laquelle est assujettie la peau latérale du soufflet au moyen d'un simple ficelage. Cette peau enveloppe la charnière et n'a près de celle-ci que juste la largeur nécessaire pour permettre le mouvement des battants, et, au côté opposé, une largeur qui permet à ceux-ci de former entre eux un angle de 50 degrés. Cette peau doit être mince, d'un tissu serré, et imperméable à la masse à injection sans rien perdre de sa souplesse.

Pour pouvoir nettoyer facilement toutes les parties de la clysette, le battant mobile ne forme qu'un simple anneau, dont l'ouverture est fermée par un opercule vissé dessus, et qu'on peut, en conséquence, ôter à volonté pour ouvrir largement la cavité du petit appareil; et le tuyau portant l'ajutage peut être facilement nettoyé en ôtant la vis postérieure.

Pour se servir de la clysette, on la place dans le creux de la main après l'avoir remplie, le battant fixe contre la paume et le tuyau qui est en dessus, de manière que l'ajutage puisse être commodément tenu entre le pouce et l'index; et, au moyen des trois autres doigts, on serre le battant mobile comme on serre la poire.

Chalumette à injection. — Les deux instruments dont je viens de parler, ayant encore une capacité beaucoup plus grande qu'il ne le faut pour injecter de très-petits sujets, tels que la plupart des GASTÉ-ROPODES et des ACÉPHALES, je fais, pour ces animaux, usage d'un autre instrument plus simple encore (fig. 29) et d'un emploi plus facile, qui n'est que le chalumeau ou la pipette à tiges flexibles un peu plus compliquées, pour les rendre propres à recevoir des ajutages de calibres différents et à être plus facilement nettoyés.

Il est composé d'une pièce principale en verre (*a*) ayant la forme d'une sphère creuse d'environ 12 millimètres de diamètre intérieur avec deux goulots cylindriques opposés d'un centimètre de longueur chacun et un calibre de 2 millimètres environ. Ces deux goulots sont garnis de viroles en métal, dont l'une dépasse d'environ 2 centimè-tres, pour recevoir à frottement la garniture également en métal de l'extrémité d'un tube flexible (*b*); et l'autre virole, dépassant le goulot d'environ 5 à 6 millimètres, reçoit à frottement la garniture de l'aju-tage, qui sera le mieux en métal, mais, du reste, formé comme les autres, ou simplement en cône tronqué portant un molleté pour être plus facilement tenu. La seconde pièce est un tube élastique très-flexible (*b*) d'environ 2 décimètres de long, fixé, d'une part, à la pièce dont je viens de parler, et, de l'autre, dans l'un des goulots d'une pièce en verre (*c*) à peu près semblable à la première, mais un peu plus grande, et dont le second goulot, plus long que le pre-mier, est garni d'un rebord un peu saillant, afin de pouvoir être tenu à la bouche comme on tient l'embouchure d'une pipe. Par le moyen de ce petit appareil, on pousse par le souffle la matière à injection dans les vaisseaux. La boule creuse de l'embouchure est destinée à recevoir la salive qui coulerait sans cela dans le tube. Au défaut de cette chalumette, on pourra se servir quelquefois de la pipette à tube flexible.

Injectoir. — Cet appareil (fig. 30), dont je me sers depuis plus de dix-huit ans, est principalement destiné aux injections fines un peu grandes pour lesquelles la clysette ne suffit pas, et surtout pour l'injection des lymphatiques.

Il consiste en un récipient cylindrique en verre (*a*), de la capacité d'environ 1 décilitre, ou un peu plus, surmonté d'un goulot très-large (*b*), garni d'une virole en fer ou en acier, dans laquelle se fixe à vis un bouchon de même métal fermant hermétiquement. Ce bouchon est traversé sur un côté par un tube en verre fixé à demeure (*c*), à paroi forte, et d'un calibre d'environ 2 millimètres, le tube plonge dans le récipient jusqu'à 1 millimètre du fond (*c'*). Son extrémité supérieure, qui s'élève à 22 centimètres au-dessus du fond, est garnie d'une virole en fer (*d*) sur laquelle se visse une virole semblable d'un second tube (*e*) de même forme que le premier, mais n'ayant que 19 centimètres $\frac{1}{2}$ de pression atmosphérique du mercure ; et, outre ce dernier, on en a encore deux autres, dont l'un de 9,5 centimètres, et l'autre de 19 centimètres ; enfin, un entonnoir cylindrique (*f*), dont le calibre de la partie élargie est de 2 centimètres et la hauteur d'environ 9 centimètres ; la partie rétrécie a 5 centimètres de long, est, du reste, semblable aux tubes qui servent, ainsi que l'entonnoir, à élever à volonté cette tige, selon qu'on veut que la force de l'injection soit plus ou moins grande.

On peut remplacer les diverses allonges en verre par un seul tube flexible fixé en bas sur le tube placé à demeure dans le bouchon, et en haut à l'entonnoir. Ce tube, qui aurait environ 76 centimètres en tout (donnant une pression atmosphérique), peut être allongé ou raccourci à volonté, en élevant ou en baissant simplement l'entonnoir, sans qu'on soit obligé de rien changer à l'appareil, afin d'obtenir tous les degrés de pression qu'on veut avoir.

A côté du tube en verre, le même bouchon en fer est traversé d'un tube de même métal (*g*), d'un calibre de 2 millimètres, ouvert de suite dans le récipient. Ce tube se replie horizontalement au-dessus du bouchon, et sur son extrémité se visse un robinet (*h*) également en fer sur lequel se visse un tube flexible de même calibre (*i*) et d'une longueur d'à peu près 30 à 35 centimètres, et dont l'extrémité, garnie d'un canon, reçoit la garniture de l'ajutage (*k*), qui s'y fixe à frottement, comme sur la poire et la clysette.

Au-dessous du robinet dont je viens de parler, et très-près du fond, est placé un second robinet (*l*) servant à vider le récipient ; mais il peut être supprimé si l'on veut vider par le goulot, ce qui a l'inconvénient de salir l'extérieur de l'injectoir.

Cet appareil ainsi monté, on le suspend, pour en faire usage, à un double cordon (*m*, *m*), qui s'enlace autour de chaque pièce du tube vertical pour l'empêcher de tomber. On y verse du mercure jusqu'à ce que l'extrémité du tube puisse y plonger, et on remplit ensuite le récipient avec de la masse à injection. Après avoir bien serré le bouchon, on verse du mercure par l'entonnoir; ce métal, tendant à remplir le fond du récipient, chasse la masse par le tube flexible avec une force proportionnée à la hauteur de l'entonnoir. Si la masse à injection doit être tenue tiède, on place le récipient avec le tube flexible dans un bain d'eau chaude, d'où l'on tire ce dernier au moment où l'on veut injecter.

On doit avoir deux espèces de tubes flexibles, l'un en *caoutchouc* pour les masses non grasses, et un en *huile de lin* (sondes ordinaires du commerce) pour les masses grasses, les corps gras dissolvant le caoutchouc, et l'alcool altérant les tubes en huile de lin.

Cet appareil, qu'on doit également tenir toujours très-propre, peut facilement être démonté; et, quoique les tubes flexibles aient un calibre fort petit, on peut aisément les nettoyer en y faisant passer un fil au milieu duquel est attaché un petit chiffon qu'on fait aller et venir en tirant alternativement le fil par les deux bouts; mais on doit avoir soin de ne pas y faire passer un chiffon trop gros qui pourrait détacher du caoutchouc et détruire le tube.

Cet appareil, plus particulièrement propre aux injections de vaisseaux fins, ne saurait guère servir pour injecter des animaux entiers d'une taille un peu considérable, vu que la quantité de mercure qu'on serait obligé d'employer pour remplir un récipient très-grand rendrait le tout beaucoup trop pesant, et, pour ces opérations, ma pompe ou la seringue de Swammerdam sont bien préférables.

On peut aussi se servir de cet appareil pour injecter du mercure ; mais, pour cela, il est plus convenable de faire usage des appareils suivants.

Pour injecter des sujets très-petits, tels que les MOLLUSQUES, je me sers aussi d'un appareil semblable, mais beaucoup plus petit, le récipient ne contenant qu'*un centilitre*, et dont le bouchon, au lieu d'être en fer, est simplement en liége et sans garniture qui le fixe au récipient. Les deux tubes qui traversent ce bouchon sont l'un et l'autre en fer, et reçoivent directement les deux tubes flexibles sans interposition d'un robinet; et comme la quantité de mercure dont on a besoin pour remplir le récipient est fort petite, il est plus convenable de remplacer l'entonnoir par une petite vessie renfermant ce métal. Pendant que le petit appareil ne fonctionne pas, on place la vessie contenant le mercure au même niveau que le récipient, de manière que le poids de ce métal n'agisse pas sur la masse à injection, ce qui permet de supprimer le robinet ; et, lorsqu'on veut injecter, on n'a qu'à élever la vessie au-dessus du récipient en la tirant en haut au moyen d'un cordon passant par une poulie pour que le jet parte avec une force proportionnée à la hauteur à laquelle on place la vessie.

Tube en verre pour l'injection du mercure. — Pour injecter du mercure, on se sert souvent d'un simple *tube* de verre de 3 décimètres de long avec un calibre d'environ 5 à 6 millimètres, recourbé inférieurement à angle droit, en formant une branche de 2 centimètres sur laquelle se fixe, soit à frottement, soit en l'y assujettissant simplement avec de la cire d'Espagne, un ajutage en verre filé très-fin. On remplit le tube de mercure, qui sort de l'ajutage par l'effet de son propre poids ; et, pour arrêter le jet, il suffit d'incliner seulement le tube pour rendre la pression moins forte : c'est l'appareil dans son état le plus simple et le plus imparfait ; mais il a reçu quelques perfectionnements.

On a rendu le tube plus long afin que la pression soit plus forte, et on lui a donné un plus gros calibre pour que le niveau ne baisse pas trop rapidement. On a aussi adapté à la courte-branche un tube en gomme élastique afin de pouvoir diriger plus commodément l'ajutage. On y a appliqué également un robinet pour intercepter à volonté la sortie du mercure. Beaucoup de personnes remplacent les ajutages en verre, qui sont trop cassants, par d'autres en acier ; enfin, pour ne pas être obligé de soutenir le tube avec la main, on l'a suspendu.

Avec tous ces petits changements, cet appareil est devenu fort commode, et presque tous les anatomistes s'en servent. Un dernier perfectionnement a été fait par M. EHRMANN, aujourd'hui professeur d'anatomie à la Faculté de Strasbourg, en y adaptant un support (fig. 31) qu'il nomme *fixateur,* décrit et figuré dans un *Mémoire sur les vaisseaux lymphatiques des oiseaux* d'AL. LAUTH[1]. « Cette machine se compose d'une colonne de fer de 30 pouces (8 décimètres environ) de haut et de 7 lignes (16 millimètres) de diamètre (*a*), bien écrouie au marteau, afin de pouvoir résister au poids qu'elle doit supporter. Elle est montée à son pied au moyen d'une vis sur une agrafe dormante (*b*), ayant à sa partie inférieure une vis de pression (*c*), afin de pouvoir être fixée à la table. A cette colonne se trouve un bras à potence de 8 pouces (22 centimètres) de longueur (*d*), pouvant tourner horizontalement autour de la colonne qui lui sert d'axe, et être mou-

---

[1] *Ann. des sciences nat.*, t. III, pl. 21, 1825.

tée et descendue à volonté ; il est arrêté par une vis de pression (*e*). L'extrémité de ce bras s'articule en genou avec une autre pièce en forme de pince (*f*), dont les deux branches se terminent chacune par un demi-cylindre creux; ce canal, formé par le rapprochement de ces deux branches, est destiné à recevoir le tube en verre (*g*). Une première vis rend à volonté l'articulation en genou immobile, et une seconde, en rapprochant les deux branches de la pince, fixe également le tube de verre.

» En me servant du fixateur, dit l'auteur, j'emploie ordinairement des tubes sans canule flexible ; et, à cet effet, on procède de la manière suivante. La vis qui retient la boule étant relâchée, on place le tube de verre entre les branches destinées à le recevoir, de manière qu'on puisse lui imprimer quelques mouvements. De cette façon, on laisse pendre le tube dans une direction qui ne s'éloigne de l'horizontale qu'autant qu'il faut pour que le mercure ne coule pas par le bout évasé. En laissant ainsi le tube parfaitement mobile, on a l'avantage de pouvoir l'introduire de suite dans le vaisseau lymphatique ouvert ; cela fait, on maintient le tube dans le vaisseau avec une main, et avec l'autre on resserre d'abord la vis qui rapproche les branches de la pince ; mais il faut avoir soin d'établir le parallélisme entre le tube et les pinces qui le retiennent, sans quoi on risque de le voir quitter le vaisseau ou le soulever. C'est là la partie de la manipulation qui exige le plus de soin, car après il n'y a plus qu'à serrer la vis qui retient la boule pour maintenir tout l'appareil en parfaite immobilité.

» Au moyen du fixateur on peut faire les injections sans aide, pourvu qu'on ait des pinces dont les branches puissent être maintenues rapprochées au moyen d'un coulant ; en effet, on saisit le vaisseau à lier avec ces pinces qu'on retient avec sa bouche, tandis qu'on a les deux mains libres pour faire la ligature. »

Tube flexible pour l'injection du mercure. — Ce tube, par lequel je propose de remplacer le précédent, dont il n'est qu'un léger perfectionnement, a l'avantage d'être plus facile à manier, moins coûteux et moins cassant. Il consiste tout simplement en un tube en caoutchouc naturel ou artificiel d'environ 6 décimètres de long, avec un calibre de 2 à 3 millimètres. Ce tube porte à l'une des extrémités une garniture en acier terminée en canon pour recevoir l'ajutage, et à l'autre une garniture sur laquelle se visse celle du col d'une petite vessie destinée à recevoir le mercure, et cette vessie avec le tube qui y tient sont suspendus par un cordon à une poulie fixée au plafond. Au moyen de ce cordon qui descend sur la table, on peut élever ou abaisser la vessie servant de récipient pour graduer à volonté la force de pression du petit appareil. Dans le cas où l'on aurait les deux mains occupées et qu'on ne pût pas s'en servir pour tirer ou relâcher le cordon, on peut faire descendre ce dernier jusqu'au pied, et se servir de celui-ci pour élever ou abaisser le récipient.

Tube pour l'injection du métal fusible. — Le métal fusible de Darcet s'attachant facilement aux appareils métalliques au moyen desquels on l'injecte, ainsi qu'à ceux en verre, en même temps qu'il fait casser ces derniers si on ne prend pas la précaution de les chauffer préalablement, il est bien plus convenable de se servir pour cette opération tout simplement de tubes en carton surmontés d'un petit entonnoir de même matière. Le métal n'est pas assez chaud pour les brûler, et le carton étant mauvais conducteur du calorique, ces tubes peuvent facilement être tenus entre les doigts ; enfin, ce petit appareil est si facile à faire, qu'on pourrait bien en sacrifier un pour chaque opération.

Le métal fusible ne pouvant guère être employé que pour injecter de petits corps, dont les vaisseaux sont par conséquent d'assez faibles grosseur, il suffit que ces tubes aient 5 millimètres de calibre pour la plupart des cas, et une longueur de 5 décimètres ; ce qui sera suffisant pour rendre la colonne de métal assez pesante afin que son poids produise l'injection.

A l'extrémité inférieure du tube est adapté un robinet en bois, par le moyen duquel on peut empêcher d'une part l'air d'entrer dans les vaisseaux de l'organe préalablement vidés d'air, et, de l'autre, le métal d'y pénétrer avec de l'air avant que le tube entier ne soit rempli de cette masse à injection. On fixe d'abord le robinet au tronc vasculaire qu'on veut injecter, et on l'adapte à la pompe pneumatique pour retirer l'air des vaisseaux ; plaçant ensuite le tube en carton sur le robinet, on tient ce tube dans une position verticale pour verser par l'entonnoir le métal à 60° de température[1] ; et ouvrant aussitôt après le robinet, le métal coule de lui-même dans les vaisseaux et les remplit.

Au lieu d'un tube en carton, on pourrait aussi employer des tubes en gomme élastique artificielle.

Appareil hydraulique. — Comme il est fort rare qu'on ait à injecter des animaux de très-grande taille, tels que des *éléphants* et des *rhinocéros,* il serait tout à fait hors de propos de se faire faire des appareils à injection très-coûteux proportionnés aux dimensions de ces animaux ; et celui que je propose pour cet usage en remplira très-bien les conditions, en même temps qu'il sera facile à construire

---

[1] Pour le métal le plus fusible contenant du mercure, et à 100 parties pour celui qui n'en contient pas.

lorsqu'on en aura besoin. C'est tout simplement le tube à injection mercurielle dans de plus grandes dimensions, et propre aux injections grasses ou aqueuses.

Il consiste en un tube d'un diamètre égal ou un peu plus fort que celui du vaisseau qu'on veut injecter, et d'une longueur de 4 à 6 mètres, selon la force qu'on croit devoir employer. Ce tube, placé verticalement auprès de l'animal qu'on veut injecter, sera terminé en haut par un entonnoir, et prolongé en bas en un tuyau flexible, mais résistant, en cuir ou autre. Ce tuyau, d'environ 1 mètre de long, sera terminé par une pièce en cuivre munie d'un robinet, et s'adaptera à la canule qui aura la forme ordinaire.

On voit, d'après ce que je viens de dire, que c'est par le poids même de la masse que l'injection doit se faire, et cela sans secousse et avec la force qu'on voudra, celle-ci étant proportionnelle à la hauteur de la colonne de liquide contenue dans le tube vertical.

On commencera, comme d'ordinaire, à placer la canule dans le vaisseau qu'on veut injecter; on remplira ensuite par le haut le tube et son tuyau de matière à injection, on fixera le tuyau à la canule, et, ouvrant le robinet, l'injection se fera d'elle-même, ayant soin de verser par le haut de la nouvelle matière à mesure que son niveau baisse.

Cet appareil pourra même être construit d'une manière fort économique. S'il s'agissait d'injecter, par exemple, un très-grand mammifère, tel qu'un *éléphant,* on pourra former le tube vertical en clouant ensemble quatre lattes et faire le tuyau flexible en cuir.

Il servira surtout pour injecter du plâtre, avec lequel on abîmerait les instruments en métal plus soignés.

Cloche pneumatique. — Pour faire des injections très-fines qui pénètrent dans les vaisseaux les plus déliés, il est nécessaire de vider préalablement ces derniers afin que le sang qu'ils contiennent n'oppose pas d'obstacle à la matière qui doit le remplacer. On a depuis long-temps senti cette nécessité, et on chercha divers moyens de dégager les vaisseaux du sang qu'ils contiennent; mais lors même qu'ils sont vides de sang, ils renferment toujours des gaz qui remplissent surtout les artères dont les parois ne s'affaissent pas. Or, ces gaz opposent également de la résistance à la masse à injection, surtout lorsque, poussés dans les petits rameaux, ils s'y trouvent condensés par l'effet de l'appareil à injection, et il convient de les soutirer autant que possible avant d'y pousser la masse. On y parviendra en adaptant les artères par lesquels on veut injecter à la machine pneumatique. Mais comme tout le monde ne peut pas se procurer un de ces appareils qui sont fort coûteux, j'en propose un autre plus simple qui peut tout aussi bien servir pour les injections.

C'est un récipient en forme de *cloche* (fig. 32, *a*) de la capacité de deux litres environ, surmonté d'un goulot (*b*), dans lequel est ajustée au moyen d'une vis une petite pompe pneumatique (*c*) qu'on fait fonctionner en tirant simplement le piston avec la main, et au moyen de laquelle on peut raréfier l'air dans la cloche. Celle-ci est munie en outre vers sa partie inférieure, à environ 3 centimètres de la base, de deux autres tubulures horizontales opposées (*d*, *e*), dans lesquelles est placé à demeure un tube en acier dont le calibre est d'environ 2 millimètres, portant à l'extrémité intérieure un canon dans lequel peut se fixer à frottement la tête en acier ou en ivoire d'un tube en gomme élastique, et dont l'extrémité extérieure porte un pas de vis sur lequel se place, selon le besoin, ou un robinet en acier (*f* et *g*) ou un tube en gomme élastique. Le bord inférieur de la cloche est dressé à l'émeri et repose sur une forte plaque en verre ou en marbre également bien dressée (*h*).

L'un des robinets (*f*) sert à rendre l'air à la cloche, et le second (*g*) à intercepter le courant de la matière à injection quand il y a lieu.

Dans le canon intérieur se place à frottement, comme je viens de le dire, la tête d'un tuyau en gomme élastique qui n'a que quelques centimètres de long, et terminé par un autre canon en acier recevant un ajutage qu'on place dans le vaisseau qu'on veut injecter ; mais il sera rare qu'on ait besoin de deux de ces tubes, l'un des robinets servant simplement à rendre l'air à la cloche.

Sur l'extrémité libre des robinets formée en dedans en pas de vis, se fixera, au moins sur un d'eux, un tuyau en gomme élastique d'environ 2 décimètres de long, et libre en bout, servant à plonger dans la matière à injection fondue et prête à être employée.

Le même corps de pompe s'adaptera également à une cloche semblable à celle que je viens de décrire, mais beaucoup plus petite, pour servir simplement de base à la pompe. Sur l'un des robinets latéraux se vissera un tuyau en gomme élastique, portant à son autre extrémité l'ajutage par lequel on veut injecter. Cette petite cloche servira à raréfier l'air dans les artères pour faciliter l'injection de ces vaisseaux.

Chalumeau à insuffler. — Lorsqu'il ne s'agit que d'insuffler de très-petites parties, on emploie simplement un *chalumeau* (fig. 33 et 34), c'est-à-dire un tube qui peut être en métal ou en verre, dont une des extrémités, plus grosse, se prend dans la bouche, et dont l'autre, plus rétrécie, se place dans le corps qu'on veut enfler. Cet instrument, dans son état le plus simple, n'est qu'un tube d'environ 1 ou 2 décimètres de long sur 5 millimètres de largeur intérieure, et fortement rétréci à son autre extrémité. On peut en avoir de droits (fig. 33) et de recourbés inférieurement (34) : ces derniers sont destinés à faire arriver le bec par les côtés ou par en-dessous. On peut aussi en avoir de divers calibres, et pour cela le même tube principal peut servir à tous, en y plaçant des ajutages différents.

Un perfectionnement fort important qu'on a fait à cet instrument est d'avoir placé au milieu du tube principal un robinet (fig. 33, *b*) par le moyen duquel on peut le fermer pour empêcher le retour de l'air insufflé.

Une autre modification fort avantageuse qu'on lui a fait subir consiste à avoir adapté à la grosse extrémité du chalumeau un prolongement (*c*) en caoutchouc, par le moyen duquel on peut plus facilement diriger l'ajutage sans cesser de tenir l'extrémité dans la bouche. Il est alors tout à fait semblable à la pipette à tige flexible, seulement il n'a pas d'ampoule.

Fabrication des ajutages en acier. — Les canules des grands appareils à injection sont généralement en cuivre, et faciles à faire jusqu'au calibre de 1 millimètre à peu près; mais plus petits, on a de la peine à les percer dans une longueur seulement de 2 centimètres. Cette difficulté et le haut prix auquel ces petites canules ou ajutages arrivent ont fait qu'on les a remplacées par des tubes en verre filé qu'on peut obtenir de la plus grande finesse et pour les prix les plus modiques; mais ces tubes, trop sujets à casser, deviennent par là fort difficiles à employer. Il est donc très-utile d'avoir des ajutages métalliques très-fins, qui ne coûtent pas cher et qu'à la rigueur on puisse faire soi-même.

Mascagni est, m'a-t-on assuré, le premier inventeur de ces ajutages métalliques très-fins dont j'enseigne ici le moyen de fabrication; mais il paraît qu'il n'en a jamais fait de moins d'un demi-millimètre de calibre, ce qui n'est pas assez fin pour servir à l'injection de vaisseaux très-ténus; et il les faisait en outre cylindriques, ce qui l'empêchait probablement de leur donner la finesse voulue. Le procédé de l'inventeur m'a été indiqué par M. Mazi, élève de Mascagni, et je l'ai ensuite perfectionné en donnant, d'une part, une forme conique à ces ajutages, et, de l'autre, en les rendant plus ténus à leur extrémité, étant parvenu à donner au calibre un diamètre de moins d'un dixième de millimètre, et tel que les liquides un peu visqueux n'y passent pas.

Ces petits ajutages doivent être faits en acier ou en platine, afin de pouvoir servir à injecter du mercure.

On prend pour cela un morceau de ressort de montre d'environ 5 ou 6 centimètres de long, et plus même si l'on veut, car la difficulté principale ne réside pas dans la longueur à donner au tube, et de 6 millimètres de large au moins; on recuit soigneusement ce petit morceau d'acier pour qu'il soit le plus doux possible; alors on l'amincit vers l'un des bouts qui doit former la partie la plus déliée du tube. On le réduit ainsi, à son extrémité, à l'épaisseur d'une forte feuille de papier, et l'on polit la face qui doit former l'intérieur du tube, ayant soin de ne pas

laisser de stries transversales, qui peuvent devenir des obstacles lorsqu'on veut nettoyer le petit tube en y passant un fil métallique ou
une soie.

Lorsque la petite lame est ainsi préparée, on la pince par la moitié
de sa largeur dans un étau fin, à bords bien droits et bien ajustés,
en plaçant contre la face polie un morceau de carte pour qu'elle ne soit
pas en contact avec l'étau, afin que cette face ne soit pas écrasée, et
en même temps pour que la lame ne risque pas de se rompre en la
pliant. Enfoncée ainsi à moitié dans l'étau, on la replie à angle droit
vers le côté poli, puis on achève de la plier entièrement en deux dans
toute sa longueur; et, par cela même que la lame est plus épaisse à
l'une des extrémités qu'à l'autre, l'angle qu'elle fait est plus arrondi
au gros bout, et cette rondeur est surtout produite par l'épaisseur de
la carte sur laquelle la lame se moule. Ainsi pliée en deux, on introduit par l'extrémité la plus épaisse, entre les deux parties, un mandrin
conique en fer doux de la grosseur que le calibre doit avoir au gros
bout, et on le fait avancer autant que la grosseur de la pointe du mandrin le permet; car il n'est pas nécessaire qu'il aille jusqu'au petit bout,
ce qui est d'ailleurs impossible. Il suffit qu'il atteigne les deux tiers de
la longueur totale. Le mandrin ainsi placé, on le force à s'appliquer
exactement dans le fond du pli du morceau d'acier, en frappant à petits
coups de marteau sur les lèvres de ce dernier. Une fois bien moulé sur
le mandrin, on introduit par l'autre bout un fil de fer ou de cuivre
de la grosseur du calibre que le tube doit avoir à sa petite extrémité,
et on l'y pousse jusqu'à un ou deux millimètres du gros mandrin qu'il
peut toucher, mais non pas croiser. On procède, à l'égard de ce second mandrin, de la même manière que pour le premier, pour le
forcer à se loger dans le fond de l'angle de la lame d'acier. Celle-ci
étant enfin bien moulée sur les deux, et les lèvres de la lame appliquées l'une contre l'autre, on les introduit ensemble dans une
entaille en forme de fente bien droite faite dans une petite masse
en acier disposée pour cet objet, et, au défaut de celle-ci, dans
la fente que forment les deux branches d'un étau à bords droits
et bien anguleux, juste écartée assez pour recevoir cette double
lame; et, une fois introduite, on y enfonce la pièce à petits coups
de marteau, jusqu'à ce que la lame d'acier soit exactement moulée
tout autour sur les mandrins. Le tube ainsi formé, on use à la lime les
deux lèvres du morceau d'acier, jusqu'à ce qu'on ait approché partout
des mandrins à une distance à peu près égale à celle des parties opposées du tube; puis on achève de rapprocher les lèvres à petits
coups de marteau en les rivant l'une sur l'autre. Par l'effet de ces
coups de marteau, les deux bords forment de petites dentelures qui
s'enchevêtrent les unes dans les autres au point qu'on ne voit plus leurs

intervalles. Enfin on achève le tube conique à la lime, et l'on tire les mandrins, qui n'opposent aucun obstacle.

Étant souvent obligé de percer le parenchyme des organes avec les ajutages même avec lesquels on injecte pour arriver dans les vaisseaux, on doit avoir de ces ajutages dont l'extrémité est coupée obliquement en bec de plume, afin d'être parfaitement pointus.

On peut faire un de ces ajutages en une demi-heure; mais tous ne réussissent pas, surtout lorsque l'acier n'est pas parfaitement détrempé.

ARTICLE III.

INSTRUMENTS PROPREMENT DITS DE DISSECTION.

Les instruments dont on se sert directement pour disséquer se distinguent encore en ceux qui ne sont que d'un simple secours pour faciliter la dissection, et en ceux qui sont réellement incisifs. Je les classe, en conséquence, en deux paragraphes.

§ Ier. *Instruments de dissection non incisifs.*

Hausses. — La table étant ordinairement trop basse pour y examiner de petits objets placés à sa surface, on est souvent obligé d'exhausser ceux-ci afin de pouvoir les observer à son aise ou pour les disséquer. Je me sers pour cela de *hausses* de hauteurs différentes, selon l'objet que j'ai devant moi. Comme ces objets sont généralement petits, ces supports n'ont pas besoin d'être fort grands; mais ils doivent cependant avoir des dimensions telles qu'on puisse y appuyer les deux mains; et la grandeur qui m'a paru la plus convenable est une surface carrée de 20 centimètres sur 15, et dont l'élévation varie selon le besoin. Celle dont je fais usage est composée de trois planches superposées, d'égale grandeur, dont chacune a 25 millimètres d'épaisseur; et j'en emploie, selon le besoin, une, deux ou trois, qui s'unissent d'une manière suffisante, au moyen de deux chevilles, pour ne pas se déranger. Ces chevilles sont placées sur la ligne médiane de chacune des deux planches extrêmes et pénètrent dans des trous de la planche moyenne. Lorsque je n'emploie qu'une planche, c'est celle du milieu, qui n'a pas de chevilles; et, si j'en emploie deux, c'est une des extrêmes avec la moyenne.

Cales. — Les corps des animaux qu'on dissèque ne restant pas toujours dans la position qu'ils doivent avoir pour présenter en dessus la partie sur laquelle on veut opérer, on les y maintient au moyen de *cales* en bois qu'on place en dessous pour les empêcher de tourner. Ces cales doivent, comme on le conçoit, être proportionnées à la grandeur du sujet et présenter la forme d'une portion de cylindre au-dessous d'un quart, le plus ordinairement un quart à peu près, appuyant sur l'une des faces planes et ayant l'angle opposé légèrement arrondi.

Pour des animaux de taille moyenne, comme des *chiens*, des *lapins*, on peut se servir de cales de 2 à 3 décimètres de long sur 10 à 15 centimètres de rayon. Pour les sujets très-grands, on peut les faire en planches, c'est-à-dire creuses, afin qu'elles ne soient pas trop lourdes.

A défaut de cales faites exprès, on se servira d'un corps quelconque.

Support. — Pour certains objets difficiles à maintenir en position à cause de leur forme, telles que des pièces très-aplaties qu'on veut placer de champ, ou bien des corps arrondis qui roulent facilement, tels que des têtes, etc., je me sers avec le plus grand avantage d'un *support* en bois lourd (fig. 35, *a*) de forme demi-cylindrique, ayant sur le milieu de sa face convexe deux chevilles rondes (*b*) placées l'une à côté de l'autre, à une petite distance, et faisant entre elles un angle d'environ 50°; ces chevilles sont fendues transversalement jusqu'au milieu de leur longueur par un trait de scie dans lequel on place une lame de fer servant à élargir, s'il le faut, la face des deux chevilles.

Pour les corps de petite dimension ordinaire, ayant à peu près 1 à 2 décimètres de grandeur, le support dont je me sers le plus a environ 15 centimètres de long sur 7 à 8 de diamètre. Les chevilles ont chacune 3 centimètres ou un peu plus de long sur 15 millimètres de diamètre, et sont placées à 15 millimètres de distance l'une de l'autre; et la lame en fer a 10 centimètres de long sur 1 de large.

Au lieu de faire ces supports entièrement demi-cylindriques, on peut les faire moins larges en leur donnant la forme d'un prisme carré dont la face supérieure est arrondie.

Ces supports sont de la plus grande utilité pour faire tenir les objets dans toutes les positions voulues. Pour cela, on place ces derniers soit devant, soit entre les deux chevilles, contre lesquelles on les appuie; et on les y maintient fixés au moyen d'érines à poids convenablement disposées, et dont les poids pendent sur les côtés de la table, érines que je décris plus bas. Le plus souvent j'en emploie trois : une à droite, une à gauche, et la troisième passant entre les deux chevilles et tirant en avant; et par ce moyen les pièces les plus difficiles à maintenir autrement en place restent parfaitement immobiles sans que rien ne gêne.

Pontins. — Il arrive très-souvent qu'on est obligé d'appuyer les mains et même les bras sur le sujet qu'on dissèque : d'où résulte non-

9.

seulement qu'on se salit, mais encore qu'on le comprime beaucoup, et on l'écraserait même s'il était un peu petit.

On pare bien en partie à cet inconvénient en couvrant le sujet de quelques linges; mais encore ceux-ci s'imprègnent de sang ou d'autres liquides et contribuent à le faire dessécher.

Pour éviter ces désavantages, je me sers d'une espèce d'auge carrée en bois, ouverte aux deux bouts (fig. 36), sous laquelle je place les petits sujets, qui en sont recouverts comme d'un pont. Ces *pontins* doivent avoir, comme on conçoit, des dimensions très-différentes; mais la hauteur verticale doit être telle que le dessus touche presque le sujet, afin que la main placée sur l'auge ne soit pas éloignée de ce dernier; et pour cela, la partie antérieure de la planchette de dessus doit être amincie en un long biseau, de manière à n'avoir au bord de l'ouverture par où sort la partie du sujet sur laquelle on travaille, que tout au plus 2 à 3 millimètres d'épaisseur. En se servant de ces pontins, on peut envelopper la majeure partie du sujet de linges mouillés pour qu'il ne sèche pas et éviter de se salir.

Bassins à dissection. — Les animaux de forte taille, et même ceux de dimension moyenne, ne peuvent être disséqués qu'à nu et non gisants dans un bain, vu que le liquide qu'il faudrait en grande quantité pour les couvrir empêcherait de voir pour peu qu'il se troublât; et il serait d'autant plus difficile d'opérer sur ces animaux ainsi submergés qu'à tout instant on est obligé de les retourner pour suivre tel ou tel organe; mais aussi les corps des grands animaux ne sont-ils pas sujets à se dessécher rapidement, et les fragments des organes qui y restent collés ne sont jamais ni assez grands ni assez nombreux pour empêcher de bien voir les parties essentielles.

Il n'en est pas de même des animaux de petite taille, tels que les MOLLUSQUES et les INSECTES, qu'il est au contraire de toute nécessité de disséquer sous l'eau pour bien distinguer leurs organes, l'eau laissant non-seulement voir les couleurs, les contours et les ombres des objets d'une manière beaucoup plus nette qu'on ne les voit lorsque ces mêmes corps sont exposés à l'air; mais encore tous les organes se détachent les uns des autres par l'effet de leur pesanteur spécifique en même temps que les petites parties, et surtout les fragments qui s'empâtent à l'air, se séparent et peuvent être plus facilement enlevés, même en agitant simplement un peu l'eau, soit avec un pinceau, soit seulement en soufflant dessus. Enfin, en disséquant les petits animaux sous l'eau, ils ne se dessèchent pas, ainsi que cela arrive lorsqu'on les prépare à l'air.

Pour disséquer ainsi les petits objets, on se sert de *bassins* de différentes grandeurs, et beaucoup d'anatomistes emploient pour cela le premier vase venu, tandis qu'il est fort essentiel qu'ils soient bien proportionnés aux dimensions des corps qu'on y place. Ceux dont je me sers sont la plupart des bassins cylindriques en zinc, en fer-blanc, en terre ou en verre. Les premiers, pour les plus grands animaux, ont depuis 35 centimètres de diamètre sur 12 de profondeur jusqu'à 10 centimètres sur 5, et ceux en verre ont 7 centimètres de diamètre sur 35 millim. de profondeur; mais il est bon de faire remarquer qu'ils doivent être choisis de manière que le dessous et le fond soient le plus droits possible pour que les plateaux qu'on y place ne vacillent pas. A défaut de ces bassins en verre, on peut tout simplement employer des verres à boire dont on élève le fond en y fixant un corps quelconque à face supérieure plane. Les petits bassins en verre sont à préférer à ceux faits d'une matière opaque, en ce que les parois laissent passer la lumière, qui éclaire en partie l'intérieur.

Mes bassins les plus petits, ceux destinés à être portés sous le microscope, sont d'ordinaire des verres de montre enchâssés dans un anneau en cuivre ou en corne, au moyen duquel ils appuient d'aplomb sur la platine, sur laquelle je les fixe avec deux ou trois petites pelotes de cire molle.

Enfin, les plus petits de tous sont de simples godets creusés dans des plaques de verre.

Plateaux à dissection. — Pour fixer les objets au fond des bassins, excepté dans les plus petits, je me sers de plaques de liége collées à demeure sur des lames de plomb qui les maintiennent au fond de l'eau. Les plus petites de ces plaques doivent avoir environ 5 centimètres de diamètre sur 5 millimètres d'épaisseur; et la lame de plomb, au moins 15 millimètres, afin d'être assez lourde pour donner par son poids de la fixité au plateau. Les deux plaques sont collées l'une à l'autre au moyen de poix de Bourgogne appliquée à chaud. On pourrait aussi les fixer avec de petits clous; mais ils ont le désavantage d'opposer un obstacle aux épingles qu'on plante dans les plateaux et de permettre toujours un léger mouvement, qui finit par détruire le liége.

Pour les corps blancs, tels que les nerfs, ces plateaux sont recouverts en taffetas noir, et, pour ceux de couleur foncée, en taffetas blanc; mes plus petits sont ronds ou octogones, et les grands, en carré long à angles tronqués. Dans les plus grands, d'environ 35 centimètres de long sur 25 de large, le liége a environ 15 millimètres d'épaisseur; et le plomb, 25 millimètres. Ceux-ci servent pour disséquer les très-gros MOLLUSQUES et les plus grands CRUSTACÉS.

Pour ouvrir facilement le corps des animaux vermiformes, tels que les ANNÉLIDES, les ENTOZOAIRES, et surtout les MYRIAPODES, sans que les parties solides se dérangent et endommagent les organes mous, je les fixe préalablement sur des plateaux longs, étroits et bombés, et, ainsi attachés avec des épingles sur la partie convexe, ils peuvent être facilement maniés sans que rien ne se déplace; et les pattes, s'il y en a, pendant le long des côtés, peuvent également être maintenues immobiles.

Je me sers aussi de petits plateaux percés au centre d'une ouverture ronde pour voir par transparence des membranes que je tends sur cette dernière.

D'autres anatomistes, et même tous ceux de ma connaissance, se servent de plaques en cire d'environ 5 millimètres d'épaisseur, qu'ils maintiennent au fond de l'eau au moyen de poids dont ils les chargent; mais ce procédé est fort mauvais, en ce que d'une part ces poids gênent considérablement et sont fort souvent enlevés par accident; d'où il résulte que la plaque, venant à se soulever subitement, renverse et abîme tout ce qu'on a fait; et, d'autre part, les épingles qu'on y implante s'enlèvent à la moindre traction exercée sur elles, et s'empâtent en même temps de cire dont il faut à tout instant les débarrasser.

Les corps qu'on dissèque ayant des épaisseurs très-variables, il est bon de pouvoir élever ou abaisser plus ou moins les plateaux sur lesquels ils sont fixés, afin de n'avoir qu'une petite quantité d'eau au-dessus. Pour cela j'exhausse les plateaux au moyen d'anneaux en plomb ou en fer-blanc que je place dessous.

Moules anatomiques. — Je donne ce nom à un porte-objet fait en plâtre pour fixer certains corps qui, soit par leur forme plus ou moins sphérique, soit par la disposition de leurs parties qui se désunissent facilement, ont de la peine à être maintenus en place et fixés sur les plateaux ordinaires. Pour les faire, on coule simplement le corps dans du plâtre qui, devenant dur, forme une masse dans laquelle l'objet est pris comme un fossile dans sa roche.

Si le corps a des aspérités extérieures ou bien de simples poils susceptibles de se prendre d'une manière solide dans le plâtre, on se borne à gâcher un peu de plâtre fin à la consistance d'une crème légère avec laquelle on commence par enduire les parties du corps qu'on veut fixer, en le faisant pénétrer le mieux possible dans tous les intervalles où il peut fixer ce dernier. Cela fait, on enfonce cette portion du corps dans une quantité plus considérable de la même matière, ayant la consistance de bouillie, et placée soit dans une petite boîte, soit simplement dans une carte dont les bords sont relevés. Le plâtre ayant pris de la consistance, on en coupe ce qu'il peut y avoir de trop, et l'on dégage avec un couteau le corps autant qu'on le juge à propos; on place ensuite le tout dans le bassin sous l'eau, où il se maintient assez fixe par son propre poids pour qu'on puisse travailler dessus.

Comme la couleur blanche du plâtre peut être fatigante pour la vue, on colore les moules avec de l'encre ou toute autre couleur foncée.

Lorsque le corps qu'on veut ainsi fixer n'a pas de parties susceptibles de le maintenir, on lui en fait d'artificielles, en y accrochant de très-petites épingles crochues à la pointe, et qu'on enfonce dans toutes les directions convenables dans le plâtre pendant qu'il est encore mou. Ces épingles s'y fixent solidement par le moyen de leur tête, et tiennent ainsi de toute part le corps accroché, en même temps que le plâtre ne lui permet pas de changer de forme.

Ces mêmes moules peuvent être placés avec les corps qu'ils portent dans de la liqueur conservatrice sans s'altérer, surtout si ce liquide est de l'alcool ou tout autre sur lesquels le plâtre n'a pas d'action; j'en ai conservé ainsi des années entières dans de l'esprit-de-vin.

Pour former plus commodément ces moules, on peut se servir de petites caisses en fer-blanc dont les côtés latéraux se meuvent en charnière sur le fond, et simplement tenus relevés et liés entre eux par un fil qui entoure la petite caisse. On place dans cette caisse une autre de même grandeur, faite en papier et d'une seule pièce, dont les angles latéraux sont fermés par un pli; cette doublure sert à empêcher le plâtre de s'écouler par les jointures de la caisse en fer-blanc. Je me sers très-souvent aussi, au lieu de la caisse en fer-blanc, d'un simple anneau en carton.

Microphore à chevilles. — Les petits objets, étant trop mobiles par l'effet de leur poids, doivent être fixés pour pouvoir être disséqués. Lorsque leurs dimensions sont encore assez grandes pour pouvoir les attacher sur des plateaux avec des épingles sans que celles-ci gênent, on emploie ce moyen; mais lorsqu'ils sont microscopiques, il faut avoir recours à une autre méthode. On emploie généralement pour cela de petites pinces plates à pointes aiguës (fig. 37), portées sur une tige ronde (a) en acier ou en cuivre qui se fixe dans une douille adaptée à la platine du microscope. Les deux petites lames de la pince (b) qui se rapprochent par leur ressort s'écartent au moyen de deux petites chevilles (c, d), fixées à l'une des lames et traversant librement l'autre, les deux en sens opposé. En pressant sur ces chevilles avec les deux doigts qui maintiennent l'instrument, la pince s'ouvre; et, en cessant la pression, elle se ferme et saisit l'objet. Ce microphore à chevilles, qui paraît au premier abord très-propre à l'usage auquel il est destiné, est cependant fort incommode, surtout pour saisir de très-petits corps. D'abord les deux lames appliquées à plat l'une sur l'autre deviennent bientôt divergentes à leurs pointes par l'effet des fréquents écartements qu'on leur fait subir, et, ne se joignant plus, la pince ne peut plus servir. Le ressort des deux lames est en outre beaucoup trop faible pour tenir l'objet avec assez de force pour qu'on puisse le manier en le disséquant sans qu'il échappe ; enfin, les deux doigts approchant trop près des pointes pour saisir les chevilles, empêchent souvent de voir l'objet qu'on veut saisir ; ou bien, gênés eux-mêmes par le microscope, ils ne peuvent pas en approcher. Ces inconvénients m'ont engagé à imaginer un autre instrument de même emploi, mais plus approprié à son usage ; c'est le

Microphore à bascule. — Ce petit instrument consiste en une tige cylindrique en acier (fig. 38, *a*) de 3 $\frac{1}{2}$ millimètres de grosseur sur 11 à 12 centimètres de long. Cette tige, servant de manche, se prolonge en avant en une pointe en demi-cône de 13 millimètres à peu près de long (*b*). A la base de celle-ci s'élèvent du côté plat deux petits oreillons (*c*) parallèles entre eux, formant les parties latérales d'une charnière dans laquelle se meut la seconde partie de la pince (*d*, *e*). Cette seconde branche se prolonge en arrière de la charnière en un petit manche (*d*) aplati d'environ 2 centimètres de long ; par cette disposition, en pressant sur ce dernier, les pointes de la pince s'écartent, et, pour qu'elles se rapprochent d'elles-mêmes, on a adapté sous le manche court un ressort (*f*) qui produit cet effet. Or, comme les deux branches sont un peu écartées dans la charnière, les pointes s'appliquent toujours exactement l'une sur l'autre avec une force suffisante pour tenir fortement l'objet qu'on saisit. Cependant comme il peut arriver que la pince s'ouvre accidentellement pendant qu'on la manie et laisse échapper le petit corps qu'elle tient, j'ai placé entre ces deux manches une vis de contre-pression (*g*), par le moyen de laquelle on peut fixer la pince et l'empêcher de s'ouvrir.

Le petit corps une fois saisi, on place le microphore dans un chariot ou support qui lui est destiné, et qui s'adapte dans les trous dont la platine du microscope est munie sur ses bords. Ce support (fig. 39) consiste en un canon horizontal (*a*) de 2 centimètres de long, dont la lumière a 35 millimètres, pour recevoir la tige de même grosseur (*f*, *g*) du microphore, et ce canon est fendu sur les côtés pour avoir du ressort. Vers son extrémité tournée vers le centre de la platine du microscope, ce canon porte en dessous une charnière en tête de compas (*b*) par laquelle elle est unie à une petite tige (*c*) de 6 centimètres de long, entrant à frottement dans les canons du bord de la platine du microscope, et y tourne horizontalement. Pour rendre à volonté le mouvement de glissement du microphore dans son canon très-lent, on a ajouté au chariot une seconde pièce (*d*) que la tige du microphore traverse également, et qu'on y maintient fixe au moyen d'une vis de pression, et ces deux pièces du chariot sont réunies par une vis de rappel (*e*).

Au moyen des quatre mouvements que le microphore peut exécuter sur ce chariot, l'un sur son propre axe, le second en glissant dans le canon, le troisième dans la charnière, et le quatrième en tournant horizontalement sur la platine du microscope, on peut donner à l'objet placé entre ses pointes toutes les positions voulues.

Pour manier ce microphore, on le tient par sa longue branche entre le pouce et l'index; et, pressant avec le doigt du milieu sur la petite branche, on fait ouvrir la pince pour embrasser l'objet.

Porte-objets. — Depuis qu'on fait usage de microscopes, on y emploie aussi des porte-objets formés de petites cases dont les fonds sont en verre ou en mica, et dans lesquelles on place à demeure une foule de petits corps dont la forme ou la couleur sont curieuses à voir au microscope.

Ces porte-objets sont de deux façons : les plus simples sont formés d'une petite pièce en bois, en ivoire ou en cuivre, longue d'à peu près 5 à 7 centimètres, large de 10 à 12 millimètres, et épaisse de 2 à 3 millimètres. Dans ces pièces sont percés une suite d'encadrements ronds dans lesquels se placent deux plaques de verre mince ou de mica, affermies par un petit anneau en cuivre ; et c'est entre ces plaques que se trouvent placés les petits corps ténus qu'on veut examiner.

La seconde variété de ces porte-objets consiste en deux lames de verre d'égale grandeur, dont l'une est creusée d'une suite de petits godets plus ou moins profonds, dans lesquels on place les objets, et spécialement les animaux vivants qu'on veut examiner. Ces excavations sont fermées par la seconde plaque plane qui les recouvre, et l'on maintient les deux réunies par un encadrement en cuivre.

Les porte-objets en verre sont tout à fait les mêmes que les plus petits bassins à dissection dont j'ai parlé plus haut : les uns servent pour les objets secs, les autres pour ceux qui doivent être placés sous l'eau.

On fixe les objets sur les plaques de verre ou de mica en les y attachant par quelque substance collante incolore et transparente. Les uns emploient le blanc d'œuf, d'autres la gélatine, la gomme arabique, ou bien du sucre. Quant à moi, je fais généralement usage de gomme, que je trouve préférable à toute autre espèce de colle. Voyez plus bas les différentes substances servant à coller les petits objets.

Porte-objet-boîte. — Pour conserver à l'état sec de très-petits objets qui peuvent facilement être perdus ou endommagés, rien n'est plus commode que de petits porte-objets en forme de boîtes cylindriques en cuivre, en fer-blanc, ou simplement en carton, dont les deux fonds sont en verre bien blanc et mince. Ces boîtes peuvent être de simples anneaux cylindriques garnis d'une petite sertissure à l'un des bords formant le fond, sur laquelle appuie l'une des plaques en verre qui y sera scellée. Vers l'autre bord, formant l'ouverture de la boîte, ceux en métal auront les parois divisées en plusieurs parties par des fentes de peu de profondeur, pour permettre d'y placer et d'ôter plus facilement la seconde plaque servant de couvercle. Les deux plaques seront maintenues à la distance voulue au moyen d'un anneau en métal ou en carton. On fixe l'objet sur le fond, et le couvercle est maintenu en place par le ressort des divisions du bord. Quant aux porte-objets en carton, il est inutile que les bords soient divisés, leur élasticité suffisant pour retenir la plaque en verre. Pour les boîtes les plus grandes, ayant 2 centimètres et plus de diamètre et une profondeur proportionnée, le couvercle peut fermer en tabatière et avoir sa plaque en verre également scellée sur le bord.

Si on ne veut pas coller les objets sur le fond de la boîte, on peut les maintenir en place au moyen d'un fil attaché aux deux côtés du cercle intérieur, de manière qu'on peut les ôter et les remettre à volonté.

Porte-squelette. — On place généralement les squelettes sur des supports en fer, ou bien on les suspend dans le cabinet. Pour les *monter,* c'est-à-dire pour assembler les os, on se sert dans le premier cas du support même qui doit leur rester ; ce qui suppose qu'il soit fait d'avance. Or, cela n'est pas toujours facile, vu que déjà pour l'*homme,* dont la taille des divers individus varie, ces supports doivent être différents, et ne peuvent guère être préparés ; mais cela est surtout impossible pour les nombreuses espèces d'animaux. M. Rousseau, chef des travaux anatomiques au Jardin-des-Plantes, a de là imaginé un appareil servant de support temporaire pour des sujets de dimensions fort différentes, et sur lequel on monte d'abord le squelette, en attendant que son support définitif soit fait. Cet appareil (fig. 40) consiste en deux tiges verticales en fer (*a b*), dont l'une destinée à soutenir la partie antérieure de la colonne vertébrale, et l'autre la partie postérieure ou la région lombaire, absolument comme les supports définitifs. La première tige (*a*) se termine en haut en une fourche à branches légèrement divergentes (*c*) placées l'une à côté de l'autre, et dirigées obliquement en haut et en arrière. La seconde tige (*b*) est également terminée par une fourche semblable, mais dirigée en haut (*d*). C'est dans ces deux fourches que vient appuyer la colonne vertébrale : en avant par la sixième ou septième vertèbre cervicale, en arrière par l'une des lombaires ; et dans cette position on attache avec facilité d'abord les côtes et le bassin, puis les membres. Mais comme la hauteur des tiges doit varier suivant la grandeur de l'animal, chacune est formée de deux parties (*a c* et *b c*), dont la supérieure croise l'inférieure dans une certaine étendue en la longeant, et chacune des deux pièces est terminée par une douille carrée fixe (*f, g*) dans laquelle l'autre pièce passe ; de manière que les deux peuvent ainsi glisser l'une le long de l'autre, et permettent d'allonger ou de raccourcir considérablement les deux supports. A l'une des douilles est adaptée une vis de pression (*h*) pour fixer les deux parties. Par ce moyen, on peut faire varier la hauteur du porte-squelette; et pour la longueur, il suffit de fixer chaque support sur un plateau à part à socle un peu lourd (*i*), ce qui permet de les éloigner ou de les rapprocher selon le besoin; et ces deux plateaux sont unis au moyen de deux lattes en coulisses (*k*) fixées à l'un et traversant l'autre dans son épaisseur.

Pipettes. — On appelle ainsi des tubes ordinairement en verre, quelquefois en métal, à petite ouverture inférieure et renflée en un gros ventre dans son milieu, servant à enlever par en haut le liquide d'un vase. Pour cela, on fait plonger l'ouverture inférieure de la pipette dans le liquide, et, aspirant l'air par l'orifice supérieur, on fait entrer le liquide dans le renflement qu'on remplit; et, plaçant ensuite le pouce sur l'orifice d'en haut pour empêcher l'air d'y rentrer, on retire la pipette et on la vide; si le liquide est profond, on enfonce la pipette jusqu'au-dessus de son renflement, et le liquide remplit ce dernier par la simple pression atmosphérique, sans qu'on ait besoin de l'y attirer par l'aspiration; ce qui est toutefois fort lent.

J'emploie de ces pipettes de différentes dimensions : la plus grande est pure, et simplement celle dont se servent plus particulièrement les chimistes. Elle a 3 décimètres de long; le premier tiers est un tube droit de 5 millimètres de grosseur, terminé à l'extrémité en un cône de 3 centimètres, percé au haut d'une ouverture de 1 millimètre; la seconde partie ou son ventre, formant le tiers moyen, est un cylindre de 2 centimètres de diamètre; enfin, la troisième partie forme un tube de 7 millimètres de grosseur, terminé par un petit évasement qu'on prend dans la bouche lorsqu'on aspire le liquide.

On se sert de ces petits instruments pour enlever lentement l'eau dans laquelle sont placés les objets qu'on veut examiner sans les déranger, ce qui arriverait souvent en décantant ce liquide.

Une seconde espèce de pipettes, servant à enlever des liquides peu abondants, est la même que la précédente, moins l'ampoule.

Une troisième espèce, que j'emploie principalement pour pomper l'eau d'un bassin contenant des animaux extrêmement petits, sans que ces derniers soient enlevés en même temps, est une pipette semblable à la première, ou bien à ampoule sphérique (fig. 41), mais plus petite, n'ayant que 6 à 8 centimètres de long et une ampoule (*a*) d'environ 1 centimètre. A son extrémité supérieure s'ajuste un tuyau en gomme élastique (*b*) d'environ 3 décimètres de long. Pour s'en servir, on plonge le bec dans l'eau du bassin placé sous la loupe ou le microscope, et tenant l'extrémité du tube élastique dans la bouche; en même temps que l'œil est appliqué au microscope, on observe la position des animalcules, pour n'aspirer le liquide que dans les moments où l'on n'a pas à craindre de les entraîner. Réduisant ainsi la quantité d'eau qui les baigne, on peut plus facilement les observer et les saisir pour les disséquer. On peut s'en servir aussi pour injecter de très-petits sujets lorsqu'on n'a pas de chalumette.

Pinceau-pipette. — Enfin, pour enlever les plus petites quantités d'eau, j'emploie simplement un pinceau à poils très-fins (fig. 42) qui aspire ces liquides par l'effet de la capillarité de ses poils. Ces *pinceaux-pipettes* ont une forme particulière : ils ont dans leur ensemble à peu près 3 millimètres de grosseur dans leur ventre, et les poils latéraux environ 8 à 10 de long ; tandis que ceux du centre, de 5 millimètres plus longs, forment une petite mèche (*c*) ayant à peine 1 millimètre de grosseur.

Ce pinceau-pipette étant préalablement mouillé, et de nouveau exprimé pour rendre sa propriété aspirante plus active, on trempe simplement sa mèche dans l'eau, et le liquide monte dans l'intervalle des poils qui la forment, et remplit le ventre du pinceau. Par ce moyen, l'aspiration, quoique faible, est assez forte pour enlever une petite quantité de liquide sans qu'on soit obligé d'employer soi-même aucune succion.

Sondes. — On doit avoir des sondes de diverses dimensions pour reconnaître par leur moyen la direction et la profondeur des cavités. Les plus fortes seront des tiges en baleine de 3 à 4 millimètres de diamètre, arrondies, bien polies, et terminées en calotte sphérique ; leur longueur peut être de 3 à 4 décimètres.

D'autres, élastiques, creuses et de même diamètre ou plus faibles, dans lesquelles on place au besoin une tige métallique pour les soutenir, servent plus particulièrement à introduire des liquides ou de l'air dans les cavités.

D'autres encore, beaucoup plus faibles, seront en fils métalliques très-doux, soit en fer, soit en cuivre ou en argent.

Enfin, pour les plus fines, on emploiera simplement des soies de sanglier ou bien des crins de cheval ; mais les meilleures de toutes sont des barbes de mammifères, qui, étant coniques, ont de la force à leur base, et se terminent en une pointe extrêmement fine. J'emploie aussi des soies de porc-épic qui ont la même forme, et sont en outre plus longues et plus fortes.

Pour ne pas perdre trop facilement ces sondes fines, on fera bien de les garnir à leur gros bout d'une petite masse de cire d'Espagne qui les fera reconnaître.

Thermomètre. — Comme on est souvent dans le cas de déterminer la température de certaines parties, telles que celles du corps des animaux vivants ou celle des masses à injection, etc., il est convenable d'avoir un bon thermomètre; mais tous les instruments connus sous ce nom ne sont pas également propres à cet usage, leur forme, leur disposition et leur grandeur variant considérablement. Le plus convenable doit nécessairement être fort petit, afin de pouvoir l'introduire dans des cavités très-étroites, et en même temps facile à nettoyer. Celui dont je fais usage est entièrement en verre et porte ses degrés sur la tige même renfermant le mercure. Cette tige est un cylindre d'environ 15 centimètres de long avec une grosseur de 6 à 7 millimètres, et le tube intérieur capillaire est terminé inférieurement par une boule d'environ 1 centimètre, et l'échelle marque depuis — 20° jusqu'à + 120° centigrades. Ce thermomètre, le plus simple de tous, remplit toutes les conditions voulues.

Appareils galvaniques. — Pour faire des expériences sur l'irritabilité des animaux ou bien sur les tissus, pour reconnaître s'ils sont musculaires, il convient d'avoir des appareils galvaniques plus ou moins puissants selon les expériences qu'on se propose de faire, mais surtout un très-petit, destiné spécialement aux recherches sur les tissus ou bien sur les organes de très-petits animaux. On sait que, pour produire les contractions musculaires de certains animaux très-irritables, comme les *rana*, il suffit de toucher, d'une part, le muscle avec une petite tige en *cuivre*, et, d'autre part, le nerf qui s'y rend avec l'extrémité d'une tige semblable en zinc, ou bien le premier par le zinc et le second par le cuivre, et de réunir les deux bouts libres de ces mêmes tiges pour que la contraction ait lieu au moment de la rencontre des deux métaux. Mais un appareil aussi simple ne suffit que rarement, et il en faut un plus puissant pour les animaux moins irritables.

Ligateur. — Il arrive souvent, lorsqu'on injecte, d'avoir à sous-lier des vaisseaux placés dans des parties enfoncées, où il est difficile d'arriver avec les doigts. Je me sers, pour faciliter cette petite opération, de deux instruments fort simples par le moyen desquels on peut faire ces ligatures avec autant de facilité qu'avec les doigts à la surface des corps.

L'un de ces instruments, ou le *ligateur* (fig. 43), est destiné à lier des vaisseaux crevés par le côté : c'est une petite tige droite en acier, de 5 à 6 centimètres de long, portée sur un manche un peu plus allongé. L'instrument est terminé par une partie transversale (*a*) formant avec la tige les branches d'un Y très-obtus ; et chacune de celles-ci, d'environ 4 millimètres de long, est fendue en deux oreilles latérales entre lesquelles est placée une petite poulie bien mobile (*b*), débordée de toute part par les deux oreilles dont je viens de parler, pour que la gorge de poulie soit plus profonde. La tête de ce petit instrument est un peu fléchie sur la tige, de manière que le plan des poulies fait un angle d'environ 25 degrés avec cette dernière, et l'oreille placée vers l'angle rentrant se prolonge latéralement en une petite saillie de 2 millimètres de long et un peu recourbée en crochet vers l'autre oreille, de manière que chaque petite saillie forme une gouttière dirigée parallèlement à la tige.

Pour se servir de cet instrument, on commence par passer le fil (*d*) sous le vaisseau, comme pour la ligature ordinaire ; on fait le premier enlacement du nœud (*e*) ; on prend les deux bouts du fil à côté l'un de l'autre, entre l'index et le pouce de la main gauche, en les pinçant fortement pour les mieux tenir ; plaçant ensuite la tête du ligateur entre les deux fils rapprochés, on fait passer ceux-ci dans les deux poulies, de manière que les saillies latérales en crochet passent sous les fils pour les empêcher d'échapper en dessous. On pousse dans cette position l'enlacement vers le vaisseau qu'on serre autant qu'on veut. On fait de la même manière le second enlacement, et l'on achève de nouer les fils. On peut, par ce moyen, lier un vaisseau au fond d'une cavité très-profonde avec la même facilité qu'à la surface d'un corps.

Cet instrument peut également être employé en chirurgie.

Porte-nœud. — Lorsque le vaisseau est coupé transversalement et ne présente, le plus souvent, qu'un très-petit bout libre sur lequel on puisse appliquer la ligature, il est impossible d'employer exclusivement le ligateur que je viens de décrire, pour lequel il est nécessaire que le vaisseau soit fixé aux deux bouts. J'emploie alors un autre instrument servant, d'une part, à fixer le bout, et, de l'autre, à placer le nœud autour.

Cet instrument (fig. 44) est composé d'une tige principale cylindrique creuse (*a*) d'environ 2 décimètres de long sur 6 millimètres de diamètre, terminée postérieurement par un manche dirigé obliquement en dessous, ou simplement par deux anneaux (*b*) à la suite l'un de l'autre, et dans lesquels on passe les deux derniers doigts de la main gauche, pendant que la tige est retenue dans la main par les autres doigts et le pouce. A son extrémité antérieure, la tige est terminée par deux branches latérales en acier (*c*), dirigées un peu en dehors, et de 3 à 4 centimètres de long, faisant ressort l'une vers l'autre. Chacune de ces branches porte, à son extrémité, une petite pièce mobile en forme de crochet plat à bord libre (*d*) dirigée en dehors, dont la concavité n'a qu'un millimètre de large et un peu plus de profondeur. Ce crochet est large verticalement d'environ 1 centimètre, et, au-dessous de ce dernier, est un second (*e*) arrondi, à sommet dirigé en avant. La pièce portant ces deux crochets est mobile sur la branche en acier en tournant sur un axe vertical parallèle à celui du côté opposé. Ces deux pièces peuvent se fléchir facilement en dedans, de manière que les bords libres des crochets larges soient dirigés un peu en dedans, et se touchent presque d'une pièce à l'autre. Dans l'état d'extension, les deux crochets sont dirigés directement en dehors.

Dans l'intérieur de la tige principale est placée une autre (*f*) terminée en arrière soit en un bouton, soit en un anneau (*g*) servant de manche. A son extrémité antérieure, cette tige est terminée en deux branches latérales (*h*) en acier, très-flexibles, légèrement arquées l'une vers l'autre pour former la pince, et se tenant habituellement écartées de 15 millimètres à peu près à leur extrémité, où chaque branche est terminée en une petite masse ovale, convexe en dehors, et aplatie en dedans; masses conformées de manière que, lorsque la pièce est fermée, les deux faces plates se touchent, et que le diamètre des deux masses ensemble soit égal à l'écartement des deux pièces portant les crochets, entre lesquelles la pince se trouve placée en les dépassant de 3 centimètres lorsque la pince est poussée en avant. La tige portant cette dernière peut être retirée dans le tube extérieur jusqu'au point où l'extrémité de la pince a dépassé en arrière les deux pièces portant les crochets, et permet à ceux-ci de se fléchir en dedans, tandis que la pince, portée en avant et écartée par son propre ressort, s'oppose à cette flexion en tenant les crochets étendus.

Pour se servir de cet instrument, on pousse la pince en avant, ce qui fait étendre les crochets; on passe le fil dans ces deux derniers en formant le premier enlacement du nœud sur eux, de manière que la pince passe dans la boucle que forme le fil. On tient l'instrument de la main gauche en passant les deux derniers doigts dans les anneaux de la tige, et on enroule les deux bouts du fil autour de l'index pour les tenir légèrement tendus. On saisit le bout du vaisseau avec la pince qu'on serre en poussant sur elle la tige portant les crochets; le bout de la pince étant rentré au delà des crochets, ceux-ci se fléchissent en dedans, lâchent la boucle du fil sur le vaisseau qu'elle entoure, et l'on serre le nœud au moyen du ligateur, comme pour les autres vaisseaux fixés aux deux bouts.

On peut faire de suite les deux enlacements du nœud en les laissant à distance l'un de l'autre; et, pour qu'on puisse plus facilement introduire le ligateur entre les fils, la tige porte vers le milieu deux petites barres transversales de 4 millimètres de large (*i*, *k*), creusées en gouttière sur les bords latéraux, pour tenir les deux bouts du fil écartés en arrière des deux enlacements : en poussant le second enlacement, les fils s'échappent des petites barres, la tête du ligateur étant plus large que les dernières.

Épingles à dissection. — J'ai déjà parlé de ces épingles à l'occasion des plateaux en liége ; il me reste à indiquer ici leur emploi et la manière de les faire, dans le cas où l'on ne trouverait pas à en acheter. Les épingles ordinaires, étant en cuivre, sont très-faibles et plient non-seulement avec la plus grande facilité lorsqu'on veut les enfoncer, soit dans les parties un peu résistantes du corps des animaux, soit dans les plateaux, pour y fixer ces derniers ; mais elles ont, en outre, le désavantage de n'être jamais bien pointues, ce qui rend leur emploi très-incommode. Je les remplace, en conséquence, par des épingles en acier, qui sont tout simplement des aiguilles à coudre auxquelles on fait de grosses têtes, soit en cire d'Espagne ou en émail. Les premières, plus faciles à faire, ont l'inconvénient que souvent la tête casse lorsqu'on la presse un peu fort, et que la tige pénètre dans les doigts, tandis que cela n'a pas lieu pour les têtes en émail. Les unes et les autres se font à la chandelle ; les têtes en émail exigent cependant un peu plus de soin ; la simple flamme de la chandelle ou de la bougie ne donnant pas assez de chaleur pour faire fondre l'émail, elle doit être activée au moyen du chalumeau.

Agrafes. — Outre les épingles à tête dont on se sert pour fixer les objets sur les plateaux en les transperçant, j'emploie encore d'autres épingles recourbées en crochet à leur gros bout sans qu'il soit nécessaire qu'elles aient une véritable tête. C'est avec ces *agrafes* que je maintiens en place les pièces difficiles à percer à cause de leur dureté, telles que les pièces osseuses ou cornées, les coquilles des mollusques, et spécialement les valves des Acéphales, dont l'une sert à soutenir le corps de l'animal pour qu'il ne se dérange pas pendant qu'on le dissèque.

On doit avoir de ces agrafes de longueur différente, que l'usage fera connaître, et qu'on peut facilement faire soi-même avec des épingles ordinaires un peu fortes au moment où on en a besoin.

Pour fixer, par exemple, sur un plateau un Acéphale contenu dans l'une de ses valves, laquelle, en raison de sa convexité, est fort difficile à maintenir en place par les moyens ordinaires, on plante alentour trois de ces agrafes dont on fait appuyer les crochets sur les bords de la coquille, et la pièce se trouve par là plus solidement fixée qu'avec des épingles à tête, sans que ces agrafes gênent pendant qu'on dissèque.

Érines. — On appelle *érine*, *érigne* ou *airigne* des crochets en acier à pointes aiguës, servant à retenir des lambeaux de chair qu'on dissèque, soit pour les fixer, soit pour les écarter, et empêcher qu'ils ne gênent. Dans les écoles de médecine, on en a ordinairement de deux espèces : une plus anciennement en usage, ou *double érine* (fig. 45), est une petite lame de 5 à 10 centimètres de long sur 1 de large et 2 millimètres d'épaisseur, armée à chaque extrémité d'un ou le plus souvent de deux crochets (*a*) placés du même côté et servant, ceux de l'une des extrémités, à accrocher la partie qu'on veut retenir, et ceux de l'autre, à fixer l'instrument lui-même à quelque corps résistant, le plus souvent au cadavre même qu'on dissèque. Lorsqu'il n'y a qu'un seul crochet à chaque bout, le corps de l'érine est ordinairement une tige grêle, fusiforme.

La seconde espèce, également en usage dans les écoles de médecine, est l'*érine simple* ou *érine à anneau* (fig. 46). C'est une petite tige arrondie de 4 à 5 centimètres de long, terminée à l'un des bouts en un crochet aigu (*a*) et à l'autre par un anneau (*b*) dans lequel on peut passer facilement le doigt. On s'en sert pour tenir tendus les lambeaux qu'on coupe, comme on le ferait avec une pince.

Pour s'en servir, on accroche la partie qu'on veut tirer, et, passant un doigt de la main gauche dans l'anneau, on tend cette dernière autant qu'on le veut. Cet instrument a l'avantage sur la brucelle de laisser moins facilement échapper l'objet qu'on tient, et en outre de ne point occasionner de fatigue dans la main.

On se sert encore de cette érine conjointement avec la brucelle pour tenir écartées et tendues deux petites parties qu'on veut séparer. Pour cela on accroche l'une avec l'érine, qu'on maintient au moyen du petit doigt de la main gauche; et l'autre, on la saisit avec la brucelle, tenue entre le pouce et l'index, l'écartement dont ces deux parties de la main sont susceptibles étant suffisant pour tendre la lame qu'on veut fendre.

Une troisième espèce d'érine dont on fait encore usage sert principalement dans la dissection des grands animaux, où il faut souvent tirer les chairs avec force : c'est l'*érine à manche* (fig. 47). Elle est ordinairement à double crochet (*a*) et montée sur un manche octogone en bois (*b*) pour la tenir plus commodément à pleine main. Les plus petites n'auront pas moins de 15 centimètres de long en tout, et les crochets doivent former un demi-cercle d'environ 1 centimètre.

Les plus fortes, pour les plus gros animaux, auront 2 décimètres de long, et les crochets, 3 centimètres de diamètre.

Une quatrième espèce, celle dont je fais le plus souvent usage et que je nomme *érine à poids* (fig. 48), n'est, je crois, encore employée que par moi et quelques anatomistes auxquels je l'ai fait connaître. C'est une érine simple terminée d'une part par un crochet (*a*) et de l'autre par un petit anneau (*b*) auquel est attaché un cordon (*c*) de longueur différente, selon la grandeur de l'objet qu'on veut disséquer, et ce cordon est attaché à l'autre bout à un poids également variable selon le besoin.

Ces érines servent non-seulement à maintenir certaines parties dans les dispositions voulues, mais encore à fixer le corps entier du sujet qu'on dissèque.

Si c'est un très-grand animal dont on veut, par exemple, écarter un membre, on accroche ce dernier avec l'érine, et on attache le cordon à un poids considérable, de 25 à 30 kilogrammes, ou plus s'il le faut ; et ce poids, placé par terre dans une direction convenable, maintient la partie dans la disposition voulue.

Si l'on dissèque le sujet sur une table, on emploie des poids plus petits : pour ceux de la taille d'un *mouton*, par exemple, on se sert de poids de 1 kilogramme à peu près ; et pour ceux de la grandeur d'un *lapin*, il suffit qu'ils soient de 1 hectogramme à 1 hectogramme $\frac{1}{2}$, etc. Ces poids sont surmontés d'un crochet auquel est attaché le cordon, et celui-ci présente dans sa longueur trois ou quatre boucles formées par un nœud ; de manière qu'en passant l'une ou l'autre de ces boucles dans le crochet, on pût raccourcir à volonté le cordon, afin que le poids, pendant sur les bords de la table, ne touche pas à terre et tire avec une force invariable la partie que l'érine accroche.

Pour maintenir le corps d'un animal de moyenne ou de petite taille en place, on emploie le plus souvent trois de ces poids, tirant le sujet à droite, à gauche et au-devant de soi. Par ce moyen, le corps, qui remuerait sans cela constamment par l'effet des opérations qu'on fait, reste parfaitement fixe et dans la position qu'on lui donne.

Pour des parties très-petites, qu'une traction un peu forte déchirerait, je me sers des érines les plus fines, dont le cordon n'est qu'un fil de soie ; et, pour que la traction soit à la fois faible et élastique, le cordon est, pendant que je ne m'en sers pas, entortillé en spirale autour de l'érine ; ce qui lui fait prendre une forme de tire-bouchon lorsqu'il est déroulé ; et, le poids auquel ce cordon est fixé étant placé sur la table, le cordon ne tire l'organe que par la force de son élasticité, qu'on augmente à volonté en reculant le poids.

Pour les plus grands animaux, ces érines ont 1 décimètre de long; le crochet, 4 à 5 centimètres de diamètre ; le cordon, 5 millimètres de grosseur et 2 à 3 mètres de long. Pour les animaux de grande moyenne taille, l'érine a 5 centimètres de long; le crochet, 1 centimètre au plus; et le cordon, 1 mètre. On peut assez facilement faire soi-même ces dernières érines en employant des aiguilles à coudre de différentes grosseurs qu'on détrempe en les faisant rougir ; et, après avoir formé le crochet, on les retrempe de nouveau en les faisant chauffer au bleu et en les plongeant subitement dans de l'eau froide.

Brucelles ou **pinces à dissection.** — Quoique les brucelles soient des instruments fort simples, il est encore assez rare d'en trouver de bonnes, surtout de celles qui doivent servir à des dissections très-fines.

Il en existe diverses variétés, dont les différences portent soit sur la forme que prennent les deux pointes, soit sur celle que prend l'extrémité postérieure, où les branches se réunissent ; mais toutes ces choses sont d'une bien faible importance, et la forme la plus ordinaire, la plus anciennement connue, est bien la meilleure lorsque l'instrument est exécuté avec soin.

Ce sont deux lames en acier, de forme isocèle (fig. 49), d'environ 12 centimètres de long, dans les brucelles ordinaires employées dans les écoles de médecine, sur 12 à 13, et même 16 à 17 millimètres à la base, réunies par cette dernière en une seule pièce ; et les deux branches qui en résultent sont légèrement courbées en S pour s'arquer un peu l'une vers l'autre à leur pointe ; et, dans l'état naturel, ces dernières sont écartées à peu près de 2 centimètres. Les deux branches sont fort minces dans leur partie postérieure, où elles plient comme un ressort lorsqu'on les rapproche par la pression, et s'écartent d'elles - mêmes par leur élasticité lorsque la pression cesse. Cette épaisseur augmente à mesure que les branches diminuent en largeur vers les pointes, de manière à être très-peu flexibles dans leur moitié terminale ; enfin, vers le quart antérieur, l'épaisseur diminue de nouveau pour que les branches se terminent en pointe, qui est toutefois assez émoussée, cet instrument ne devant pas servir à saisir des objets fort petits.

La face interne des deux branches est marquée de cannelures transversales aiguës, dans un espace de 1 centimètre ou un peu plus, à partir des pointes, servant à retenir plus solidement la partie qu'on saisit ; et dans une brucelle bien faite ces cannelures doivent exactement s'engrener les unes dans les autres lorsque les branches sont rapprochées, sans quoi, des corps un peu minces ou étroits glissent dans leurs intervalles.

Cette brucelle doit avoir assez de force d'élasticité pour s'ouvrir lorsque la pression cesse, et vaincre l'adhérence que peuvent exercer sur ses branches les matières prises entre elles ; mais leur rigidité ne doit pas être plus grande, afin qu'on ne soit pas obligé d'employer une trop grande force pour les fermer ; ce qui causerait bientôt une fatigue insupportable.

Une bonne brucelle doit ainsi être molle ; mais, dans le sens transversal, ses branches ne doivent se déplacer que très-difficilement pour que les pointes ne se croisent pas et s'appliquent toujours très-bien l'une à l'autre.

On a imaginé une variété de cette brucelle où l'on a placé, entre les deux branches, à leur extrémité postérieure, un petit coussinet métallique, carré, fixe, de la largeur des lames, servant simplement à écarter ces dernières dans cette partie ; mais je n'en entrevois aucunement l'utilité.

Dans une autre variété, on a couvert la moitié moyenne (fig. 50, *b c*) des faces externes des branches d'aspérités semblables à celles d'une grosse lime. Ces aspérités doivent servir à rendre la pince moins glissante entre les doigts. Mais, si c'est là un avantage, bien léger toutefois, puisqu'on ne fait que rarement des efforts assez grands avec ces branches pour qu'elles puissent échapper des mains, ces dentelures ont le grand désagrément qu'elles se remplissent bientôt de saletés.

Une troisième variété un peu plus notable consiste à donner à la partie antérieure des deux branches (fig. 50, *a*, *b*) la forme d'une tige grêle et plate.

La BRUCELLE A RESSORT (fig. 51) est encore la brucelle ordinaire, mais dont l'une des branches porte un ressort (*a*) fixé à peu près à son tiers antérieur et traversant l'autre branche, percée pour cela d'un trou. Le ressort forme à sa face postérieure un cran (*b*) où s'accroche le bord de ce trou lorsque la brucelle est serrée, et qu'on relâche en poussant simplement le ressort en avant.

Pour la dissection des animaux de forte taille, il est nécessaire d'avoir des brucelles plus grandes que les ordinaires, et qu'on puisse saisir à pleine main. Ces brucelles peuvent ainsi avoir jusqu'à 2 décimètres de long, et être, du reste, formées sur le même modèle que celles que je viens de décrire.

Je me sers, pour les menus objets, de brucelles semblables à celles de la première variété, mais plus petites, n'ayant que 95 millimètres de long, et sans aucune rugosité au bout, où les deux branches ne se joignent que par leurs pointes, en s'arquant légèrement l'une vers l'autre. Ces brucelles doivent être surtout extrêmement molles; car le moindre effort qu'on est obligé de faire pour les serrer causant un faible tremblement dans la main, fait qu'on ne saurait s'en servir sous le microscope, où ces mouvements oscillatoires se trouvent grossis dans les mêmes proportions que l'objet qu'on veut saisir; et cependant ces brucelles doivent être faites de manière que le déplacement transversal des branches soit très-difficile, afin que les pointes, qui ne doivent se rencontrer que dans un seul point, ne se croisent pas. Il faut, pour cela, que les branches soient très-minces à leur extrémité postérieure, mais fort larges, ayant jusqu'à 15 millimètres.

La trempe est encore une chose essentielle dans les brucelles fines : les branches ne se rencontrant que par leur sommet, il arrive que, si la trempe est trop dure, les pointes cassent pour peu qu'on les presse l'une contre l'autre ; et, si elle est trop molle, les pointes s'émoussent ou se replient ; et dans un bon échantillon, aucun de ces deux défauts opposés ne doit exister.

En sortant des mains du coutelier, les pointes de ces brucelles doivent être ajustées encore par celui qui veut les employer; car rarement elles ont la finesse et la précision qu'elles doivent avoir. Après s'être assuré que les faces internes sont bien unies et très-légèrement arquées l'une vers l'autre, pour ne se toucher qu'au sommet, on maintient les branches un peu serrées au moyen d'un lien, et l'on aiguise dans cet état les deux pointes ensemble, soit sur la meule, soit sur la pierre à rasoir, pour leur donner la forme d'une pyramide carrée, dont le sommet correspond exactement à l'intervalle des deux pointes; et l'on continue jusqu'à ce que ces dernières soient bien acérées, et exactement de la même longueur et de la même forme, vues à la loupe.

Il n'est pas précisément nécessaire que les extrémités soient fort aiguës; un angle de 20° entre les plans opposés de la pyramide formée par chaque branche suffit; mais il faut que les pointes soient parfaites.

Brucelles à coulant. — Dans les dissections de très-grands animaux, où l'on est souvent obligé de soulever des masses fort lourdes, il est difficile de les tenir long-temps avec des brucelles ordinaires, vu que la pression constante et forte qu'on est obligé d'exercer sur les branches de ces instruments devient bientôt fatigante et même insupportable. Pour éviter cet inconvénient, on se sert avec avantage d'autres instruments. L'un (fig. 52), la *petite brucelle à coulant*, n'est qu'une légère modification de la brucelle ordinaire à pointes larges, à laquelle on a ajouté un coulant; c'est-à-dire que les lames sont percées d'une longue ouverture longitudinale en forme de large fente, traversée par un bouton coulant à deux têtes (*a*). Lorsque la brucelle a saisi, on la tient serrée en poussant le bouton vers l'extrémité pour empêcher les lames de s'écarter. On se sert avec avantage de cette brucelle à pointes larges pour pincer les vaisseaux crevés pendant qu'on injecte, lorsqu'on ne peut pas y appliquer de suite une ligature.

La seconde variété (fig. 53) que je propose, ou *grande brucelle à coulant*, est une modification un peu plus forte de la brucelle ordinaire, dont elle diffère en ce que la partie postérieure qu'on prend dans la main (*bc*) a, les deux branches étant réunies, la forme d'un cylindre d'environ 1 décimètre de long sur 15 centimètres de grosseur; et pour que ce manche ne soit pas trop lourd, il doit être en bois ou en corne, etc. Postérieurement, les deux moitiés sont réunies par un ressort arqué (*c*) qui produit leur écartement; sur ce manche glisse un bouton coulant (*d*) servant à serrer la brucelle. La partie antérieure (*ab*), qui a environ 9 centimètres de long, ne diffère de la partie correspondante dans les brucelles ordinaires qu'en ce que les aspérités intérieures sont bien plus saillantes en forme de dents, et s'étendent sur une longueur de 3 centimètres (*a*).

Pince croisée. — Cette espèce de pince (fig. 54) peut remplacer les grandes brucelles ordinaires à coulant dans la dissection des animaux de forte taille. Elle a la forme d'une paire de ciseaux dont les lames, au lieu de se croiser et de couper, sont des tiges demi-cylindriques s'appliquant l'une à l'autre par leur côté plat; et ces deux branches, légèrement arquées pour ne se rencontrer que dans leur partie terminale (*a*), y sont garnies en dedans d'aspérités aiguës d'autant plus saillantes et plus fortes, qu'elles sont plus postérieures, comme dans la grande brucelle à coulant, en se croisant d'une branche à l'autre; de manière que lorsqu'on ne saisit qu'une petite partie d'un organe, on ne la pince qu'avec l'extrémité de l'instrument, où les aspérités sont petites; tandis que lorsqu'on veut saisir largement une masse pesante, les fortes aspérités postérieures s'y accrochent. Une fois fermé après avoir saisi, on maintient l'instrument dans cet état par le moyen d'un bouton coulant (*b*) placé sur les deux branches.

§ II. *Instruments de dissection incisifs.*

Leviers pour forcer les sutures. — Lorsqu'on veut désarticuler des os, surtout ceux du crâne, on a souvent besoin de se servir de leviers qu'on introduit entre les pièces pour les forcer à s'écarter. Pour cet objet, on se servira avec avantage de petits ciseaux semblables à ceux qu'emploient les sculpteurs, mais émoussés à leur tranchant et un peu arqués dans leur longueur vers l'extrémité.

Ciseaux de sculpteur. — Comme on est fort souvent dans le cas d'entamer des os et autres corps durs, et de les sculpter pour y suivre les vaisseaux et les nerfs, l'anatomiste doit être pourvu de ciseaux de différentes espèces : les uns à biseau pour tailler les pièces, et d'autres sans biseau pour couper et pour fendre.

Scies anatomiques. — L'anatomiste fait également usage de scies pour couper les parties dures, et ces instruments sont principalement de trois espèces. Le plus petit est la scie des ciseleurs (fig. 55), dont la lame n'est qu'un ressort de montre dentelé d'environ 12 à 13 centimètres de long.

Cette petite scie doit être faite de manière qu'on puisse diriger la lame dans différentes directions, afin de pouvoir tourner, c'est-à-dire que les deux têtes (*ab*) auxquelles est fixée la lame doivent tourner sur leur axe.

La seconde espèce, plus grande, a à peu près la même forme; mais sa monture, semblable à celle d'un archet, se tend, comme la corde de cet instrument, par une vis de rappel placée dans le manche; et la lame a environ 3 décimètres de long sur 15 millimètres de large, et doit également pouvoir être dirigée dans différents sens.

La troisième scie (fig. 56), plus grande que les deux premières, est destinée à couper des parties placées profondément, où la scie précédente ne saurait pénétrer à cause de sa monture. Ce n'est qu'une très-large lame (*ab*) d'acier assez roide pour se soutenir elle-même, munie à son extrémité postérieure, qui est la plus large, d'une poignée oblique en bois (*c*) que l'opérateur tient d'une seule main. La lame a d'ordinaire de 2 à 3 décimètres de long sur 4 à 7 centimètres de large à sa base, où elle est enchâssée dans la poignée; et 2 à 4 centimètres à son extrémité antérieure, où la lame est tronquée carrément.

Pour avoir plus de roideur, la scie est soutenue le long de son dos par une garniture en fer ou en cuivre ayant la forme d'une tringle creusée en dessous, dans toute sa longueur, d'une profonde rainure dans laquelle pénètre la lame. Cette garniture est mobile sur la poignée, et peut se redresser à angle droit. Lorsqu'on commence à faire un trait de scie, il est nécessaire que la lame soit bien roide, et pour cela on baisse la garniture pour la soutenir dans sa rainure; lorsque au contraire la fente devient profonde, cette même garniture s'opposerait à ce que la scie pénétrât plus avant; alors on la relève, et la lame se trouve maintenue par les parois même de la fente qu'on vient de faire.

On doit aussi avoir de ces scies de diverses grandeurs.

Hachette. — Il est souvent plus facile de couper les os au moyen de la hache qu'au moyen de la scie ou des ciseaux. On doit de là avoir un de ces instruments de petite dimension et bien affûté (fig. 57), à tranchant en arc de cercle, comme le sont en général les petites cognées, mais non à biseau, afin de pouvoir servir à tailler à droite et à gauche. La partie opposée à la lame de la hachette se prolonge comme les marteaux en une lame étroite, transversale, coupée carrément, et mousse, servant, soit pour casser quelque partie au moyen de la percussion, soit pour agir comme levier pour forcer l'une des deux parties. La largeur de la lame près du tranchant sera d'environ 4 centimètres, et celle de la partie opposée transversale, de 12 à 15 millimètres; le manche aura 20 centimètres. On se sert déjà depuis long-temps de semblables hachettes pour casser les os du crâne dans des préparations de cerveaux. Cette hachette se trouve très-bien figurée par M. MÉRAT à l'article *Hachette* du *Dictionnaire des sciences médicales*.

Ostéotome. — Cet instrument (fig. 58), destiné à couper les corps durs, tels que les os, les cartilages et les parties cornées, est un terme moyen entre les ciseaux et les tenailles coupantes. La forme générale est celle des ciseaux à longues branches très-fortes et à lames au contraire fort courtes, n'ayant que le quart de la longueur des branches; mais ces lames, au lieu de se croiser, se rencontrent comme celles des tenailles coupantes. A l'un des côtés, elles sont planes, et en biseau au côté opposé pour faire coin. Ces lames doivent se rencontrer parfaitement et être assez fortes pour ne pas céder sous une forte pression sur les branches.

On s'en sert comme de ciseaux ordinaires. Cet instrument a l'avantage sur ces derniers de ne pas faire fléchir les parties qu'on coupe.

Ciseaux. — Les ciseaux dont on se sert pour les travaux anatomiques sont tout simplement ceux qu'on emploie pour couper la toile, et ne diffèrent des ciseaux de couturière qu'en ce qu'une espèce d'usage veut que les deux tiges des manches soient droites et accolées l'une à l'autre. L'une des pointes doit être aiguë et l'autre mousse, mais beaucoup moins large que dans les ciseaux ordinaires. La lame pointue sert à pénétrer entre les parties très-rapprochées, et la lame mousse à être enfoncée entre les organes que les ciseaux ne doivent pas léser par leurs pointes; et, pour cet effet, il suffit que cette lame soit légèrement tronquée.

On peut aussi faire usage de ciseaux à lames arquées, déviées soit dans le plan de l'instrument, soit en sens opposé; mais leur emploi est assez rare.

On doit avoir de ces ciseaux ordinaires au moins de deux dimensions différentes : les uns, qu'on emploie dans les dissections des grands animaux, auront en tout environ 14 centimètres de long et les lames 5; les autres, plus petits, n'auront que 9 centimètres, et les lames $3\frac{1}{2}$ seulement.

Microtome. — La difficulté de couper avec précision de très-petits objets avec des ciseaux ordinaires m'a engagé à chercher à imaginer un autre instrument tranchant qui pût les remplacer avec cet avantage, et celui que je décris ici sous le nom de *microtome* (fig. 59) remplit en effet toutes les conditions désirables. C'est le principal instrument incisif dont je me sers pour les dissections délicates, et sans lequel il m'eût été impossible de faire des préparats soignés de très-petits animaux.

Dans les ciseaux ordinaires, les anneaux dans lesquels pénètrent les doigts étant fort loin des pointes avec lesquelles on doit couper, il est impossible d'exécuter de très-petits mouvements avec ces dernières, et surtout des mouvements assez sûrs pour permettre de couper avec précision; et cela est d'autant plus difficile que les positions que la main est souvent obligée de prendre sont tellement gênantes et incommodes qu'on ne saurait faire de tailles précises.

Dans le microtome toutes les difficultés sont entièrement levées, et l'anatomiste peut faire par son moyen telle incision qu'il désire, la plus petite comme la plus précise.

Le corps principal de cet instrument ou ses branches (*b*, *c*) ressemble à une brucelle à dissection, étant formé de deux lames planes, rapprochées, réunies à leur extrémité postérieure (*c*), écartées en avant et faisant ressort l'une contre l'autre.

L'extrémité antérieure de chaque branche est terminée par une petite lame de ciseaux un peu large (*a, b*), dont le plan est perpendiculaire à celui de la branche.

Déjà par la simple disposition de ces parties on conçoit que si l'on serre la pince le microtome doit se fermer, et qu'il s'ouvre passivement par l'effet du ressort des branches; en même temps que les mouvements sont beaucoup plus précis qu'avec des ciseaux ordinaires, vu que les doigts peuvent presser les branches très-près des pointes coupantes. Mais cet avantage ne suffisait pas, il fallait encore que la taille pût être fort petite; et l'on conçoit que, si par l'effet des ressorts les pointes du microtome se trouvaient fort écartées, il eût été impossible de faire une très-petite incision; car pendant que les deux lames parcourraient en se rapprochant l'espace angulaire qui les sépare, elles seraient sujettes à se déplacer et à agir sur un autre point que celui où l'on avait l'intention de faire la taille; et si par un effort des doigts on rapprochait préalablement les lames, cet effort même deviendrait fatigant et causerait un tremblement qui nuirait considérablement à la précision de la taille.

Pour remédier à tous ces inconvénients, j'ai placé à l'extrémité antérieure du manche une vis (*b d*) fixée à l'une des branches et traversant librement l'autre. En dehors de celle-ci se trouve un écrou (*d*) par lequel on rapproche préalablement les deux pointes, autant qu'on le juge à propos pour faire la taille nécessaire.

Comme il est quelquefois nécessaire aussi pour faire certaines entailles, et surtout dans des corps durs, que les pointes se croisent quand le microtome est fermé, mais d'une certaine quantité seulement, celle qui suffit pour achever de fendre le corps, les deux lames doivent nécessairement s'arrêter l'une contre l'autre dans un point déterminé pour que ce croisement ne soit pas trop fort, ce qui causerait des déchirures dans les parties par l'effet des pointes qui se dépasseraient brusquement; mais, ainsi que je l'ai dit, ce croisement n'est nécessaire que lorsqu'il s'agit de couper des substances dures, vu que ces corps, en résistant aux lames, les font plier en sens contraire, et le microtome ne se ferme pas vers les pointes.

Pour graduer le croisement des deux lames selon la taille qu'on se propose de faire, ou pour ajuster exactement les pointes, si on le juge convenable, j'ai placé entre les deux lames sur la vis un écrou de rappel (*e*) formant le point d'arrêt des deux branches, et par lequel on peut ajuster à volonté les deux pointes, et les branches ne peuvent se mouvoir qu'entre les deux écrous.

On obtient encore, par le moyen de cet écrou de rappel, l'avantage de pouvoir ajuster les pointes, lorsque par l'usure les lames ont diminué de largeur.

Les deux lames du microtome ne pourraient pas s'écarter considérablement si les branches étaient soudées en arrière, et il serait de là impossible d'aiguiser cet instrument. Pour remédier à cela, j'ai réuni les deux branches par une charnière (c) au moyen de laquelle on peut entièrement écarter les lames; mais cette charnière ne doit permettre aucune vacillation pour que les branches soient bien fixes et restent contiguës par les lames coupantes.

La longueur totale du microtome est de 11 centimètres, et celle des lames de 3; la largeur des branches à leur extrémité postérieure est de 12 millimètres, et de 8 seulement à leur partie antérieure. Quant aux lames, il est avantageux qu'elles soient un peu larges pour avoir plus de consistance et pour durer plus long-temps : les miennes ont 8 millimètres à leur base.

L'emploi de ce microtome est absolument celui qu'aurait une brucelle coupante, et on le tient de même.

Tranchoir. — Pour faire de larges tailles soit dans des matières très-molles, telles que le cerveau; soit dans des parties résistantes qu'on doit fendre d'un seul de coup de couteau, comme le corps des insectes, etc., afin d'obtenir une section bien nette, je me sers d'un couteau à lame longue (fig. 60) et fort large, à tranchant très-aigu, tout à fait semblable à celle d'un rasoir, mais d'une trempe un peu moins dure, et fixé invariablement à un manche semblable à celui des couteaux de table. On doit en avoir de dimensions différentes proportionnées à la grandeur des objets qu'on veut fendre.

Les plus grands doivent avoir une lame d'au moins 2 décimètres de long sur 3 centimètres de large, et les plus petits, 8 centimètres de long sur 18 millimètres de large. A la place de ceux-ci on pourra très-bien se servir au besoin d'un rasoir ordinaire.

Discotome. — Le *discotome* est un tranchoir à deux lames proposé par M. VALENTIN, professeur à Berne, qui a bien voulu me le communiquer. Cet instrument (fig. 61) sert à couper des lamelles très-minces d'un parenchyme mou pour être soumises au microscope. Il a dans sa partie principale (*a b c*) la forme d'un scalpel ou d'un tranchoir ordinaire, mais dont la lame forme plus de la moitié de la longueur de l'instrument, et se divise encore elle-même en deux parties égales. La première (*f b*), près du manche, est une lame plane, partout d'égale largeur, et d'un millimètre d'épaisseur.

La seconde partie, ou la lame proprement dite tranchante (*f a*), a la forme d'un scalpel à deux tranchants, mais dont l'une des faces est plane et pourrait même être un peu concave pour que le fil fût plus aigu.

Sur les deux parties de la lame s'en applique une autre tout à fait égale (*a' b'*), les deux pièces s'avoisinant par les faces planes de leur partie terminale se superposent exactement. Mais cette seconde lame est mobile, et fixée à la première au moyen d'une vis (*b b'*) placée près du manche ; et, pour que les deux pièces ne puissent pas se déplacer latéralement, la première porte à l'extrémité de sa première partie une cheville (*f g*) qui traverse librement la seconde, de manière que les lames peuvent se rapprocher ou s'écarter en glissant sur cette cheville, et sont tenues à la distance voulue au moyen d'un bouton coulant (*c*) qui traverse l'une et l'autre en glissant dans une large fente (*d*) de la première partie de chacune ; enfin l'écartement a lieu par l'élasticité des deux lames, et surtout de la courte qui, légèrement arquée, tend à s'éloigner de la branche principale.

En faisant avancer le bouton dans la fente on donne aux deux lames l'écartement voulu ; et, dans cette disposition, on coupe l'organe dont on veut détacher des lamelles fort minces, qui se trouvent protégées par les deux lames entre lesquelles ces lamelles restent placées.

Tel est l'instrument que M. Valentin a fait exécuter ; mais je pense qu'il serait peut-être plus convenable que les deux lames ne fussent tranchantes que d'un côté et fissent un léger angle entre elles, c'est-à-dire qu'elles fussent plus rapprochées à leur tranchant qu'au côté opposé. Par cette disposition, la lamelle serait plus à l'aise entre les lames et ne s'opposerait pas à la taille qui deviendrait plus facile.

On peut aussi obtenir de semblables lamelles au moyen du tranchoir ordinaire, mais cela est beaucoup plus difficile.

Scalpels. — Les scalpels (fig. 62, 63) sont les couteaux dont on se sert le plus ordinairement pour diviser les chairs des animaux qu'on dissèque, et doivent de là être à peu près proportionnés à la grandeur de ces derniers, c'est-à-dire à l'étendue des entailles qu'on est dans le cas de faire.

Ce sont généralement des couteaux droits, fort simples dans leur forme, qui n'est cependant pas indifférente.

Ceux qu'on emploie généralement dans les écoles de médecine ont environ de 16 à 17 centimètres de long, dont la lame en comprend de 6 à 6 $\frac{1}{2}$; le manche, un peu plus gros vers la lame pour pouvoir être solidement tenu entre les doigts, est atténué vers son extrémité où il se termine en une spatule arrondie au bout, servant à fendre certaines parties sans les couper. La section du manche est généralement ovale ou en carré long ; mais je préfère cette dernière forme comme permettant de tenir le scalpel plus solidement entre les doigts.

La lame (A, B, C) a un ou deux tranchants ; mais les scalpels de cette dernière façon (C), qu'on appelle plus particulièrement *amphis-mèles,* sont généralement très-mauvais, vu que les lames sont nécessairement plus obtuses à cause de la crête qui longe le milieu de chacune des faces, et je n'en fais pour cela jamais usage.

Les scalpels proprement dits, ou à un seul tranchant, ont à la base de la lame environ 10 millimètres de large, et se distinguent encore en deux variétés, dont l'une à tranchant droit (A), et l'autre à tranchant courbe (B). Les premiers, plus pointus, sont plus particulièrement propres aux dissections des petits animaux, où l'on ne peut guère faire usage que de l'extrémité de la lame; tandis que les seconds, à tranchant convexe, sont au contraire d'un emploi plus convenable dans la dissection des grands animaux, où l'on a de larges entailles à faire par toute la longueur du tranchant.

Les scalpels que je viens de décrire, et surtout ceux à tranchant droit, peuvent servir pour les animaux de grande et de moyenne taille; mais, pour les très-gros mammifères, il sera plus convenable d'employer des scalpels plus grands, mais, du reste, conformés de même, c'est-à-dire dont la longueur totale sera d'environ 2 décimètres.

Lorsqu'il s'agit de disséquer des animaux sous la loupe ou sous le microscope, les scalpels ordinaires ne peuvent plus être employés; et il en faut non-seulement de beaucoup plus petits, mais aussi de forme différente. Ceux que j'emploie (fig. 63) ont une longueur totale d'environ 12 centimètres, ce qui est suffisant pour qu'en tenant l'instrument entre les doigts, comme on tient une plume à écrire, le bout du manche appuie contre la base de l'index. Le manche (*a*), en bois, a un peu plus de 7 centimètres; mais, au lieu d'être aplati, comme celui des grands scalpels, il est en prisme octogone, forme que je trouve la plus convenable, permettant de tourner l'instrument facilement entre les doigts pour diriger le coupant vers tous les côtés, en même temps qu'on le tient plus ferme que si le manche était tout à fait rond.

Le manche se prolonge par une tige plus grêle en acier (*b*) terminée par la lame (*c*), dont la longueur est d'environ 18 à 20 millimètres, et ressemble tout à fait à l'extrémité de celle d'un canif; cette lame doit être d'autant plus mince que le scalpel est destiné à des dissections plus fines; c'est-à-dire son plat doit être légèrement concave avec le tranchant également un peu concave; enfin, le dos est convexe comme celui des canifs.

Outre les scalpels à lame plate dont je viens de parler, il est bon d'en avoir aussi à lame courbée sur son plat. Cette espèce est d'un usage assez rare, ne servant qu'à couper transversalement quelque corps placé au fond d'une cavité, comme, par exemple, les muscles droits de l'œil dans l'orbite. Ce scalpel ressemble, pour la forme, à ceux à lame droite et à manche octogone dont je fais usage pour les très-petits animaux; seulement, la partie terminale de la lame est arquée en quart de cercle sur son plat. Tout l'instrument a environ 13 à 15 centimètres de long.

Grattoirs. — Dans une foule de circonstances, on a besoin de couteaux qui ne coupent que fort peu et ne servent qu'à gratter la surface des corps solides. On peut se servir, pour cela, de vieux scalpels; mais, comme ils sont généralement pointus, et que leur pointe, quelque mousse qu'elle soit, raie les corps, il vaut mieux avoir, pour cet usage, des grattoirs spéciaux et de grandeur différente. Ils servent principalement à nettoyer les os, ou pour enlever des poils ou autres parties sur des matières cornées. Ces grattoirs doivent avoir à peu près la forme des amphismèles, ou scalpels à deux tranchants arqués l'un vers l'autre au sommet, qui est de là peu aigu, et même arrondi par l'usure.

Les plus petits (fig. 64), qui me servent à gratter les téguments des insectes pour en faire tomber le poil, etc., ont des manches entièrement semblables à ceux de mes plus petits scalpels; et la lame qui termine l'instrument est en forme de petite lancette arrondie au bout.

Ces instruments servent aussi avec avantage pour forcer les sutures, ou bien pour fendre des corps résistants où l'on ébrècherait les scalpels.

Aiguilles à dissection. — Nous avons vu que, pour les dissections de très-grands mammifères, on pouvait faire usage de scalpels à lame large dont le fil est convexe; que, chez ceux de dimension moindre, le scalpel le plus convenable à employer est celui à fil droit, ne devant servir qu'à couper de la pointe. Enfin, pour disséquer des animaux extrêmement petits, ceux nommés microscopiques, il serait impossible de faire des scalpels assez fins pour qu'on pût exécuter des coupes aussi peu étendues qu'il faudrait qu'elles le fussent, des coupes, par exemple, d'un dixième de millimètre; et là je remplace le scalpel par une simple pointe d'aiguille (fig. 65, 66) qui est, mathématiquement parlant, le fil du scalpel réduit à sa plus petite dimension, à un point.

Ces instruments ressemblent, pour la longueur et la forme octogone du manche, entièrement aux plus petits scalpels, mais dont la tige en acier se termine en pointe, au lieu de l'être par une lame. Ces instruments se distinguent cependant en deux variétés, dont l'une est à pointe droite (fig. 65), servant pour les plus fines dissections; et l'autre à pointe arquée (fig. 66), que j'emploie pour les animaux un peu plus grands, tels que des insectes qui ne sont pas réellement microscopiques.

Ces aiguilles courbes sont terminées en un arc qui est à peu près la cinquième partie d'un cercle dont le rayon aurait 4 millimètres. Elles sont d'une très-grande utilité, et même tout à fait indispensables dans la dissection des petits animaux, offrant surtout l'avantage qu'on peut diriger la pointe dans toutes les directions, en donnant à la main simplement les deux positions les plus commodes. En la plaçant au côté droit, on peut faire venir la pointe de devant, de dessus, d'arrière et de dessous; et, la plaçant ensuite devant l'objet, on peut faire venir la pointe de droite, de gauche, de dessus et de dessous. C'est presque uniquement au moyen de ces aiguilles courbes et de mon microtome que je fais toutes mes dissections de petits animaux : les scalpels proprement dits me servent beaucoup moins.

Il faut nécessairement avoir deux aiguilles droites et deux courbes, car on est le plus souvent dans le cas de les employer à la fois.

Manière d'aiguiser les instruments de dissection. — Il est nécessaire que l'anatomiste sache lui-même aiguiser ses instruments; car non-seulement il n'a pas toujours l'occasion de s'adresser pour cela à un coutelier, mais il en existe que ces artistes n'ont pas l'habitude d'aiguiser convenablement, et ne voudraient même pas le faire. En effet, lorsque les couteliers livrent des instruments incisifs ordinaires, ils sont toujours parfaitement tranchants; mais il n'en est pas de même de ceux qu'ils ne fabriquent que rarement, ou dont ils ne connaissent pas exactement l'emploi; et, dans ce nombre, sont ceux servant aux dissections très-fines, instruments qu'ils livrent ordinairement dans un état qui ne fait qu'approcher en apparence de celui dans lequel ils doivent être pour servir, et l'on est toujours obligé de les repasser encore; car il ne suffit pas que leur tranchant ou leur pointe paraissent bien acérés à la vue simple, il faut aussi qu'ils le soient, vus au microscope sous lequel on les emploie.

Pour repasser mes instruments ordinaires, je me sers d'une simple pierre à rasoir sur laquelle je les aiguise d'abord à l'huile pour les dégrossir, et les achève ensuite sur une pierre d'Orient, ou bien sur une plaque de verre mat à grain très-doux et au moyen de l'émeri le plus fin; ou bien on peut employer également, pour les dégrossir, une plaque de verre avec de l'émeri plus grossier, et, mieux encore, le champignon décrit plus haut.

Quoiqu'il paraisse très-facile d'aiguiser des instruments lorsqu'on le voit faire, c'est encore une opération assez difficile, qui exige une fort grande sûreté dans la main pour promener l'instrument toujours à plat et bien parallèlement à lui-même sur la pierre, sans quoi le plat de la lame s'arrondit, et le fil, au lieu de devenir bien aigu, prend un biseau, sinon dans toute son étendue, du moins dans quelques parties; et celui qui n'y est pas bien exercé pourrait user une lame tout entière sans obtenir, que par hasard, un fil égal.

Les scalpels, qui, à l'instar des rasoirs, doivent tailler dans la direction du plan de leur lame, ne doivent pas avoir de biseau, et s'aiguisent absolument comme ces derniers en les faisant glisser bien à plat sur la pierre, en allant obliquement contre le tranchant, en le tenant de manière que le bord du manche, qui correspond au fil, fasse un angle de 50 degrés environ avec le bord de la pierre. Après avoir donné une dizaine de coups sur l'un des plans de la lame, on en donne autant sur le plan opposé, et ainsi alternativement, jusqu'à ce qu'on n'aperçoive plus de biseau d'aucun côté en regardant le fil à la loupe. En promenant ainsi la lame, on appuiera un peu seulement sur la partie de la lame où est le tranchant, pour que la pierre y morde bien ; mais très-peu ; car, en pressant trop fort, on produirait un biseau, et, par conséquent, un fil obtus. D'ailleurs, quand la lame a besoin d'être repassée, ses faces sont ternes, et, dès les premiers coups de pierre, on voit de suite, par le brillant que produit le frottement, quelles sont les parties entamées, et qui faisaient par conséquent saillie, ou bien, enfin, si l'on a tenu la lame bien à plat sur la pierre.

Mais, au lieu de la pierre plane, il vaut beaucoup mieux employer le champignon à repasser, sur lequel on promène la lame dans toutes les directions voulues ; il suffit qu'elle soit toujours appliquée également par le fil et par le dos. Cependant le mieux est de la faire glisser suivant sa longueur et un peu obliquement, ayant soin de soulever et de baisser continuellement le manche pour faire successivement appuyer tous les points du fil, le champignon étant convexe.

J'ai dit qu'il fallait continuer à aiguiser jusqu'à ce qu'il n'y eût plus de biseau d'aucun côté. Ce biseau, quelque faible qu'il soit, se remarque facilement, surtout à la loupe, en tenant la lame d'une manière convenable. La lumière que ce plan étroit réfléchit le fait paraître comme un filet brillant, et il faut continuer à aiguiser jusqu'à ce qu'il ait disparu ; mais pas plus long-temps, sans quoi la lame, devenant très-mince, se replie en formant cette bavure sur le tranchant connue sous le nom de *morfil*, qui se forme aux dépens de la largeur de la lame. Si cependant il s'en formait, il suffirait de faire marcher la lame à peu près perpendiculairement contre son fil et alternativement des deux côtés pour le faire tomber, ou bien en faisant glisser légèrement la lame par son tranchant sur le bord de l'ongle, comme si on voulait le fendre.

Quant aux très-petits scalpels, il est mieux de les aiguiser sur la petite meule en verre, où il suffit de glisser le manche le long de la tablette en appuyant la lame contre la meule.

Les ciseaux et les microtomes sont aiguisés tout autrement que les scalpels, ces instruments ayant des biseaux qui doivent être de 50° à peu près. Jamais on ne doit toucher à la face par laquelle les deux lames se rencontrent ; cette face , étant légèrement concave en tous sens , d'où dépend en grande partie la bonté de l'instrument , perdrait cette forme si on l'aiguisait sur une pierre plane , et le tranchant est obtenu en usant uniquement le biseau. Mais c'est ici surtout qu'il est nécessaire d'avoir la main bien exercée pour mouvoir la lame bien parallèlement à elle-même , et il vaut de là beaucoup mieux repasser ces instruments sur la petite meule fine décrite plus haut, où il suffit de glisser simplement l'instrument à plat sur la tablette placée devant la meule, après avoir donné à cette tablette la disposition convenable pour cet effet, c'est-à-dire en la plaçant de manière qu'elle fasse avec la partie de la meule contre laquelle frotte le biseau un angle d'environ 50°.

Les aiguilles courbes sont aiguisées sur la pierre ou sur la meule ; et , comme il est impossible d'user la face concave , on se contente d'aiguiser les trois autres de manière à donner à la pointe la forme d'une pyramide quadrangulaire.

Les aiguilles droites , destinées aux dissections les plus fines , doivent être extrêmement aiguës et paraître encore pointues sous un grossissement de cent fois le diamètre, sous lequel on dissèque encore des animaux.

On aiguise ces aiguilles , pour les rendre bien rondes et coniques, de la même manière que les graveurs sur cuivre aiguisent leurs pointes sèches , c'est-à-dire sur une pierre plane en roulant le manche de l'instrument entre les doigts , et cela de sorte que le mouvement de rotation soit en sens opposé au mouvement horizontal qu'on fait faire à l'instrument le long de la pierre.

Pour apprendre à bien aiguiser, on fera d'ailleurs bien de se le faire enseigner par un coutelier, et pour les aiguilles droites, par un graveur [1].

Trempe des instruments. — On devra aussi apprendre d'un coutelier l'art de tremper les petits instruments , car fort souvent ils sont ou un peu trop durs ou un peu trop mous. Dans le premier cas , les pointes , surtout celles des instruments très-fins , cassent pour peu qu'elles touchent à un corps dur , ce qui est presque inévitable ; et, dans le second cas , non-seulement leur tranchant ou leur pointe s'émoussent très-vite, mais se replient encore. Il est de là très-nécessaire de pouvoir corriger soi-même ces petits défauts et retremper ses instruments pour les mettre au degré voulu.

---

[1] Tous les instruments de dissection décrits ci-dessus se trouvent chez M. CHARRIÈRE, fabricant d'instruments de chirurgie, rue de l'École-de-Médecine, n° 9 , à qui j'ai communiqué les modèles.

On sait que la trempe de l'acier consiste à faire chauffer plus ou moins fortement ce dernier et à le plonger ensuite promptement dans un liquide froid, tel que de l'eau : c'est le moyen le plus ordinaire. Mais le degré de dureté que prend par là l'acier dépend, d'une part, de sa propre qualité, ensuite du degré de chaleur auquel il arrive ; car plus on le chauffe, plus il devient dur et cassant par la trempe ; et enfin la trempe dépend beaucoup du liquide dans lequel on le plonge. Mon but n'étant pas de faire connaître ici les diverses propriétés que l'acier reçoit par là, mais seulement comment on peut tremper soi-même les petits instruments, je dois supposer que ces derniers sont en bon acier, et je n'indiquerai que les divers moyens qu'on emploie pour corriger sous ce rapport leur défaut et leur donner la dureté la plus convenable pour qu'ils soient à la fois non cassants, et cependant élastiques.

L'instrument étant *trempé*, il n'est plus guère susceptible de pouvoir être plié pour changer sa forme sans risquer de le casser ; et il faut le *détremper* avant en le faisant rougir au feu et ensuite refroidir le plus lentement possible ; mais il faut avoir soin de ne pas le laisser long-temps à l'état incandescent, vu qu'il finit par devenir tout à fait cassant : ce que les ouvriers appellent *brûler l'acier*.

En chauffant l'acier, il commence par devenir *jaune - paille* à la température de 270°, puis *jaune foncé*, et successivement *pourpre, violet, bleu foncé, bleu clair, rouge brun, cerise, rouge vif, rose* et enfin *rouge-blanc*. En le plongeant à ces divers degrés de chaleur dans un liquide froid, il prend une trempe d'autant plus dure et plus cassante qu'il a été plus chaud ; et, pour lui donner ensuite le degré de dureté qu'on désire, on le chauffe de nouveau plus ou moins pour le laisser refroidir à l'air : ce qu'on appelle *faire revenir l'acier.* Pour tremper un petit instrument, on commence donc par le chauffer au blanc, et on le plonge subitement dans de l'eau froide ; ce qui le rend fort dur et très-cassant. Prenant par cette opération une couleur gris-bleuâtre due à une légère oxydation, on le repolit alors en le frottant avec de l'émeri, afin de mieux distinguer la couleur qu'il prend en le faisant revenir. Dans cet état, on place de nouveau l'instrument au feu, dans la flamme d'une simple chandelle si elle suffit, ou mieux encore sur un fer rouge ; ou bien on y place seulement la petite partie dont on veut adoucir la dureté ; en le réchauffant ainsi, on l'observe avec attention, et, sitôt qu'il prend la couleur convenable, on le retire et on le laisse refroidir lentement à l'air. Les instruments qui doivent très-bien couper, tels que les rasoirs, mais qui sont aussi fort cassants, on ne les chauffe que jusqu'au jaune-paille. Lorsque, au contraire, on veut qu'ils soient un peu moins cassants, comme doivent être les scalpels très-petits ou les aiguilles à dissection, on les chauffe jusqu'au jaune foncé, et même jusqu'au pourpre.

On peut aussi les faire revenir aux mêmes degrés en couvrant la partie d'un peu de suif : pour le premier, on retire l'instrument sitôt que le suif commence à fumer ; pour le second, lorsque la fumée est forte et colorée ; et pour le troisième, lorsque le suif s'enflamme. On peut encore les tremper du premier coup, sans les faire revenir, en les faisant chauffer au rouge vif, au cerise ou au rouge brun, et en les plongeant ensuite dans un corps gras, tel que de l'huile ou du suif ; mais on ne réussit pas toujours, et il faut recommencer ; et je dois faire observer que l'acier chauffé plusieurs fois finit par perdre les propriétés qui le distinguent et redevient du fer.

La vive lumière du feu ne permettant pas de bien fixer les petits morceaux d'acier qu'on y fait chauffer, et qui passent très-rapidement d'une teinte à l'autre, on a imaginé d'employer un autre moyen pour faire revenir les petits instruments. On fait chauffer dans un creuset ou dans une cuiller en fer une petite quantité de sable fin lavé ; quand ce sable est bien chaud, on le remue avec l'instrument qu'on veut faire revenir ; et, sitôt que ce dernier a atteint la couleur qu'on veut avoir, on le retire.

Un autre moyen, préférable à ceux que je viens d'indiquer, consiste à mouiller un peu la partie de l'instrument détrempé qu'on veut tremper et de la plonger dans du *prussiate de potasse* en poudre, qui s'y attache au moyen de l'eau. On place ensuite cette partie dans le feu, ou simplement dans la flamme d'une chandelle s'il s'agit de la pointe d'un petit instrument, ayant soin de tenir la pointe basse. Le prussiate de potasse fond de suite, bout et coule vers la pointe qu'il enveloppe. Sitôt qu'il a cessé de bouillir, on plonge la partie chauffée de l'instrument dans de l'eau froide, et mieux encore dans du suif ou de l'huile. On obtient par là une trempe telle qu'on peut rayer du fer avec une pointe très-fine sans qu'elle casse et sans qu'elle se replie.

ARTICLE IV.

DE LA CONSERVATION DES PRÉPARATS ANATOMIQUES.

Après avoir disposé par la dissection les organes de manière à ce qu'ils présentent leurs diverses parties dans un arrangement tel qu'on puisse distinguer tout ce qu'ils peuvent avoir de remarquable ; en d'autres termes, après les avoir *préparés* pour servir à la démonstration, il est convenable de conserver ces *préparats* ou *pièces anatomiques*, comme on les appelle, pour servir à l'instruction, afin qu'on ne soit pas obligé de refaire chaque fois le même travail ; ce qui serait le plus souvent impossible. Pour conserver ainsi les pièces anatomiques, on se sert de deux procédés, dont l'un consiste à les garder desséchées, et l'autre à les tenir plongées dans une liqueur conservatrice qui les maintient dans un état permanent de mollesse, à peu près semblable à celui que les organes ont lorsqu'ils sont frais; en même temps que cette liqueur les préserve de la décomposition putride.

Le premier procédé s'emploie généralement pour toutes les parties solides qui ne perdent rien de leurs caractères essentiels par la dessiccation; tels sont les os, les écailles, les substances cornées, les pièces testacées des animaux articulés, les coquilles des mollusques, les coquilles et les supports des zoophytes, etc.

On peut encore conserver à l'état sec les parties membraneuses dont on ne veut voir que la forme et la disposition, mais non le tissu, qui devient indistinct. Enfin certains préparats des muscles peuvent également être conservés desséchés; mais déjà les proportions en sont si considérablement changées qu'ils ne présentent plus que les rapports de ces organes, et ces pièces sont tellement altérées pour la forme et la couleur qu'elles en sont presque méconnaissables.

Les parties naturellement sèches, inaltérables à l'air et non attaquées par les insectes, on les conserve sans aucune préparation préalable autre que celle qui consiste à les isoler.

Quant aux autres parties sèches, inaltérables à l'air, mais attaquées des insectes destructeurs, comme les poils, les plumes, les parties membraneuses, les ligaments, les téguments, quand même ils sont tannés ou mégis, elles demandent à être passées, soit avant, soit après avoir été entièrement desséchées, au deutochlorure de mercure, dont je donne la composition plus bas. Quelques-uns de ces organes, qui, sans être précisément altérés ou détruits par l'humidité, sont toutefois hygrométriques et susceptibles de moisir, doivent être pour cela conservés dans des lieux secs, et ceux qu'on passe au deutochlorure de mercure sont en grande partie préservés aussi par là de la moisissure.

Les parties solides qui se racornissent trop par la dessiccation, on les conserve ordinairement dans la liqueur; il y en a cependant qu'on peut aussi conserver séchées; et il suffit, lorsqu'on veut les voir sous leur aspect naturel, de les faire tremper pendant quelques heures dans de l'eau fraîche pour qu'elles se gonflent de nouveau et reprennent leur forme ordinaire. Tels sont les cartilages blancs et jaunes des vertébrés, ceux des céphalopodes, la base gélatineuse des os, dont on a dissous la partie calcaire par un acide; mais non les cartilages formant la base des os des fœtus, ni les membranes formant les nageoires des poissons, etc., qui se ramollissent bien un peu dans l'eau, mais ne gonflent plus.

Les organes mous, tels que les muscles qu'on veut conserver à l'état

11.

sec, et qui se corrompent facilement, soit pendant qu'on les sèche, soit même après, par l'effet de leur propriété d'attirer l'humidité de l'air, exigent une préparation préalable qui consiste à les imprégner d'une substance qui les préserve de la décomposition, et en même temps de l'attaque des insectes. On en signale plusieurs dont on se sert pour embaumer les corps; j'en parlerai plus bas à l'occasion des liqueurs conservatrices.

Les autres organes mous, épais, et même les muscles, doivent toujours être conservés dans la liqueur; et pour cela, il suffit de les y tenir plongés à l'abri de l'action de l'air, et surtout de l'oxygène, qui favorisent la putréfaction en même temps qu'ils facilitent l'évaporation du liquide. On doit aussi éviter de les exposer au soleil, qui altère considérablement les couleurs, soit en faisant pâlir ceux de couleur foncée, soit en faisant brunir ceux de couleur blanche.

Lorsque les pièces anatomiques sont assez subdivisées pour que la liqueur conservatrice puisse facilement les pénétrer, on n'a aucune précaution à prendre; mais si elles sont fort épaisses, il peut arriver, surtout dans la saison chaude, que la putréfaction s'établisse au centre avant que la liqueur conservatrice ait pu les pénétrer, et alors il est nécessaire d'aviser à des moyens pour l'y faire arriver le plus tôt possible. Pour les masses charnues dont les vaisseaux sanguins sont ouverts, le liquide s'y insinue assez vite pour qu'on n'ait pas à prendre de précautions; et quand même ces vaisseaux seraient injectés, le liquide y pénétrerait suffisamment par les lymphatiques pour remplir les mêmes conditions; mais il n'en est pas de même lorsqu'on veut conserver des animaux entiers; car il paraît que les absorbants des téguments ne pompent pas assez vite la liqueur pour la porter en assez grande quantité au centre; et il est alors d'autant plus nécessaire d'y faire arriver le liquide de suite, que dans beaucoup de cas, comme cela arrive pour le canal intestinal, la liqueur amenée par les lymphatiques a d'une part un chemin très-grand à faire, et que d'autre part les matières fécales contenues dans les intestins facilitent beaucoup la putréfaction, qui s'y établit presque immédiatement après la mort. Pour prévenir cet inconvénient, il est nécessaire de faire aux parois des grandes cavités une petite ouverture, et d'y injecter de la liqueur conservatrice. Pour les très-petits animaux au-dessous de la taille d'un *pigeon*, cela n'est nécessaire que pendant les grandes chaleurs; mais pour des espèces plus grandes, on doit le faire en toute saison. Chez les vertébrés, qui atteignent souvent un grand volume, on fera cette ouverture d'une part aux parois de l'abdomen, à une petite distance de la ligne blanche, où ces parois sont fort minces, et de l'autre entre deux côtes pour la cavité thoracique.

Parmi les animaux articulés, il n'y a guère que les gros crustacés où cela soit nécessaire, vu qu'il paraît que leur têt ne laisse pénétrer que difficilement les liquides extérieurs ; et il est de là fort rare de trouver de ces animaux qui aient séjourné pendant quelque temps dans la liqueur, dont tous les viscères ne soient complétement pourris. On fera chez ces animaux une très-petite ouverture à un endroit quelconque du têt qui réponde à la cavité viscérale, et on y introduira de la liqueur. Pour les autres animaux, on se guidera à ce sujet selon les circonstances.

Les liqueurs conservatrices sont assez généralement astringentes, et surtout l'alcool ; d'où il résulte que si on les emploie à un degré de concentration un peu fort, elles font crisper les organes ; et si on les emploie au degré le plus convenable pour que cet effet n'ait pas lieu, il arrive souvent qu'en se combinant avec les liquides du corps des animaux elles s'affaiblissent trop, et que la putréfaction s'établit dans les organes. Pour prévenir cet effet, il ne faut employer la liqueur qu'au degré le plus convenable pour conserver les chairs, et la changer au bout de quinze jours ou un mois. Par ce moyen on évite l'un et l'autre inconvénient.

§ Iᵉʳ. Des vaisseaux de conservation.

On conserve les préparats dans des bocaux en verre blanc, à travers les parois desquels on peut facilement voir toutes les parties en évidence, et on les y tient dans une disposition telle que ces mêmes parties soient faciles à distinguer. Les uns, qui ont en eux-mêmes quelques pièces solides qui les soutiennent, sont simplement placés dans le bocal ; d'autres, qui s'affaisseraient, au contraire, ont besoin de soutiens artificiels, et on se sert pour cela de divers objets. Les uns, et c'est ainsi qu'on faisait autrefois au Jardin-des-Plantes, fixent les objets avec des épingles sur des plaques en cire jaune ; mais ce moyen a le grand défaut que, d'une part, les épingles ne tiennent pas solidement dans cette substance, et que les préparats s'en détachent facilement et tombent ; et que, d'autre part, les épingles de cuivre s'oxydant, le vert-de-gris colore le liquide au point qu'au bout de quelque temps on ne distingue plus rien, et l'alcool ne peut plus servir à moins d'être distillé de nouveau, ce qui devient fort coûteux.

Depuis quelques années cependant, M. ROUSSEAU, aide naturaliste au Muséum, emploie en place de cire de petites planches en bois de peuplier, qui est blanc et très-tendre, planchettes sous tous les rapports préférables aux plaques en cire, étant moins chères, plus faciles à confectionner, et les épingles y tenant bien plus solidement.

Ces planchettes, conservant leur couleur naturelle, peuvent très-bien être employées telles qu'elles sont pour tous les objets qui n'ont pas besoin de ressortir sur un fond foncé ; mais pour les organes blancs très-déliés, comme les nerfs et les membranes blanches, il est plus convenable de les fixer sur des planchettes noires; et, pour cela, on fait peindre ces dernières à l'huile, ou bien on tend par-dessus un morceau de taffetas noir.

Au lieu d'épingles en cuivre ou en fer qui ont l'inconvénient de s'oxyder, et surtout dans les liqueurs salines, je me sers de diverses espèces d'épines de plantes, telles que celles de *cactus* et des genres voisins, ou bien d'arêtes de poissons; mais comme elles sont en général peu solides, on doit préparer au moyen d'un poinçon les trous de la planchette dans lesquels elles doivent être fixées. On pourrait aussi se servir avec avantage, pour la solidité, d'épingles en argent, ce qui deviendrait fort cher.

Les préparats étant très-souvent spécifiquement plus légers que le liquide, surtout lorsqu'ils sont fixés sur des planchettes, il faut les maintenir submergés, ce qu'on obtient en faisant appuyer celles-ci contre le couvercle; mais lorsqu'il n'y a pas de support qui puisse atteindre jusqu'à ce dernier, on est obligé d'attacher des poids en plomb ou en verre à certaines parties du préparat pour le maintenir sous le liquide.

D'autres préparats, plus pesants au contraire que le liquide, tomberaient au fond s'ils n'étaient pas soutenus. Pour cela, on se sert de divers moyens. GOEZE employait déjà en 1782 des boules en verre creux faisant les fonctions de flotteurs, et portant en dessous un petit crochet auquel on suspendait la pièce anatomique; et depuis quelques années, M. ROUSSEAU fait usage du même moyen au cabinet d'anatomie du Jardin-des-Plantes; mais je préfère employer simplement de petites traverses en bois fixées à frottement dans la partie supérieure du bocal; elles ont l'avantage d'être moins chères et plus fixes que les flotteurs. On peut aussi se servir comme moyen de suspension de disques en verre ou en bois placés dans le bocal, et au centre de ces disques est un petit trou par lequel passe le cordon de suspension.

Les bocaux contenant les préparats ne doivent pas être entièrement pleins, afin que dans le cas de dilatation du liquide par la température l'air puisse être comprimé sans que les vases soient brisés, ce qui arriverait si les bocaux étaient tout à fait pleins.

L'exposition à la lumière faisant perdre la couleur aux préparats, qui finissent par devenir tout à fait blancs, on doit autant que possible les en préserver; et comme il est le plus souvent impossible de les tenir tout à fait renfermés, surtout dans les cabinets publics, on doit du moins empêcher que le soleil ne donne dessus; d'où résulterait en outre une élévation rapide de la température du liquide, et par suite la rupture des bocaux.

Garde-pièce. — Comme on est fort souvent obligé d'interrompre les dissections pour remettre le travail à un autre moment, on place les préparats anatomiques dans des vases ou *garde-pièces* où ils se trouvent plongées dans de la liqueur conservatrice. Ceux de grande dimension, faciles à remettre dans les dispositions qu'ils doivent avoir, on les place simplement dans un de ces vaisseaux, qui peut être un simple baquet, lorsque le liquide ne s'évapore pas facilement; mais il n'en serait pas de même pour l'alcool, qui s'affaiblirait promptement si le vase ne fermait pas très-bien. On doit, en conséquence, avoir pour cet objet des garde-pièces de différentes dimensions, dont les plus grands, en zinc, seront des caisses rondes ou carrées à bord supérieur un peu large, dressé, et fermées par un couvercle dont le bord entre, afin de pouvoir placer un cercle de peau imprégnée d'huile et de cire entre le couvercle et la caisse, pour que celle-ci soit hermétiquement close.

Pour les très-petits préparats, les meilleurs garde-pièces sont de simples bocaux en verre fermant par un large bouchon en verre rodé, et dans lesquels on puisse faire entrer les pièces anatomiques fixées sur leur plateau, afin de ne rien déranger au préparat. Mais comme les bocaux à grand bouchon rodé deviennent fort chers, on peut se contenter d'employer simplement des vases cylindriques moins profonds que larges, tels que les bassins à dissection, dont on ferme l'ouverture au moyen d'une plaque en liége, après avoir bouché les pores de celle-ci en la faisant tremper pendant quelque temps dans de la cire fondue mêlée d'un dixième d'huile d'olive. On peut aussi se servir pour cet objet de simples compotiers, dont on entoure le rebord du couvercle également d'une bande de cuir collée dessus, afin qu'il ait l'élasticité nécessaire pour bien boucher le vase. Ce rebord en cuir sera également imprégné de cire fondue, afin qu'il ne soit pas perméable à la vapeur de l'esprit-de-vin. Il n'est pas nécessaire que la pièce anatomique plonge dans l'alcool, il suffit qu'il y ait une petite quantité de ce liquide dans le fond du garde-pièce, dont la vapeur conserve assez la pièce anatomique si elle n'y reste pas trop long-temps.

Bocaux. — On se sert généralement de bocaux cylindriques pour contenir les préparats, mais qui diffèrent entre eux, selon la volonté des personnes, par la forme de l'ouverture, basée sur le mode d'occlusion qu'on a adopté, et diffèrent en outre par le fond selon qu'ils ont un pied ou non.

Les uns sont tout simplement des bocaux ordinaires à confitures ayant supérieurement une gorge circulaire profonde, au-dessus de laquelle le bord se replie horizontalement en dehors. Ces bocaux sont fort bons, et on a l'avantage de les trouver partout dans le commerce.

Les meilleurs de tous sont cependant ceux dont on fait depuis quelque temps usage au cabinet d'anatomie du Jardin-des-Plantes; ils diffèrent des précédents en ce qu'ils n'ont point de gorge à leur partie supérieure, et le bord se replie subitement en dehors en un cercle horizontal bien plat.

On en a aussi dont l'ouverture forme le pavillon de trompette; mais ils ont le grand désavantage que le couvercle, quel qu'il soit, n'y tient jamais bien.

Quant aux bocaux qui peuvent avoir des ouvertures plus étroites que le ventre, ainsi que cela arrive pour une foule de préparats, et surtout pour les très-petits bocaux, je préfère à tous les plus ordinaires du commerce, qu'on ferme avec un bouchon de liége. Ces bocaux sont surmontés d'un goulot cylindrique fort large, et assez haut pour qu'on puisse y faire entrer fortement un bouchon.

Dans quelques cabinets on fait usage de bocaux à bouchons en verre rodés à l'émeri. Ce sont bien certainement les meilleurs; mais ils sont si chers qu'on ne peut les considérer que comme un objet de luxe.

Les pièces anatomiques étant fort souvent très-larges et peu épaisses, on conçoit qu'il serait tout à fait hors de propos de les placer dans des bocaux ronds, qui seraient fort lourds, demanderaient une quantité considérable de liqueur conservatrice, et auraient en outre le grand désavantage qu'on n'y verrait que fort mal les objets. Il est de là convenable d'avoir pour cela des bocaux plats qui, du reste, ne diffèrent pas des ronds.

Lorsque les préparats sont très-allongés, il faut que les bocaux le soient aussi; et, comme ils risqueraient de tomber s'ils n'étaient pas élargis par le bas, on leur donne inférieurement une patte qui les rend moins susceptibles de se renverser.

On fait aussi usage pour les grandes pièces anatomiques de bassins carrés en verre, formés de plaques planes, réunies sur les angles au moyen d'un mastic inattaquable par le liquide contenu dans le bassin. Mais comme ce mastic, qui est d'ordinaire celui dont se servent les vitriers, ne suffirait pas pour maintenir les parois, ces bassins sont munis sur leurs arêtes d'une garniture en bois ou en métal qui leur donne la solidité nécessaire, et le tout appuie sur un socle en bois auquel la garniture est fixée. Ces bassins sont très-propres à recevoir des pièces fort grandes pour lesquelles on ne pourrait guère employer de bocaux ronds; mais ils ont le grand désavantage de coûter fort cher et qu'on ne peut voir les objets qu'à travers les parois latérales, et non par le couvercle dont la surface intérieure se couvre d'une infinité de gouttelettes de liquide que les vapeurs y déposent[1].

---

[1] Les bocaux et autres objets en verre ou en cristal dont on fait usage dans les laboratoires et les cabinets d'anatomie et d'histoire naturelle n'étant pas d'une

§ II. *Luts et bouchons.*

Pour ce qui concerne les moyens de couvrir et de fermer les vases dans lesquels on conserve les préparats anatomiques, voici quels sont les divers procédés qu'on emploie :

Pour les grands bocaux ordinaires, il n'y a rien de mieux pour empêcher l'évaporation de la liqueur conservatrice que de fermer ces vases, ainsi qu'on le fait généralement, avec une plaque en verre épais fixée sur les bords au moyen d'un lut imperméable au liquide contenu ; lut qui doit surtout s'attacher intimement au verre. Pour les bocaux qui doivent recevoir de l'alcool, on emploie avec avantage le mastic de vitrier ; et, pour les liqueurs aqueuses, le lithocolle, dont j'indique la composition plus bas.

Mais quel que soit le mastic, il ne s'attache que difficilement au verre poli, et il vaut de là mieux que les bords sur lesquels on l'applique soient mats ; et pour que le couvercle s'ajuste bien sur le bocal, il faut que les bords de ce dernier soient repliés horizontalement en dehors.

Au Jardin-des-Plantes, on place d'ordinaire le mastic de vitrier sur les joints du couvercle, d'où résulte qu'à la moindre dilatation du liquide ou de l'air contenu dans le bocal, le couvercle se soulève et fait fendre le mastic ; je trouve bien mieux de placer le mastic entre le bord replié du bocal et le couvercle, et de donner au mastic une consistance pâteuse, état où il s'attache bien mieux au verre que lorsqu'on l'emploie plus sec, ainsi qu'on le fait généralement. Par ce moyen, une très-petite quantité de mastic, à l'état très-pâteux, et par conséquent bien collant, suffit pour réunir les deux pièces ; en présentant cependant une largeur assez considérable, que le liquide doit traverser pour s'échapper, ce qui rend l'évaporation plus difficile et même impossible.

En plaçant le mastic sous les bords du couvercle, sa ténacité empêche celui-ci d'être aussi facilement soulevé par les vapeurs que dégage le liquide ; et quand même il le serait un peu, le mastic mou s'y prête sans crever ; et une fois légèrement séché, il faut une force considérable pour le faire céder.

Quoique le mastic des vitriers employé à l'état mou s'attache plus facilement au verre poli que lorsqu'il est plus consistant, il faut

---

vente facile, c'est principalement à Paris, chez M. LERNE, île Saint Louis, rue des Deux-Ponts, n° 31, qu'on en trouve des assortiments complets de tous les modèles. C'est là que se fournissent le Muséum d'histoire naturelle, l'École de médecine, ainsi que plusieurs cabinets français et étrangers.

cependant avoir soin de bien essuyer les bords du vase pour qu'ils ne soient ni humides ni sales, et pendant qu'on lute on voit parfaitement quels sont les points qui ne sont pas bien séchés, le mastic ne s'y attachant pas.

Les petits bocaux à goulot, qu'on bouche au moyen d'un bouchon de liége, n'ont aucune préparation à recevoir. Il suffit de choisir des bouchons bien fins, c'est-à-dire le moins poreux possible, de les comprimer latéralement tout autour dans la partie qu'on veut introduire dans le goulot, pour les ramollir et les rendre plus élastiques, et susceptibles d'entrer dans des goulots plus étroits. On peut aussi les faire tremper pendant quelques jours dans de l'huile de pavot qui les pénètre et en bouche les pores ; et les trous les plus grands, on les bouche avec du mastic de vitrier.

Mastic de vitrier. — Ce *mastic* est composé, comme on sait, de *blanc d'Espagne en poudre très-fine* et d'*huile grasse* bien pétris ensemble. Pour le mastic ordinaire, on emploie une huile quelconque ; mais pour servir à luter les bocaux, où il convient qu'il sèche un peu rapidement, on doit employer une huile siccative, et la meilleure est l'*huile de pavot*, connue dans le commerce plus particulièrement sous le nom d'*huile d'œillette*, d'*huile blanche des peintres*. Les vitriers emploient ce mastic à une consistance un peu ferme pour qu'il soit plus maniable et ne colle pas trop aux doigts. Pour s'en servir comme lut et à l'état mou indiqué un peu plus haut, où il s'attache facilement, on le manie avec une spatule.

Lithocolle. — MM. Péron et Lesueur ont publié en 1811, sous le nom de *lithocolle*, un mastic dont ils se servaient pour luter les bocaux contenant des objets d'histoire naturelle. Ce mastic est composé de «*résine ordinaire* ou *brai sec des marais*, et d'*ocre de fer*, d'*oxyde de fer*, de *cire jaune* et d'*huile de térébenthine*. Suivant qu'on veut rendre ce lut plus ou moins gras, on ajoute plus ou moins de résine et d'oxyde de fer, ou d'huile de térébenthine et de cire. On commence par faire fondre la cire et la résine, et on ajoute l'ocre rouge en remuant le tout avec une spatule de bois ; lorsque le mélange a bien bouilli pendant un quart d'heure, on y verse l'huile de térébenthine, on mêle et on laisse continuer l'ébullition pendant huit à dix minutes. Pour prévenir l'inflammation, on se conduit ainsi : 1° on prend un vase dont la capacité soit au moins triple ou quadruple de celle qui serait suffisante pour la quantité de lut qu'on veut préparer ; 2° ce vase doit être pourvu d'un manche afin qu'on puisse le retirer facilement du feu toutes les fois que la matière se soulève et menace de franchir les bords ; 3° il faut éviter d'exposer le vase à la flamme, parce que l'huile de térébenthine en s'évaporant prendrait feu ; 4° enfin, si malgré toutes ces précautions le mélange venait à s'enflammer, on couvrirait le vase avec un couvercle. Pour s'assurer de la qualité du lut, on en prend de temps en temps quelques gouttes, on les laisse tomber et refroidir sur une assiette, et l'on essaie son véritable degré de force. »

Je dois faire remarquer que le brai sec et l'huile de térébenthine étant les composants de la résine de Bourgogne, il me paraît fort inutile d'employer ceux-là lorsqu'on peut plus facilement avoir celle-ci ; on peut ensuite ajouter une certaine quantité d'huile de térébenthine pour rendre le mélange plus gras. Les auteurs n'indiquent point les proportions, et moi-même je n'ai jamais fait usage de lithocolle pour luter les bocaux ; mais je l'ai souvent vu employer, et ne lui trouve d'autre avantage que de sécher rapidement ; mais comme les matières résineuses qui le composent sont solubles dans l'alcool, ce lut ne ferme que fort mal les bocaux contenant ce liquide.

Colle pour fixer les petites pièces sèches. — On se sert de diverses substances pour fixer les très-petits objets secs sur du papier ou sur des plaques en verre, afin de les conserver dans les cabinets. Mais plusieurs de ces matières ont des inconvénients qu'on doit éviter. Le *blanc d'œuf* ne s'attache pas bien au verre et se fendille en séchant, d'où résulte que les petites crevasses empêchent de bien distinguer ce qui appartient au préparat.

La *colle de poisson* ou toute autre espèce de gélatine ne s'attache également pas au verre, et ne peut être employée que tiède ; ce qui demande déjà trop de préparatifs pour de très-minimes quantités qu'on a à employer.

L'*amidon* a, d'une part, le désavantage de ne point s'attacher aux substances animales lisses, et, de l'autre, d'être opaque ; d'où résulte qu'on ne distingue pas les parties très-petites des préparats en les examinant au microscope.

M. Dujardin, micrographe distingué, emploie, pour fixer les objets les plus petits, tout simplement du *sucre fondu*, mais préparé pour cet usage. Son procédé consiste à prendre du sucre de seconde qualité (non parfaitement raffiné), de le faire bouillir afin qu'il ne soit plus cristallisable, et de l'employer ensuite à froid en le faisant fondre dans un peu d'eau. J'ai essayé de préparer ainsi le sucre d'après son précepte, mais je n'ai jamais pu l'empêcher de cristalliser après, à moins de le transformer en caramel, et alors il devient brun, le sucre candi se formant encore en gros cristaux.

La *gomme arabique*, que j'emploie d'ordinaire, n'a aucun des inconvénients des substances que je viens de nommer ; mais il faut la choisir bien blanche et limpide. Cette substance peut facilement être conservée pendant long-temps sous forme de mucilage, afin de servir à tout instant.

§ III. *Des liqueurs conservatrices.*

On a fait divers essais pour découvrir quelque liqueur capable de conserver les préparats anatomiques avec leurs principaux caractères, et qui soit à la fois incolore, pour ne pas les faire voir sous des couleurs qui ne soient pas naturelles, et assez peu coûteuse pour ne pas entraîner à de fortes dépenses; mais on n'est pas encore parvenu, que je sache, à en trouver qui puisse remplacer avantageusement l'alcool, généralement employé partout. J'ai fait moi-même de nombreuses expériences à ce sujet, et quoique j'aie trouvé plusieurs liquides qui peuvent être employés avec avantage dans diverses circonstances, aucun cependant ne peut être d'un usage aussi général que l'alcool. Dans l'espoir toutefois que d'autres pourront mieux réussir, j'indiquerai ici les divers résultats auxquels je suis arrivé, afin de faire connaître les inconvénients que ces liqueurs présentent.

En thèse générale, ces liquides doivent, en même temps qu'ils empêchent la putréfaction, empêcher aussi que la moisissure ne s'établisse dans les bocaux; ce qui a fort souvent lieu sans pour cela que les pièces anatomiques se corrompent en rien. Ces liquides doivent en outre ne pas agir chimiquement sur les préparats en décomposant quelques-unes de leurs parties ou bien en les contractant trop fortement, ainsi que le fait déjà l'alcool; ils ne doivent surtout pas être acides, pour ne pas attaquer les parties calcaires, telles que les os ou le têt des animaux inférieurs, qui servent si souvent de supports aux pièces anatomiques: ils doivent être incolores; ils ne doivent pas attaquer facilement les instruments qu'on emploie aux dissections, ce qui rendrait ces opérations sinon impossibles, du moins fort difficiles; enfin ces liquides doivent être moins chers que l'alcool, qu'ils doivent remplacer.

Alcool. — La liqueur dont tout le monde fait depuis long-temps usage pour conserver les corps organisés est l'*alcool*. Il remplit parfaitement la condition essentielle de préserver les corps de la putréfaction; mais il a le désavantage d'être très-cher et de racornir les organes au point de déformer entièrement leurs parties très-molles, quand même on l'emploie affaibli, c'est-à-dire à environ 22°, tandis que l'alcool ordinaire en a 36. A 22° il est à peu près semblable à l'eau-de-vie très-forte, avec laquelle il ne faut cependant pas le confondre, vu que celle-ci en usage à Paris est colorée en jaune, tandis que l'alcool est sans couleur comme l'eau; et l'eau-de-vie coûte même plus cher que l'esprit-de-vin étendu d'eau au même degré.

La force la plus considérable de l'alcool pour la conservation des préparats est, ainsi que je viens de le dire, de 22°, qu'on obtient en mêlant *deux parties d'alcool rectifié* (36°) avec *une partie d'eau pure*.

L'esprit-de-vin contractant considérablement les parties molles, on obvie à cet inconvénient en plaçant les objets d'abord dans ce liquide très-affaibli, c'est-à-dire dans un mélange d'*une partie d'alcool* et de *six parties d'eau*. Au bout de vingt-quatre heures pour les petits objets, et de quarante-huit pour les gros, on les met dans un mélange d'*une partie d'alcool* et de *quatre parties d'eau*, et dans un espace de temps égal au premier, dans *parties égales d'alcool et d'eau*, enfin dans le liquide à 22°. Par ce moyen, la contraction est peu considérable.

Camphre. — Après avoir fait pendant plusieurs années de nombreuses expériences pour découvrir quelque substance qui pût conserver les préparats anatomiques, j'ai bien trouvé divers sels indiqués plus bas qui, dissous dans de l'eau, forment des liquides qui préservent les substances animales de la putréfaction ; mais ils ont tous quelques désavantages, aucun ne conservant également bien toutes les matières organisées; et ceux qui altèrent le moins l'aspect naturel des préparats laissent toujours se produire de la moisissure soit à la surface, soit au fond ; et, cherchant le moyen d'en empêcher le développement, j'essayai d'ajouter au liquide quelque poison, tel que de l'arsenic ou du deutochlorure de mercure ; mais je n'obtins aucun résultat satisfaisant. J'employai enfin aussi le *camphre*, et je réussis parfaitement. En effet, il suffit de placer sur le liquide anti-septique un peu plus de $\frac{1}{1000}$ de son poids de cette substance à l'état solide pour que la moisissure ne s'y produise pas tant que le camphre n'est point absorbé ; je reviendrai sur cet objet en parlant, un peu plus bas, des divers sels qui entrent dans la composition de ces liqueurs.

J'employai aussi le camphre à sec, c'est-à-dire en en mettant avec les substances animales fraîches, sans aucun liquide et sans préparation, dans des vaisseaux hermétiquement clos. Les organes des vertébrés seuls s'y conservèrent sans moisir et sans se corrompre, tandis que les mollusques et les chenilles tombèrent assez promptement en putréfaction, après s'y être d'abord entièrement ramollis.

M. RASPAIL [1] avait déjà reconnu avant moi cette propriété antiseptique du camphre, d'après une observation de M. VIGNAL ; mais il recommande toutefois de *tenir la pièce anatomique plongée dans l'eau, dans un vase ouvert, et de placer des grumeaux de camphre à la surface du liquide.* Ce moyen rendrait le procédé plus coûteux que l'emploi de l'alcool par la prompte évaporation

---

[1] *Ann. des scienc. d'obs.*, 1829, t. II, p. 280 ; et *Nouveau syst. de chim. organ.*, deuxième édition, t. III, p. 578, 1838.

du camphre, qu'on n'aurait pas le temps de renouveler assez souvent.

Eau. — L'*eau* distillée, et même l'eau ordinaire pure ou de pluie, privée par une forte ébullition de l'air qu'elle tient en dissolution, conserve pendant plusieurs mois les substances animales sans qu'elles se corrompent; mais cependant pas toujours, et il paraît que l'oxygène contenu dans cet air en dissolution est sinon le seul, du moins le principal agent qui détermine la décomposition putride des matières animales, et il suffit le plus souvent de priver ces dernières du contact de l'oxygène libre pour les préserver de la putréfaction.

En employant de l'eau seule, il se forme bientôt à la surface du liquide une couenne de moisissure qu'on prévient en y mettant un peu de camphre. Le sang contenu dans les pièces anatomiques s'écoulant des vaisseaux, ces pièces deviennent bientôt très-pâles et se ramollissent en même temps que le liquide se trouble; mais on peut prévenir en partie cet effet en plongeant d'abord le préparat dans une solution concentrée d'alun ou de sulfate de zinc, dans laquelle on le laisse macérer pendant vingt-quatre heures. Pendant ce temps, le sel, coagulant le sang dans l'orifice des vaisseaux, l'empêche de s'écouler, et la pièce conserve bien plus long-temps sa couleur rouge. Après vingt-quatre heures, on place le préparat dans de l'eau en y ajoutant un peu de camphre, et l'on bouche hermétiquement le bocal.

Plusieurs organes, et entre autres la substance nerveuse, la chair des mollusques et des zoophytes, se ramollissent tellement dans ce liquide, sans cependant se putréfier, qu'on ne peut les toucher sans les détruire. La chair musculaire des insectes s'y est au contraire resserrée, s'est détachée de ses insertions, et est devenue friable en se conservant du reste très-bien.

On purge l'eau de l'air qu'elle contient en la faisant bouillir à gros bouillons pendant vingt à trente minutes; mais il faut éviter après de la verser souvent d'un vase dans un autre, l'air y rentrant par cette manipulation.

Solution aqueuse de sulfate d'alumine et de potasse. — Je me sers depuis long-temps de la *solution aqueuse de sulfate d'alumine et de potasse* (alun du commerce) pour conserver les corps des animaux que je dissèque; mais, comme ce sel est très-acide, il attaque les os et autres parties en dissolvant leur substance calcaire. Cette composition ne peut, en conséquence, pas servir à conserver indéfiniment les corps contenant de la chaux, mais très-bien pour ceux sur lesquels on ne veut faire que des études, et les animaux invertébrés s'y décomposent.

Ce liquide est composé d'*une partie de sulfate d'alumine* et de *seize parties d'eau pure*; ce qui met le prix du litre à 6 centimes. Il a l'avantage sur l'alcool de conserver, d'une part, parfaitement la mollesse des chairs, qu'il ne contracte pas du tout tant qu'elles n'ont pas été séchées ; et, d'autre part, il conserve aussi mieux les couleurs, surtout celles des muscles ; et les tendons, les aponévroses, les membranes séreuses, la graisse, le tissu cellulaire, conservent tous parfaitement leur aspect naturel. Mais, à côté de tous ces avantages, cette liqueur a aussi le grand défaut, dont j'ai déjà parlé, de ramollir entièrement les os et autres parties qui contiennent des substances calcaires.

Cette solution ayant la propriété de mégir les parties gélatineuses, et même les muscles, en les rendant par là presque incorruptibles, je dois prévenir que ces organes qui y ont trempé pendant quelques jours, étant après desséchés, ne se ramollissent plus jamais lorsqu'on les remet dans de l'eau. On peut en conséquence se servir avec avantage de ce liquide concentré, c'est-à-dire composé de 1 *partie de sel* et de 8 *parties d'eau*, pour *momifier* les corps en l'injectant dans les vaisseaux.

Étoffe des mégissiers. — Les mégissiers et les peauciers donnent le nom d'*étoffe* à un liquide qui leur sert à convertir les parties gélatineuses en peau imputrescible. Il est composé de 3 *parties de sulfate d'alumine* (alun), de 1 *partie de chlorure de sodium* et de 24 *parties d'eau*.

Confits des mégissiers. — Les *confits* des mégissiers et des peauciers sont des pâtes dont ils enduisent les peaux qui ont préalablement été passées dans l'étoffe pour leur donner de la souplesse et les faire gonfler. On en a de plusieurs espèces. Voici une des plus employées : prenez l'*étoffe* ci-dessus, mettez-y de la *farine de maïs*, assez pour en faire une pâte liquide, et ajoutez-y un *jaune d'œuf par hectogramme d'eau*; mêlez bien le tout, et appliquez cette pâte sur la chair de la peau.

Acétate d'alumine. — M. GANNAL a proposé depuis peu ce liquide pour conserver les préparats anatomiques ; et, d'après les expériences qu'il a faites en présence d'une commission de l'Académie des sciences, il paraît que le bon effet de cette substance est certain. Mais ce liquide a le double inconvénient d'être, d'une part, aussi cher que l'alcool, car on doit l'employer pur ; et d'attaquer, de l'autre, les os en dissolvant leur substance calcaire. Ce liquide ne saurait en conséquence remplacer ni l'alcool ni la solution d'alun pour la conservation des préparats anatomiques. Dans 1 *partie d'acétate d'alumine liquide* et 10 *parties d'eau de pluie purgée d'air*, la chair musculaire de veau a été réduite en moins d'un mois en une pâte formant un dépôt au fond du vase.

Solution aqueuse de chlorure de sodium. — On sait que ce sel ou *sel commun* conserve les matières organiques, et qu'on l'emploie à cet effet dans l'économie domestique pour conserver les aliments. On peut aussi en faire usage pour les préparats anatomiques en composant un liquide formé de 1 *partie de sel* sur 5 *parties d'eau de pluie pure* purgée de l'air qu'elle tient en dissolution, et en y ajoutant $\frac{1}{1000}$ du poids de l'eau de camphre ; mais ce liquide n'est jamais bien limpide, et les chairs s'y décolorent et s'y ramollissent.

D'après des expériences faites par M. Al. d'Orbigny, les mollusques se conservent très-bien dans ce sel à sec, sans addition d'aucun liquide.

Solution aqueuse de sulfate de peroxyde de fer. — On .signale aussi ce sel comme conservant les substances animales ; en effet, une solution de 1 *partie* dans 10 *d'eau* conserve parfaitement les organes mous ; mais, comme le liquide est très-acide, il attaque les substances calcaires, ce qui le rend impropre à la conservation des pièces anatomiques de cabinet, et peut d'autant moins servir que ce liquide est coloré en jaune-brunâtre, en même temps qu'il attaque fortement les instruments de dissection. Mais je m'en sers pour coaguler les injections d'albumine dans les vaisseaux, ce sel ayant la propriété de produire un coagulum très-abondant d'albumine, dans lequel entre même une grande quantité d'eau ; ce qui n'a pas lieu avec l'alcool et les acides, qui ne coagulent que l'albumine seule, laquelle nage ensuite par flocons dans la partie aqueuse lorsqu'on emploie de l'albumine dissoute dans de l'eau, ce qui est cependant nécessaire pour lui donner la fluidité suffisante.

Mais ce sel a aussi la propriété de dissoudre de nouveau le même coagulum lorsque la solution de sel est trop forte ; et on ne doit, en conséquence, employer ce liquide que dans les proportions de 1 *partie de ce sel sur* 100 *parties d'eau.*

Solution aqueuse de deutochlorure de mercure. — On a beaucoup recommandé, d'après Chaussier, la *solution aqueuse saturée de deutochlorure de mercure* pour la conservation des pièces anatomiques. Ce liquide, incolore comme l'eau, préserve en effet les substances animales de la putréfaction ; mais il a aussi l'inconvénient de rendre les substances calcaires friables et de corroder si rapidement les instruments de dissection, que, dans quelques instants, le meilleur scalpel ne coupe plus ; enfin, d'être très-dangereux à manier, le deutochlorure de mercure, ou *sublimé-corrosif*, étant un poison très-violent qu'on ne peut pas confier à tout le monde. Ce liquide, qu'on a recommandé à un grand degré de concentration, conserve cependant sa propriété antiseptique, quoique très-étendu d'eau ; il suffit qu'il y ait $\frac{1}{500}$ de ce sel pour que certaines substances s'y conservent parfaitement, probablement celles qui ne contiennent pas d'albumine, matière qui neutralise le deutochlorure de mercure. J'ai gardé ainsi, pendant des années, dans un état parfait de conservation, de la chair d'oiseaux (de dindon et d'oie). A ce degré, le sel n'agit pas non plus d'une manière bien sensible sur les instruments en acier pour qu'on ne puisse pas se servir de cette solution pour conserver les pièces destinées à être ultérieurement disséquées ; mais il a l'inconvénient qu'une foule d'autres substances ne s'y conservent pas : ainsi, la chair musculaire des mammifères, surtout les parties qui contiennent de l'albumine, et la plupart en contiennent, ne s'y conservent que peu de temps. Ce liquide doit, en conséquence, être rejeté quant à cet emploi ; mais il est fort utile pour la conservation des préparats secs (les momies). Pour cela, on l'injecte dans les vaisseaux des corps qu'on veut conserver, et qu'on fait ensuite simplement sécher un peu promptement. Pour cet usage, le liquide sera composé de 16 *parties d'eau* sur 1 *partie de deutochlorure de mercure* (état de saturation de l'eau).

On peut aussi se servir d'une solution aqueuse du même sel pour mouiller l'intérieur des grands préparats creux, qu'on préserve par là de l'attaque des insectes destructeurs. Ce liquide contiendra $\frac{1}{50}$ *de son poids de ce sel*. Pour l'employer, on en versera une certaine quantité dans la cavité ; on la fera passer dans tous les recoins, et, après l'y avoir fait séjourner pendant quelque temps, on l'en fait écouler le mieux possible, et l'on sèche le préparat ; le sel, pénétrant dans les membranes, reste en assez grande quantité pour empoisonner les insectes qui voudraient les ronger.

Le litre de ce liquide revient à peu près à 20 centimes.

Solution alcoolique de deutochlorure de mercure. — La solution alcoolique de deutochlorure de mercure peut être employée avec avantage pour préserver les préparats secs de l'attaque des insectes et des mites qui les détruiraient en peu de temps. La composition la plus convenable pour cela me paraît être celle de 1 *partie de ce sel* sur 50 *parties d'alcool*. Il suffit d'en mouiller légèrement la surface des objets bien secs pour que ce liquide s'étende partout avec rapidité en pénétrant dans les moindres fissures, et y dépose une très-légère quantité de ce sel, qui suffit pour empoisonner les insectes qui y touchent ; et comme le véhicule s'évapore facilement, il ne mouille pas assez les préparats pour les ramollir.

Solution aqueuse de sulfate de zinc. — Le sulfate de zinc du commerce ou *en pierre* dissout à saturation dans l'eau, c'est-à-dire 14 *parties de ce sel* dans 10 *parties d'eau;* conserve non-seulement la chair musculaire, les téguments, la substance cérébrale, etc., des vertébrés, sans attaquer les os ; mais il empêche aussi le développement de la moisissure en employant même de l'eau ordinaire non bouillie, et il conserve encore ces substances dans les proportions de $\frac{1}{10}$ du poids de l'eau, en leur laissant leur souplesse naturelle ;

mais il s'y développe bientôt de la moisissure qu'on prévient toutefois en plaçant un peu de camphre dans le bocal. La substance nerveuse des vertébrés se raffermit, ce qui facilite la dissection des cerveaux qui y ont séjourné quelque temps; mais l'albumine se dissout, au contraire, facilement en troublant le liquide. Une propriété remarquable de cette liqueur est que tous les organes des larves d'insectes (chenilles), à l'exception des téguments, se trouvent complétement détruits en quelques jours, tandis que la plupart de ceux des insectes parfaits se conservent très-bien.

Des chenilles du *Bombyx neustria*, dont le corps est velouté et orné de couleurs très-variées et assez vives, parurent comme vivantes, quoique ballonnées, après avoir séjourné deux ans dans ce liquide; mais les chenilles nues deviennent noirâtres. Les muscles des insectes parfaits conservent leur souplesse naturelle; leurs trachées deviennent d'un blanc crayeux, et sont par là faciles à distinguer des autres organes, dont la couleur est toujours plus ou moins foncée, et les viscères de ces animaux se conservent assez bien; mais la substance nerveuse se resserre souvent si fortement dans le névrilème, qu'on a de la peine à voir les ganglions et les nerfs; mais ce même effet est produit aussi par l'alcool. Le litre de cette liqueur revient à peu près à 12 centimes.

Solution aqueuse d'hydrochlorate d'ammoniaque. — Ce sel conserve très-bien la substance musculaire des mammifères, mais non celle des insectes parfaits, qui devient noirâtre et se réduit considérablement; et les muscles des larves, ainsi que la plupart de leurs autres organes, à l'exception des téguments, disparaissent complétement, comme dans la solution de sulfate de zinc. La substance nerveuse des mammifères se ramollit, et celle des insectes se contracte considérablement; enfin, tous les organes des mollusques deviennent tellement glaireux, qu'il est impossible de rien en faire.

La solution la plus convenable pour conserver les muscles, les ligaments et autres parties des mammifères, est formée de 10 *parties d'eau de pluie purgée d'air* et de 1 *partie d'hydrochlorate d'ammoniaque,* liqueur dont le litre revient à 25 centimes, et l'on y met un peu de camphre pour empêcher le développement de la moisissure. Lorsque la proportion du sel est plus forte qu'un dixième du poids de l'eau, la chair s'y contracte; il arrive souvent que dans le commencement le liquide se trouble, mais il s'éclaircit plus tard en formant un dépôt. Ce sel a aussi l'inconvénient d'oxyder rapidement les instruments de dissection.

Solution aqueuse de chlorure de calcium desséché. — La solution de 1 *partie de chlorure de calcium* dans 5 *parties d'eau de pluie purgée d'air* et *un peu de camphre,* préserve très-bien les muscles des mammifères de la putréfaction, en même temps qu'elle conserve leur souplesse et assez bien leur couleur ; mais ceux des insectes s'y contractent et deviennent friables, et la substance nerveuse des uns et des autres se raffermit sans se contracter sensiblement. Dans certains insectes cependant, la substance nerveuse s'est trouvée fortement resserrée, friable, et presque réduite à la matière jaune ou corticale. Les trachées s'y conservent, mais prennent une couleur grise, comme dans l'alcool et la plupart des autres liquides, et deviennent par là peu distinctes, et les viscères des insectes s'y altèrent fortement sans se corrompre. Quant aux muscles et autres organes des chenilles, ils s'y décomposent en très-peu de temps. Ce sel attaque les instruments de dissection.

Le litre revient à environ 80 centimes, ce qui est déjà fort cher.

Solution aqueuse de nitrate de chaux. — 1 *partie de nitrate de chaux* dans 5 *parties d'eau purgée d'air*, et un peu de *camphre* pour prévenir la moisissure, forment une liqueur qui conserve fort bien la chair musculaire des mammifères, qui y pâlit, du reste, beaucoup ; mais cette composition revient plus cher que l'alcool.

Solution aqueuse de nitrate de potasse. — Le sel de nitre ordinaire dissout dans la proportion de 1 *partie* dans 10 *parties d'eau,* préserve fort bien la chair musculaire des mammifères de la décomposition putride ; et en y ajoutant un peu de camphre, il ne s'y développe pas non plus de moisissure ; mais le liquide est blanchâtre ou opalin, et la chair musculaire, qui pâlit d'abord, prend plus tard une couleur brunâtre. Le litre de cette liqueur revient à 24 centimes.

Solution aqueuse de nitrate de plomb. — Quoique ce sel dissous dans 50 *fois son poids d'eau* préserve parfaitement les matières animales de la putréfaction, il est cependant impropre à la conservation de la plupart des préparats anatomiques, produisant dans l'eau ordinaire un fort précipité blanc qui incruste tout en donnant aux corps qu'on y place une apparence crayeuse. Ce précipité n'a cependant pas toujours lieu ; il ne se forme pas dans l'eau distillée, ni dans l'eau de pluie ; mais sitôt qu'on y place certains préparats, tels que de la chair de veau, ces pièces deviennent de suite blanches ; tandis que d'autres fois, avec de la chair de mouton, il ne s'est point formé de précipité. Le litre revient à 8 centimes.

Huiles essentielles. — Les diverses huiles essentielles, et entre autres celle de térébenthine, conservent très-bien toutes les matières animales, à l'exception toutefois des substances grasses avec lesquelles elles se combinent, et les modifient en les dissolvant même à la longue. Mais outre ce dernier inconvénient, ces huiles ont encore le désavantage d'être plus chères que l'alcool, et doivent être rayées de la liste des substances qu'on peut employer.

12.

Menstrue acide. — On emploie souvent les acides pour dissoudre les substances calcaires qui entrent dans la composition de certains organes, tels que les os, les coquilles, les écailles, etc.; et pour cela, la plupart des acides peuvent servir, même le vinaigre; mais tous ne produisent pas rigoureusement le même résultat. En effet, par cela même qu'on veut dissoudre et enlever la substance calcaire, on ne doit pas employer un acide qui, en se combinant avec la chaux, forme un sel insoluble dans l'eau; car on ne ferait que transformer ces mêmes substances calcaires sans les enlever. De ce nombre est l'acide sulfurique, qui convertit le phosphate ou le carbonate de chaux en sulfate de chaux ou gypse. On ne doit pas non plus faire usage des acides qui ont une action sur les substances animales, ou du moins il ne faut les employer que très-affaiblis par l'eau. Celui qui convient le mieux est l'*acide hydrochlorique* étendu dans *quatre fois son poids d'eau*, ou bien l'*acide nitrique* dans les mêmes proportions.

Lessive alcaline. — L'eau alcaline dont je donne ici la composition sert à convertir la graisse en savon, afin de la rendre siccative, et les préparats moins sales. C'est tout simplement une *lessive faible* de *soude*, de *chaux* et d'*eau*, ou une *lessive forte* des mêmes substances, selon l'usage qu'on veut en faire.

Pour faire la *lessive faible*, prenez 4 *parties de bicarbonate de soude* (soude du commerce) et 1 *partie de chaux éteinte à l'air* et réduite par là en poudre; versez sur le tout 100 *parties d'eau*; agitez bien le mélange plusieurs fois pendant deux ou trois jours, et laissez ensuite reposer la solution, Lorsque la chaux sera déposée, décantez le liquide et servez-vous-en. On y plonge pendant huit ou quinze jours les os graissés par la moelle qui les pénètre; et lorsqu'on remarque qu'ils sont devenus sensiblement moins jaunes, car ils ne deviennent jamais entièrement blancs, on les fait bouillir pendant un quart d'heure dans cette même lessive pour faciliter la combinaison de la graisse avec la soude; et après les avoir ensuite lavés à grande eau, on les sèche. Cette lessive attaquant à la longue la substance gélatineuse, il ne faut pas y laisser trop long-temps les os qu'on veut blanchir.

Pour saponifier des restants de graisse placés à la surface des préparats, on les recouvre de petites pelotes de coton ou de tout autre corps filamenteux qu'on tient imprégné de ce liquide.

La *lessive forte* ne diffère de la faible que par la quantité d'eau, qui n'est que de 50 *parties* pour 4 *de bicarbonate de soude*. On l'injecte dans les cavités des os pour y saponifier les restants de moelle.

FIN DE LA PREMIÈRE PARTIE.

DEUXIÈME PARTIE.

DE L'ART DE DISSÉQUER.

Avant d'indiquer les procédés manuels à suivre pour disséquer les animaux, il est nécessaire de faire connaître, du moins succinctement, la disposition, les rapports et la conformation générale des principaux organes dans les diverses classes du règne animal, afin qu'on puisse prendre des arrangements convenables selon le but qu'on se propose. On conçoit cependant que c'est à un simple aperçu que doivent se borner ici les indications dont on a besoin pour se diriger dans les recherches anatomiques, vu que les détails seraient trop longs à être exposés dans un ouvrage d'anatomie pratique, et que c'est d'ailleurs précisément là ce que l'élève doit trouver lui-même. Ce qu'il lui importe le plus de connaître, ce sont les lieux où se trouvent les organes, la composition de ceux-ci dans ce qu'ils ont de plus essentiel, et les caractères auxquels il puisse les reconnaître pour comprendre comment il peut le plus facilement les découvrir et les préparer.

Chez les animaux dont l'organisation est le plus compliquée, le corps se compose de treize classes d'organes principaux, ayant des fonctions différentes et qu'on nomme des *systèmes* ou des *appareils ;* mais ces deux dénominations sont souvent mal appliquées. On doit appeler *système* l'ensemble de tous les organes de même nature distribués dans toutes les parties du corps, et *appareils* ceux circonscrits dans une partie seulement. Pour me conformer cependant à un usage généralement admis, je désignerai le squelette, les ligaments, les muscles et les téguments sous le nom de systèmes, quoique ce ne soient que des appareils.

Ces treize classes d'organes sont : 1° le *système tégumentaire* ou *cutané*, servant d'enveloppe générale au corps partout où celui-ci est en contact avec les objets étrangers, et se prolongeant aussi dans toutes les cavités ouvertes à l'extérieur pour les tapisser. Chez beaucoup d'animaux, les téguments deviennent solides et servent même de charpente au corps.

2° Le système du *tissu cellulaire* et *adipeux*, répandu dans toutes les parties du corps, où le premier paraît surtout constituer la base de tous les autres organes. C'est un amas de petites vésicules communiquant toutes entre elles, et formées de membranes extrêmement fines et fibreuses composées de gélatine. Ce tissu cellulaire remplit les intervalles de la plupart des organes et de leurs parties pour faciliter leurs mouvements, les lamelles des cellules glissant les unes sur les autres avec la plus grande facilité. Mais comme le tissu cellulaire ne présente nulle part une forme déterminée, on a coutume de le décrire avec les organes dont il fait partie. Le *tissu adipeux* est une espèce de tissu cellulaire dans lequel se dépose de la graisse; il remplit de même les intervalles de certains organes où il prend souvent un très-grand développement.

3° Le *système osseux* ou le *squelette*, exclusivement propre aux vertébrés, forme intérieurement une charpente solide supportant toutes les autres parties.

4° Le *système syndesmoïque* ou *ligamenteux* forme des lames ou des cordons très-forts, servant de liens entre les divers organes, et plus spécialement entre les os.

5° Le *système musculaire* ou *charnu*, dont les parties ou les *muscles* ont la faculté de pouvoir se contracter et de se relâcher sous l'empire de la volonté, ou bien par l'effet d'incitations nerveuses, et forment ainsi les puissances actives qui mettent les diverses parties du corps en mouvement pour les faire changer de lieu, mouvements qui constituent la *locomotion*.

6° Les *membranes séreuses*, feuillets fibreux, ordinairement très-minces, toujours humectés par leur propre perspiration, recouvrent tous les organes qui ne doivent pas adhérer par leur surface.

7° L'*appareil digestif* destiné à extraire des matières brutes ou *aliments* ingérés dans le corps les substances qui peuvent servir à nourrir les organes, substances qui prennent de là le nom de *parties nutritives;* et l'acte par lequel les aliments sont décomposés constitue la *digestion*.

8° Les *organes excrémentitiels* ou *glanduleux*, constituant plusieurs organes plus ou moins compliqués dont la fonction est de séparer du sang, par l'acte de la *sécrétion*, certaines substances inutiles ou nuisibles à la nutrition, et qu'ils versent au dehors; ou bien à en extraire certaines matières d'un usage spécial pour concourir souvent à une autre fonction.

9° L'*appareil de la génération*, nommé aussi *appareil sexuel* ou *génital*, au moyen duquel les animaux peuvent produire des individus semblables à eux, destinés à perpétuer leur race; faculté qu'on nomme la *génération*.

10° Les *organes respiratoires*, dans lesquels les substances nutritives extraites des aliments, ou le *chyle*, se convertissent définitivement en sang, humeur susceptible de pouvoir entrer dans la composition de tous les organes du corps. Cette conversion, nommée *sanguification*, a lieu dans les organes par l'effet d'une combinaison du chyle avec l'oxygène, lequel entre dans ces organes et en ressort alternativement par un mouvement appelé *respiration*.

11° Le *système circulatoire* ou *sanguin*, par lequel le sang est porté dans toutes les parties du corps pour y servir à la nutrition, en déposant dans chacune les molécules qui peuvent être transformées en sa propre substance par une fonction nommée *assimilation*.

12° Le *système nerveux*, qui vivifie tous les autres organes en leur transmettant l'activité nécessaire à leur fonction ; et établit en outre des rapports de dépendance entre leurs fonctions ; cause qu'on nomme la *sympathie*.

13° Enfin les *organes des sens*, par lesquels les animaux reconnaissent l'existence des êtres extérieurs par divers effets que ceux-ci produisent sur eux.

Chez beaucoup d'animaux, quelques-unes de ces treize classes d'organes disparaissent ou se réduisent considérablement ; et ce n'est guère que chez les vertébrés qu'elles se trouvent toutes simultanément dans le même animal.

La succession que je viens d'indiquer dans la série des divers systèmes d'organes est celle dans laquelle il convient de les étudier, c'est-à-dire dans un ordre tel que chacun se trouve précédé de tous ceux qu'il faut connaître pour comprendre comment et de quelles parties il est composé.

Pour disséquer, il faut, autant que cela est possible, choisir ses sujets dans un état normal ; à moins qu'on n'ait en vue un travail tout spécial. Ils doivent être plutôt maigres que gras, c'est-à-dire portant peu de graisse ; mais non pas dans un état de maigreur maladif où les organes sont atrophiés. Une petite quantité de graisse est même avantageuse dans une foule de cas, étant généralement placée dans l'intervalle des organes qu'elle sert à mieux distinguer, d'une part en les séparant, et de l'autre en faisant ressortir leurs couleurs sur le fond blanc qu'elle présente.

Les animaux doivent aussi, autant que possible, être morts sans avoir éprouvé de blessures ou de meurtrissures graves, qui détruisent toujours quelques organes. Lorsqu'on les fait périr de mort violente, il serait bon que ce pût être par l'effet de l'acide prussique ; mais comme cette substance est très-dangereuse à manier, on doit préférablement avoir recours à d'autres moyens ; et la mort par hémorrhagie ou bien l'asphyxie par submersion sont les meilleurs, vu la promptitude avec laquelle les animaux périssent sans éprouver de lésion.

Lorsque le corps d'un animal vertébré n'est pas destiné à être injecté, il est bon de le laisser entièrement refroidir avant de l'ouvrir, afin que le sang soit bien figé et ne s'écoule pas trop facilement en ouvrant quelque vaisseau, ce qui cause toujours un grand embarras, d'une part, par l'extravasation qui enveloppe beaucoup de parties; et, de l'autre, en colorant en rouge des parties qu'il est bon de distinguer par leur couleur naturelle.

Si l'on n'a pas de raisons particulières pour conserver entiers les téguments de l'animal, on ne doit les enlever que par morceau, et seulement autant qu'il le faut; laissant les autres parties du corps recouvertes de cette enveloppe, qui les conserve le mieux à l'état frais, avec leur souplesse et leurs couleurs naturelles.

Quant aux poils et aux plumes, on peut les enlever si cela ne coûte pas trop de peine, car ils ne causent que de l'embarras; mais il est évident qu'il faut au moins laisser leur base attachée à la peau, si on a l'intention d'étudier leur mode d'insertion.

Si le corps est un peu volumineux, comme déjà celui d'un *lapin* ou d'une *poule*, et qu'on ne puisse pas enlever de suite les intestins, on devra pratiquer, dans un endroit de l'abdomen qu'on juge le plus convenable, une très-petite incision, et injecter dans la cavité abdominale une certaine quantité d'une liqueur conservatrice pour prévenir la trop prompte putréfaction des viscères, qui sont surtout très-sujets à se corrompre par l'effet des excréments contenus dans les intestins.

Les animaux de grande taille ne pouvant pas être placés dans des bains d'une liqueur conservatrice, on peut y suppléer en les injectant par les grosses veines des membres avec cette même liqueur, ce qui suffira pour retarder la putréfaction jusqu'à ce qu'on ait achevé la dissection.

Pour ce qui est des petits animaux, on les conservera tout entiers dans ce liquide sans les précautions dont je viens de parler; mais je recommanderai cependant d'introduire de ce liquide dans la cavité abdominale, pour peu que le sujet soit un peu fort, ou que les téguments ne soient pas très-perméables à ce liquide.

Lorsqu'on veut faire le squelette d'un animal vertébré, on doit choisir le sujet dans l'âge où il devient adulte ou un peu plus vieux, à une époque de la vie où les épiphyses ne sont pas encore entièrement soudées, afin d'être encore distinctes. Si l'on veut au contraire que toutes les épiphyses se séparent, on doit préférer les individus arrivés à peu près aux deux tiers de l'âge qu'il faut à leur croissance. On ne peut cependant fixer à ce sujet aucune époque déterminée pour tous les animaux, cette époque variant assez considérablement dans certains cas : chez les oiseaux, par exemple, les os de la tête se soudent de très-bonne heure, de manière que pour les avoir séparés il faut que le sujet soit fort jeune; il en est de même pour les noyaux osseux qui entrent dans la composition des divers os, les uns se réunissant déjà avant la naissance, et d'autres à des époques fort différentes après. Enfin chez les poissons, la plupart des centres d'ossifications produisent des pièces qui restent distinctes toute la vie; d'où vient en partie que ces animaux ont un squelette si compliqué.

Pour étudier les ligaments, il est plus avantageux de prendre un individu un peu vieux, ces organes y étant généralement plus développés, plus consistants, et par là plus distincts que chez les jeunes; surtout les aponévroses, qui sont dans les trois jeunes sujets presque entièrement celluleuses.

Les muscles sont le plus distincts dans l'âge moyen, où les individus sont le plus vigoureux et le plus actifs, et surtout chez ceux qui n'ont pas été long-temps malades; mais encore faut-il que le sujet ne soit pas très-gras, comme je l'ai déjà fait remarquer plus haut; et une petite quantité de graisse a même l'avantage de faire mieux distinguer ces organes entre lesquels elle se trouve placée. Les individus qui ont été tués à la chasse, après avoir beaucoup couru, ont généralement les muscles d'une couleur plus foncée que ceux qui sont restés dans l'inaction, et l'on distingue mieux chez eux la disposition des aponévroses d'insertion. Enfin un individu sauvage qui remue beaucoup est préférable à celui qui a été élevé en captivité : chez le premier, les muscles sont plus distincts, par cela même qu'ils ont très-souvent été en action, et ont en conséquence glissé souvent les uns sur les autres, ce qui les empêche de se confondre facilement; chez les individus, au contraire, que la captivité a empêchés d'exercer leurs muscles, ces organes sont moins distincts, et sont souvent confondus chez les vieux, au point qu'on a de la peine à les distinguer; surtout dans certaines parties, comme la région vertébrale, où le mouvement n'est pas très-étendu. Ce caractère se remarque aussi, par la même raison, chez les espèces lentes à l'égard des agiles; et lorsqu'il ne s'agit que d'étudier les muscles d'une manière générale comme exemple de leur disposition dans telle ou telle classe d'animaux, ainsi qu'on doit toujours le faire lorsqu'on veut apprendre à connaître leur disposition en général avant de chercher à apprécier leurs caractères spécifiques, on doit de préférence choisir un animal qui se meut souvent et avec agilité : ainsi sous ce rapport, l'*homme* n'est pas des plus avantageux.

Les sujets destinés à l'étude de la splanchnologie doivent être sains, très-peu gras, mais non pas fort maigres; car dans ces derniers individus, les tuniques des intestins, les masses des glandes, tout est flasque et comme atrophié, surtout si la maigreur est causée par des maladies.

Pour l'angiotomie et la névrotomie, les sujets doivent être maigres, afin que la graisse ne masque pas les vaisseaux et les nerfs, sans être dans le marasme. Quant aux nerfs, on préfère surtout pour l'anatomie humaine les femmes lymphatiques et nerveuses, chez lesquelles ces organes se détachent facilement.

Quant aux animaux inférieurs, les ARTICULÉS, les MOLLUSQUES et les ZOOPHYTES, il faut nécessairement les prendre tels qu'ils se présentent, n'ayant le plus souvent pas de choix; et je ne sache d'ailleurs pas qu'il y ait lieu d'en faire un. Dans le cas où l'on a un grand nombre d'individus à sa disposition, on choisit les plus beaux; à moins qu'on ne se trouve dans des cas particuliers que j'indiquerai, chacun à part, en parlant de la manière de faire les préparats.

CHAPITRE PREMIER.

DU SYSTÈME TÉGUMENTAIRE.

Les organes tégumentaires des divers ANIMAUX ne se composent pas uniquement d'une lame plus ou moins épaisse et membraneuse, recouvrant tout le corps, mais encore de plusieurs parties accessoires qui leur sont incorporées ou en sont des appendices; tels sont : 1° les *cryptes cutanés* ou petits follicules, destinés à sécréter quelque substance avec ou sans usage, mais toujours rejetée au dehors comme matière excrémentitielle; 2° les *vaisseaux exhalants* ou de la *transpiration cutanée*, qu'on nomme aussi de la *perspiration cutanée*, destinés à rejeter au dehors une partie des liquides aqueux chargés de diverses matières en dissolution, humeur connue plus particulièrement sous le nom de *sueur*; 3° les *papilles nerveuses*, petits renflements recouvrant les extrémités des branches nerveuses qui se terminent aux téguments, où ils remplissent principalement les fonctions sensitives; 4° les *bulbes* producteurs des différents appendices cutanés, comme les *poils*, les *plumes*, les *écailles*, les *ongles*, les *sabots*, les *cornes*, etc.

Tous ces organes, étant infiniment petits, sont généralement considérés comme entrant dans la composition du tissu des téguments et sont étudiés avec ces derniers.

PREMIÈRE DIVISION.

DES TÉGUMENTS DES ANIMAUX VERTÉBRÉS.

C'est dans l'embranchement des ANIMAUX VERTÉBRÉS que les téguments sont le plus distincts dans leurs parties composantes propres et accessoires; c'est du moins chez eux, et spécialement chez les MAMMIFÈRES, et en particulier dans l'*homme*, qu'on les a jusqu'à présent étudiés avec le plus de soin. Ils sont partout composés de trois couches très-différentes : la plus extérieure ou l'*épiderme*, la seconde ou *matière colorante*, et la plus interne ou le *derme*; mais ces trois lames sont plus ou moins distinctes, selon la classe.

ARTICLE Ier.

DES TÉGUMENTS DES MAMMIFÈRES.

§ Ier. *Anatomie.*

L'*épiderme* ou *surpeau* de l'*homme* et des autres MAMMIFÈRES est une membrane souvent fort mince, incolore, de nature cornée, et jamais fibreuse, se rompant avec la même facilité dans toutes les directions, mais paraissant composée de plusieurs couches d'autant plus molles qu'elles sont plus profondes, et percée à la surface d'un nombre plus ou moins grand de *pores*, orifices des vaisseaux exhalants ou *sudorifères*. Il recouvre toutes les parties du corps et prend simplement plus d'épaisseur et plus de dureté là où il est exposé à des frottements ou à des compressions très-fortes, d'où dépend même cette grosseur, qui devient de là fort considérable sous la plante des pieds, ou dans les mains de ceux qui se livrent à des travaux manuels très-durs.

Sur le bord des orifices extérieurs des cavités internes, l'épiderme se prolonge dans ces dernières en devenant subitement très-mince, mollasse et humide, et y prend le nom d'*épithélium* ou première couche de la *muqueuse*, prolongement intérieur des téguments. Près des orifices cet épithélium est encore bien distinct, ainsi que dans plusieurs endroits des cavités qu'il tapisse; mais souvent il devient si faible dans beaucoup de parties qu'on a la plus grande peine à le découvrir. Je reviendrai sur cette membrane au sujet de chaque cavité dans laquelle elle se continue.

Mais ce n'est pas seulement dans les grandes cavités que l'épiderme se prolonge, il double même les plus petites, formant des gaînes aux racines des poils et s'enfonce dans les cryptes ouvertes au dehors.

La *matière colorante* ou *tissu de Malpighi*, qu'on nomme encore *tissu muqueux* d'après sa consistance, est placée immédiatement sous l'épiderme. Il est difficile à distinguer chez l'*homme blanc*, où il présente à peu près la même couleur rouge que les parties environnantes, due au sang contenu dans les nombreux vaisseaux qui rampent dans la peau. Plusieurs anatomistes en ont même nié l'existence; mais non-seulement on le voit sur la peau, où il forme une couche visqueuse, après avoir enlevé l'épiderme, mais c'est surtout chez les *nègres* et les animaux dont la peau est d'une couleur foncée qu'il est le plus distinct, l'épiderme et le derme, entre lesquels il est placé, étant blancs, et le second, quelquefois rougeâtre.

Le *derme* ou *corium* est très-distinctement fibreux. Cette structure s'aperçoit facilement en cherchant à le déchirer ou bien en lui faisant subir certaines préparations, telles que le tannage. Les fibres y sont disposées dans tous les sens et enlacées de mille manières, comme dans un feutre; mais les plus internes s'en détachent et se continuent avec le tissu cellulaire sous-cutané, servant de lien entre la peau et les organes profonds.

C'est proprement dans le derme que sont placées les papilles nerveuses, les bulbes des poils et des piquants ainsi que ceux de tous les autres prolongements cornés, et les cryptes qui produisent les matières excrémentitielles versées à la surface de la peau, telles que les glandes sébacées, les organes sécréteurs de la sueur, celles qui produisent l'épiderme et la matière colorante.

Suivant l'opinion de beaucoup d'anatomistes, et particulièrement d'après MM. Breschet et Roussel de Vausème, l'épiderme n'est pas proprement une membrane organisée, mais simplement le résultat de la sécrétion d'une matière muqueuse cornée, produite par des glandes très-petites placées dans l'intérieur du derme, et versée à la surface de celui-ci, où cette matière se concrète et forme une membrane composée de plusieurs couches constituant l'épiderme. Ces glandes muqueuses ou *organes blennogènes*, comme les appellent ces messieurs, sont de petits corps irrégulièrement sphériques, entourés d'un amas de granulations qui sont probablement les véritables organes sécréteurs, et la glande elle-même, simplement le réservoir de la matière produite. Ces glandes reçoivent des vaisseaux et sans doute des nerfs, et produisent chacune un canal excréteur assez gros, lequel se rend directement à la surface du derme, où il s'ouvre vis-à-vis des sillons qu'on remarque à la surface de l'épiderme; et les glandes sont par conséquent disposées par séries plus ou moins régulières, et là ce mucus se fige, se solidifie et devient l'épiderme. Il paraît aussi que les canaux excréteurs de ces cryptes s'anastomosent en s'envoyant des branches de communication.

Les organes sécréteurs de la matière colorante, ou *organes chromatogènes*, sont, suivant MM. Breschet et Roussel, des canaux placés par paires dans la partie superficielle du derme, parallèlement aux sillons de l'épiderme, et dont l'intervalle est traversé par les conduits excréteurs de la matière épidermique. Ces canaux sont eux-mêmes composés d'autres plus petits, filiformes, longitudinaux,

couverts d'une foule de radicules plongeant dans ce dernier ; et ces
canaux produisent vers la face épidermique un grand nombre de conduits excréteurs fort courts, desquels sortent de petites écailles colorées
dont la succession forme des filets parallèles les uns aux autres, plongés dans l'épiderme, avec les sommets recourbés pour devenir parallèles à la surface de ce dernier. Ce sont ces écailles, mêlées à la
matière cornée propre de l'épiderme, qui donnent la couleur à celui-ci.

Les auteurs regardent les productions cornées, telles que les poils,
les cornes, etc., comme produits par les mêmes organes ; je ne suis
pas de cet avis.

Les *glandes diapnogènes* ou *sudorifères* sont également, suivant
MM. Roussel et Breschet, de petits corps plus ou moins globuleux, du
même volume à peu près que les glandes blennogènes, parmi lesquelles
elles sont placées dans le derme, mais disposées, d'après d'autres séries,
vis-à-vis du milieu des saillies linéaires qu'on remarque à la surface de
l'épiderme. Ces glandules sont entourées de petites fibrilles imitant
un chevelu de racines, et qui me paraissent devoir être les véritables
organes sécréteurs, tandis que la glande ne serait que le réservoir du
liquide produit. Cette glande forme ensuite un canal excréteur contourné en tire-bouchon, qui va s'ouvrir à la surface de l'épiderme
par les *pores* qu'on y aperçoit au milieu des petites côtes si bien
marquées dans la main et à la plante des pieds de l'*homme*.

Les *papilles nerveuses* sont de petits cônes placés par paires à
la surface du derme, plongées dans l'épiderme et disposées par séries
correspondantes aux côtes de ce dernier, où elles alternent avec les
canaux sudorifères. Ces papilles sont formées d'une enveloppe membraneuse, confluentes par leurs bases, et reçoivent chacune dans sa
cavité la partie terminale d'un nerf, ou plutôt d'un petit faisceau de
fibrilles nerveuses rentrant en forme d'anse les unes dans les autres.
C'est la succession de ces papilles qui paraît déterminer cette forme
cannelée de la surface de l'épiderme dans l'intérieur des mains.

Outre ces divers organes sécréteurs qu'on remarque dans le derme
et l'épiderme, on y découvre encore des *vaisseaux inhalants* ou
absorbants, mais qui ne paraissent pas avoir de bouches ouvertes à
la surface de l'épiderme. Ce sont, d'après les mêmes auteurs, des
vaisseaux extrêmement fins, argentés, plongés dans l'épiderme, avec
des ramuscules à peu près perpendiculaires à la surface de ce dernier et se réunissant successivement pour former de petits troncs communs, lesquels pénètrent dans le derme par les mêmes ouvertures
que les canaux sudorifères, et se rendent dans des vaisseaux, sans
aucun doute lymphatiques, placés sous les papilles, parallèlement à
la surface du derme, en croisant les sillons de l'épiderme.

Telles sont les parties constituantes des téguments dont MM. Roussel et Breschet ont étudié les dispositions et qu'ils ont en grande partie découvertes.

Les *cryptes* ou *glandes sébacées* sont de petits *follicules* ou poches microscopiques, dont les parois sécrètent une matière onctueuse, grasse, ou *matière sébacée*, versée directement au dehors par l'orifice de cette poche, matière servant à entretenir la souplesse de la peau. On voit distinctement ces glandes faire saillie à l'extérieur sur les côtés du nez et sous les yeux de l'*homme*. Ces cryptes sont placés dans la partie superficielle du derme, et leur cavité est doublée d'un petit prolongement de l'épiderme qui s'y enfonce. Dans les parois de la glande pénètrent des vaisseaux et des nerfs nécessaires à sa fonction, celle de produire ou, comme on dit, de *sécréter* la matière sébacée.

Ces cryptes présentent l'état simple ou élémentaire des organes sécréteurs. Lorsqu'ils se trouvent réunis en amas plus ou moins grands dans quelques organes, sans communiquer par leurs canaux excréteurs, ces masses reçoivent le nom de *glandes conglobées*; et, lorsqu'au contraire leurs canaux s'unissent en un ou plusieurs troncs communs, l'ensemble constitue une *glande conglomérée*.

Les *poils* et les *piquants*, qui ne sont réellement que de gros poils, sont produits sur un *bulbe* qui a au premier aperçu beaucoup d'analogie avec les cryptes ou glandes simples : aussi les a-t-on généralement considérés comme des organes de même nature, quoique leur différence soit très-grande dans le principe ; et leur ressemblance n'est fondée que sur la petitesse des uns et des autres. Le crypte ne produit qu'une matière *inorganisée* en elle-même et simplement *sécrétée*, ou, en d'autres termes, transsudée à travers les parois de la petite glande. Les bulbes producteurs des poils et tous les organes du même genre produisent au contraire un corps réellement *organisé* dans son origine, et qui plus tard se dessèche et devient ces corps filiformes connus sous les noms de *poils*, de *cheveux*, de *soies*, de *piquants*, ou de *plumes* (chez les oiseaux), ainsi que cela est prouvé jusqu'à l'évidence par ces derniers, où les bulbes sont assez gros pour qu'on puisse les étudier dans leurs détails. Ce qui prouve d'ailleurs que les poils et les cheveux ne sont pas des corps morts simplement sécrétés, et qu'il existe encore une influence vitale de l'une de leurs extrémités à l'autre, c'est que ces organes croissent plus rapidement, comme tout le monde sait, lorsqu'on les coupe, quand même ce n'est qu'un petit bout. Enfin, un fait, que je crois encore inconnu aux physiologistes [1], est que les entailles faites aux

---

[1] J'ai eu occasion d'en parler à la réunion des naturalistes allemands, à Fribourg en 1838.

cornes des *bœufs* sont susceptibles de se *cicatriser* avant l'époque
où l'animal devient adulte, âge où les cornes cessent aussi de croître; tandis que, du moment où ces dernières ont cessé de pousser,
elles sont réellement *mortes*, et cette cicatrisation n'est plus possible. Les *cornes*, les *ongles*, les *sabots* des mammifères et d'autres vertébrés ne sont réellement que des amas de poils fort gros
agglutinés; ce qui se voit très-bien soit par la contexture de ces productions cornées, soit en les examinant à leur racine, ou bien en
examinant leur composition chimique.

§ II. *Dissection.*

Pour faire des préparats de téguments, on les détache par lambeaux
plus ou moins grands, afin de pouvoir les soumettre au microscope;
car ce n'est qu'avec le secours de cet appareil qu'on peut parvenir à
reconnaître, d'une part, leur contexture, et, de l'autre, la structure
des petits organes que le corium renferme.

Pour l'épiderme, on peut le détacher seul par divers moyens; le
plus facile et le plus prompt consiste à plonger la peau dans de l'eau
presque bouillante, mais non en ébullition; car, à ce degré de température, ce liquide racornirait non-seulement l'épiderme, mais dissou-
drait encore le corps muqueux, ainsi qu'une partie du derme, principalement composé de gélatine. On obtient aussi le même résultat par la
simple macération dans de l'eau ordinaire; mais il faut alors saisir le
moment convenable où l'épiderme commence à se détacher pour l'en
retirer, afin qu'il n'y ait pas de décomposition. Cette membrane se
détache aussi sur les corps vivants, soit par l'effet de légères brûlures,
soit par l'action des substances vésicantes.

Dans l'épiderme ainsi séparé des parties subjacentes, on pourra
facilement étudier sa structure intime en l'examinant sous l'eau, afin
qu'il ne sèche pas; et ce procédé a encore l'avantage que ce liquide
fait détacher et flotter les moindres petites particules qu'on n'aper-
cevrait pas à l'air, où tout reste collé.

En détachant l'épiderme, on devra agir avec beaucoup de précaution pour voir les prolongements en cul-de-sac qu'il envoie dans
toutes les petites cavités pour les doubler, telles que celles des cryptes
sébacés, les bulbes des poils, etc. Pour bien distinguer ces prolongements, il faut, après avoir échaudé la peau, ou l'avoir fait macérer
dans de l'eau à froid, la plonger pendant quelque temps dans une liqueur qui donne de la consistance à l'épiderme, telle que l'alcool, l'eau
alunée, ou une solution de sublimé-corrosif dans beaucoup d'eau, et
opérer ensuite mécaniquement la séparation.

On peut préparer les téguments de différentes manières. Comme ils sont souvent assez épais chez certains animaux, ou bien sous les talons de l'*homme*, pour offrir sur leur tranche une surface un peu large, on les coupe par lamelles dans différentes directions, et l'on porte celles-ci sous le microscope. C'est principalement en coupant ces lamelles perpendiculairement à la surface de la membrane qu'on y voit les conduits de la sueur, les organes sécréteurs de l'épiderme et de la matière colorante, les bulbes des poils, les cryptes et les papilles nerveuses, qu'on distingue même le mieux avant d'avoir détaché l'épiderme.

Quant au tissu fibreux du derme, on le voit déjà très-bien sur des parties fraîches, qu'on cherche à déchirer en différents sens, au moyen des aiguilles courbes; mais ces fibres deviennent plus apparentes encore en faisant subir au derme certaines préparations, telles que le tannage, ou bien en le faisant macérer pendant quelque temps dans une infusion faible de noix de galle ou de tan, ou dans une solution concentrée d'alun; ces trois substances rendent les fibres imputrescibles en les convertissant en *cuir* en même temps qu'elles deviennent plus fortes et sèches.

L'épiderme, étant formé par couches, se décompose aussi par lamelles en le faisant macérer dans de l'eau.

Pour voir les papilles, les vaisseaux exhalants et les canaux excréteurs de la sueur à leur sortie du derme, il faut, d'après l'indication de M. Roussel, soulever légèrement l'épiderme pour le faire détacher du corium, et on voit ces diverses parties passer de l'un à l'autre.

§ III. *Conservation.*

On peut conserver les téguments des mammifères soit à l'état sec, soit à l'état humide. Si l'on n'a en vue que de les avoir sous forme de fourrures, c'est-à-dire avec le poil, la peau, ne devant servir que de réceptacle à ce dernier, on *passe* la peau à la manière des pelletiers, procédé qui, réduit à son expression la plus simple, consiste à mouiller fortement, à chaud plutôt qu'à froid, la face charnue de la peau avec une solution saturée de 3 parties d'*alun* et de 1 de *chlorure de sodium*, que les mégissiers nomment *étoffe*, et de la saupoudrer ensuite fortement du mélange des mêmes ingrédients. Lorsque la peau est sèche, on la mouille de nouveau pour qu'elle s'imbibe bien de ces sels, et l'on continue pendant huit à quinze jours, selon la force de la peau. L'alun *mégit* les fibres gélatineuses, et le chlorure de sodium leur conserve de la souplesse. Après ce temps, on enlève le restant de ces sels en raclant la peau avec un couteau non coupant; par cette opération, on enlève également les parties des muscles peauciers qui sont restés adhérents au derme. Mais il faut avoir

soin de racler d'arrière en avant ; car, en sens contraire, on déchirerait la peau.

Au lieu d'alun, on peut aussi employer le *sulfate de fer ;* mais
ce sel rétrécit trop fortement les peaux en contractant les fibres.

Pour donner plus de corps et plus de souplesse aux fourrures, on
les passe au *confit*, c'est-à-dire qu'on les enduit de cette pâte, dont
la composition est indiquée dans la première partie de cet ouvrage.
On en applique une couche d'environ 3 millimètres d'épaisseur sur la
face intérieure de la peau ; on plie cette dernière en deux, chair contre
chair, et on la laisse ainsi pendant une journée ; on enlève ensuite le
confit en raclant la peau avec un couteau non coupant, et on la dessèche en la saupoudrant de plâtre ou d'argile pulvérisés. Cette terre
s'imbibe de toute la graisse qui a pu rester dans la peau, et on enlève
cette terre en grattant la peau. Si une seule application ne suffisait
pas, on la répéterait.

Pour préserver les fourrures de l'attaque des insectes, le meilleur
moyen est de les humecter avec une solution alcoolique de deutochlorure
de mercure, qu'on verse de distance en distance, par très-petite quantité, sur la peau entre les poils. Ce liquide file le long de tous les poils,
et y dépose une très-légère couche de ce sel, qui empoisonne les insectes qui veulent les ronger ; mais ce procédé peut devenir dangereux
lorsqu'on l'emploie pour les fourrures qu'on porte sur le corps.

Si l'on peut, sans inconvénient, mouiller entièrement la fourrure,
on la trempera dans la solution aqueuse de deutochlorure de mercure,
dont je donne plus haut la composition, et on la laissera ensuite sécher.

On peut aussi conserver les téguments simplement séchés à l'air ;
mais, comme dans cette condition les insectes les attaquent facilement, il faut, après qu'ils ont été séchés, les humecter légèrement
avec la solution alcoolique ou aqueuse de deutochlorure de mercure,
mais aux deux faces. La plupart des anatomistes vernissent ces préparats pour les préserver des insectes ; mais, outre que cela ne les
préserve pas très-bien, ce vernis les empâte et les rend plus ou moins
transparents et bruns ; ce qui, dans son ensemble, fait un fort vilain
effet.

Si l'on veut conserver des préparats de peau pour servir à l'étude
de sa structure, ce doit être dans quelque liqueur conservatrice.

ARTICLE II.

DES TÉGUMENTS DES OISEAUX.

§ I. *Anatomie.*

Il n'existe pas de différence remarquable entre les *téguments* des
OISEAUX et ceux des mammifères, du moins pour ce qui concerne les

trois couches dont ils sont formés. On y trouve de même un épiderme corné, un tissu colorant et un derme à fibres feutrées ; mais on ne possède pas encore de travail soigné sur la nature des petits organes que le derme renferme, tels que les cryptes, les bulbes des plumes, les conduits de la sueur et les papilles nerveuses ; d'ailleurs, les oiseaux, ni aucun autre animal, à l'exception de certains mammifères, ne suent. Enfin, les muscles peauciers, déjà si développés chez d'autres mammifères, chez lesquels ils enveloppent tout le tronc, prennent encore un plus grand développement chez les oiseaux, en ce que chaque principale plume en reçoit une petite lanière.

Pour ce qui est du développement des *plumes*, qui sont, comme le pensent tous les anatomistes, les analogues des poils des mammifères, mais autrement conformés, ces organes sont assez gros pour qu'on puisse bien les étudier dans leur développement, et d'autant plus que leurs bulbes producteurs sortent beaucoup de la peau, de manière que la plume se développe ainsi sous les yeux de l'observateur. En examinant ces organes dans leur formation, on verra qu'ils ne sont nullement le produit d'une sécrétion, comme on le pense généralement ; mais bien des corps primitivement organisés et vivants, qui se développent par intussusception au moyen de vaisseaux qui s'y ramifient ; mais qu'une fois la plume formée, les vaisseaux s'atrophient, et l'organe sèche et meurt ainsi graduellement du sommet vers la base ; de manière qu'à la fin, lorsque la plume est entièrement développée, elle ne constitue qu'un corps mort, qui n'est plus susceptible d'aucune modification. C'est à peu près le même développement que celui des bois des *cerfs*, avec cette différence que, chez ces derniers animaux, le développement a lieu par le sommet.

Tout le monde sait que les OISEAUX n'ont pas de dents, et malgré l'opinion contraire de M. Geoffroy Saint-Hilaire, qui dit les avoir découvertes chez de jeunes *psittacus* (*Syst. dentaire des Oiseaux*, Ann. génér. des scienc. t. VIII, p. 373, 1821), personne ne les a aperçues depuis, et elles se trouvent remplacées dans leurs fonctions par les deux *mandibules du bec*, corps cornés tout à fait analogues aux ongles, et surtout semblables aux griffes des mammifères carnassiers, en ce qu'elles emboîtent entièrement les os qui les portent, comme les griffes emboîtent les phalangettes.

§ II. *Dissection et conservation.*

Les procédés qu'on emploie pour disséquer et conserver les téguments des OISEAUX sont absolument les mêmes que pour les mammifères ; on devra seulement couper préalablement les plumes près de leurs insertions pour qu'elles ne gênent pas, et qu'on puisse cependant examiner ces mêmes insertions et reconnaître les faisceaux des muscles peauciers qui s'y attachent.

Les préparats du bec se font absolument comme ceux des griffes des mammifères ; on détache les deux mandibules , soit par l'immersion pendant quelques instants dans de l'eau très-chaude, soit par la macération prolongée. Le tissu de la mandibule supérieure est beaucoup plus dense et plus compacte, et de là plus dur dans la partie dorsale que vers les bords , absolument comme dans les griffes ; d'où résulte que par cela même que les mandibules s'usent à leur bout, elles restent cependant constamment pointues. On peut facilement se convaincre de cette différence de solidité, en les coupant par le côté.

ARTICLE III.

DES TÉGUMENTS DES REPTILES.

§ Ier. *Anatomie.*

Les *téguments* des REPTILES offrent des modifications fort remarquables, et en grande partie relatives aux trois ordres dans lesquels se subdivise cette classe d'animaux , quoique dans le fond ces organes offrent bien les diverses parties qui constituent ceux des mammifères avec les mêmes caractères généraux.

L'*épiderme* est une membrane mince, cornée, revêtant même les écailles, ce qui n'a pas lieu chez les mammifères et les oiseaux , dont les productions cornées de la peau sont simplement implantées dans des replis de cette membrane. A certaines époques de l'année, les reptiles se dépouillent de leur épiderme, ce qu'on appelle leur *mue*, absolument comme cela arrive aux animaux articulés , ainsi que nous le verrons plus bas. Ce changement d'épiderme est même si complet , que cette membrane s'en va souvent d'une seule pièce, surtout chez les OPHIDIENS, qui en sortent comme une main de son gant ; et , jusqu'à la conjonctive, tout se retrouve sur cette dépouille.

Le *tissu colorant* est également placé immédiatement sous l'épiderme, et revêt de même les productions cornées , variant considérablement de couleur, de manière à offrir toutes les nuances imaginables, jusqu'aux plus vives, excepté toutefois les teintes métalliques.

Le *derme* est, comme dans les deux classes précédentes, une membrane fibreuse plus ou moins épaisse, dans laquelle sont implantées ou contenues les productions cornées ou même osseuses, comme cela arrive chez les *Crocodilus;* pièces qui ne font toutefois pas partie du véritable squelette, et sont simplement analogues aux écussons des *Dasypus.*

On remarque sur diverses parties du corps des cryptes versant sur

13.

la peau, par des pores bien visibles à l'extérieur, des liqueurs odorantes dont on ne connaît pas l'usage, si ce n'est d'oindre les téguments comme le fait la matière sébacée chez les mammifères. Ces cryptes se trouvent à la face interne des cuisses chez certains SAURIENS, sous la gorge chez les *Crocodilus*, autour du cloaque chez les *Amphisbena*, ou derrière les parties latérales de la tête chez les *Salamandra* et les BUFONIENS.

Les téguments des REPTILES diffèrent ensuite de ceux des mammifères, en ce que les poils sont ou tout à fait nuls, comme chez les BATRACIENS; ou bien remplacés par des écailles plus ou moins larges, contiguës par leurs bords, comme sur la tête des SAURIENS et des OPHIDIENS; ou bien imbriquées, ainsi que cela a lieu le plus souvent, sur le reste du corps; et souvent ces écailles sont mises en mouvement par des muscles peauciers qui se rendent les unes aux autres; muscles dont on trouve déjà des analogues chez les mammifères, et surtout chez les oiseaux.

Les écailles prennent des formes différentes suivant les genres, et même suivant la partie du corps qu'elles revêtent : elles sont tantôt polygones, lancéolées, frangées et très-allongées en formant des crêtes; ou bien elles ont la forme de plaques transversales, surtout sous le corps, chez les OPHIDIENS, qui, privés de membres, sont obligés de ramper sur leur ventre. Ces écailles y prennent la forme de longues bandes transversales, et servent à faciliter ses mouvements, l'animal les appuyant sur le sol par leur bord postérieur libre; et ces plaques présentent à cet effet à leur face intérieure des muscles qui se rendent des unes aux autres, absolument comme cela a lieu chez les animaux articulés, ainsi que nous le verrons plus bas.

Dans l'ordre des BATRACIENS on retrouve de nouveau une peau molle, nue, paraissant organisée comme celle des mammifères, avec cette différence qu'il n'y existe jamais aucune production cornée, si ce n'est des ongles aux pattes chez quelques espèces seulement.

Les ANAURES offrent la singularité que leur peau n'adhère au reste du corps que dans certains endroits très-restreints, comme au bord des lèvres, à l'anus, sous les bras et aux aines; partout ailleurs elle en est détachée, et ne communique avec le corps que par quelques vaisseaux et des nerfs, notamment le long du dos.

§ II. *Dissection.*

Les préparats des téguments des REPTILES se font généralement comme chez les mammifères, si ce n'est chez les ANAURES, où il est inutile de faire subir aucune préparation préalable à la peau pour l'enlever de dessus le corps. On peut très-bien étudier la structure de l'épiderme sur les dépouilles des serpents; mais pour ce qui concerne le derme, il doit être enlevé par les moyens ordinaires, si toutefois on n'a pas en vue d'étudier les muscles qui s'y fixent. Pour examiner ces derniers, on devra détacher la peau de ces animaux par le moyen du scalpel, en commençant le long de la région dorsale, où les écailles sont dépourvues de muscles, lesquels ne se trouvent guère que le long des côtes et sous le ventre. A mesure qu'on rabat la peau, qui adhère du reste fort peu au corps, on coupe avec des ciseaux fins les muscles qui se rendent des côtés aux écailles, en laissant des bouts un peu longs attachés à ces dernières sans les décoller, afin de les retrouver en place lorsqu'on examine la peau par sa face interne ; mais il faut avoir soin de ne pas trop tirailler cette dernière à mesure qu'on la détache pour ne pas déchirer les muscles qui se rendent d'une écaille à l'autre. Ces muscles, comme d'ailleurs tous les petits organes, doivent être ensuite disséqués sous l'eau, où l'on fixera un lambeau de tégument avec des épingles sur un plateau en liége.

§ III. *Conservation.*

Pour conserver les téguments des reptiles à l'état sec, on emploie généralement les moyens en usage pour les mammifères; mais alors ils ne sont plus guère susceptibles d'être étudiés sous le rapport de leur organisation, et il vaut mieux les conserver dans la liqueur ; encore faut-il éviter d'employer celles qui altèrent les couleurs, vu que les écailles ou la peau nue de ces animaux perdent facilement les teintes qui font souvent le caractère spécifique des espèces.

ARTICLE IV.

DES TÉGUMENTS DES CHÉLONIENS.

§ Ier. *Anatomie.*

Tous les organes mous placés chez les autres vertébrés à l'extérieur du thorax, se trouvent, à l'exception de la peau, placés chez les chéloniens dans l'intérieur de cette cavité, et les *téguments* sont en conséquence appliqués immédiatement sur les os, qui sont dans cette partie tous soudés ensemble pour former une boîte osseuse ou *carapace* dans laquelle tout l'animal peut se renfermer en se contractant. Dans cette singulière condition, tout à fait exceptionnelle dans l'embranchement des vertébrés, les téguments, appliqués comme je viens de le dire sur les os de la carapace, y deviennent entièrement solides et comme cornés, c'est-à-dire que l'épiderme y prend plus d'épaisseur et plus de consistance; et le derme, tout en conservant quelque souplesse, y est fort mince.

Sur cette mince carapace, l'épiderme est couvert d'un certain nombre de grandes écailles, organes analogues aux poils des mammifères, ou plutôt aux ongles, et adhérentes par toute leur face cutanée. (à l'exception de la *Chelonia imbricata*, dont les écailles s'imbriquent). Ces écailles, au lieu de croître principalement par leur extrémité basilaire, comme les ongles de l'homme, croissent au contraire par toute leur face adhérente et leur périphérie, de manière à former des stries d'accroissement concentrique, et grandissent proportionnellement au corps entier, au lieu d'avoir une croissance continue et plus rapide, comme les productions cornées des mammifères et des oiseaux. Ces écailles, contiguës par leurs bords, forment ainsi au corps une enveloppe générale fort épaisse.

Sur le cou, la queue et les membres, la peau des CHÉLONIENS reste flexible et ne paraît pas différer beaucoup de celle des Mammifères, si ce n'est que l'épiderme est plus épais et plus rugueux. Du reste, on n'a pas encore examiné les téguments de ces animaux avec assez de soin pour pouvoir indiquer dans leurs détails les modifications qu'ils ont éprouvées.

§ II. *Dissection et conservation.*

Il est facile de détacher les téguments sur le cou et les membres, où ils n'adhèrent aux muscles que par une cellulosité lâche; mais il n'en est pas de même sur la carapace : là ils se trouvent immédiatement appliqués sur les os, et sur eux les écailles, qui, chez la plupart des espèces, leur adhèrent par toute leur face. Pour enlever les téguments, il est nécessaire de les faire macérer pendant quelques jours dans de l'eau, jusqu'à ce qu'ils commencent à se détacher d'eux-mêmes, et alors on les sépare mécaniquement en s'aidant du scalpel.

Quant aux écailles, on ne peut les enlever de la peau subjacente que par l'eau bouillante, qui, dissolvant une partie du derme, facilite le moyen de détacher ces pièces, absolument comme cela a lieu pour les ongles et les sabots chez des mammifères, et on en étudie la structure comme chez ces derniers.

ARTICLE V.

DES TÉGUMENTS DES POISSONS.

§ Ier. *Anatomie.*

Quoique les *téguments* des POISSONS soient au fond organisés comme ceux des autres vertébrés, ils s'en distinguent cependant en ce qu'ils sont plus adhérents aux muscles subjacents , par le moyen de nombreuses cloisons aponévrotiques plus ou moins transversales , se rendant des apophyses des vertèbres et des côtes aux téguments, cloisons auxquelles se fixent les fibres musculaires ; qu'au lieu de cryptes sébacés qu'on trouve dans ceux des animaux aériens, ils contiennent des cryptes muqueux , lesquels versent leur produit à la surface du corps en le rendant visqueux. Ces organes sécrétant la viscosité sont d'ordinaire de nombreux vaisseaux fort gros, sous-cutanés , formant souvent des amas à la partie supérieure de la tête , et qui s'ouvrent au dehors par de nombreux pores fort gros distribués par séries symétriques, principalement le long de la ligne latérale du corps. Jamais les poissons n'ont de poils, mais toujours des écailles plus calcaires que celles des reptiles.

§ II. *Dissection.*

Les procédés à employer pour la dissection de la peau des poissons sont les mêmes que pour les autres vertébrés. On devra toutefois la détacher avec beaucoup de précaution, et surtout sans la renverser, ce qui causerait la chute des écailles. Pour cela, on glisse à plat la lame d'un couteau sous la peau, et on la sépare ainsi en la décollant sans la soulever beaucoup.

§ III. *Conservation.*

On conserve les téguments des poissons comme ceux des autres vertébrés; il est seulement à remarquer que la couleur extrêmement fugace des écailles s'altère autant à l'état sec que dans la plupart des liqueurs.

SECONDE DIVISION.

DES TÉGUMENTS DES ANIMAUX ARTICULÉS.

Le squelette osseux, exclusivement propre aux Vertébrés , disparaît complétement chez les ARTICULÉS , et s'y trouve remplacé , ainsi que je l'ai fait voir dans mes *Consid. génér. sur l'anat. comp. des anim. art.,* p. 23, dans sa fonction par les *téguments*, qui prennent pour cela une consistance plus ou moins grande par un dépôt de matière calcaire qui s'y forme , absolument comme cela a lieu dans les téguments des *Dasypus*, de la classe des Mammifères (*ibid.*, p. 33); mais , au lieu d'être , comme dans les os , du phosphate de chaux , c'est du carbonate de chaux qui leur donne cette plus grande dureté; et la base , comparable à la gélatine des os et des téguments, est une substance spéciale propre aux animaux articulés et nommée *chiline* ou *entomeiline* , qui diffère de la gélatine 1° en ce qu'elle ne se dissout pas dans l'eau bouillante ; 2° du mucus, par son insolubilité dans la potasse caustique. On trouve du reste dans les téguments des animaux articulés les mêmes parties constituantes que chez les Vertébrés, c'est-à-dire un *épiderme*, un *corium* et une *matière colorante*.

Les téguments, en prenant de la solidité, constituent la charpente qui soutient les parties molles, et forment dans ce but, soit en dehors, soit dans l'intérieur du corps, un grand nombre de prolongements disposés en lames ou en apophyses pour donner insertion aux muscles et autres organes ; mais ces prolongements ne sont tous formés que par de simples plis rentrants des téguments extérieurs, de manière que chacun est toujours composé de deux feuillets.

Les différentes pièces solides de l'enveloppe ou du *têt* des animaux articulés sont jointes entre elles par des articulations tout aussi bien caractérisées que celles du squelette des Vertébrés et réunies par des ligaments qui ne sont proprement que des parties de ces mêmes téguments restées membraneuses. (Voyez à ce sujet la première division du chapitre III.)

Tous les animaux articulés paraissent sujets à des *mues* où ils changent au moins d'épiderme ou bien de toutes les parties de leurs têts. Chez les ANNÉLIDES ces changements de téguments se bornent à l'épiderme, qui se renouvelle même fort souvent, pendant la vie de ces animaux, du moins chez quelques espèces, comme les *Hirudo* (sangsues). Les INSECTES au contraire ne muent que quelquefois, pendant leur vie de larve, ainsi qu'aux deux métamorphoses qu'ils subissent ; et un petit nombre d'espèces seulement, telles que les *Ephemera*, changent encore de peau à l'état parfait. Dans ces différentes mues, les Insectes ne se dépouillent que de leur épiderme et de leurs poils, ainsi que de l'épithelium de la muqueuse, qui se prolonge dans les cavités, et même la membrane intérieure des gros troncs trachéens s'en va.

Les ARACHNIDES ne changent que d'épiderme, et, à ce qu'il paraît, pendant leur croissance seulement.

Chez les CRUSTACÉS, ceux à téguments flexibles ne se dépouillent que de leur épiderme, tandis que chez ceux dont le têt est fort dur, même le derme est rejeté, et il se forme à chaque mue un têt tout nouveau, mais seulement pour les parties extérieures, ainsi que j'ai pu m'en assurer ; tandis que les prolongements internes, qui ne pourraient pas sortir tout d'une pièce, se ramollissent simplement à chaque mue en perdant par résorption leur matière calcaire, et la reprennent immédiatement après. C'est dans le temps de ce ramollissement que ces prolongements internes ainsi que les téguments extérieurs grandissent : aussi voit-on ces animaux croître rapidement après leur mue et rester stationnaires pendant que leur têt est solide.

Ces différentes mues paraissent se répéter à certaines époques pendant toute la vie ; cela est du moins ainsi pour plusieurs espèces, telles que les BRANCHIOPODES.

ARTICLE PREMIER.

DES TÉGUMENTS DES ANNÉLIDES.

§ Iᵉʳ. *Anatomie.*

Les ANNÉLIDES faisant immédiatement suite aux Vertébrés, leurs *téguments* conservent encore la souplesse qui les caractérise chez ces derniers, et les trois couches qui les composent y sont parfaitement distinctes.

L'*épiderme* est de même une membrane très-mince, incolore ou légèrement irrisée, cornée, non fibreuse, d'un tissu très-serré et dur ; et ces animaux s'en dépouillent à certaines époques, à l'instar des Serpents.

La *matière colorante* forme de même une couche muqueuse placée immédiatement sous l'épiderme et donnant de la couleur aux téguments.

Le *derme* est également une membrane fibreuse feutrée, mais dont les fibres sont plus particulièrement transversales. Quoique cette membrane soit souvent fort épaisse, je n'ai jamais pu y distinguer plusieurs feuillets, comme chez les autres Articulés.

La couche papillaire paraît ne pas exister, et déjà chez les Poissons elle est peu ou pas apparente.

Je n'ai jamais non plus aperçu de glandes sébacées ou muqueuses dans les espèces que j'ai eues à disséquer. Quant à ces derniers organes qui remplacent les glandes sébacées chez les Poissons, ils doivent toutefois exister en nombre considérable, le corps des ANNÉLIDES étant constamment couvert d'une matière visqueuse ; mais ils sont sans doute fort petits.

Chez certaines espèces, telles que l'*Aphrodita aculeata*, on trouve de véritables poils, souvent fort touffus.

Les téguments déterminant la forme et les proportions du corps chez les animaux articulés, c'est ici le lieu d'indiquer les parties principales dont ce dernier est composé. Le corps des ANNÉLIDES est formé de la succession d'un nombre ordinairement fort considérable d'anneaux transversaux ou *segments* réunis par des plis rentrants que forment les téguments, où chaque segment emboîte d'ordinaire un peu celui qui le suit ; mais du reste ils ne forment aucun prolongement apophysaire.

Chez les espèces les plus simples, les *Gordius* et les *Lombricus*, de l'ordre des ABRANCHES, placées en tête de la classe, à la suite des POISSONS GALÉXIENS, tous les segments sont semblables et diminuent simplement de diamètre vers les extrémités du corps pour que celui-ci ne soit pas tronqué. Au premier et au dernier, les téguments se replient dans l'intérieur du canal alimentaire pour le doubler en formant sa muqueuse : aussi la bouche n'est-elle guère différente de l'anus et constitue simplement un orifice par lequel l'animal saisit et ingère sa nourriture ; du reste il n'y a rien qui indique une tête , qui en effet n'existe pas.

Chez les ANNÉLIDES supérieurs, comme les *Nereis*, les *Eunices*, etc., les segments antérieurs se renflent et se groupent ensemble pour former une véritable *tête* , non-seulement distincte du reste du corps par sa forme et son volume, mais encore en ce qu'on y remarque des yeux , une bouche armée de mâchoires dures , plus ou moins grosses et nombreuses, servant à la mastication et dépendant évidemment des téguments , dont elles sont des concrétions ; et l'on remarque en outre sur cette tête plusieurs appendices mous , coniques ou filiformes , nommés *tentacules* , paraissant être des organes sensitifs. C'est ainsi , chez les ANNÉLIDES DORSIBRANCHES , qu'a lieu la *première formation d'une tête composée de plusieurs segments réunis.*

Chez les *Gordius* on n'aperçoit également aucune trace de membres ou d'autres organes qui en tiennent lieu ; mais déjà chez les *Lombricus* on voit sur les côtés du corps quatre séries de petites soies cornées , roides et fort courtes , ou *cirrhes* , sortant des parties latérales de chaque segment , et dont la présence est facile à apercevoir , malgré leur petitesse , par la sensation qu'on en éprouve en passant le doigt dessus. Ces soies sont mises en mouvement par des muscles intérieurs et servent à cramponner l'animal lorsqu'il rampe : c'est le premier rudiment des membres des animaux articulés supérieurs. Chez les ANNÉLIDES mieux organisés, tels que les *Aphrodita* , les *Eunices*, ces soies, plusieurs réunies en un faisceau , se prolongent plus loin tant à l'intérieur qu'à l'extérieur du corps et sont mises en mouvement par des muscles nombreux et forts, qui en font déjà des organes de reptation très-parfaits ; et à l'extérieur, elles sortent au bout de gros mamelons tégumentaires, un peu articulés, ressemblant déjà assez bien aux pattes du *Scolopendra* : aussi ces membres servent-ils efficacement à une reptation assez prompte.

On a découvert depuis quelques années un genre d'Annélides bien remarquable, celui de *Peripatus*, qui lie cette dernière classe d'une manière évidente à celle des MYRIAPODES , et dont j'avais pressenti l'existence en indiquant sa place dans l'échelle des animaux articulés , dans mes *Considérations générales sur l'anatomie des ani-*

maux articulés, présentées en 1823 à l'Académie des sciences, où j'ai fait voir que les MYRIAPODES devaient faire immédiatement suite aux ANNÉLIDES, mais qu'il y avait entre ces deux classes une lacune où manquaient un ou plusieurs genres inconnus ; et le genre *Peripatus* remplit réellement ce vide : c'est un ANNÉLIDE à tête bien distincte, pourvue d'antennes, et dont chaque segment du corps porte une paire de pattes. Mais l'organisation de cet animal n'est du reste pas encore connue.

§ II. *Dissection.*

On peut facilement séparer l'épiderme des ANNÉLIDES en faisant macérer ces animaux pendant quelques jours dans de l'eau, de l'huile de térébenthine, un acide affaibli, ou bien dans de l'alcool, où cette membrane se sépare d'elle-même d'autant plus facilement que l'animal approchait le plus d'une mue, c'est-à-dire du changement d'épiderme ; mais dans ces mues naturelles il existe toujours un nouvel épiderme sous l'ancien qui s'en va : de manière que le tissu muqueux n'est pas à nu. Si, au contraire, on échaude ces animaux, l'épiderme nouveau se détache également, et le tissu muqueux est à découvert. On peut d'ailleurs aussi enlever l'épiderme mécaniquement.

§ III. *Conservation.*

On peut conserver les téguments des ANNÉLIDES à l'état desséché, et pour cela il est inutile de leur faire subir aucune préparation préalable, presque tous étant dépourvus d'appendices pileux. Il suffit d'étendre la peau avec des épingles sur un morceau de liége, de l'y faire sécher et de la passer ensuite au sublimé-corrosif ; mais le mieux est de conserver les téguments dans la liqueur où leur couleur s'altère le moins.

ARTICLE II.

DES TÉGUMENTS DES MYRIAPODES.

§ Ier. *Anatomie.*

J'ai déjà fait remarquer plus haut que les téguments des animaux articulés se chargeaient de matières calcaires et prenaient de là une très-grande consistance. Cela est général pour tous, à l'exception des Annélides, dont quelques parties seulement de la peau prennent ainsi de la rigidité.

Chez la plupart des MYRIAPODES et beaucoup d'Insectes, les téguments conservent encore quelque flexibilité et sont en apparence cornés ; mais chez les *Iulus*, les *Glomeris* et genres voisins formant l'ordre des CHILOGNATHES, ils sont au contraire très-durs et plus calcaires que chez les *Scolopendra* et les Insectes, approchant davantage des téguments des Crustacés, et notamment de ceux des Isopodes, dont je parlerai plus tard. Aussi ces animaux diffèrent-ils sensiblement des autres MYRIAPODES OU CHILOPODES, qui constituent la branche principale, celle qui conduit aux Insectes, tandis que les Chilognathes se rapprochent davantage des Crustacés sous le rapport du reste de leur organisation.

Les téguments des MYRIAPODES forment déjà dans l'intérieur diverses saillies ou prolongements destinés à servir d'attache à certains muscles, qui produisent par là des effets plus efficaces qu'en agissant sur des téguments mous.

Le corps des MYRIAPODES est, comme celui des Annélides, composé d'un grand nombre de segments, mais plus distincts, vu que les téguments sont solides. Pour permettre les mouvements de flexion du corps, ces segments sont joints par des bandes tégumentaires membraneuses par le moyen desquelles chacun recouvre en partie celui qui suit, et permettent au corps de s'allonger et de se raccourcir dans certaines limites. Chaque segment est en outre divisé en deux pièces principales, l'une dorsale ou le *bouclier*, ou simplement l'*arceau supérieur;* et une ventrale, ou le *sternum*, ou bien l'*arceau inférieur*. Ces pièces sont réunies sur les côtés par une *bande membraneuse*, renfermant souvent encore quelques petites pièces solides.

La tête des CHILOPODES se compose bien évidemment de la réunion de plusieurs segments dont les pieds respectifs se sont transformés en organes de la mastication, et leurs extrémités en *palpes*, espèce d'organe sensitif; mais il paraît que cette tête n'est déjà plus le véritable analogue de celle des Annélides supérieurs, et que celle-ci, en rentrant dans elle-même par la bouche, ses organes masticateurs, transportés dans le gésier, sont devenus l'appareil de rumination que ce dernier renferme; c'est du moins ce qu'on trouve indiqué par une disposition remarquable de ces parties chez les *Polynoë* (*Aphrodita squammata*), où les analogues des mâchoires des autres Annélides se trouvent placés dans le fond de l'œsophage, d'où ces animaux les amènent au dehors en renversant ce dernier pour les faire servir à la mastication. En effet les mâchoires des Annélides ont par leur forme, leur disposition, leur irrégularité et leur insertion, bien plus d'analogie avec l'appareil de rumination des animaux articulés supérieurs qu'avec leurs organes masticateurs buccaux.

Les organes masticateurs des CHILOPODES, et spécialement des *Scolopendra*, se composent d'un *labre* ou lèvre supérieure, de deux *mandibules*, de deux *mâchoires* et d'une *lèvre* (inférieure), parties qui se retrouvent chez les Insectes broyeurs, où ces organes

ont été ainsi nommés ; et ces noms , une fois établis , ont dû être également appliqués à leurs analogues chez les Myriapodes , quoique
leur disposition ne soit pas absolument la même, surtout pour les deux
derniers, qui devraient , vu leur disposition , échanger leurs noms.

Les deux segments qui composent la tête interceptent entre eux une
vaste ouverture dirigée en avant et en dessous , par l'effet du premier
réduit à sa partie supérieure seulement.

L'extrémité antérieure de ce segment , ou pièce *épicrânienne,*
porte un appendice mobile, ou *labre*, formé d'une petite pièce simple , transversale, à bords antérieurs et latéraux libres , et fermant la
bouche en dessus. Sa lame inférieure se continue avec la muqueuse
de la bouche.

Les *mandibules* sont deux corps d'une seule pièce articulés chacun
avec la pièce épicrânienne , en arrière et en dehors du labre , par un
condyle unique. De ce point d'insertion elles se portent en avant et en
dessous en se recourbant antérieurement en dedans l'une vers l'autre,
se joignent par leur bord antérieur, tranchant ou incisif, et se meuvent
latéralement en allant à la rencontre l'une de l'autre pour couper les
aliments, à peu près comme les deux parties d'une tenaille. Ces mandibules ne portent aucun appendice.

Les *mâchoires* sont deux très-grands crochets placés latéralement
sous les mandibules , mais insérés sur le second segment céphalique ,
dont ils sont bien évidemment les pattes transformées. Elles se portent
en avant et se recourbent en dedans en se mouvant également de
côté pour servir à saisir et à dépecer la proie.

Immédiatement en arrière de ces crochets , le même segment paraît
porter une petite paire de pattes semblables à celles du reste du corps,
mais ne servant pas à la locomotion. Ces pattes appartiennent très-pro-
bablement à un troisième segment qui a en grande partie disparu en
se confondant avec le second céphalique , et dont les pattes sont devenues les *palpes maxillaires* , ainsi qu'on le reconnaît assez facilement en comparant ces parties aux organes buccaux des Insectes.

La *lèvre* , qui chez les Insectes ferme la bouche en dessous , est
au contraire placée , chez les Scolopendra , entre les mandibules et les
mâchoires et cachée par ces dernières. Cette lèvre ressemble beaucoup
pour la forme aux mâchoires ; mais elle est beaucoup plus petite et
porte de même un *palpe* en forme de petit pied.

Les *pattes* , qui commencent à paraître sous forme de soies , puis
sous celle de mamelons chez les Annélides , en devenant de véritables
pieds chez les *Peripatus* , présentent une forme bien plus décidée
encore chez les MYRIAPODES , où , à cause de leurs téguments solides ,
elles se trouvent divisées en plusieurs parties successives qu'on désigne chez les Insectes sous les noms de *hanche , de cuisse , de*

jambe et de *tarse;* mais chez les MYRIAPODES, à l'exception du dernier genre, celui des *Scutigera*, qui confine aux Insectes, tous ces articles sont encore à peu près semblables, ayant la forme d'anneaux cylindriques diminuant progressivement de diamètre et terminés par un crochet. Ces pièces s'articulent généralement entre elles par deux points, ce qui détermine une articulation en charnière ayant un mouvement ginglymoïdal.

Chez les *Scutigera* les pattes prennent au contraire déjà la forme qu'elles présentent dans les Insectes, avec cette différence que le tarse est formé d'un nombre d'articles bien plus grand.

Le nombre des pattes est généralement égal à celui des segments du corps, mais plus particulièrement des pièces sternales, dont chacune en porte une paire. Chez les CHILOGNATHES cependant, animaux excentriques sous plus d'un rapport, chaque segment en porte deux paires, et chez les *Scutigera* chaque arceau supérieur correspond à deux inférieurs.

Déjà chez les CHILOPODES les pattes postérieures, quoique plus longues et plus fortes que les autres, ne servent plus à la locomotion, et l'animal les traîne après lui comme des membres paralysés. Il n'est cependant pas probable qu'elles n'ont aucune fonction, et je suis très-persuadé qu'elles servent à un sens dont nous ne saurions nous faire une idée précise, quoique je n'en aie d'ailleurs d'autre preuve que l'existence même de ces organes en apparence inutiles, recevant cependant de très-gros troncs nerveux.

§ II. *Dissection.*

Pour étudier le système tégumentaire des MYRIAPODES, on doit employer en général les mêmes procédés que pour les Insectes, dont je parlerai plus bas. Je ferai seulement remarquer que, vu la forme allongée de leur corps, on est assez disposé à ouvrir ces animaux, soit par le dos, soit par le ventre, pour examiner l'intérieur, ainsi qu'on le fait pour les Annélides; mais, comme on est obligé de rabattre les lèvres de la fente, on conçoit que toutes les parties se trouvent déplacées et qu'on ne les retrouve plus dans leurs rapports naturels. Je conseille donc de les disséquer comme les Insectes, par le profil intérieur.

Pour ouvrir le corps de ces animaux, il convient de les fixer sur un plateau très-étroit et bombé, laissant pendre les pattes sur les côtés, afin qu'elles ne gênent pas.

§ III. *Conservation.*

On conserve les préparats des téguments des MYRIAPODES absolument comme ceux des Insectes.

ARTICLE III.

DES TÉGUMENTS DES INSECTES.

§ Ier. *Anatomie.*

Les téguments des INSECTES ne diffèrent pas essentiellement de ceux des Myriapodes Chilopodes; ils sont également de consistance cornée, souvent plus solides et souvent plus mous, présentant la même structure et les mêmes conformations générales dans les pièces qu'ils forment. On distingue, chez ces animaux, très-bien les trois couches qui constituent aussi ceux des Annélides, mais toutefois avec quelques modifications, dues en partie à la solidité qu'ils prennent.

L'*épiderme* est toujours une lame non fibreuse, en apparence cornée et cassante. En l'examinant au microscope, on y distingue une foule de rides irrégulières, et, entre elles, des pores dont les uns paraissent être des orifices de cryptes excrémentitiels, tandis que d'autres donnent issue à des poils.

Le *tissu colorant* est surtout remarquable chez ces animaux par les modifications qu'il présente relativement à sa disposition que j'ai fait connaître, ainsi que la vraie structure des téguments, dans mes *Considérations générales sur l'anatomie des animaux articulés.* Ce tissu colorant des Insectes est composé de deux substances, dont l'une soluble dans l'alcool et l'éther, forme un vernis sec qui recouvre extérieurement l'épiderme et manque chez les Vertébrés; la seconde est, au contraire, insoluble dans ces deux menstrues, mais soluble dans l'eau bouillante et la potasse caustique.

Cette seconde matière est susceptible d'être placée soit dans l'épaisseur même de l'épiderme et du derme, soit entre ces deux lames, soit enfin à la face interne du derme, où seule elle conserve une consistance muqueuse.

C'est la première de ces substances qui donne seule ces belles couleurs brillantes dont les Insectes sont parés, et qu'on enlève facilement en grattant la surface de l'épiderme, dont la vraie couleur, celle qui le pénètre, se montre aussitôt. Celle-ci est généralement brune ou noire, et jamais d'une teinte vive, comme du rouge, du jaune, du blanc, etc.

La seconde partie de la matière colorante teint, comme je l'ai dit, souvent l'intérieur de l'épiderme et du derme, où elle varie de couleur, et souvent différemment dans les deux lames. Dans certains cas, elle est placée à la face interne du derme, dans des endroits nettement circonscrits par taches, et vis-à-vis des places où l'épiderme et le derme sont parfaitement incolores. Cette disposition se trouve généralement dans les endroits où l'on aperçoit des couleurs vives; tandis que là où les téguments sont noirs ou bruns, la matière colorante pénètre l'épiderme et le derme, et surtout le premier.

Le *derme* ou *corium* est une lame fibreuse distinctement composée de plusieurs feuillets très-adhérents les uns aux autres, et dont les fibres sont fort souvent dirigées dans des sens différents.

Les *poils* et autres productions cutanées sont, par leur mode de développement, analogues à ceux des Vertébrés, étant de même produits par des bulbes placés dans l'épaisseur du derme. Il est fort difficile, et même impossible, de suivre ces poils dans les parties dures des téguments pour arriver jusqu'à leur racine; mais cela devient bien plus aisé dans les parties restées membraneuses, comme, par exemple, à la base de l'abdomen, ou entre le corselet et le thorax. Là on aperçoit leurs bulbes non-seulement sans disséquer la membrane qui les porte, mais on distingue encore très-bien leur forme par l'effet de la transparence de cette membrane. On doit rapporter à ces poils les écailles des papillons qui ne sont que des poils élargis.

Nous avons vu que chez les Annélides et les Myriapodes le corps se trouvait divisé en un nombre fort considérable de segments, tous à peu près égaux. Chez les INSECTES, il est généralement réduit à douze, sans y comprendre la tête ni deux segments dont on trouve encore les rudiments dans le cou, où ils constituent les deux paires de pièces *jugulaires;* ces douze segments sont d'ordinaire bien apparents et à peu près semblables chez les larves; mais par l'effet des métamorphoses plusieurs disparaissent en apparence, en rentrant plus ou moins dans l'intérieur; et d'autres éprouvent des transformations telles que ce n'est que par une comparaison attentive qu'on parvient à reconnaître leur analogie. De ces douze segments, les trois premiers conservent seuls les pattes qu'on trouve à tous chez les Myriapodes, tandis que ces membres disparaissent sur les neuf derniers. Dans les THYSANOURES LÉPISMÈNES, formant la première famille du premier ordre, les pattes postérieures existent toutefois encore sous forme de petits rudiments, mais sans fonction apparente; et la dernière paire, déjà plus grande chez les *Scolopendra*, prend la forme de deux longs filets multiarticulés, de même sans fonction connues. Enfin, entre ces filets il s'en trouve un impair très-long et multiarticulé qui semble représenter les rudiments de la longue série des segments du corps des Chilopodes qui ont disparu chez les Insectes.

Chez les THYSANOURES, premier ordre des Insectes, où la nature n'a pas encore introduit les ailes, les trois premiers segments pédifères constituant le *tronc*, ne diffèrent que peu de leurs analogues chez les Chilopodes, étant formés de même chacun d'un *bouclier* débordant sur celui qui suit et débordant aussi sur les côtés, et d'une grande pièce *sternale*, séparée du bouclier par un espace membraneux assez large où sont insérées les pattes, comme chez les Myriapodes Chilopodes. Les neuf *segments* suivants, formant ce qu'on appelle l'*abdomen*, et portant les rudiments de pattes, se réduisent chacun à un anneau, diminuant progressivement de grandeur d'avant en arrière, et dont les deux *arceaux* sont des lames simples plates pliées en demi-cercle, le supérieur recouvrant un peu l'inférieur sur les côtés. Cet abdomen forme la cavité dans laquelle se trouvent renfermés la plupart des viscères, et le tronc n'en renferme que peu ; tandis que chez les Myriapodes, où il n'y a pas de distinction entre ces deux parties, les viscères sont répartis dans tout le corps.

La *tête* des INSECTES, parfaitement mobile sur un cou membraneux, mais caché entre elle et le premier article du tronc, ne présente plus si bien les deux segments céphaliques des Chilopodes, qui se trouvent mieux confondus pour former la partie principale de la tête ou le *crâne*, boîte arrondie et déprimée dans laquelle se trouvent le cerveau et les muscles moteurs des organes buccaux. Sur le devant, cette boîte est largement ouverte ; et c'est dans cette ouverture qu'est placée la *bouche* avec ses organes masticateurs, qui prennent une forme et une disposition particulières propres aux INSECTES, différant assez fortement de ce qu'on voit chez les Myriapodes, quoique dans le principe ce soient les mêmes parties. Dans les quatre premiers ordres, ceux des THYSANOURES, des COLÉOPTÈRES, des ORTHOPTÈRES et des NÉVROPTÈRES, qui se nourrissent de substances solides, et qu'on nomme de là *Insectes broyeurs*, le bord supérieur de l'ouverture du crâne se continue par le *labre*, petite plaque simple, impaire, mobile, à bords libres, disposée comme dans les Myriapodes. Immédiatement dessous sont deux *mandibules* mobiles latéralement en allant à la rencontre l'une de l'autre, également comme celle des Myriapodes, dont elles diffèrent essentiellement en ce qu'elles s'articulent avec le crâne par deux points, ce qui rend leurs mouvements plus réguliers : chez les THYSANOURES, elles s'articulent toutefois encore, comme chez les *Scolopendra*, par un seul condyle avec la partie supérieure du crâne seulement. Sous les mandibules sont placées les *mâchoires*, ce qui n'est pas de même chez les Chilopodes. Ces organes, autrement conformés que chez ces derniers, se composent de trois parties : leur *corps*, le *palpe* et le *galea*. Le corps est lui-même formé de quatre pièces : la *branche transverse*, qui le fixe sur le bord inférieur de l'ouverture du crâne ; la *pièce dorsale*, placée obliquement en dehors et en dessous ; la *pièce intermaxillaire*, en dedans ; la *pièce palpifère*, en dessus; et la *pièce prémaxillaire,* qui termine en avant le corps de la mâchoire.

Le *palpe* est un filet multiarticulé, représentant l'extrémité de la seconde patte qui constitue la mâchoire. Il est placé en dehors, à l'extrémité antérieure du corps de la mâchoire.

Le *galea* est un second palpe plus interne, l'analogue des grands crochets des mâchoires des *Scolopendra,* et représente, comme ce dernier, la première paire de pattes qui entre dans la composition des mâchoires.

En dessous, la partie interne des mâchoires est recouverte par la *lèvre,* dont la forme est également différente de celle qu'on voit chez les Chilopodes, où cet organe est placé au-dessus des mâchoires. On y distingue le *corps* ou partie moyenne, les deux *palpes,* les deux *palpules* et les deux *lobules.* Le corps de la lèvre se compose lui-même de trois parties successives : la première est le *menton;* la seconde, je la nomme la *lippe;* et, à la troisième, je donne le nom de *prélippe.* Les palpes, le plus souvent semblables à ceux des mâchoires, mais plus petits, sont d'ordinaire insérés sur les côtés; à l'extrémité de la lèvre sont placés en dehors les lobules, et en dedans les palpules.

Ces différentes parties des organes buccaux ne sont toutefois bien distinctes que chez les ORTHOPTÈRES, et spécialement dans le genre *Locusta;* mais chez la plupart des autres Insectes broyeurs, plusieurs manquent ou sont confondus. On trouve cependant toujours le labre, les mandibules, les mâchoires et la lèvre; mais aux mâchoires il manque le plus souvent la pièce prémaxillaire et le galea. A la lèvre on ne trouve d'ordinaire que le menton et la lippe avec les palpes, tandis que les lobules avec les palpules manquent.

Au-dessus de la lèvre, dans l'intérieur de la bouche, est placée la *langue,* que j'ai fait connaître pour la première fois dans mes *Considérations générales sur l'anatomie des Animaux articulés.* C'est un lobule mollasse remplissant les mêmes fonctions que chez les animaux supérieurs.

Chez les autres INSECTES, comprenant les ordres des HYMÉNOPTÈRES, des HÉMIPTÈRES, des LÉPIDOPTÈRES, des DIPTÈRES et des APTÈRES, qui se nourrissent de substances liquides, et qu'on appelle de là *Insectes suceurs,* les organes de la bouche subissent de nouvelles transformations par des modifications successives qui se propagent peu à peu de bas en haut d'une paire d'organes à l'autre en suivant la série des familles. Elle commence chez les HYMÉNOPTÈRES, qui sont à la fois broyeurs et suceurs; chez les TÉRÉBRANTS, première famille de cet ordre, les organes de la bouche ne diffèrent encore que très-peu de ceux des Insectes broyeurs proprement dits; seulement la lèvre se prolonge un peu plus et devient plus membraneuse. Chez les PORTE-AIGUILLONS, au contraire, cette lèvre s'allonge en forme de languette plus ou moins longue, et se roule en un canal qui enveloppe les autres parties de la bouche, pour former une *trompe* propre à sucer les liquides; les mâchoires se prolongent également en deux filets grêles, mais on y distingue encore fort bien les parties qui constituent celles des Insectes broyeurs; enfin, les mandibules et le labre conservent leurs formes primitives, si ce n'est que ce dernier est double : un *supérieur* et un *inférieur*, celui-ci caché sous le premier. Chez les HÉMIPTÈRES, les mandibules se transforment également en filets et rentrent dans la trompe; enfin, dans plusieurs, le labre inférieur s'allonge de même en une longue languette pour faire partie de la trompe. Chez les DIPTÈRES et les APTÈRES, le labre supérieur se transforme à son tour en un long stylet pour entrer dans la composition de cette dernière. Dans l'ordre des LÉPIDOPTÈRES, la lèvre et le labre disparaissent, et le plus souvent aussi les mandibules; mais les mâchoires forment deux longs filets multiarticulés, réunis par les côtés pour former ensemble un tube grêle ou *trompe*, par lequel ces insectes sucent le miel des fleurs.

La tête des INSECTES porte toujours deux *antennes* multiarticulées, analogues à celles des Myriapodes, mais dont la forme varie considérablement. On peut en compter jusqu'à vingt-quatre espèces principales : les antennes *sétacées* ou en *soie ;* les antennes en *fuseau,* les antennes *filiformes,* les *moniliformes* ou en *chapelet ;* les *perfoliées,* dont les articles sont discoïdes et réunis par un pédicule central [1]; les antennes en *scie,* les *pectinées,* les *feuilletées,* les antennes à *masse terminale fusiforme,* à *masse filiforme,* à *masse serratiforme,* à *masse pectinée,* à *masse perfoliée,* à *masse feuilletée,* à *masse lenticulée,* où les articles formant la partie terminale sont aplatis et ne se touchent que par leurs bords; celles à *empaumure,* qui ressemblent à un bois de cerf; celles à *masse agglomérée,* à *masse tronquée,* à *masse enveloppante,* dont les articles terminaux sont enveloppés par ceux qui précèdent; les antennes *noueuses,* celles à *croc,* celles à *masse en bouton,* et à *masse discoïde.* Enfin, toutes les formes d'antennes que je viens de nommer peuvent ensuite se répéter, avec cette différence que le premier article, beaucoup plus long que les autres, forme un angle avec leur série, ce qui fait que l'antenne est comme *brisée.*

---

[1] Les antennes des *zygaena* sont perfoliées, quoiqu'en apparence elles soient en massue.

14.

La tête de tous les INSECTES porte sur les côtés, comme chez les *Iulus*, deux grandes saillies en forme de calottes sphériques, taillées à facettes, et dont chaque petite partie est un œil complet ou *ocellus*, ce qui a fait donner à leur ensemble le nom d'*yeux composés*; et, outre ceux-ci, plusieurs de ces animaux en portent encore de simples isolés sur le sommet de la tête, et nommés de là *yeux lisses* ou *stémates*. Je décrirai ces organes au treizième chapitre de cet ouvrage.

Les INSECTES n'ont jamais ni plus ni moins de six *pattes*, portées par paires sur les trois premiers segments du corps constituant le *tronc*. Elles sont formées de plusieurs parties successives, c'est-à-dire de la *hanche*, qui les fixe au corps; du *trochanter*, très-petit article placé comme un appendice à la base de la cuisse; de la *cuisse*, de la *jambe*; des *éperons*, placés à l'extrémité de la jambe en arrière du tarse, et du *tarse*: celui-ci composé de deux à cinq petits *articles* consécutifs, dont le dernier est terminé par deux *crochets*; les *Lucanus* ont un sixième article aux tarses, mais très-petit, placé entre les crochets ordinaires, et portant aussi deux petits crochets.

Chez tous les INSECTES, à l'exception des THYSANOURES et des APTÈRES, on trouve deux paires d'*ailes* insérées sur les deux articles postérieurs du tronc, qui prennent de là une forme particulière et constituent le *thorax*, en se distinguant par là du premier segment ou *corselet*, qui ne porte jamais d'aile et ne change pas notablement de forme, et ces deux segments prennent les noms de *prothorax* et de *métathorax*. Les THYSANOURES manquent d'ailes, parce qu'elles n'y existent pas encore, n'étant introduites dans l'organisme que dans l'ordre des COLÉOPTÈRES; et elles manquent chez les APTÈRES, parce qu'elles y ont disparu, étant arrivées au dernier degré de leur échelle de gradation.

Chez les COLÉOPTÈRES, les ailes de la première paire ou du prothorax sont épaisses, cornées et en forme d'étui, d'où on les a nommées *élytres*; elles sont ainsi encore rudimentaires et ne servent pas au vol, mais simplement à protéger les ailes postérieures ou du métathorax placées dessous à l'état de repos. Celles-ci, qui exécutent seules le vol, sont membraneuses, et soutenues par diverses nervures cornées partant de l'aisselle, nervures dont les plus fortes occupent le bord antérieur de l'aile, condition nécessaire pour que l'animal puisse voler. (Voyez mes *Considérations générales*, etc., p. 200.)

Chez les ORTHOPTÈRES, les élytres commencent à devenir membraneux, mais agissent encore peu dans le vol. Dans l'ordre suivant, celui des NÉVROPTÈRES, ils sont entièrement membraneux, et égalent les ailes inférieures dont ils ne diffèrent presque pas, et le vol s'exécute également au moyen des deux paires d'ailes. A partir de là, les élytres ou première paire commencent à surpasser la seconde, qui diminue de grandeur et d'action, et finit par disparaître chez les DIPTÈRES, où elle est réduite à de simples rudiments nommés *balanciers*, tandis que le vol s'exécute exclusivement par la première paire. Déjà chez les HYMÉNOPTÈRES, les ailes antérieures sont beaucoup plus grandes que les postérieures; chez les LÉPIDOPTÈRES, elles sont à peu près de grandeur égale, mais celles du métathorax presque passives dans le vol; et enfin chez les derniers DIPTÈRES ou les *Hippobosca,* les ailes supérieures se réduisent également à de simples rudiments, et les deux paires disparaissent enfin un peu plus loin; chez les APTÈRES (*Puces*), les deux articles du thorax suivent la même marche de gradation que les ailes, auxquelles ils sont subordonnés; chez les THYSANOURES, les trois articles du tronc sont égaux; chez les COLÉOPTÈRES, le premier ou le corselet conserve sa forme primitive, tandis que les deux suivants, le prothorax et le métathorax, s'unissent plus intimement en s'y confondant en partie, afin de présenter plus de fixité pour donner au vol plus de régularité; mais le prothorax est moins grand que le métathorax, et cela proportionnellement à l'action des ailes qu'ils portent. Chez les ORTHOPTÈRES, les deux segments sont presque égaux; et ils le sont tout à fait chez les NÉVROPTÈRES, où les ailes sont égales, mais le corselet a considérablement diminué. Dans l'ordre des HÉMIPTÈRES, formant avec les LÉPIDOPTÈRES une branche à part, le corselet conserve sa grandeur ordinaire; mais les deux segments du thorax sont intimement confondus en une seule masse. Chez les LÉPIDOPTÈRES, le corselet diminue également, et à tel point qu'il paraît avoir disparu; et le thorax restant seul en apparence, la plupart des entomologistes commettent la grande erreur de le nommer *corselet*. Il en est de même chez les HYMÉNOPTÈRES, et les DIPTÈRES où il s'unit en partie au thorax; et chez ces quatre derniers ordres, le métathorax est réduit à moins du quart du volume du prothorax. Enfin chez les APTÈRES, où les ailes ont de nouveau disparu, ces organes n'influant plus sur les segments du thorax, ceux-ci reprennent à peu près leur forme première, celle qu'ils ont chez les Chilopodes et les Thysanoures.

Le corselet des COLÉOPTÈRES est formé de l'assemblage de six pièces, dont une impaire supérieure constitue le *bouclier,* l'analogue des pièces du même nom ou des arceaux supérieurs chez les *Scolopendra*. Cette pièce déborde plus ou moins de toute part, en avant sur la tête, en arrière sur le thorax, et latéralement sur le corselet même, en y formant souvent une lame plus ou moins saillante. Le dessous du corselet est occupé par une seconde pièce impaire ou *sternum antérieur,* également analogue à celui des Myriapodes. Entre le bou-

clier et le sternum se trouve de chaque côté une petite pièce unie par
suture avec les deux, et portant la première paire de pattes, qui s'articule sur elle comme le fémur des vertébrés sur les trois os coxaux ;
et comme les analogues de ces pièces se répètent sur le prothorax et
le métathorax, je leur ai donné, par analogie de disposition, le nom
de *pubis*, réservant les noms d'*iliaques* et d'*ischion* à ceux du
thorax. Ces pubis, bien distincts dans un grand nombre de COLÉOP-
TÈRES et autres INSECTES, paraissent être confondus chez d'autres avec
le bouclier ou avec le sternum. Là où ils sont distincts ils sont partagés en deux parties par une crête verticale, qui se prolonge au
bord inférieur de la pièce en une petite apophyse sur laquelle s'articule
la hanche de la patte correspondante ; et, à en juger par analogie avec
les iliaques et les ischions, cette crête indiquerait une séparation en
deux pièces, dont l'une serait le *pubis antérieur*, et l'autre le *pubis postérieur*. Mais ces pièces ne sont, que je sache, distinctes que
dans les *Forficula*.

Au-devant et au-dessous des pubis se trouve une petite pièce mobile,
articulée plus particulièrement avec la hanche, au-devant de laquelle
elle est placée. Cette pièce, souvent intérieure, et que j'ai nommée
rotule antérieure, paraît aussi représenter le pubis antérieur.

En arrière des parties latérales du sternum se trouvent, entre ce
dernier et le prothorax, les deux *cadres des premiers stigmates*,
petits anneaux ovales entourant les stigmates, orifices par lesquels les
insectes respirent.

Le *prothorax* est composé de quatorze pièces principales et de
quatre autres paires très-petites entrant dans l'articulation des élytres.
La partie supérieure est occupée par l'*écusson*, grande pièce analogue
au bouclier, mais tout autrement conformée ; en dessous se trouve le
sternum moyen, analogue à celui du corselet ; et entre ces deux
pièces, de chaque côté, six autres, dont l'une, petite et grêle, part de
l'angle antéro-latéral de l'écusson et se dirige en dessous, formant le
bord latéral de l'ouverture qui sépare le prothorax du corselet ; et je
l'ai de là nommée, par analogie de position, la *clavicule antérieure*. Les deux parties latérales de l'écusson sont souvent distinctes
de la pièce moyenne, et je les ai désignées sous le nom de *pièces scapulaires antérieures*. En dehors du sternum, sur les côtés du prothorax, se trouvent deux pièces placées à la suite l'une de l'autre, et
occupant toute la longueur du prothorax : ce sont les deux *iliaques*
distinguées en *antérieure* et en *postérieure*, réunies par une suture
verticale, laquelle se prolonge un peu au delà du bord inférieur en une
petite apophyse sur laquelle s'articule la hanche de la seconde paire
de pattes. Dans la partie supéro-antérieure de la fosse qui reçoit la
hanche est une petite *rotule* analogue à celle du corselet ; en arrière

de l'iliaque postérieure, dans la membrane qui passe du prothorax au métathorax, est suspendu le *cadre* du second stigmate.

Au-dessus des deux iliaques, entre elles et l'écusson, est insérée la première paire d'ailes, ayant dans son articulation quatre petites pièces mobiles que j'ai désignées sous le nom de *préépaulière*, et d'*épaulières antérieure, moyenne* et *postérieure*.

Le *métathorax* est plus compliqué encore que le prothorax, en ce que le quatrième segment de la larve s'unit à lui dans la métamorphose; de manière qu'il est composé de dix-huit pièces, sans compter dix autres des articulations des ailes. La partie supérieure est occupée par le *clypeus*, pièce analogue à l'écusson et au bouclier, mais lui-même composé de sept pièces : une *moyenne* longitudinale formant la gouttière dans laquelle pénètrent les élytres chez les coléoptères; deux *latérales postérieures;* deux *latérales moyennes*, et au-devant de celles-ci deux *axillifères* portant les pièces de l'articulation de la seconde paire d'ailes. Au-devant du clypeus est une grande pièce transversale descendant en forme de cloison dans l'intérieur du tronc, en séparant le métathorax du prothorax, d'où je l'ai désignée sous le nom de *diaphragme.* Sur les côtés de ce dernier se trouvent deux petites *clavicules postérieures;* sur les parties latérales postérieures du clypeus sont les deux *scapulaires postérieures*, portant l'axillaire postérieure, pièce de l'articulation de l'aile. Le dessous du métathorax est occupé par le *sternum postérieur*, pièce impaire, qui se relève sur les deux côtés en formant une large aile séparée de celle du prothorax par la fosse qui loge la hanche de la seconde paire de pattes. Sur le bord supérieur de cette aile s'articulent deux pièces latérales ou *ischions*, distinguées, comme les iliaques, en *antérieure* et en *postérieure*, et réunies par une suture sur l'extrémité inférieure de laquelle s'articule la hanche de la troisième paire de pattes. Au-dessus de ces deux pièces, immédiatement sous l'aile postérieure de l'insecte, se trouve la pièce *costale*, dont l'analogue ne paraît pas exister au prothorax. Dans l'intérieur du métathorax se trouve, en dedans de l'ischion antérieur, une pièce en forme de pavillon de trompette, dans laquelle se fixe le muscle extenseur antérieur de l'aile, dont elle n'est proprement que le tendon endurci. A la partie postérieure du métathorax, descend du bord postérieur du clypeus une demi-cloison ou *tergum*, séparant le métathorax de l'abdomen. Ce tergum n'est autre chose que l'arceau supérieur du quatrième segment de la larve, qui s'est fléchi dans l'intérieur du corps pour fournir des attaches à plusieurs muscles.

A la base des ailes postérieures se trouvent cinq petites pièces mobiles analogues aux épaulières, dont l'une est la *préaxillaire*, et les quatre autres constituent les *première, seconde, troisième* et *qua-*

trième axillaires, mais dont la disposition est difficile à indiquer sans figure. Voyez à ce sujet mes *Considérations générales,* etc., p. 108.

L'*abdomen* ou partie postérieure viscérale du corps est composé d'articles ou *segments* analogues au corselet, au prothorax et au métathorax, mais beaucoup moins compliqués, ne portant ni pattes ni ailes. Ce sont de simples anneaux composés de deux demi-cercles, dont l'un forme l'*arceau supérieur* et l'autre l'*arceau inférieur;* mais souvent on trouve entre eux, de chaque côté, une petite pièce accessoire ou *lombaire,* l'analogue des pubis, de l'iléum et de l'ischion. Dans le dernier segment visible se trouvent en outre diverses autres pièces, dont les unes ou les *anales* ne sont que les arceaux du douzième segment de la larve, rentrés dans l'abdomen pour servir de soutien aux organes génitaux et au rectum, et dont d'autres entrent dans la composition de l'*aiguillon* et de son *étui* chez les insectes pourvus de cette arme. Chacun des segments abdominaux porte en outre entre les deux arceaux, et souvent dans l'une ou dans l'autre de ces pièces, une paire de stigmates entourée d'un *cadre* solide.

Toutes les pièces que je viens d'énumérer se trouvent chez les INSECTES les plus complétement organisés, tels que les COLÉOPTÈRES supérieurs, plusieurs ORTHOPTÈRES et NÉVROPTÈRES, et beaucoup d'HYMÉNOPTÈRES, etc.; mais fort souvent les unes ou les autres manquent.

§ II. *Dissection.*

Les deux lames principales qui constituent les téguments des INSECTES peuvent fort souvent être séparées mécaniquement, surtout chez les espèces où le têt n'est pas très-solide, telles que chez les *cantharis;* mais dans un grand nombre de genres dont les téguments sont fort durs, cette séparation immédiate est impossible. On y distingue toutefois assez bien les deux lames en les coupant ensemble très-obliquement pour donner plus de surface à la section; et chez tous les insectes ces lames se séparent facilement en faisant macérer les pièces pendant quelque temps dans de l'acide hydrochlorique étendu d'eau. Cette menstrue dissout les parties calcaires, et l'on peut alors diviser les téguments avec facilité en deux feuillets, dont l'extérieur non fibreux est l'épiderme, et l'interne fibreux le derme. Dans les articulations au contraire où les téguments restent membraneux, ces feuillets peuvent être séparés sans cette macération.

Quant à la matière colorante, on n'a ordinairement qu'à gratter l'extérieur de l'épiderme dans les endroits dont la couleur n'est ni brune ni noire pour enlever le vernis extérieur, d'où dépendent les couleurs vives, et celle qui est propre à l'épiderme se montre à nu. On doit toutefois excepter de cette règle les cas où les taches sont dues à de la matière colorante placée à la face interne du derme; alors les parties de l'épiderme et du derme qui correspondent à ces taches sont souvent incolores comme du verre, et la matière colorante qui a la consistance d'un onguent s'enlève facilement avec le doigt. Quelquefois cependant j'ai trouvé la partie solide légèrement colorée en brun, mais seulement dans les cas où la matière colorante interne était également brune. Lorsqu'elle est au contraire rouge, bleue, verte, jaune, blanche, enfin d'une couleur vive quelconque, l'épiderme et le derme sont généralement incolores, et la matière colorante peut s'enlever en dedans du derme avec la plus grande facilité.

Pour séparer les pièces du têt des parties molles, afin d'en faire ce qu'on appelle ordinairement le squelette, on emploie, comme pour les os des vertébrés, la macération dans l'eau, où les parties molles se décomposent par la putréfaction, et laissent les pièces tégumentaires à nu. Si cependant on désire qu'elles restent unies entre elles par leurs ligaments, il faut, comme pour les os, saisir, pour les retirer de l'eau, le moment où les autres parties sont décomposées, mais non encore les ligaments, qui résistent plus long-temps à la putréfaction. Alors on retire le tout de l'eau, on le lave à grandes eaux, on nettoie les pièces au moyen d'un pinceau et on les fait sécher.

Les pièces du têt étant presque toutes extérieures, on ne peut guère voir leur assemblage dans leurs détails que dans des préparats représentant différentes coupes du corps. Le préparat que je fais le plus souvent comme étant le plus convenable pour l'étude des autres organes, est celui qui représente le profil intérieur de la moitié droite du corps, portant en entier les parties mitoyennes en place.

Pour faire ce préparat d'un très-grand individu, on peut rassembler les pièces séparées par la macération, comme on réunit les os dans les squelettes artificiels en les collant les uns aux autres. Cependant, comme ces pièces sont en général fort petites, il est non-seulement très-difficile et même impossible de les réunir toutes, mais les préparats ont encore une fort mauvaise apparence, ces pièces, peu fermes, se contournant de mille manières par la dessiccation ; et il est de là beaucoup mieux de ne faire que des *préparats naturels*, ainsi nommés parce que les pièces restent unies par leurs ligaments propres.

Pour faire des préparats du têt des insectes, et en général de tous les animaux articulés à téguments solides, on fait macérer comme je viens de le dire le corps entier dans de l'eau, jusqu'à ce que les chairs soient corrompues, mais non encore les ligaments qui réunissent les pièces solides. On coupe ensuite avec des ciseaux fins si c'est un gros individu, ou bien avec un microtome s'il est fort petit, le corps en deux parties latérales, ayant soin de ne pas trop approcher du plan médian, sacrifiant l'une des deux moitiés. La coupe étant faite le long du dos et du ventre, il arrive souvent que les deux moitiés tiennent encore ensemble par quelques pièces intérieures qu'on ne peut pas voir; alors on enlève par parties les pièces du côté sacrifié, ayant toujours soin de ne pas trop ébranler celles qui doivent être conservées; et le corps une fois ouvert, on coupe les pièces intérieures comme on le juge à propos.

Cette première opération faite, on fixe la moitié conservée sur un plateau en liége par le moyen d'épingles qu'on place entre les parties sans les planter dans le préparat même pour ne pas l'endommager, et l'on met la pièce dans un bassin plein d'eau. Ce liquide fait flotter tous les débris, qu'on enlève avec des brucelles, et on détache ensuite, soit avec le scalpel, soit avec l'aiguille courbe, ou bien avec un pinceau, toutes les parties molles qui tiennent encore. Lorsque le préparat est bien nettoyé, on le place sur une plaque de liége en l'y fixant par des épingles, mais toujours sans les planter dans les pièces mêmes, et l'on ramène chacune de ces dernières à sa position naturelle. Dans cet état, on laisse sécher la pièce, et on l'enlève ensuite pour achever de l'ajuster, c'est-à-dire pour enlever avec des ciseaux fins, ou bien avec le microtome, toutes les parties qui n'appartiennent pas à la moitié conservée. Pour faire cette dernière opération, on doit choisir le moment où le têt n'est pas entièrement séché, afin qu'il ne soit pas sujet à être brisé par les secousses qu'on lui imprime en coupant avec les ciseaux; ou bien, s'il est sec, il suffit de l'humecter un peu avec un pinceau pour lui donner de suite la souplesse nécessaire.

D'autres fois la coupe doit être horizontale, et les moyens à employer sont du reste les mêmes.

On peut se servir avec avantage, pour faire des préparats secs, du têt d'Insectes qui ont séjourné long-temps dans l'alcool, et qui, le plus souvent, ne sauraient plus servir à autre chose. Chez ces individus les parties molles sont, ou tellement contractées par la liqueur lorsqu'elle est forte, qu'elles se sont détachées des pièces solides et s'enlèvent facilement, ou bien les chairs sont déjà plus ou moins décomposées.

§ III. *Conservation.*

On peut facilement conserver dans la liqueur les préparats de téguments d'INSECTES, comme on conserve d'ailleurs les individus entiers; mais, outre que la liqueur altère souvent les couleurs, ces préparats finissent à la longue par pourrir, et il est de là bien mieux de les conserver à l'état sec, où ils ne s'altèrent en rien, et on a l'avantage de pouvoir les manier facilement.

Quant aux pièces isolées obtenues par une macération complète dans l'eau, il suffit de les faire sécher, de les passer au deuto-chlorure de mercure, et de les fixer dans la collection; mais les préparats compliqués demandent plus de soin. Je me sers, pour les maintenir, d'épingles plantées verticalement dans la pièce la plus solide, et fixées dans un petit support cylindrique en liége attaché à la boîte. Par ce moyen on peut les enlever et les replacer avec facilité; et, si le préparat vacille, on colle en dessous un très-petit morceau de liége que traverse l'épingle. Cette pièce serre cette dernière par son élasticité et maintient le préparat fixe.

Les très-petites pièces qu'on ne peut transpercer, on les colle sur des languettes de papier ou de cartonnelle, ou bien simplement sur la plaque de verre formant le fond des porte-objets-boîtes, en les y fixant avec de la colle de poisson, et mieux avec de la gomme, qui s'attache parfaitement au verre.

ARTICLE IV.

DES TÉGUMENTS DES CRUSTACÉS.

§ I. *Anatomie.*

Les téguments des CRUSTACÉS ne diffèrent de ceux des insectes qu'en ce que, chez la plupart, mais surtout chez les DÉCAPODES, la matière calcaire y est plus abondante, d'où résulte une plus grande solidité; et quelquefois même, le têt est presque aussi dur que les os. On y trouve, du reste, les mêmes parties, un *épiderme* corné non fibreux, un *derme* fibreux composé, surtout chez les grandes espèces, telles que les DÉCAPODES, de plusieurs feuillets fort adhérents. J'en ai compté jusqu'à cinq ou six chez de gros *Cancer;* et, quoique les fibres soient irrégulières et se croisent le plus souvent d'un feuillet à l'autre, leur direction est cependant d'ordinaire à peu près parallèle au grand diamètre de la pièce dont elles font partie.

L'épiderme et le derme sont, dans la plupart des espèces, si adhérents, qu'on ne les distinguerait pas si leur couleur n'était pas différente, le premier étant fort souvent seul coloré. Mais ces deux lames peuvent facilement être séparées par la macération dans l'acide hydrochlorique étendu d'eau, qui dissout la matière calcaire; et l'on parvient, par ce procédé, à distinguer et à séparer en même temps les feuillets qui constituent le derme.

Chez tous les DÉCAPODES, la matière colorante est généralement contenue dans l'épiderme seulement, et le derme est d'un blanc de craie.

Dans l'ordre des ISOPODES, et spécialement chez les *Oniscus,* elle est placée à la face interne du derme, et l'épiderme avec le derme sont incolores et transparents.

Enfin, dans beaucoup d'espèces, et spécialement chez les BRAN-CHIOPODES, les téguments sont minces et flexibles comme du cuir.

Les Crustacés muent souvent; les DÉCAPODES tous les étés, et les très-petits BRANCHIOPODES, tels que les *Daphnia*, tous les couples de jours. Chez les premiers, et, sans aucun doute, chez tous ceux dont le têt est très-dur, ce ne sont que les parties extérieures de l'épiderme et du derme que l'animal rejette, tandis que les prolongements intérieurs se ramollissent simplement par la résorption de la matière calcaire, qui s'y dépose ensuite de nouveau après la mue.

Dans ces changements de téguments, la muqueuse du canal intestinal se dépouille également de son épithélium et peut-être de sa membrane propre ou derme; et l'appareil de rumination contenu dans l'estomac est également renouvelé, et l'ancien rejeté.

Quant à la forme et à la disposition que les téguments solides donnent aux diverses parties du corps, elle se rapporte en principe à celle qu'on remarque chez les Myriapodes et les Insectes; mais elle en diffère dans ce que chaque partie a de spécial. Le corps est ainsi toujours formé d'une série plus ou moins nombreuse de segments successifs, composés d'ordinaire chacun d'un *arceau supérieur*, ou *bouclier*, et d'un *arceau inférieur*, ou *sternum*, et ces arceaux se recouvrent d'avant en arrière lorsqu'ils se joignent.

Plusieurs de ces segments portent de même des pattes analogues à celles des insectes, mais un peu différemment composées, et ces membres changent plus évidemment de fonction, selon la partie du corps sur laquelle ils se trouvent et l'usage qu'ils ont à remplir, tout en conservant souvent une ressemblance assez grande d'une paire à l'autre pour qu'il n'y ait aucun doute sur leur analogie.

Chez les ISOPODES, le corps est allongé et vermiforme, comme celui des Myriapodes et des Annélides, auxquels ces animaux se rattachent, et se compose d'une *tête* bien distincte et mobile, d'un *tronc* formé d'une série de sept segments à peu près semblables, dont chacun porte une paire de pattes; et l'extrémité du corps forme, comme chez les Insectes, un *abdomen*, dont les segments, souvent semblables à ceux du tronc, sont toutefois plus petits, ou sont tous représentés par un seul, très-grand, portant en dessous autant de paires de membranes qu'il y a de segments; mais ces membres abdominaux y sont transformés en *branchies* ou organes de la respiration.

La tête est composée des mêmes parties que chez les Insectes et les Myriapodes; mais il y a deux paires d'*antennes*, et les organes buccaux ont des formes différentes. On y trouve de même un *labre* et deux *mandibules*, mais les *mâchoires* sont au nombre de plusieurs paires et autrement conformées, rappelant un peu mieux la forme ordinaire des pattes, dont elles sont les analogues. Les hanches, les cuisses et les jambes forment la partie triturante ou *corps de la mâchoire*, et le tarse le *palpe;* mais on n'y trouve plus, du moins d'une manière certaine, les analogues du Galéa (dû chez les Insectes à une seconde paire de pattes), et ces mandibules et ces mâchoires se meuvent, du reste, de même latéralement pour aller à la rencontre les unes des autres. Le dessous de la bouche est fermé par une *lèvre,* ordinairement fort grande, bien évidemment formée aussi par une paire de pattes transformées.

Les quatorze *membres* du tronc sont tous ambulatoires, et ressemblent plutôt à ceux des Myriapodes qu'à ceux des Insectes, étant composés d'articles peu différents pour la forme.

Les *membres branchiaux* du dessous de l'abdomen ont la forme de feuilles appliquées les unes sur les autres, et constituent les organes respiratoires, sur lesquels je reviendrai en parlant de ces derniers.

Dans l'ordre des AMPHIPODES, ou le second de la classe, le corps est formé à peu près de même. On y trouve encore une *tête* mobile et des organes buccaux qui diffèrent de ceux des Isopodes en ce que les *mandibules* portent elles-mêmes des *palpes,* et que les *mâchoires,* également au nombre de plusieurs paires, ressemblent d'autant plus aux pattes qu'elles sont plus postérieures.

Le *tronc* est composé de plusieurs segments successifs, mobiles et à peu près égaux, comme dans les Isopodes ; mais les pattes qu'ils portent varient de forme et changent même plusieurs fois de fonction, à mesure qu'elles sont plus postérieures ; et cela est surtout remarquable chez les *Gammarus,* type de cet ordre, où les premières paires (placées sur la tête) forment les organes masticateurs ; celles qui suivent immédiatement la tête sont un peu plus grandes, mais ressemblent encore beaucoup aux dernières mâchoires ; aussi ces membres servent-ils à la préhension, pour saisir la nourriture et la porter à la bouche : d'où on leur a donné le nom de *pieds-mâchoires.* Les paires qui suivent ou les moyennes antérieures ressemblent beaucoup aux pieds-mâchoires, mais servent exclusivement à la marche ; les moyennes postérieures, semblables à celles qui précèdent, mais réfléchies sur le dos, sont natatoires ; et, enfin, les dernières de la série, plus petites et un peu autrement conformées, occupant les segments postérieurs correspondant à l'abdomen des Isopodes, sont, de même que chez ces derniers, converties en organes de la respiration ou branchies. Les AMPHIPODES, et spécialement les *Gammarus,* ou crevettes de ruisseau, sont, comme on voit, fort remarquables, comme montrant sur le même individu des pattes avec cinq fonctions différentes.

Dans l'ordre des STOMAPODES, et spécialement dans les *Squilla,*

qui en sont le type, le corps commence à subir une première dégradation, en perdant la tête analogue à celle des Isopodes et des Amphipodes, laquelle se réduit, chez la *Squilla mantis*, à un petit lobule
mobile placé à l'extrémité antérieure du corps, et portant encore les
yeux et les antennes, tandis que les autres parties ont disparu. Mais
les premiers segments du tronc se réunissent de nouveau pour former
une *tête succenturiale* qui remplace la première, et dont les membres respectifs sont transformés en *mandibules*, en *mâchoires* et
en *pieds-mâchoires* pour constituer une seconde bouche. Cette tête
de remplacement n'est toutefois point mobile et ne forme que la
partie antérieure du tronc; mais elle est distincte en ce que les arceaux supérieurs des segments qui la composent se confondent en un
seul grand *bouclier* commun, et les inférieurs ne forment de même
qu'une seule pièce *sternale commune*.

A la suite de cette tête immobile se trouvent quatre *segments*
pédifères constituant le *tronc;* et la première paire de membres,
beaucoup plus grande que les trois autres, fait les fonctions de *pince*
en serrant les objets entre ses deux derniers articles fléchis l'un sur
l'autre.

A la suite du tronc se trouve un *abdomen* très-volumineux formé
de segments semblables à ceux du tronc, mais beaucoup plus grands,
et dont les membres, élargis en palettes, servent à la nage, et portent
en même temps les branchies en forme de houppes.

Chez les DÉCAPODES, qui font suite aux Stomapodes, la *tête* primitive a entièrement disparu, et la *tête succenturiale* est confondue avec le tronc, et distincte seulement encore chez les MACROURES
en ce que le *bouclier* qui la recouvre est séparé par une simple suture d'un *bouclier commun* dans lequel se confondent également
les arceaux supérieurs des segments du *tronc.*

Ce dernier porte cinq paires de *pattes*, dont la première en *serre*,
très-grande, analogue aux pinces des Stomapodes, fait immédiatement
suite aux derniers *pieds-mâchoires*, et ceux-ci aux *mâchoires*
proprement dites, qui diffèrent tous fort peu d'une paire à l'autre.

L'*abdomen*, formé de segments mobiles chez les MACROURES et de
segments immobiles chez les BRACHIURES, porte encore une paire de
membres à chaque segment, mais servant plus particulièrement à
soutenir les œufs.

Quant aux *branchies*, elles forment des appendices, des pattes
ambulatoires, des pieds-mâchoires et des mâchoires mêmes.

Chez les BRANCHIOPODES, enfin, la *tête*, confondue avec le tronc,
porte les *antennes*, deux *yeux composés* réunis en un seul globe,
et une *bouche* formée d'une paire de *mandibules* sans palpes et de
plusieurs paires de *mâchoires*. Le corps, divisé en un nombre plus

ou moins considérable de segments, est encore formé, chez les CY-CLOPOÏDES, dont les *Cyclops* sont le type, d'un *bouclier* recouvrant la *tête* et la partie antérieure du *tronc*; et celui-ci est composé de quelques segments libres portant des membres élargis en lames servant à la nage et probablement aussi à la respiration; quant à l'*abdomen*, il est grêle et composé de plusieurs segments, dont le premier porte seul une paire de pattes destinées à supporter les œufs. Dans les familles des APUSIDES et des DAPHNIDES, la première paire de *pattes* sert seule encore à la nage, et toutes les autres, se répétant sur chaque segment, sont converties en *branchies*. Le *bouclier* du tronc s'étend librement sur tout l'*abdomen* qu'il recouvre simplement chez les APUSIDES, tandis qu'il se divise, chez les DAPHNIDES, en deux valves latérales emboîtant le corps en tout ou en partie; et les *Limnadia*, dernier genre de cette famille et de l'ordre des BRANCHIOPODES, ont au-devant de la tête un tampon en forme de champignon par lequel ces animaux peuvent se fixer momentanément à quelque corps solide. Quoique cet organe ne soit, en quelque sorte, que rudimentaire, il est remarquable comme étant l'analogue de ce long pédicule membraneux par lequel les *Pentalasmés* de la classe des CIRRHIPÈDES sont invariablement fixés.

§ II. *Dissection.*

On débarrasse le têt des CRUSTACÉS de ses parties molles absolument comme on le fait pour les Insectes. Je ferai seulement remarquer que, chez les grandes espèces, on peut obtenir le têt isolé lorsqu'on veut en faire des préparats de cabinet en saisissant l'époque pour tuer l'animal où il se prépare à la mue : alors les chairs se séparent avec la plus grande facilité du vieux têt, et on n'a qu'à l'enlever comme une pièce étrangère dans laquelle le corps vivant est moulé; mais il ne faut pas que l'animal soit trop près du moment de la mue, car alors les prolongements intérieurs sont trop ramollis et se déforment.

Dans les parties membraneuses des téguments, on peut facilement voir les diverses lames du derme; et, par la macération dans l'acide hydrochlorique étendu d'eau, on peut très-bien les suivre dans les parties précédemment solides pour s'assurer de leur continuité. C'est aussi par cette préparation qu'on sépare facilement l'épiderme et qu'on s'assure qu'il est seul coloré et non fibreux.

§ III. *Conservation.*

Les procédés pour la conservation des pièces anatomiques du têt sont absolument les mêmes que pour les Insectes.

Les pièces un peu grandes, concaves et peu solides, qui se déforment facilement, on peut les conserver sèches en y coulant du plâtre, qui les maintient en leur formant un moule intérieur qu'on enlève chaque fois qu'on veut examiner le préparat.

ARTICLE V.

DES TÉGUMENTS DES ARACHNIDES.

§ Iᵉʳ. *Anatomie.*

Les téguments des ARACHNIDES sont généralement moins solides que ceux des Insectes et des Crustacés, ayant chez la plupart une consistance de cuir. Chez les *Scorpio* ils égalent cependant ceux des Coléoptères ; mais, dans la famille des ARANÉIDES, ils ont, à épaisseur égale, moins de compacité que chez ces derniers, et nulle part on ne trouve des téguments aussi durs que ceux des Décapodes. Du reste, la composition des téguments est absolument la même que dans les autres animaux articulés : c'est partout un *épiderme* mince non fibreux, un *derme* fibreux et feutré, et une *matière colorante* contenue dans l'épiderme ou le derme, quoique ce dernier soit le plus souvent d'une couleur très-pâle ou même incolore ; et partout où l'on aperçoit des couleurs vives, elles sont dues à du tissu colorant muqueux placé en dedans du derme, comme on peut le voir, par exemple, chez l'*Epeira diadema.*

Dans le genre *Limulus*, que je place dans cette classe, l'épiderme est brun, avec un vernis verdâtre ; le derme est fauve, et en dedans de ce dernier est un tissu muqueux d'un beau noir, qu'on enlève facilement avec le doigt.

Les ARACHNIDES ont des poils semblables à ceux des Insectes, jamais de véritables écailles, et souvent un têt nu.

Quoique ces animaux aient une grande analogie dans toutes les parties de leur organisme, et surtout dans celles qui dépendent du système tégumentaire, la plupart des caractères par lesquels on les distingue ne sont cependant pas constants ; tous éprouvent des exceptions, et il faut en réunir plusieurs pour déterminer si tel animal appartient à cette classe ou non : ainsi la plupart des Arachnides n'ont pas de tête distincte du tronc ; mais les *Leptus* et les *Ixodes* en ont une ; la plupart n'ont pas d'antennes, les *Ixodes* en ont. Leurs pattes rayonnent sur un sternum extérieur commun ; chez les *Myrmecia* et beaucoup d'ACARIDES cela n'a pas lieu ; les uns respirent l'air par les poumons, d'autres le respirent par des trachées, et d'autres aquatiques, ou les *Limulus*, respirent l'eau par des branchies. Tous ont cependant un caractère qui leur est exclusivement propre, consistant en un sternum cartilagineux placé intérieurement au milieu du tronc, où il est suspendu par des muscles, et donnant lui-même attache aux muscles moteurs des pattes.

Cette classe se rattache par les *Scorpio* aux *Astacus* de la classe des Crustacés. Dans l'un et dans l'autre de ces deux genres, le corps se compose d'un tronc portant les yeux, les organes de la bouche et les pattes au nombre de cinq paires ; avec cette différence que chez les *Astacus* il existe encore une tête confondue avec le tronc et portant les yeux et les antennes, tandis que chez les *Scorpio* cette tête disparaît avec les antennes, et les yeux se reportent sur le bouclier du tronc, devenu antérieur. Il y a ainsi, chez ces animaux aussi, disparition de la tête de remplacement des Crustacés décapodes ; et de tous les organes de la bouche de ces derniers, il ne reste qu'une seule paire formant les *mandibules* des scorpionides, et qui ne paraissent pas même être les analogues de celles des Crustacés, ayant une autre forme, celle de pinces, et reçoivent de là le nom spécial de *chélicères*.

Les organes buccaux des ARACHNIDES PULMONAIRES se composent d'un *labre* (lèvre supérieure) immobile, d'une paire de *chélicères* formées de deux pièces consécutives et d'une paire de *mâchoires*, celles-ci consistant dans la première paire de pattes converties en organes masticateurs, analogues aux serres des *Astacus*, et conservant la même forme chez les *Scorpio* et genres voisins. C'est parmi ces animaux, et notamment chez les *Mygale*, que le changement de fonctions des pattes est le plus évident, vu que les mâchoires ne diffèrent de ces dernières que par la grandeur, étant la moitié plus petites, mais, du reste, organisées exactement de même chez les femelles, les mâles les ayant autrement conformées dans leur partie terminale.

Le corps est ainsi divisé en deux parties seulement, le *tronc* et l'*abdomen*. Le premier porte à la fois les organes de la bouche, les yeux et les quatre paires de pattes correspondantes aux quatre dernières des Crustacés décapodes, et les mâchoires à la première. L'abdomen est formé chez les scorpionides de deux parties, dont la première, large et composée de plusieurs segments, constitue principalement la cavité viscérale ; et la seconde, également multiarticulée, mais très-rétrécie en forme de queue, loge principalement la fin du canal alimentaire.

Dans la famille des ARANÉIDES, la seconde partie de l'abdomen a disparu, et les segments qui composent la première se confondent tellement qu'on ne distingue plus aucune trace de leurs sutures.

Le *tronc* est couvert, comme chez les Décapodes et les Scorpionides, d'un large bouclier commun, et le dessous est formé d'un sternum d'une seule pièce sur laquelle rayonnent les pattes et les mâchoires.

Les *pattes*, au nombre de quatre paires, sont à peu près intermédiaires pour la forme entre celles des Décapodes et celles des Insectes. On y trouve une *hanche*, un *trochanter*, une *cuisse*, une *jambe* fort courte et un *tarse*.

Dans l'ordre des GNATHOPODES, que j'ai formé avec le genre *Limulus*, on trouve un corps composé à peu près de la même manière : point de tête, qui paraît encore représentée par un simple tubercule corné, impair, placé au-devant de la bouche. Le *tronc* est recouvert d'un vaste *bouclier* d'une seule pièce, portant deux *yeux composés*, et de deux *stemates*; le *sternum* fort petit, d'une seule pièce, comme chez les Aranéides ; les analogues des organes buccaux réduits à deux *chélicères* en pinces, placés au-devant de la bouche, servant peut-être à la préhension, mais non plus à la mastication ; et les mâchoires ont disparu et se trouvent remplacées dans leurs fonctions par les cinq paires de *pattes* qui rayonnent autour de l'orifice buccal, en pénétrant dans ce dernier par l'angle interne de leurs hanches pour y mâcher la nourriture ; et c'est ainsi encore que l'on trouve ici une preuve tout à fait évidente de la transformation des pattes en mâchoires.

Dans l'intérieur du tronc on trouve, comme chez les PULMONAIRES, un *sternum cartilagineux* suspendu par des muscles et donnant insertion à une partie de ceux qui meuvent les pattes.

L'*abdomen* est couvert d'un *bouclier* général et porte en dessous simplement un *sternum cartilagineux* faisant suite à celui du tronc.

Sous cet abdomen sont suspendues cinq paires de *membres branchiaux* en forme de larges lames, portant de chaque côté une *tranchie* formée d'un grand nombre de feuillets disposés comme ceux d'un livre ; et la partie postérieure de l'abdomen se termine en un long stylet mobile, d'une seule pièce, représentant la queue des Scorpionides, mais que le canal intestinal ne traverse pas.

Dans l'ordre des HOLÈTRES le corps subit une nouvelle transformation, mais seulement dans les derniers genres. Chez les *Salpuga* il est formé, comme dans les Aranéides, d'un *tronc* et d'un *abdomen* séparés par un pédicule ; mais on remarque sur ce dernier les séparations des divers segments qui le composent. Chez les *Phalangium* le tronc et l'abdomen sont au contraire si intimement confondus qu'on les distingue à peine ; enfin ils le sont entièrement chez les ACARIDES. Mais dans cette famille on trouve entre autres le genre *Leptus*, où la partie antérieure du tronc se sépare pour former une nouvelle tête distincte, qui le devient encore plus chez les *Ixodes*, où l'on voit encore mieux l'articulation du cou pour constituer une tête mobile portant les organes de la bouche et une paire d'antennes formées par les analogues des mâchoires des autres Acarides et par suite de celles des Aranéides. Je dis que ce sont des antennes, vu qu'elles sont portées sur les côtés de la tête, comme les antennes des autres animaux articulés.

Il n'y a que quatre paires de pattes, comme en général chez tous les ACARIDES et les ARANÉIDES.

§ II. *Dissection et conservation.*

Pour préparer et conserver les téguments des ARACHNIDES, on emploie les mêmes moyens que pour les Insectes et les Crustacés.

ARTICLE VI.

DES TÉGUMENTS DES CIRRHIPÈDES.

§ Iᵉʳ. *Anatomie.*

Les CIRRHIPÈDES, que CUVIER et la plupart des autres naturalistes placent dans l'embranchement des MOLLUSQUES, se fondant sur la présence des valves calcaires qui enveloppent le corps de ces animaux, sont cependant sous tous les rapports de véritables Articulés et font immédiatement suite à la famille des DAPHNIDES, ainsi que je l'ai fait voir dans un mémoire sur le *Daphnia* inséré dans le cinquième volume des *Mémoires du Muséum d'histoire naturelle;* et, d'après les observations de M. THOMPSON (*Zoological Recherches,* 1830, p. 69), ces animaux subissent même des métamorphoses en présentant à l'état de larve une organisation tout à fait semblable à celle des Daphnides, et nagent, comme ceux-ci, librement dans l'eau. La présence des valves latérales dont le corps est enveloppé n'est d'ailleurs pas du tout un caractère suffisant pour qu'on doive placer les Cirrhipèdes à côté des Acéphales, ces valves n'étant pas de même nature; et on en trouve du reste aussi chez les Daphnides et les Ostrapodes (Cypris) de la classe des Crustacés, sans qu'il soit jamais entré dans l'idée de personne d'assimiler ces animaux aux Mollusques; et en effet la coquille des Cirrhipèdes est, de même que chez ces Crustacés, un corps organisé qui croît d'une manière continue par les bords, tandis que, chez les Acéphales, les valves sont *construites* par l'animal, et ne font pas proprement partie de son organisme.

Cette classe se divise en trois ordres: les ANATIFES, les BALANIDES et les CORONULIDES. Dans le genre *Pentalasmis*, type du premier de ces ordres, le corps est absolument disposé et à peu près conformé comme chez les *Limnadia* de l'ordre des Branchiopodes, étant renflé

15.

en avant où est la tête et terminé postérieurement par un abdomen grêle fléchi en dessous. Le corps est formé de plusieurs segments, mais peu distincts, vu la consistance membraneuse des téguments. Les segments antérieurs portent en dessous six paires de membres multiarticulés et grêles nommés *cirrhes*, analogues aux membres branchiaux des BRANCHIOPODES, et servant de même à la préhension et à la respiration. Tout le corps est, à l'instar de celui des *Limnadia*, renfermé entre deux valves latérales, qui ne diffèrent de celles de ces dernières qu'en ce qu'elles sont formées de cinq pièces calcaires, quatre latérales et une impaire, qui ne sont que des concrétions développées dans le feuillet extérieur de ces valves; et la tête ainsi que le bord antérieur de ces dernières se prolongent en un gros *pédicule* membraneux, par lequel ces animaux sont fixés invariablement à quelque corps solide. Un genre voisin, celui des *Pollicipes*, a, outre les cinq pièces calcaires des *Pentalasmis*, encore plusieurs autres plus petites à l'origine du pédicule.

Dans le second ordre, ou celui des BALANIDES, on retrouve à peu près les mêmes parties que chez les Anatifes; le pédicule est seulement extrêmement court, et les pièces qu'il porte à son origine dans les *Pollicipes* sont si grandes qu'elles se recouvrent et occupent toute la hauteur du pédicule; ce qui rend le corps de l'animal sessile. Chez les CORONULIDES les valves sont réduites à quatre petits battants formant le pédicule, qui est conique ou cylindrique et calcaire.

§ II. *Dissection et conservation.*

Pour préparer les téguments des CIRRHIPÈDES, on emploie en général les mêmes procédés que pour les Crustacés.

TROISIÈME DIVISION.

DES TÉGUMENTS DES MOLLUSQUES.

Il existe encore de véritables téguments chez les MOLLUSQUES; mais ils sont souvent si adhérents, si intimement liés aux organes subjacents qu'il est difficile et souvent impossible de les en détacher. On n'y trouve plus les trois lames qui caractérisent ceux des animaux des deux premiers embranchements; tout semble confondu en une même couche où les fibres sont tantôt bien distinctes et tantôt nulles. Plusieurs de ces animaux ont cependant encore des couleurs réparties par taches, ce qui indique la présence de matière colorante; mais elle ne forme pas de couche. Tous ont l'extérieur du corps plus ou moins visqueux, ce qui indique aussi l'existence de glandes muqueuses correspondantes aux sébacées, qui versent leur produit sur

les téguments ; mais ces glandes n'ont pas encore été étudiées avec
soin, et aucun MOLLUSQUE n'a ni poils, ni écailles, ni rien d'analogue.

ARTICLE Iᵉʳ.

DES TÉGUMENTS DES CÉPHALOPODES.

§ Iᵉʳ. *Anatomie.*

On trouve encore chez les CÉPHALOPODES, tels que les *Octopus*,
les *Loligo*, les *Sepia*, etc., des téguments bien distincts, à tissu
fibreux, et composés de plusieurs feuillets, mais dans lesquels il est
difficile de reconnaître un véritable *épiderme*, la première pellicule
étant fibreuse comme les autres. Le tissu colorant n'est cependant
contenu que dans ce premier feuillet ou dans les deux premiers, dont
l'un peut être considéré comme un vieil épiderme prêt à être abandonné, et le second comme l'épiderme nouveau. Les feuillets subjacents, qu'on peut plus spécialement comparer au *derme*, sont parfaitement blancs dans les *Sepia*, et se détachent très-facilement des
muscles placés dessous, auxquels ils n'adhèrent que par du tissu cellulaire.

§ II. *Dissection et conservation.*

Les téguments des CÉPHALOPODES s'enlèvent avec facilité par lambeaux même sans le secours du scalpel, surtout chez les individus qui
ont séjourné dans l'alcool, et peuvent être soumis au microscope pour
étudier leur contexture.

On conserve ces téguments comme les autres organes mous.

Quant aux CÉPHALOPODES entiers, dont le corps mou se contracte
beaucoup dans l'alcool, on les place d'abord dans un mélange faible d'alcool et d'eau, et graduellement dans un mélange plus fort,
ainsi qu'il est indiqué au paragraphe des liqueurs conservatrices.

ARTICLE II.

DES TÉGUMENTS DES GASTÉROPODES.

§ Iᵉʳ. *Anatomie.*

Les *téguments* des GASTÉROPODES sont d'ordinaire assez distincts
et fort épais, mais si adhérents à la couche musculeuse placée dessous
qu'il est le plus souvent impossible de les séparer. Cette membrane,
ou plutôt cette couche extérieure est molle, spongieuse et très-peu
tenace, fort distincte de la couche musculeuse par sa couleur grisâtre

et sa contexture non fibreuse, et paraît être simplement un *épiderme* épais et muqueux sans derme proprement dit.

§ II. *Dissection et conservation.*

On ne peut séparer les téguments des GASTÉROPODES que chez quelques espèces, encore par très-petits lambeaux. Quoique la capsule de la coquille des *Aphysia* soit très-mince et nécessairement formée de deux lames, une extérieure et une intérieure, cet organe contient encore distinctement des fibres parallèles à peu près transversales, qui paraissent être musculeuses : d'où résulte que chaque feuillet des téguments est extrêmement mince. En tâchant d'en enlever un par la déchirure, on parvient quelquefois à le détacher de la couche musculeuse ; mais, comme je viens de le dire, ce n'est que par très-petites parties.

On conserve ces animaux avec leurs téguments dans de la liqueur, mais sans qu'on puisse distinguer la structure de ces derniers.

ARTICLE III.

DES TÉGUMENTS DES ACÉPHALES.

§ Ir. *Anatomie.*

Les *téguments* des ACÉPHALES sont tout aussi adhérents que chez les Gastéropodes, et de même fort difficiles à enlever de dessus les muscles subjacents. Ils forment également plutôt une couche qu'une membrane proprement dite, d'une matière molle, spongieuse et non fibreuse, d'une couleur différente de celle des muscles ; mais il est impossible de le détacher par grands lambeaux. Quoiqu'il n'y ait pas de couche musculeuse dans la partie centrale du manteau, qui paraît de là formé seulement de deux feuillets des téguments, ces feuillets sont si minces et si mous qu'on ne peut les séparer ; encore n'y existent-ils pas seuls, les ovaires s'y prolongeant souvent en partie. Les téguments sont bien un peu plus fermes sur les branchies, dont chaque lame doit être formée de quatre feuillets, deux pour chacun de ces organes, et de plus des vaisseaux branchiaux, qui se subdivisent entre eux, et qui ne doivent pas être considérés comme appartenant aux téguments ; mais, quoique ces derniers y aient un peu plus de consistance que sur le reste du corps, on ne peut les détacher même par petits lambeaux.

Le sac des *Ascidia*, formé principalement d'une tunique musculeuse, est revêtu dans certaines espèces, telles que l'*As. microcosmus*, de téguments bien distincts composés de deux lames dont l'extérieur ou l'*épiderme* est un feuillet corné très-dur, coloré, dans lequel on n'aperçoit pas de fibres, mais dont la couleur indique la présence de la matière colorante.

Le second feuillet ou le *derme* est au contraire très-blanc, d'un tissu serré, bien distinctement composé de fibres très-résistantes, dirigées en différents sens, et dont les plus internes sont si adhérentes à la tunique musculeuse subjacente qu'il est impossible de les en séparer.

§ II. *Dissection et conservation.*

On prépare et l'on conserve les téguments des ACÉPHALES OSTRACODERMES comme ceux des autres Mollusques, c'est-à-dire qu'on peut en détacher quelques petits lambeaux en arrachant une lame mince de la partie superficielle des muscles; et l'on aperçoit sur les bords, là où les fibres musculaires cessent, de petites parties grisâtres plus transparentes et en apparence spongieuses, appartenant aux téguments. On les distingue encore en coupant perpendiculairement à la surface de petites lamelles, dont le bord est occupé par un filet de ces téguments.

QUATRIÈME DIVISION.

DES TÉGUMENTS DES ZOOPHYTES.

De même que dans l'embranchement des animaux articulés, les téguments des ZOOPHYTES sont entièrement membraneux dans la première classe, ou des ENTOZOAIRES, et deviennent plus ou moins solides dans la seconde, ou celle des ÉCHINODERMES, pour reprendre de nouveau leur mollesse primitive dans la classe des ACALÈPHES, et redevenir souvent solides dans celle des POLYPES.

Les ENTOZOAIRES ayant encore le corps pair, comme tous les animaux des trois premiers embranchements, leur organisation approche beaucoup de celle des Annélides abranches; mais la parité des deux moitiés latérales du corps commence à devenir équivoque dans certaines espèces; cependant elle se soutient plus ou moins chez tous les Vers intestinaux, en prenant cependant déjà dans beaucoup d'espèces une f rme rayonnée autour d'un axe longitudinal. Dans la classe des ÉCHINODERMES, ainsi que dans celle des ACALÈPHES et des POLYPES, le corps est au contraire formé de plus de deux parties semblables rayonnant autour d'un axe commun, d'où ces animaux ont aussi reçu le nom de RADIAIRES. Ce rayonnement des organes n'existe cependant encore que partiellement chez les FISTULIDES, qu'on doit placer en tête des ÉCHINODERMES; il s'étend à un plus grand nombre d'organes chez les ÉCHINIDES, et devient général pour tous chez les STÉLÉRIDES, ainsi que dans toute la classe des ACALÈPHES. Il diminue ensuite de nouveau chez les POLYPES, où ce rayonnement ne se fait plus remarquer que dans les têtes des POLYPES, mais non plus d'une manière aussi complète dans la partie commune des corps.

ARTICLE PREMIER.

DES TÉGUMENTS DES ENTOZOAIRES.

§ I. *Anatomie.*

On trouve encore, chez les ENTOZOAIRES, des *téguments* bien distincts, du moins dans les espèces les mieux organisées, telles que les *Strongylus;* ces animaux, ayant un *épiderme* bien apparent et un *corium* fibreux adhérant intimement à une couche de fibres circulaires subjacentes, paraissant évidemment musculeuses.

On remarque, chez beaucoup de ces animaux, tels que les *Echinorhynchus*, et beaucoup de TÆNIOÏDES, etc., des épines ou crochets cornés qui entourent surtout leur tête; ou bien on en trouve à la bouche, où ils paraissent faire les fonctions de mâchoires, ainsi qu'on le remarque chez les *Pentastoma*, les *Prionoderma*, ce qui les rapproche des animaux articulés. Du reste, on ne trouve, chez ces ENTOZOAIRES, aucune partie solide aux téguments. Quant aux *Lernæa* et genres voisins, qui ont diverses parties cornées à leur corps, ils appartiennent bien évidemment à la classe des Crustacés et à l'ordre des PARASITES en se rapprochant des *Dichelestion*, etc., et non aux Entozoaires, comme le pensait CUVIER.

§ II. *Dissection et conservation.*

Pour séparer l'épiderme du corium, il faut faire macérer pendant quelques jours le corps dans de l'eau; on peut alors l'enlever avec assez de facilité par petits lambeaux, et on le conserve en le faisant sécher sur des plaques en verre.

Pour garder ces animaux dans la liqueur, il faut commencer par les bien nettoyer en les lavant au moyen d'un pinceau doux, alternativement dans de l'eau tiède et dans de l'eau fraîche, ainsi que le recommande GOEZE, l'un des principaux auteurs qui ont écrit sur ces animaux; et l'on continue jusqu'à ce que l'eau ne se trouble plus; on les place ensuite dans de l'alcool très-affaibli, c'est-à-dire dans un composé d'une partie d'esprit-de-vin et de six d'eau, liqueur dont on augmente graduellement la force. Voyez, à ce sujet, l'article ALCOOL dans la première partie de cet ouvrage.

ARTICLE II.

DES TÉGUMENTS DES ÉCHINODERMES.

§ I. *Anatomie.*

Les téguments des ÉCHINODERMES présentent trois principales modifications dans la forme qu'ils affectent, et qui distinguent en partie les trois ordres que j'ai cru devoir adopter dans cette classe, les FISTULIDES, les ÉCHINIDES et les STÉLÉRIDES.

Les *téguments* des *Holothuria*, type du premier ordre, ressemblent beaucoup à ceux des Vertébrés et des animaux articulés, étant composés de même de trois principales lames, un *épiderme* très-mince, une *matière colorante* subjacente et un *derme* très-épais formé de fibres feutrées dirigées dans tous les sens. Le derme est uni à la couche musculeuse subjacente par du tissu cellulaire dans lequel sont placées les vésicules formant l'origine des petits pieds, et une foule de follicules muqueux dont les canaux excréteurs s'ouvrent à la surface de la peau.

On doit considérer comme appartenant au même système tégumentaire, et non comme une partie analogue aux os, une pièce solide formant un anneau calcaire placé sous les téguments à l'extrémité antérieure du corps où il entoure l'origine de l'œsophage. Cet anneau est composé d'une série de dix pièces, dont alternativement une plus grande et une plus petite, toutes liées entre elles par des ligaments fibreux. Les cinq grandes donnent à leur face externe attache à cinq larges bandes musculeuses parcourant longitudinalement tout le corps, qu'elles partagent en autant de parties égales placées autour de l'axe passant par la bouche et l'anus, celui-ci situé à l'extrémité postérieure du corps.

Le *têt* des ÉCHINIDES (*Echinus*) est un sphéroïde aplati par les pôles, surtout à l'inférieur, où se trouve la bouche, tandis que l'anus est souvent placé au supérieur. Autour du pôle inférieur est une grande ouverture arrondie, fermée par une lame très-mince, calcaire, soutenue par les téguments, et au centre est l'orifice buccal. Ce sphéroïde est divisé en vingt séries de petites pièces calcaires très-régulières, mais distinguées en deux espèces, de forme différente, l'une plus large et l'autre plus étroite. Ces vingt séries se trouvent rapprochées par paires de la même espèce, et ces paires alternent de manière que tout le têt est divisé en cinq fuseaux semblables, chacun formé de deux séries larges et de deux séries étroites. Ces pièces sont très-régulièrement articulées entre elles par des sutures dans lesquelles on peut facilement les disjoindre. Les pièces étroites sont chacune percées de plusieurs petits trous placés sur deux rangs, de manière à former deux files allant d'un pôle vers l'autre, et qu'on a nommées *ambulacres*, les comparant aux allées d'un jardin ; c'est par ces ouvertures que passent les nombreux petits pieds tubuleux de ces animaux. Chacune de ces pièces porte, en outre, un tubercule arrondi sur lequel s'articule une grosse épine, mobile au gré de l'animal, et, à côté, il y a d'ordinaire encore des tubercules plus petits portant des épines également moins fortes. Les grandes pièces n'ont point de trous pour le passage des pieds, mais portent un plus grand nombre de tubercules et d'épines de grandeur différente, et mobiles comme les autres.

Tout le têt est enveloppé d'une membrane tégumentaire molle fixée à la base des épines et se continuant avec les petits pieds tubuleux.

Quoiqu'on n'aperçoive pas de fibres musculaires distinctes dans cette peau, elle est cependant contractile à la volonté de l'animal, et met les épines en mouvement pour les faire servir, dans certains cas, d'arcs-boutants au corps, mais non pas de pieds, comme on le pensait autrefois.

Entre les épines, on remarque une foule de petits tentacules charnus, prolongements de la tunique membraneuse, mais dont on ne connaît pas la fonction.

Dans la grande ouverture inférieure, au centre de laquelle se trouve la bouche, est placé intérieurement un appareil masticateur très-compliqué, nommé la *lanterne*, et sur les bords de cette même ouverture se trouvent dix petites ouvertures par où l'eau pénètre dans la cavité du corps pour y servir à la respiration.

Les téguments extérieurs mous des *Echinus* formant une membrane fibreuse feutrée, ressemble par là au *derme*; mais il est probable qu'ils renferment aussi des fibres musculeuses, vu que cette enveloppe est mobile au gré de l'animal, et capable même d'une grande force.

Chez les *Asterias*, type de l'ordre des STÉLÉRIDES, la charpente solide se complique bien plus encore que dans les *Echinus*. Ceux-ci ont le corps plus ou moins globuleux, mais partagé déjà en cinq portions à peu près semblables, rayonnant autour d'un axe commun. Les *Asterias*, au contraire, ont ces mêmes parties prolongées latéralement en un appendice angulaire ou *rayon*, donnant à l'ensemble du corps la forme d'une étoile ; et ces prolongements sont presque en tout point rigoureusement semblables, car il n'y a guère que le cœur et le canal graveleux et leurs dépendances immédiates qui ne soient pas répétés dans chaque.

La charpente tégumentaire forme en outre, dans le milieu de ces rayons, une série de pièces très-nombreuses, semblables par leur disposition à des vertèbres ; aussi la plupart des anatomistes leur ont donné ce nom, quoiqu'elles ne soient pas les analogues de ces os, étant, comme le têt des *Echinus* et celui des Crustacés, une partie des téguments avec lesquels ces pièces se continuent; et je propose de leur appliquer le nom spécial de *spondyles*[1].

Les téguments extérieurs forment une peau fort épaisse, coriace, composée des mêmes parties principales que chez les animaux supérieurs, c'est-à-dire d'un *épiderme* mince, d'une couche de *tissu colorant* onctueux, et d'un *derme* fort épais, très-fibreux et feutré, semblable à celui des *Echinus,* et de même contractile à la volonté de l'animal.

De la face interne de ce derme partent, dans la partie centrale du corps, des faisceaux fibreux qui se rendent sur l'estomac, placé au centre du corps, pour lui servir de ligaments suspenseurs; des angles rentrants que forment les rayons, part en outre latéralement un repli membraneux *falciforme* prolongeant ces angles, et qui se rend en dessous dans la bouche et en dessus dans le milieu supérieur du corps en adhérant aux téguments; c'est entre ces ligaments qu'est reçu l'estomac. L'un d'eux renferme le cœur et le canal graveleux, dont je parlerai à l'occasion de la circulation.

Les téguments contiennent, chez certaines espèces, une foule de petites concrétions calcaires en forme de portions de nervures irrégulièrement ramifiées, articulées entre elles et portant de petites épines mobiles, souvent en forme d'étoiles; chez d'autres, ces étoiles sont plus grandes et moins mobiles; enfin, il y en a où ces concrétions sont de simples grains de diverses grandeurs qui se touchent, et dont quelques-uns, disposés par séries assez régulières, se prolongent même en épines obtuses.

A la ligne médiane inférieure de chaque rayon est un profond canal partant du centre du corps où est la hanche, et se prolongeant jusqu'à l'extrémité du rayon. Ce canal est formé par un pli rentrant des téguments, et correspond dans le fond à la série des spondyles qui parcourent le rayon.

Le *corps* de chaque spondyle est composé de deux pièces latérales, réunies par une partie étroite ligamenteuse; et sa face supérieure présente une dépression formant par sa succession sur les autres une légère gouttière où l'on voit les ligaments qui unissent les deux moitiés des spondyles. Au milieu de la face inférieure de chaque colonne spondylaire, celle-ci forme une autre gouttière beaucoup plus profonde, convertie en un canal par les téguments, et logeant la branche du vaisseau circulaire qui entoure la bouche. Chaque corps de

---

[1] De σπόνδυλος, vertèbre.

spondyle forme latéralement une apophyse dirigée transversalement en dehors, s'articulant avec ses analogues qui l'avoisinent, en ménageant dans chaque intervalle une ouverture par où sort un petit pied tubuleux. Mais ces ouvertures sont placées alternativement un peu plus en dedans et un peu plus en dehors, de manière à former deux séries ou *ambulacres;* d'où vient qu'il y a à chaque rayon quatre rangées de pieds tubuleux, quoiqu'il n'y en ait qu'une paire pour chaque spondyle. Les apophyses transverses s'articulent ensuite à leur extrémité avec d'autres pièces contenues dans les téguments et diversement configurées selon les espèces, et ces pièces sont à leur tour unies entre elles de manière à former sur tout le corps un réseau très-compliqué, ressemblant à une cotte de mailles. Ces pièces, et principalement une partie d'entre elles placées au centre d'une étoile qu'elles forment avec plusieurs autres, portent souvent des épines mobiles, analogues aux piquants des Échinides et diversement configurées. Toutes ces pièces composant les spondyles, aussi bien que celles contenues dans le reste des téguments, sont liées entre elles par des expansions tégumentaires molles qui leur permettent un mouvement facile.

Le corps de la plupart des ÉCHINODERMES, c'est-à-dire de tous les ÉCHINIDES, de tous les STÉLÉRIDES et d'une partie des FISTULIDES, est recouvert en tout ou en partie de petits *pieds* membraneux tubiformes au moyen desquels ces animaux marchent dans tous les sens. Ce sont des expansions dermoïques, en forme de tubes creux, terminées chacune par un élargissement arrondi, concave au sommet, et organisées de manière à faire la ventouse. La tige elle-même est plus ou moins grêle et formée de trois tuniques, dont l'extérieure, épidermoïque, très-molle; la seconde, musculeuse, formée de fibres longitudinales et transversales; et l'interne, en apparence séreuse, tapisse la cavité de ces petits tubes et se prolonge dans l'intérieur des corps où elle revêt également l'intérieur d'une petite vésicule formant la base de chacun de ces pieds. La membrane dermoïque ne paraît pas entrer dans la composition de ces organes, et présente, là où se trouve un pied, une simple perforation pour laisser passer ce dernier.

Ces pieds n'existent pas du tout, à ce qu'il paraît, chez les *Bonellia,* les *Lithodermes,* les *Minyas,* les *Molpadia,* etc., formant en partie le premier ordre de la classe; chez les *Holothuria* et genres voisins appartenant également aux FISTULIDES, ils recouvrent diverses parties du corps, mais plus particulièrement la face ventrale, où ils prennent une forme cylindrique et servent à la progression; tandis que sur le dos et les côtés ils sortent de saillies coriaces, de forme conique, et ne servent que rarement à la locomotion, et seulement lorsque l'animal couché sur le dos veut se retourner.

Chez les ÉCHINIDES, les pieds sont placés sur dix rangées allant symétriquement d'un pôle à l'autre, et correspondant aux trous des ambulacres, où chacun sort par deux de ces ouvertures.

Dans les STÉLÉRIDES, ces organes locomoteurs sont placés dans les sillons que les rayons forment en dessus, où chacun sort de l'un des trous ménagés entre les spondyles.

M. TIEDEMANN a découvert, entre les trois tuniques ordinaires de ces petits pieds tubuleux, encore un quatrième formant un fil spiral comme dans les trachées des Insectes.

Les vésicules intérieures avec lesquelles ces pieds communiquent varient aussi dans les trois ordres de la classe : chez les *Holothuria*, ce sont de petites vésicules appliquées contre les téguments et cachées entre les muscles transverses de ces derniers ; chez les ÉCHINIDES, elles sont à peine apparentes ; tandis que dans les STÉLÉRIDES, au contraire, elles sont fort grandes, et chacune est double, et toutes placées à côté de la série des spondyles, de manière que dans chaque rayon il y en a quatre rangées.

Dans les trois ordres d'ÉCHINODERMES, les vésicules dont je viens de parler reçoivent chacune un rameau d'un système vasculaire particulier, et probablement sanguin, que je décrirai au chapitre du système circulatoire ; et le liquide qu'elles contiennent en pénétrant avec force dans les petits pieds les met en érection et les rend susceptibles de servir à la marche ; et par la contraction des pieds eux-mêmes, cette même humeur rentre dans les vaisseaux, et les pieds se raccourcissent.

Les *Holothuria* ont autour de la bouche une couronne de gros tentacules, terminés par des ventouses et tout à fait analogues aux pieds, quoiqu'un peu autrement conformés. Ces tentacules paraissent à la fois être des organes de préhension et de tact ; les petits pieds de tous les ÉCHINODERMES sont d'ailleurs extrêmement sensibles.

§ II. *Dissection.*

On prépare les téguments des ÉCHINODERMES comme ceux des Vertébrés et des Animaux articulés, soit en cherchant à enlever directement l'épiderme par la dissection, ce qui est assez facile sur les *Holothuria* et les *Echinus*, mais moins chez les *Asterias* dont la peau est incrustée de petits grains calcaires, et l'on peut faciliter cette opération en échaudant les téguments, ou bien en les faisant macérer quelque temps. L'épiderme enlevé, on trouve la matière colorante à l'état muqueux ; et au-dessous le derme, percé de ses nombreux trous pour le passage soit des pieds, soit des tubes de la respiration.

Pour voir les pièces solides du têt, on n'a qu'à faire une incision circulaire aux téguments du corps des *Holothuriâ* à quelques millimètres de l'extrémité antérieure du corps, et l'on découvre immédiatement dessous l'anneau entourant l'œsophage.

Le têt des *Echinus*, étant bien plus compliqué, est susceptible de plusieurs préparations. Lorsqu'on veut conserver les épines en place, il suffit de laisser sécher la peau qui enveloppe le têt, cette peau formant leur seul lien ; et comme elle est exposée à être attaquée par les insectes, il faut, lorsqu'elle est sèche, la passer au deutochlorure de mercure ; mais une fois séchée, cette membrane devient très-friable, et les épines tombent pour peu qu'on les remue ; il vaut de là bien mieux conserver ces préparats dans une liqueur qui ne soit pas acide.

Lorsqu'on veut avoir le têt proprement dit seul, il suffit d'enlever mécaniquement la peau qui le revêt et brosser la partie calcaire, afin d'enlever tout ce qui reste de cette dernière. Pour avoir le profil intérieur, on force avec la lame d'un instrument tranchant une des sutures longitudinales qui séparent les séries des pièces composant le têt, en essayant successivement sur plusieurs points. Ces sutures s'ouvrent assez facilement ; mais il arrive aussi souvent que les transversales se défont également, et l'on est obligé de recoller les pièces. Je conseille de là de sacrifier un côté du têt, en y faisant tout simplement un trou qu'on agrandit jusqu'à ce qu'on n'ait plus que la moitié de toutes les coquilles ; en laissant toutefois un cercle un peu large autour de la grande ouverture inférieure, et un autre autour du pôle supérieur, où est l'anus, afin de ne pas déranger les pièces de la lanterne, ni celles qui entourent l'orifice anal.

Quant aux spondyles des *Asterias*, on peut, pour les mettre à découvert, couper horizontalement tout le corps d'un de ces animaux un peu au-dessus du milieu de sa hauteur et enlever toutes les parties molles intérieures, ce qui se fait avec la plus grande facilité. Pour avoir le profil intérieur d'un rayon, on fondra avec précaution la suture moyenne des corps des spondyles, ce qui est encore assez facile.

On peut très-bien injecter les petits pieds par les vaisseaux qui y conduisent l'humeur qui les met en érection ; et, au microscope, on reconnaît fort bien les fibres musculaires de leur seconde tunique.

§ III. *Conservation.*

Les parties solides des ÉCHINODERMES se conservent parfaitement à l'état sec, comme les coquilles des Mollusques.

ARTICLE III.

DES TÉGUMENTS DES ACALÈPHES.

§ Ier. *Anatomie.*

Le corps des ACALÈPHES est couvert d'une cuticule très-faible qu'on peut enlever, surtout après que ces animaux ont séjourné un peu dans de l'eau douce ; encore est-elle si muqueuse qu'on peut à peine lui donner le nom d'épiderme ; mais on la trouve souvent incrustée de petites granulations qui indiquent que c'est une production cutanée. Les lames minces garnissant diverses parties du corps de ces animaux, ne paraissent formées que par cet épiderme. Quant au corium, on ne le distingue aucunement de la masse charnue subjacente.

Le corps des ACALÈPHES est ordinairement enduit d'une substance muqueuse, phosphorescente chez beaucoup de ces animaux, et qui a en outre la propriété de causer, lorsqu'on les touche, une irritation à la peau et même des pustules comme le font les orties ; d'où on a donné à ces animaux le nom d'Orties de mer.

§ II. *Dissection et conservation.*

Je viens de dire qu'on peut enlever la cuticule des Acalèphes après avoir fait macérer le corps pendant quelque temps. On la détache alors sous l'eau, où elle flotte, et, après en avoir développé un lambeau, on l'applique sur une plaque de verre, afin de pouvoir l'enlever et le faire sécher sur la plaque même où il reste fixé.

C'est surtout pour conserver ces animaux dans de l'alcool qu'il faut avoir soin de ne les placer que graduellement dans une liqueur de plus en plus forte, ainsi que cela est indiqué au paragraphe des liqueurs conservatrices, afin d'empêcher la forte contraction des parties.

ARTICLE IV.

DES TÉGUMENTS DES POLYPES.

§ I. *Anatomie.*

Les ÉLEUTHÈRES, ou Polypes nus, ont encore des téguments, mais très-délicats, faciles à distinguer chez les grandes espèces, telles que les *Actinia*.

Chez les CELLULICOLES, tous très-petits, il est au contraire fort difficile de les distinguer, leur corps étant mou et comme gélatineux. Mais, dans l'ordre des AXIFÈRES, la partie commune du tronc est recouverte d'une substance en apparence terreuse, imitant assez bien l'écorce morte des arbres; et souvent même on y trouve des concrétions calcaires; on n'y découvre, du reste, aucune structure régulière, et il est impossible de distinguer cette croûte en épiderme et en derme.

§ II. *Dissection et conservation.*

Pour détacher la pellicule qui revêt le corps des *Actinia*, il suffit de placer ces animaux pendant quelque temps dans de l'eau douce, où ils périssent bientôt, et leur peau se détache alors si facilement qu'on l'enlève avec un pinceau.

Ces téguments peuvent difficilement être conservés autrement que sur le corps même; cependant on peut en détacher des lambeaux pour les appliquer sous l'eau sur des plaques de verre, où on les laisse sécher, comme ceux des Acalèphes.

CHAPITRE II.

DES TISSUS CELLULAIRE ET ADIPEUX.

Le tissu cellulaire forme un véritable système, étant répandu dans toutes les parties du corps, où il entre tellement dans la composition intime de chaque organe, que beaucoup d'anatomistes l'ont regardé comme le tissu primitif de tous; c'est-à-dire que, suivant eux, tous les autres tissus et parenchymes n'en seraient que des modifications. Je ne suis pas de cet avis, car la différence de contexture et de composition chimique est trop grande pour qu'on puisse l'admettre. Le *tissu cellulaire* est ainsi nommé parce que, dans les lieux où il se présente sous des volumes un peu considérables, il est formé de petites membranes croisées et unies de mille manières, circonscrivant plus ou moins complétement des cellules irrégulières imitant à peu près celles de l'écume de savon.

Pour cette même apparence d'être composée de petites lamelles, d'autres anatomistes le désignent sous le nom de *tissu lamineux*. On lui a donné également le nom de *tissu cribleux*, pour indiquer la facilité avec laquelle les liquides le traversent; enfin, on l'a encore nommé *tissu muqueux*, par l'apparence muqueuse que lui donne la sérosité qui lubrifie ses mailles dans l'état normal, et donne aux petites membranes qui le composent une telle souplesse, qu'elles se collent comme du mucus, avec la plus grande facilité, à tous les corps. Mais cette dénomination est mauvaise en ce qu'elle est également appliquée à la substance colorante de la peau, ainsi qu'à la matière muqueuse de la surface des membranes de ce nom.

Dans beaucoup de cas, le tissu cellulaire ne se présente pas sous la forme de lamelles ; mais il est composé d'une infinité de filaments s'entre-croisant dans tous les sens : filaments d'ailleurs également composés de gélatine et servant aux mêmes fonctions, celles de réunir des organes ou leurs parties, et de faciliter leurs mouvements : je le nomme, dans ce cas, *tissu filamenteux.*

PREMIÈRE DIVISION.

DES TISSUS CELLULAIRE ET ADIPEUX DES VERTÉBRÉS.

Ce n'est guère que chez les Vertébrés qu'on trouve un véritable tissu cellulaire servant de lien entre les organes et leurs parties. Dans les autres embranchements, il est remplacé dans ses fonctions par divers organes, tels que les vaisseaux, les nerfs, les trachées, etc.; et, chez les Mollusques, il prend souvent la forme filamenteuse.

ARTICLE PREMIER.

DES TISSUS CELLULAIRE ET ADIPEUX DES MAMMIFÈRES.

§ I. *Anatomie.*

Le *tissu cellulaire de l'homme,* où il a été étudié avec le plus de soin, est composé de petites membranes extrêmement minces, blanches, nacrées, très-finement fibreuses, et se résolvant, par l'ébullition dans l'eau, presque entièrement en gélatine. Ses fibres, que le microscope montre d'une manière bien distincte, s'entre-croisent dans tous les sens, et les lamelles qu'elles composent se coupent de mille manières sans régularité ; d'où résulte une foule de vésicules communicantes dans lesquelles se trouve toujours une petite quantité de sérosité ou de lymphe qui lubrifie ces vésicules, et permet à leurs parois de glisser les unes sur les autres avec la plus grande facilité, ce qui rend le tissu cellulaire extrêmement extensible, et permet à tous les organes qu'il lie de se déplacer sans éprouver de lésion.

Le tissu cellulaire, servant d'intermédiaire entre les divers organes et leurs parois, prend toutes les formes et toutes les dispositions imaginables : aussi ne le décrit-on jamais que simplement comme constituant des amas dont on se borne à signaler l'existence et la situation.

Les organes avec lesquels le tissu cellulaire a le plus d'analogie sont les ligaments blancs, les tendons, les aponévroses et les membranes séreuses qui semblent n'être, les premiers, que des assemblages de fibres du tissu cellulaire plus fortes, plus serrées, et disposées par faisceaux dans des lieux et des directions déterminées. En effet, dans beaucoup d'endroits, et surtout à la surface de certains muscles, comme à la face interne de la cuisse de l'*homme*, le tissu cellulaire présente, dans un espace peu étendu, une dégénération bien évidente en aponévrose sans qu'on puisse indiquer où l'un de ces tissus finit et où l'autre commence.

Le tissu cellulaire contient beaucoup de vaisseaux sanguins qu'on découvre même sans injection lorsqu'ils sont gorgés de sang ; mais on n'y a pas encore trouvé de nerfs.

Le *tissu adipeux* ou *graisseux* a été confondu, jusque dans ces derniers temps, avec le tissu cellulaire affectant la même disposition et presque les mêmes formes ; mais il en diffère principalement en ce que les cellules sécrètent de la graisse qui remplit ces dernières. Ce tissu a plus particulièrement la forme de cellules plus arrondies, plus petites et disposées par groupes. Il accompagne d'ordinaire les veines, et c'est de là que l'épiploon présente, dans les animaux gras, ces belles arborisations blanches qui le font ressembler à une magnifique dentelle, mais qui, dans le principe, ne sont autre chose que les veines de cette membrane chargées de graisse.

Les tissus cellulaire et graisseux paraissent être les mêmes chez tous les MAMMIFÈRES.

La moelle qui remplit les cavités des os n'est, suivant M. BERZÉLIUS, que de la graisse mêlée de quelque autre substance qui en change le goût.

§ II. *Dissection.*

Le tissu cellulaire se découvre facilement entre une foule d'organes qu'il suffit de soulever pour le faire paraître, et surtout chez les jeunes sujets, où il est plus apparent, soit que ses aréoles soient plus grandes, soit qu'il s'y trouve en plus grande abondance ; et plusieurs aponévroses très-apparentes chez les vieux sujets ne sont encore que du tissu cellulaire chez les jeunes.

Pour reconnaître la structure de ce tissu, il suffit d'en placer quelques lamelles sous le microscope et plongées sous un peu d'eau, pour qu'elles ne sèchent pas, et l'on verra facilement sa forme celluleuse en l'insufflant. On peut aussi l'insuffler sur le corps de l'animal, là où il forme de grands amas non chargés de graisse. Il suffit, pour cela, d'introduire la canule d'un soufflet dans une de ces masses, où l'air qu'on y pousse ne puisse pas facilement s'échapper, et bientôt es cellules se gonflent, imitant parfaitement un amas d'écume.

§ III. *Conservation.*

Les tissus cellulaire et adipeux ne formant pas des organes spéciaux, on ne les conserve jamais pour servir à des démonstrations, et on se borne à les faire voir sur les corps frais. Ces tissus perdraient d'ailleurs bientôt ce caractère, soit à l'état sec, soit dans la liqueur, et il vaut bien mieux les montrer fraîchement préparés. On peut cependant conserver le premier après l'avoir insufflé et séché.

ARTICLE II.

DES TISSUS CELLULAIRE ET ADIPEUX DES OISEAUX, DES REPTILES, DES CHÉLONIENS ET DES POISSONS.

Dans ces quatre classes d'animaux les tissus cellulaire et adipeux ne paraissent pas différer sensiblement de ceux des Mammifères.

SECONDE DIVISION.

DES TISSUS CELLULAIRE ET ADIPEUX DES ANIMAUX ARTICULÉS.

On ne trouve pas chez les *Animaux articulés* de tissu cellulaire semblable à celui des Vertébrés et formant le lien entre les divers organes; aussi ces derniers sont-ils ou tous isolés les uns des autres, ou liés seulement par les vaisseaux et les nerfs.

Quant au tissu adipeux, il forme souvent des masses plus ou moins volumineuses, imitant des glandes conglomérées, et surtout remarquables par leur volume chez les larves d'insectes qui restent longtemps sous la forme de nymphes; dans d'autres, il est formé en un grand nombre de petits lobules irréguliers, comme granuleux.

Chez les ANNÉLIDES et les CRUSTACÉS on ne trouve point de masses graisseuses apparentes.

ARTICLE PREMIER.

DU TISSU GRAISSEUX DES INSECTES.

§ Ier. *Anatomie.*

On ne trouve que peu de graisse chez les INSECTES parfaits, cette substance ayant été absorbée pendant la vie de nymphe, où ces animaux ne prennent pas de nourriture (à l'exception de ceux à demi-métamorphose); elle se présente sous la forme de grumeaux aplatis, irréguliers, tenant aux trachées. Chez les larves, au contraire, la

16.

graisse forme souvent deux énormes masses latérales remplissant la majeure partie du corps, et enveloppant par leurs lobules irréguliers les divers viscères, et spécialement le canal alimentaire. Les ailes du cœur, toiles ligamenteuses qui maintiennent cet organe, en sont ordinairement couvertes par petits grains qui les font paraître comme perlées; et c'est en effet de cette manière qu'on les a presque toujours représentées, quoique ces ligaments soient lisses.

La graisse des larves est le plus souvent molle, blanche et assez semblable à de la crème; chez les Insectes parfaits, elle est plus solide, plus sèche et d'ordinaire jaunâtre.

§ II. *Dissection.*

On voit de suite la masse graisseuse en ouvrant le corps d'une larve le long du dos, et en rabattant les deux lèvres de la fente sur le plateau sur lequel l'animal est fixé. Les deux lobes latéraux, plus ou moins irréguliers, n'adhèrent guère aux autres organes que par les trachées, et on les écarte facilement pour les séparer des viscères que cette masse enveloppe.

Chez les INSECTES parfaits, on n'en trouve que par petits lobules dans l'abdomen, et principalement sur les ailes du cœur, où on la voit en ouvrant l'animal par le ventre et en enlevant tous les autres viscères.

§ III. *Conservation.*

Le corps graisseux des Insectes est une partie trop peu importante pour qu'on le conserve isolément dans les cabinets; on pourrait cependant le faire en le mettant dans une liqueur conservatrice non alcaline, qui le convertirait en savon.

ARTICLE II.

DU TISSU GRAISSEUX DES CRUSTACÉS ET DES ARACHNIDES.

§ Iᵉʳ. *Anatomie.*

Je n'ai jamais trouvé de véritables lobes graisseux chez les CRUSTACÉS; mais tous les organes sont plus gros chez les individus bien nourris que chez ceux qui ont jeûné long-temps : ce qui semble indiquer que leur graisse est contenue dans le parenchyme des organes. La même chose a d'ailleurs également lieu chez les Animaux supérieurs.

Chez les ARACHNIDES, et spécialement chez les ARANÉIDES, on trouve, au contraire, dans l'abdomen une masse de substance en apparence graisseuse qui remplit les intervalles de beaucoup d'organes, et paraissant destinée principalement à fournir à la nutrition des œufs; car à mesure que ces derniers se développent, cette masse graisseuse diminue. Elle est traversée par les vaisseaux biliaires qui y puisent aussi la matière de leurs sécrétions.

§ II. *Dissection et conservation.*

En ouvrant le long de la ligne dorsale l'abdomen d'une grosse espèce d'araignée, on remarque cette masse graisseuse enveloppant tous les organes; mais on ne peut guère la conserver.

TROISIÈME DIVISION.

DES TISSUS CELLULAIRE ET ADIPEUX DES MOLLUSQUES ET DES ZOOPHYTES.

On ne trouve de véritable tissu cellulaire que chez les CÉPHALOPODES, mais dont les mailles sont le plus souvent fort lâches et plus ou moins filamenteuses. On le remarque surtout dans les duplicatures du manteau qui contiennent les divers cartilages du corps, où ce tissu réunit les parois de ces cavités. On en trouve également dans la cavité viscérale des GASTÉROPODES, notamment chez les *Limax;* mais ses cellules sont encore moins apparentes, et ce n'est réellement que du tissu filamenteux se rendant des parois sur les viscères qu'il lie tous entre eux, en s'y condensant quelquefois en des espèces de membranes qu'on pourrait appeler des *lames péritonéales;* et ce tissu manque complétement chez les ACÉPHALES.

Je n'ai, au contraire, jamais trouvé de masses graisseuses ni chez les CÉPHALOPODES ni chez les ACÉPHALES, mais bien chez certains GASTÉROPODES, tels que les *Helix,* où le tissu adipeux forme quelquefois de petits lobules attenant au péritoine.

Chez les ENTOZOAIRES, les diverses parties des viscères sont souvent liées par du tissu filamenteux.

CHAPITRE III.

DU SYSTÈME OSSEUX OU SQUELETTE DES VERTÉBRÉS ET DES CONCRÉTIONS DES AUTRES ANIMAUX.

Quoique le squelette forme un système ou plutôt un appareil bien distinct propre aux Vertébrés, les autres animaux n'offrant que quelques parties rares qu'on ne peut considérer qu'avec doute comme analogues aux os, j'ai cru devoir les placer néanmoins dans le même chapitre, ainsi que la description de plusieurs concrétions du corps des animaux inférieurs qui entrent également dans la composition intime de leur individu, en remplissant les fonctions du véritable squelette, en tant qu'elles servent pareillement de supports aux autres organes. Ces pièces inorganisées, différentes dans chaque classe, ne se laissent d'ailleurs pas rapporter à un autre système d'organes dont il soit fait mention dans cet ouvrage. Telles sont les coquilles des Mollusques et les supports d'un grand nombre de Zoophytes.

PREMIÈRE DIVISION.

DU SYSTÈME OSSEUX OU SQUELETTE DES VERTÉBRÉS.

Le *système osseux* forme la charpente solide qui soutient tous les organes, et en même temps les leviers sur lesquels les muscles agissent pour produire les mouvements partiels, et plus particulièrement le déplacement du corps entier ou la *locomotion*.

Ce squelette est un assemblage de pièces plus ou moins dures, diversement conformées, selon la partie du corps qu'elles occupent et les fonctions qu'elles doivent remplir.

Ces pièces ou *os* sont formées principalement d'une matière animale gélatineuse ou autre dans laquelle s'est déposé beaucoup de substance calcaire qui leur donne une grande dureté. Dans le jeune âge, et généralement à l'âge fétal, les os ne sont encore composés que de la première de ces matières, mais présentent du reste déjà à peu près la forme qu'ils doivent toujours conserver, et à des époques déterminées selon l'espèce de l'animal et selon l'os, la matière calcaire commence à s'y déposer sur des points peu nombreux pour chaque pièce et plus ou moins distants les uns des autres, points qu'on nomme de là *centres* ou *points d'ossification*. Ces noyaux primitifs, croissant par leur circonférence, se joignent, se montent les uns sur les autres, et finissent par se souder. Le noyau principal, qui est d'ordinaire celui du milieu, reçoit le nom de *corps* de l'os; les autres, celui d'*épiphyses;* et dans les os fort longs, le premier prend plus particulièrement le nom de *diaphyse*.

Lorsque l'os présente des prolongements plus ou moins saillants, les plus obtus et rugueux, en forme de simples saillies, sont appelés *tubérosités;* s'ils sont en lame, ils reçoivent le nom de *crête* ou d'*épine;* et, s'ils sont grêles, celui d'*apophyse*.

La substance des os se distingue par la simple structure en deux parties, dont l'une extérieure, superficielle, généralement d'un tissu serré à fibres longitudinales, et assez semblable à de l'ivoire, a de là été appelée *substance éburnée;* tandis que la seconde partie, placée au milieu des os, présente une masse aréolaire formée d'une infinité de petites colonnes irrégulières dirigées dans différents sens, et communiquant de mille manières entre elles, a reçu le nom de *substance spongieuse,* mais ne diffère pas du reste de l'éburnée. Au centre des os longs et gros se trouve une cavité allongée, de manière que l'os a la forme d'un tube, mais dont la cavité n'existe pas avant que la matière calcaire s'y soit déposée. Il y a généralement peu de substance spongieuse dans la diaphyse des os longs et creux, tandis que les extrémités, surtout lorsqu'elles sont renflées, en sont presque entièrement formées.

Les os sont articulés de différentes manières entre eux, afin de pouvoir se mouvoir les uns sur les autres dans des étendues de mouvement variables selon les fonctions des parties.

On distingue les articulations en deux genres : celles où il y a mouvement entre les deux parties, et celles où il n'y en a pas; et ces dernières reçoivent en commun le nom de *synarthroses.*

Les articulations mobiles sont ensuite encore distinguées en celles où les os s'avoisinent par des facettes articulaires libres, couvertes d'un cartilage lisse et baignées de *synovie,* humeur assez semblable à du blanc d'œuf, servant à rendre les mouvements plus faciles en remplissant les conditions de l'huile dans les mécaniques ordinaires ; ces articulations ont reçu le nom spécial de *diarthroses.*

Dans d'autres également mobiles, ou *amphiarthroses,* les facettes ne sont pas libres, mais couvertes d'un corps intermédiaire se rendant de l'une à l'autre.

Les diarthroses permettent le mouvement en tous sens ou en un seul alternatif de va-et-vient. Les premières, ou *énarthroses,* se font au moyen d'une facette articulaire en portion de sphère, ou *tête,* s'emboîtant dans une cavité de même forme très-profonde, ou cavité *cotyloïde.*

Dans les secondes, ou *arthrodies,* l'une des facettes articulaires un peu convexe, ou du moins pas orbiculaire, reçoit le nom de *condyle;* et l'autre, également arrondie, est appelée cavité *glénoïde.*

Les diarthroses à mouvements alternatifs peuvent de même être distinguées en plusieurs espèces. Dans les unes, que je nomme *chiarthroses* [1], les facettes sont chacune en portion de gorge de poulie, mais en sens croisé l'une à l'égard de l'autre : d'où résulte un mouvement en tous sens, équivalant presque à celui de l'énarthrose.

---

[1] De χιαστί, en croix; et d'ἄρθρον, jointure.

Dans les autres le mouvement est simple, mais il peut varier par des dispositions différentes des parties. Si le mouvement a lieu à l'extrémité des pièces articulaires, qui se meuvent en décrivant des angles plus ou moins grands, c'est le *ginglyme*, dit *parfait* lorsque le mouvement n'est rigoureusement qu'en un seul sens, et *imparfait* si, avec le mouvement principal, il y en a un autre plus faible dans une direction différente.

Si les pièces se meuvent latéralement, c'est-à-dire le long de leur côté, je nomme l'articulation *plagiarthrose*[1] ; mais les deux pièces peuvent s'articuler entre elles par un ou par deux points de contact.

Dans d'autres pièces articulées par le côté, le mouvement consiste en un simple *glissement* le long l'une de l'autre, formant ce que je nomme l'*otharthrose*[2].

Dans d'autres encore, l'articulation est semblable à celle de deux anneaux d'une chaîne, et a reçu le nom de *claustrum*.

Enfin il y en a où l'une des pièces a la forme d'un crochet qui se fixe dans une ouverture de l'autre, et je la nomme de là *ancisarthrose*[3].

Dans les amphiarthroses les pièces sont réunies par divers tissus ; lorsque ce sont des ligaments élastiques, je les nomme *anti-typarthrose*[4].

Lorsque ce sont des ligaments rigides, je les désigne sous le nom de *syndesmose*[5] ; mais les pièces peuvent être unies par leurs bords seulement, de manière que l'articulation est *linéaire;* ou bien la surface articulaire peut être *large*, ou en *biseau*.

On a donné le nom de *syssarcose* à l'amphiarthrose dont les parties sont unies par des muscles.

Enfin il existe des cas rares où il y a mouvement par flexion entre deux parties roides d'un même os séparées par une partie flexible. Il est vrai qu'il n'y a pas là proprement articulation, mais bien mouvement ; et je le désigne de là sous le nom de *campèse*[6].

Dans les synarthroses, ou articulations immobiles, il y a également un corps qui lie les deux pièces opposées; mais chez les unes ce corps est persistant toute la vie, et chez les autres il n'existe que jusqu'à l'âge adulte, où les pièces finissent par se souder.

---

[1] De πλαγίος, de côté.
[2] D'ὠθεῖν, pousser.
[3] D'ἄγκιστρον, croc.
[4] D'ἀντίτυπος, élastique.
[5] De σύνδεσμος, ligament.
[6] De καμπή, flexion.

Dans le premier cas, si les deux os ne pénètrent pas l'un dans l'autre, et s'avoisinent simplement par des facettes étroites, c'est une *symphyse*, qu'on distingue en deux espèces : quand le corps est intermédiaire et ligamenteux, elle prend le nom de *synévrose*, tandis que, lorsqu'il est cartilagineux, elle reçoit celui de *synchondrose ;* et là où les surfaces articulaires sont larges, il y a *adhérence* entre les parties.

Dans les synarthroses persistantes, l'une des pièces pénètre dans l'autre : la première peut y pénétrer par un bord étroit, ce qui constitue la *schindelèse ;* ou bien elle peut avoir la forme d'un pivot, et alors on la désigne sous le nom de *gomphose ;* mais dans ces dernières il peut arriver que la pénétration n'ait lieu que par l'une dans l'autre, ce que je nomme gomphose *simple*, ou bien la pénétration peut être *réciproque*.

Les synarthroses non persistantes sont ce qu'on appelle plus particulièrement *sutures*, distinguées encore en *dentées* lorsque les pièces pénètrent l'une dans l'autre par des dentelures, en *harmoniques* lorsque les bords sont plats, et en *écailleuses* lorsqu'elles s'avoisinent par des biseaux.

Dans le tableau synoptique suivant, toutes ces articulations se trouvent placées à la suite les unes des autres d'après leur analogie, et on y a en même temps indiqué un exemple de chacune.

Chez les animaux articulés on trouve quelques articulations de plus que chez les Vertébrés, telles que l'*orbiculaire à tête perforée*, qui diffère de l'*orbiculaire* des Vertébrés en ce que, les pièces étant tubuleuses, leurs cavités communiquent de l'une à l'autre par un orifice placé au milieu de la tête. Elle a lieu entre les articles des tarses.

L'*articulation à tête disjointe* diffère de la précédente en ce que les deux pièces ne se reçoivent pas, et sont simplement unies par un ligament dermoïque circulaire. On le trouve souvent entre les articles des palpes.

La *charnière* est une articulation où les deux pièces sont unies entre elles aux deux extrémités d'un axe, d'où résulte nécessairement un mouvement alternatif. C'est ainsi que les mandibules des Coléoptères se meuvent sur la tête.

On trouve aussi des articulations de formes particulières entre les valves des Acéphales, où elles reçoivent en général le nom de *charnières*.

TABLEAU SYNOPTIQUE

DES ARTICULATIONS DES OS.

ARTICULATIONS

mobiles, à facettes — libres, cartilagineuses, baignées de synovie, ou DIARTHROSES; à mouvement

- **en tout sens, à facettes,**
  - orbiculaire ou ENARTHROSE. (Articulation coxo-fémorale. *Mammifères.*)
  - non orbiculaire ou ARTHRODIE. (Articulation des os du carpe. *Mammifères.*)
  - croisé ou CHIARTHROSE. (Articulation intervertébrale. *Oiseaux.*)
- **alternatif,**
  - angulaire ou GINGLYME.
    - *Imparfait,* ayant un léger mouv. latéral. (Art. fémoro-tibiale. *Homme.*)
    - *Parfait,* mouvement en un seul sens. (Art. huméro-cubitale. *Homme.*)
  - Latérale ou PLAGIARTHROSE.
    - Deux points de contact. (Art. cubito-radiale. *Homme.*)
    - Un seul point de contact. (Art. intermétacarpienne. *Mammifères.*)
  - simple
    - de glissement ou OTHIARTHROSE. (Art. cubito-radiale. *Oiseaux.*)
    - annulaire ou CLAUSTRUM. (Art. de la nageoire anale des *Chétodon.*)
    - à crochet ou ANCISARTHROSE. (Art. de la nageoire pectorale des *Silurus.*)

non libres, non cartilagineuses, ou AMPHIARTHROSES, union par :

- des ligaments élastiques ou ANTYPARTHROSE. (Art. intervertébrales. *Mammifères.*)
- des lig. rigides ou SYNDESMOSES.
  - Linéaires. (Art. tibio-péronienne de beaucoup d'*Oiseaux.*)
  - Larges. (Art. des lames des vertèbres des *Mammifères.* Tibio-péronienne. *Mammifères.*)
  - Biseautés. (Art. de l'opercule. *Poissons.*)
- des membranes, ou *méningoses.* (Les fontanelles des *Enfants.*)
- une lame osseuse ou SYSSARCOSE. (Union de l'omoplate avec le thorax. *Mammifères.*)

immobiles, ou SYNARTHROSES, à corps intermédiaire

- **persistant, union par :**
  - par facettes non pénétrantes
    - étroite ou SYMPHYSE, corps intermédiaire
      - fibreux ou SYNÉVROSE. (Symphyse pubienne de plusieurs *Sauriens.*)
      - cartilagineux ou SYNCHONDROSE. (Art. pubienne. *Homme.*)
    - très-large ou ADHÉRENCE. (Dents de plusieurs *Poissons.*)
  - par facettes pénétrantes
    - en forme de lame ou SCHINDÉLASE. (Art. voméro-siagonale. *Mammifères.*)
    - en forme de pivot, Simple. (Art. des dents. *Mammifères.*)
      - ou GOMPHOSE. Réciproque. (Art. des griffes des *Felis,* des défenses des *Trichechus.*)
- **non persistant ou SUTURE.**
  - Dentée. (Art. sagittale. *Homme.*)
  - Harmonique. (Art. internasale. *Mammifères.*)
  - Écailleuse. (Art. squammo-pariétale. *Mammifères.*)

Le corps de tous les VERTÉBRÉS étant formé de deux moitiés latérales égales, et surtout parfaitement identiques dans leurs organes de la vie de relation, auxquels appartiennent le squelette, les ligaments et les muscles, les os se trouvent disposés par paires, dont une série à droite et l'autre à gauche, à l'exception de ceux placés dans le plan médian du corps; mais ceux-ci sont composés de deux parties égales, et sont par conséquent pairs en eux-mêmes. Le squelette déterminant aussi la forme et la disposition des diverses parties principales du corps, ce dernier se trouve de là également divisé en deux moitiés latérales symétriques, dont l'ensemble est encore distingué en deux parties : l'une centrale, ou le *torse*, renfermant les principaux organes et appareils organiques dont dépend la vie ; et la seconde, ou les *membres*, au nombre de deux paires au plus, dont une *antérieure* et l'autre *postérieure*, sont des appareils exclusivement destinés aux mouvements de locomotion et de préhension, et peuvent accidentellement manquer sans que la vie de l'individu soit nécessairement compromise.

Le torse se divise ensuite en trois principales parties successives, dont l'une antérieure, ou la *tête ;* une moyenne, ou le *tronc ;* et une postérieure, le plus souvent rudimentaire, ou la *queue.*

Parmi les os impairs placés dans le plan médian du torse, les principaux, servant de soutien à tout le squelette, forment une série non interrompue de pièces courtes qui règnent le long de toute la région supérieure ou dorsale du torse, os qui, étant susceptibles de se mouvoir en tous sens les uns sur les autres, ont de là reçu le nom de *vertèbres*, d'où est dérivé le nom de *Vertébrés* donné à ce premier embranchement du règne animal. La série de ces pièces ou *colonne vertébrale*, qu'on nomme aussi *épine du dos* ou *rachis*, est partagée en six régions.

La première, ou *région céphalique*, forme la partie centrale et supérieure de la *tête ;* la seconde, ou *cervicale*, occupe le *cou ;* la troisième, ou *dorsale*, le *thorax ;* la quatrième, ou *lombaire*, la partie correspondant au *ventre ;* la cinquième, ou *sacrée*, est placée dans le *bassin ;* enfin, la dernière, ou *caudale*, forme la *queue.*

Dans chacune de ces six régions, les vertèbres présentent des caractères spéciaux, dépendant des fonctions particulières qu'elles ont à remplir, et contribuent à faire distinguer ces diverses parties du torse que je viens d'énumérer.

Chaque vertèbre, à quelque région qu'elle appartienne, est composée dans le principe de deux parties, dont l'une, formant son *corps*, est plus ou moins cylindrique, à bases parallèles, par lesquelles ces os se succèdent. Cette partie est antérieure chez l'*homme*, qui marche redressé, et inférieure chez les autres MAMMIFÈRES, dont le corps est horizontal.

La seconde partie, postérieure chez l'*homme*, et supérieure chez les ANIMAUX, est formée de l'assemblage de plusieurs apophyses, d'où elle reçoit le nom de *masse apophysaire.*

En prenant pour modèle de la vertèbre en général celles des lombes des MAMMIFÈRES, et spécialement celles des *Felis*, type de cette classe d'animaux, où ces os existent isolés de tout appendice qui puisse influer sur leur forme, en même temps que ces vertèbres y sont au complet de leur développement, on trouve deux paires de ces apophyses : les *obliques antérieures* et les *obliques postérieures*, qui s'articulent avec les correspondantes des deux vertèbres contiguës; une troisième paire, dirigée en dehors et partagée en deux branches, forme les *apophyses transverse, antérieure* et *postérieure;* enfin une impaire, dirigée en dessus (en arrière chez l'homme), est appelée *épineuse* à cause de la forme qu'elle affecte ordinairement. Mais, outre ces cinq espèces d'apophyses, il en existe encore d'autres chez certaines espèces d'animaux, et dont surtout une également impaire et opposée à l'épineuse : je la nomme par analogie *apophyse acanthoïde;* mais elle n'existe que rarement.

Chez d'autres animaux encore, et surtout chez les POISSONS, les apophyses transverses se rapprochent souvent graduellement l'une de l'autre en se portant de plus en plus en dessous, et finissent par se confondre en une seule dirigée en bas, imitant tout à fait les épineuses; et je les désigne alors sous le nom d'*apophyses upsiloïdes*, comme ayant la forme d'un Y dont les deux branches interceptent un canal dans lequel passe l'aorte caudale. Chez plusieurs POISSONS aussi, les apophyses transverses des vertèbres lombaires postérieures portent même des rudiments de côtes qui se confondent par paires en une seule pièce et deviennent des os upsiloïdes qu'il ne faut pas confondre avec les apophyses acanthoïdes.

Au-dessous des apophyses transverses des vertèbres caudales, on trouve souvent chez certains animaux deux très-petites apophyses en forme de tubercules, auxquelles se fixent des muscles, et que je désigne sous le nom d'*apophyses mamillaires.*

Les apophyses supérieures de la colonne vertébrale interceptent chez tous les Vertébrés un large canal parallèle à l'axe du corps de l'os, et qu'on nomme de là *canal vertébral* ou *canal rachidien.* C'est une large cavité tubiforme dans laquelle est renfermée la partie centrale du système nerveux, c'est-à-dire le cerveau et la moelle épinière.

Ces diverses apophyses dont je viens de parler et les deux canaux qu'elles interceptent n'existent cependant pas sur toutes les vertèbres, cessant sur la première céphalique et les dernières caudales, c'est-à-dire que, soumises, comme tous les organes, à la loi générale de la gradation, elles finissent par devenir rudimentaires aux deux extrémités de leur série, et disparaissent enfin ; et là même où elles existent elles n'ont pas toujours ni la même forme ni la même disposition, variant d'une vertèbre à l'autre, et surtout suivant les conditions spéciales dans lesquelles ces os se trouvent à l'égard du reste du squelette et des autres organes avec lesquels ils sont en rapport.

Sur la tête, les vertèbres, toujours au nombre de quatre (ou de cinq si l'on veut considérer le cartilage de la cloison nasale comme représentant le corps de la première vertèbre céphalique, qui serait toutefois rudimentaire, mais que je ne compte pas, attendant des preuves plus certaines), forment par leur canal vertébral la *cavité crânienne*, contenant l'encéphale, partie centrale de tout le système nerveux ; et elles y prennent un développement si considérable pour loger ce volumineux organe, que long-temps on a méconnu leur analogie avec les autres vertèbres. Sur la queue au contraire, elles deviennent toujours de plus en plus petites ; leurs apophyses s'effacent et finissent par disparaître ainsi que le canal rachidien.

Ces mêmes vertèbres céphaliques portent plusieurs appendices osseux, mais dont la plupart sont, ainsi que leurs vertèbres respectives, tellement refoulés les uns sur les autres, et surtout chez l'*Homme*, qu'il faut en faire une étude très-attentive pour reconnaître leur analogie avec celles du dos et des lombes ; et ce n'est qu'en 1807 que cette découverte, fort importante pour l'anatomie comparative, fut faite par M. OKEN et jette aujourd'hui un grand jour sur la partie théorique de la science.

Les apophyses de ces quatre vertèbres céphaliques étant souvent représentées par des pièces qui restent distinctes long-temps après la naissance et même jusqu'à un âge fort avancé, elles ont reçu des noms spéciaux, soit d'après leur forme, soit d'après leur disposition ; et, comme elles sont en outre pour la plupart très-intimement articulées et confondues avec les pièces appendiculaires, il est difficile de distinguer ce qui appartient aux vertèbres proprement dites ou à leurs appendices ; avec un peu d'attention on parvient toutefois, en les comparant dans plusieurs espèces, à ramener beaucoup de ces pièces à leurs analogues dans les vertèbres ordinaires de l'épine du dos ; mais, comme elles se modifient considérablement d'une classe d'animaux à l'autre, je ne puis indiquer ici aucune généralité qui soit commune à tous les Vertébrés ; et je renvoie, à ce sujet, aux articles relatifs à ces classes, et surtout à l'article suivant, où il est question du squelette des Mammifères.

Les pièces appendiculaires des vertèbres constituent généralement les parties servant de soutien aux muscles et aux viscères, c'est-à-dire à tous les organes, à l'exception de la tige centrale du système nerveux, contenue dans le canal crâno-rachidien.

La tête, composée, ainsi que je l'ai fait remarquer, de quatre vertèbres céphaliques avec leurs appendices, se distingue en deux parties, le *crâne* et la *face*.

Le *crâne* est une boîte osseuse formée en bas par le corps des vertèbres céphaliques, en dessus par leur masse apophysaire, et renferme exclusivement l'encéphale.

La *face*, placée au-dessous et au-devant du crâne, est formée en haut par les mêmes corps des vertèbres céphaliques, et par l'antérieure presque tout entière, et en bas ainsi qu'en avant par leurs pièces appendiculaires diversement articulées entre elles, selon les fonctions que les parties ont à remplir. Cette face porte principalement les appareils des sens, c'est-à-dire ceux de l'*odorat*, du *goût*, de la *vue*, presque en totalité celui de l'*ouïe*, et de plus l'*appareil vocal*, ainsi que le commencement de l'appareil digestif, consistant dans les organes de la *mastication*, de l'*insalivation* et de la *déglutition*.

Le sens de l'*odorat* réside toujours dans les parois de deux cavités, ou *fosses nasales*, placées à côté l'une de l'autre à la partie antérieure de la face. Ces cavités ne communiquent point directement entre elles, mais s'ouvrent au dehors par les *narines;* et dans les trois premières classes, également en arrière, dans la cavité du pharynx, par les *arrière-narines* pour livrer passage à l'air servant à la respiration.

Le sens du *goût* réside dans les parois d'une cavité impaire ou *buccale*, placées sous les fosses nasales et formant en même temps l'entrée de l'appareil digestif ainsi que celle des organes respiratoires et de la voix, et s'ouvre au dehors par la *bouche*, et en arrière par l'*isthme*, également dans la cavité du pharynx, seconde partie du canal digestif.

Les appareils de la vue ou les *yeux*, toujours au nombre de deux, placés à la partie supéro-antérieure ou latérale de la face, sont logés chacun dans une cavité osseuse nommée *orbite*.

Les appareils de l'ouïe ou les *oreilles*, aussi sans exception au nombre de deux, mais placés aux régions latérales postérieures de la tête, se distinguent en deux parties : l'*oreille interne*, cachée dans les os du crâne; et l'*oreille externe*, seule visible à l'extérieur, est de là vulgairement nommée l'oreille; mais elle manque fort souvent.

La *région cervicale* du rachis n'est pas toujours distincte, se réduisant chez beaucoup d'animaux à une seule vertèbre ou *atlas*, qui est de là cachée entre la tête et la troisième partie du torse ou le thorax; ou bien cette région n'est pas distincte de la dorsale, les vertèbres qui la composent portant des appendices ou *côtes cervicales*, réduits le plus souvent à de simples rudiments confondus avec les apophyses transversales de leurs vertèbres respectives.

Les vertèbres de la *région dorsale* ou *thoracique* portent presque toujours chacune une paire de longs appendices grêles, ou *côtes*, dirigés en dehors, puis arqués en dessous et en dedans pour se rendre, lorsqu'ils sont à l'état le plus complet, vers une autre série de pièces osseuses symétriques placée le long de la ligne médiane inférieure du corps, et nommée le *sternum*, imitant une seconde colonne vertébrale; le tout formant une cage osseuse ou *thorax*, formé en dessus par la série des vertèbres dorsales, latéralement par les côtes, et en dessous par le sternum.

Chaque côte est composée, là où elles sont le plus développées, de quatre parties, dont une plus constante ou *côte vertébrale* part de la vertèbre; une seconde, d'ordinaire cartilagineuse, mais qui manque souvent, forme la continuation de cette dernière et va joindre le sternum, en constituant la *côte sternale;* la troisième, qui n'existe que rarement (chez les *Crocodilus*), est intermédiaire entre les deux premières; enfin la quatrième, qui n'est peut-être que la troisième autrement disposée, forme un appendice latéral de la côte principale, et ne se trouve que chez les OISEAUX et les POISSONS.

Dans les BATRACIENS ANOURES, la région dorsale du rachis manquant tout à fait de côtes, se trouve par là confondue avec celles du cou et des lombes.

La *région lombaire* du rachis est réduite chez les MAMMIFÈRES exclusivement à ses vertèbres toujours en petit nombre; chez les OISEAUX et les CHÉLONIENS elle est nulle; chez les SAURIENS, ainsi que chez les BATRACIENS URODÈLES, ses vertèbres portent très-souvent de petites côtes rudimentaires, et chez les *Crocodilus* on trouve même leurs cartilages sternaux en forme de grandes tiges contenues librement dans les parois de l'abdomen; chez les OPHIDIENS, leurs côtes vertébrales sont aussi développées qu'au thorax des Sauriens, avec un rudiment de cartilage représentant les côtes sternales; chez les POISSONS, les dorsales sont très-modifiées ou rudimentaires, et portées sur la tête pour entrer dans la composition de l'appareil branchial; tandis que les lombaires, toutes fort développées, existent seules avec l'apparence de côtes thoraciques; mais on n'y trouve jamais de côtes sternales, ni de sternum qui leur corresponde.

La *région sacrée* ou *pelvienne* du rachis est formée d'ordinaire, lorsqu'elle existe, d'un petit nombre de vertèbres, même d'une seule; et dans beaucoup d'animaux, elle est confondue avec celles qu'elle avoisine, étant dépourvue d'appendices ou n'en portant que de rudi-

mentaires. Lorsque cette région est le plus distincte, les vertèbres qui
la composent se soudent entre elles et forment le *sacrum ;* et cet os
porte latéralement deux paires d'os appendiculaires très-grands, dont
l'antérieur est l'*ilium*, et le postérieur l'*ischion ;* et les deux paires
s'unissent sur les côtés du corps sur une troisième ou *pubis*, qui se
portent en dessous et en dedans pour s'articuler entre eux à la ligne
médiane inférieure, de manière que le sacrum, avec les trois paires
d'os dont je viens de parler, nommés ensemble os *coxaux*, forment
une ceinture connue sous le nom de *bassin*. Dans quelques genres,
et surtout chez les *Felis*, il existe encore une quatrième paire très-
petite, placée au point de réunion des trois autres et qu'on appelle *os
cotyloïdiens*, se trouvant placés au fond d'une cavité hémisphérique
ou *cotyloïde*, formée toujours par la réunion de ces trois os et du
quatrième lorsqu'il existe. C'est dans cette cavité que s'articule la seconde paire de membres. Chez les très-jeunes sujets, et spécialement
chez les MAMMIFÈRES CARNIVORES et les OISEAUX, on trouve quelquefois
entre les vertèbres sacrées et les os ilium et ischion encore un ou
plusieurs petits osselets constituant des *côtes* sacrées rudimentaires,
mais qui se confondent bientôt avec les os voisins. Enfin, il existe encore quelquefois, et surtout chez les MAMMIFÈRES, une épiphyse sur
la crête des os ilium, et une autre sur la tubérosité ischiatique.

La cinquième et dernière région du rachis, ou *caudale*, constitue
la *queue*, appendice terminal formé par une série plus ou moins nombreuse de vertèbres, portant également quelquefois des appendices
rudimentaires ou os *upsiloïdes* comparables aux côtes. Mais cette région n'est formée que d'os et de muscles, car rarement la cavité viscérale s'y prolonge.

Les membres des Vertébrés ne sont jamais de plus de deux paires :
la première articulée sur la partie antérieure du thorax, et la seconde
sur les os coxaux. Dans certaines familles, il n'y en a cependant qu'une
seule paire, et alors c'est la postérieure qui manque le plus souvent ;
et dans d'autres elles manquent toutes les deux. Je les indiquerai en
parlant du squelette dans chaque classe à part.

Ces membres sont composés, chez les espèces les plus parfaites, de
quatre parties consécutives pour les antérieurs, et de trois pour les postérieurs. Ce sont pour ceux-là : l'*épaule*, le *bras*, l'*avant-bras* et
la *main ;* pour ceux-ci : la *cuisse*, les *jambes* et le *pied*, analogues
aux trois derniers des membres antérieurs, les os coxaux correspondant à l'épaule. Ces parties varient considérablement d'une classe à
l'autre. Je renvoie, pour plus de détails, aux articles suivants relatifs
au squelette.

ARTICLE PREMIER.

DU SQUELETTE DES MAMMIFÈRES.

§ Ier. *Anatomie.*

Dans chacune des quatre classes des Animaux vertébrés, le système osseux présente des caractères qui lui sont propres. Déjà, relativement à la composition chimique, on y trouve des différences très-notables, et cette composition varie même beaucoup dans la même classe ; chez les MAMMIFÈRES, entre autres, elle paraît non-seulement dépendre de l'espèce de l'animal, mais encore de son âge, de son état de santé et même de sa nourriture. Je citerai simplement ici les analyses faites par M. BERZÉLIUS[1] des os de l'*homme* et du *bœuf* dégraissés et entièrement desséchés :

	Os d'homme.	Os de bœuf.
Cartilage soluble dans l'eau bouillante	32,17 }	33,30
Vaisseaux	1,13 }	
Sous-phosphate de chaux avec un peu de fluorure de chaux	53,04	57,35
Carbonate de chaux	11,30	3,85
Phosphate de magnésie	1,16	2,05
Soude avec très-peu de chlorure de sodium	1,20	3,45

Quant aux cartilages, beaucoup plus élastiques que les os, ils ne contiennent, d'après le même chimiste, que quelques centièmes de matières terreuses, et se distinguent en deux espèces. Les uns, comme les cartilages costaux, et ceux qui dans les synchondroses unissent les os, ne paraissent différer de la partie animale des os que par la très-petite quantité de substance terreuse qu'ils contiennent. Aussi les cartilages costaux s'ossifient-ils très-souvent avec l'âge. Suivant MM. FROMM-HERTZ et GUGERT, les cartilages costaux d'un *homme* de vingt ans se sont trouvés composés, après avoir été desséchés au bain-marie, de :

Carbonate de soude	35,068
Sulfate de soude	24,241
Chlorure de soude	8,231
Phosphate de soude	0,925
Sulfate de potasse	1,200
Carbonate de chaux	18,372
Phosphate de chaux	4,056
Phosphate de magnésie	6,908
Oxyde de fer et pertes	0,999

---

[1] *Traité de chimie*, t. VII, p. 474.

La seconde espèce de cartilages comprenant ceux du nez, des oreilles, des paupières et de la trachée-artère, ne contiennent au contraire,
suivant M. Berzélius, que fort peu de gélatine. Aussi une ébullition
prolongée de douze heures ne les ramollit point et ne leur fait pas subir une perte sensible; mais il n'en existe pas encore de véritable
analyse.

Dans les fœtus, lorsque les os sont encore gélatineux, ils forment
chacun une masse compacte ne présentant point encore ces cavités intérieures qu'on y remarque chez les individus où l'ossification est plus
ou moins achevée ; c'est-à-dire la matière calcaire ne s'y dépose plus
tard que dans les parties extérieures, et à l'intérieur la matière animale
se retire, se résorbe, et laisse des cavités tubuleuses dans les os longs
et des cellulosités dans les courts. Il est probable que la même chose a
également lieu chez les autres Vertébrés, mais on n'a pas encore de
données à ce sujet.

Comme il serait beaucoup trop long de décrire ici avec détail tous
les os qui composent le corps de l'homme et des autres mammifères, je
me bornerai seulement à les indiquer, et je renvoie ceux qui voudraient
les étudier dans leurs spécialités aux ouvrages d'anatomie de l'*homme*,
et surtout au *Nouveau Manuel de l'anatomiste* de Lauth, l'ouvrage de ce genre le mieux fait que je connaisse ; ou bien, pour les
animaux, aux *Leçons d'anatomie comparée* de Cuvier.

La *tête* des mammifères, et surtout celle des *Felis*, type de la classe,
et que je prends ici pour exemple, est formée de deux parties, dont
l'une supérieure ou le *crâne*, et l'autre inférieure ou la *face*. La première constitue une grande boîte osseuse renfermant exclusivement
l'encéphale et ses dépendances. Ce crâne est formé de seize os qui
s'articulent entre eux par suture, de manière à circonscrire une cavité
sans autre orifice ouvert que le trou occipital, mais dont les parois sont
percées d'un grand nombre de trous pour le passage des nerfs et des
vaisseaux.

Cette boîte est formée en bas, d'avant en arrière, par les *ethmoï-
des*, dont une face seulement occupée par sa lame *criblée* entre dans
la composition des parois du crâne ; par les parties infra-latérales des
coronaux placés sur les côtés de cette lame criblée ; plus en arrière,
au milieu, par le *corps du sphénoïde*, et vers les côtés par ses *ailes d'Ingrassias;* plus en arrière encore, au milieu, par le *corps du
sphécoïde* (moitié postérieure du sphénoïde de l'homme), et vers les
côtés par les *grandes ailes.* Derrière le corps de cet os se trouve,
toujours en dessous, l'os *basilaire* (apophyse basilaire de l'homme), et
vers les côtés les deux *rochers*, placés transversalement, et formant
la grosse apophyse de ce nom des os temporaux de l'homme. Enfin,
en arrière de l'os basilaire se trouve une grande ouverture ou *trou oc-*

cipital donnant passage à la moelle épinière, prolongement de l'encéphale, qui se continue dans le canal rachidien. Cette ouverture est formée sur les côtés par les os *condyliens* (parties latérales inférieures de l'occipital de l'homme portant les condyles de la tête), et en arrière, vers le haut, par le vrai *occipital*. Sur les côtés, la boîte crânienne est formée en avant par les deux *coronaux*, os pairs chez la plupart des Mammifères; latéralement en bas par les ailes du *sphécoïde*; plus en arrière par les *squammeux* (portion écailleuse du temporal de l'homme) ; plus au-dessus par les deux *pariétaux*, et en arrière par l'*occipital*. Enfin, en dessus, la boîte crânienne est formée en avant par les deux *coronaux*, qui se joignent à la ligne médiane ; au milieu par les *pariétaux*, qui se joignent également entre eux à la ligne médiane ; plus en arrière par l'os *wormien*, os impair; et tout à fait en arrière pas l'*occipital*, os également impair.

L'*ethmoïde* est ainsi nommé parce que sa lame, qui fait partie de la boîte crânienne, est percée de nombreux petits trous qui la font ressembler à un crible, en grec ήθμός. Il est placé au haut de la face, entre les deux yeux, entièrement caché par les os circonvoisins ; vu par le côté, sa forme générale est à peu près triangulaire chez les CARNIVORES; sa face supra-postérieure, à peu près en carré long, est occupée par la *lame criblée*, qui entre seule dans la composition des parois du crâne, et donne par ses nombreux trous passage aux nerfs olfactifs, qui se répandent dans les fosses nasales. Cette lame se prolonge en dessous à sa ligne médiane par une autre *verticale* formant la partie moyenne postérieure de la cloison des fosses nasales, et qui se continue en avant et en dessous par la cloison cartilagineuse qui arrive jusqu'aux narines. De chaque côté de cette lame l'ethmoïde forme une masse de cellules osseuses formées par des lamelles très-minces qui se replient et se subdivisent d'une foule de manières, en formant des anfractuosités irrégulières tapissées par la membrane pituitaire, dans laquelle se répandent les rameaux des nerfs olfactifs, et constituant le principal siége du sens de l'odorat. Ces *cellules ethmoïdales* sont séparées par un petit espace de la lame verticale passant entre leurs deux masses. Deux grandes lamelles de ces cellules se repliant sur elles-mêmes chez l'*homme*, ont spécialement reçu les noms de *cornets supérieur* et *moyen*; et un autre infra-postérieur, qui constitue quelquefois une pièce à part, est ce qu'on nomme les *cornets sphénoïdaux* ou *de Bertin*. Au-dessus de la lame criblée s'élève dans le crâne l'apophyse *crista galli*, qui n'est bien distincte que chez l'*homme* et quelques autres MAMMIFÈRES.

Les lamelles contournées des anfractuosités de l'ethmoïde appuient par les côtés contre la face interne des branches montantes des os siagonaux (maxillaires supérieurs), de manière à partager la fosse nasale en deux compartiments ; et quelquefois même une petite partie de ces lamelles entre dans la composition de la paroi interne des orbites, où elle paraît entre l'os coronal, l'unguis et le palatin, ou la lame orbitaire du siagonal ; partie qui, sans former une pièce particulière, a reçu chez l'*homme* le nom d'os *planum*. Elle est fort grande et quadrilatère dans l'espèce humaine, mais n'existe que rarement chez les autres mammifères.

Les os *coronaux* ont reçu ce nom parce que c'est sur la partie de la tête qu'ils forment qu'on pose les couronnes ; ils sont aussi appelés *frontaux*, comme occupant le front. Ce sont deux grandes pièces bombées, assez minces, occupant la partie antérieure du crâne, où elles s'articulent entre elles à la ligne médiane, et se replient inférieurement en dedans pour s'articuler en dessous avec les bords latéraux de la lame criblée, et plus en arrière avec les ailes d'Ingrassias, en arrière avec les os pariétaux, et en avant, d'une part avec les os du nez, et de l'autre avec les siagonaux (maxillaires supérieurs).

Le *sphénoïde*, dont le nom dérive de σφήν, coin, parce qu'il est placé comme un coin entre les autres os de la partie inférieure du crâne, occupe le centre de la tête. Sa partie moyenne ou son *corps*, qui correspond chez l'homme à la partie antérieure du corps de l'os du même nom, est une pièce impaire à peu près en prisme carré, creusée de deux cavités latérales ou *sinus sphénoïdaux*, séparés par une cloison verticale faisant suite à la lame verticale de l'ethmoïde. Les bords latéro-supérieurs de cet os se prolongent en une longue apophyse triangulaire ou *aile d'Ingrassias*, dans la base de laquelle est percé le *trou optique*, par où sort le nerf du même nom. Cet os s'articule en avant avec l'ethmoïde, et par ses ailes avec les coronaux ; en arrière avec le sphécoïde, et en bas avec les palatins et le vomer.

Le *sphécoïde* répond à la portion postérieure du sphénoïde de l'homme. Je le nomme ainsi de l'un des synonymes du sphénoïde, employé par GALIEN. C'est un os constamment distinct de la portion antérieure chez tous les mammifères, à très-peu d'exceptions près, parmi lesquelles se trouve l'*homme ;* il occupe la partie infra-moyenne du crâne. Sa partie centrale ou son *corps* est plus déprimée que celle de l'os précédent, et se prolonge sur les côtés en dessus en deux longues apophyses ou *grandes ailes* qui entrent dans la composition du crâne, et en dessous en deux autres, ou *apophyses ptérygoïdes*, faisant partie de la face. Cet os s'articule en avant avec le corps du sphénoïde, et par ses ailes avec les ailes d'Ingrassias et les coronaux ; à l'extrémité des mêmes apophyses avec les pariétaux ; en arrière avec les squammeux ; plus en arrière encore avec les rochers, et enfin par sa base postérieure avec le basilaire.

L'os *basilaire,* ainsi nommé parce qu'il occupe la base du crâne, fait suite au corps du sphécoïde. C'est un os fort simple, pentagonal, légèrement courbé en gouttière à sa face crânienne. Par son bord antérieur, il s'articule avec le sphécoïde ; par les latéraux avec les rochers ; par les latéro-postérieurs avec les condyliens ; et, enfin, son bord postérieur concourt à former le trou occipital.

Les *rochers*, ainsi nommés pour la grande dureté de leur substance, sont des os pairs, correspondant aux apophyses de même nom des temporaux de l'*homme*, mais constituant des pièces bien distinctes chez les jeunes *Felis* et autres MAMMIFÈRES. Ils ont la forme d'une pyramide triangulaire placée obliquement dans la partie inférieure moyenne du crâne, dirigée de dehors en dedans et en avant ; s'articulant antérieurement avec le sphécoïde, en dehors avec le squammeux, et, sous ce dernier, avec le tympanique et le mastoïdien, en dedans avec le basilaire, et en arrière avec le condylien. A son extrémité externe, il forme un prolongement plus ou moins grêle, ou *apophyse styloïde*, dirigé librement en dessous, et formant également une pièce à part chez beaucoup de jeunes animaux. C'est dans le rocher que se trouve creusé le *labyrinthe* ou oreille interne ; et, entre cet os et le tympanique, le squammeux et le mastoïdien, se trouve la cavité de la *timbale*, ou *oreille moyenne*, composée elle-même de deux parties, la *caisse* et la *cellule mastoïdienne*. Dans la caisse sont contenus les osselets de l'ouïe, c'est-à-dire l'*étrier*, le *lenticulaire*, l'*enclume* et le *marteau*, les quatre formant une chaîne qui se rend de l'orifice du labyrinthe, ou *fenêtre vestibulaire*, au *tympan*, membrane formant un diaphragme qui forme en dehors la caisse, et sépare sa cavité du *conduit auditif externe*, lequel s'ouvre en dehors en communiquant avec l'oreille externe. C'est au moyen de ce tympan et des osselets que les vibrations sonores de l'air extérieur se communiquent à la cavité du labyrinthe, où se trouvent la pulpe auditive et les derniers ramuscules du nerf auditif dans lesquels réside plus spécialement le sens de l'ouïe.

Les os *condyliens*, placés à droite et à gauche du trou occipital qu'ils concourent à former, occupent la partie infra-postérieure du crâne, en s'articulant en dedans avec le basilaire, en avant avec le mastoïdien et le squammeux, et en haut avec l'occipital. Ils forment postérieurement chacun un gros condyle par lequel la tête s'articule avec l'atlas, première vertèbre cervicale.

L'*occipital*, os impair, est placé postérieurement au-dessus du trou du même nom, qu'il concourt à former. Il s'articule en bas, à droite et à gauche, avec les condyliens, sur les côtés avec les pariétaux, et en haut avec le wormien.

Les os *squammeux* correspondent à la partie écailleuse des temporaux de l'*homme*. Ce sont deux pièces en forme de larges écailles à peu près arrondies, placées à la partie latérale inférieure du crâne, en s'articulant en avant avec les ailes du sphécoïde, en haut avec les pariétaux, en arrière avec les condyliens, en dessous avec le sphécoïde et les rochers; et, plus en arrière, avec les tympaniques et les mastoïdiens. A leur partie infra-externe, ils produisent une grosse apophyse dirigée horizontalement en dehors, et recourbée en avant pour former la partie postérieure de l'*arcade zygomatique*. Sous l'origine de cette *apophyse zygomatique* de l'os squammeux se trouve la *cavité glénoïde* de la mâchoire, c'est-à-dire dans laquelle l'os de ce nom se meut.

Les *pariétaux* sont deux os très-larges, fortement bombés, partout à peu près de même épaisseur, occupant les parties latérales postérieures du crâne, en s'articulant entre eux le long de la ligne médiane par la *suture sagittale;* en avant avec les coronaux; en bas avec les sommets des ailes du sphécoïde et les squammeux; et, en arrière, avec l'occipital et le wormien.

L'os *wormien*, considéré comme une pièce accidentelle chez l'*homme*, où il manque souvent, est au contraire très-constant chez la plupart des autres MAMMIFÈRES. C'est un os impair, triangulaire, situé à la partie supra-postérieure du crâne entre les deux pariétaux et l'occipital.

La face des MAMMIFÈRES se distingue encore en deux parties : une supérieure, formée par la réunion d'os immobiles; et une inférieure, composée de pièces mobiles. Les deux ensemble comprennent vingt-sept pièces osseuses, dont plusieurs sont elles-mêmes composées. A la partie supérieure de la face se trouve d'abord l'*ethmoïde*, dont il a déjà été fait mention, comme entrant dans la composition du crâne, mais dont la majeure partie appartient à la face. J'ai dit qu'il était placé au-dessous des coronaux, entre les deux yeux, et caché par les autres os de la tête.

Au-devant de l'ethmoïde se trouvent, extérieurement, les deux *nasaux;* au-dessous d'eux, en avant, les *labraux* (intermaxillaires); plus en arrière, les *siagonaux* (maxillaires supérieurs). En dehors de ces derniers, les *malaires;* en arrière de la partie inférieure des mêmes siagonaux, les *palatins;* entre ceux-ci et l'ethmoïde, le *vomer;* en arrière des siagonaux, entre les palatins et les coronaux, se trouvent les *unguis;* et, dans l'intérieur des fosses nasales, en dedans des unguis, sont articulés les deux *cornets inférieurs* du nez; enfin, dans l'épaisseur des paupières, les *cartilages tarses*.

La partie inférieure mobile de la face comprend en avant les deux mâchoires (inférieures); dans les articulations de celles-ci, les *cartilages méniscoïdes;* plus en arrière, l'*hyoïde* avec ses *cornes*, et le *larynx*, eux-mêmes composés de plusieurs pièces.

Les os *nasaux* se trouvent placés extérieurement au haut de la face, devant l'ethmoïde. Ce sont deux petites pièces triangulaires, descendant du front, en formant ensemble la voûte du nez, et s'articulant entre eux à la ligne médiane; en haut, ils s'articulent avec les coronaux; en dehors avec les branches montantes des siagonaux, et, plus bas, avec celle des os *labraux;* enfin, en dessous, les nasaux se continuent avec les cartilages du nez.

Les os que je nomme *labraux,* comme placés derrière la lèvre supérieure, ont reçu divers autres noms, tous plus ou moins mauvais; quelques anatomistes les appellent *intermaxillaires,* comme placés entre les mâchoires supérieures, et d'autres *prémaxillaires,* comme placés au-devant de ce même os, noms qui indiquent plutôt qu'ils se trouvent entre les mâchoires inférieures ou au-devant d'elles, ces derniers os recevant plus spécialement le nom de mâchoires. D'autres encore les ont nommés *os incisifs,* comme portant les incisives supérieures; dénomination fort exacte sous ce dernier rapport, mais qui indique aussi qu'ils portent les incisives inférieures. Enfin, remplaçant dans cet ouvrage la dénomination composée de mâchoire supérieure par celle de siagonal, je ne pouvais plus conserver les noms d'intermaxillaire et de prémaxillaire; et, désignant la lèvre supérieure sous le nom de labre, et l'inférieure exclusivement sous celui de lèvre, j'ai cru devoir donner à ces os le nom de *labraux.*

Ces os, distincts seulement chez le fœtus humain et toujours séparés chez tous les autres MAMMIFÈRES, sont placés à côté l'un de l'autre au-dessous du nez, derrière le labre, et portent exclusivement les incisives supérieures lorsqu'elles existent. Ils sont composés d'un corps principal, dans lequel sont implantées ces dents, et formant l'extrémité antérieure de l'arcade dentaire; et de deux apophyses, dont l'une *palatine,* horizontale, dirigée en arrière dans le palais et articulée dans toute sa longueur avec celle du côté opposé, en ménageant vers le côté le *trou palatin antérieur* entre elle et la partie latérale du corps de l'os. L'autre apophyse ou *l'apophyse nasale,* s'élève sur la partie latérale du corps, en montant vers l'os du nez. Ces os s'articulent en arrière par leur corps et leur apophyse nasale avec le siagonal; à l'extrémité de cette apophyse, avec l'os nasal; et leur bord antérieur se continue avec le cartilage latéral du nez.

Le nom de *mâchoire* et son adjectif *maxillaire,* étant appliqués à deux os entièrement différents, qu'on est obligé de distinguer en y ajoutant les épithètes de *supérieur* ou *d'inférieur,* et le même adjectif se rapportant en outre encore aux os *intermaxillaires,* j'ai cru, pour mettre plus de clarté dans les descriptions, devoir donner à chacune de ces pièces un nom spécial; et comme le nom de mâchoire est plus particulièrement appliqué à l'inférieure, c'est à elle que je le réserve, et désigne la supérieure par son nom grec de *siagon*, dont l'adjectif sera *siagonal*. Ces derniers sont deux os fort grands, immobiles, formant par leur corps les parties moyenne et latérale du palais, et portent, sans exception, les dents canines et les molaires supérieures implantées en une seule rangée sous leur bord latéral, où ces os forment une saillie constituant avec le bord correspondant des labraux l'*arcade dentaire*. Sur la partie antérieure de cet os s'élève son *apophyse nasale* ou sa *branche montante*, laquelle s'articule à son extrémité avec le coronal, en avant avec le nasal et le labral, en arrière avec l'unguis, et en dedans avec le cornet inférieur. En dessus, dans le plan médian, les deux siagonaux s'articulent à la fois avec le vomer placé dans la partie postérieure de la cloison des fosses nasales; et en dehors, la partie postérieure du corps du siagon s'articule avec le molaire, qui semble en être une apophyse.

On décrit généralement les *dents* avec les os, quoiqu'elles en diffèrent beaucoup par leur mode de développement, se rapprochant d'avantage des productions cornées, telles que les ongles, les écailles, etc., dont elles diffèrent à leur tour par leur substance réellement osseuse. Mais comme elles sont, du reste, étroitement enchâssées dans les os de la tête, il est aussi assez naturel de les décrire avec eux; et leur dissection et les préparats qu'on en fait se font en effet toujours avec ceux des pièces qui les portent.

Ces dents se trouvant implantées chez les Mammifères dans les os labraux, dans les siagonaux et dans la mâchoire, je renvoie leur description après celle de ces derniers os.

Le *malaire* ou *os de la pommette*, nommé aussi *jugal*, est une pièce carrée et mince, placée sous l'orbite, qu'il circonscrit en dessous et en dehors. Son bord infra-antérieur s'articule avec le siagon, l'antéro-supérieur forme celui de l'orbite; le postérieur est libre, et l'angle supra-postérieur se prolonge en une longue pointe formant l'*apophyse zygomatique* de l'os, qui se croise et s'articule avec celle du même nom du squammeux, pour former l'*arcade zygomatique*; enfin, l'angle supérieur du malaire est lié par un ligament à une apophyse correspondante du frontal pour compléter le cadre de l'orbite.

Les *cartilages tarses* sont deux petites lames cartilagineuses placées dans le bord des paupières pour les soutenir. Ils sont fort distincts chez l'*Homme*, mais n'existent point chez les *Felis* et autres Mammifères.

Les *os palatins* forment le palais, ainsi que leur nom l'indique, c'est-à-dire sa partie postérieure, où ils font suite à la lame palatine des siagonaux. Ils sont formés dans les *Felis* de deux lames minces, dont l'une, placée dans le palais, s'articule dans la ligne médiane avec celle du côté opposé ; en avant et en dehors, avec le siagon ; et en arrière l'os est libre, pour former le bord de l'orifice postérieur des fosses nasales. La seconde lame, ou la *nasale*, forme postérieurement la paroi externe de la fosse nasale, et en même temps une partie de la paroi inférieure de l'orbite. Cette lame est percée du trou sphéno-palatin ; elle s'articule en avant avec le siagon, l'unguis et le coronal, et en arrière avec le sphénoïde et le sphécoïde.

Le *vomer* est une lame impaire formant la partie postérieure de la cloison nasale. Il s'articule en haut, d'une part, avec le corps du sphénoïde, et, d'autre part, avec la lame verticale de l'ethmoïde ; en bas, par chindelèse avec les deux palatins, et se continue en avant avec la cloison cartilagineuse du nez.

Les *unguis* sont deux petits os fort minces, dont la lame principale est placée dans la partie infra-interne de l'orbite, près de son bord, où elle s'articule avec la branche montante du siagonal, avec le malaire, avec la lame nasale du palatin et avec le coronal, quelquefois même avec l'ethmoïde. Cet os se prolonge en bas en un demi-canal ou *canal lacrymal*, fermé en avant par le siagon, et qui fait communiquer la cavité de l'orbite avec la fosse nasale.

Les *cornets inférieurs* du nez sont deux petites pièces minces roulées sur elles-mêmes, d'où le nom qu'elles portent ; et placées dans la partie infra-externe des fosses nasales, en s'articulant en arrière avec les unguis, et en avant avec la branche montante des siagonaux.

La *mâchoire* (inférieure) est un grand os pair, mobile, très-fort, placé avec son correspondant sous les labraux et les siagonaux ; et à l'extrémité postérieure sous l'origine des apophyses zygomatiques des squammeux, avec lesquelles ils s'articulent par ginglymes imparfaits. Ces deux mâchoires s'unissent entre elles à leur extrémité antérieure par une symphyse chez tous les *Mammifères*, à l'exception de l'*homme*, où les deux os se soudent : elles forment ensemble une grande arcade horizontale, dont le bord supérieur porte les *dents inférieures*, disposées de manière à s'appliquer en dessous aux dents supérieures, qu'elles croisent en passant en dedans de celles-ci. A leur extrémité postérieure, les mâchoires forment une forte *branche montante*, dirigée obliquement en haut et en arrière pour aller s'articuler par son angle postérieur, portant un condyle articulaire, avec la cavité glénoïde des squammeux ; et l'angle antérieur continue à se prolonger en haut en une forte apophyse *coronoïde*, à laquelle s'insèrent les principaux muscles moteurs de l'os.

Dans les articulations des mâchoires avec les apophyses zygomatiques se trouve de chaque côté un *cartilage méniscoïde*, petit disque qui sépare la cavité articulaire en deux parties, communiquant le plus souvent par un trou central du cartilage.

Les *dents* des MAMMIFÈRES sont implantées en haut dans les os labraux et siagonaux, et en bas dans les deux maxillaires. On les distingue en trois sortes par leur forme et leur disposition : celles implantées dans les os labraux et dans l'extrémité antérieure correspondante des mâchoires ont reçu le nom d'*incisives*, comme servant à couper les aliments ; et sont généralement à racine simple, à couronne aplatie d'avant en arrière, et à bord denté ou tranchant (avant l'usure). Leur nombre varie dans les divers genres de MAMMIFÈRES depuis *zéro* jusqu'à *cinq* de chaque côté. Ceux qui en manquent sont de là nommés ÉDENTÉS, et constituent un ordre particulier, quoique dans le fond ce mot exprime l'absence totale de toute espèce de dents ; ce qui n'existe que chez quelques espèces seulement, telles que les *Myrmecophaga*, les *Manis* et les *Echidna*. La première dent antérieure, toujours à racine et à couronne simple, des siagonaux, ordinairement plus longue que les incisives, est la *canine ;* ainsi nommée de ce qu'elle est surtout très-longue et apparente chez les *chiens*, tous les CARNIVORES, les PLANTIGRADES, et en général chez tous les MAMMIFÈRES carnassiers et autres encore. Les dents suivantes, toujours implantées dans les siagonaux, sont les *molaires*, ainsi appelées comme servant à broyer les aliments. Les premières, souvent à racine simple, sont de là nommées *petites molaires ;* et les postérieures, d'ordinaire fort grosses et à plusieurs racines, sont les *grosses molaires.* Enfin, la dernière de chacune des quatre branches, et qui ne paraît qu'à l'époque où l'animal devient adulte, est nommée de là *dent adulte, opsigone*, ou, vulgairement, *dent de sagesse.* Chez l'*homme*, ces dernières dents ne paraissent que vers l'âge de vingt à trente ans, long-temps après la seconde dentition ; chez les autres MAMMIFÈRES, elles sortent, au contraire, immédiatement après l'éruption de la molaire qui précède.

La bouche étant fermée, les incisives inférieures se trouvent généralement placées sur un plan un peu plus reculé que les supérieures, les canines au-devant des supérieures, et les molaires sur un plan plus interne, surtout chez les espèces carnassières, où elles croisent même les supérieures pour mieux couper la chair. Dans tous les herbivores, où les mâchoires jouissent aussi d'un mouvement latéral assez étendu pour mieux broyer la nourriture, les dents inférieures sont également plus internes, mais rencontrent les supérieures par leurs couronnes plates ou ondées sans les croiser ; enfin beaucoup d'omnivores les ont au contraire tout à fait opposées.

Les incisives supérieures sont bien caractérisées par leur insertion dans les os labraux ; mais il n'en est pas de même de celles d'en bas, qui ne sont portées sur aucun os spécial ; cependant, comme les canines inférieures sont, partout où elles sont bien distinctes, placées au-devant des supérieures, on peut adopter ce caractère pour reconnaître les incisives de la mâchoire lorsqu'elles ne se distinguent pas par leur forme, c'est-à-dire qu'on doit considérer la première dent qui se croise avec la canine supérieure comme étant la canine inférieure, et les autres plus antérieures comme des incisives.

Les molaires des MAMMIFÈRES *carnassiers* sont généralement à couronne aplatie par les côtés et tranchantes, à bord simple ou portant une seule rangée de tubercules plus ou moins coniques. Les *Insectivores* les ont à couronne tuberculeuse, à saillies coniques, non placées sur un seul rang. Les *omnivores* et les *frugivores* les ont à tubercules mousses disposés sur plusieurs rangs. Enfin les *herbivores* les ont à couronne plate ou ondée, c'est-à-dire que l'émail forme plusieurs replis intérieurs qui, par l'effet de leur plus grande dureté, s'usent moins vite que la partie osseuse de la dent et forment ainsi des saillies diversement configurées selon les genres, et servant de caractères de classification pour ces derniers.

J'ai dit plus haut que le développement des dents est semblable à celui des écailles. En effet, elles naissent de même sur des *bulbes* et se développent, non pas, comme les os, par des centres d'ossification qui se forment dans leur intérieur, mais par un accroissement qui se fait principalement par leur base sur le bulbe qui leur sert de souche, c'est-à-dire que la partie la plus voisine du bulbe est la dernière formée. Aussi, lorsqu'on examine un germe de dent, on trouve du côté de la racine une ouverture aussi large que la dent, dans laquelle pénètre le bulbe, qui remplit toute la cavité de cette dernière. Dans une dent semblable plus avancée dans son développement, la calotte recouvre une plus grande partie du bulbe ; lorsque la dent est presque entièrement formée, le bulbe est renfermé dans son intérieur ; et enfin, lorsque le développement est terminé, le bulbe est coupé par l'extrémité de la racine qui s'est fermée sur lui.

L'*appareil odontogène* est formé de trois parties pour les dents les plus complétement développées et qui s'enveloppent. La principale, ou le *bulbe*, est placée au centre sous la forme d'un follicule membraneux comparable à celui qui produit les poils, les ongles, etc., et reçoit de même par l'une de ses extrémités, celle correspondant à la base de la dent, les vaisseaux et les nerfs nécessaires à la fonction de l'organe ; et c'est à l'extrémité opposée que se développe la matière osseuse ou *éburnée* de la dent.

La seconde partie, que FRÉD. CUVIER a nommée la *membrane émaillante*, est une calotte membraneuse enveloppant la partie terminale de la dent et du follicule qui correspond à la couronne, et ses bords se perdent sur les côtés du bulbe. Cette membrane sécrète l'*émail* par sa face interne et le dépose sur les premières couches de la dent sitôt qu'elles se forment ; mais cette membrane ne leur adhère point.

La troisième partie, également en forme de calotte membraneuse, ou membrane productrice du *cément*, enveloppe, suivant FRÉD. CU-VIER, le tout en se continuant avec les côtés du bulbe. Elle se moule sur la dent en pénétrant entre ses inégalités ; mais sa surface extérieure est unie.

Lorsque la membrane émaillante a déposé l'émail, elle s'amincit de plus en plus et disparaît ; et alors celle qui produit le cément commence à déposer cette matière dans les cavités que la dent présente extérieurement. Lorsque la dent perce cette membrane pour se produire au dehors, les bords de l'ouverture se soudent à la gencive.

Dans les dents qui manquent de cément, la membrane qui le produit existe cependant, mais elle est très-mince.

On distingue deux parties dans chaque dent, la *couronne* et la *racine*. La première fait saillie hors de la gencive, et la seconde est renfermée dans cette dernière et implantée dans l'os qui porte la dent.

La racine n'est formée que de la partie osseuse plus ou moins incrustée de cément, tandis que la couronne est en outre couverte d'*émail*, c'est-à-dire que sa partie centrale est formée de substance osseuse comme la racine dont elle est la continuation ; et la composition chimique de cette substance est à très-peu de chose près la même que celle des os ; tandis que l'émail qui recouvre la substance éburnée dans la couronne contient beaucoup moins de gélatine, est bien plus dur et d'un grain plus fin, avec une cassure écailleuse, ressemblant en apparence beaucoup à l'émail artificiel, d'où on lui a donné le même nom ; et souvent cet émail est couvert de cément.

Chez les autres MAMMIFÈRES, les dents se développent de la même manière que chez l'*homme*, c'est-à-dire chez tous les QUADRUMANES, les CHEIROPTÈRES, les PLANTIGRADES, les CARNIVORES, les RUMINANTS, et la plupart des MARSUPIAUX et des PACHYDERMES, et présentent les substances composantes dans la même disposition.

Chez les RONGEURS au contraire, ainsi que chez les *Phascolomys*, parmi les MARSUPIAUX, les incisives ont leurs racines largement ouvertes, et croissent continuellement par la base à mesure qu'elles s'usent au sommet ; et, si l'une se trouve détruite, celle qui lui est opposée s'allonge indéfiniment et finit par former un cercle complet. Dans plusieurs genres, tels que celui des *Lepus* et tous les autres Rongeurs herbivores, les molaires sont également à croissance continue, et n'offrent aucune différence entre la couronne et la racine.

Les dents paraissent successivement à une certaine époque de la vie très-rapprochée de la naissance : chez l'*homme*, depuis l'âge de sept à huit mois jusqu'à celui de vingt à trente ans ; et dans l'ordre suivant, d'abord les deux incisives moyennes inférieures, puis les supérieures correspondantes, et après alternativement en bas et en haut, en suivant la série jusqu'à la seconde molaire inclusivement, qui paraît vers l'âge de deux ans ; entre quatre et sept ans paraît seulement la troisième molaire ; à neuf ou à dix, la quatrième ; et de vingt à trente, la cinquième, qu'on nomme de là *dent adulte* ou *opsigone* [1], nom adopté par VICQ-D'AZYR ; vulgairement elle est désignée sous le nom de *dent de sagesse*.

Les cinq premières dents de chaque côté, en haut et en bas, sont remplacées par d'autres à commencer à l'âge de sept ans à peu près, et dans le même ordre dans lequel elles ont paru : les premières dents sont de là nommées *dents de lait ;* et les secondes, *dents de remplacement.* Quant aux trois dernières molaires, elles sont permanentes ; et, d'après les observations de M. ROUSSEAU, cette permanence des trois dernières molaires est une loi générale pour tous les MAMMIFÈRES ; d'où il résulte que les espèces telles que les *Mus*, qui n'ont que trois molaires, n'en changent pas du tout.

Chez les autres MAMMIFÈRES, l'éruption des dents de lait et leur remplacement ont lieu à des époques différentes pour chaque espèce, mais toujours plus ou moins rapprochées de la naissance et avant que les individus aient pris tout leur accroissement. Suivant M. ROUSSEAU, les *Cobaya* (cochons d'Inde) offrent même la singulière particularité de changer de dents avant de naître ; et il paraît que le *Lepus cuniculus* les change également de très-bonne heure.

Les molaires des *éléphants*, une de chaque côté, sont composées primitivement, avant de paraître au dehors, de la réunion de plusieurs dents simples, en forme de lamelles transversales triangulaires placées à la suite les unes des autres. Ces lamelles, d'abord isolées, finissent par se souder par leurs faces au moyen du cément, et ne constituent plus qu'une seule dent composée. Avant que leur usure ne commence, ces lamelles sont triangulaires, à base largement ouverte, sans racine subdivisée ; et ce n'est guère que lorsqu'elles sont en grande partie usées que leur ouverture commence à se rétrécir dans le milieu pour se partager en deux parties ou racines. Ces dents composées, très-longues d'avant en arrière, ont en outre la singularité de se chasser d'arrière en avant dans l'alvéole en même temps qu'elles poussent de bas en haut (dans la mâchoire inférieure) ; de manière que l'angle supra-antérieur est déjà usé avant que la dent qui précède ne soit entièrement chassée, et que les lamelles les plus anté-

---

[1] Ὀψίγονος, GORRÆUS, d'ὀψί, tard, et de γείνομαι, je nais.

rieures ont tout à fait disparu par l'usure avant que les postérieures ne soient entamées.

J'ai dit plus haut, en parlant du rocher, que la *caisse*, cavité formée par l'intervalle qui se trouve entre cet os et le bord inférieur du squammeux en haut, et le tympanique avec le mastoïdien en bas, renfermait une chaîne de quatre petits osselets tendue de l'orifice du labyrinthe, ou fenêtre vestibulaire, au tympan.

L'*étrier*, ou le plus interne, est un très-petit osselet offrant réellement chez tous les MAMMIFÈRES la forme que son nom indique. Il est articulé par sa platine à la *fenêtre vestibulaire* ou *ovale* du rocher, qui donne dans une cavité de ce dernier nommée *labyrinthe*. Le sommet de cet osselet s'articule ensuite avec un bien plus petit encore appelé lenticulaire, et se trouve mis en mouvement par un muscle spécial.

Le *lenticulaire*, le plus petit os du corps, est une rondelle d'environ 1 millimètre de large, articulé sur le sommet de l'étrier et lié par un ligament à l'extrémité d'une apophyse libre de l'enclume.

L'*enclume*, osselet plus grand que les deux premiers, a la forme d'une dent molaire à deux racines, dont l'une s'unit au lenticulaire, tandis que l'autre s'articule avec l'os squammeux comme point fixe ; et sa tête s'articule avec celle du marteau.

Le *marteau*, le plus grand des quatre osselets quoique très-petit encore, appuie par sa tête dans une cavité arrondie de l'os squammeux, sans s'y fixer par des ligaments, et y trouve simplement un appui pour centre de mouvement. Son apophyse, qui représente le manche du marteau auquel on compare cet osselet, est portée en dehors et contenue dans le milieu du *tympan*, membrane sèche tendue dans un cadre osseux comme la peau d'un tambour, et formant une cloison qui sépare la cavité de la caisse du conduit auditif externe.

L'os *tympanique* forme le cadre du tympan et en même temps, ainsi que je l'ai dit plus haut, la paroi infra-antérieure et externe de la caisse. Cette pièce, en forme de simple anneau isolé chez les très-jeunes sujets, prend plus tard un plus grand développement en largeur, et forme la moitié antérieure d'une boursouflure osseuse qu'on voit sous le crâne des CARNIVORES, boursouflure que je nomme *timbale*, dont la cavité, divisée en deux loges, forme en avant la *caisse* et en arrière la *cellule mastoïdienne*.

L'os *mastoïdien* forme simplement, chez l'homme, une grosse apophyse de la partie infra-postérieure de l'os temporal ; tandis que, chez beaucoup de MAMMIFÈRES, et surtout chez les CARNIVORES, il constitue dans le très-jeune âge un os à part, renfermant une grande cavité ou *cellule mastoïdienne*, partie postérieure de la cavité de la *timbale* de l'oreille. Plus tard, cet os se soude avec le tympanique, ainsi qu'avec le rocher et le squammeux, pour former ensemble ce qu'on appelle, chez l'*homme*, l'os *temporal*.

L'*oreille extérieure* est composée de cinq parties chez les CARNIVORES : le *conduit auditif extérieur*, le *cornet*, la *conque*, le *pavillon* et l'*écusson*, qui ne sont toutefois pas toujours parfaitement distincts chez les autres Mammifères, mais bien chez les *Felis*, type de la classe.

Le *conduit auditif* est, chez les *Felis*, un tube cartilagineux porté sur le bord de l'orifice que forme le tympan, d'où il se dirige en dehors et en dessus, pour se continuer par une articulation ligamenteuse avec le cornet. Chez d'autres espèces de Mammifères, tels que les *Lepus*, il est nul, et les bords du cadre s'articulent et se soudent même avec la première pièce du cornet, qui devient osseuse, formant ce qu'on appelle alors improprement le conduit auditif externe, ce qui paraît aussi être le cas chez l'*homme*.

Le *cornet* est la première partie mobile de l'oreille extérieure. Il est formé, chez les *Felis*, de deux pièces cartilagineuses consécutives, dont la première, roulée en tube, enveloppe le conduit auditif cartilagineux, en s'articulant avec lui par des ligaments. Chez les *Lepus*, que je viens de nommer, cette pièce, devenue osseuse, se soude, au contraire, sur le cadre, et constitue en apparence le conduit auditif extérieur, le véritable ayant disparu. Mais cette première pièce du cornet est parfaitement reconnaissable à sa forme, en la comparant à son analogue chez les *Felis*.

La seconde pièce du cornet est en cône tronqué dans les *Felis*, s'articulant par sa petite extrémité avec la première pièce, et se porte en haut en s'élargissant, pour se continuer avec la *conque*. Cette pièce et le reste de l'oreille sont toujours cartilagineux.

La *conque*, ou la seconde partie mobile de l'oreille, est également une pièce en forme de cône tronqué renversé, mais fort irrégulière, se continuant en bas avec le cornet, et en haut avec le pavillon.

Le *pavillon*, ou partie terminale de l'oreille, a, chez les *Felis* et la plupart des autres MAMMIFÈRES, la forme de la moitié d'un cône qui serait divisé suivant son axe, et formant la continuation de la moitié postérieure de la conque, en se terminant en pointe à son sommet, de manière à présenter en avant une vaste ouverture ou entrée de l'oreille.

L'*écusson* n'est distinct que chez certains Mammifères, où il est appliqué au-devant de l'oreille sur le muscle crotaphite, et contenu dans l'aponévrose épicrânienne : il n'existe pas chez l'*homme*.

L'*appareil hyoïde* est formé lui-même de plusieurs osselets dont le principal, ou le *corps de l'hyoïde*, est une pièce allongée placée transversalement au-devant de la partie la plus élevée du cou à la base de la langue, et ayant ses extrémités arquées en arrière. Ces mêmes extrémités produisent deux branches placées l'une au-dessus de l'autre, et dont la supérieure, qu'on nomme chez l'*homme* la *petite corne*, parce qu'elle est réduite à un très-petit osselet, est, au contraire, beaucoup plus longue chez les animaux que l'inférieure, qu'on appelle la *grande corne;* et je désigne de là la première sous le nom de *corne céphalique*, comme montant vers la tête; et la seconde sous celui de *corne laryngienne*, comme se rendant sur le larynx.

La *corne céphalique* est composée, chez les *Felis* et beaucoup d'autres MAMMIFÈRES, de trois osselets consécutifs, formant une longue tige grêle montant vers l'apophyse styloïde du rocher, à laquelle elle se fixe au moyen d'un prolongement ligamenteux. Chez l'*homme*, les deux osselets supérieurs étant également ligamenteux, cette corne se trouve réduite à l'inférieur, d'où vient le nom spécial qu'on lui a donné, mais qui ne saurait plus être appliqué aux Quadrupèdes.

La corne inférieure ou *laryngienne* est une pièce grêle dirigée horizontalement en arrière pour s'articuler avec le larynx, qui se trouve suspendu au-dessous. Ces deux cornes, unies au corps de l'os, prennent la forme d'un U : d'où on leur a donné ensemble le nom d'*hyoïde*.

Outre ces deux cornes, on en trouve encore une rudimentaire impaire chez les *Felis*, consistant en une petite tige cartilagineuse placée dans la partie médiane terminale de la langue; et je la nomme de là *corne linguale*. Cette pièce devient fort grande chez les Oiseaux et les Reptiles, et s'articule avec la partie moyenne du corps de l'hyoïde.

Le *larynx*, ou appareil de la voix, est placé derrière la base de la langue, au-dessus de l'hyoïde et de ses cornes inférieures. Il est composé de cinq pièces cartilagineuses, dont la plus grande, impaire, appelée *thyroïde*, a la forme d'un large écusson placé au-devant de la région supérieure du cou, sous le corps de l'hyoïde, en faisant face en avant. Derrière la partie inférieure de cette première pièce se trouve le cartilage *cricoïde*, ayant la forme d'un anneau étroit en avant, et beaucoup plus large verticalement dans sa partie postérieure. Il se continue en dessous par la *trachée-artère*, gros canal qui conduit l'air dans les poumons, et fermé par la succession d'un nombre considérable d'anneaux cartilagineux qui le tiennent distendu, et dont le cricoïde peut être considéré comme le premier plus développé.

Sur le sommet du cricoïde s'articulent, à côté l'un de l'autre, deux cartilages beaucoup plus petits, ou *aryténoïdes*, de forme triangulaire, faisant face en dehors. Ces cartilages sont articulés, par leur bord inférieur, sur le cricoïde, et ont l'un de leurs angles dirigé en avant et prolongé par un ligament ou *corde vocale,* qui va s'insérer à la face postérieure du thyroïde. Ces deux cordes passent sur le cricoïde et interceptent une ouverture en forme de fente, appelée *glotte,* que traverse l'air pendant la respiration, et où il se met en vibration pour produire la voix, comme celui qui traverse l'anche d'un instrument à vent. Au-devant des aryténoïdes se trouvent souvent encore quelques grains cartilagineux ou *cartilages de Santorini,* mais qui manquent le plus souvent. Au-dessus du thyroïde s'élève l'*épiglotte,* cartilage impair, de forme triangulaire, à pointe dirigée librement en haut, derrière la base de la langue, et qui se rabat sur la glotte lors de la déglutition, pour empêcher qu'aucun liquide ou corps solide ne pénètre dans le larynx.

Chez l'*homme,* l'ensemble de la face fait très-peu saillie sur le crâne, tandis que, chez les animaux, elle proémine plus ou moins, et même beaucoup chez certaines espèces, telles que les RUMINANTS, les *Myrmecophaga,* les CÉTACÉS, etc. ; c'est-à-dire que la face, et par conséquent tous les os qui la composent, s'allongent beaucoup plus pour former ce long museau que tout le monde connaît, et dont on voit déjà un commencement chez le *nègre.*

La tête des MAMMIFÈRES est constamment formée des quatre vertèbres dont j'ai parlé plus haut; mais elles ne sont pas toujours bien distinctes; et c'est plus particulièrement chez les CARNIVORES et les RUMINANTS qu'on les reconnaît le mieux, ainsi que leurs appendices.

Les corps de ces quatre vertèbres forment une série occupant la partie inférieure du crâne dans une disposition tout à fait semblable à celle des corps des vertèbres rachidiennes, en s'articulant par leurs bases. Ces vertèbres présentent, du reste, des différences assez notables dans les divers ordres de cette classe; mais je me bornerai à indiquer simplement ici leurs parties principales chez les CARNIVORES, et spécialement chez les *Felis,* types de la classe.

La première de ces vertèbres céphaliques, la plus antérieure, a pour corps l'os *ethmoïdal,* et plus particulièrement sa lame verticale; tandis que les *apophyses obliques postérieures* sont représentées par les deux *cornets de Bertin,* ou *cornets sphénoïdaux,* qui s'articulent avec la vertèbre suivante ou *sphénoïdale,* et les anfractuosités formant les *apophyses transverses.*

Quant aux *apophyses obliques antérieures,* elles paraissent représentées par les *cornets inférieurs,* petites pièces semblables, par leurs replis et leurs fonctions, aux anfractuosités de l'ethmoïde, mais placées plus bas dans la partie antérieure et inférieure des fosses nasales, où ils s'articulent avec les os siagonaux (maxillaires supérieurs) et les unguis. Si cependant la cloison cartilagineuse du nez devait être considérée comme un corps de vertèbre à part, il conviendrait de considérer aussi les cornets inférieurs comme ses masses apophysaires.

L'*apophyse épineuse*, ou plutôt la *lame* de la vertèbre ethmoïdale, est représentée par les os *nasaux*.

Le corps de la seconde vertèbre céphalique, ou première crânienne, est l'os *sphénoïde*, dont la partie centrale, ou la cloison qui sépare les deux sinus, constitue le vrai corps, et fait immédiatement suite à la lame verticale de l'ethmoïde ; tandis que les parties latérales de ces sinus représentent à la fois les *apophyses transverses* et les *obliques antérieures*, celles-ci s'articulant avec les cornets sphénoïdaux de la vertèbre ethmoïdale.

Les *apophyses obliques postérieures* se trouvent dans les apophyses d'Ingrassias, qui s'élèvent de la partie postérieure de la vertèbre et se portent en dehors pour s'articuler avec la troisième vertèbre ou sphécoïdale.

Les *apophyses épineuses*, ou plutôt leurs *lames*, sont représentées par les os coronaux occupant le devant de la voûte crânienne ou le front, en s'articulant en bas avec les deux apophyses obliques, en avant avec l'ethmoïde et les nasaux, lame de la première vertèbre, et en arrière avec les pariétaux, lame de la troisième.

La troisième vertèbre céphalique a pour *corps* la partie centrale du sphécoïde, laquelle se continue en avant avec le corps du sphénoïde, et en arrière avec le basilaire, corps de la quatrième vertèbre céphalique.

Les *apophyses obliques antérieures* sont représentées par les grandes ailes, larges lames qui, de la partie antéro-latérale de cet os, se portent en dehors et en dessus pour s'articuler en avant avec les ailes d'Ingrassias, et en haut à la fois avec les coronaux et les pariétaux, lames de l'apophyse épineuse.

Les *apophyses obliques postérieures* sont formées par un appendice des grandes ailes, dirigé en arrière et en haut sous la forme d'une petite lame qui s'articule à la fois avec le pariétal du même côté et la quatrième vertèbre. Cette lame, représentée chez l'*homme* par l'épine du sphénoïde (sphécoïde), n'atteint pas le pariétal, mais bien chez les Quadrupèdes, et notamment chez les *Felis*.

On trouve les *apophyses transverses* dans les Ptérygoïdes, qui se dirigent en dessous, placées, comme chez l'*homme*, derrière les siagonaux et les palatins.

Les deux pariétaux forment la lame de l'*apophyse épineuse* en se joignant entre eux au-dessus du cerveau et s'articulant en avant avec les coronaux, lame de la seconde vertèbre ; en dessous avec les grandes ailes ; en arrière avec le wormien, *apophyse épineuse* de cette vertèbre, et, plus en arrière, avec l'occipital, apophyse épineuse de la quatrième.

La quatrième et dernière vertèbre céphalique a pour *corps* l'os basilaire, placé à la suite du sphécoïde, corps de la troisième, et au-devant du corps de l'atlas, première vertèbre cervicale.

Les *apophyses obliques antérieures* sont formées par les rochers, lesquels s'articulent avec le sphécoïde, et entre autres avec les lames représentant les apophyses obliques postérieures de cette vertèbre.

Les *apophyses obliques postérieures* de la vertèbre basilaire sont les os condyliens articulés avec l'atlas, et en dessus avec l'occipital.

L'occipital constitue l'*apophyse épineuse* s'articulant en bas avec les condyliens, et en avant avec le wormien et les pariétaux.

Enfin, les *apophyses transverses* se trouvent dans les styloïdes.

Quant aux *appendices* de ces quatre vertèbres céphaliques, ce sont, pour la première ou *ethmoïdale*, le *vomer* et les *unguis*, appartenant à deux séries. Le premier, quoique formé d'une seule pièce impaire, ne doit pas être considéré comme une dépendance du corps du sphénoïde, contre lequel il appuie seulement, mais bien comme se rattachant à l'ethmoïde avec le cornet moyen, duquel il se continue par les côtés, et constitue, dans le jeune âge, une pièce à part formée de deux lames latérales appliquées l'une contre l'autre, c'est-à-dire qu'il représente un os upsiloïde.

Les *unguis* forment des appendices qui s'articulent également avec le cornet moyen de l'ethmoïde.

Les *appendices de la seconde vertèbre* ou *sphénoïde* forment également deux séries, dont la première est composée successivement des os *palatins, siagonaux* et *labraux ;* et la seconde, des os *malaires* et des *cartilages tarses*. En effet, les os palatins s'articulent sur l'apophyse transverse de la vertèbre représentée par la partie antéro-latérale du corps du sphénoïde, et l'os malaire s'articule sur le siagonal. Ce dernier pourrait aussi être considéré comme faisant suite à l'os squammeux, et être de là une dépendance de la vertèbre sphécoïdale ; mais en considérant que chez les animaux, où le malaire se sépare de l'un de ces os, c'est généralement du squammeux, et reste fixé au siagonal, on doit admettre qu'il est plutôt une dépendance de ce dernier.

Les *appendices de la vertèbre sphécoïdale* ne forment qu'une seule série, composée successivement des os *squammeux*, des *cartilages méniscoïdes* et de la *mâchoire*.

Les *appendices de la vertèbre basilaire* constituent deux séries, dont la première est formée, de dedans en dehors, de l'*étrier*, du *len-*

18.

ticulaire, de l'*enclume*, du *marteau*, du *tympanique*, du *mastoïdien*, du *cornet de l'oreille extérieure*, de la *conque*, du *pavillon* et de l'*écusson de* l'oreille.

La seconde série se compose de la *corne céphalique de l'hyoïde*, du *corps* du même appareil, de la *corne linguale*, de la *corne laryngienne* et des cartilages formant le larynx, c'est-à-dire du *thyroïde*, du *cricoïde*, des *aryténoïdes* et de l'*épiglotte*, auxquels il faut encore ajouter les petits *cartilages de Santorini*, qui manquent chez beaucoup d'animaux.

Les *vertèbres cervicales* des MAMMIFÈRES sont constamment au nombre de sept, à l'exception du *Bradypus tridactylus*, qui en a huit, et quelquefois neuf. Ces vertèbres diffèrent assez des autres pour qu'on puisse facilement les reconnaître.

La première ou l'*atlas*, ainsi nommée parce qu'elle porte la tête, offre une forme toute particulière. Son corps est réduit, chez tous les MAMMIFÈRES, à une pièce transversale plus ou moins grêle qui ne s'articule point, comme dans le reste du rachis, par antityparthrose, avec les corps des vertèbres voisines, étant même séparée par un grand espace de l'os basilaire; et les articulations de cette vertèbre ont uniquement lieu par les apophyses articulaires, qui présentent aux antérieurs deux grandes cavités glénoïdes fort profondes pour recevoir les condyles de la tête; et, sur les apophyses postérieurs, les facettes arthrodiales sont également fort larges et dirigées plus en dehors, formant deux portions opposées d'un même cône creux, se mouvant sur deux parties semblablement disposées d'un cône convexe que forment les apophyses obliques de la seconde vertèbre, disposition qui permet à l'atlas de tourner facilement sur lui-même. L'apophyse épineuse est nulle, et sa lame, au contraire, fort large, ainsi que les apophyses transverses, qui prennent la forme de deux larges oreillons occupant toute la longueur de la vertèbre, et dont le bord libre est arqué.

La seconde vertèbre cervicale, ou l'*axis*, offre également une forme toute particulière. Son corps, ordinairement plus allongé que dans les vertèbres voisines, n'a point de base antérieure, et porte à sa place une forte *apophyse odontoïde* dirigée en avant dans la direction de l'axe de la vertèbre, et pénétrant dans le canal rachidien de l'atlas, où cette apophyse est liée au corps de ce dernier par un anneau ligamenteux. C'est autour de cette apophyse que tourne l'atlas.

Cette singulière forme de l'axis est susceptible d'une explication assez curieuse. En examinant cet os dans de très-jeunes sujets, on trouve que son corps est formé, comme celui de toutes les vertèbres, d'une diaphyse et de deux épiphyses terminales, et porte, de plus, en avant, deux pièces consécutives constituant l'apophyse odontoïde. Or, le corps de l'atlas n'est formé que d'une seule pièce ; d'où il résulte que les deux autres semblent s'être portées sur l'axis pour former son apophyse odontoïde. Des déplacements semblables d'organes se remarquent encore dans plusieurs autres circonstances, telles que dans les membres antérieurs des chéloniens; dans les membres abdominaux des *Scorpio ;* dans le diaphragme des mammifères ; dans les muscles du cou des oiseaux ; enfin, dans les yeux des arachnides.

La partie postérieure de l'axis présente, au contraire, une base qui s'articule par antityparthrose avec la vertèbre suivante. Son *apophyse transverse* est une simple pointe assez faible dirigée en arrière. L'*épineuse* forme, au contraire, une crête très-épaisse et fort longue se prolongeant en avant jusqu'au-dessus de la lame de l'atlas.

Les vertèbres cervicales suivantes ne diffèrent du type ordinaire des vertèbres du dos et des lombes qu'en ce que leur canal rachidien est plus large, et diminue progressivement d'avant en arrière ; que les *apophyses épineuses* sont plus ou moins styloïdes, et d'ordinaire d'autant plus longues qu'elles sont plus postérieures, et dirigées obliquement en avant chez les Quadrupèdes, et en arrière chez l'*homme.* Enfin, leurs *apophyses transverses* sont divisées en deux branches, une *antérieure* et une *postérieure ;* et les deux ensemble percées d'un *trou* pour le passage de l'artère vertébrale, à l'exception de la septième de ces vertèbres, où ce canal n'existe pas, si ce n'est chez plusieurs rongeurs, et entre autres chez les *Fiber.* Ces trous sont produits, ainsi que je l'ai déjà fait remarquer, en partant du squelette des animaux vertébrés en général, de rudiments de côtes confondus avec ces apophyses.

Les vertèbres dorsales varient en nombre, depuis 11 paires que présente le *Simia sinica,* jusqu'à 23, qu'on trouve chez le *Bradypus didactylus,* et le nombre le plus fréquent est de 13.

Les *apophyses épineuses,* fort longues sur les vertèbres les plus antérieures, diminuent d'ordinaire progressivement jusqu'à la dernière chez les espèces qui ne sautent pas, ou qui ne sautent du moins qu'avec leurs membres sans débander la colonne vertébrale ; et ces apophyses sont d'autant plus courtes et plus perpendiculaires à l'axe de la vertèbre que l'animal saute mieux. Chez les espèces qui débandent, au contraire, la colonne vertébrale en sautant, et ce sont les meilleurs sauteurs, les apophyses épineuses dorsales sont d'autant plus inclinées en arrière qu'elles sont plus postérieures jusqu'à l'une des dernières, qui est tout à coup de nouveau verticale et fort courte ; et les suivantes, ainsi que les lombaires, sont au contraire inclinées en avant, et de nouveau de plus en plus longues et plus fortes. C'est sur cette vertèbre moyenne à apophyse épineuse très-courte et droite que se fait, comme centre, le mouvement de débandement des deux parties de la colonne vertébrale dans le saut, et c'est à cette disposition qu'on peut reconnaître si un mammifère est sauteur ou non. Je ne connais que les *Ursus* qui fassent exception : encore seraient-ils sauteurs s'ils n'étaient si lourds.

Les *apophyses transverses*, au nombre de deux de chaque côté, une *antérieure* et une *postérieure* sur les dernières dorsales, se rapprochent de plus en plus à mesure qu'elles sont plus antérieures, et finissent par se confondre en une seule. Il en est de même des *apophyses obliques antérieure* et *postérieure*, qui, diminuant progressivement d'arrière en avant, disparaissent vers la partie antérieure de la région dorsale, et semblent se confondre avec les transverses ; d'où résulte que les muscles qui, dans le principe, se fixent séparément à chacune de ces apophyses, semblent se rendre sur la même, ce qui contribue beaucoup à porter de la confusion dans la masse qu'on désigne chez l'*homme* sous le nom de long dorsal, de sacro-lombaire, d'épineux, de multifide, etc. ; masse composée de cinq séries de muscles parfaitement distinctes, que je décris avec détail dans mon anatomie du *chat*.

Les *côtes*, appendices des vertèbres dorsales, s'articulent par leur *tête* avec le corps de deux vertèbres, c'est-à-dire latéralement dans l'intervalle du corps de la vertèbre à laquelle elles appartiennent et celui de la précédente, et par une *tubérosité* portant une facette articulaire arthrodiale avec le sommet de l'apophyse transverse de leurs vertèbres respectives. Les côtes postérieures seules, au nombre de deux ou trois paires, n'atteignent pas par leur tête la vertèbre qui précède, et ne s'articulent qu'avec leur vertèbre propre.

Les côtes des MAMMIFÈRES ne sont jamais composées de plus de deux pièces, la *côte vertébrale* et la *côte sternale* : celle-ci d'ordinaire cartilagineuse. Elles se distinguent en *vraie côte*, ou antérieure, dont les cartilages atteignent le sternum ; et en *fausse côte*, ou postérieure, dont les cartilages n'arrivent pas jusqu'au sternum, et participent déjà du caractère des côtes lombaires, généralement rudimentaires.

Le *sternum* est composé, chez les CARNIVORES, les RONGEURS, et en général chez tous les MAMMIFÈRES agiles, d'autant de pièces successives qu'il y a de paires de vraies côtes ; et, de plus, d'une pièce terminale postérieure, ou *appendice xyphoïde*, qui est le rudiment de toutes les pièces sternales des fausses côtes réunies en une seule tige. Chez les espèces peu agiles, les pièces sternales sont souvent plus développées et plus intimement unies, et même en nombre moindre, que les vraies côtes. Enfin, chez l'*homme*, c'est un os long et plat, composé d'une, de deux ou de trois pièces irrégulières.

Le *thorax*, formé, dans sa partie supérieure ou *dos*, par les vertèbres dorsales, sur les *côtés* par les côtes, en dessous ou la *poitrine* par le sternum et les côtes sternales, est une cage renfermant le cœur, les poumons, ainsi que l'œsophage se rendant de la bouche à l'estomac.

Les *vertèbres lombaires* varient depuis deux, qu'on trouve chez le *Bradypus didactylus*, jusqu'à neuf, que présentent les *Lori*. Ces vertèbres n'ont aucun appendice chez les MAMMIFÈRES, mais bien chez les Reptiles et les *Poissons*, où elles portent des côtes plus ou moins développées.

La limite établie entre les régions dorsale et lombaire, fondée, d'une part, sur la présence et l'absence des côtes chez l'espèce humaine, et, de l'autre, sur la disposition du diaphragme qui sépare le thorax de l'abdomen, en s'insérant aux dernières côtes, n'est peut-être pas si naturelle qu'elle le paraît au premier aperçu. En effet, la forme des vertèbres elles-mêmes indique que cette limite est là où les apophyses épineuses changent subitement de direction chez les Mammifères sauteurs; car c'est là aussi que les corps des vertèbres changent de caractère; et enfin c'est là la limite entre les vraies et les fausses côtes. Je serais en conséquence disposé à considérer ces dernières comme appartenant réellement à la région abdominale, tout aussi bien que les rudiments des côtes lombaires des REPTILES SAURIENS et URODÈLES, qui ne sont que des fausses côtes, lui appartiennent également; rudiments qui se développent ensuite beaucoup chez les OPHIDIENS et les POISSONS, pour former une espèce de thorax abdominal prolongé jusqu'à la queue, et qu'il ne faut pas confondre avec le véritable thorax, formé seulement par les vraies côtes qui se rendent sur un sternum.

Quant à la cloison que forme le diaphragme, elle ne constitue pas davantage un caractère certain, ce muscle n'étant, ainsi que je le ferai voir plus bas en parlant des muscles des Serpents, que la partie antérieure du transverse abdominal réfléchie vers le centre et fixée aux premières côtes qu'il rencontre, fausses ou vraies.

La région lombaire correspond à la cavité *abdominale*, formée au dos par les vertèbres lombaires, sur les côtés par les *flancs*, et inférieurement par le *ventre*, ces deux dernières régions composées seulement de parties molles. Cette cavité renferme un grand nombre d'organes plus ou moins libres et flottants, ou *viscères*. Elle est séparée du thorax, ainsi que je viens de le dire, par le *diaphragme*, propre aux Mammifères. Postérieurement, l'abdomen communique par toute sa largeur avec la cavité *pelvienne* ou du *bassin*, qui en est un appendice, mais forme la région suivante.

Les vertèbres sacrées n'existent pas chez les CÉTACÉS, qui manquent de membres postérieurs et n'ont qu'un rudiment de bassin. Chez les autres MAMMIFÈRES, leur nombre varie de 1, qu'on voit chez plusieurs

SINGES et quelques autres espèces, jusqu'à 8, que présente le *Dasypus novemcinctus*.

Ces vertèbres ont pour appendices directs de petits rudiments de côtes vertébrales, distinctes chez les très-jeunes *chats*, mais qui se soudent bientôt avec les os *coxaux*, composés toujours des *ilium*, des *ischion* et des *pubis*. Chez plusieurs espèces on trouve aussi des *cotyloïdiens* et des *épiphyses* sur les *ilium* et les *ischion*.

Les *vertèbres caudales* varient depuis 1, qu'on trouve chez les *Inuus*, jusqu'à 45, qu'on voit chez le *Manis tetradactyla*. Ces vertèbres portent souvent en dessous de petits os appendiculaires ou *upsyloïdes*, mais qui n'existent d'ordinaire qu'à la base de la queue.

Les *membres antérieurs* ne manquent chez aucun MAMMIFÈRE, où ils sont placés à la partie antéro-latérale du thorax. Chez les espèces les mieux organisées, ils se composent des deux *épaules*, des deux *bras*, des *avant-bras* et des *mains*.

L'*épaule* est placée latéralement contre les côtes antérieures; elle est formée dans le squelette de l'*omoplate* et de la *clavicule*, la première dirigée en haut et en arrière appliquée sur le thorax, dont elle est séparée par des muscles. Cet os, très-retréci à son extrémité inférieure, y est tronqué et forme une cavité articulaire peu profonde, ou *cavité glénoïde*, dans laquelle s'articule l'humérus. Sur le milieu de la face externe règne le plus souvent une crête saillante ou *épine de l'omoplate*, dont l'extrémité inférieure, devenue libre au niveau de la cavité glénoïde, forme, dans l'*homme* et quelques autres espèces, un renflement nommé *acromion*, concourant à affermir l'articulation de l'humérus; mais qui n'existe pas chez une foule d'espèces, et spécialement pas chez celles qui ne se servent point de leurs membres antérieurs pour saisir les objets ou pour fouir.

La seconde pièce de l'épaule, ou la *clavicule*, est un os grêle dirigé de l'acromion en dedans vers l'extrémité antérieure du sternum, par lequel il s'articule toujours lorsqu'il est bien développé. Mais, dans un grand nombre d'espèces, et notamment chez les CARNIVORES, elle est rudimentaire et suspendue dans les chairs; enfin elle manque complétement aux RUMINANTS et à plusieurs autres genres.

Dans les espèces supérieures on trouve en outre, à l'extrémité inférieure de l'omoplate, près du bord antérieur de la cavité glénoïde, une saillie en forme de crochet, ou *apophyse coracoïde*, qui, dans quelques genres seulement, devient un os particulier fort grand articulé d'autre part avec le sternum, et reçoit alors le nom de *coracoïdien*, os surtout très-développé chez les Oiseaux et beaucoup de Reptiles. Quelquefois aussi on trouve, à l'extrémité glénoïdale de l'omoplate, une seconde épiphyse, qui, plus tard, se soude à cet os, et forme une partie de la cavité articulaire.

Le *bras* n'est formé que de l'*humerus*, articulé en haut avec l'omoplate, et en bas avec les deux os de l'*avant-bras*, ou le *cubitus* et le *radius*, placés au-devant l'un de l'autre, le premier en arrière et le second en avant, se croisant très-obliquement, de manière que l'extrémité supérieure de ce dernier est en dehors du cubitus et l'inférieure en dedans. Chez les espèces les mieux organisées, ces deux os s'articulent avec la main, et le radius peut tourner autour du cubitus de manière à faire présenter la paume de celle-ci en dedans, ou plus ou moins en dessus, par un mouvement nommé de *supination,* ou bien à la ramener à sa position primitive par le mouvement contraire ou de *pronation.* Pour l'*homme*, ces mouvements sont d'un peu plus d'un demi-tour; chez les *Félis,* d'un quart seulement; et dans une foule d'autres espèces, ils sont ou très-peu sensibles ou nuls, quoique les deux os atteignent la main; chez d'autres encore, la partie inférieure du cubitus s'atrophie et se soude au radius ou disparaît entièrement. Dans les *éléphants* le contraire a lieu : c'est le radius qui devient très-grêle, sans cependant se souder au cubitus, et celui-ci augmente d'autant plus en grosseur.

La *main* est composée de deux parties consécutives, la *palmure,* ou supérieure élargie, et les *doigts*, ou inférieure. La première elle-même, formée de deux autres, le *carpe* et le *métacarpe*, et celui-là articulé avec le radius et le cubitus, renferme, dans son état le plus complet, neuf osselets disposés en deux rangées transversales, dont la première comprend de dedans en dehors le *scaphoïde,* le *semilunaire* et le *pyramidal;* et la seconde, le *phacoïde*, le *trapèze*, le *trapézoïde,* le *grand os* et l'*unciforme.* Le phacoïde [1] n'existe pas chez l'homme, mais bien chez les *Félis* et beaucoup d'autres Mammifères.

A la suite du carpe se trouve le métacarpe, formé également, chez les espèces les mieux organisées, de cinq petits os longs ou *métacarpiens*, placés à côté les uns des autres, et portant chacun un doigt. Chez d'autres espèces, les osselets du carpe, ceux du métacarpe et les doigts diminuent progressivement en nombre, mais ne disparaissent jamais tout à fait; et souvent même il existe moins de doigts que d'os métacarpiens, et ceux de ces derniers qui en sont dépourvus sont alors plus ou moins rudimentaires.

Les *doigts*, au nombre de *cinq* au plus, et d'un seul au moins, sont toujours formés de trois osselets consécutifs : la *phalange,* la *phalangine* et la *phalangette*, à l'exception du premier doigt interne ou le *pouce*, qui manque de phalangine. Lorsqu'il y a moins de

---

[1] De φαχός, lentille, et d'εἶδος, forme.

cinq doigts, ils disparaissent dans l'ordre suivant : le *pouce*, le *cin-quième*, le *second* et le *quatrième*; le troisième est celui qui per-siste seul chez les SOLIPÈDES ou les *chevaux*.

Sous les articulations métacarpo-phalangiennes, on trouve presque toujours une paire de petits osselets ovales nommés *sésamoïdes*, comme ressemblant à des grains de sésame, formant une gouttière mobile dans laquelle glissent les tendons des muscles fléchisseurs des doigts, que ces osselets protègent contre la compression dans la sta-tion et la marche.

Les *membres postérieurs*, composés de parties analogues à celles des antérieurs, sont articulés sur le bassin et ne manquent que chez les CÉTACÉS. Ils sont toujours formés des trois parties principales indiquées plus haut : dont la première, ou la *cuisse*, se rapportant au bras, est de même soutenue par un seul os principal, ou *fémur;* mais porte de plus, au bas de ce dernier, en avant, la *rotule*, os arrondi formant la saillie du genou, et en arrière souvent trois petits osselets placés dans le creux du jarret et qui manquent chez l'*homme*, et dont je nomme les deux supérieurs les *crithoïdes ex-terne* et *interne*, et l'inférieur le *poplitaire*.

La seconde partie du membre, ou la *jambe*, correspondant à l'avant-bras, renferme, comme ce dernier, deux os : un interne, ou *tibia*, analogue au cubitus; et un externe, ou *péroné*, analogue au radius.

La troisième partie, ou le *pied*, représentant la main, est, de même que celle-ci, formé de deux parties consécutives : le *coude-pied*, correspondant à la palmure; et les *orteils*, correspondant aux doigts.

Le *coude-pied* est, à l'instar de la palmure, composé de deux parties, dont la première, ou le *tarse*, comprend sept os : l'*astra-gale*, le *calcaneum* et le *naviculaire*, formant la première ran-gée; et les trois *cunéiformes* avec le *cuboïde*, formant la deuxième.

La seconde partie du coude-pied, ou le *métatarse*, est, de même que le métacarpe, formée, chez les espèces les plus complètement orga-nisées, de cinq os placés à côté les uns des autres, mais qui se réduisent, selon les genres, à quatre, à trois, à deux, et même à un seul, bien développés, et portant chacun un *orteil* constituant la seconde partie du pied, et qui disparaissent dans le même ordre que les doigts.

Chacun de ces orteils, à l'exception des plus internes, lorsqu'il y en a cinq, se compose de trois osselets consécutifs principaux, dé-signés, comme à la main, sous le nom de *phalange*, de *phalan-gine* et de *phalangette*. Dans le premier orteil, ou le plus interne, que je propose de désigner par son nom latin spécial de *hallux*, la phalangine manque, de même qu'au pouce, qui lui correspond.

Outre ces trois osselets, il existe encore sous les articulations méta-tarso-phalangiennes de petits os *sésamoïdes* semblables à ceux des doigts.

§ II. *Dissection.*

Le squelette est la partie du corps des Vertébrés la plus facile à préparer, soit pour en étudier la structure intime, soit pour connaî-tre la disposition, les rapports et la forme de ses diverses pièces. Aussi le soin de *faire des squelettes*, comme on dit, est le plus souvent confié à des hommes qui ne sont nullement anatomistes, et en font un véritable métier, où l'art consiste exclusivement à ne rien perdre et à ne pas donner des coups de couteau trop forts qui puis-sent endommager les os, dont la dureté de la plupart indique, au reste, où l'action du scalpel doit s'arrêter.

Pour étudier la structure des os, on doit examiner ces organes chez de très-jeunes sujets lorsqu'ils commencent à s'ossifier, et ensuite chez les adultes lorsque leur développement est achevé. Dans les os de fœtus, on voit très-di.tinctement comment la matière calcaire s'ac-cumule autour des centres d'ossification, où elle se dispose par fibres imitant une espèce de cristallisation où la substance osseuse se dépose, d'abord par petites fibres rayonnées dans les os larges ou courts, et d'une manière plus ou moins parallèle dans les longs; et d'autres fibres se développent entre les premières pour remplir les intervalles, forment avec elles des aréoles dont les mailles sont le plus souvent allongées dans la direction de l'os et de ses apophyses. A la surface ces fibres étant plus serrées, les intervalles finissent par se remplir entièrement pour former le tissu compacte ou *éburné;* tandis que vers l'intérieur les aréoles restent plus grandes et forment une infi-nité de petites colonnes osseuses qui se croisent et s'unissent de mille manières pour constituer un tissu *spongieux* qui remplit plus par-ticulièrement les os plats, ainsi que les courts et les épiphyses des longs; disposition qu'on remarque surtout lorsque les os ne sont pas encore entièrement formés. Pour les obtenir dans cet état de demi-développement, on fait macérer des os de fœtus pendant quelques jours dans de l'eau, et l'on saisit le moment où le périoste s'en détache ai-sément, pour enlever cette membrane, mais avant que la partie géla-tineuse ne soit sensiblement altérée, et l'on aperçoit distinctement, au milieu de la substance organique à demi transparente, les divers points d'ossification avec la forme qu'ils prennent; si l'on désire avoir ces derniers isolés, on n'a qu'à laisser continuer la macération jusqu'à ce que toute la partie gélatineuse des os ait disparu, et on lave à grande eau les noyaux osseux qui restent inaltérés.

Déjà Mizaldo [1] a remarqué, vers le milieu du seizième siècle, qu'en mêlant de la garance à la nourriture des animaux, leurs os se coloraient en rouge ; cette observation fut également faite par Belchier en 1736 [2], et par Duhamel du Monceau en 1741 [3]. Cette expérience, répétée depuis par beaucoup de physiologistes, sert à faire connaître le mode de développement des os, en interrompant pendant quelque temps, et plusieurs fois successivement, ce mode de nourriture ; mais on ne teint que la partie calcaire et non pas les cartilages.

Pour étudier la structure des os sous le rapport de leur composition chimique, on les prépare, d'une part, de manière à leur enlever les parties terreuses, et, de l'autre, en enlevant la partie gélatineuse, afin de voir la structure que chacune présente en particulier. Pour séparer les parties minérales, principalement formées d'alcalis, on les fait digérer pendant plusieurs jours dans de l'acide hydrochlorique étendu de trois fois son poids d'eau, et à une température au plus de 12° ; lorsqu'on voit que l'acide est saturé, on renouvelle le liquide jusqu'à ce que toutes les parties calcaires soient dissoutes. On met ensuite la pièce dans de l'eau fraîche, qu'on change souvent pour enlever tout l'acide qui peut s'y trouver, et on l'obtient ainsi réduite exclusivement à ses parties animales, qui conservent la forme que l'os avait avant l'opération ; mais gardée à sec, la pièce se racornit et se contourne. Au lieu d'acide hydrochlorique, on peut employer tout autre acide, et même simplement le vinaigre ; mais il est évident qu'il faut éviter ceux qui forment avec la chaux des sels insolubles dans l'eau.

Lorsqu'au contraire on veut avoir la partie terreuse seule, on enlève les matières animales soit par la calcination, soit en faisant bouillir la pièce dans la marmite de Papin ; l'eau dissout la gélatine et laisse les parties terreuses à nu.

Ce procédé de dissoudre les parties terreuses des os dans les acides était déjà connu de Séverin Pineau [4], de Santorinus et de Nesbite ; et c'est à Gahn que M. Berzelius attribue la découverte du phosphate calcaire des os, qu'il fit vers le milieu du dernier siècle.

Pour faire des préparats d'os dans leur état d'entier développement afin de voir leur structure, on fait sur eux, au moyen d'une scie, des coupes dans différentes directions ; mais comme cet instrument ébrèche les bords, il faut ensuite lisser la coupe au moyen d'un ra-

---

[1] *Memorabilium utilium*, 1567, art. 91, fol. 104.
[2] *Trans. phil.*, 1736, n° 442 et 443.
[3] *Mém. de l'Acad.*, 1741.
[4] *Opusculum physiol. et anat.*, 1597, lib. II, p. 135.

bot fin, si la pièce est assez longue pour qu'on puisse faire usage de cet instrument. Pour les pièces courtes, on peut employer successivement des limes de plus en plus fines, et mieux encore le tour : ce dernier moyen est celui que j'emploie de préférence : on fixe pour cela la pièce sur un mandrin en bois, au moyen de colle de poisson ou de celle de Flandre, et on l'use à l'un des côtés avec des ciseaux très-fins, en lui formant ainsi une surface bien unie ; retournant ensuite la pièce, on l'use également à la face opposée, pour la réduire de cette manière à l'épaisseur voulue, à celle d'une feuille de papier très-mince. On peut aussi user la pièce sur la meule.

D'autres fois on fend simplement la pièce, en la faisant éclater, pour voir sa cassure ; par ce moyen, la séparation se fait plus particulièrement suivant la direction des fibres, et celles-ci se dessinent d'une manière plus nette.

Pour faire de beaux préparats du tissu spongieux des os, il faut employer des os frais plutôt que des os secs. Dans ceux-ci la moelle desséchée remplit les aréoles, et on a de la peine à les en débarrasser ; à moins d'employer des lavages réitérés avec de l'essence de térébenthine, ce qui devient difficile et coûteux, et ne réussit même pas très-bien. Si, au contraire, on emploie des os frais, on commence par faire avec la scie les coupes qu'on veut avoir, et l'on fait macérer ensuite la pièce pendant quinze jours dans de la lessive alcaline faible, dont la composition est indiquée plus haut, page 180, qui convertit la graisse en savon et la rend soluble dans l'eau. On peut aussi employer les os lorsqu'ils ont macéré dans de l'eau ordinaire, mais avant qu'ils n'aient été séchés. La matière contenue dans les cellules étant liquide, on l'en chasse en y lançant avec force de l'eau chaude au moyen d'une seringue ; lorsque les cavités sont bien nettoyées, on sèche le préparat, et on achève d'égaliser les coupes.

L'étude et les préparations des cartilages blancs se font absolument de la même manière ; ces parties ne différant des os que parce qu'elles sont chargées d'une bien moindre quantité de substance calcaire, qui y est en même temps distribuée d'une manière plus uniforme ; c'est-à-dire on n'aperçoit dans les cartilages ni ces grandes cavités, ni ces parties spongieuses qu'on observe dans les os. Les cartilages jaunes, qui ont plus d'analogie avec les ligaments élastiques, se préparent en les coupant en lamelles très-minces qu'on porte sous le microscope.

Pour séparer les os entiers, afin d'étudier leur forme et leurs rapports, et les remettre ensuite en place pour *monter le squelette,* on s'y prend de différentes manières. La plus prompte consiste à enlever grossièrement les chairs et autres parties molles, avec le soin de tailler le moins possible dans les os, et surtout pas dans leurs surfaces articulaires où ils sont revêtus de cartilages dans lesquels les entailles se font très-facilement, et déparent les pièces en ce que les bords de ces coupures s'écartent par la dessiccation. On doit en outre avoir soin de ne pas enlever certains petits os qui peuvent facilement rester inaperçus lorsqu'on n'y porte pas une attention particulière : tels sont les clavicules rudimentaires de plusieurs Mammifères, les osselets du jarret, les os sésamoïdes, les pièces de l'hyoïde, etc.

Les os une fois décharnés, on les fait bouillir pour enlever par la décoction le restant des parties molles qui y sont encore attachées; et, après les avoir bien nettoyés, on les fait sécher. Ce procédé, qui ne demande que quelques heures de temps, et connu depuis très-long-temps, est recommandé encore par Simon Paulli [1], qui a, dit-on, imaginé de blanchir les os à la rosée; procédé encore en usage de nos jours. Il propose à cet effet de faire bouillir les os pour les décharner, de les nettoyer le plus proprement possible, et de les exposer ensuite pendant plusieurs mois à l'eau et à la rosée, et surtout du mois de décembre au mois de mai, où ils sont plus fréquemment mouillés et séchés alternativement, soit par la rosée, soit par la pluie, ou la neige, ou bien encore par des arrosements artificiels, ce qui hâte leur blanchiment; et l'on doit avoir soin de les retourner souvent. Je ferai remarquer qu'en effet pendant l'été la trop forte chaleur du soleil altère la partie gélatineuse et fait fendiller les os, en même temps qu'elle leur donne une couleur blanche crayeuse qui les fait paraître comme calcinés.

Sue [2] conseille, pour obtenir des os très-blancs, de choisir de préférence des sujets le moins sanguins possible, ceux morts de maladie lente : les meilleurs sont ceux morts d'hydropisie. On dégrossit les os sans enlever le périoste, et l'on fait tremper le squelette pendant quelques jours dans de l'eau tiède pour le dégorger du sang qu'il contient encore; puis on le plonge dans une lessive de 2 parties de soude, de 4 de chaux vive, de 3 d'alun et de 6 de cendre de bois, dans laquelle on le laisse macérer pendant dix mois et plus. Après ce laps de temps on nettoie les os, on les sèche et on les vernit avec un blanc d'œuf.

Ce procédé est en partie celui qu'on emploie généralement; mais Sue ne s'explique pas suffisamment sur la composition de la lessive dans laquelle il faut faire macérer les os, ne disant pas si elle doit être composée à la fois des quatre substances dont il parle, ou bien d'une seule, et n'indique pas non plus la quantité de chacune proportionnellement à l'eau. Je pense qu'une seule suffit. Mais je dois

[1] *Actes de Copenhague*, 1673, 1re part., p. 42.
[2] *Anthropotomie*, p. 251, 1765.

faire remarquer que l'alun, ainsi que toutes les autres substances acides, attaquent les os en dissolvant leurs parties calcaires, et doivent de là être soigneusement évitées, ou du moins on ne doit les y laisser que fort peu de temps. Quant à la chaux vive, elle forme des dépôts insolubles dans l'eau, et incruste tellement les os qu'il est impossible de les débarrasser plus tard de la croûte dont ils se couvrent. Enfin, la lessive de cendre les salit; et il vaut mieux employer la potasse, ce qui revient au même pour l'effet, et mieux vaut encore la soude.

Voici le procédé que je crois le meilleur pour préparer les os au moyen de l'ébullition : les os une fois décharnés, on les fait macérer pendant deux ou trois jours dans de l'eau tiède en hiver, et à la température de l'atmosphère pendant l'été, ou un peu plus chaude pour les dégorger; on les fait ensuite bouillir pendant deux heures dans de l'eau pure, on décante ensuite la partie supérieure de cette eau pour enlever la graisse qui surnage, et l'on retire après les os, qu'en nettoie au moyen de couteaux et de brosses. Après cette première opération, on fait de nouveau bouillir pendant une demi-heure les os dans la lessive faible, indiquée dans la première partie de cet ouvrage, pour saponifier le restant de la graisse attachée aux os, afin de la rendre siccative. On les retire ensuite, on les brosse à l'eau froide et on les fait sécher.

Pour les os longs de grands animaux, on peut, avant de les faire bouillir, les percer aux deux extrémités d'un trou qui communique dans leur cavité, et l'on y injecte avec force, au moyen d'une seringue, de l'eau chaude, afin de faire sortir par le trou opposé la moelle qui y est contenue. Lorsque les os sont nettoyés, on y fait entrer de la lessive forte, également indiquée plus haut, qui achève de dégraisser la cavité; car s'il reste de la moelle dans les os, elle transsude plus tard à travers leur substance, et les rend non-seulement d'un jaune brunâtre, mais leur donne encore une odeur rance fort désagréable.

Si par ce procédé les os n'étaient pas suffisamment blancs, ce qui arrive fort souvent, on a recours au blanchiment par la rosée, proposé par PAULLI.

Les os ainsi préparés au moyen de l'ébullition ont l'inconvénient de perdre leurs cartilages articulaires, ainsi que ceux qui unissent les épiphyses aux pièces principales, en même temps que les bords, non bien ossifiés encore, se dissolvent et s'arrondissent, d'où résulte que les pièces ne s'ajustent plus les unes aux autres. Outre ces désavantages essentiels, cette méthode a encore celui que le sang contenu dans les os et les parties contiguës se coagule et teint les os en brun, couleur qu'il est impossible de faire disparaître après.

Le procédé de la macération, généralement employé aujourd'hui, est bien préférable lorsqu'on a le temps d'attendre, et c'est celui que j'emploie d'ordinaire. Je conseille pour cela de faire tremper pendant quatre ou cinq jours les os décharnés dans de l'eau pure, qui doit les dépasser de quelques centimètres, pour les dégorger du sang qu'ils contiennent. En hiver, on doit employer de l'eau tiède et placer le baquet dans un lieu chaud; en été, on peut se contenter de prendre de l'eau à la température ordinaire, comme il a déjà été dit plus haut. Au bout de ce temps, lorsque les chairs sont devenues très-pâles et même blanches, on renouvelle l'eau et on laisse achever la décomposition des parties molles par la putréfaction; on retire alors les os, on les nettoie, et on les remet dans un autre baquet d'eau fraîche ou un peu chaude, où on les laisse séjourner encore pendant quelques jours pour enlever la mauvaise odeur que les chairs en putréfaction leur ont laissée; puis on les sèche pour les conserver.

Au lieu de ne renouveler qu'une seule fois l'eau de macération, ainsi que je viens de le dire, il vaut encore mieux la changer souvent, et de faire macérer dans une grande quantité de ce liquide; les os en deviennent plus blancs, mais la décomposition des chairs est plus lente.

La moelle, résistant plus long-temps à la décomposition putride que les parties non grasses, ne sort pas des os; et il est nécessaire de les en débarrasser de la manière indiquée pour les os qu'on fait bouillir. Enfin, pour enlever tout le gras des os, on les mettra pour la dernière macération dans de la lessive faible.

Pour préparer ainsi les os par la macération, je dois rappeler ici ce que j'ai dit à l'occasion du lieu de macération et des baquets, en faisant remarquer qu'il n'est pas indifférent d'employer une eau ou un vaisseau quelconque pour les y mettre, et que même le lieu où l'on place le baquet doit être pris en considération. L'eau doit être prise dans une rivière ou dans un puits, ou bien être de l'eau pluviale tombée directement dans une cuve propre, où elle n'a pas séjourné long-temps. Mais elle ne doit jamais être tirée d'une mare, où il croît des conferves ou de la matière verte, ni être de l'eau de pluie qui a coulé sur les toits, où cette dernière croît également.

Il faut avoir soin encore que l'eau soit assez abondante pour qu'en se réduisant par l'évaporation aucune partie des os n'en sorte, les matières qui les recouvrent séchant dessus les teignent en un gris brunâtre qu'on a de la peine à faire disparaître.

En préparant ainsi les os, ils se séparent entièrement les uns des autres, et il faut les rassembler de nouveau pour former ce qu'on appelle un *squelette artificiel*, ainsi nommé parce qu'on est obligé de réunir *artificiellement* les os par le moyen de liens, afin de les remettre à leur place. J'en parlerai plus bas.

Les parties cartilagineuses se détachant lorsque la macération est poussée trop loin, il est bon de prévenir cet accident en ôtant à propos de l'eau les pièces qui en portent, et de les nettoyer avant les autres, qui peuvent y rester plus long-temps. Cela arrive surtout pour les cartilages costaux, qui se détachent assez facilement de leurs côtes respectives; mais le plus souvent, et surtout lorsque l'animal est un peu grand, où il devient difficile de manier tout le squelette d'une pièce, on doit même les séparer dès le commencement des côtes vertébrales, mais en les laissant toutefois unis au sternum pour les préparer à part avec ce dernier.

Les têtes étant formées de l'assemblage d'un grand nombre d'os qui se séparent très-facilement dans le jeune âge, on doit bien choisir le moment convenable pour les retirer de l'eau de macération, si on ne veut pas qu'elles se mettent en pièces.

Les dents, et surtout celles qui n'ont qu'une seule racine, sortant facilement de leurs alvéoles, risquent d'être perdues dans le dépôt qui se forme au fond du baquet, surtout lorsqu'elles sont petites. On doit donc, pour prévenir cet accident, les ôter avec soin sitôt qu'elles se détachent, et les conserver jusqu'à ce qu'on puisse les replacer sur la tête préparée.

Lorsqu'on veut avoir une tête désarticulée, il faut choisir un individu qui n'ait pas atteint entièrement l'âge adulte, et généralement d'autant plus jeune que l'animal est plus grand. Sous ce rapport cependant, on doit plus particulièrement avoir égard à la classe et à la famille, et même à l'espèce.

Ainsi, pour les grands MAMMIFÈRES, l'individu doit être jeune, à la moitié de l'âge adulte; tandis que pour les petites espèces on peut encore facilement désarticuler la tête de la plupart assez long-temps après cette époque. Cela dépend en partie de la profondeur des engrenures des os.

Pour séparer les os de la tête qui s'engrènent d'ordinaire de toutes parts, on emploie souvent des pois secs, dont on emplit la cavité crânienne; plaçant ensuite la tête dans de l'eau, ces pois gonflent, et, pressant de toutes parts contre les parois intérieures de cette cavité avec une force toujours croissante, ils finissent par produire la disjonction des parties; mais il arrive aussi souvent que les engrenures sont telles, que cette disjonction est fort difficile dans le sens dans lequel la force agit, d'où résultent des fractures; tandis qu'elle serait plus facile dans d'autres directions.

Je dois faire remarquer aussi qu'en plaçant une tête sèche remplie de pois dans l'eau, ceux-ci gonflent en peu d'heures; tandis que les os, ne se ramollissant que lentement, sont brisés par le gonflement des pois avant qu'ils aient acquis assez d'élasticité pour céder. Je conseille donc de faire d'abord tremper la tête dans de l'eau pendant quelques jours avant d'y mettre les pois, afin que les os soient un peu ramollis et légèrement flexibles.

Ce moyen, très-facile, ne doit d'ailleurs être employé que lorsqu'on reconnaît, par l'inspection des parties, que ces accidents ne sont pas à craindre. Dans le cas contraire, on fera beaucoup mieux de désunir les divers os avec les mains, aidées quelquefois d'instruments simples, tels que des leviers, des pinces, etc., dont il faut toutefois faire un usage très-modéré.

On commence d'abord par les pièces qui se séparent le plus facilement, comme les os du nez, les labraux, les malaires, les siagonaux, et en général tous les os de la face.

Dans certains cas on peut combiner les deux moyens.

Lorsqu'on prépare les squelettes de très-jeunes sujets, et surtout de fœtus, il faut avoir soin de ne pas enlever les périostes, principalement près des jointures des épiphyses. Cette membrane, en se collant aux os, sert à maintenir leurs parties réunies, et disparaît en apparence par la dessiccation.

Pour faire des préparats ostéologiques d'individus fort jeunes ou de fœtus, pour avoir les noyaux osseux primitifs avant leur soudure, je dois surtout recommander de ne pas attendre que la macération ait détruit les cartilages qui les unissent, mais de saisir bien le premier moment où les chairs proprement dites sont décomposées, pour en débarrasser les os et les cartilages qui leur servent de base.

Une seconde méthode employée assez généralement pour préparer les squelettes, est de les décharner entièrement au moyen du scalpel, en ménageant les ligaments, qu'on a soin de laisser afin de servir de lien aux os; et les squelettes ainsi formés prennent le nom de *squelettes naturels;* mais ils deviennent d'ordinaire dégoûtants, vu qu'il est impossible d'enlever toutes les chairs, et celles qui restent, se desséchant sur les os, leur forment une croûte noire excessivement sale, en même temps que le sang et la graisse qui imbibent le tout augmentent encore la vilaine apparence de ces squelettes. Enfin, comme les insectes se mettent plus tard dans ces parties pour les ronger, la plupart des personnes les enduisent encore de vernis, ce qui achève de les rendre tout à fait repoussants.

J'emploie pour mes squelettes naturels un procédé intermédiaire entre celui que je viens d'indiquer et celui pour faire les squelettes artificiels; procédé qui réunit les avantages de tous les deux sans en avoir les inconvénients. Il est calculé sur la propriété qu'ont les parties gélatineuses de se corrompre moins facilement que les autres parties molles, en conservant jusqu'au delà du terme nécessaire la propriété de pouvoir être tannées ou mégies.

SQUELETTE DES MAMMIFÈRES. 291

On doit, pour cela, faire macérer le squelette comme pour les artificiels, et saisir le moment où toutes les parties molles, excepté les ligaments, sont corrompues, pour nettoyer et laver le tout. On le fait macérer ensuite encore quelques jours dans de l'eau fraîche pour enlever la mauvaise odeur, et l'on place le squelette dans un bain d'eau d'alun et de sel de cuisine, indiqué plus haut au chapitre des liqueurs conservatrices. On les laisse macérer pendant cinq à six jours, et même plus long-temps, jusqu'à ce que les ligaments soient mégis, ou, en d'autres termes, jusqu'à ce qu'ils soient convertis en cuir, et l'on monte le squelette, dont tous les os sont parfaitement propres et blancs, et se trouvent naturellement réunis par de petites bandelettes en peau très-fortes et blanches. Pour empêcher que dans la suite les insectes ne détruisent ces dernières, qu'ils attaquent du reste moins que celles des squelettes naturels ordinaires, on les imprègne légèrement de la solution alcoolique de deutochlorure de mercure, dont j'ai parlé plus haut.

On emploie aussi, mais seulement pour faire des squelettes de très-petits animaux, le secours de ces mêmes insectes si redoutés dans toutes les collections d'histoire naturelle par la promptitude avec laquelle ils détruisent les matières animales : je veux dire les *Dermestes*, les *Anthrenus* et les *Ptinus*. On renferme pour cela ces squelettes, grossièrement préparés et secs, dans des boîtes avec un certain nombre de ces insectes, qui s'y multiplient et rongent toutes les parties molles desséchées de ces squelettes, en ne laissant que les os et les ligaments les plus profonds qu'ils ne peuvent pas facilement atteindre ; mais à la longue les plus petits individus s'y insinuent et les détruisent aussi.

De temps en temps on visite ces petits laboratoires, on aide à détacher les parties qui doivent être enlevées ; et, surveillant ainsi le travail, on saisit le moment convenable d'enlever le squelette à ces petits aides anatomistes.

Au lieu des insectes dont je viens de parler, on emploie souvent aussi le secours des *Fourmis*, mais principalement pour faire préparer des squelettes frais qu'on désire achever promptement.

Pour cela, on place le squelette grossièrement décharné dans une boîte à cet usage, décrite dans la première partie de cet ouvrage, et on la place sur une fourmilière. Ces petits insectes si laborieux se mettent bientôt à l'ouvrage, et souvent en moins d'un jour le squelette est entièrement dépouillé de toutes ses parties molles ; mais souvent il leur arrive aussi de détacher entièrement et même d'emporter des pièces qu'il serait mieux de laisser en place. C'est pour prévenir ce dernier inconvénient que je recommande de ne faire à la boîte que des ouvertures juste assez grandes pour laisser passer une fourmi seule.

Pour voir les divers degrés du développement des dents, il faut ouvrir l'os qui les contient par l'une de ses faces dans un sujet en train

19.

de remplacer ses dents, c'est-à-dire chez l'homme entre l'âge de sept et de douze ans. On enlèvera pour cela petit à petit les parois de l'os, soit avec un instrument tranchant, soit avec une râpe, et l'on mettra ainsi toutes les dents à découvert.

En faisant la préparation sur un sujet dont les dents antérieures sont déjà remplacées, on trouve les suivantes successivement de moins en moins développées. Celles qui sont près de percer se trouveront appliquées immédiatement sous la dent de lait, qu'elles poussent pour la faire tomber ; et celle dont le germe commence à se développer en sera encore éloignée dans le fond de l'os. Pour que la disposition soit plus facile à comprendre, on n'aura qu'à faire la préparation sur un sujet non injecté et qu'on fait macérer pendant quelque temps afin de bien dégorger les os de leur sang ; mais il ne faudrait pas attendre que toutes les chairs fussent corrompues ; car si la gencive se détachait avec trop de facilité, elle emporterait les dents de lait, qui ne tiennent plus qu'à elle. Pour éviter cet inconvénient, on doit même commencer par fendre la gencive de chaque côté, tout le long des bords alvéolaires, jusque sur les os de la mâchoire, et n'enlever que les parties interne et externe, laissant en place la bande qui contient les dents, afin qu'elle serve à les maintenir. On ouvrira ensuite l'os par le côté pour mettre les jeunes dents en évidence, et l'on enlèvera intérieurement toutes les parties molles pour ne laisser que les dents et leurs germes.

Lorsqu'au contraire on veut voir comment sont disposées les dents, tant celles de lait que les dents de remplacement, et voir en même temps leurs rapports avec leurs bulbes, ainsi qu'avec les vaisseaux et les nerfs qui s'y rendent, on doit faire la préparation sur un individu fraîchement injecté. On pourra cependant laisser dégorger la pièce pendant quelques heures dans de l'eau tiède, afin d'en soutirer le sang ; ce qui produira un préparat plus blanc, et de là plus beau. Du reste, on procédera comme pour les autres préparats ; on aura seulement soin de conserver en place l'appareil odontogène avec ses vaisseaux et ses nerfs.

Des préparats semblables seront faits sur des enfants de l'âge de un à deux ans pour montrer le développement des dents de lait.

La partie osseuse des dents présente, lorsqu'on la casse ou qu'on la coupe en différents sens, des couches concentriques indiquant son mode de formation, et au centre une cavité qu'occupe le bulbe sur lequel la dent s'est formée, terminée inférieurement par un petit canal qui traverse le sommet de chaque racine, et par lequel arrivent dans l'intérieur du bulbe les nerfs et les vaisseaux qui y entretiennent la vie.

Pour connaître la structure intime des dents, on en fait des coupes en différents sens; mais il vaut encore mieux les casser, car alors les fibres et le grain se montrent plus distinctement.

Si on les met dans de l'acide hydrochlorique étendu d'eau, la matière calcaire se dissout, et l'on n'a plus que la partie gélatineuse, qui appartient presque entièrement à la substance osseuse, l'émail en renfermant fort peu.

Pour monter le squelette on se sert de divers moyens, qui ne sont du reste, pour la plupart, que des modifications les uns des autres. Le plus généralement employé, et un des plus économiques, consiste à réunir les os par des liens en fils de fer ou de cuivre bien recuits. On perce pour cela les os à réunir, près de leur articulation, d'un petit trou proportionné à la grosseur de la pièce, et autant que possible dans une direction parallèle à l'axe de mouvement si l'on veut qu'il y ait un léger jeu dans l'articulation; et l'on y passe le fil métallique, dont on réunit les deux bouts en les liant au moyen d'un tortillon. Si au contraire on veut qu'il y ait fixité entre les pièces, on perce les trous perpendiculairement à cet axe. On n'est d'ailleurs pas, dans tous les cas, entièrement maître de faire à cet égard comme on veut, et fort souvent c'est la forme des parties qui en décide.

On commence d'abord par placer la colonne vertébrale formant la partie centrale du squelette et l'appui de toutes les autres; et comme les ligaments intervertébraux ont été enlevés par la macération, on doit les remplacer, pour rétablir les mêmes dimensions, par des plaques en peau, et pour les grands animaux par des pièces en buffle que l'on colle ou qu'on cloue sur les vertèbres; chez les plus grands mammifères, tels que les *Balæna*, ces ligamens étant excessivement épais, ayant plus de 1 décimètre, on est même obligé de les faire en bois. Comme les diverses vertèbres sont susceptibles de se disjoindre par l'effet de différentes forces qui peuvent agir sur elles en remuant le squelette, et surtout lorsque la colonne vertébrale est dans une direction horizontale, il est nécessaire de les réunir par un fil de fer qui les traverse toutes par le milieu de leur corps, afin de les unir en un seul chapelet; et par ce moyen aussi on les serre les unes contre les autres. Dans le canal rachidien, on passe une tringle en fer dont la force doit être calculée d'après le poids du squelette qu'elle a à porter. On donne d'avance à cette tringle les diverses courbures que doit avoir la colonne vertébrale qu'on monte sur elle, en observant la règle que par l'effet du poids qu'elle porte les courbures varient plus ou moins; d'où il est nécessaire que ces dernières soient ou un peu plus fortes ou un peu plus faibles dans la tringle à vide, afin d'obtenir dans la colonne vertébrale juste la forme qu'elle doit avoir lorsque la tringle est chargée.

Dans les squelettes de petite taille, dont le canal rachidien n'a que quelques millimètres de large, j'entoure d'ordinaire la tringle de papier noir autant qu'il faut pour que les vertèbres passent dessus à frottement. Par ce moyen la tringle ne vacille pas, le squelette, plus solide, ne se déforme aucunement, et le papier noir ne fait que mieux paraître les trous de conjugaison.

Pour attacher les autres os avec facilité, on assujettit la colonne vertébrale, soit de suite sur ses supports définitifs, soit sur un porte-squelette qui n'est qu'un appareil servant d'instrument à cet usage. Les uns et les autres varient de forme selon la classe de l'animal, ou plutôt selon la disposition que le squelette doit avoir.

Quant au porte-squelette, voyez cet instrument mentionné plus haut. Les supports définitifs, on les fait de différentes manières qu'il serait impossible de décrire ici, et je me bornerai simplement à un seul pour chaque espèce de position, tous les autres n'en étant que de légères modifications.

Pour l'*homme*, ce support consiste en un plateau en bois de 4 décimètres en carré ou un peu plus; sur ce plateau s'élève une tige verticale en fer de la hauteur que doit occuper la dernière vertèbre dorsale. Cette tige, devant être placée au-devant de la colonne vertébrale, se dévie à l'endroit du coccyx pour tourner cet appendice, et prend au-dessus la courbure de la partie correspondante de la colonne vertébrale, sur laquelle elle s'applique. Au niveau des deux premiers trous sacrés, cette tige principale porte une petite pièce transversale dont les extrémités sont courbées en arrière et pénètrent dans ces trous comme des chevilles.

Au niveau de la première vertèbre lombaire, la tige se termine par une pièce transversale en forme de fer à cheval, dont les branches également dirigées en arrière passent entre les apophyses transversales de cette vertèbre et celle qui suit; et dans leurs extrémités est percé un trou par lequel on fait passer un gros fil de fer qu'on noue derrière la vertèbre pour assujettir cette dernière fortement dans le fer à cheval, afin de ne point permettre à la colonne vertébrale de se fléchir ni en avant ni en arrière, et les deux chevilles qui pénètrent dans les trous sacrés préviennent aussi les flexions latérales.

Une fois la colonne vertébrale mise en place, on y attache les côtes de la manière indiquée plus haut, en tâchant de leur bien donner la direction qu'elles ont sur le vivant; direction indiquée par la forme des articulations vertébro-costales. On lie ensuite toutes les côtes du même côté entre elles par une ou deux chaînes formées par deux fils de cuivre entortillés sous forme de corde dans les intervalles des côtes, et recevant entre eux chaque côte à mesure que la chaîne les rencontre. Cette dernière est fixée en avant, comme point de départ, à l'apophyse transverse de l'une des dernières vertèbres cervicales; de là elle se rend à l'extrémité de la première côte vertébrale, et ensuite successivement à celle de toutes les autres. A chacun de ces os où la chaîne est obligée de se dévier fortement de sa direction droite, il est bon de l'assujettir d'une manière quelconque, soit en faisant une légère coche à la côte, soit en faisant passer l'un des fils dans l'épaisseur de l'os; et inférieurement la chaîne est fixée au bassin.

Le plus souvent on est obligé de placer une seconde chaîne passant sur le milieu des côtés pour les maintenir bien en place.

Le sternum avec les cartilages costaux doivent être préparés séparément. Ces cartilages étant mous en sortant de l'eau, se racornissent en se desséchant, et prennent toutes sortes de formes en se contournant. On leur donne, en conséquence, la disposition qu'ils doivent avoir en les attachant d'une manière quelconque sur un corps solide, où on les laisse bien sécher avant de les fixer au squelette.

Pour placer la tête, on fait pénétrer la tringle qui enfile la colonne vertébrale dans le trou occipital, et sortir par une ouverture pratiquée au vertex, où la tête peut être maintenue par un écrou vissé sur l'extrémité de cette tringle.

Les membres pendant à leurs articulations viendront : les supérieurs, se placer le long des côtés du tronc ; les inférieurs, appuyer par toute la longueur des pieds sur le plateau où on les assujettit d'une manière quelconque.

Pour les MAMMIFÈRES QUADRUPÈDES, les CÉTACÉS et les REPTILES, dont le corps est horizontal, il y aura deux supports en fer fixés au même plateau, et semblables aux deux porte-squelettes temporaires décrits dans la première partie de cet ouvrage, mais non brisés, et dont l'antérieur consiste en une tige verticale surmontée d'une fourche transversale en fer à cheval, à extrémités dirigées obliquement en arrière pour passer entre les dernières vertèbres cervicales, dont le corps appuiera dans cette fourche. Le second support, placé sous la région lombaire, sera terminé par une fourche en fer à cheval dirigée en haut, dans laquelle appuiera une des vertèbres de cette région.

La tête également placée sur l'extrémité antérieure de la tringle, celle-ci, qui pénètre de même dans le trou occipital, viendra, en se courbant en avant, se terminer simplement dans la partie la plus antérieure de la cavité crânienne sans sortir par aucune ouverture ; ou bien on la courbera en haut, vers le milieu des os coronaux, pour faire sortir son extrémité par un trou pratiqué dans ces os. Par ce dernier moyen, la tête peut être suffisamment assujettie entre deux écrous si l'animal n'est pas très-grand, et que la tête n'ait pas, à cause de son poids, besoin d'un appui particulier; si au contraire la tringle se perd dans la cavité crânienne, il est nécessaire d'assujettir la tête à la colonne vertébrale par quelque lien.

Chez les espèces très-grandes dont la tête est fort pesante, il est nécessaire qu'elle appuie encore sur un support particulier. Celui-ci peut avoir un pied à part sur le plateau, ou bien n'être qu'une branche oblique du support antérieur de la colonne vertébrale, et diversement conformée selon le besoin.

Les membres antérieurs seront fixés par leur omoplate aux côtés, et les postérieurs au bassin par un lien qui imite le ligament inter-articulaire coxo-fémoral.

Pour bien placer les membres antérieurs, surtout chez les espèces qui n'ont pas de clavicule complète, il faut bien examiner sur le vivant la position de l'omoplate. Chez les CARNIVORES, cet os est placé obliquement de haut en bas et en avant, en dépassant de beaucoup par son bord supérieur les extrémités des apophyses épineuses des premières vertèbres dorsales, tandis que chez les RUMINANTS et les SOLIPÈDES il n'atteint pas à beaucoup près leurs sommets.

Dans un squelette bien monté, les omoplates doivent être tenues à une petite distance des côtes, égale à celles que remplissent les muscles sous-scapulaire et grand-dentelé.

Lorsqu'on veut monter les squelettes avec plus d'élégance, on réunit les os en mettant, à la place des liens en fil métallique, des articulations en cuivre faites de deux branches traversant les deux os à réunir, et unies entre elles de chaque côté par une petite lame en cuivre imitant par sa position le ligament latéral de l'articulation, et fixée par des vis.

Pour réunir les os des mains et des pieds des animaux un peu grands et leur conserver la faculté de pouvoir les écarter sans les désunir, afin de les étudier plus facilement, M. ROUSSEAU, que j'ai déjà eu occasion de citer plusieurs fois, les enfile tous avec un cordon élastique en cuivre semblable à ceux des bretelles. Ces cordons maintiennent par leur contraction les os réunis et permettent de les écarter en les tirant en sens opposés.

Là où les os doivent laisser un intervalle entre eux, comme, par exemple, ceux du métacarpe et du métatarse, le même anatomiste traverse tous ceux qui se trouvent dans une même direction par un fil métallique commun et place dans les intervalles des portions de ces mêmes élastiques entourant ce fil. Par ce moyen on peut fortement serrer les os en les maintenant à distance.

Quant aux petits squelettes, il est souvent plus commode de coller les os ensemble que de les unir par des liens métalliques, qui, par leur rigidité, les font souvent casser ; mais on peut aussi employer à leur place des fils de soie.

Les petits squelettes sont le mieux à l'état naturel, c'est-à-dire ayant leurs ligaments pour liens et préparés de la manière indiquée plus haut.

Lorsqu'on veut faire un préparat de plusieurs os réunis, mais susceptibles de pouvoir être écartés momentanément pour les étudier, les os du carpe ou du tarse, par exemple, la meilleure méthode est de les préparer d'abord comme pour les squelettes naturels. Après avoir fait mégir les ligaments, on les coupe d'un côté pour ne laisser du côté opposé que ceux rigoureusement nécessaires pour empêcher les pièces de se séparer. Ces ligaments, ainsi préparés, peuvent être pliés un grand nombre de fois sur eux-mêmes avant de se déchirer.

Le périoste, membrane fibreuse qui enveloppe les os de toutes parts, à l'exception des surfaces diarthrodiales, est généralement préparé comme les autres organes fibreux, et j'y renvoie.

Les *vaisseaux* injectés des os sont difficiles à voir sans les y poursuivre. Dans les os plats et fort minces cependant de certains animaux, comme ceux du crâne des OISEAUX, on les voit à travers les deux tables en plaçant ces os entre l'œil et un foyer de lumière. Mais on les met facilement à nu en enlevant, soit avec un instrument tranchant, soit avec une râpe, la partie éburnée de l'os; et ces vaisseaux y sont souvent faciles à distinguer, étant contenus, dans leur trajet à travers le tissu spongieux, dans un canal osseux qui les rend très-apparents.

Sur les os longs ou les os épais, l'opération est plus difficile, vu qu'il est presque impossible de poursuivre à travers la substance éburnée un de ces vaisseaux, qui sont d'ordinaire très-petits. Mais on se facilite ce travail en plongeant pendant quelque temps la pièce dans de l'acide hydrochlorique étendu d'eau, qui, dissolvant la matière calcaire, ne laisse que la partie gélatineuse, qui sert seule de gangue aux vaisseaux. Dans cet état, ces derniers deviennent déjà apparents par l'effet de la translucidité de la matière qui les renferme. Mais on peut encore les y poursuivre avec plus de facilité au moyen de la dissection.

On indique le moyen suivant pour isoler les vaisseaux qui entrent dans les os : on fait macérer l'os dans de l'acide très-étendu d'eau jusqu'à ce qu'il ait perdu la moitié de ses parties terreuses; on le lave ensuite à l'eau froide, et l'on verse dessus de l'eau bouillante, dans laquelle on le laisse reposer pendant vingt-quatre heures, en maintenant l'eau à la température de 90° sans la laisser bouillir. Pendant ce temps, la partie cartilagineuse, libre de matières calcaires, se dissout et laisse les vaisseaux à nu ; mais ceux-ci tiennent si peu qu'ils tombent aux moindres attouchements. Cependant, si, en suivant ce procédé, on injectait préalablement l'os avec une masse à corrosion, on obtiendrait de fort jolis préparats, susceptibles de pouvoir être conservés.

On n'a pas encore découvert de nerfs dans les os, quoiqu'il soit très-probable qu'il y en a.

§ III. *Conservation.*

Les os sont bien les parties les plus faciles à conserver, résistant à l'action de tous les agents extérieurs ordinaires sans en être sensiblement altérés pendant un grand nombre d'années. Cependant l'air libre, avec alternation de temps humide et sec, finit, au bout de plusieurs années, par enlever la partie gélatineuse des os ; et ces organes, réduits à la fin à leur matière calcaire, sont comme calcinés et deviennent blancs comme de la craie. Lorsque, au contraire, ils sont à l'abri de l'air, comme le sont les os fossiles, ils conservent si longtemps leur gélatine qu'on en trouve encore dans ces mêmes fossiles dont l'âge remonte peut-être à des centaines de mille années. Dans les cabinets les os n'éprouvent, comme on peut bien le penser, aucune altération, si ce n'est celle due à la graisse qui transsude et les jaunit ; inconvénient qui peut être prévenu. Il n'en est pas de même des ligaments qui entrent dans la composition des squelettes : ces corps, plus ou moins altérables par l'humidité prolongée dont on doit les garantir, sont encore attaqués par les insectes ; moins cependant lorsqu'ils sont mégis qu'à l'état naturel. Beaucoup d'anatomistes les enduisent de vernis, qui les préserve, il est vrai, de l'humidité, mais qui a le désavantage de les rendre bien vilains et dégoûtants ; et je préfère les passer simplement au deutochlorure de mercure (voyez le procédé plus haut), qui empêche les insectes de les ronger, et les squelettes se conservent parfaitement.

Les préparats d'os séparés seront fixés dans des boîtes vitrées, sur des supports en liége taillés en petits cylindres, et sur lesquels on les attache avec des épingles qui traversent la pièce dans son milieu. Toutes ces pièces sont placées à la suite les unes des autres dans leur ordre anatomique, et par groupes, suivant le même principe.

ARTICLE II.

DU SQUELETTE DES OISEAUX.

§ Ier. *Anatomie.*

Les os des OISEAUX présentent déjà dans leur composition chimique des différences notables, comparés à ceux des Mammifères. Suivant

M. Barros, cité par M. Berzelius [1], la partie cartilagineuse des os de *poule* ne se dissout pas entièrement dans l'eau bouillante et laisse un résidu que l'auteur considère comme étant de la fibrine.

Quant à l'ensemble du squelette, on trouve également des différences très-remarquables comparativement à celui des Mammifères, et dues à la condition de la faculté de voler, qui constitue le caractère principal de ces animaux. Les membres antérieurs, formant exclusivement l'appareil du vol, ne servent plus à la marche, fonction entièrement confiée aux postérieurs. De cette première condition est résulté que le corps, n'étant plus soutenu en avant, devait être très-peu flexible dans la partie de la colonne vertébrale correspondant à la cavité viscérale pour ne pas plier sous le poids des viscères. Aussi les vertèbres sont-elles moins mobiles que chez les Mammifères. Les côtes sont articulées entre elles par des branches latérales, et se rendent sur un sternum fort large d'une seule pièce, résistant parfaitement à la flexion du thorax. Comme les vertèbres lombaires, non soutenues chez les Mammifères, auraient facilement fléchi chez les Oiseaux, elles ont été supprimées, et les dernières côtes s'articulent même sur le bassin, qui a envahi cette partie du rachis en s'étendant beaucoup plus en avant que chez les autres Vertébrés. Cette grande extension que prend le bassin, lequel se prolonge aussi beaucoup en arrière, a en outre l'avantage d'offrir de vastes attaches aux muscles moteurs des membres postérieurs, organes qui doivent être très-puissants chez ces animaux, où ils ont seuls à soutenir le poids du corps.

Le cou seul pouvait être long et très-flexible, n'ayant qu'une petite tête à supporter; et sa flexibilité supplée en effet à l'immobilité presque complète du tronc, en permettant à l'oiseau de porter son bec sur toutes les parties du corps.

Le sternum, déjà très-large, est en outre surmonté d'une large crête ou *bréchet*, et devait prendre ce grand développement pour offrir des attaches suffisantes et fixes aux muscles très-puissants moteurs des ailes.

Les vertèbres céphaliques, également au nombre de quatre, comme chez les Mammifères, y présentent toutefois d'assez grandes modifications, surtout par rapport à la disposition de leurs parties et de leurs appendices, mais pour lesquels je suis obligé de renvoyer aux ouvrages qui en traitent avec détail.

Le nombre des vertèbres cervicales varie depuis treize, qu'on trouve chez la plupart des passereaux, jusqu'à vingt-cinq, que présente l'*Anas cygnus*.

---

[1] Tom. vii, p. 476.

Ces mêmes vertèbres portent des appendices en forme de *côtes*, libres à leur extrémité, ne se rendant pas sur le sternum. Ces côtes, ordinairement fort longues sur les deux ou trois dernières vertèbres, y sont parfaitement mobiles comme les dorsales, mais deviennent très-courtes sur celles qui précèdent, et se soudent entièrement avec les apophyses transverses sur les vertèbres antérieures, dont elles ne sont plus distinctes. Les postérieures s'articulent avec les vertèbres absolument de la même manière que les dorsales, en ménageant une ouverture que traverse l'artère vertébrale, ouverture tout à fait analogue à celle percée dans les apophyses transverses chez les Mammifères ; ce qui fait voir que chez ces derniers animaux il existe également des côtes cervicales, mais confondues avec les apophyses transverses de leurs vertèbres respectives, comme à la partie antérieure du cou des Oiseaux.

Les vertèbres dorsales varient depuis cinq, qu'on remarque chez les *Pelecanus*, jusqu'à dix, que présente l'*Alca impennis*.

Les sacrées varient de quinze, qu'on trouve chez les *Fulica*, à dix-huit, qu'a le *Struthio camelus*.

Les caudales varient de huit à neuf chez tous les Oiseaux ; mais les dernières sont souvent confondues en une seule masse.

On retrouve dans les membres antérieurs ou *ailes* les analogues des mêmes parties principales que chez les Mammifères : une *épaule* composée d'une *omoplate* toujours très-étroite ; une clavicule non articulée avec le sternum, mais se continuant avec celle du côté opposé en formant ensemble un os en V nommé *fourchette* ou os *furculaire*, destiné à tenir les ailes écartées ; un os *coracoïdien* très-vigoureux, articulé largement avec le sternum et formant le principal appui des ailes ; un *bras* formé par un *humerus ;* un *avant-bras* composé d'un *radius* et d'un *cubitus* mobiles l'un sur l'autre, mais non pas latéralement pour produire des mouvements de supination et de pronation, mais au contraire, suivant leur longueur, en glissant l'un sur l'autre : d'où résulte que, si l'avant-bras se fléchit, le carpe se fléchit également par la même action, vu que le radius, étant poussé par l'humerus, pousse devant lui le carpe, qui se porte en dessous ; et l'effet contraire a lieu dans l'extension.

Le carpe n'est formé que de deux osselets, le *scaphoïde* et le *pisiforme*, suivi de trois *métacarpiens*, un pour le *pouce* et deux bien plus grands confondus ensemble pour les autres *doigts*, également au nombre de deux, mais rudimentaires.

Dans les membres postérieurs, on retrouve à peu près les mêmes dispositions que chez les Mammifères, mais pas tout à fait : un *fémur* dans la *cuisse*, un *tibia* et un *péroné* dans la *jambe*, aucun os au tarse, un *métatarsien* formé de trois os confondus entre eux et distincts seulement par leur extrémité inférieure, où chacun porte un orteil composé de plusieurs *phalanges* et de deux *sésamoïdes*. Le pouce, ou *hallux*, existe le plus souvent, et alors il a un métatarsien propre, mais rudimentaire.

Le nombre des phalanges varie dans chaque orteil. Le pouce n'en a que deux ; le second orteil, trois ; le troisième, quatre ; et le quatrième, cinq.

Quant à la structure des os, elle ne diffère de celle des Mammifères qu'en ce que le tissu des os longs, des ailes et des membres est plus compacte et de là plus dur, et qu'il y a moins de tissu spongieux. Dans les vertèbres du cou et dans les os du crâne, la partie éburnée est au contraire fort mince.

Les OISEAUX n'ont pas de dents, et ces organes sont remplacés dans leurs fonctions par les deux *mandibules du bec*, corps cornés, tout à fait analogues aux ongles, et surtout semblables aux griffes en ce qu'ils emboîtent de même entièrement les deux os qui les portent. Dans quelques genres de PALMIPÈDES, tels que celui des *Anas*, les mandibules forment de chaque côté une série de lamelles tranversales, au moyen desquelles ces animaux broient ce qu'ils mangent.

§ II. *Dissection et conservation.*

Les procédés pour préparer les os des OISEAUX sont absolument les mêmes que pour les Mammifères.

Pour faire des préparats d'os séparés de la tête, il faut prendre de très-jeunes sujets, vu que chez ces animaux les os se soudent de fort bonne heure et avant qu'ils aient atteint toute leur croissance.

Quoique les Oiseaux ne marchent que sur deux pattes avec le corps plus ou moins horizontal, on ne donne à leurs squelettes qu'un seul support en fer, mais terminé en haut par trois branches, dont deux courtes latérales, formant la fourche et passant entre deux vertèbres sacrées ; et une branche antérieure très-longue suit la face inférieure du rachis jusqu'au milieu du cou, où elle se termine par une fourchette transversale tournée en arrière, dans laquelle appuie une vertèbre cervicale.

La tringle qui passe dans le canal vertébral sert, comme chez les Mammifères, à assujettir les vertèbres et la tête.

Les membres sont fixés comme chez les Mammifères.

On peut monter les squelettes d'oiseaux de grandeur moyenne en leur donnant simplement pour support des fils de fer traversant dans toute leur longueur les fémurs, les tibias et les tarses, et réunis dans le bassin par un long tortillon dirigé en avant, sur lequel appuie le bassin et par lui tout le corps. Dans le canal rachidien passe également un fil de fer entortillé de papier noir, lequel, en remplissant cette cavité, empêche toute espèce de vacillation dans les os. Dans chaque orteil passe également un fil semblable, et un dans les os principaux des ailes. Ces squelettes ont l'air de se maintenir par eux-mêmes.

La conservation des squelettes d'Oiseaux est la même que pour les Mammifères.

ARTICLE III.

DU SQUELETTE DES REPTILES.

§ Ier. *Anatomie.*

Les os des REPTILES paraissent, d'après M. BABROS, cité par M. BERZELIUS, différer encore plus quant à leur composition chimique de ceux des Mammifères que n'en diffèrent ceux des Oiseaux, leurs parties organisées contenant moins de gélatine et se rapprochant plus de la substance cartilagineuse, qui constitue le squelette des Poissons chondroptérygiens.

Dans son ensemble, le squelette diffère en outre beaucoup dans certaines de ses parties, et considérablement d'un ordre à l'autre dans la classe elle-même.

Les SAURIENS, qui, au premier aperçu, ressemblent beaucoup aux Mammifères, en diffèrent cependant sous le rapport du squelette en ce que la tête, quoique toujours composée des mêmes parties, présente néanmoins une autre disposition dans les os de la *tête*, disposition qui ressemble davantage à ce qu'on voit chez les Oiseaux; tandis que le *cou*, le *thorax*, les *lombes*, le *bassin*, la *queue* et les *membres*, quoique portant des caractères de détail qui leur soient propres, ressemblent au contraire plus aux mêmes parties chez les Mammifères, de manière que, sous ce rapport, les Reptiles sont réellement intermédiaires entre ces derniers et les Oiseaux.

Je ferai seulement remarquer que les *vertèbres* du cou des SAURIENS portent, surtout chez les *Crocodilus*, des *appendices* très-grands, analogues aux côtes, laissant entre eux et les apophyses transverses de leurs vertèbres respectives un espace analogue au trou de l'artère vertébrale, absolument comme chez les Oiseaux, et présentant de même la plus grande analogie avec les vertèbres cervicales des Mammifères. Du reste les autres *vertèbres* ressemblent beaucoup à celles de ces derniers.

Le *sternum* est d'ordinaire fort court, large et formé d'une seule

---

¹ Tom. VII, p. 476.

pièce ; ce qui le fait ressembler à celui des Oiseaux , quoiqu'il soit bien moins grand, ne recevant qu'un petit nombre de côtes, et se prépare ainsi à disparaître dans les Ophidiens.

Les *côtes* , distinguées, comme chez les Mammifères , en *vraies* et en *fausses*, se composent également de deux pièces consécutives , et même de trois chez les *Crocodilus*. Les vraies côtes s'articulent avec les bords du sternum , tandis que les fausses , souvent en grand nombre , se perdent d'ordinaire dans les chairs par leur extrémité inférieure , ainsi que cela est général pour les Mammifères ; ou bien elles se joignent par paires à la ligne médiane ventrale dans les *Chamæleo* , les *Polychrus* , et les *Anolius* , où les plus postérieures sont seules rudimentaires et suspendues aux vertèbres. Enfin dans les *Crocodilus* on ne trouve au contraire pour les anneaux costaux lombaires que leurs portions sternales suspendues sous forme de cartilages dans les chairs des parois abdominales, où elles se répètent jusqu'aux pubis en partant d'un prolongement cartilagineux du sternum ou appendice xyphoïde étendu jusqu'au bassin.

Cette disposition des fausses côtes montre, d'une part, que dans le principe ces os appartiennent également à des anneaux complets entourant la partie correspondante du tronc, mais que ces anneaux sont le plus souvent incomplets ou manquent même entièrement pour faciliter la dilatation et le rétrécissement de la cavité viscérale ; et , d'autre part , la dégradation y est plus avancée que dans les vraies côtes pour les préparer à la condition qu'elles présentent chez les Serpents et les Poissons, où il n'y a plus que de fausses côtes ou côtes abdominales, les vraies ayant entièrement disparu ou changé de fonctions en se portant sur l'appareil branchial.

Les dernières fausses côtes, devenant toujours plus ou moins rudimentaires chez les SAURIENS, les OPHIDIENS et les URODÈLES, se répètent souvent jusqu'au bassin , et même sur ce dernier et la queue , formant sous cette dernière des os *upsiloïdes* à peu près disposés comme chez les Mammifères et les Oiseaux , les derniers devenant entièrement rudimentaires avant de disparaître sur les vertèbres caudales postérieures.

Quoique les os de l'épaule aient la plus grande ressemblance avec leurs analogues chez les Mammifères et les Oiseaux , en présentant également le terme moyen entre ces deux classes, ils offrent cependant quelques particularités que je dois signaler ici comme servant à faire connaître ceux qui leur correspondent chez les Chéloniens, et à expliquer comment l'épaule de ces derniers a pu être transposée dans l'intérieur du thorax.

L'*omoplate* des SAURIENS, mais plus particulièrement celles des *Monitor,* des *Calotes*, des *Scincus*, des *Agama* et des **Leio-**

lepis, etc., est, comme chez les Mammifères, un os plat élargi en palette, formant à son angle inférieur une partie de la cavité glénoïde
scapulo-humérale ; l'autre partie étant formée par le coracoïdien,
comme chez les Oiseaux. Il n'y a point d'épine, et l'*acromion* est une
longue et forte apophyse partant du bord antérieur de l'os près de la
cavité *glénoïde*, et se dirige en avant et en dedans pour s'articuler
avec la clavicule. Cette omoplate est divisée en deux pièces ; caractère
commun aux REPTILES et aux CHÉLONIENS, mais qu'on n'observe nulle
part chez les Mammifères et les Oiseaux. La pièce inférieure forme le
col de l'os et la cavité glénoïde ; la supérieure constitue la partie élargie de la palette.

Chez les Mammifères et les Oiseaux, l'omoplate est appliquée contre
la face latérale de la région antérieure du thorax, en recouvrant plusieurs côtes ; chez les REPTILES SAURIENS, elle se porte plus en avant,
de manière à ne recouvrir qu'une ou deux côtes dans certains genres,
et cela par une partie seulement de sa palette ; tandis que chez d'autres, et surtout chez les *Scincus* et les *Sauvegardes*, cet os n'en
recouvre même aucune, se trouvant placé à la base du cou au-devant
de la première côte.

Le *coracoïdien* ressemble beaucoup, pour la forme et la grandeur,
à celui des Oiseaux, et souvent il est beaucoup plus large dans sa partie sternale, où il forme une grande palette articulée par son bord
terminal fort allongé avec la partie antérieure du sternum. A son extrémité supérieure il s'articule par suture avec l'omoplate, et forme
la portion inférieure de la cavité glénoïde scapulo-humérale, absolument comme chez les Oiseaux.

La *clavicule* est d'ordinaire un os grêle, large à sa partie interne,
où elle s'articule sur l'extrémité du sternum. De là elle se dirige obliquement en dehors, en haut et en arrière, devient fort grêle, et s'articule au bout avec le bord antérieur de l'omoplate, mais généralement
fort loin de l'articulation scapulo-humérale, et souvent même avec la
pièce supérieure de l'omoplate ; et vers le milieu de sa longueur, elle
s'articule par syndesmose avec l'extrémité de l'acromion.

Le nombre des phalanges des doigts et des orteils varie, comme
chez les Oiseaux, de deux à cinq, selon que le doigt ou l'orteil est plus
interne ou plus externe, mais d'une manière moins constante que ces
derniers.

Chez les OPHIDIENS, où il n'y a plus de membres, il n'y a pas non
plus ni épaules ni bassin, si ce n'est chez les *Anguis* et genres voisins,
où ils existent en rudiments suspendus dans les chairs. Le corps de
ces animaux, réduit par là au *torse* seulement, ne se compose même
plus que de trois parties consécutives : la *tête*, le *tronc* et la *queue*,
le *cou* n'étant pas apparent, en ce qu'il n'a qu'une seule vertèbre, en-

tièrement cachée, et les lombes n'existent pas, ou ne sont du moins
pas distincts de la région dorsale, vu que toutes les vertèbres portent
des côtes jusqu'à l'origine de la queue, et qu'il n'y a plus de sternum
du tout, partant plus de cavité thoracique et abdominale distinctes
l'une de l'autre, et la région sacrée ou pelvienne a disparu avec le bassin et les membres postérieurs. Aussi tous les viscères sont-ils contenus
dans cette espèce de thorax allongé, correspondant dans le *coluber
natrix* à 152 vertèbres, tandis qu'on en compte encore 112 à la
queue. Mais ce que je nomme ici thorax est plutôt la cavité abdominale, étant garnie de fausses côtes seulement réduites à leur pièce supérieure ou *vertébrale*, les cartilages ou *côtes sternales* ayant disparu
avec le sternum, dont il n'existe plus qu'un rudiment chez les espèces
les plus voisines des Sauriens.

On retrouve de nouveau deux ou quatre membres chez les REPTILES
BATRACIENS, ordre composé de deux familles fort naturelles : les URO-
DÈLES, qui ont une queue, et les ANOURES, qui en sont privés. Les premiers, tels que les *Salamandra*, ont, les uns quatre pattes, et ressemblent alors beaucoup au premier abord à des Sauriens ; et d'autres,
ou les *Siren*, n'ont avec la même forme de corps que des pattes antérieures.

Du reste, on trouve chez ces animaux une *tête*, un *cou* indistinct,
un *thorax*, une *région lombaire* avec des rudiments de côtes, un
bassin et une *queue ;* et toutes ces parties avec des vertèbres variables en nombre, surtout les dorsales, les lombaires et les caudales.

Les *membres* sont à peu près formés comme ceux des Sauriens.

Dans la famille des ANOURES, le *tronc* est composé de la *tête*, d'un
cou indistinct et d'une *région dorso-lombaire* correspondant à la
cavité viscérale, mais où il n'y a pas de côtes ; d'un *bassin* suivi d'un
long os styloïde placé dans ce dernier, et répondant à la queue, qui
manque du reste.

Les *membres* ressemblent beaucoup à ceux des Urodèles, et par
conséquent à ceux des Sauriens.

Chez les BATRACIENS en général, et surtout chez les *Rana*, la *clavicule* approche toutefois plus de celle des Mammifères, se rendant
du sternum en dehors pour s'articuler par son extrémité avec l'*acromion*, qui forme une grosse apophyse plus courte que chez les
Sauriens.

La structure des os des REPTILES ne diffère pas sensiblement de celle
des os des Mammifères.

Les *dents* varient fort peu de forme dans toute cette classe, étant
toujours simples, jamais à couronne tuberculeuse, et le plus souvent
tranchantes ou coniques. Mais ce qui distingue surtout ces animaux de
ceux des deux classes précédentes, c'est que non-seulement ils por-

TOM. I.

tent des dents aux mâchoires et aux os siagonaux, mais souvent encore aux os palatins, et même aux analogues des apophyses ptérygoïdes des Mammifères.

Ce qu'il y a de plus remarquable chez les REPTILES sous le rapport de leurs dents, ce sont les *crochets venimeux* dont sont armés les os siagonaux de certains SERPENTS, tels que les *Vipera ;* ce sont les dents propres à ces os, mais qui présentent la particularité d'être tubuleuses et crochues, avec la pointe dirigée en arrière.

Ces dents communiquent à leur base avec une cavité creusée dans les os qui les portent, et par celle-ci avec le canal excréteur d'une vésicule contenant une liqueur venimeuse ; vésicule placée de chaque côté de la tête dans l'épaisseur même du muscle cratophite, qui sert à comprimer cette vésicule pour faire éjaculer le venin. Le mécanisme de cet appareil est tel, que les crochets ou dents venimeuses se retirent en se fléchissant en avant lorsque le serpent ouvre la bouche pour mordre, et qu'ils se fléchissent en arrière et en dessous lorsque la bouche se ferme ; d'où résulte que l'animal les enfonce d'avant en arrière dans le corps qu'il mord, en même temps qu'un jet du venin est lancé dans la plaie.

Parmi les BATRACIENS, les URODÈLES ont des dents aux mâchoires, aux siagonaux et aux os palatins ; les *Rana* et genres voisins de la famille des ANOURES n'en ont qu'aux os siagonaux et aux palatins, et les BUFONIENS aux palatins seulement.

§ II. *Dissection et conservation.*

Les préparats des os de REPTILES se font absolument de la même manière que ceux des Mammifères, et on les conserve par des procédés semblables. Je dois toutefois faire remarquer qu'il est extrêmement difficile de faire des squelettes artificiels des petites espèces, et surtout des OPHIDIENS ; et il est infiniment plus convenable de n'en faire que de naturels ; encore faut-il bien choisir le moment où les chairs peuvent être facilement enlevées pour procéder au nettoyage des os, car quelques jours plus tard les ligaments des côtes se détachent. Quant aux squelettes des BATRACIENS, il est très-facile de les faire artificiels, à l'exception des pattes, dont les osselets sont trop petits pour pouvoir être assemblés par des liens.

ARTICLE IV.

DU SQUELETTE DES CHÉLONIENS.

§ Iᵉʳ. *Anatomie.*

Les CHÉLONIENS sont bien les animaux les plus singuliers de tous les Vertébrés, par une espèce de renversement que leur corps a éprouvé,

et par lequel les quatre membres, au lieu d'être appliqués en dehors
sur la cage formée par le thorax, sont au contraire ramenés en dedans,
et avec eux tous les autres organes ordinairement extérieurs, à l'exception des téguments; encore ceux-ci sont-ils très-coriaces et étroitement
serrés entre les os et les larges écailles cornées confluentes qui revêtent leur corps, et uniquement propres à ces animaux. Cette singulière
disposition, dans laquelle se trouvent les CHÉLONIENS, qui paraissent
appartenir à une autre création que le reste des êtres actuellement
existants, constitue toutefois un fait heureux pour les théories d'anatomie comparative, faisant voir la possibilité que des organes puissent
être transportés d'un lieu dans un autre sans cesser d'être les analogues de ceux qui se trouvent disposés suivant un autre arrangement
constituant la règle générale.

Plusieurs autres animaux présentent encore des cas semblables d'une
transposition d'organes, mais où l'affinité des parties est plus contes-
table, ne portant pas le caractère d'une évidence aussi parfaite, et ne
pouvant ainsi pas être si bien démontrés. C'est par une semblable
transposition, par exemple, que les rudiments des pattes abdominales
du *Scorpio* sont toutes transportées à la base de l'abdomen, où elles
forment ce qu'on appelle les *peignes;* organes dont on n'a jamais su
que faire, ne leur trouvant ni analogues chez les autres animaux, ni
même une fonction quelconque appréciable; et la raison en est, selon
moi, que ce sont tout simplement des rudiments transportés hors de
leur place naturelle. C'est ainsi que le diaphragme des Mammifères
ne paraît être aussi que l'analogue des muscles transverses abdominaux propres au thorax. Voyez à ce sujet ce que je dis à l'occasion de
la respiration des Mammifères.

Chez les CHÉLONIENS, les vertèbres lombaires n'existent pas, et les
dorsales, ainsi que les sacrées, se soudent entre elles, en même temps
que les côtes s'élargissent au point de se joindre et de s'articuler entre
elles par suture dans toute leur longueur, en formant avec les vertèbres une boîte ovale ou *carapace* enveloppant le bassin, et paraissant
d'une seule pièce. En dessus des apophyses épineuses des vertèbres se
trouve en outre une série de plaques spéciales entrant également dans
la composition de la carapace, dont on ne trouve les analogues que
dans les os inter-épineux des Poissons.

Le dessous du thorax et de l'abdomen est de même formé par une
grande pièce, ou *plastron*, composée du sternum et des côtes sternales,
osseuses chez ces animaux, toutes très-élargies et articulées entre elles.
Ce plastron s'unit latéralement avec la carapace, en formant avec elle
une boîte complète ouverte en avant pour donner issue au cou et aux
membres antérieurs, et ouverte en arrière pour laisser sortir la queue
et les membres postérieurs.

20.

La tête, le cou, la queue et les membres conservent à peu près les mêmes caractères que chez les Oiseaux et les Reptiles, avec cette différence principale cependant que les membres sont renfermés dans la carapace, ainsi que je l'ai déjà indiqué; disposition exclusivement propre aux CHÉLONIENS, dont elle forme le caractère le plus essentiel. BOJANUS, dans son bel ouvrage sur l'anatomie de la *Testudo europœa*, a même pensé que cette transposition des membres antérieurs de dehors en dedans avait produit aussi un renversement dans la situation des os composant l'épaule, c'est-à-dire que la clavicule s'articulait avec la colonne vertébrale au lieu de s'articuler avec le sternum, et que l'omoplate, au lieu d'être dirigée de bas en haut, était au contraire placée horizontalement d'avant en arrière dans la partie inférieure du thorax, parallèlement au sternum.

La forme élargie de l'os inférieur de l'épaule et la disposition de quelques muscles semblent en effet venir à l'appui de cette opinion, toute singulière qu'elle soit; mais en examinant les parties de plus près, et en les comparant à leurs analogues chez les Reptiles, et surtout chez les Sauriens auxquels les Chéloniens se rattachent, on reconnaît bientôt l'erreur dans laquelle est tombé BOJANUS, et l'on peut facilement s'assurer que les os de l'épaule n'ont pas éprouvé une transposition aussi extraordinaire.

L'*omoplate*, que BOJANUS regarde comme l'analogue de la clavicule des autres Vertébrés, est un os long, grêle, arrondi, dirigé de la cavité glénoïde scapulo-humérale qu'il concourt à former, comme à l'ordinaire, presque verticalement en haut, vers la première vertèbre dorsale, avec laquelle elle s'articule à son extrémité au moyen d'un petit osselet intermédiaire que BOJANUS nomme *triquetrum;* vers son extrémité inférieure, l'omoplate produit à sa partie antéro-interne une longue apophyse arrondie ou *acromion*, dirigée en dedans, en avant et en dessous, pour aller s'articuler par syndesmose avec la partie antérieure du sternum près de la ligne médiane, dans une situation à peu près semblable à celle de la même partie chez les Sauriens.

Le CORACOÏDIEN, que BOJANUS considère comme représentant l'omoplate, est également disposé de la même manière que chez les Sauriens. Il forme un os élargi en palette, dirigé de la cavité glénoïde qu'il concourt à former avec l'omoplate, horizontalement en arrière, sans s'articuler par sa partie élargie avec le sternum, auquel il reste parallèle.

La *clavicule*, que BOJANUS ne distingue pas, paraît être réduite à sa partie interne et confondue avec le sternum, où les deux forment la double pièce qui constitue l'extrémité de ce dernier. Quoique l'analogie entre cette pièce sternale des Chéloniens avec la cla-

vicule des Vertébrés supérieurs ne soit pas évidente au premier
aperçu, elle le devient en la comparant à la clavicule de certains Sauriens, et surtout à celle des *Scincus*, où cet os, très-grêle à son
extrémité scapulaire et fort large dans sa partie sternale, forme, avec
la partie supérieure de l'omoplate, le bord antérieur de la cavité du
thorax.

En comparant, dis-je, les os de l'épaule des Chéloniens à ceux des
Sauriens, et spécialement des *Scincus*, des *Sauvegardes*, des *Calotes*, des *Agama*, des *Leiolepis* et des *Monitor*, on reconnaîtra
non-seulement fort bien les analogues des diverses pièces, mais même
la transposition de l'épaule dans l'intérieur du thorax ne paraîtra plus
si extraordinaire. En effet, nous avons vu, en parlant du squelette des
Reptiles, que, dans plusieurs des genres que je viens de nommer,
l'omoplate ne se trouvait pas placée, comme chez les Mammifères et
les Oiseaux, en dehors des côtes en en recouvrant un nombre plus
ou moins considérable; mais qu'elle est placée beaucoup plus avant et
ne recouvre que les côtes les plus antérieures, et cela par son extrémité supérieure seulement; que chez d'autres, et notamment chez les
Scincus et les *Sauvegardes*, cet os est même placé encore plus en
avant, tout à fait à la base du cou; et pour arriver de là à la disposition
qu'il affecte chez les Chéloniens, il n'avait qu'à se fléchir en dedans et
s'articuler avec la première vertèbre dorsale. En suivant ainsi l'épaule
d'un genre à l'autre, on la voit tourner autour des côtes pour se porter
de la face externe du thorax à la partie intérieure.

Nous avons également vu que chez les Sauriens et les Batraciens
l'omoplate était formée de deux pièces consécutives, dont la dernière,
très-élargie, est souvent cartilagineuse, mais quelquefois aussi osseuse; cette seconde pièce correspond parfaitement à l'os triquetrum
de BOJANUS.

L'apophyse acromion que forme l'omoplate est, ainsi que je viens
de le dire, tout à fait disposée comme chez les Sauriens, en s'articulant de même avec la pièce antérieure du sternum, que je considère
comme le représentant de la clavicule des autres Vertébrés; et dans
un grand nombre de Sauriens, cette apophyse s'articule aussi avec le
milieu de la clavicule.

L'os coracoïdien, dont BOJANUS ne fait pas mention, le désignant
comme étant l'omoplate, est également disposé comme chez les Sauriens, où il constitue de même un os très-considérable de l'épaule;
seulement il ne s'articule plus avec le sternum. Mais ce qui prouve
évidemment qu'aucun des deux os de l'épaule des Chéloniens ne représente la clavicule, est qu'ils concourent ensemble à former la cavité glénoïde scapulo-humérale, ainsi que cela est toujours le cas pour
l'omoplate et le coracoïdien; tandis que jamais la clavicule ne con-

tribue à former cette cavité, ni chez les Mammifères, ni chez les Oiseaux, ni chez les Reptiles.

Enfin, la gracilité de la clavicule dans sa moitié scapulaire chez les Sauriens, tandis qu'elle est plus large dans sa partie sternale, indique déjà qu'elle se dispose à y devenir rudimentaire et à disparaître ; et c'est ce qui arrive chez les Chéloniens, où cet os s'articule cependant encore avec l'apophyse acromion de l'omoplate.

Le nombre des *phalanges* des *doigts* et des *orteils* varie, comme chez les Oiseaux et les Reptiles, selon le rang que chacun de ces appendices occupe ; les deux extrêmes ont deux phalanges, et les intermédiaires trois.

Les dents sont remplacées, comme chez les Oiseaux, par un *bec* corné assez semblable à celui de ces derniers ; règle dont les *Chelys* font exception, leur bouche étant garnie de lèvres molles au lieu d'un bec ; et les *Trionix* ont à la fois un bec et des lèvres qui le recouvrent.

Ces derniers CHÉLONIENS se distinguent encore des autres, en ce que leur carapace n'est pas si complète, les côtes tant vertébrales que sternales étant libres dans leur partie externe : et le corps n'est point revêtu d'écailles, mais simplement d'une peau coriace ; ce qui se voit également chez les *Testudo coriacea.*

L'*hyoïde* est formé d'un *corps*, grande pièce pentagonale, allongé d'avant en arrière, formant en avant une pointe obtuse pénétrant dans la base de la langue ; aux angles latéraux est articulée de chaque côté une petite pièce conique dirigée de côté, qu'on pourrait nommer les *cornes linguales*, qui donnent, suivant BOJANUS, insertion aux muscles génioglosses et hyoglosses. Plus en arrière sont insérées les deux *cornes céphaliques*, longues tiges grêles dirigées obliquement en arrière et en dehors, puis arquées en dessus vers la partie supra-postérieure de la tête, où elles se terminent par un très-petit osselet suivi d'un ligament qui les suspend aux os mastoïdiens. Elles donnent insertion aux muscles hyoglosses, génio-hyoïdiens et omo-hyoïdiens. La troisième paire, ou *cornes laryngiennes*, partent des deux angles postérieurs du corps de l'hyoïde, se portent également en dehors, en arrière ; puis, en dessus, à peu près parallèlement à la seconde paire, mais restent libres à leur extrémité. Elles donnent attache aux muscles omo-hyoïdiens.

Au milieu de la partie antérieure du corps de l'hyoïde est une ouverture communiquant dans le larynx placé dessous.

§ II. *Dissection et conservation.*

Lorsqu'on veut préparer le squelette d'un CHÉLONIEN, on le fait dégorger dans de l'eau tiède après l'avoir décharné, pour le soumettre ensuite à la macération; mais par ce procédé les écailles qui revêtent la carapace ne se détachent que fort tard; et si l'on désire avoir bientôt les os entièrement à nu, il faut recourir à la coction.

Pour voir l'intérieur du tronc, on enlève d'ordinaire le plastron en le coupant de chaque côté entre les échancrures par où sortent les membres; pour avoir le profil intérieur, on peut fendre la carapace dans le plan médian, ou bien à une petite distance de ce dernier en laissant les vertèbres entières.

On conserve les préparats d'os comme ceux des Mammifères.

ARTICLE V.

DU SQUELETTE DES POISSONS.

§ 1er. *Anatomie.*

Les os des POISSONS présentent, dans leur composition chimique, une différence notable comparativement à ceux des autres Vertébrés, surtout pour ce qui concerne les CHONDROPTÉRYGIENS (Sélaciens, Batoïdes et les Galexiens), les sels terreux y étant en bien moins grande quantité. Suivant M. DUMÉNIL [1], les os de *Brochet* (*Esox lucius*) sont composés de :

Matière animale	37,36
Phosphate calcaire	55,26
Carbonate calcaire	6,16
Trace de soude, de chlorure de phosphate et pertes	1,22

Suivant M. CHEVREUL [2], les os de la tête du *Gadus morrhua* sont composés de :

Matière animale et humidité	43,94
Phosphate calcaire	47,96
Carbonate calcaire	5,50
Phosphate de magnésie	2
Sels de soude, principalement de chlorure de sodium	0,60

Chez les CHONDROPTÉRYGIENS, M. CHEVREUL a trouvé, dans les os du *Squalus peregrinus*, une matière particulière qui a plus d'analogie avec le mucus qu'avec toute autre, et point de sels calcaires, ce qui rend leurs os mous et flexibles comme des cartilages; ces mêmes

---

[1] BERZÉLIUS, *Traité de chimie,* t. VII, p. 476.
[2] Ibid., p. 477.

os ne contiennent que fort peu de gélatine, ne se dissolvant que dans mille fois leur poids d'eau bouillante; et, dans cette solution, la noix de galle ne produit pas de précipité, tandis que l'acide hydro-chlorique dissout ces os, et la solution est précipitée par le tanin, ce qui prouve que cette matière n'est pas non plus de l'albumine. Cette même substance particulière, qui constitue presque à elle seule le squelette des Chondroptérygiens, paraît former aussi en grande partie la base de celui des POISSONS osseux; et par cela même que ses os contiennent moins de substances minérales que ceux des Vertébrés supérieurs, ils sont plus tendres, plus flexibles et d'un grain plus fin, ceux des Chondroptérygiens se laissant même couper facilement au couteau.

La plupart des centres d'ossifications forment chez les POISSONS des pièces qui restent toujours séparées et paraissent croître pendant toute la vie de ces animaux; et là où ils se soudent, comme au crâne, par exemple, presque tous sont encore distincts par la forme rayonnée que présentent leurs fibres partant des centres où l'ossification a commencé. Pour conserver cette faculté de croître presque indéfiniment, beaucoup de ces os s'articulent par des sutures écailleuses qui leur permettent de glisser les uns sur les autres, et peu s'engrènent ou se joignent par des sutures dentées ou harmoniques.

Chez les SÉLACIENS, les BATOÏDES et les GALÉXIENS, où les os n'acquièrent jamais qu'une demi-dureté, les pièces sont moins distinctes que chez les autres Vertébrés; et le peu de matière minérale qui s'y trouve s'y dépose plus ou moins confusément, d'où résulte une espèce de fusion entre tous les os qui ne sont pas séparés par des synchondroses.

On conçoit, d'après ce que je viens de dire, qu'il doit exister chez les POISSONS osseux adultes un plus grand nombre d'os séparés que chez les animaux supérieurs; et plusieurs même n'ont pas leurs analogues chez les Mammifères, surtout chez l'*homme*, auquel on compare d'ordinaire les autres Vertébrés; mais comme je ne puis pas entrer ici dans des détails sur chacune de ces pièces, je renvoie à leur sujet aux auteurs qui en traitent d'une manière spéciale, c'est-à-dire à MM. AUTENRIETH [1], GEOFFROY SAINT-HILAIRE [2], ROSENTHAL [3],

---

[1] *Bemerkungen über den Bau der Pleuronectes Platessa* (*Archiv. fur Zool. und Anat.*, 1800, t. 1, part. II, p. 47).

[2] *Ann. du Mus. d'hist. nat.*, t. IX, p. 357, 413; t. X, p. 87, 345. — *Phil. anat.*, t. I, 1818. — *Mém. du mus.*, t. IX, p. 89, 1824; t. II, p. 420, 1825. — *Mém. des scienc. nat.*, 1824, t. I, p 436.

[3] *Archiv. physiol. de Reil*, t. X, p. 340, 1811. — *Ichthyotom. Tafeln*, de 1810 à 1822; et 2e édit., 1839.

Cuvier[1], Spix[2], Blainville[3], Weber[4], Bojanus[5], Carus[6], Van-der-Hoeven[7], Bakker[8] et Meckel[9].

Je dois cependant faire remarquer que les poissons osseux présentent d'une manière régulière quatre séries d'os qui n'existent pas chez les autres Vertébrés : l'une forme une chaîne de pièces allongées placées verticalement dans les intervalles des apophyses épineuses du rachis; ce sont les os *inter-épineux*, et ceux-ci portent encore au-dessus d'eux une seconde série en *rayons de la nageoire dorsale*, dont chacun est, ou un os simple chez les ACANTHOPTÉRYGIENS, ou un chapelet de petites granulations souvent divisé en plusieurs filets chez les MALACOPTÉRYGIENS. Ces rayons se prolongent beaucoup au delà du dos de l'animal et soutiennent les nageoires dorsales. Deux séries semblables sont placées de même sous le ventre entre les apophyses upsiloïdes de la queue pour soutenir les nageoires : ce sont les *inter-upsiloïdiens* et les *rayons de la nageoire anale;* mais toutes les vertèbres n'en portent pas, et uniquement celles qui correspondent aux nageoires dorsales, anales et caudales.

La région cervicale est d'ordinaire réduite à une seule vertèbre, toutes les autres partant des côtés pour circonscrire la cavité viscérale. Mais cette dernière n'est plus à comparer rigoureusement au thorax des Mammifères, qui ne renferme principalement que le cœur et les organes de la respiration, tandis que les autres viscères sont contenus dans l'abdomen ; et déjà, chez les Oiseaux, les Reptiles et les Chéloniens, où les deux cavités sont confondues, il n'existe pas de séparation proprement dite entre elles. La partie antérieure, cependant, où il existe de *vraies côtes*, correspond plus particulièrement au thorax, et renferme encore les poumons. Chez les poissons, le cœur et les organes de la respiration, ou les branchies, ne se trouvent au contraire plus dans la cage formée par les côtes, mais sont ramenés sous la partie postérieure de la tête, où le vrai thorax, qui les renferme, est réduit à un fort petit espace, ainsi que cela ressort de la manière la

---

[1] *Ann. du Mus. d'hist. nat.*, t. xix, p. 123, 1812. — *Mém. du Mus. d'hist. nat.*, t. i, p. 102. — *Règne animal*, 1817 et 1830, planches. — *Hist. nat. des Poissons*, t. i, p. 237, 1828.

[2] *Céphalogénésie*, 1815.

[3] *Bull. des scienc. par la Soc. phil.*, 1816, p. 16.

[4] *De aure et auditu hominis et anim.*, part. i, 1820.

[5] *Isis*, 1818, t. i, p. 498; 1821, t. i, p. 272; t. ii, p. 1145.

[6] *Zootomie*, 1818, p. 98.

[7] *Dissert. phil. inaug. de sceleto Piscium*, 1822.

[8] *Osteogr. Piscium*, 1822.

[9] *System. der Vergl. Anat.*, 1821, t. ii, part. i, p 170, trad. en français par MM. Riester et Sanson, *Traité gen. d'anat. comp.*, t. ii, p. 243.

plus évidente de la disposition de ces parties chez les *Squalus ;* tandis que la partie de la cage que forment les côtes, et qui renferme les viscères, est l'analogue de la partie postérieure du long thorax des Serpents, et correspond à la région lombaire, dont les côtes ont pris tout leur développement pour enfermer la cavité abdominale et protéger les viscères contre la pression extérieure de l'eau, lorsque ces animaux descendent à de grandes profondeurs : c'est-à-dire que ces *côtes lombaires* ou *ventrales,* nulles chez les MAMMIFÈRES, ou réduites plutôt à un très-petit nombre de fausses côtes ; peu nombreuses, mais d'ordinaire rudimentaires, chez les SAURIENS, et aussi développées que les dorsales ou thoraciques chez les OPHIDIENS ; arrivent à leur plus grand développement chez les POISSONS ; tandis que chez eux les *thoraciques,* encore existantes chez les SÉLACIENS, où elles sont refoulées sous la tête pour soutenir les branchies, disparaissent enfin presque totalement chez les POISSONS osseux ; et les côtes lombaires, qui existent seules, sont libres à leur extrémité, comme dans les classes supérieures, ainsi que le sont déjà les fausses côtes des Mammifères, et ces os ne se rendent en conséquence pas chez les Poissons sur un *sternum* qui n'existe pas chez ces animaux.

Les quatre membres prennent, chez les Poissons, les noms de *nageoires pectorales* pour les antérieurs, et de *nageoires ventrales* pour les postérieurs ; mais, dans l'ordre des JUGULAIRES, celles-ci s'avancent jusqu'au-devant des pectorales, ce qui peut induire en erreur ceux qui n'en sont pas prévenus. On les reconnaît cependant de suite en ce qu'elles sont plus rapprochées que dans l'autre paire. Chez les APODES, les ventrales manquent constamment, et quelquefois aussi les pectorales ; de manière que ces animaux n'ont, à l'instar des Serpents, pas de membres du tout. Enfin, les GALEXIENS sont également privés des deux paires.

On retrouve bien à peu près les mêmes parties dans les nageoires que dans les membres des Mammifères, c'est-à-dire une épaule, un bras, un avant-bras, et une main, dont les doigts, extrêmement nombreux et multiarticulés chez les *Malacoptérygiens*, sont représentés par les rayons soutenant la membrane natatoire. Dans les ventrales, on trouve de même des parties qu'on peut rapporter au bassin, à la cuisse, à la jambe et aux pieds, avec des orteils multiarticulés ; mais, dans l'une et dans l'autre nageoire, les parties sont si différentes de leurs correspondants chez les Mammifères que l'analogie ne peut, le plus ordinairement, être établie que fort difficilement. Dans quelques espèces, cependant, la ressemblance est encore assez grande, du moins pour les pièces principales.

On trouve une grande variété de *dents* chez les POISSONS. Ils en portent non-seulement à leurs deux mâchoires, mais souvent encore aux os palatins, au vomer, aux arcs branchiaux, sur la langue, aux lèvres, et enfin, chez les *Raia*, jusque sur le bord antérieur de leurs larges nageoires.

Toutes ces dents sont le plus souvent coniques, droites ou arquées, ou bien plates et triangulaires; enfin, il y en a à couronne large, tuberculeuse, arrondie, striée, etc. Les dents de ces animaux ne sont pas toujours implantées dans des alvéoles, mais simplement dans la gencive ou autres parties de la muqueuse. Pour conserver, en conséquence, ces dents en place dans les préparats anatomiques, il faut se servir d'individus frais; car une légère macération, ou bien une faible ébullition, détachent la muqueuse des os et emportent la plupart des dents.

La disposition la plus remarquable des dents est celle que présentent certains SÉLACIENS, tels que les *Carcharias*, et surtout le *Scymnus micropterus*. Chez ces animaux, les dents ne tiennent qu'à la muqueuse, et forment en haut et en bas jusqu'à neuf et dix rangées dans la dernière espèce que je viens de nommer. La première rangée seule est redressée pour servir à saisir et à couper la proie, et les autres sont fléchies vers l'intérieur de la bouche, où elles se recouvrent comme les tuiles d'un toit, et servent à remplacer celles de la première rangée lorsqu'elles viennent à tomber.

§ II. *Dissection et conservation.*

Il est très-facile de débarrasser les os des Poissons de la chair qui leur adhère; il suffit, pour cela, d'une légère ébullition de quelques minutes dans de l'eau pour qu'elle se détache, vu que leurs parties gélatineuses se dissolvent très-facilement dans l'eau bouillante, et l'on obtient les os parfaitement blancs. Cependant, comme ils renferment encore de la graisse, on fera bien de les faire macérer après, pendant quelques jours, dans de la lessive faible, qui pénètre facilement les os généralement petits et minces. Comme les os des POISSONS sont très-lâchement articulés entre eux, on a de la peine à les remettre en place après les avoir disjoints pour en faire des squelettes artificiels; on y parvient cependant toutefois en rattachant les osselets au moyen de petits liens en fils métalliques; mais on fera bien d'avoir pour cela un modèle naturel indiquant la place de chaque os, sans quoi on aurait de la peine à réussir.

En faisant des squelettes entiers, on doit avoir soin de ne pas perdre certaines petites pièces accessoires, le plus souvent fines comme des fils, que les côtes portent latéralement, et qui plongent dans les chairs pour donner attache à une partie des muscles latéraux du tronc.

Lorsqu'on prépare des POISSONS MALACOPTÉRYGIENS, dont les nageoires renferment une infinité de petites granulations osseuses, il faut enlever préalablement, tout d'une pièce, ces nageoires avec leurs os inter-épineux et inter-upsiloïdiens, ainsi que ceux des quatre membres, afin que ces grains ne se séparent pas par l'ébullition. Si cependant on vient à temps, on peut encore enlever d'une pièce les nageoires avec leurs rayons, même sur le corps d'un poisson qui a bouilli, sans séparer ces osselets ; mais c'est difficile ; et, comme les parties deviennent au moins très-molles, on a de la peine à les maintenir en place pour sécher ces préparats.

Lorsqu'on veut conserver les membranes qui unissent les rayons des nageoires, on doit les préparer et les étendre de suite pour les sécher ; car, quand une fois elles sont racornies, on ne peut plus les ramollir suffisamment pour donner une autre forme à la nageoire.

Les supports en fer sur lesquels on place les poissons diffèrent de ceux qu'on emploie d'ordinaire pour les Mammifères et les Reptiles, en ce que le postérieur, qui soutient la queue, ne pouvant être placé dans le plan médian, où il serait empêché par les apophyses upsiloïdes, ce support doit, en conséquence, avoir sa fourche faite de manière que la tige principale soit dans la direction de l'une des dents, afin de pouvoir être placée à côté du plan médian, c'est-à-dire que la fourche doit être latérale.

On conserve les squelettes absolument comme ceux des autres Vertébrés.

SECONDE DIVISION.

DU SQUELETTE DES ANIMAUX ARTICULÉS.

Le véritable squelette, c'est-à-dire le système osseux, paraît, ainsi que je l'ai déjà dit plus haut, exclusivement propre aux animaux vertébrés, et constitue un de leurs principaux caractères.

Dans l'embranchement des ANIMAUX ARTICULÉS, ce système d'organes est remplacé dans sa fonction, comme soutien des autres organes, par les téguments dont il a été parlé plus haut, lesquels prennent de la solidité ; et, quoiqu'on donne vulgairement le nom de *squelette* à leur *têt* desséché, ce nom ne lui convient pas plus dans son acception scientifique qu'il ne convient à l'ensemble des nervures d'une feuille desséchée de plante et privée de son parenchyme, quoique cette expression soit également employée pour cet objet dans le langage vulgaire.

M. Geoffroy Saint-Hilaire annonça en 1818[1], comme une loi

---

[1] *Phil. anat.*, t. I, p. 389.

qu'il nomma *loi d'unité de composition*, que tous les Vertébrés, sans exception, étaient formés des mêmes éléments, sans un de plus ni un de moins, et qu'en conséquence le squelette devait se retrouver partout aussi compliqué que chez les Vertébrés le plus complétement organisés ; et plus tard [1] il crut devoir même étendre cette loi également à tout l'embranchement des ANIMAUX ARTICULÉS, prétendant que leur têt n'était autre chose que l'analogue du squelette des Vertébrés et renfermait les mêmes parties, jusqu'aux moindres filaments ; car la loi ne fait exception pour rien, et il chercha même à prouver ce principe. J'ai au contraire démontré, déjà en 1828, dans mes *Cons. génér. sur l'anat. comp. des anim. art.*, que le têt n'était que de la peau endurcie, parfaitement comparable à la cuirasse des *Dasypus*, qui ont un squelette bien complet dessous. Cependant, comme je place dans ce chapitre la description des parties solides sécrétées, qui ne peuvent pas trouver place ailleurs, c'est ici que je dois parler des concrétions normales qu'on trouve chez les ANIMAUX ARTICULÉS, concrétions qui se bornent du reste à quelques enveloppes solides en forme de tubes, servant d'abri à plusieurs espèces d'ANNÉLIDES, formant l'ordre des TUBICOLES. Ces tubes, analogues aux coquilles des Mollusques, sont ordinairement de forme cylindrique, ou légèrement coniques, droits ou repliés sur eux-mêmes ; mais l'animal n'y adhère jamais. Ces tuyaux sont ou de substance calcaire ou bien cornée ; mais on n'a pas encore découvert les glandes qui sécrètent leur substance.

TROISIÈME DIVISION.

DES PARTIES SOLIDES DES MOLLUSQUES.

Dans tout l'embranchement des MOLLUSQUES, ce n'est que chez les CÉPHALOPODES, et peut-être chez les BRACHIOPODES, que l'on trouve encore quelques organes cartilagineux qui semblent devoir être rapportés au système osseux ; et, en leur consacrant ici une division, j'y joins en même temps la description des coquilles qui, quoiqu'elles n'aient aucune analogie avec les os, en tiennent cependant lieu ; ces pièces, ne se rapportant du reste à aucun autre système, ne pourraient pas être placées ailleurs.

---

[1] *Journal complémentaire du Dictionnaire des scienc. méd.*, avril 1820, *sur l'organisation des Insectes.*

ARTICLE PREMIER.

DES PARTIES SOLIDES DES CÉPHALOPODES.

§ Ier. *Anatomie.*

Les CÉPHALOPODES sont si éloignés des Vertébrés par leur organisation qu'il n'y a presque plus de comparaison à établir avec eux sous le rapport anatomique ; et les pièces cartilagineuses intérieures qui semblent appartenir au système osseux offrent dans leur forme et leur disposition des caractères tels qu'il est impossible de les rapporter à quelques-uns des os du squelette.

La principale de ces pièces est le *cartilage crânien*, ayant la forme d'un grand anneau irrégulier, situé dans la tête, au niveau des yeux, qui y sont placés dans de larges cavités latérales. Le centre de ce cartilage est percé d'un canal plus ou moins large, dans lequel se trouve logé le cerveau et que traverse aussi l'œsophage. Enfin cette pièce contient de chaque côté une petite cavité dans laquelle est l'organe du sens de l'ouïe, dernier rudiment de l'appareil auditif des Vertébrés réduit au vestibule. A ce cartilage se fixent tout autour les muscles de la tête et des pieds ainsi que plusieurs de ceux du corps, sans que cette pièce soit nulle part en contact avec les téguments : ce qui prouve que ce n'est point une partie dépendante de ces derniers ni une simple concrétion.

Chez les *Sepia*, type de la classe, on trouve, outre le *cartilage crânien*, encore un petit à peu près triangulaire, placé également à la tête, mais à la base des deux pieds antérieurs. Cette pièce, que je désigne sous le nom d'*anti-céphalique*, donne attache à des muscles superficiels de la tête, des pieds et des bras.

Dans la région dorsale, un peu au-dessus du cartilage crânien, en est un troisième assez grand, aplati, très-mince, scutiforme, ou *cartilage cervical*, contenu dans les téguments du cou et donnant insertion aux muscles superficiels.

Deux autres petites pièces paires, en forme de godet, à cavité visible à l'extérieur, ou *cartilages choaniens*, sont placées dans l'angle supra-externe de l'entonnoir en donnant attache à plusieurs muscles puissants, se rendant les uns dans la tête, les autres dans l'entonnoir, et les plus gros verticalement en haut, sur les côtés du corps, pour se perdre dans la bourse.

Enfin, le long de chaque côté du dos, est une bande cartilagineuse étroite et mince, contenue dans les téguments et servant d'attache aux muscles de la nageoire. Ces deux pièces, que je nomme *carti-*

tages ptéryfères, ne sont liés au corps que par les téguments et du tissu cellulaire.

On trouve les mêmes pièces solides chez les *Loligo*, seulement un peu autrement conformées.

Mais, outre ces cartilages, les CÉPHALOPODES ont encore une pièce impaire, calcaire ou cornée, placée, chez les *Sepia*, les *Loligo*, les *Octopus*, etc., sous les téguments de la région dorsale du sac. Dans d'autres au contraire, tels que les *Argonauta*, cette pièce est extérieure, formant une coquille spirale servant d'abri à l'animal. Cette coquille intérieure ou extérieure, tout à fait analogue à celles des Gastéropodes, qui sont également intérieures ou extérieures, ne fait aucunement partie du corps du Céphalopode, et n'est réellement qu'une simple concrétion, logée là où elle est intérieure, sans adhérence, dans une cavité spéciale qui lui est destinée, et où elle se forme.

Chez les *Sepia* cette coquille, connue sous le nom vulgaire d'*os de seiche*, est grande, lancéolée, épaisse, pointue aux deux bouts, calcaire et placée tout le long de la région dorsale du sac. Dans les *Loligo* elle est plus allongée, mince, cornée et en forme de plume. Chez les *Octopus* elle est rudimentaire et réduite à quelques grains placés latéralement dans le dos. Les *Spirula* l'ont également intérieure, mais elle prend dans ce genre la forme d'une petite coquille spirale dont les tours disposés dans le même plan ne se touchent pas, et sa cavité est divisée par des cloisons transversales en plusieurs concamérations, dont la dernière est seule occupée par une partie du corps de l'animal, et les autres traversées uniquement par un *tuyau*, prolongement filiforme de ce dernier qui se continue jusqu'au sommet de la spire, où il se fixe. Les *Nautilus* ont également une coquille spirale contournée dans le même plan, divisée en concamérations et traversée par un tuyau, comme chez les *Spirula* ; mais elle est extérieure, et une partie seulement du corps de l'animal occupe la dernière chambre. Enfin, chez les *Argonauta*, cette pièce, assez semblable pour la forme générale à celle des *Nautilus*, est également extérieure, mais non divisée en concamérations, et l'animal ne paraît y adhérer que faiblement.

Les anatomistes et les physiologistes ont considéré jusqu'à présent les coquilles des Mollusques comme des parties constituantes de leur corps, et par conséquent comme de véritables organes analogues à une partie du squelette des Vertébrés ; tandis que ce ne sont que des *concrétions* sécrétées, jamais organisées, et réellement comparables aux calculs urinaires et autres des animaux supérieurs.

Les CÉPHALOPODES ont leur bouche armée d'un bec corné très-vigoureux, ressemblant beaucoup à celui d'un oiseau de proie, mais dont la mandibule la plus crochue est du côté du ventre, c'est-à-dire également en dessus : ces animaux marchent la tête en bas. Cet organe appartient au système dermoïque.

§ II. *Dissection.*

Il suffit d'inciser longitudinalement les téguments du dos d'un CÉPHALOPODE pour mettre sa coquille intérieure à nu ; et, comme le corps est généralement mou, on reconnaît très-bien la position de la pièce en explorant la partie dorsale avec les doigts avant d'ouvrir la capsule qui la renferme. Chez les *Octopus* seulement cela devient plus difficile, vu que les grains qui représentent cette concrétion sont fort petits. Là où la coquille est extérieure, elle ne demande d'autre préparation que celle qu'on peut faire sur elle-même pour voir sa structure et sa conformation, et ces préparats se font absolument comme ceux des Gastéropodes, dont je parlerai plus bas.

Quant à l'anneau cartilagineux de la tête, il faut le mettre à découvert en ouvrant cette dernière par sa face postérieure ou antérieure, afin de ne pas endommager les yeux.

La pièce cervicale est mise à nu en incisant le cou de l'animal à sa face postérieure. Enfin les bandes cartilagineuses des nageoires se voient en fendant les téguments le long du dos et en rabattant les deux lèvres de la fente sous laquelle ces bandes sont placées ; mais il faut faire attention de ne pas la détruire, vu qu'elle est souvent très-mince.

§ III. *Conservation.*

Les cartilages des CÉPHALOPODES étant fort tendres, ils se racornissent considérablement par la dessiccation et perdent complétement leur forme naturelle. Il vaut de là bien mieux les conserver plutôt dans la liqueur qu'à l'état sec. On peut cependant leur rendre facilement leur forme primitive après avoir été séchés en les faisant tremper pendant quelques heures dans de l'eau.

Quant aux coquilles tant extérieures qu'internes, elles peuvent parfaitement être conservées sèches et sans aucune préparation, ainsi qu'on le fait en effet dans les collections de conchyliologie. Mais si on veut les garder dans la liqueur, il faut que celle-ci ne soit pas acide, vu que ces pièces sont le plus souvent calcaires.

Les coquilles des *Loligo*, étant de consistance cornée et fort minces, se contournent plus ou moins en séchant, et l'on peut en conséquence les garder dans la liqueur ; mais elles se déforment cependant si peu qu'on pourra très-bien les conserver sèches et les ramollir après dans de l'eau, si on désire les voir dans leur état naturel.

ARTICLE II.

DES PARTIES SOLIDES DES PTÉROPODES.

§ Iᵉʳ. *Anatomie.*

Les PTÉROPODES n'ont aucune partie intérieure qui serve de soutien à quelque organe, mais souvent une coquille extérieure, comme dans les Gastéropodes.

§ II. *Dissection et conservation.*

Les préparats des coquilles des PTÉROPODES se font comme ceux des Gastéropodes, et ne demandent aucun autre soin pour leur conservation que celui d'être gardés dans de la liqueur non acide lorsqu'ils sont mous, comme ceux des *Cymbulia*, qui sont cartilagineux.

ARTICLE III.

DES PARTIES SOLIDES DES GASTÉROPODES.

§ Iᵉʳ. *Anatomie.*

Les parties solides des GASTÉROPODES se réduisent encore plus que chez les Céphalopodes, ces animaux n'ayant plus que des *mâchoires* calcaires dont certaines espèces sont pourvues, et une *coquille* diversement conformée, ordinairement spirale et extérieure, servant de retraite à l'animal; mais dans quelques genres, cette coquille est entièrement enveloppée par le manteau; dans d'autres, elle est placée dans l'épaisseur même de ce dernier, ou plutôt sous le manteau entre lui et le plafond de la cavité pulmonaire, formant ainsi une coquille intérieure; et dans d'autres encore elle manque complétement. Cette coquille, lorsqu'elle est extérieure, est souvent accompagnée d'une seconde pièce beaucoup plus petite et plus ou moins discoïde, nommée l'*opercule*, adhérente sur le côté du pied de l'animal, où elle est disposée de manière que, celui-ci étant entièrement rentré dans sa coquille, cet opercule en forme exactement l'ouverture.

Les mâchoires paraissant être, de même que l'appareil de la rumination renfermé dans le gésier de certaines espèces, une production dermoïque, comme celles des animaux articulés, je renvoie leur description au chapitre dans lequel je traiterai de l'appareil digestif.

Quant à la coquille dans laquelle ces animaux se renferment, elle est, comme celle des Céphalopodes et des Ptéropodes, un corps purement *sécrété* , et par conséquent étranger à l'organisme , et non pas un analogue du squelette, ainsi que le pensent beaucoup d'anatomistes. Elle n'appartient pas non plus au système tégumentaire, comme Cu-vier paraissait l'admettre , prétendant que cette coquille était recouverte par l'épiderme, dont il voyait l'analogue dans le *drap marin*, pellicule superficielle non calcaire ; tandis que cette coquille est chez la plupart des espèces tout à fait extérieure, et dans chaque individu détachée du corps à certaines époques. C'est, je le répète, de même que chez les Céphalopodes, le produit de la matière d'une simple sécrétion que l'animal *emploie* à la *construction* de sa coquille lorsque celle-ci est extérieure ; ou déposée naturellement dans une cavité, où cette matière se concrète pour former par juxtaposition la coquille intérieure, de la même manière qu'un calcul se forme dans la vessie ou dans le rein d'une foule d'animaux ; seulement chez les Mollusques ces concrétions se forment d'une manière constante et régulière, et ne sont point le résultat d'une affection maladive.

. Les coquilles des GASTÉROPODES sont si bien des corps étrangers inorganisés, que là où elles sont intérieures elles sont librement contenues dans une capsule spéciale, sans aucune adhérence avec le corps, de même que l'os des *Sepia ;* et là où elles sont extérieures, l'animal n'y tient qu'à certaines époques, lorsque la coquille n'est pas en train d'être augmentée, tandis qu'il en est tout à fait détaché lorsqu'il l'agrandit. On peut facilement s'en assurer chez les *Helix* (colimaçons), que tout le monde a sous la main ; on le trouvera adhérent à la coquille par un point de la columelle, qui est à peu près au milieu de la longueur de celle-ci chez les individus dont la bouche de la coquille a un bourrelet ; tandis que cette adhérence n'existe pas pendant que les bords de cette dernière sont minces et papyracés, c'est-à-dire pendant que la coquille est en train d'être augmentée. Lorsque celle-ci devient trop petite pour loger le corps entier de l'animal, il s'en détache, avance dans la cavité et s'y fixe de nouveau ; et durant ce temps, il agrandit sa demeure en prolongeant les bords de l'orifice par une véritable *construction ;* c'est-à-dire les bords du manteau du corps sécrètent alors une matière muqueuse plus abondante qu'à l'ordinaire, et ce même manteau la dépose en forme de prolongement d'abord papyracé qui continue le dernier tour de spire. Déposant ensuite de nouvelles couches successives sur cette première, il l'augmente en épaisseur, et ce procédé peut être observé par qui veut au mois de mai. Si la coquille était *organisée* à une époque quelconque, comme le sont les poils et les plumes, il faudrait qu'on y aperçût alors des vaisseaux nutritifs. Et comment le sang arriverait-il dans les bords de cette enveloppe calcaire où se fait si rapidement l'accroissement, alors que l'animal est détaché de cette dernière ?

Les coquilles extérieures des GASTÉROPODES sont généralement en forme de cône plus ou moins droit et obtus chez quelques-uns, comme les *Patella*, et le plus ordinairement en cône roulé en spirale. Dans certains genres, tels que celui des *Planorbis*, les tours de spire sont presque dans le même plan, mais jamais entièrement, comme cela a lieu pour les *Spirula*, de la classe des Céphalopodes. Dans les autres genres, ils font au contraire d'un côté une saillie plus ou moins grande ou *spire*, dont les tours se touchent d'ordinaire. Lorsque les tours ne sont contigus que du côté où ils proéminent, il en résulte au côté opposé une cavité spirale en entonnoir nommée *ombilic*. Telles sont les coquilles des *Trochus*. Chez d'autres, et même dans des genres très-voisins de ceux-ci, les tours se touchent dans toute leur largeur, et alors il n'y a pas d'ombilic. Dans beaucoup de genres où la cavité est en cône très-aigu, chaque tour ne rencontre en largeur qu'une petite partie de celui qui précède ; et c'est alors que la spire est souvent fort allongée ou *turbinée ;* et on la nomme *turriculée* lorsqu'elle est plus saillante encore et tout à fait aiguë. Si au contraire les tours sont presque dans le même plan, la spire est *plate* ou même *concave ;* et la coquille est dite *discoïde* lorsqu'avec cette dernière disposition la longueur de l'axe est beaucoup plus courte que le diamètre de la coquille. Dans celles où le cône est très-évasé, chaque tour enveloppe souvent en grande partie ceux qui précèdent ; de manière que la spire est à peine visible ou *cachée*, comme chez les *Cyprœa*, les *Bulla*, et les tours sont dits *enveloppants*. Enfin, il y en a où la coquille ne se contourne pas du tout ; alors elle est en *cône simple*, comme chez les *Patella*.

L'ouverture de la coquille est appelée sa *bouche*, ou simplement son *ouverture*, et l'axe de la spire reçoit le nom de *columelle ;* et celle-ci est souvent garnie de *plis* plus ou moins saillants qui la parcourent. Chez beaucoup d'espèces, le dernier tour se prolonge en avant dans la direction de l'axe de la coquille en un *canal* droit ou courbe, logeant le *siphon*, tube membraneux par lequel l'eau nécessaire à la respiration entre et sort. Dans un grand nombre de genres ce canal manque, et se trouve quelquefois même remplacé par une *échancrure*.

Chez beaucoup d'espèces, l'animal, chaque fois qu'il cesse d'accroître sa coquille, entoure l'ouverture d'un bourrelet plus ou moins gros ou *varice*, dont le nombre indique ainsi son âge. Les uns continuent les nouveaux tours en passant sur ces varices, ce qui rend la cavité anguleuse ; mais d'autres les détruisent de nouveau à chaque augmentation, de manière qu'il n'en reste aucune trace. Certains genres les détruisent dans toute leur étendue, et d'autres dans la partie antérieure seulement, sur laquelle doit passer le nouveau tour. Ces varices sont *simples, épineuses, tuberculeuses* ou *chicoracées ;* c'est-à-dire que dans ce dernier cas il s'élève sur elles des branches foliacées souvent très-compliquées, ressemblant à des feuilles de chicorée.

Les tours de spire se font dans la plupart des espèces de gauche à droite, la spire étant en haut; mais quelquefois ils vont aussi de droite à gauche, et la spire est dite *perverse*.

L'ouverture, de forme différente selon les genres, est *linéaire*, *semi-lunaire*, *ronde*, *carrée* ou même *losange*, et plus ou moins grande. L'*opercule* qui ferme cette ouverture dans certaines espèces est calcaire ou corné, et souvent même également contourné en spirale.

Les coquilles intérieures sont placées dans une *capsule* spéciale située sous le manteau entre ce dernier et le plafond de la cavité respiratoire, ainsi qu'on peut facilement le voir chez les *Limax* et les *Aplysia*; mais, dans le premier de ces genres, cette capsule est du double plus grande que la coquille, qui n'en occupe que la partie postérieure.

On voit en quelque sorte, dans le genre *Aplysia*, la coquille intérieure sortir de sa capsule pour devenir extérieure. Quelques-unes des espèces, telles que l'*Aplysia camelus*, ayant cette coquille entièrement intérieure, tandis que d'autres espèces du même genre, comme l'*Aplysia punctata*, ont la capsule percée en dessus au milieu, d'une ouverture assez grande par où la coquille se montre en partie à l'extérieur. Enfin, en supposant cette ouverture aussi grande que la coquille même, celle-ci sera entièrement en dehors; et c'est la condition dans laquelle se trouvent en effet la plupart des mollusques.

§ II. *Dissection.*

On fait différents préparats de coquilles de GASTÉROPODES pour en montrer la structure et la forme intérieures; on les coupe avec une scie à dents très-fines dans diverses directions, surtout parallèlement à la columelle, pour montrer la disposition de celle-ci.

La structure par couches juxtaposées de ces productions se montre fort distinctement en les coupant très-obliquement à leur surface; et l'on pourra même souvent compter ces lames, vu que dans beaucoup d'espèces, telles que les *Cypraea*, l'animal donne à chaque accroissement une couche extérieure à toute la coquille, et souvent de couleur différente; et comme il revient à plusieurs reprises sur ces replâtrages, on y remarque des couches alternatives très-variées.

Ce qui prouve encore d'une manière évidente que les coquilles sont construites, ce sont les raccommodages que ces animaux font lorsqu'elles se trouvent cassées. On en voit sur beaucoup d'exemplaires, et on en fait exécuter sous ses yeux par les *Hélix*, en faisant une petite brèche à leur dernier tour de spire. Si cependant la cassure est trop grande pour qu'une partie considérable du corps soit à découvert, l'animal ne la répare pas, et périt par dessiccation ; ou bien, si la cassure est faite là où le manteau ne peut pas atteindre, l'animal ne saurait la réparer.

En faisant macérer les coquilles dans un acide étendu d'eau, l'acide hydrochlorique ou nitrique, la partie calcaire étant dissoute, il ne reste qu'une matière en apparence mucilagineuse, non fibreuse, mais divisée en lamelles transparentes très-minces ; et le drap marin reste intact, ce qui montre qu'il n'est pas composé de substances calcaires. On peut détacher le drap marin seul en faisant macérer la coquille dans du vinaigre affaibli. Cette eau acidulée dissout la partie de la coquille subjacente à cette pellicule qui se détache. Dans une foule d'espèces le drap marin n'existe même pas.

Pour découvrir les coquilles intérieures, on fait avec précaution une incision cruciale sur la partie adhérente du manteau, ayant soin de ne pas trop enfoncer l'instrument pour ne pas déranger la coquille, qui n'y est aucunement adhérente.

§ III. *Conservation.*

Rien n'est plus facile à conserver que les coquilles, qui n'éprouvent aucune altération ni dans leurs contours, ni dans leur composition, à moins d'être très-long-temps exposées à l'intempérie de l'air : aussi en a-t-on depuis long-temps formé de grandes collections, tant pour les étudier sous le rapport zoologique, que pour l'agrément de leurs formes et de leurs couleurs. Cette étude a même formé une science spéciale sous le nom de CONCHYLIOLOGIE, et constituait même long-temps la seule étude qu'on faisait des mollusques ; à tel point qu'encore aujourd'hui la plupart des caractères des genres et des familles sont fondés presque exclusivement sur les coquilles, quoiqu'un examen approfondi des animaux montre qu'il y a souvent très-peu de rapports entre ces derniers et les concrétions qu'ils habitent ; ce qui forcera bientôt les conchyliologistes à en venir à un autre mode de classification, fondée sur l'organisation des animaux comme caractères essentiels. Malheureusement cette belle partie de la zoologie est encore bien arriérée.

ARTICLE IV.

DES PARTIES SOLIDES DES ACÉPHALES.

§ Ier. *Anatomie.*

Les parties solides des ACÉPHALES se réduisent encore plus que chez les Gastéropodes, ne constituant plus aucun organe masticateur ni de pièces de rumination, mais uniquement, et chez les OSTRACODERmes seulement, deux coquilles calcaires latérales ou *valves*, entre lesquelles ces animaux sont placés; d'où on les a aussi nommés *bivalves*.

Adanson considérait les deux valves comme étant les analogues de la coquille et de l'opercule des Gastéropodes pectinibranches. En comparant en effet certaines espèces des deux classes, telles que les *Nerita* d'une part, et les *Gryphæa* de l'autre, la ressemblance des coquilles est vraiment fort grande; mais en suivant graduellement d'une famille à l'autre l'organisation des Gastéropodes, on arrive cependant à un autre principe sur lequel paraît fondée l'analogie qui existe entre ces derniers et les Acéphales, et ce n'est que difficilement qu'on pourrait ramener à une seule les deux manières d'envisager les rapports de ressemblance qu'ils ont. La coquille, nulle chez les Nudibranches et les Inférobranches, commence à paraître sous forme rudimentaire chez les Tectibranches, et se développe ensuite de plus en plus chez les Pulmonés et les Pectinibranches, où elle arrive à son plus grand développement, pour se réduire ensuite de nouveau dans les ordres des Scutibranches et des Cyclobranches, où elle ne forme plus qu'un cône symétrique très-évasé, percé chez les *Fissurella* d'une ouverture au sommet, d'une série d'ouvertures chez les *Halyotis*, et d'une simple petite fente marginale chez les *Emarginula*. Si chez ces animaux, et surtout chez les *Fissurella* et les *Emarginula*, on suppose la perforation de la coquille prolongée d'une extrémité à l'autre de cette dernière de manière à former deux moitiés latérales, l'animal serait converti par là seul en un véritable acéphale ostracoderme à charnière sans nates et sans dents, et approchant ainsi des *Anodonts;* car tous les principaux organes se trouveraient à la place et dans les conditions dans lesquelles ils sont chez les ostracodermes.

Le manteau, formé en deux parties latérales, adhérerait tout le long de ses marges aux valves par un rebord musculeux, et ne serait formé dans la partie centrale que d'une pellicule très-mince et molle, en présentant dans sa ligne médiane, entre les valves, un orifice pour la sortie des excréments, absolument comme chez les *Anodonts* et autres acéphales. Les branchies, placées sous le manteau, dans une cavité respiratoire spéciale, se dirigeraient vers les côtés, comme dans les ostracodermes; et, si leur forme n'est pas la même chez les scutibranches et les acéphales, cette différence est peu importante, ces organes variant beaucoup dans chacune des deux classes; mais elles seraient toutefois disposées de même. Le cœur serait, comme chez les acéphales, composé de deux oreillettes et d'un ventricule, et celui-ci traversé par le rectum et placé dans la ligne médiane dorsale du corps. Le pied, plus comprimé par cela même que les deux moitiés de la coquille se rabattraient sur les côtés, prendrait tout à fait la forme et la disposition de celui des ACÉPHALES OSTRACODERMES, et spécialement de celui des *Anodonts*, qui sont de véritables Gastéropodes, dans ce sens qu'ils rampent sur un pied musculeux sous-ventral, quoiqu'il n'ait plus la même forme que chez les Scutibranches. La bouche serait à la même place, entre les deux extrémités antérieures du manteau. L'estomac et la majeure partie du canal alimentaire seraient enveloppés par le foie et intimement adhérents à ce viscère ainsi qu'à l'ovaire, toujours comme dans les vrais ACÉPHALES. Enfin, les SCUTIBRANCHES, aussi bien que les ACÉPHALES, sont hermaphrodites parfaits, et le système nerveux est disposé chez les uns comme chez les autres.

Quant à la supposition que j'ai faite de la division de la coquille en deux moitiés latérales, division d'ailleurs déjà indiquée chez les SCUTIBRANCHES, elle peut sembler un peu systématique ; mais elle le paraîtra moins quand on se rappellera que des divisions tout à fait semblables ont lieu dans la classe des Crustacés, où le bouclier des Décapodes, formé d'une seule pièce symétrique, se partage de même en deux battants latéraux chez les Ostrapodes, et où le bouclier des *Cyclops*, également impair, se partage peu à peu, dans les *Apus* et la famille des Daphnides, en deux valves latérales, valves bien distinctes chez les *Limnadia* et les *Estheria*, où elles ressemblent parfaitement à celles des Ostracodermes.

Les deux valves des ACÉPHALES se retrouvent, avec de légères modifications de forme, chez tous les OSTRACODERMES, à l'exception de quelques genres, tels que les *Pholas* et les *Teredo*, où la coquille est composée de plus de deux pièces ; et alors elle est dite *multivalve*. Enfin dans l'ordre des TUNICIERS il n'y a pas de coquille du tout : aussi s'éloigne-t-il assez des autres Acéphales pour devoir constituer une classe à part.

Les coquilles des ACÉPHALES sont, comme celles des Gastéropodes, construites par l'animal, qui n'y tient que par quelques muscles. Chacune des valves, ou l'une d'elles du moins, est le plus souvent spirale et à spire enveloppante, mais dont le diamètre de l'ouverture augmente très-rapidement ; d'où résulte que le dernier tour constitue presque toute la pièce, comme chez les Scutibranches, et présente la forme d'un godet très-évasé dans lequel repose le corps de l'animal. La seconde valve, qu'on peut comparer à l'opercule des Gastéropodes pectinibranches, est souvent égale à la première, mais quelquefois aussi plus petite, plus plate, et même, dans certains genres, d'une forme toute différente. Dans les *Gryphæa*, par exemple, la première valve ressemble beaucoup dans son ensemble à celle d'une *Argonauta ;* mais, comme elle est bivalve, il convient mieux de la

rapprocher de celle d'un Gastéropode operculé ; et parmi elles, c'est,
ainsi que je l'ai déjà fait remarquer un peu plus haut, à la coquille
d'une *Nerita* qu'elle ressemble le plus, l'opercule représentant la
valve aplatie de la *Gryphæa*. Mais c'est d'après l'analogie de l'organisation des animaux, et non d'après celle des coquilles, qu'on doit
déterminer les genres par lesquels les deux classes s'avoisinent.

La spire est quelquefois nulle, comme dans les *Anodonts* ; le plus
souvent elle est petite et enveloppante, et quelquefois même elle devient fort saillante et latérale, disposition surtout remarquable chez
les *Isocardia* et les *Dicerata*. Cette spire forme partout où elle
existe une saillie plus ou moins forte, qui prend dans cette classe le
nom de *nate*. En arrière de cette spire, les deux coquilles sont généralement réunies par un *ligament* élastique, en apparence corné,
qui tend à écarter les valves, tandis que des muscles clôteurs les rapprochent. Au-devant de ce ligament on trouve, dans la plupart des
espèces, dans l'intérieur des valves, une *charnière* formée d'une ou
de plusieurs dents ou lames s'engrenant d'une valve à l'autre de manière à donner, d'une part, plus de régularité à leurs mouvements,
et, de l'autre, une plus grande fixité aux deux pièces lorsqu'elles
sont jointes.

La forme des deux valves n'est pas toujours la même ; très-souvent
l'une est plus bombée que l'autre ; et dans beaucoup, celle-ci est plane
ou un peu concave, et ressemble surtout beaucoup alors à l'opercule des
Gastéropodes. Chez les unes les valves se joignent exactement dans
toute leur circonférence, et chez d'autres elles sont béantes à l'une
des extrémités. Dans la plupart des genres elles ont une conformation
régulière et constante, tandis que chez d'autres elles sont irrégulières
et contournées.

Quant à la forme, les coquilles varient assez fortement : vues perpendiculairement à la commissure, les unes sont régulières, et parmi
celles-ci on distingue les rondes ou *cycloïdes* ; les *oblongues*,
dont le diamètre passant par les nates est plus grand que celui qui
le croise perpendiculairement ; on appelle *transverses* celles où la
longueur des valves est au contraire dans le sens de ce dernier
diamètre ; d'autres sont *obliques*, c'est-à-dire que le diamètre passant par les nates ne partage pas les valves en deux moitiés égales,
et celles-ci peuvent encore être distinguées de même en *oblongues*
et en *transverses*.

Les valves ont quelquefois à côté des nates un appendice ou *oreille*
plus ou moins saillant ; on le trouve de chaque côté chez les *Pecten ;*
dans les *Lima* il est à peine sensible, tandis que chez les *Malleus*
ces oreilles se prolongent de chaque côté en un grand appendice transversal.

Beaucoup de coquilles présentent des rides concentriques autour des nates indiquant les points d'arrêt des divers accroissements qu'ont pris les valves, et qu'on nomme de là *stries d'accroissement*; mais, outre ces rides, on remarque encore quelquefois de véritables côtes placées dans le même sens et formées par la répétition d'un bourrelet ou *varice* dont l'animal borde ses valves chaque fois qu'il cesse de les accroître. Enfin d'autres *côtes* partent souvent en rayonnant des nates. Beaucoup de coquilles sont en outre surmontées d'épines ou de lames foliacées plus ou moins composées.

On remarque dans l'intérieur des valves une ou plusieurs *empreintes* d'un poli différent du reste de la surface et indices des attaches des muscles de l'animal ; et, en les examinant de près, on voit souvent qu'elles sont marquées de lignes transversales, dues, comme les stries d'accroissement, aux diverses augmentations qu'a éprouvées la coquille; et comme la partie de cette dernière placée entre ces empreintes et la nate ne croît pas, il faut que l'animal se détache de temps en temps pour avancer dans les valves ; ce qui est d'ailleurs indiqué par les stries transverses de l'empreinte. Mais cette séparation de l'animal de sa coquille n'est jamais complète, car dans ce cas les deux pièces qui composent celle-ci s'écarteraient par l'effet du ligament, et ne pourraient plus être rapprochées.

L'intérieur des valves est, chez beaucoup d'espèces, doublé d'une couche de *nacre* plus ou moins belle. C'est de l'*Avicula margaritifera* qu'on tire la plus belle, qui forme un article de commerce ; et souvent on trouve dans la cavité de cette coquille des grains plus ou moins gros de cette substance formant les *perles fines* ou *perles d'Orient*.

§ II. *Dissection et conservation.*

On prépare et l'on conserve les coquilles d'ACÉPHALES absolument comme celles des Gastéropodes. En les faisant macérer dans un acide étendu d'eau, il reste, de même que pour les coquilles de ces derniers, une partie en apparence mucilagineuse, non fibreuse, composée de plusieurs lamelles très-minces, sans aucun doute chacune propre aux diverses couches dont la coquille est formée.

Le drap marin dont quelques-unes sont revêtues ne fait que très-peu ou pas du tout effervescence dans les liqueurs acides ; ce qui indique qu'il ne contient point de sels calcaires, de même que celui des Gastéropodes, et n'est probablement composé que de la matière muqueuse qui constitue la base de la substance propre de la coquille. On y aperçoit au microscope, surtout dans le drap marin de l'*Unio pictorum*, une structure celluleuse dans quelques parties et grumeleuse dans d'autres, mais pas de fibres ; et ces cellules paraissent être dues à un état mousseux dans lequel a été la matière du drap marin lorsqu'il a été déposé, et non à une véritable organisation.

ARTICLE V.

DES PARTIES SOLIDES DES BRACHIOPODES.

§ Ier. *Anatomie.*

Ces animaux sont renfermés entre deux valves semblables à celles des Acéphales; mais ils diffèrent essentiellement de ces derniers. D'après Cuvier, les *Terebratula* auraient même dans l'intérieur du corps une charpente solide, quelquefois assez compliquée; mais je n'ai jamais eu occasion de disséquer de ces animaux.

§ II. *Dissection et conservation.*

On prépare et on conserve les coquilles de ces animaux comme celles des autres Mollusques.

QUATRIÈME DIVISION.

DES PARTIES SOLIDES DES ZOOPHYTES.

Je continue à placer à la suite du squelette des Vertébrés les parties solides qui soutiennent le corps d'un grand nombre de ZOOPHYTES, et qui ne se laissent ramener à aucun autre système d'organes, quoique ces parties n'aient le plus souvent d'analogie avec le squelette que celle de servir de support aux parties molles.

Les ENTOZOAIRES n'ont d'autres parties solides que quelques crochets cornés placés sur la tête, leur servant soit à se cramponner aux parois de la cavité qu'ils habitent, soit à entamer les substances dont ils se nourrissent; ces crochets faisant alors plus ou moins les fonctions de mâchoires, et ces organes dépendant évidemment des téguments auxquels ils sont fixés. J'en ai déjà parlé au sujet de ces derniers.

C'est aussi au système tégumentaire qu'on doit rapporter le têt et autres parties solides des ÉCHINODERMES, quoique quelques-unes soient intérieures; mais en les examinant avec soin, on voit distinctement qu'ils accompagnent la peau, surtout chez les ÉCHINIDES et les STÉLÉRIDES, où ces organes sont le plus développés. J'en ai également parlé au sujet des téguments.

Il n'en est pas de même de quelques parties solides des ACALÈPHES et des POLYPES qui ne semblent pas appartenir au système tégumentaire; et quoiqu'elles ne paraissent pas non plus devoir être rapportées au squelette, je les place néanmoins ici, ne pouvant pas les classer ailleurs.

ARTICLE PREMIER.

DES PARTIES SOLIDES DES ACALÈPHES.

§ Ier. *Anatomie.*

Il n'y a dans cette classe que les genres composant l'ordre des si-
PHONOPHORES, chez lesquels on trouve des pièces cartilagineuses ou
calcaires qu'on pourrait comparer à un reste de squelette, ou bien aux
plaques également cartilagineuses des *Holothuria*, qui paraissent dépendre du système tégumentaire. Dans plusieurs genres, le corps est
revêtu extérieurement de pièces solides peu adhérentes, décrites par
M. ESCHSCHOLTZ, entourant la cavité natatoire dans laquelle l'animal fait
alternativement entrer et sortir l'eau, pour servir d'une part au mouvement progressif, et de l'autre à la respiration. Les DIPHYDIÉS ont le
corps composé de deux parties, soutenues chacune par une grande
pièce cartilagineuse transparente ; et les deux, placées à la suite l'une
de l'autre, sont si faiblement unies entre elles qu'elles se séparent
très-facilement. L'antérieure porte les organes digestifs, c'est-à-dire les
suçoirs, qui ont la forme de canaux membraneux semblables à ceux
des autres ACALÈPHES. Cette pièce se termine en arrière par une dépression contenant le reste de cet appareil, et dans laquelle pénètre la
pièce postérieure qui y entre quelquefois en entier. Cette dernière est
souvent aussi creusée d'une cavité tubuleuse ouverte à l'extérieur, et
servant, d'après M. ESCHSCHOLTZ, au mouvement progressif, en recevant
et en chassant alternativement l'eau. Cette pièce renferme en outre
une cavité beaucoup plus grande, ouverte postérieurement, et plus
spécialement destinée à la natation et à la respiration. On trouve souvent dans cette cavité un amas de petites vésicules qu'on suppose être
des œufs.

Les *Velleta* ont le corps soutenu par une coquille cartilagineuse
plate, circulaire ou ovale, composée de deux pièces latérales enveloppées de parties molles et constituant une véritable coquille intérieure ; sur sa face supérieure s'élève une lame verticale faisant les
fonctions de voile, et en dessous sont suspendus les suçoirs. Chez les
Porpita cette coquille est calcaire.

§ II. *Dissection et conservation.*

La préparation des pièces solides des ACALÈPHES se réduit à les débarrasser des parties molles, ce qu'on obtient facilement soit en enlevant immédiatement ces parties au moyen du scalpel, ou bien en
les laissant macérer quelque temps dans de l'eau pour que les chairs

s'en détachent d'elles-mêmes. Pour les conserver, il est nécessaire de les tenir plongées dans la liqueur, telle que de l'alcool affaibli.

ARTICLE II.

DES PARTIES SOLIDES DES POLYPES OU DU POLYPIER.

§ Iᵉʳ. *Anatomie.*

La classe des *Polypes* se partage le plus naturellement en trois ordres : les Polypes nus, que je nomme ÉLEUTHÈRES ; les Polypes à *polypier* extérieur, ou CELLULICOLES ; et les Polypes à *polypier* intérieur, ou AXIFÈRES. Ces animaux sont le plus souvent composés, c'est-à-dire que plusieurs corps, ayant chacun une tête propre, sont réunis sur une partie connue. Un grand nombre représente par là ou des fleurs ou de petits arbustes extrêmement délicats, ce qui leur a fait donner le nom vulgaire d'*Animaux-plantes*, et à l'embranchement entier celui de ZOOPHYTES, nom qui a la même signification en grec ; et ces noms leur conviennent d'autant plus, que réellement on croyait autrefois que c'étaient des êtres intermédiaires entre les Animaux et les Végétaux.

Le premier ordre est formé d'animaux entièrement mous, dont le corps ne porte aucune partie solide. Ils ont en général la forme d'une bourse dont l'ouverture est à la fois la *bouche* et l'*anus,* et se trouve entourée d'un certain nombre de prolongements charnus ou *tentacules* servant principalement à saisir la proie. Par l'extrémité opposée, ou le fond de la bourse, l'animal a la faculté de se fixer ; et, du reste, il est libre dans l'eau.

Le second ordre, ou les CELLULICOLES, est composé d'espèces à peu près semblables, mais habitant des cellules cornées ou calcaires, de formes différentes, réunies en nombre souvent considérable, et dont tous les individus adhèrent entre eux, de manière à former des animaux composés.

Ces cellules sont tantôt placées parallèlement l'une à côté de l'autre, comme chez les *Tubipora ;* et tantôt l'ensemble prend la forme d'un petit arbre branchu, à écorce solide, et dont chaque bourgeon serait une tête de Polype, tels sont les *Sertularia ;* d'autres fois, ce sont des individus placés dans des cellules calcaires ou cornées, et communiquant entre eux soit par en dessous, soit par des orifices de communication entre ces cellules, ainsi que cela paraît être chez les *Cellularia.*

Le troisième ordre, celui des AXIFÈRES, est, ainsi que j'ai déjà eu occasion de le dire ailleurs, formé d'animaux composés, dont la partie vivante et organisée revêt un support intérieur, solide ou *axe*, de substance calcaire ou d'une apparence cornée, d'où ils ont été divisés en trois familles : les CÉRATOPHYTES, dont l'axe est corné; les LITHOPHYTES, où il est pierreux; et les POLYPIERS NAGEURS, dont l'animal, également composé, est libre dans la mer.

Les deux premières familles ressemblent réellement beaucoup, pour l'apparence, à de petits arbres, dont l'axe représente le bois, et dont des prolongements inférieurs, étalés sur les corps sous-marins pour servir de base, figurent parfaitement des racines. Cet axe est recouvert d'une membrane animale seule vivante, représentant le liber ou partie végétante de l'écorce; et celle-ci se termine soit au haut de chaque branche, soit sur divers points de la surface du Polypier, par des *têtes de Polypes*, imitant très-bien ou des bourgeons ou des fleurs. Ces corps de Polypes sont logés dans de petites cellules de forme différente, selon les espèces, creusées dans le Polypier où ils peuvent se mettre à l'abri, et sortent en s'allongeant pour guetter leur proie.

Enfin le corps commun de ces animaux est recouvert à l'extérieur par un tégument souvent très-délicat, et d'autres fois d'apparence inorganique, dans lequel la vie paraît avoir cessé, lequel simule l'épiderme ou la partie desséchée de l'écorce des arbres : tel est le *Coralinus nobilis* (corail).

Chez beaucoup de *Lithophytes*, comme les *Madrépores*, le Polypier prend des formes fort différentes : tantôt c'est une masse sphérique couverte de cellules à Polypes, tantôt des feuilles de formes très-variables; d'autres fois il a l'apparence d'un champignon, etc.

Dans la famille des POLYPIERS NAGEURS, l'axe est pierreux, mais sa tige principale est libre; de manière que ces animaux peuvent nager par l'effet des contractions simultanées des diverses têtes de Polypes dont ils sont composés.

Les Polypiers sont produits par une exsudation de la partie vivante de ces animaux, et se trouvent de là formés par couches concentriques de la matière qui les compose.

§ II. *Dissection et conservation.*

Les Polypiers, étant ou cornés ou pierreux, peuvent facilement être obtenus isolément, soit par la macération, soit simplement en enlevant mécaniquement la substance organisée après avoir fait sécher le tout. On fera diverses coupes sur le Polypier, mais principalement perpendiculairement à l'axe, pour voir la disposition par couches concentriques de sa matière; mais, pour cela, il sera bon de polir la surface coupée pour mieux en reconnaître la contexture. On peut aussi se contenter de briser le Polypier et d'examiner les cassures.

Les Polypiers ne demandent aucun soin pour être conservés, pas plus que les coquilles des Mollusques, étant comme elles de substance plus ou moins calcaire, inaltérable à l'air, et que les animaux destructeurs n'attaquent pas.

ARTICLE III.

DES PARTIES SOLIDES DES ANIMAUX INFUSOIRES.

§ I⁻. *Anatomie.*

Plusieurs genres d'INFUSOIRES, tels que les BRACHIONUS, ont le corps renfermé dans un étui solide, souvent siliceux, d'une forme qui ne rappelle en rien la carapace d'aucune autre espèce d'animaux supérieurs. Dans le genre que je viens de nommer, cette armure a la forme d'une bourse légèrement déprimée, largement ouverte en avant et dentée sur le bord. En arrière, elle est arrondie avec un trou au milieu, beaucoup plus petit que l'orifice antérieur, et par où sort une queue charnue, au moyen de laquelle l'animal peut se fixer momentanément. Une grande partie de son corps peut sortir par l'ouverture pour saisir les corpuscules dont ces petits êtres imperceptibles aux yeux se nourrissent.

On range aussi dans cette classe une foule d'autres petits animalcules qui échappent à la vue simple, et qui n'ont pas encore pu être convenablement classés, mais qui, par leur extérieur, paraissent bien appartenir à d'autres classes. Ainsi, plusieurs Infusoires nus sont, à ce qu'il me paraît, de véritables ENTOZOAIRES, et d'autres appartiennent probablement aux CRUSTACÉS, ainsi que je l'ai indiqué dans l'introduction.

§ II. *Dissection et conservation.*

Les armures des INFUSOIRES sont trop petites pour pouvoir être soumises à une préparation quelconque autre qu'à leur simple isolement, ce qui s'obtient en produisant la dissolution des parties molles. Comme beaucoup de ces corps sont siliceux, on les obtient facilement en jetant ces animaux dans un acide minéral affaibli, tel que les acides nitrique ou hydrochlorique, qui dissolvent ces matières sans attaquer la silice.

D'après les belles observations de M. EHRENBERG, on trouve même une foule de ces petites coquilles à l'état fossile, soit dans certains *Tripolis*, soit dans les *Silex*.

Ces corps sont trop petits pour pouvoir être conservés autrement qu'en masses.

CHAPITRE IV.

DU SYSTÈME SYNDESMOÏQUE OU LIGAMENTEUX.

Les *ligaments* sont des cordes ou des membranes molles ou rigides, formées par l'assemblage de fibres très-fortes et tenaces, se
rendant d'ordinaire d'une pièce solide à une autre pour les lier; et,
dans quelques cas, ils unissent également des organes mous, mais
présentent du reste des formes et des dispositions très-différentes.

PREMIÈRE DIVISION.

DU SYSTÈME SYNDESMOÏQUE DES VERTÉBRÉS.

C'est principalement chez les VERTÉBRÉS que les ligaments sont le
plus nombreux et le plus distincts, vu la grande complication de leur
squelette, dont chaque pièce est unie à celles qui l'avoisinent par plusieurs de ces ligaments. On les distingue en deux espèces, ou *organes
ligamenteux blancs* et *organes ligamenteux jaunes*, essentiellement différentes chez ces animaux, tant par leur composition
chimique que par leurs propriétés physiologiques et leurs couleurs.

Les organes ligamenteux blancs ou *rigides*, en beaucoup plus
grand nombre que les jaunes, sont formés de fibres très-fortes, composées presque entièrement de gélatine, et ne diffèrent ainsi pas essentiellement du tissu cellulaire et du derme, se distinguant cependant du premier en ce qu'ils ne forment pas un tissu aréolaire ni
des amas, mais bien des organes nettement circonscrits et de forme
déterminée, ayant principalement pour fonction de servir de liens
résistants. Ils diffèrent aussi du derme en ce qu'ils ne constituent
jamais l'enveloppe du corps, et ne renferment ni cryptes, ni papilles
nerveuses, et même si peu de nerfs, que beaucoup d'anatomistes y
nient leur existence; enfin, leurs fibres sont plus ou moins parallèles
ou rayonnées et non feutrées, comme celles du derme.

Ces organes prennent différents noms selon les conditions dans lesquelles ils se trouvent. Lorsqu'ils forment une gaîne immédiate aux
os on les nomme *périostes*, et *périchondres* lorsqu'ils enveloppent
des cartilages. Là où ils forment spécialement des liens entre divers
organes, on leur donne le nom spécial de *ligaments*. Autour des articulations diarthrodiales, le périoste de l'une des pièces se détache de
celle-ci, franchit l'articulation, et se continue avec le périoste de
l'autre pièce, en formant ainsi autour de la jointure une poche qui
reçoit le nom de *capsule articulaire*. Souvent ils prennent la forme

de larges toiles, ou *aponévroses*, servant à séparer ou à brider divers organes. Enfin, ils forment, dans un grand nombre de cas, des cordes intermédiaires entre les fibres musculaires et les corps que les muscles meuvent, et prennent alors le nom de *tendons*.

L'autre espèce, constituant les *ligaments élastiques* ou *ligaments jaunes*, ainsi nommés de la couleur qu'ils affectent chez tous les Vertébrés et même chez les Articulés, diffèrent des blancs en ce qu'ils ne contiennent qu'une très-petite quantité de gélatine, qui paraît même ne s'y trouver que dans le tissu cellulaire interposé entre les fibres proprement dites de ces ligaments ; et ce qui tend à le prouver est que ces organes ne perdent sensiblement presque aucun de leurs caractères par la coction dans l'eau, conservant surtout leur caractère principal, qui est une extrême élasticité jointe à une force considérable, qui leur permettent d'être fortement allongés et de revenir rapidement sur eux-mêmes avec une très-grande facilité. Cette propriété est due, suivant les observations d'AL. LAUTH, à la forme des fibres, qui sont irrégulièrement froncées les unes sur les autres, comme le crin d'un matelas, quoique disposées par faisceaux longitudinaux ; tandis que dans les ligaments blancs les fibres sont droites. Ces parties élémentaires des ligaments jaunes sont aussi plus tenaces et résistent davantage à l'action du scalpel.

Les ligaments élastiques prennent du reste la même forme que les blancs en s'élargissant quelquefois en aponévroses, mais ne forment jamais le périoste, et très-rarement des tendons. Ils sont toujours placés là où les organes doivent exécuter des mouvements passifs dont ces ligaments sont les agents pour ramener les parties à leur position de repos lorsqu'elles ont été déplacées par l'action des muscles. Ils servent encore à soutenir le poids d'une partie du corps sans que l'animal n'en éprouve aucune fatigue, en permettant toutefois, par leur extensibilité, à cette même partie d'être déplacée par la force musculaire agissant momentanément.

Le *périoste* et le *périchondre* forment une membrane fibreuse, variable en épaisseur selon l'endroit où ils se trouvent, enveloppant immédiatement tous les os et les cartilages, auxquels ils adhèrent fortement et semblent en faire partie. Ils sont formés de fibres blanches, nacrées, très-fortes, dirigées principalement dans la direction de l'axe de l'os ou du cartilage qu'ils revêtent, mais cependant d'une manière peu régulière ; tandis que d'autres, en bien plus petit nombre, les croisent en différents sens. Ces fibres, ainsi un peu entrecroisées, sont surtout placées dans la direction des ligaments ou des tendons avec lesquels elles se continuent.

Le périoste et le périchondre diffèrent principalement des ligaments proprement dits en ce qu'ils contiennent beaucoup de vaisseaux sanguins ; mais, en considérant que la plupart de ces vaisseaux sont destinés à la nutrition des os et des cartilages et qu'ils peuvent être ainsi considérés comme surajoutés au périoste proprement dit, cette différence disparaît dans le principe.

Sur les parties des os où glissent des muscles, le périoste est souvent si faible qu'on a de la peine à le distinguer au premier aperçu ; tandis que dans d'autres parties il devient au contraire fort épais, surtout là où les os ont de grands efforts à supporter, ou bien là où s'insèrent de nombreux ligaments ou des tendons.

En passant librement sur les articulations pour former les capsules articulaires, le périoste prend même tout à fait l'aspect des ligaments dont ces capsules ne sont qu'une variété.

Les capsules articulaires sont toujours doublées d'une membrane séreuse très-mince, formant une *bourse* sans ouverture, laquelle, après avoir revêtu la capsule, se réfléchit aussi sur les surfaces cartilagineuses articulaires des os en y adhérant intimement. Ces bourses sécrètent toujours une matière visqueuse ou *synovie*, servant à faciliter le mouvement des os en les rendant glissants. Ces poches accompagnent aussi souvent les tendons, surtout là où ils passent dans des coulisses fibreuses étroites, pour faciliter également leur glissement ; et alors on les désigne plus particulièrement sous le nom de *gaînes synoviales.*

Les ligaments ordinaires sont des faisceaux partant du périoste pour se rendre sur les os voisins, mais sans envelopper entièrement les articulations, et servent simplement à fixer les parties solides les unes aux autres pour renforcer les articulations et régler le mouvement.

Quant aux tendons, ce sont le plus souvent des faisceaux semblables aux ligaments, mais qui se détachent du périoste pour se continuer avec les muscles.

ARTICLE PREMIER.

DU SYSTÈME SYNDESMOÏQUE DES MAMMIFÈRES.

§ Ier. *Anatomie.*

Les *ligaments ordinaires* des MAMMIFÈRES ainsi que les tendons, les aponévroses et le périoste qui leur sert d'origine, sont composés presque en totalité de gélatine.

La *synovie* qui lubrifie les cavités arthrodiales est une humeur qui ne diffère que très-peu du blanc d'œuf, étant de même un liquide visqueux, filant, demi-transparent, mais un peu verdâtre, presque incolore, d'une odeur fade et d'un goût salé. Suivant MARGUERON, 100 parties de synovie de *bœuf* se composent de 80,46 d'eau, de 4,52 d'albumine, de 11,86 de matière fibreuse albumineuse, de 1,75 de chlorure de sodium, de 0,71 de soude, de 0,70 de phosphate de chaux; et, suivant FOURCROY, il y aurait même de l'acide urique.

Les *ligaments blancs*, ou ligaments ordinaires, forment, suivant la fonction qu'ils doivent remplir, des cordons ronds ou plats ; et, parmi ces derniers, la largeur est si variable à l'égard de l'épaisseur, que les uns, ou les *ligaments proprement dits*, ne forment que des bandelettes à peine plus larges qu'épaisses, servant à lier divers organes entre eux ; tandis que d'autres, ou les *aponévroses*, s'élargissent au contraire tellement, qu'ils prennent la forme de membranes.

Les ligaments, servant principalement à lier les pièces du squelette, sont la plupart situés très-profondément, et leur forme varie beaucoup, dépendant en grande partie de celle des pièces qu'ils réunissent. Aux articulations arthrodiales, dont les mouvements sont obscurs, on trouve souvent ces ligaments placés dans tous les sens, empêchant par là les mouvements trop étendus.

Aux articulations ginglymoïdales, ils sont plus particulièrement placés sur les côtés, en se fixant à l'os portant le condyle près de la tête de l'axe de mouvement, et, à l'autre, le plus près possible de l'articulation, de manière à maintenir toujours les deux os contigus sans éprouver de tiraillements violents lors des mouvements, et on leur donne alors généralement le nom de *ligaments latéraux*. Lorsque le mouvement doit se borner à une certaine étendue, il y a ordinairement des ligaments qui brident les pièces et fixent ainsi le degré de mouvement. Enfin, il n'y a que des ligaments lâches tout autour des énarthroses pour que la flexion puisse se faire dans toutes les directions, sans dépasser cependant une certaine étendue ; et les articulations où le mouvement est très-grand sont généralement enveloppées d'une capsule articulaire plus ou moins forte.

Les ligaments prennent, du reste, des formes fort différentes selon la disposition de leurs fibres. Dans les uns, ces dernières sont parallèles, et les bandelettes qu'elles forment sont ou *cylindriques* ou *prismatiques*. Dans d'autres, elles sont divergentes, et alors les ligaments sont en *éventail*.

Dans les aponévroses, les fibres affectent souvent diverses directions ; mais alors aussi on remarque qu'elles sont généralement disposées par plusieurs couches ou *feuillets* plus ou moins intimement adhérents entre eux, et qu'elles sont ordinairement parallèles dans chacun. Souvent, cependant, on trouve, près des attaches, les fibres principales d'une aponévrose bridées par d'autres qui les croisent, et avec lesquelles elles semblent former un véritable tissu.

Les aponévroses forment ou de simples toiles fibreuses destinées à brider des organes, et surtout des muscles ; ou bien elles ne sont réellement que des tendons libres membraneux de quelques muscles larges ; ou bien encore ce sont simplement des parties élargies d'un tendon recevant les attaches des fibres musculaires, d'où on leur donne le nom d'*aponévroses d'insertion ;* et, très-souvent, les bords de ces aponévroses se détachent des muscles pour former des feuillets qui recouvrent, dans beaucoup de cas, librement ces mêmes muscles pour leur former des gaînes spéciales ; et là où ces enveloppes fibreuses deviennent très-étroites, elles sont, ainsi que je l'ai déjà fait remarquer, doublées par des gaînes synoviales qui facilitent le glissement des muscles.

Là où les tendons des muscles moteurs de l'une des pièces de l'articulation passent sur la capsule, ils lui adhèrent fortement pour l'écarter lors de la flexion, afin qu'elle ne soit point pincée entre les deux os ; et, lorsqu'il n'y existe point de ces tendons moteurs des os, on y trouve toujours un muscle spécial extenseur de la capsule.

Les ligaments et les aponévroses étant en nombre très-considérable dans le corps des Mammifères, et en général dans celui de tous les Vertébrés, il serait impossible de les indiquer tous ici, et d'autant plus qu'à chaque articulation ils se répètent avec quelques modifications seulement ; et je renvoie à ce sujet aux ouvrages spéciaux d'anatomie descriptive, mais surtout à celui de WEITHBRECHT, indiqué dans la préface, ainsi qu'à mon anatomie du *Chat.* Je ferai seulement remarquer que les meilleurs noms qu'on puisse donner aux divers ligaments sont ceux indiquant leurs deux attaches ; car, dès que ces organes ne se fixent pas aux mêmes pièces, ils ne sont plus les analogues les uns des autres.

Le ligament élastique le plus remarquable par sa grosseur est le *ligament cervical,* placé, chez les MAMMIFÈRES QUADRUPÈDES, le long de la ligne médiane de la nuque, entre les muscles superficiels. C'est une paire de gros faisceaux fixés aux extrémités des apophyses épineuses des vertèbres dorsales, d'où ils se portent en avant en envoyant des branches au sommet de toutes les apophyses épineuses des vertèbres cervicales, et le faisceau principal se fixe à l'occipital ; et souvent d'autres faisceaux encore, mais bien plus petits, se rendent directement d'une apophyse épineuse cervicale à l'autre. Par le moyen de ce puissant ligament, la tête des Mammifères, mais surtout de ceux dont le cou est long et la tête lourde, tels que les RUMINANTS, les SOLIPÈDES (chevaux), les *Éléphants,* se trouve maintenue, relevée sans que l'animal fasse le moindre effort ; et l'élasticité de cet organe permet cependant à ce dernier de baisser la tête jusqu'à terre pour satisfaire à ses besoins en forçant le ligament par la puissance des

22.

muscles ; mais, sitôt que celle-ci cesse, la tête se relève d'elle-même ; tandis que, chez les espèces à cou fort court, et dont la tête n'est pas lourde , telles que l'*homme* et les CARNIVORES, etc. , ce ligament est très-faible et même nul.

On trouve encore de ces ligaments élastiques aux doigts et aux orteils des MAMMIFÈRES à griffes rétractiles, pour maintenir la phalangette repliée en dessus dans l'état de repos, afin que la pointe de la griffe ne touche pas à terre dans la marche.

§ II. *Dissection.*

Les ligaments étant généralement courts et rapprochés en grand nombre dans certaines parties, comme le carpe et le tarse de l'*homme* et des autres MAMMIFÈRES, on s'embrouillerait facilement si on en coupait plusieurs par le milieu sans les enlever, ainsi qu'on doit le faire pour les muscles; leurs fibres, s'écartant en forme de houppe, formeraient des touffes dans lesquelles il serait impossible de se retrouver. Je conseille en conséquence de bien examiner les points d'attache de ces organes, et de les enlever ensuite entièrement , en grattant même les parcelles qui pourraient en rester avant d'en entamer un autre. Mais comme il y en a souvent plusieurs fort différents qui se trouvent superposés, il faut les couper avec la plus grande précaution pour ne pas léser ceux placés au-dessous. C'est surtout les capsules articulaires qu'il faut enlever avec grand ménagement pour ne pas enlever aussi leurs bourses synoviales.

Les gaînes synoviales qui se prolongent plus ou moins sur certains tendons à leur sortie des coulisses fibreuses, n'étant pas soutenues en dehors, sont souvent difficiles à apercevoir, se collant sur les parties voisines ; mais on les rend bien apparentes en les insufflant avec un chalumeau à tuyau très-fin.

Lorsqu'on dissèque les muscles et les ligaments, ce qui se fait d'ordinaire en même temps, il faut avoir soin, dans le voisinage des articulations, de ne pas trop brusquer les choses et de n'enlever les tendons qu'avec soin , après s'être assuré s'ils adhèrent ou non aux capsules, ou bien s'ils sont accompagnés de gaînes synoviales.

Lorsque l'articulation dont on veut conserver les ligaments est à peu près dégarnie des muscles et autres parties qui ne doivent pas rester, on fera bien de couper les os à une certaine distance de l'articulation, afin que la pièce soit plus facile à manier ; et, dans cet état, on achève d'isoler soigneusement les ligaments en les mettant en évidence. La pièce terminée , on la met pendant un ou deux jours dégorger dans de l'eau tiède pour en soutirer autant que possible tout le sang , à moins qu'on ne préfère conserver au périoste et aux os la couleur plus foncée que le sang qui le pénètre leur donne. Dans ce cas, on se borne à laver simplement la pièce à grandes eaux pour enlever tout ce qui a pu la salir. Après cette première opération, on sèche légèrement le préparat; et, pour que la capsule articulaire ne se colle pas sur les parties profondes, les uns y font une petite ouverture et y introduisent une bourre quelconque, comme du coton, de la filasse ou du crin, qu'il faut avoir soin de graisser auparavant, pour qu'elle ne se colle pas, afin qu'on puisse l'enlever après; mais il vaut mieux encore remplir la cavité avec de la graine de millet, qui s'insinue facilement dans les moindres petits recoins, et ne s'y colle pas, à cause de son écorce lisse. D'autres gonflent les capsules avec de l'air qu'ils y introduisent en pratiquant une ouverture percée très-obliquement dans ses parois; mais, pour cela, on conçoit qu'il ne faut pas que la capsule ait été ouverte.

Pour enlever la graisse qui remplit les cavités des os, le meilleur moyen, lorsque ces dernières sont ouvertes, est d'en enlever la plus grande partie par un moyen mécanique, et de faire tremper ensuite la pièce pendant quelques jours dans de la lessive, indiquée dans la première partie de cet ouvrage; l'alcali se combinant avec la graisse la convertit en savon, qu'on enlève ensuite par le lavage à l'eau un peu chaude, en frottant le préparat avec un pinceau.

Pour dessécher les préparats anatomiques, on conseille de les faire tremper pendant quelques jours dans parties égales d'essence de térébenthine et d'alcool; mais, d'une part, ce menstrue devient fort cher, et, de l'autre, il ne dissout pas du tout la graisse, comme on le dit; en même temps que la térébenthine laisse toujours en séchant une crasse qui rend les pièces gluantes et sales. Ce moyen est d'ailleurs fort inutile, vu que les pièces anatomiques ne sont jamais assez volumineuses pour se corrompre avant d'être séchées; et l'emploi de la lessive remplit bien mieux les conditions voulues.

Pour faire une bonne préparation du périoste, il faut choisir un sujet bien injecté. Après avoir débarrassé les os des muscles et des ligaments qui s'y fixent, en laissant toutefois un petit bout de ces derniers ainsi que des tendons, on enlève une plaque de périoste en s'aidant d'une spatule bien plate, mais non tranchante, telle que le manche en ivoire d'un scalpel. Cette plaque enlevée, on la fixe sur un support pour la conserver.

Les préparations des ligaments jaunes se font absolument comme ceux des ligaments ordinaires.

§ III. *Conservation.*

Dans la plupart des cabinets d'anatomie on conserve les ligaments à l'état desséché et rarement dans la liqueur; ce qui est en effet moins coûteux, vu que la liqueur qu'on emploie est d'ordinaire de l'alcool, et que les bocaux sont fort chers ; mais encore ces préparats occupent moins de place et se manient plus facilement. Je ne recommande toutefois pas ce procédé, les parties se déformant tellement qu'il est impossible de rien y voir, et alors à quoi bon un préparat ? Cependant, comme l'usage existe, j'indiquerai ici les moyens de les faire.

Pour conserver ces pièces à l'état sec, on peut employer le moyen suivant : après avoir achevé la dissection, et les parties étant, autant que possible, débarrassées de la graisse, on plonge le préparat soit dans une décoction légère puis de jour en jour plus concentrée de noix de galle, soit dans la solution aqueuse de sulfate d'alumine et de chlorure de sodium, indiquée dans la première partie de cet ouvrage, et on la laisse dans l'un ou dans l'autre de ces liquides pendant six à huit jours, et même plus d'un mois dans la première qui n'attaque pas les os. Ces liquides tannent les ligaments et les convertissent en cuir sans les racornir beaucoup, et ensuite on sèche le préparat. Le sulfate d'alumine a, en outre, l'avantage de saponifier la graisse qui reste encore entre les ligaments, et la rend de là siccative. Une fois desséché, on imbibe les ligaments de la solution alcoolique de deuto-chlorure de mercure, qui empêche les insectes destructeurs de les attaquer.

Mais je préfère beaucoup à ces préparats secs, qui perdent leur couleur, leur souplesse et même leur forme, ceux conservés dans la liqueur.

Le périoste, qui ne diffère des ligaments blancs que par sa disposition et le nombre considérable de vaisseaux qu'il renferme, se conserve absolument de la même manière ; seulement il faut que l'injection ne soit pas faite avec une matière grasse ou résineuse, si on veut conserver le préparat dans de l'alcool.

ARTICLE II.

DU SYSTÈME SYNDESMOÏQUE DES OISEAUX, DES REPTILES, DES CHÉLONIENS ET DES POISSONS.

Anatomie, dissection et conservation.

Les organes fibreux des quatre dernières classes des Vertébrés ne diffèrent pas d'une manière remarquable de ceux des Mammifères. Il n'y a rien à dire de général à leur égard, relativement à ces classes d'animaux ; ces organes, s'y trouvant dans les mêmes conditions, se préparent et se conservent aussi de même.

SECONDE DIVISION.

DU SYSTÈME SYNDESMOÏQUE DES ANIMAUX ARTICULÉS, DES MOLLUSQUES ET DES ZOOPHYTES.

§ Ier. *Anatomie.*

On trouve encore chez les ANIMAUX ARTICULÉS des *ligaments* analogues pour la fonction à ceux des Vertébrés, et distingués de même en deux espèces, les *ordinaires* et les *élastiques;* mais les premiers ne forment nulle part d'aponévroses.

Les *ligaments ordinaires* diffèrent essentiellement de ceux des Vertébrés en ce qu'ils ne sont formés que par des parties tégumentaires restées molles; ce qui, d'ailleurs, n'en fait pas proprement un système d'organes différents, vu que chez les Vertébrés ils appartiennent dans le principe également au même système que le derme.

Les ligaments sont généralement en bien plus petit nombre chez les Animaux articulés que chez les Vertébrés, se bornant le plus souvent, pour chaque articulation, à une lame simple formant l'intermédiaire entre les deux pièces articulaires; mais renforcés en un faisceau plus fort là où il y a des condyles, afin de donner plus de solidité aux articulations. Nulle part on ne trouve ni capsules articulaires, ni gaînes synoviales, ni synovie.

Ces animaux n'ayant pas d'os, n'ont en conséquence pas non plus de *périoste.*

Quant aux tendons des muscles, ils offrent la même forme et la même disposition que chez les Vertébrés, et n'en diffèrent principalement que parce qu'ils sont de consistance cornée.

On trouve chez quelques espèces des *ligaments jaunes*, comme par exemple à la base des ailes des divers Insectes; et ces organes, qui affectent même la couleur jaune ou brune, ne paraissent pas différer beaucoup de ceux des Vertébrés.

Chez les MOLLUSQUES on ne trouve que peu de ligaments, le corps de ces animaux ne renfermant guère d'organes qui aient besoin d'être liés à d'autres. Le seul qu'on aperçoive est celui par lequel ces animaux tiennent à leurs coquilles, encore ce n'est qu'une adhérence de muscle et non un véritable ligament. Chez les ACÉPHALES, les deux valves sont cependant liées entre elles par un ligament corné élastique; mais cette pièce ne saurait, pas plus que les valves qu'elle réunit, être considérée comme un organe; n'étant simplement qu'une sécrétion, qui se trouve entièrement en dehors du véritable corps de l'animal. Voyez à ce sujet ce que je dis plus haut sur la nature des coquilles.

Il n'existe pas chez les ZOOPHYTES de ligaments bien caractérisés, et surtout bien connus, analogues à ceux des Vertébrés, mais bien des ligaments dépendant du système tégumentaire. On en trouve, par exemple, chez les *Asterias*, qui suspendent l'estomac aux téguments, et d'autres qui réunissent les diverses pièces du têt.

§ II. *Dissection et conservation.*

Les ligaments des ANIMAUX ARTICULÉS et des autres invertébrés sont préparés et conservés comme les pièces tégumentaires dont ils sont des dépendances.

CHAPITRE V.

DU SYSTÈME MUSCULAIRE.

Les *muscles* ou organes actifs des mouvements sont des masses plus ou moins volumineuses composées essentiellement d'un nombre infiniment grand de petites fibres d'une nature particulière, plus ou moins droites ou légèrement flexueuses, parallèles ou convergentes, et très-souvent légèrement enlacées, possédant la faculté de se contracter et de se relâcher alternativement pour faire mouvoir les parties auxquelles ces muscles s'attachent.

Ces organes se distinguent en deux espèces : les uns, plus généralement appelés *muscles*, et dont la science qui en traite a reçu le nom de *myologie*, sont susceptibles de se contracter et de se relâcher sous l'empire de la volonté de l'animal, et sont de là aussi désignés sous le nom de *muscles volontaires* ou bien de *muscles de la vie de relation*. C'est de ces organes que je traite dans ce chapitre. Les autres, indépendants de la volonté, appelés *muscles involontaires* ou de la *vie automatique*, ne se contractent que par une influence nerveuse soustraite à la connaissance de l'animal, mais agissant dans l'état normal d'une manière régulière et constante pour faire produire à ces organes l'effet prescrit pour leurs fonctions.

Les muscles automatiques forment rarement des masses, mais le plus souvent de simples membranes ou des tissus qui entrent dans la composition de beaucoup d'organes avec lesquels on les décrit généralement.

Les contractions de toutes les fibres musculaires, tant volontaires qu'automatiques, sont également produites par certains stimulus étrangers au corps, comme le fluide galvanique, qui fait contracter les fibres avec violence, et peut servir à faire reconnaître leur existence.

Les muscles volontaires produisent des mouvements qui sont, comme on le conçoit, le résultat des mouvements de contraction de toutes les fibres qui composent ces organes; et quoique le nombre de ces fibres soit prodigieux, elles agissent avec tant d'ensemble que les mouvements définitifs qu'elles impriment aux organes peuvent être déterminés de direction et d'étendue avec une telle précision, selon que le commande la volonté, qu'on peut estimer que l'erreur ne dépasse pas la *deux centième partie d'un millimètre dans des fibres d'une longueur d'environ un décimètre*. Par la grande habitude que j'ai des dissections microscopiques, je suis parvenu, par l'exercice, à faire des mouvements sûrs extrêmement petits, et j'ai, de là, pu faire à ce sujet des expériences sur moi-même. Je puis, avec la pointe d'un stylet que je tiens comme une plume à écrire entre les doigts, exécuter des mouvements volontaires de $\frac{1}{20}$ de millimètre, et cela principalement par l'action du muscle fléchisseur de l'index, dont les fibres ont environ 1 décimètre de long. Or, le tendon de ce muscle agit sur un levier représenté par le demi-diamètre de la phalangette, qui est moins que la $\frac{1}{10}$ partie de la longueur du stylet. La contraction du muscle est en conséquence de $\frac{1}{200}$ de millimètre, et seulement de $\frac{1}{20000}$ de la longueur des fibres musculaires.

Dans beaucoup de muscles les fibres se fixent immédiatement aux pièces qu'elles doivent rapprocher, et alors elles sont d'ordinaire parallèles; mais le plus souvent l'espace que ces pièces leur offrent pour s'y attacher est beaucoup trop petit pour le volume des muscles; alors ces derniers s'y fixent au moyen de prolongements fibreux grêles ou *tendons* tout à fait identiques aux ligaments blancs, et comme eux d'une force considérable, non contractiles et non extensibles par eux-mêmes. Ces tendons, arrondis en cordons ou aplatis en bandelettes dans leurs parties libres, s'élargissent le plus souvent en aponévroses d'insertion dans la partie qui donne attache aux fibres musculaires, qui s'y rendent sous des angles d'incidence plus ou moins aigus, mais le plus souvent fort petits; et ces fibres perdent en conséquence une partie de leur force, la puissance définitive étant proportionnelle au *cosinus* de cet angle.

Lorsque les muscles sont terminés par des tendons, il peut arriver qu'il y en ait à l'une des extrémités seulement ou à toutes les deux; et la partie formée par la réunion des fibres musculaires reçoit le nom de *ventre*, à cause du renflement qu'elle forme; renflement qui s'atténue progressivement vers les tendons; et c'est de cette forme en fuseau que les Grecs, et entre autres POLLUX, ont nommé ces organes μυῶν, de μῦς, souris, dont on a fait en latin *musculus*, les comparant à une souris écorchée.

Lorsque le muscle ne se termine à chaque extrémité que par un seul tendon, il est dit *simple;* mais il arrive aussi qu'à l'un des bouts, considéré comme origine du muscle, celui-ci naît par plusieurs tendons, et que les ventres auxquels ceux-ci donnent naissance restent parfaitement distincts jusqu'au tendon terminal unique, auquel ils se fixent tous ; alors le muscle est appelé *composé*, et chacun de ses ventres prend le nom de *chef*.

Dans beaucoup de cas aussi, ces chefs sont tellement confondus entre eux, en s'envoyant réciproquement des trousseaux de fibres musculaires, qu'ils ne forment qu'une seule masse, divisée intérieurement en un nombre plus ou moins grand de parties par des tendons qui se prolongent dans leur intérieur.

Les tendons, soit d'origine, soit terminaux, s'élargissent le plus souvent à la surface du ventre ou bien dans son intérieur, en formant une large feuille pour offrir une plus grande surface aux insertions des fibres musculaires ; et ces élargissements foliacés prennent le nom d'*aponévroses d'insertion*, qu'on distingue encore en *aponévroses d'origine* et en *aponévroses terminales*, selon l'extrémité qu'elles occupent.

Mais ces membranes ne sont pas pour cela des organes particuliers, comme beaucoup d'anatomistes ont cru devoir l'admettre, et ont cherché à leur assigner des caractères distinctifs. Dans ces aponévroses, les fibres rayonnent généralement vers le tendon proprement dit, où elles se rassemblent en un seul faisceau grêle, en prenant de plus en plus une direction parallèle entre elles.

Le plus souvent, les fibres d'un même muscle qui naissent sur une aponévrose d'origine se rendent à leur autre extrémité sur la face *opposée* de l'aponévrose terminale ; c'est-à-dire que si la face sur laquelle elles naissent est l'*antérieure* du feuillet d'origine, elles se terminent sur la *postérieure* du feuillet terminal, et rarement on voit les deux aponévroses placées du même côté du ventre. Quoiqu'il y ait quelques exceptions à cette règle, elle peut cependant servir pour se guider dans le plus grand nombre de cas, et faire en quelque sorte deviner où doit se trouver la seconde aponévrose lorsque la première est connue.

Dans les muscles où les deux aponévroses sont du même côté, les fibres charnues sont nécessairement arquées, et le muscle perd par là de sa force.

La disposition des fibres musculaires à l'égard des corps auxquels elles s'attachent, soit tendons ou autres, donne naissance à plusieurs formes dans ces organes, que les anatomistes distinguent par des noms différents pour faciliter les descriptions. On peut en distinguer ainsi jusqu'à onze espèces, qui sont :

1° Les muscles *prismatiques*, où les fibres naissent directement sur une pièce qui leur offre une attache suffisante, se rendent parallèlement à elles-mêmes sur une autre pièce où elles s'insèrent également sans l'intermédiaire d'un tendon ; et le ventre, comprimé entre plusieurs parties, prend une forme anguleuse.

2° Les muscles *cylindriques*, qui ne diffèrent des précédents que par leur forme arrondie.

3° Les muscles *pyramidaux*, dont les fibres naissent immédiatement sur une pièce solide, et se terminent à l'autre extrémité par un tendon sur lequel les fibres s'étagent ; d'où les muscles prennent une forme pointue, mais anguleuse par la présence des organes circonvoisins.

4° Les muscles *coniques* ne sont que des pyramidaux arrondis.

5° Les *penniformes* sont des muscles plats dont les fibres se rendent de deux côtés opposés sur le bord d'un tendon grêle, lequel occupe ainsi le milieu du muscle, qui ressemble de là beaucoup à une plume dont le tendon serait la tige, et les fibres charnues les barbes.

6° Les muscles *semi-penniformes* se distinguent des précédents en ce qu'ils n'ont de fibres musculaires que d'un côté du tendon.

7° Les muscles *membraniformes*, minces et fort élargis, s'insèrent à leurs extrémités, soit directement aux corps qu'ils meuvent, soit par l'intermédiaire de tendons qui le plus souvent sont eux-mêmes membraneux, et reçoivent d'ordinaire le nom d'*aponévroses*. Aussi presque tous les anatomistes les décrivent-ils à tort séparément comme un objet différent du muscle, dont ils ne sont cependant qu'une partie.

8° Les muscles *fusiformes* sont ceux qui se terminent par des tendons à leurs deux extrémités, et prennent dans leur ventre la forme d'un fuseau.

9° On donne le nom de *digastriques* à des muscles formés de deux ventres successifs séparés par un intervalle tendineux ; mais ces muscles ne sont qu'un cas particulier d'une disposition plus générale formant :

10° Les muscles que je nomme *polygastriques*, coupés transversalement en plusieurs parties successives par des intersections tendineuses, quelquefois réduits à un simple filet transversal qui reçoit alors le nom de *raphé*.

11° Il y a des muscles qu'on désigne sous le nom de *sphincter;* ce sont ceux dont les fibres disposées en anneau autour d'une ouverture ou d'un canal servent à le resserrer par leur contraction.

12° Enfin, lorsque le muscle entoure une cavité un peu large ou un organe plein qu'il sert à resserrer, il reçoit plus spécialement le nom de *constricteur*.

La direction dans laquelle un muscle agit en se contractant est bien celle de l'axe de cet organe passant par ses deux points d'attache (lorsque le muscle n'est pas dévié) ; mais cette force n'est que la résultante de toutes les forces partielles produites chacune par une des fibres élémentaires. Or, comme ces fibres sont ou parallèles entre elles, ou convergentes dans différentes directions, il est essentiel, pour bien connaître l'action définitive du muscle, d'examiner avec soin la direction des fibres, ainsi que leur mode d'insertion.

PREMIÈRE DIVISION.

DU SYSTÈME MUSCULAIRE DES VERTÉBRÉS.

Ce que je viens de dire des *muscles* en général s'applique surtout à ces organes chez les VERTÉBRÉS. Ils forment dans cet embranchement la majeure partie de la masse du corps. Tous ces animaux jouissent au plus haut degré de la faculté locomotrice, en même temps que leur organisation est des plus compliquées, surtout pour ce qui a rapport aux mouvements volontaires.

Les muscles se rendent généralement d'une pièce du squelette à l'autre, ou bien aux téguments extérieurs, mais jamais à d'autres organes, qui ne reçoivent que des fibres musculaires automatiques.

ARTICLE PREMIER.

DU SYSTÈME MUSCULAIRE DES MAMMIFÈRES.

§ Ier. *Anatomie.*

Les *muscles* des Mammifères sont souvent d'un rouge vif plus ou moins foncé, ou bien un peu brunâtre, et même d'un rouge très-pâle; ce qui fait dire dans le langage vulgaire que certains animaux ont la *chair noire* et les autres la *chair blanche;* entre ces extrêmes il y a une infinité de variétés. Je dois cependant faire remarquer que la couleur rouge n'est propre qu'aux muscles de la vie de relation ; tandis que ceux de la vie automatique sont généralement blancs, à l'exception du cœur, qui est d'un rouge très-foncé. Cette couleur rouge des muscles est due à la quantité de sang qui les pénètre ; car lorsqu'on les lave en les massant pour en faire sortir le sang, ils finissent par devenir entièrement d'un blanc de cire, couleur réelle de la fibre musculaire.

L'étude des muscles est bien la partie la plus difficile et la plus longue de l'anatomie des animaux supérieurs, par le grand nombre de ces organes qui entrent dans la composition de leur corps, et par l'état de confusion dans lequel ils se trouvent dans certaines régions, comme le long de la colonne vertébrale. Aussi la myologie est-elle la partie la moins connue de l'organisme des animaux ; et il n'y a guère que les muscles de l'*homme*, parmi tous les Vertébrés, dont on ait des descriptions complètes ; encore quelques-uns de ces organes, et surtout ceux de la gouttière vertébrale, sont-ils si mal décrits, qu'il est impossible de s'en faire une idée juste. Cette espèce d'abandon dans lequel on a laissé cette partie principale de la science, jointe à d'autres motifs encore, m'ont engagé à entreprendre une suite de monographies anatomiques sur les diverses espèces du règne animal qui peuvent être considérées comme les types des principaux ordres ; et je publierai sous peu une de ces monographies, qui a pour sujet le *Chat (Felis catus)*, type de la classe des Mammifères en général, et des Digitigrades en particulier.

Je décris dans cet ouvrage, entre autres, tous les muscles qui entrent dans la composition du corps de cet animal, et je crois n'en pas avoir omis un seul. Je suis parvenu surtout à démêler les muscles du dos un peu mieux qu'on n'a pu le faire chez l'*homme*, où les parties sont à peu de chose près les mêmes ; et comme le *chat* représente mieux que l'*homme* le type de tous les MAMMIFÈRES, je renvoie à cet ouvrage ceux qui désireront avoir une connaissance détaillée des muscles de ces animaux, me bornant ici à les énumérer simplement dans l'ordre dans lequel je les ai classés suivant leurs fonctions et non suivant la région où ils se trouvent. Je les compare dans l'ouvrage indiqué à leurs analogues chez l'*homme ;* et comme plusieurs de ces organes se trouvent chez ce dernier et non dans le *chat*, je les indique par un astérisque à leurs paragraphes respectifs pour leur faire occuper leur place dans la série ; et ceux qui se trouvent dans le *chat* et non dans l'*homme* sont marqués de deux astérisques.

CHAPITRE PREMIER.

DES MUSCLES DU TRONC.

ART. Ier. *Des muscles de la tête.*
Ire SECTION. *Muscles moteurs des téguments de la tête.*
  Constricteurs. — Cervico-facial (Str.-Dur.) (facial), occipital, frontal.
IIe SECTION. *Muscles moteurs de l'oreille.*
A. *Moteurs de l'oreille extérieure.*
  § Ier. *Prétracteurs.* — Fronto-auriculaire (Str.-Dur.) (antérieur de l'oreille), temporo-auriculaire (Str.-Dur.) (antérieur de l'oreille), labio-auriculaire (Str.-Dur.) (grand zygomatique?), sous-maxillo-auriculaire (Str.-Dur.)** (portion du facial?), scuto-conchien (Str.-Dur.) ** (scuto-conchien rotateur des animaux),

scuto-sus-antilobien (Str.-Dur.) ** (scuto-conchien antérieur),
temporo-lobulien (Str.-Dur.) **, surcilio-scutien (Str.-Dur.)
(antérieur de l'oreille).

§ II. *Fléchisseurs.* — Concho-pavillien antérieur (Str.-Dur.)
(petit hélix?), antitrago-lobulien (Str.-Dur.) **, cornu-antilobien
antérieur (Str.-Dur.) (muscle du tragus?), concho-antilobien interne (Str.-Dur.) (muscle du tragus?).

§ III. *Abaisseurs.* — Maxillo-auriculaire (Str.-Dur.)** (maxillo-
conchien profond des animaux), sous-cervico-auriculaire (Str.-
Dur.) (portion du facial).

§ IV. *Abducteurs.* — Concho-pavillien externe (Str.-Dur.) (muscle de l'antitragus?), pavillien externe (Str.-Dur.) **.

§ V. *Rétracteurs.* — Sus-cervico-pavillien (Str.-Dur.) (supérieur
de l'oreille?) (cervico-conchien des animaux).

§ VI. *Extenseurs.* — Sagitto-pavillien (Str.-Dur.) (supérieur de
l'oreille) (occipito-conchien des animaux), cornu-conchien
(Str.-Dur.) **.

§ VII. *Adducteurs.* — Inter-scutien (Str.-Dur.) (supérieur de
l'oreille), concho-pavillien interne (Str.-Dur.) (grand muscle de
l'hélix?).

§ VIII. *Rotateurs en dedans.* — Occipito-scutien (Str.-Dur.)
(supérieur de l'oreille?) (cervico-scutien des animaux).

§ IX. *Rotateurs en dehors.* — Occipito-pavillien (Str.-Dur.)
(postérieur de l'oreille) (occipito-conchien rotateur des animaux).

§ X. *Élévateurs.* — Lamdo-conchien (Str.-Dur.) (postérieur de
l'oreille) (cervico-tubien des animaux).

§ XI. *Constricteurs.* — Antitrago-antilobien (Str.-Dur.) **.

B. *Moteurs de l'oreille intérieure.*

§ Ier. *Dilatateurs de la trompe d'Eustachius.* — Folien [1] (Str.-
Dur.) (antérieur du marteau).

§ II. *Tenseurs du tympan.* — Eustachien [2] (Arantius?) (interne du marteau).

§ III. *Laxateurs du tympan.* — Stapédien (muscle de l'étrier),
Cassérien (Str.-Dur.) [3] (externe du marteau).

IIIe SECTION. *Des muscles moteurs de l'œil.*

A. *Moteurs des paupières.*

§ Ier. *Élévateurs.* — Élévateur de la paupière, sourcilier.

§ II. *Clôteurs des paupières.* — Palpébral.

---

[1] Découvert par Folius.
[2] Découvert par Eustachius.
[3] Découvert par Casserius.

B. *Moteurs du globe.*

§ Ier. *Élévateurs.* — Grand élévateur, petit élévateur (Str.-Dur.) ** (portion du choanoïde des animaux).

§ II. *Abducteurs.* — Grand abducteur, petit abducteur (Str.-Dur.) ** (portion du choanoïde).

§ III. *Abaisseurs.* — Grand abaisseur, petit abaisseur (Str.-Dur.) ** (portion du choanoïde).

§ IV. *Adducteurs.* — Grand adducteur, petit adducteur (Str.-Dur.) ** (portion du choanoïde).

§ V. *Rotateurs.* — Oblique supérieur, oblique inférieur.

IVe SECTION. *Muscles moteurs du nez.*

§ Ier. *Élévateurs.* — Élévateur commun de l'aile du nez et de la lèvre, pyramidal *.

§ II. *Abaisseurs.* — Transversal du nez *.

§ III. *Dilatateurs.* — Myrtiforme.

Ve SECTION. *Muscles moteurs des lèvres.*

§ Ier. *Prétracteurs.* — Moustachier.

§ II. *Élévateurs.* — Élévateur de la lèvre supérieure, petit zygomatique, canin, releveur du menton *, grand zygomatique *?

§ III. *Rétracteurs* — Buccinateur *.

§ IV. *Abaisseurs.* — Abaisseur de l'angle de la bouche *, abaisseur de la lèvre inférieure *, transverse du menton *, risorius *.

§ V. *Constricteurs.* — Labial.

§ VI. *Dilatateurs.*

VIe SECTION. *Muscles moteurs des mâchoires.*

§ Ier. *Élévateurs.* — Crotaphite, masseter, fallopien [1] (Courtin) (ptérygoïdien externe), ptérygoïdien (interne).

§ II. *Abaisseurs.* — Digastrique.

VIIe SECTION. *Muscles moteurs de la langue.*

A. *Muscles extrinsèques.*

§ Ier. *Prétracteurs.* — Génioglosse.

§ II. *Élévateurs.* — Styloglosse.

§ III. *Rétracteurs.* —

§ IV. *Abaisseurs.* — Hyoglosse.

B. *Muscles intrinsèques.*

§ Ier. *Contracteurs.* — Lingual longitudinal (Winsl.), lingual transversal (Gerdy), lingual vertical (Gerdy).

§ II. *Extenseurs.* —

---

[1] Découvert par FALLOPIUS.

VIIIe Section. *Muscles moteurs du voile du palais.*

§ Ier. *Élévateurs.* — Péristaphylin (péristaphylin interne), palato-staphylin.

§ II. *Abaisseurs.* — Glosso-staphylin *, pharyngo-staphylin *.

§ III. *Tenseurs.* — Circumflexus (Alb.) (péristaphylin externe).

IXe Section. *Muscles moteurs du pharynx.*

§ Ier. *Prétracteurs.* — Génio-pharyngien (portion géniale du constricteur supérieur), glosso-pharyngien (portion linguale du constricteur supérieur).

§ II. *Élévateurs.* — Stylo-pharyngien.

§ III. *Constricteurs.* — Constricteur supérieur (portion ptérygoïdienne du constricteur supérieur), constricteur moyen, constricteur inférieur, mylo-pharyngien (Douglas) (portion du constricteur supérieur).

Xe Section. *Muscles moteurs de l'hyoïde.*

§ Ier. *Prétracteurs.* — Génio-hyoïdien, mylo-hyoïdien.

§ II. *Élévateurs.* — Stylo-hyoïdien, cérato-hyoïdien (Cuvier?)**.

§ III. *Rétracteurs.* — Jugulo-cératien (Str.-Dur.)** (stylo-mastoïdien) (Cuvier?), omo-hyoïdien *.

§ IV. *Abaisseurs.* — Sterno-hyoïdien.

XIe Section. *Muscles moteurs du larynx.*

§ Ier. *Élévateurs.* — Hyo-thyroïdien.

§ II. *Abaisseurs.* — Sterno-thyroïdien.

§ III. *Moteurs des parties du larynx.* — Thyro-cricoïdien, crico-aryténoïdien postérieur, thyro-aryténoïdien, thyro-épiglottique *, crico-aryténoïdien latéral, interaryténoïdien (Str.-Dur.), glosso-épiglottique, hyo-épiglottique (Str.-Dur.) **, ary-épiglottique *.

XIIe Section. *Muscles moteurs de la tête.*

§ Ier. *Extenseurs.* — Intersectus (Str.-Dur.) (portion du grand complexus), complexus, grand droit postérieur de la tête, moyen droit postérieur de la tête (Str.-Dur.) **, petit droit postérieur de la tête.

§ II. *Fléchisseurs latéraux.* — Splénius, trachélo-mastoïdien, droit latéral de la tête, oblique supérieur de la tête.

§ III. *Rotateurs.* — Oblique inférieur de la tête, sterno-mastoïdien, cléido-mastoïdien.

§ IV. *Fléchisseurs directs.* — Grand droit antérieur de la tête, petit droit antérieur de la tête.

Art. II. *Des muscles du tronc.*

Ire Section. *Muscles moteurs des téguments.*

§ Ier. *Contracteurs.* — Sus-cervico-cutané (Str.-Dur.) **, dermo huméral (Cuvier?) **, dermo-gastrique (Str.-Dur.) **.

IIe Section. *Muscles moteurs du rachis.*

§ Ier. *Extenseurs.* — Épineux du dos, interépineux, inter-oblique (Str.-Dur.) **, transversaire oblique (Str.-Dur.) (trans-versaire, long dorsal), costo-épineux (Str.-Dur.) (long dorsal), lombo-transversaires latéraux (Str.-Dur.) (long dorsal), lombo-transversaire supérieur (Str.-Dur.) (long dorsal).

§ II. *Fléchisseurs latéraux.* — Scalènes, épicostaux (Str.-Dur.) et costo-lombaires (Str.-Dur.) (sacro-lombaire), lombo-épineux (Str.-Dur.) (sacro-lombaire), ischio-caudal (Str.-Dur.) (ischio-coccygien), long sus-intertransversaire de la queue (Str.-Dur.) **, intertransversaire, isocèle (Str.-Dur.) (scalène), mi-psoas (Ha-bicot) (petit psoas), long sous-intertransversaire (Str.-Dur.), moyen sous-intertransversaire de la queue (Str.-Dur.) **, court sous-intertransversaire de la queue (Str.-Dur.) **, longs sous-in-tertransversaires de la queue (Str.-Dur.) **, transverso-mamillai-res (Str.-Dur.) **.

§ III. *Fléchisseurs directs.* — Long antérieur du cou (Str.-Dur.), long inférieur du cou (Str.-Dur.) (long du cou), ilio-caudal (Str.-Dur.) (releveur de l'anus), pubio-caudal (Str.-Dur.), longs sous-vertébraux de la queue (Str.-Dur.) **, courts sous-vertébraux de la queue (Str.-Dur.) **.

§ IV. *Rotateurs.* — Obliques épineux (Str.-Dur.) (multifidus).

IIIe Section. *Muscles moteurs des côtes.*

§ Ier. *Prétracteurs.* — Petit dentelé antérieur (Str.-Dur.) (pe-tit dentelé supérieur), intercostaux externes, petits surcostaux, grands surcostaux *.

§ II. *Rétracteurs.* — Petit dentelé postérieur (Str.-Dur.) (petit dentelé inférieur), intercostaux interne, rétracteur de la dernière côte (Str.-Dur.) **, sous-costaux.

IVe Section. *Muscles moteurs du sternum.*

§ Ier. *Prétracteurs.* — Sterno-costal intérieur (Str.-Dur.) (trian-gulaire du sternum), sterno-costal extérieur (Str.-Dur.) **.

§ II. *Rétracteurs.* — Droit abdominal.

Ve Section. *Muscles moteurs de la respiration.*

§ Ier. *Inspirateurs.* — Diaphragme.

§ II. *Expirateurs.*

VIe Section. *Muscles moteurs de l'abdomen.*

§ Ier. *Constricteurs.* — Oblique externe abdominal, oblique in-terne abdominal, accessoire de l'oblique interne (Str.-Dur.) ** transverse abdominal, succenturié (Sylv.) * (pyramidal).

§ II. *Dilatateurs.*

VIIe Section. *Muscles moteurs de l'anus.*

§ Ier. *Élévateurs.* — Caudo-anal (Str.-Dur.) **.

§ II. *Rétracteurs.* — Caudo-rectal (Str.-Dur.) **.

§ III. *Constricteurs.* — Sphincter externe, constricteur de la poche anale (Str.-Dur.) **, sphincter interne.

VIIIe Section. *Muscles moteurs des organes génitaux.*

A. *Chez le mâle.*

   § Ier. *Fléchisseurs de la verge.* — Ischio-caverneux, caudo-
caverneux (Str.-Dur.)**?, recto-caverneux (portion du transverse
du périnée).

   § II. *Éjaculateurs.* —Bulbo-caverneux, caverneux transverse **?,
sphincter vésical *.

   § III. *Releveurs du scrotum.* — Releveur du scrotum (Str.-
Dur.)**, cremaster *.

B. *Chez la femelle.*

   § Ier. *Releveurs de la vulve.* — Releveur de la vulve, ischio-
caverneux, caudo-vaginal (Str.-Dur.) **, recto-vaginal (Str.-
Dur.) **.

   § II. *Muscles de la vessie.* — Sphincter vésical *.

CHAPITRE II.

DES MUSCLES DES MEMBRES.

ART. Ier. *Muscles des membres antérieurs.*

Ire Section. *Muscles moteurs de l'épaule.*

   § Ier. *Prétracteurs.* — Transverso-scapulaire (Schregger) (angulaire de l'omoplate), occipito-scapulaire (Str.-Dur.) **.

   § II. *Élévateurs.* — Clavo-cuculaire (Str.-Dur.) (portion du trapèze), acromio-cuculaire (Str.-Dur.) (portion du trapèze), rhomboïde.

   § III. *Rétracteurs.* — Dorso-cuculaire (Str.-Dur.) (portion du
trapèze).

   § IV. *Abaisseurs.* — Grand dentelé, costo-coracoïdien * (petit
pectoral), sous-clavier *.

IIe Section. *Muscles moteurs du bras.*

   § Ier. *Prétracteurs.* — Sus-épineux.

   § II. *Abducteurs.* — Sterno-trochitérien (portion du grand pectoral).

   § III. *Rétracteurs.* — Delto-acromial (Str.-Dur.) (portion du
deltoïde), delto-spinal (Str.-Dur.) (portion du deltoïde), teres
(Cawper) (grand rond), grand dorsal, grand pectoral.

   § IV. *Abducteurs.* — Large pectoral (Bourgelat) (grand pectoral),
coraco-brachial.

   § V. *Rotateurs en dehors.* — Sous-épineux, mi-costal (Habi-
cot) (petit rond).

   § VI. *Rotateurs en dedans.* — Sous-scapulaire.

IIIe Section. *Muscles moteurs de l'avant-bras.*

§ Ier. *Extenseurs.* — Triceps externe, triceps interne, triceps moyen, anconé moyen (Str.-Dur.) **, anconé externe (Riolan), anconé interne (Str.-Dur.) **.

§ II. *Fléchisseurs.* — Delto-claviculaire (Str.-Dur.) (portion du deltoïde), pecto-antibrachial (Str.-Dur.) **, biceps brachial.

§ III. *Supinateurs.* — Long supinateur, court supinateur.

§ IV. *Pronateurs.* — Rond pronateur, carré pronateur.

IVe Section. *Muscles moteurs de la main.*

§ Ier. *Extenseurs.* — Premier radial, second radial, cubital (Str.-Dur.) (cubital externe.)

§ II. *Abducteurs.*

§ III. *Fléchisseurs.* — Ulnaris (Albinus) (cubital interne), cercialis (Str.-Dur.) (grand palmaire), palmaire (Sylvius) (petit palmaire).

§ IV. *Adducteurs.*

Ve Section. *Muscles moteurs des doigts.*

§ Ier. *Extenseurs.* — Extenseur commun des doigts, long extenseur du pouce, court extenseur du pouce, indicateur, extenseur du grand doigt (Str.-Dur.) **, extenseur du doigt annulaire (Str.-Dur.) **, extenseur du doigt auriculaire.

§ II. *Abducteurs.* — Long abducteur du pouce (Str.-Dur.) **, moyen abducteur du pouce (petit fléchisseur), court abducteur du pouce (Str.-Dur.) (petit fléchisseur); long abducteur de l'index (interosseux), moyen abducteur de l'index (Str.-Dur.) (interosseux), court abducteur de l'index (Str.-Dur.) **; long abducteur du grand doigt (Str.-Dur.) (interosseux), moyen abducteur du grand doigt (Str.-Dur.) (interosseux), court abducteur du grand doigt (Str.-Dur.) **; long abducteur de l'annulaire (Str.-Dur.) (interosseux), moyen abducteur de l'annulaire (Str.-Dur.) (interosseux), court abducteur de l'annulaire (Str.-Dur.) **; long abducteur du doigt auriculaire (Str.-Dur.) (interosseux), moyen abducteur du doigt auriculaire (Str.-Dur.) (abducteur du petit doigt), court abducteur du doigt auriculaire (Str.-Dur.) **.

§ III. *Fléchisseurs.* — Sublime, long fléchisseur du pouce, court fléchisseur du pouce; fléchisseur de l'index (Str.-Dur.) **, fléchisseur du grand doigt (Str.-Dur.) **, fléchisseur du doigt annulaire (Str.-Dur.) **, long fléchisseur du doigt auriculaire (Str.-Dur.) **, court fléchisseur du doigt auriculaire; profond.

§ IV. *Adducteurs.* — Long adducteur du pouce (Str.-Dur.) (long abducteur), moyen adducteur du pouce (Str.-Dur.) (petit abducteur), court adducteur du pouce (Str.-Dur.) (petit fléchisseur), opposant du pouce; long adducteur de l'index (Str.-Dur.)

23.

(interosseux), moyen adducteur de l'index (Str.-Dur.) (interosseux), lombrical de l'index, court adducteur de l'index (Str.-Dur.) ** ; long adducteur du grand doigt (Str.-Dur.) (interosseux), moyen adducteur du grand doigt (Str.-Dur.) (interosseux), lombrical du grand doigt, court adducteur du grand doigt (Str.-Dur.) ** ; long adducteur du doigt annulaire (Str.-Dur.) (interosseux), moyen adducteur du doigt annulaire (interosseux), lombrical du doigt annulaire, court adducteur du doigt annulaire ** ; long adducteur du doigt auriculaire (interosseux), moyen adducteur du doigt auriculaire (court fléchisseur), lombrical du doigt auriculaire, court adducteur du doigt auriculaire (Str.-Dur.) **, opposant du doigt auriculaire ; palmaire cutané *.

ART. II. *Des muscles des membres postérieurs.*

Ire SECTION. *Muscles moteurs de la cuisse.*

§ Ier. *Extenseurs.* — Fessier (Str.-Dur.) (grand fessier) , paraméral (Str.-Dur.) **, arcuatus (Str.-Dur.) (grand adducteur), curvatus (Str.-Dur.) (moyen adducteur).

§ II. *Abducteurs.* — Ilianus (Str.-Dur.) (moyen fessier), pyriforme, jumeau antérieur, jumeau postérieur, obturateur interne.

§ III. *Fléchisseurs.* — Couturier , fascialis (Sœmmer.) (fascialata), pectiné.

§ IV. *Adducteurs.* — Prismaticus (Str.-Dur.) (premier adducteur), droit interne *.

§ V. *Rotateurs en dehors.* — Psoas, carré, obturateur externe.

§ VI. *Rotateurs en dedans.* — Coxalis (Str.-Dur.) (petit fessier).

IIe SECTION. *Muscles moteurs de la jambe.*

§ Ier. *Extenseurs.* — Droit antérieur , vaste externe , vaste interne, crural, subcrural (Albinus) (portion inférieure du crural).

§ II. *Fléchisseurs.* — Renforci (Paré) (biceps), demi-tendineux, demi-membraneux.

§ III. *Rotateurs en dedans.* — Poplité.

§ IV. *Rotateurs en dehors.*

IIIe SECTION. *Muscles moteurs du pied.*

§ Ier. *Extenseurs.* — Gastrocnémien externe, gastrocnémien interne, soléaire, nauticus (Spiegel) (tibial postérieur) , péronier (Str.-Dur.) (moyen péronier), fibulæus (Syl.) (long péronier).

§ II. *Abducteurs.*

§ III. *Fléchisseurs.* — Tibial (Sylv.?) (tibial antérieur).

§ IV. *Adducteurs.*

§ V. *Muscles moteurs des parties du tarse.* — Navocunéen (Str.-Dur.) **, calcanéo-métatarsien (Str.-Dur.) (portion de l'abducteur du cinquième orteil).

IVᵉ Section. *Muscles moteurs des orteils.*

§ Iᵉʳ. *Extenseurs.* — Cnemodactylus (Riolan) (extenseur commun des orteils), pedieux, extenseur de l'hallux (Hildebrand) * (extenseur du gros orteil).

§ II. *Abducteurs.* — Abducteur de l'hallux * (abducteur du gros orteil), abducteur transverse de l'hallux * (abducteur transverse du gros orteil); long abducteur du second orteil (Str.-Dur.) (interosseux abducteur du second orteil), moyen abducteur (Str.-Dur.) (interosseux), court abducteur **; long abducteur du troisième orteil (Str.-Dur.) (interosseux), moyen abducteur (Str.-Dur.) (interosseux), court abducteur (Str.-Dur.); long abducteur du quatrième orteil (Str.-Dur.) (interosseux), moyen abducteur (Str.-Dur.) (interosseux), court abducteur (Str.-Dur.); fibulinus ou long abducteur du cinquième orteil (Str.-Dur.) (petit péronier), moyen abducteur (Str.-Dur.) (abducteur du cinquième orteil), court abducteur (Str.-Dur.).

§ III. *Fléchisseurs.* — Fusiformis (Str.-Dur.) (plantaire grêle); pternodactylus (Riol.) (court fléchisseur commun des orteils); ascaroïde du second orteil (Str.-Dur.), ascaroïde du troisième orteil (Str.-Dur.), ascaroïde du quatrième orteil (Str.-Dur.); pérodactylus (Riol.) (long fléchisseur commun des orteils); long fléchisseur de l'hallux (Str.-Dur.) (long fléchisseur du gros orteil); accessoire du pérodactylus (Str.-Dur.) (accessoire du grand fléchisseur des orteils); court fléchisseur de l'hallux (Sœmm.) (court fléchisseur propre du gros orteil); court fléchisseur du cinquième orteil.

§ IV. *Adducteurs.* — Adducteur de l'hallux (Syl.) (abducteur du gros orteil); long adducteur du second orteil (Str.-Dur.) (interosseux abducteur du second orteil), moyen adducteur (Str.-Dur.) (interosseux), court adducteur (Str.-Dur.); long adducteur du troisième orteil (Str.-Dur.) (interosseux du troisième orteil), moyen adducteur (Str.-Dur.) (interosseux); vermiforme du troisième orteil (Paré) (lombrical du troisième orteil), court adducteur (Str.-Dur.); long adducteur du quatrième orteil (Str.-Dur.) interosseux du quatrième orteil), moyen adducteur (Str.-Dur.) (interosseux); vermiforme du quatrième orteil (Paré) (lombrical du quatrième orteil), court adducteur (Str.-Dur.); long adducteur du cinquième orteil (Str.-Dur.) (portion de l'interosseux adducteur du cinquième orteil), moyen adducteur (Str.-Dur.) (portion de l'interosseux adducteur et court fléchisseur du cinquième orteil); vermiforme du cinquième orteil (Paré) (lombrical du cinquième orteil), court adducteur (Str.-Dur.); opposant du cinquième orteil (Str.-Dur.).

§ II. *Dissection.*

Quoique les muscles soient bien distinctement composés de fibres, on éprouve souvent la plus grande difficulté à bien suivre la direction de ces dernières, ces fibres étant toujours très-mollasses et se rompant facilement chez les sujets morts, tandis qu'elles sont très-fortes à l'état vivant. Dans certains muscles, elles sont même entrecroisées par faisceaux si fins, qu'on a de la peine à les distinguer ; et, dans ce cas, on peut, avant de disséquer ces organes, leur faire subir une préparation qui met ces faisceaux plus en évidence.

En faisant macérer les muscles dans de l'alcool, leurs fibres se raffermissent et deviennent plus distinctes, mais aussi plus adhérentes les unes aux autres, ce qui rend les dissections plus difficiles ; encore faut-il que la macération dure plusieurs semaines, ce qui est beaucoup trop long pour qu'on puisse employer ce procédé dans une dissection qu'on a en train. Un autre moyen plus convenable, déjà proposé par MASSA, et plus tard encore par STENON, est de faire bouillir les muscles et de les tremper ensuite pendant quelques instants dans de l'eau fraîche pour qu'ils s'en imbibent. Par l'action de l'eau bouillante, le tissu cellulaire qui lie les faisceaux musculeux disparaît, et ceux-ci, devenus libres, se séparent facilement, en même temps que leur substance propre, la fibrine, se raffermit, et devient par là également plus apparente.

Ces préparations peuvent aussi être employées pour étudier la forme et la disposition des fibres musculaires élémentaires, mais simplement comme renseignement ; car, ainsi modifiées, ce ne sont plus des fibres telles qu'elles sont dans l'état naturel. On doit, à cet effet, choisir des muscles très-minces qu'on peut porter sur le microscope pour les y examiner dans leur intégrité. Chez l'*homme*, on peut employer le muscle releveur de la paupière ; mais il vaut mieux en prendre chez les animaux, où l'on en trouve de beaucoup plus minces. Le plus souvent, on emploie ceux du bas-ventre des *grenouilles,* qui ont l'avantage, pour l'expérience, d'être très-sensibles à l'action galvanique, et permettent de voir la contraction des fibres.

Les animaux vertébrés ayant leur charpente en dedans, et les muscles avec beaucoup d'autres organes plus en dehors, c'est en procédant du dehors en dedans que ces dernières parties doivent être disséquées, soit pour en prendre des dessins, soit pour en faire des préparats anatomiques destinés à être conservés.

Pour cela, on place d'ordinaire le corps de manière à présenter en dessus la face par laquelle on veut découvrir ces organes, et le plus souvent sur l'un des côtés, le profil permettant d'embrasser d'un seul coup d'œil le plus grand nombre d'objets lorsque le corps est naturellement comprimé ; tandis qu'on le place soit sur le dos, soit sur le ventre, lorsqu'il est déprimé. En thèse générale, on le place de manière à ce qu'il présente le moins de raccourci possible, les parties vues dans cette dernière disposition ne permettant pas de les bien distinguer et de juger avec justesse de leur dimension et de leurs rapports. Je dois même recommander à cet égard d'une manière toute expresse, aux savants qui publient des dessins anatomiques, d'éviter avec soin, autant qu'il est possible, de donner des figures où il y ait beaucoup de raccourci ou des objets vus en trois quarts, ces figures donnant toujours une fausse idée des choses, quand même ce seraient des chefs-d'œuvre de dessin. C'est pour cette raison que les *peintres d'histoire naturelle* font des dessins *géométraux*, et non des dessins *perspectifs*, comme le font les *peintres d'histoire*.

L'animal placé de manière à montrer ainsi en dessus le côté par lequel on veut le disséquer, on commence par enlever par lambeaux et avec précaution les téguments des parties qu'on veut examiner, pour ne pas entamer les parties subjacentes.

Quoique la peau ne soit d'ordinaire liée au corps que simplement par du tissu cellulaire, cela n'a cependant lieu ni chez tous les animaux, ni dans toutes les parties. Là où il existe des muscles peauciers, comme au cou et à la face de l'*homme,* ou tout autour du cou et sur les flancs des MAMMIFÈRES quadrupèdes, la peau est fort difficile à détacher des muscles, et on ne peut même pas l'ôter du tout là où ces muscles s'y insèrent. Mais il faut toutefois l'enlever avec les précautions nécessaires pour ne pas détruire ces mêmes muscles, afin de bien distinguer quels sont les endroits où l'adhérence a proprement lieu.

En thèse générale, pour ne pas couper ou gâter les organes, il ne faut jamais tourner le fil du scalpel vers eux ; car, dans ce cas, l'instrument y pénètre facilement ; il faut, au contraire, tenir la lame toujours de manière que le fil soit dirigé un peu obliquement vers l'organe qu'on ne veut pas ménager, sauf à en détacher des fragments qu'on enlève ensuite séparément. En enlevant ainsi la peau, qui est d'ailleurs plus résistante que les muscles, il faut avoir soin de tenir constamment le tranchant du scalpel un peu tourné vers elle, et de tailler parallèlement aux fibres des muscles qu'on prépare. Dans ce cas, lorsqu'on donne par mégarde quelques coups de couteau dans le muscle, on ne le coupe du moins pas, ne faisant que le diviser un peu plus dans la direction de ses fibres. Il est de même fort important de suivre ce précepte dans toute espèce de dissection ; car c'est en grande partie à ce procédé qu'est due la bonne réussite de ces opérations.

Les muscles peauciers s'appliquent fortement à la peau dans leurs parties terminales en même tem s qu'ils y deviennent fort minces ; il

est souvent impossible de les suivre jusqu'à leur terminaison ; il est de
là plus convenable de ne les poursuivre que jusqu'au milieu de leur
trajet ; là on les coupe en travers et on enlève leur partie terminale
avec la peau , contre laquelle elle reste intimement appliquée , et s'y
dessine d'une manière nette par sa couleur rouge sur le fond blanchâtre de cette dernière , tandis que l'autre partie restant appliquée
contre le corps, on la poursuit comme les muscles ordinaires.

Dans quelque préparat qu'on fasse , il est toujours à recommander
de ne pas se laisser emporter par la vivacité dans les mouvements , et
de ne jamais donner le moindre coup de scalpel sans avoir bien calculé l'effet qu'on va produire ; car, une fois un organe coupé , il est
impossible de le rétablir ; et en anatomie , plus qu'en tout autre genre
de recherches , le précepte de *se hâter lentement* est toujours le
plus sage. Une dissection faite sans précipitation et avec précaution et
méthode est bien préférable à plusieurs préparations successives faites
sans soin , qui laissent toujours des doutes , quand même on aurait
revu dix fois les mêmes choses ; là il n'en reste pas , ou du moins il
n'en reste que sur un très-petit nombre de faits sur lesquels on porte
facilement son attention en y revenant.

Lorsqu'un muscle a été bien étudié et qu'on veut l'enlever ,
il faut toujours commencer par le couper net transversalement dans
son milieu , afin de pouvoir facilement rapprocher de nouveau les
deux bouts , si l'on avait besoin de le remettre en place pour revoir
ses supports.

Après l'avoir ainsi séparé , on poursuit ses deux bouts jusqu'à leurs
attaches , si cela se peut , afin de connaître leur trajet en entier ; mais
il ne faut les couper en entier que lorsqu'on n'en a réellement plus besoin ; c'est-à dire alors seulement que les autres muscles immédiatement
environnants ont été étudiés ; car, pour ceux-ci encore , il est souvent
nécessaire de connaître la disposition de ceux déjà examinés auparavant.

Lorsque plusieurs muscles avoisinants se ressemblent beaucoup,
comme ceux de l'avant-bras de l'*homme*, par exemple, il est important de ne pas les couper en travers tous au même niveau, mais à des
hauteurs très-différentes , afin qu'on ne se trompe pas en voulant remettre leurs bouts chacun à sa place.

Beaucoup de muscles , et spécialement plusieurs de ceux des membres des animaux vertébrés , sont contenus dans des gaînes aponévrotiques dans lesquelles ils glissent plus facilement. Ces gaînes , tout à
fait semblables , pour la nature et la structure , aux aponévroses d'insertion , et donnant souvent aussi attache à une partie des fibres des
muscles qu'elles renferment , sont cependant formées, dans beaucoup
de cas , de fibres dirigées en différents sens ; mais ces fibres constituent d'ordinaire des feuillets différents, quoique adhérents entre eux,

et souvent aussi ces feuillets se séparent dans quelques parties pour s'accoler à des muscles différents, ou pour former des cloisons qui pénètrent entre ces organes.

Après avoir bien examiné la direction de ces diverses espèces de fibres et reconnu leurs rapports de superposition ainsi que leurs attaches, on incise le feuillet le long du milieu du muscle subjacent ; et, rabattant les deux moitiés, on reconnaît si elles se continuent librement sur les autres muscles, ou bien si elles forment des cloisons qu'on poursuit jusqu'à leurs attaches. Pour plus de régularité, il est bon de faire la première incision près de l'une des attaches de l'aponévrose, le long de quelque os, afin d'avoir un point de départ bien certain ; et, continuant ensuite à poursuivre le feuillet d'une cloison à l'autre jusqu'à son autre attache le long d'un os, on découvre successivement toutes les cloisons qu'il forme pour les reprendre ensuite chacune en particulier.

Il arrive souvent que ces feuillets aponévrotiques deviennent tellement adhérents à certains muscles sur lesquels ils passent, qu'il est impossible de les en séparer, et, dans beaucoup de cas, ils deviennent si faibles qu'on finit par les perdre ; mais on les reconnaît encore à la résistance que leurs fibres opposent au scalpel en grattant la surface du muscle avec la pointe de cet instrument. Enfin, il arrive que des aponévroses, devenant de plus en plus minces, dégénèrent en tissu cellulaire.

Plusieurs aponévroses, soit qu'elles ne représentent que des tendons membraniformes, soit qu'elles servent de gaîne ou de bride à des muscles, se trouvent superposées et se confondent entre elles en formant ainsi des membranes souvent fort épaisses ; mais, en étudiant bien leur structure, on y reconnaîtra toujours, par la direction des fibres et la superposition de celles-ci, quels sont les éléments qui composent ces expansions fibreuses et quels sont les muscles auxquels ils appartiennent. Ce cas se présente surtout dans l'aponévrose de la gouttière vertébrale de l'*homme* et des autres MAMMIFÈRES. J'insiste même sur ce que je viens de dire ici ; car, en ne considérant, comme on le fait généralement, les grandes aponévroses que simplement comme des membranes fibreuses formant un seul organe par elles-mêmes, on ne pourra jamais se rendre compte de leur composition, qui semble faite au hasard ; tandis que, lorsqu'on les considère comme la juxtaposition de plusieurs feuillets, qui dans beaucoup de points se trouvent même séparés, les uns appartenant à des muscles différents, et les autres formant des gaînes ou des brides, on reconnaîtra facilement pourquoi on y remarque des fibres en différentes directions.

Les muscles formant chez les Vertébrés la masse la plus considérable du corps et les organes les plus nombreux, l'étude de cette partie de l'anatomie est la plus longue, et, pour certaines régions, telles que celle de la gouttière vertébrale, aussi la plus difficile ; et il est important que ces organes soient bien connus, puisqu'ils forment le principal réceptacle sur lequel les autres sont placés.

La marche à suivre lorsqu'on n'a qu'un seul individu sur lequel on doit étudier tous les muscles est bien différente de celle qu'on peut employer quand on a à sa disposition autant de sujets qu'on désire. Pour la zootomie, on se trouve le plus souvent dans le premier cas, à moins qu'on ne s'occupe d'un animal très-commun.

Lorsqu'on n'a donc qu'un seul sujet, il est de toute nécessité qu'il soit conservé dans quelque liqueur qui empêche la putréfaction ; car elle a, à la longue, toujours lieu, vu que pendant qu'on travaille on est obligé de tenir le corps hors de cette liqueur ; et il faut de là prendre encore toutes les précautions nécessaires pour que la putréfaction n'aille pas trop vite.

J'ai déjà dit plus haut qu'il ne faut, en général, enlever les téguments qu'autant qu'il est nécessaire sur la place sur laquelle on dissèque ; mais cela devient bien plus important lorsqu'il s'agit de conserver le plus long-temps possible le même sujet. Quand le corps est très-grand et qu'on craint que les liqueurs conservatrices ne pénètrent pas assez facilement dans l'intérieur du corps, surtout entre les intestins, où la putréfaction commence d'ordinaire, il faut, comme je l'ai déjà dit, ou faire une petite ouverture aux parois du ventre, ainsi qu'à la poitrine, pour y faire pénétrer la liqueur antiseptique ; ou enlever toute la masse des viscères, surtout celle des intestins. On est le plus souvent obligé de faire cette dernière opération ; mais alors il faut, du moins autant que possible, laisser en place les membranes, la graisse, et en général tous les organes qui ne se corrompent pas facilement, et n'enlever que le canal intestinal : les muscles se conservent toujours beaucoup mieux lorsqu'ils sont recouverts de quelque autre partie, ne serait-ce que d'une simple membrane peu adhérente. Les muscles abdominaux ne pouvant guère être étudiés que lorsque les membres antérieurs sont détachés, il faut avoir soin de ne pas enlever la peau des flancs ; ou bien si l'on tient à voir les muscles peauciers, il faut, au contraire, commencer par étudier ces derniers, et les laisser en place pour mieux conserver ceux qui leur sont subjacents.

Les muscles de l'épaule eux-mêmes sont en grande partie tellement entre-croisés avec ceux du cou, et ceux-ci avec ceux de la tête, qu'il faut nécessairement commencer par ces derniers, et d'autant plus que les superficiels, c'est-à-dire le cervico-facial et quelques autres, sont très-minces et fort difficiles à préparer sur un animal qui n'est pas frais.

On commencera donc à étudier chez les Mammifères les muscles du même côté de la tête placés superficiellement, tels que le cervico-facial, le frontal, l'occipital; les muscles superficiels de l'oreille qui ne sont pas bien circonscrits; les muscles superficiels de l'œil, ceux du nez, surtout les moins distincts, et les superficiels des lèvres, tels que les zygomatiques, le canin, les releveurs et abaisseurs des lèvres, ainsi que le labial; quant à celui-ci, il sera cependant bon de ne pas le détruire de suite, afin de voir plus tard, à l'occasion du buccinateur, comment il se mêle avec ce dernier.

Après ceux-ci, qui demandent bien l'emploi d'une première journée, où l'on sera obligé de remettre le sujet dans la liqueur, on continuera de préparer les muscles un peu plus profonds de la tête, ceux de l'oreille externe, le masseter, les muscles superficiels qui s'attachent à l'hyoïde, et enfin le digastrique.

Tous ces organes enlevés et la mâchoire se trouvant entièrement à nu, on commence par étudier la partie du crotaphite qui s'insère à l'arcade zygomatique, ainsi que le ligament corono-malaire, afin de pouvoir enlever cette arcade en la coupant au-devant de la cavité glénoïde, et l'os malaire par le milieu. La fosse temporale se trouvant par là entièrement à découvert, on pourra examiner avec soin les divers chefs du crotaphite. Ce muscle enlevé, on décollera la mâchoire qu'on enlèvera avec précaution pour ne pas abîmer les muscles ptérygoïdiens, ainsi que les hyoglosses, génioglosses, styloglosses et génio-pharyngiens qui se trouveront à découvert. On n'enlèvera aucun de ces muscles qu'autant qu'il gêne, et on se contentera, lorsque cela se peut, de les replier simplement pour découvrir ceux placés dessous; le styloglosse sera coupé près de son attache à la corne céphalique de l'hyoïde, et également replié, tous pour servir de repère lorsqu'on arrivera plus tard à étudier les muscles de la langue.

En repliant ces muscles, on mettra à découvert ceux du pharynx, le buccinateur, les muscles latéraux du voile du palais, ainsi que ceux de l'hyoïde et du larynx, que je conseille de laisser en place pour les enlever en masse avec la langue, en coupant les cornes céphaliques de l'hyoïde à leur insertion sur la tête, et la trachée-artère avec l'œsophage et les muscles sterno-hyoïdien et sterno-thyroïdien ensemble à une certaine distance au-dessus du larynx, laissant la partie inférieure en place entre les muscles du cou.

Les muscles constricteurs du pharynx ne pourront pas être aussi bien vus de cette manière que si l'on désarticulait la tête, surtout quant à leur partie postérieure, qu'on verra cependant assez bien pour s'assurer de la disposition de ces organes; tandis que, pour enlever la tête, il faut attendre qu'on ait vu tous les muscles qui se rendent du cou à cette dernière, et sacrifier tout ce qui se trouve au côté opposé, parties qu'il est important de conserver pour une seconde dissection.

Après avoir enlevé tous les muscles du pharynx et de l'hyoïde fixés à la tête, on coupera la corne céphalique de l'hyoïde pour mettre plus à découvert les muscles du voile du palais ; en enlevant ceux-ci qui se trouvent sur le côté, et surtout le circumflexus, il faut bien faire attention de ne pas couper le muscle du marteau.

Ayant examiné les muscles latéraux du voile ainsi que le buccinateur dans ses deux parties pharyngienne et maxillaire, on écartera les deux lames de la muqueuse qui forme le voile, afin de suivre entre elles les muscles qui y pénètrent. Enfin, on enlèvera toute la partie latérale de la muqueuse de la bouche et du pharynx pour voir l'intérieur de ces deux cavités, où les parois opposées feront connaître la disposition des piliers du voile et les rapports de toutes les parties latérales entre elles ainsi qu'avec le larynx. Par cette dernière opération on terminera tout ce qui a rapport aux muscles de la tête, excepté ceux qui se meuvent dans son articulation occipitale.

Après avoir enlevé la langue avec les bouts de ses muscles extrinsèques qui y tiennent, on dissèque cet organe séparément pour voir ses muscles intrinsèques ; mais, comme ceux-ci ne sont formés que par des faisceaux très-fins qui s'entre-croisent en même temps qu'ils sont fort adhérents les uns aux autres, il est très-difficile de les étudier frais, quoiqu'on parvienne cependant avec quelque soin à bien reconnaître leur disposition ; et il vaut mieux faire préalablement subir à cet organe une préparation qui rende ses fibres plus distinctes, préparation consistant, comme je l'ai indiqué plus haut, à faire bouillir la langue pendant une demi-heure dans de l'eau pour dissoudre le tissu cellulaire et raffermir les fibres musculaires.

Dégarnissant ensuite de la peau, chez les Mammifères à thorax comprimé, toute la région antérieure du tronc dans un espace triangulaire compris entre la tête, le milieu du dos et l'articulation scapulo-humérale, on mettra à découvert tous les muscles placés sur le cou et la partie superficielle de l'épaule, qu'on étudiera par couches dans toute cette étendue, c'est-à-dire successivement les muscles clavo-cuculaire, sterno-mastoïdien et cléido-mastoïdien, dans leur partie céphalique; dorso-cuculaire, acromio-cuculaire, rhomboïde, occipito-scapulaire et transverso-scapulaire, dans leur partie postérieure ; tous les muscles pectoraux relativement à leurs attaches avec le tronc, et enfin le dermo-huméral et le grand dorsal, qu'on se contente de couper transversalement au milieu de leur longueur. On finit par couper transversalement aussi le grand dentelé, en soulevant l'omoplate, et l'on étudie pour le moment sa partie scapulaire. Tout le membre antérieur se trouvant détaché par là, on le place dans la liqueur pour le reprendre après avoir étudié tous les muscles du tronc.

La portion du grand dentelé qui reste fixée au tronc sera à découvert et pourra être étudiée en place ; mais il ne faudra pas l'enlever, ni même la détacher pour conserver frais les muscles placés dessous, ainsi que les rapports des autres muscles qui se fixent aux apophyses transverses des vertèbres cervicales, le grand dentelé formant la séparation entre les muscles scalènes et le muscle trachélo-mastoïdien.

Le membre antérieur enlevé, on aura mis à nu les muscles scalènes, isocèles, sterno-costal externe, le petit dentelé antérieur et en grande partie le splénius, le trachélo-mastoïdien et l'oblique externe de l'abdomen. On commencera d'abord par étudier ce dernier, surtout dans ses attaches sur le thorax, pour voir comment ses languettes s'entre-croisent avec celles du grand dentelé ; mais on ne l'enlèvera que quand il s'agira de voir l'oblique interne. Après l'oblique externe, on préparera les deux petits dentelés et l'oblique interne qui leur fait suite, mais il faudra également laisser ce dernier en place avec l'oblique externe jusqu'à ce qu'on puisse s'occuper du transverse qui leur est subjacent, afin de pouvoir bien examiner l'aponévrose abdominale, formée par la juxta-position de leurs tendons inférieurs. Après les petits dentelés et l'oblique interne du bas-ventre, on pourra passer à l'examen du transverse et de l'aponévrose abdominale ainsi qu'à celui de l'arcade crurale et de l'anneau inguinal ; mais pour ces derniers on est souvent gêné par les muscles de la cuisse, et il vaut mieux attendre qu'on ait déjà enlevé une partie de ces derniers. Si cependant cet inconvénient n'avait pas lieu, on ferait mieux de procéder de suite à la dissection de tous les muscles abdominaux, y compris par conséquent le droit.

Après ceux-ci, on étudiera les intercostaux externes mis à découvert, mais sans les enlever ; et l'on passera successivement à la préparation des muscles superficiels de la nuque, c'est-à-dire à celle du splénius, de l'intersectus, du complexus et du trachélo-mastoïdien, mais seulement pour leur partie céphalique, sans les enlever à leurs attaches vertébrales, afin de conserver leurs rapports avec les muscles de l'épine.

Sous les muscles petits dentelés on trouve le troisième feuillet de l'aponévrose spinale superficielle, ceux du grand dorsal et des petits dentelés étant les deux premiers. Cette toile, fendue dans sa partie antérieure, met à nu les muscles de l'épine et permet, en écartant ces derniers, de poursuivre jusqu'à leur attache postérieure les muscles splénius, intersectus, complexus et trachélo-mastoïdien.

Avant de s'occuper de la dissection des muscles de la gouttière vertébrale, on doit examiner les scalènes et les isocèles, sans rien déranger aux muscles antérieurs du cou ; passer ensuite aux muscles spinaux en commençant par les épicostaux, costo-lombaires et lombo-épineux (sacro-lombaire des auteurs) ; ensuite successivement aux muscles composant ce qu'on nomme le long dorsal chez l'*homme*, c'est-à-dire les costo-épineux, transversaires obliques jusqu'au bassin, lombo-transversaires supérieurs et lombo-transversaires latéraux, l'aponévrose spinale profonde, les obliques épineux jusqu'au bassin, les interobliques, l'épineux du dos, les interépineux et les ligaments du même nom ; mais on devra laisser ces derniers en place pour conserver l'indication de la ligne médiane du dos, afin de pouvoir mieux reconnaître leur disposition après avoir également enlevé tous les muscles spinaux du côté opposé.

Tous les muscles de la gouttière vertébrale étant enlevés, on procède à la préparation des muscles intercostaux internes et surcostaux ; ouvrant ensuite le thorax en séparant d'abord d'un côté les côtes de leurs cartilages, et mieux encore, si on ne veut pas conserver le squelette, en coupant les côtes au milieu de leur longueur jusqu'à la dernière vraie côte ; et on replie simplement le sternum avec les cartilages costaux vers le côté opposé, afin de voir intérieurement le muscle sterno-costal interne (triangulaire sternal) ; enfin on coupe également les côtes opposées, puis en travers le muscle sterno-costal interne, entre les deux dernières attaches des vraies côtes, laissant la dernière de celles-ci et les fausses côtes en place pour servir de cadre de suspension au diaphragme, qu'on verra par là très-bien à ses deux faces.

Si cependant on voulait conserver dans son intégrité tout le côté opposé du corps de l'animal pour en faire l'objet d'une seconde dissection, on coupera seulement en travers les côtes du côté où l'on opère, pour voir par là le muscle sterno-costal interne ; et enfin, après avoir examiné successivement les ligaments de toutes les côtes en commençant par la première, on désarticule les os pour ouvrir entièrement le thorax. On pourra par là très-bien étudier le diaphragme.

Toutes ces préparations faites, on reprendra les muscles cervicaux qui n'ont pas encore été examinés, c'est-à-dire les muscles moteurs de la tête et ceux des vertèbres du cou, ainsi que les ligaments des mêmes parties ; et l'on pourra surtout poursuivre avec facilité le muscle long inférieur du cou, qui pénètre dans le thorax.

Après avoir enlevé le diaphragme et les côtes qu'on avait laissées en place, on aura mis à nu tous les muscles sous-vertébraux lombaires, tels que les deux psoas et les longs sous-intertransversaires des lombes, avec les ligaments vertébraux qui leur correspondent.

Ces préparations étant toutes faites, on s'occupera seulement de celle des muscles des membres postérieurs, qui sont restés couverts de leurs téguments jusqu'au bord antérieur du bassin. On portera une attention particulière sur l'aponévrose sacrée et la crurale, qui en est la continuation, pour tâcher de bien distinguer les différents feuillets de la première, afin de voir comment ils se continuent avec ceux de l'aponévrose spinale superficielle des lombes, et, entre autres, pour se faire une idée nette et juste des attaches qu'elles fournissent aux différents muscles cruraux. On procédera sur le membre postérieur par couches; la première, formée seulement par les muscles couturier, fascialis et renforci (biceps), qui se terminent par des aponévroses fixées à la jambe, et le dernier qui se prolonge souvent par son aponévrose jusqu'au talon, doit être poursuivie jusque-là en étudiant en même temps l'aponévrose jambière superficielle, dans laquelle ces trois muscles se perdent en partie.

Tous les muscles placés sur le bassin et la cuisse étant bien étudiés, on les coupe, soit en travers dans leur milieu, soit à leur tendon, ce qui est encore plus convenable; et on enlève la cuisse en la désarticulant dans sa cavité coxo-fémorale. Les muscles venant du sacrum et de la queue, on les coupe le plus loin possible de leur origine, afin de s'en servir de repères pour les muscles de ces deux régions, à la préparation desquels on pourra procéder maintenant en reprenant successivement la continuation des muscles de la région lombaire qu'on avait interrompue au-devant du bassin.

Pour ne pas s'embrouiller avec les muscles nombreux de la queue, il faut procéder avec le plus grand ordre, commencer par une série latérale supérieure bien distincte, telle que les transversaires obliques, et continuer ensuite par séries parallèles et successives. Les séries de ces muscles étant presque toutes renfermées dans des gaînes fibreuses spéciales, il faut avoir soin de n'ouvrir celles-ci que successivement. Lorsqu'on aura étudié avec soin et jusque dans leurs moindres détails les muscles contenus dans l'une de ces gaînes, on les enlèvera entièrement pour ne plus les confondre avec d'autres; et alors seulement on ouvrira la gaîne placée à côté, et ainsi de suite jusqu'à la ligne médiane inférieure, pour reprendre ensuite les muscles placés à la partie la plus interne de la région supérieure.

Les muscles caudaux variant souvent dans la même série, le plus souvent en perdant, d'avant en arrière successivement, leurs chefs les plus longs, il faut, pour bien bien les connaître, les passer tous en revue, et successivement, avec le plus grand ordre, en les prenant régulièrement l'un après l'autre d'avant en arrière.

Après avoir vu tous les muscles du tronc, on pourra passer à ceux des membres, ou bien disséquer ceux du tronc du côté opposé; ce qui constituera une seconde dissection, qu'il est essentiel de faire le plus tôt possible pour vérifier ce qui est resté douteux pendant que tout est encore frais à la mémoire; et je conseillerai de là de prendre ce dernier parti. Dans cette dissection, on procédera absolument comme pour la première.

Pour les muscles des membres, on les prendra successivement par couches et par la même face jusque sur les os, et ensuite les autres par le côté opposé. Mais on doit surtout porter une attention particulière sur les aponévroses qui forment des cloisons entre les muscles, et qui non-seulement les séparent, mais leur fournissent encore de nombreux points d'attache qu'il est nécessaire de connaître. Il faut, en conséquence, étudier ces muscles dans un ordre régulier et n'ouvrir une nouvelle gaîne que lorsqu'on aura bien replié ou enlevé les muscles de celle qu'on a ouverte auparavant.

§ III. *Conservation.*

On conserve les préparats des muscles à l'état sec ou dans la liqueur. Le premier moyen est moins dispendieux; mais, ainsi que j'ai déjà eu occasion de le dire, ces organes en séchant se racornissent tellement qu'ils perdent complétement leur forme, en même temps que les préparats deviennent fort laids, répandent une fort mauvaise odeur, coûtent une peine infinie à faire, et ne peuvent guère servir à la démonstration. Je recommande en conséquence de conserver les muscles dans de la liqueur; mais j'indiquerai cependant ici les moyens qu'on emploie pour faire ces préparats secs.

On choisit un sujet qui ne soit pas mort d'une longue maladie, par laquelle ses muscles ont pu diminuer sensiblement de volume et perdre de leur fermeté. Ce sujet, d'une taille robuste et, comme on dit, bien musclé, doit être aussi plutôt maigre que gras et d'un âge peu au delà de l'adulte. Si on ne veut conserver que les muscles, les os et les ligaments, on se borne à injecter le sujet avec une solution aqueuse saturée d'alun ou d'acétate d'alumine ou bien de deutochlorure de mercure, qu'on pousse dans tous les vaisseaux; et pour cela on injecte par les pieds, par les mains et par le cou, au moyen des procédés indiqués au chapitre des organes de la circulation. Cette injection faite, on laisse reposer le corps pendant quelques jours pour laisser au sel employé le temps de s'insinuer dans tous les petits vaisseaux, puis on procède à la dissection. Le préparat étant fait, on écarte légèrement les muscles les uns des autres en plaçant entre eux divers corps qui conviennent le mieux pour les maintenir écartés, tels que des cartons, des planchettes en bois ou en liége, de la filasse, etc.; mais il faut avoir soin de graisser préalablement ces corps pour qu'ils ne se collent pas aux muscles. On donne au tout la disposition qu'on veut avoir, et l'on fait sécher la pièce à l'air sec.

Quoique les liqueurs conservatrices qu'on injecte s'opposent à la putréfaction, il est cependant plus convenable de faire les préparats pendant la saison froide, ou du moins pas au milieu de l'été. La pièce séchée, on la place dans le cabinet. Mais par ce procédé la graisse n'est pas altérée; elle devient huileuse, rance, d'une mauvaise odeur, et rend les préparats bien sales. Il est en conséquence convenable de l'enlever le mieux qu'on peut en imprégnant pour cela les parties où il en reste quelque trace avec de la lessive forte qui, se combinant avec la graisse, la convertit en savon et la rend par là siccative; mais on ne parvient que très-difficilement à sécher entièrement ces préparats.

Un autre inconvénient lorsqu'on emploie le deutochlorure de mercure est que ce sel attaque fortement les instruments en fer et en acier, en même temps que cette substance est très-dangereuse à manier; et il vaut infiniment mieux se servir du sulfate d'alumine, que j'emploie depuis long-temps pour conserver les muscles; et en effet, lorsque ces organes ont séjourné pendant quelque temps dans ce liquide, ils peuvent très-bien être desséchés et se conservent parfaitement. Ce liquide ayant en outre l'avantage de saponifier la graisse en lui laissant sa couleur blanche, les préparats faits par son moyen ne sont pas si sales, mais ils sont, comme tous les préparats, secs, bruns et racornis. Une fois séchés, on les lave avec une solution de deutochlorure de mercure pour les préserver des insectes.

Le meilleur moyen de conserver les muscles des MAMMIFÈRES est de les garder soit dans une solution de sulfate de zinc, indiquée dans la première partie de cet ouvrage, soit à sec avec du camphre, dans un bocal hermétiquement clos, ainsi qu'il est également indiqué au même paragraphe.

ARTICLE II.

DU SYSTÈME MUSCULAIRE DES OISEAUX.

§ I. *Anatomie.*

On retrouve en grande partie chez les OISEAUX les mêmes *muscles* que chez les Mammifères, mais cependant avec de notables modifications; de manière qu'on a souvent de la difficulté à reconnaître les analogues dans les deux classes. Et malheureusement nous ne possédons pas encore d'ouvrage fait avec soin qui puisse servir de guide. On trouve bien dans les traités généraux d'anatomie comparative quelques fragments épars; mais tout cela est si incomplet qu'on ne saurait en tirer grand parti. Depuis long-temps je me proposais d'entreprendre la monographie anatomique d'un *Corvus*, genre qui représente le mieux le terme moyen entre tous ces animaux, et qu'on peut en conséquence le plus convenablement prendre pour type de la classe ; mais il m'a été impossible de me livrer à ce travail, ayant déjà commencé plusieurs ouvrages semblables que je voudrais conduire à leur fin. Je désire de là vivement que quelque naturaliste veuille se charger de cette monographie, qui serait d'un grand intérêt pour la science ; mais je désire aussi que ce travail soit complet et exact, conditions qu'on ne trouve dans presque aucun ouvrage.

Je me vois de là obligé de me borner à indiquer ici simplement d'une manière générale les procédés anatomiques à employer dans la dissection de ces animaux.

On ne trouve chez les Mammifères que peu de muscles qui aient des attaches bien évidentes aux téguments ; encore n'y sont-ils fixés que par leurs extrémités, comme le cervico-facial, le sus-cervico-cutané, le dermo-huméral et le dermo-gastrique, qui ne constituent pas encore ce qu'on appelait autrefois le *panicule*, muscle qu'on supposait doubler le derme et faire en quelque sorte partie des téguments. Chez les OISEAUX, ce *muscle peaucier* existe également sans revêtir plus complétement le corps, et ne forme que dans certaines parties seulement des couches de fibres musculaires sous-cutanées divisées en un nombre considérable de petits chefs, se rendant à la base des principales plumes, aux gaînes dermoïques desquelles ils se fixent. C'est par le moyen de ces muscles que les Oiseaux ont la faculté de pouvoir soulever leurs plumes ou de les serrer contre le corps.

Quant aux muscles profonds, ils ont, comme je viens de le dire, la plupart leurs analogues chez les Mammifères, sans cependant leur ressembler tout à fait. Les vertèbres dorsales étant très-peu mobiles, les muscles de la gouttière rachidienne sont généralement si confondus entre eux qu'on a de la peine à les démêler ; et on ne le pourrait pas du tout si on n'était pas guidé jusqu'à un certain point par ceux du cou, qui sont la plupart leurs analogues.

Ces muscles sont aussi en partie les analogues de ceux de la région correspondante chez les Mammifères, mais ils en diffèrent beaucoup, et tellement qu'on ne les reconnaîtrait pas si l'on voulait leur trouver les mêmes formes et les mêmes rapports. Chez beaucoup d'Oiseaux, et surtout chez ceux à long cou, les vertèbres cervicales inférieures se fléchissent plus facilement en arrière qu'en avant, et le contraire a lieu pour les supérieures. La cause de cette modification se trouve dans certains muscles et ligaments, dont les séries cessent au même point où se fait le changement de flexion dans les vertèbres, et semblent avoir été transportées de l'arrière au-devant du cou, selon la direction dans laquelle les vertèbres doivent se fléchir les unes sur les autres. Quoiqu'on ne puisse pas démontrer d'une manière évidente cette transposition d'organes chez les Oiseaux ainsi que chez beaucoup d'autres animaux, et qu'on ne doive la citer qu'avec la plus grande réserve, dans la crainte de tomber dans des assertions hypothétiques, il n'en est pas moins vrai qu'on trouve quelquefois des faits remarquables qui en prouvent la possibilité. Les muscles du cou des Oiseaux l'indiquent, et la transposition des os et des muscles des membres antérieurs des Chéloniens du dehors du thorax en dedans de cette cavité, le prouve d'une manière évidente.

Les muscles cervicaux sont faciles à préparer chez les Oiseaux à cou long et bien flexible, s'y trouvant non-seulement très-distincts les uns des autres, mais même espacés; de sorte qu'on peut y suivre tous les chefs des séries composées jusque dans leurs plus petits détails. Il n'y a rien de beau comme l'extrême complication des muscles du cou d'un *Anas cygnus* ou du *Struthio camelus*.

Les muscles de la tête, beaucoup moins nombreux que chez les Mammifères, par l'absence de lèvres et d'un nez charnu, en diffèrent encore en ce que les os qui leur donnent attache sont fortement modifiés. Il serait de là impossible d'indiquer ici, sans le secours de figures, les changements que ces organes ont éprouvés, et malheureusement je ne connais pas d'ouvrage où ces muscles soient bien décrits et auquel je puisse renvoyer.

Quant aux muscles du tronc, ils diffèrent assez peu de ceux des Mammifères. Cependant il n'y a pas de diaphragme disposé comme chez ces derniers.

Les muscles des membres éprouvent au contraire des modifications assez grandes, surtout ceux des ailes, où les extenseurs l'emportent de beaucoup sur les fléchisseurs. On trouve les mêmes muscles dans l'épaule, mais autrement disposés, pour mieux servir à la fonction du vol. Les abaisseurs et les élévateurs du bras sont très-puissants, surtout les premiers, représentés par les muscles pectoraux. L'élévation de l'aile est principalement produite par un muscle spécial que Vicq-d'Azyr a nommé le *moyen pectoral*, lequel se trouve placé sous le grand pectoral, et son tendon se dévie dans une poulie formée par la réunion des os de l'épaule pour venir s'insérer en dessus à l'humérus pour le relever. Par cette ingénieuse disposition, ce muscle, qui a dû être fort puissant pour pouvoir relever l'aile dans le vol, se trouve placé sous le centre de gravité, pour donner plus de fixité au corps de l'oiseau suspendu en l'air par ses ailes.

Les muscles des membres postérieurs diffèrent moins de ceux des Mammifères, et l'on reconnaît assez bien au premier abord leurs correspondants chez ces derniers animaux, en tenant toutefois compte des changements qu'ont éprouvés les os.

Voyez, pour l'anatomie descriptive des muscles des Oiseaux, les ouvrages de Vicq-d'Azyr et de M. Tiedemann, indiqués dans la préface.

24.

§ II. *Dissection et conservation.*

Les muscles des OISEAUX se préparent par les mêmes procédés que ceux des Mammifères; il faut seulement commencer par tondre l'animal en coupant toutes ses plumes presque au niveau de la peau, à l'exception des *pennes* (grandes plumes des ailes), et des *rectrices* (grandes plumes de la queue), qu'on coupe moins courtes.

On enlève ensuite la peau par petites parties et avec le plus grand soin, pour voir comment les faisceaux du peaucier se fixent aux plumes, et déterminent le mode d'après lequel tous ces petits trousseaux musculaires se réunissent en un tout pour former les divers muscles sous-cutanés du corps. Là cependant où l'on peut laisser la peau en place, on doit la conserver avec soin pour empêcher la trop prompte altération des muscles placés dessous.

Quant aux moyens de conserver les préparats, ils sont absolument les mêmes que pour les Mammifères.

ARTICLE III.

DU SYSTÈME MUSCULAIRE DES REPTILES.

§ 1er. *Anatomie.*

Il n'existe également aucun ouvrage spécial sur la *myologie* d'aucune espèce de SAURIENS; mais on peut facilement se guider dans l'étude des *muscles* en les comparant à ceux des Mammifères et des Oiseaux, entre lesquels ceux des Sauriens forment une espèce de terme moyen.

On n'a également pas encore d'ouvrage où les muscles des OPHIDIENS soient tous décrits et figurés. Mais bientôt je publierai moi-même une monographie des organes du mouvement de la *Vipera berus*, donnée comme type des SERPENTS venimeux.

Ces animaux étant privés de membres, les muscles du corps se trouvent réduits à ceux du tronc. Un assez grand nombre de ces organes ont bien leurs analogues chez les Mammifères, quoiqu'avec des modifications fort grandes; mais on en trouve aussi d'autres qui n'ont point du tout de représentants chez les Vertébrés supérieurs. Les muscles de l'épine, au nombre de plusieurs séries surcomposées, comme le sont ceux qui forment le sacro-lombaire, le long dorsal et leurs composants, ainsi que l'épineux du dos chez l'homme, en diffèrent notablement, soit par leur mode de composition, soit par leur direction, qui est souvent en sens inverse; et ces muscles diffèrent même pour le nombre chez les différents genres d'OPHIDIENS, tels que les *Vipera* et les *Coluber*, les premières étant dépourvues de certains muscles qu'on trouve chez les secondes.

L'un des muscles de la gouttière vertébrale des SERPENTS, qui semble correspondre à l'un des composants du long dorsal des Mammifères, est formé de trois chefs successifs dont le premier naît sur le sommet d'une apophyse transverse, se porte en avant, forme ses deux autres ventres, et se fixe par un tendon terminal très-grêle à l'angle de la vingt-quatrième côte, qui précède la vertèbre sur laquelle le muscle naît, et les second et troisième ventres envoient des chefs sur les ventres correspondants des vertèbres qui suivent.

Un autre muscle à peu près semblable, placé en dedans du précédent, n'est que digastrique. Son premier chef postérieur naît de même sur une apophyse transverse où il est confondu avec le premier chef du précédent; le second ventre envoie de même un chef sur son analogue qui suit, et forme à son extrémité un tendon filiforme, qui seul franchit quatorze vertèbres pour s'insérer au sommet de l'apophyse épineuse de la vingt-neuvième vertèbre, qui précède celle sur laquelle le muscle naît.

Chacun des ventres antérieurs reçoit en outre des chefs de toutes les vertèbres sur lesquelles ce ventre passe.

Outre ces muscles principaux, il en existe encore au-dessous plusieurs autres plus petits, mais également composés, franchissant plusieurs vertèbres et recevant des chefs de la plupart de celles sur lesquelles ils passent; les uns sont des intertransversaires, d'autres des transversaires obliques, des interobliques et des obliques épineux, mais que je ne puis pas tous décrire ici.

Les côtes sont mises en mouvement par plusieurs séries de muscles, dont quelques-unes, telles que celles des intercostaux et des surcostaux, sont à peu près disposées comme chez les Mammifères; mais déjà les intercostaux internes présentent cette particularité, qu'ils franchissent en dedans une côte, et les surcostaux sont doubles.

· Les SERPENTS ont en outre en dedans des côtes plusieurs autres muscles qui manquent aux Mammifères.

Les intercostaux internes se continuent en haut par une seconde série qui franchit plusieurs intervalles, et se fixe à des brides tendineuses qui se rendent d'une tête de côte à l'autre : on pourrait les comparer aux sous-costaux.

En dedans des intercostaux internes se trouve une seconde série de muscles semblables se terminant en haut aux mêmes attaches que ces derniers, mais qui, au lieu de naître en bas sur des côtes, naissent des parois de l'abdomen, et ont beaucoup d'analogie avec le transverse abdominal des Mammifères, dont je les crois les représentants. Ils sont dirigés de bas en haut et en arrière, formant par leur ensemble une membrane musculeuse continue. En dedans de ces derniers muscles on trouve encore une autre série ayant les mêmes attaches, et qui constituent également une membrane continue ; mais la direction est différente, ses fibres allant de bas en haut et en avant : ce serait un second feuillet du transverse abdominal.

En dehors des côtes se trouve la série des muscles *épicostaux*, naissant en avant sur les angles des côtes, d'où ils se portent en arrière et en dessous pour s'insérer au tiers inférieur de la quatrième côte qui suit ; et chacun de ces muscles produit des chefs plus courts qui se fixent aux côtes intermédiaires. Ils ont de l'analogie avec le sacro-lombaire costal de l'homme.

Ces muscles se continuent plus bas par une seconde série qui part de l'attache où les précédents se terminent, pour s'insérer à son tour à l'extrémité de la quatrième côte suivante.

Les téguments sont mis en mouvement par plusieurs muscles, dont les uns leur sont propres et dont d'autres viennent des côtes. Ces derniers sont de longues bandelettes plates naissant sur les angles des côtes, d'où elles se portent en arrière et en bas en se divisant en quatre chefs, qui se fixent aux quatre premières rangées latérales des écailles des téguments, vis-à-vis de la sixième côte qui suit celle sur laquelle le muscle naît.

Une autre série formés chacun de deux chefs part de l'extrémité de chaque côté, et se porte en avant pour s'insérer à la partie externe de l'arceau sous-ventral des téguments qui se trouve au niveau de la quatrième côte qui précède.

Les muscles propres des écailles se rendent de l'une de ces pièces à l'autre sur les quatre premières rangées latérales, ainsi que d'un arceau ventral à l'autre, en affectant des dispositions tout à fait semblables à celles qu'on remarque dans les muscles des arceaux abdominaux des Insectes, qui sont dans le même cas.

Tous les muscles dont je viens de parler se continuent jusqu'à la tête, où les séries s'arrêtent la plupart en se fixant à cette dernière, absolument comme si on les avait coupées en travers au milieu du corps, de manière que chaque série forme un tronçon commun fixé au crâne ; et cette disposition peut aider beaucoup à reconnaître dans ce dernier quelles sont les parties qui correspondent à telle ou telle autre dans les vertèbres ou aux côtes.

Les muscles de la tête présentent des différences assez grandes, comparés à ceux des Mammifères et des Oiseaux. Ceux de la partie antérieure de la face ont tous disparu ; le *crotaphite* et le *masseter*, confondus ensemble, sont formés de plusieurs chefs, recevant entre eux la vésicule du venin chez les espèces venimeuses ; et quelques-unes de leurs parties se fixent même à cette poche en l'enveloppant de leurs fibres, de manière que le crotaphite et le masseter ne peuvent guère se contracter, lorsque l'animal mord, sans que la vésicule ne se trouve comprimée et le venin chassé au dehors.

On trouve sous la tête deux raphés transversaux, dont l'un, antérieur, correspond aux branches céphaliques de l'hyoïde et donne attache à plusieurs muscles analogues à ceux propres à cet os chez les animaux supérieurs, comme le mylo-hyoïdien, le sterno-hyoïdien, etc. Le raphé postérieur semble correspondre à la clavicule.

Les muscles des BATRACIENS, pour lesquels on pourra consulter l'excellent mémoire de DUGÈS, ressemblent beaucoup à ceux des Sauriens, et se laissent assez bien comparer à ceux des Mammifères; tout est cependant plus simple, car il n'y a, à beaucoup près, pas autant de muscles. Par cela même que les ANOURES sont privés de côtes, tous les muscles du thorax, à l'exception des rachidiens, ont disparu, et ces derniers sont loin d'être aussi compliqués que chez les Reptiles supérieurs. Il n'y a guère qu'une série de gros muscles qui, par leur disposition, correspondent à la fois aux interobliques et aux interépineux, se rendant de la lame d'une vertèbre et d'une cloison aponévrotique qui s'élève sur elle, en arrière sur la lame et la cloison suivante. Une autre, analogue aux intertransversaires, se porte d'une apophyse transverse aux deux qui suivent, le long chef se fixant à la même cloison que les muscles précédents. Tous ces muscles sont très-courts, mais fort gros, sans tendons qui les prolongent, et forment ensemble une masse assez grosse qui agit avec énergie lorsque l'animal saute.

La disposition la plus remarquable se trouve dans les muscles du bassin, surtout dans ceux qui se rendent du stylet caudal aux os iliaques. Les interobliques et les intertransversaires vont se terminer par un long chef commun à ce stylet, et un autre muscle très-puissant se rend de l'extrémité de cet os en avant sur l'ilium. Tous ces muscles agissent puissamment dans le saut, qui a lieu à la fois par le débandement de la colonne vertébrale et par celui des pattes, comme dans les Mammifères sauteurs.

Les muscles des membres, quoique différant quelquefois beaucoup de ceux des Mammifères, s'y laissent cependant assez bien rapporter, affectant à peu près les mêmes dispositions.

§ II. *Dissection et conservation.*

Les muscles des SAURIENS et des OPHIDIENS se préparent de la même manière que ceux des Mammifères. Comme plusieurs de ces organes se fixent aux écailles, il faut avoir soin de ne pas les endommager. Pour cela, il faut inciser la peau le long du dos et rabattre les bords sur les côtés, en les soulevant de proche en proche avec précaution. Lorsqu'on découvre un muscle qui se rend des os aux écailles, on le coupe nettement à une petite distance de son insertion à ces derniers, mais de manière que les deux bouts soient décollés le moins possible de la partie à laquelle ils restent fixés, afin de les retrouver en place lorsqu'on vient à les examiner. Les autres muscles se préparent de la manière ordinaire.

Rien n'est plus facile que de faire des préparats de muscles chez les ANOURES, où les téguments sont entièrement détachés du corps, et n'y tiennent qu'au pourtour de la bouche, des yeux et de l'anus, ainsi que par quelques muscles peauciers, et le corps se trouve comme naturellement écorché sous sa peau. Pour enlever cette dernière, on n'a en conséquence qu'à lui faire une petite incision vers le dos, agrandir l'ouverture, et enlever tous les téguments sans rien déranger aux muscles; sous la poitrine et aux aisselles, on trouve des muscles peauciers qu'on coupera avec précaution.

Les préparats des muscles des REPTILES se conservent comme ceux des Mammifères.

ARTICLE IV.

DU SYSTÈME MUSCULAIRE DES CHÉLONIENS.

§ Ier. *Anatomie.*

Nous possédons, en fait de bons ouvrages sur l'anatomie comparative, un beau travail presque complet sur l'anatomie de la *Testudo europæa* de BOJANUS, auquel je renvoie ceux qui désirent avoir des détails sur l'organisation des CHÉLONIENS. Les organes y sont presque tous figurés; et, pour ce qui concerne les muscles, il n'y manque que les plus petits. Seulement il est à regretter que la description se borne à une simple explication des figures, de manière que ce travail est à refaire.

Ainsi qu'on peut le concevoir, tous les muscles du thorax, des lombes (région qui n'existe pas), du ventre et du bassin, qui chez les autres Vertébrés sont en dehors des côtes, sont ici ou supprimés ou ramenés en dedans de la carapace. Les vertèbres et les côtes étant immobiles, tous les muscles qui devraient les mouvoir sont devenus inutiles et ont été supprimés. Quant aux muscles de l'abdomen, ils ont simplement été renversés en dedans, et se trouvent, du reste, autant que cela est possible, dans les mêmes rapports que chez les autres Vertébrés.

Les vertèbres du cou et de la queue étant restées mobiles portent encore des muscles qui se rapportent assez bien à ceux des mêmes parties chez les Oiseaux et les Reptiles.

Mais ce qu'il y a de plus remarquable chez les CHÉLONIENS, c'est la modification qu'ont éprouvée les membres, et surtout leurs muscles, par cette espèce de renversement en dedans du thorax qui caractérise ces animaux. Les muscles des membres postérieurs conservent encore assez bien leur disposition ordinaire, ces membres étant simplement enveloppés par les côtes formant la partie postérieure de la carapace; mais aux antérieurs, qui ont été portés dans l'intérieur du thorax, la disposition des muscles a éprouvé des modifications bien remarquables, tout en restant dans les mêmes rapports généraux; ce ne sont cependant que les muscles moteurs de l'épaule qui ont subi ces changements, cette partie du membre ayant seule changé de place. Ainsi les muscles grand dentelé et grand dorsal s'attachent toujours aux côtes, mais en dedans du thorax et vers la partie antérieure seulement, très-près du bord latéral supérieur de l'ouverture par laquelle le membre est entré dans le thorax; et les muscles abdominaux se fixent de même à la face interne des côtes postérieures, de manière que les côtes moyennes ne donnent attache à aucun de ces muscles.

§ II. *Dissection et conservation.*

Pour faire les préparats des muscles du tronc des CHÉLONIENS, le mieux sera d'ouvrir la carapace par le côté, et cela dans le milieu de la longueur, en y faisant d'abord deux traits de scie transversaux, parallèles, interceptant un espace égal au sixième de la longueur totale, au milieu de l'intervalle des deux ouvertures. Ces traits de scie se prolongeront depuis le plastron jusqu'un peu au-dessus du milieu de la carapace, et l'on enlèvera la pièce interceptée; mais il faudra avoir soin de ne pas pénétrer avec l'instrument trop avant dans la cavité du corps. Par cette ouverture pratiquée dans l'espace compris entre les muscles grand dentelé et les muscles abdominaux, espace où il n'y a pas de muscles, on pourra introduire le doigt pour explorer les parties, et s'assurer de combien il sera possible d'élargir l'ouverture sans endommager les muscles. Cet élargissement fait au moyen de l'ostéotome, on introduira la lame du scalpel pour décoller tout autour les muscles qui se fixent aux côtes, et l'on enlèvera celles-ci à mesure que ces muscles en ont été détachés. En allant ainsi de proche en proche, on les détachera et on enlèvera la moitié latérale de la carapace, dont on obtient un profil intérieur, pour procéder ensuite à la véritable dissection par les procédés ordinaires.

On peut aussi enlever d'abord d'un côté la moitié du plastron, qu'on scie longitudinalement dans sa partie la plus étroite entre les deux ouvertures antérieure et postérieure, mais le plus près du plastron; on fera un second trait de scie longitudinal sur la ligne médiane de ce dernier, ce qui permettra de soulever sa moitié ainsi détachée. On incisera ensuite au bord antérieur et supérieur de la même partie du sternum les téguments membraneux ; en les coupant bien à ras des os, et glissant la lame du scalpel à plat sur le plastron, on coupera les adhérences voisines des muscles qui s'y fixent. Soulevant ensuite le plastron sur le côté, on glisse de même à plat l'instrument par la taille latérale pour détacher les muscles fixés au plastron vers le milieu du corps, c'est-à-dire les pectoraux attachés dans la moitié antérieure du plastron vers sa partie interne. Les at · taches de ces muscles sont bornées chez la *Testudo europæa* par un arc de cercle, dont le centre est à l'extrémité antérieure du trait de scie latéral et dont la courbe passe près de la ligne médiane du plastron ; à l'extrémité antérieure du plastron on détachera l'acromion et le muscle deltoïde, ce qui est assez facile ; et l'on coupe vers les côtés, au milieu du plastron, des attaches aponévrotiques du muscle transverse abdominal. Dans la moitié postérieure, on décollera de même le muscle droit abdominal qui s'y fixe presque le long de la ligne médiane, et on enlèvera la moitié du plastron. On procédera, pour le reste, comme pour les Reptiles et les Mammifères.

On peut ensuite enlever facilement la moitié correspondante de la carapace en la sciant longitudinalement à une petite distance de la ligne médiane pour ne pas endommager les muscles qui s'y fixent ; ou bien on peut enlever l'autre moitié du plastron si l'on veut ouvrir l'animal entièrement en dessous.

Les préparats se conservent comme ceux des autres Vertébrés.

ARTICLE V.

DU SYSTÈME MUSCULAIRE DES POISSONS.

§ I. *Anatomie.*

Les membres des poissons osseux ne formant le plus souvent que de très-petites nageoires, les *muscles* de tout le corps se réduisent par là, à peu de chose près, à ceux du torse, presque comme chez les Serpents, et d'autant plus que les muscles de la tête sont en fort petit nombre, les os de cette partie étant la plupart sous-cutanés. Aux muscles correspondants à ceux des autres Vertébrés il faut cependant ajouter aussi quelques-uns exclusivement propres aux poissons : ce sont ceux qui meuvent les nageoires impaires. Les muscles du tronc, surtout très-développés dans la queue, prennent chez ces animaux une disposition toute particulière rappelant celle qu'ils offrent chez les *Rana* et présentant le passage de la disposition qu'ils ont chez les Vertébrés supérieurs, où les muscles se rendent presque toujours d'une pièce du squelette sur l'autre, à celle que ces organes ont chez les animaux articulés, où ils se portent au contraire d'une partie des téguments à une autre, c'est-à-dire que chez les poissons presque tous les muscles du tronc se rendent des os vers les téguments.

Ces muscles, la plupart très-composés chez les autres Vertébrés, le sont moins toutefois chez les Poissons, où la plupart se réunissent entre eux; mais si d'une part ils sont plus simples, ils se confondent tellement d'une série à l'autre qu'il semble au premier abord que tout le corps n'est composé que d'un seul muscle extrêmement compliqué et inextricable. En les examinant cependant avec soin pour tâcher de reconnaître le principe d'après lequel ils sont disposés, on parvient assez facilement à s'en faire une idée nette.

Des lames de chaque vertèbre et des bords de leurs apophyses, ainsi que de ceux des côtes et des rayons interépineux et interupsiloïdiens, partent des feuillets ligamenteux se rendant obliquement en arrière, et plus ou moins en dehors, vers les téguments; de manière que la masse charnue du corps est divisée par un grand nombre de cloisons tendineuses transversales, et les fibres musculaires se portent longitudinalement de chacune de ces dernières sur celle qui suit dans la même série. Enfin, ces diverses lames tendineuses se confondent fort souvent par leurs bords d'une série à l'autre, de sorte qu'au premier moment tout ne paraît former qu'un seul muscle qui, vu à l'extérieur ou coupé par tranches transversales, serait divisé par un nombre considérable de raphés; mais on reconnaît facilement ce qui appartient à chacun de ces muscles en y faisant des sections régulières. On trouve ainsi d'ordinaire dans le tronc : 1° un muscle sustransversaire remplissant toute la gouttière vertébrale, et dont la masse s'élève jusqu'au-dessus des sommets des apophyses épineuses et s'étend sur les côtés jusqu'aux téguments latéraux, muscle qui représente à la fois tous ceux de cette région chez les Mammifères, tous confondus entre eux ; 2° un seul muscle sous-transversaire, occupant toute la région latérale inférieure du corps sous la série des apophyses transverses et en dehors des côtes, représentant également tous ceux de la même région chez les Mammifères ; 3° le long de la crête du dos, de chaque côté, est une troisième masse également composée, dont les lames tendineuses naissent sur les os interépineux; et 4° en dessous, le long de la queue, une autre dont les cloisons naissent sur les os interupsiloïdiens. Outre ces quatre séries de muscles composés, il en existe ensuite quelques simples, isolés quoique formant également des séries : ce sont ceux qui meuvent les nageoires impaires. Ils sont placés, soit le long du dos, soit le long de la ligne médiane inférieure de la queue, entre les apophyses épineuses et upsiloïdes, ou entre les os interépineux et interupsiloïdiens. Enfin, quelques muscles spéciaux meuvent les nageoires paires ; mais ils sont en petit nombre et placés à la base de ces organes.

A la tête on trouve quelques muscles qu'on peut rapporter à des analogues chez les Mammifères, tels sont les moteurs des yeux, toujours au nombre de six , quatre droits disposés comme chez ces derniers, et deux obliques, mais dont le supérieur naît au-dessus de l'inférieur, sur les parois antérieures de l'orbite (interne de l'homme), et ne se dévie pas dans une poulie; les muscles de la mâchoire, qui prennent toutefois des dispositions très-différentes de celles qu'ils affectent chez les animaux supérieurs, vu les modifications qu'ont éprouvées les os ; mais en général les muscles de la tête sont en fort petit nombre. On trouve en outre chez les poissons quelques muscles spéciaux , tels que ceux qui meuvent les arcs branchiaux ou bien les opercules , et qui trouvent en partie leurs analogues dans les muscles de l'hyoïde des Vertébrés supérieurs.

Je renvoie ceux qui désirent avoir quelques détails de plus sur la myologie des Poissons à l'anatomie de la *Perca fluviatis,* dans le premier volume de l'*Histoire des Poissons* de Cuvier, quoique ce travail soit incomplet.

§ II. *Dissection et conservation.*

Le corps des poissons étant d'ordinaire comprimé, c'est par le côté qu'il convient de disséquer leurs muscles, afin d'éviter les raccourcis. On enlèvera pour cela les téguments par lambeaux, ayant soin de ne pas entamer les muscles , afin que leurs cloisons tendineuses restent bien distinctes. Sur l'animal ainsi écorché ces dernières se présentent sous la forme de nombreux raphés donnant insertion aux fibres musculaires, toutes longitudinales. Pour reconnaître la disposition de tous ces muscles confondus entre eux, on fera d'abord de distance en distance, là où on le jugera le plus convenable, mais surtout à une petite distance derrière les pectorales, au milieu environ de la cavité viscérale et vers la base de la queue, des sections transversales de tout le corps, le plus perpendiculairement possible à l'axe de celui-ci , afin de couper des deux côtés les muscles au même niveau. Les séries de muscles se trouvant divisées en travers , on reconnaît non-seulement l'espace qu'elles occupent, mais encore leurs rapports soit avec les vertèbres, soit avec les apophyses de ces os , soit avec les côtes. On voit aussi comment les cloisons fibreuses se continuent les unes avec les autres et comment elles se fixent au squelette. Tous les muscles d'une même série se trouvant à peu près dans les mêmes conditions , on peut juger de la manière qu'ils s'enveloppent , et l'on reconnaît d'autant mieux leur disposition que , d'une part , les raphés de la surface indiquent la direction de ces muscles, et que, de l'autre, les modifications que chaque série éprouve se montrent aux diverses sections transversales qu'on a faites. Par ces mêmes sections on voit aussi du premier coup d'œil jusqu'à quelle profondeur va chaque série de muscles et combien on peut enlever de leur masse pour mettre une ou plusieurs autres séries à découvert. Enfin, le nombre d'apophyses ou de côtes qu'on a coupées depuis la vertèbre jusqu'aux téguments indique combien d'espaces vertébraux ou costaux chaque muscle simple franchit depuis le point d'insertion de son aponévrose d'origine jusqu'aux téguments où elle se termine.

Quant aux muscles isolés du tronc, il convient mieux de les étudier dans chaque tronçon que l'on a fait, en les examinant par le profil.

Les muscles de la tête, des branchies et des nageoires paires, peu nombreux et plus ou moins distincts, on les prépare comme ceux des autres Vertébrés.

Pour ce qui est de la conservation des préparats de muscles, on emploie les mêmes moyens que pour ceux des autres Vertébrés.

SECONDE DIVISION.

DU SYSTÈME MUSCULAIRE DES ANIMAUX ARTICULÉS.

Le squelette ayant disparu chez les ANIMAUX ARTICULÉS, leurs muscles se rendent tous d'une pièce des téguments sur une autre, absolument comme ceux des écailles des Serpents. Mais, par cela même qu'il n'y a plus de squelette, les muscles prennent aussi une tout autre disposition, qui ne ressemble plus en rien dans les détails à celle que ces organes présentent chez les Vertébrés, et il serait de là impossible de leur trouver la moindre analogie.

Le corps de ces animaux étant divisé en un certain nombre de seg-, ments successifs, on trouve généralement deux, et quelquefois un plus grand nombre de séries de muscles longitudinaux qui se rendent des uns aux autres, et servent principalement à faire allonger ou raccourcir le corps; tandis que d'autres, placés dans des directions obliques ou transversales, sont destinés à contracter le corps ou à le contourner sur lui-même. Les muscles affectent, du reste, à peu près les mêmes formes que ceux des Vertébrés : les uns sont à fibres parallèles ou rayonnés sans tendons; et d'autres se terminent par des tendons, mais à l'une de leurs extrémités seulement. Je dois cependant faire remarquer que les muscles penniformes, les semi-penniformes et les coniques sont généralement en majorité et mieux caractérisés que chez es animaux supérieurs.

Les tendons offrent les mêmes formes que dans le premier embranchement, ils sont seulement plus ou moins cornés; et comme cette plus grande solidité les empêcherait de plier, ils présentent, surtout lorsqu'ils sont gros, près de leur insertion un petit espace mou qui leur permet de plier avec facilité. Il n'existe point de larges tendons libres membraneux en forme d'aponévrose chez les Animaux articulés.

ARTICLE PREMIER.

DU SYSTÈME MUSCULAIRE DES ANNÉLIDES.

§ Ier. *Anatomie.*

Les ANNÉLIDES, placés en tête de l'embranchement des ANIMAUX ARTICULÉS, à la suite des Poissons GALEXIENS, c'est-à-dire des Vertébrés les plus simples, n'ont encore que fort peu de muscles, surtout les premiers genres, qui sont apodes ou à peu près.

Chez les *Hirudo* (Sangsues), type de l'ordre des SICYAPODES, les téguments sont doublés d'une tunique de fibres musculaires formant une gaîne générale enveloppant tout le corps sans se diviser par segments. Cette gaîne est formée de quatre couches : la première est une lame de fibres espacées, obliques, allant d'une extrémité du corps à l'autre, en le contournant en spirale ; la seconde, tout à fait semblable à la première, a ses fibres obliques en sens opposé ; la troisième est à fibres longitudinales recouvrant uniformément les deux premières et se prolongeant de la bouche à l'anus en formant de larges faisceaux ; enfin la quatrième couche est formée de fibres transverses qu'on ne voit que dans les parties latérales du corps, et détermine la forme déprimée que ces animaux présentent.

Outre cette gaîne générale, on trouve encore plusieurs muscles se rendant des téguments en dedans sur diverses parties pour les maintenir en place; mais ils ne se répètent que vingt-trois fois dans la longueur du corps, comme tous les autres organes. A la bouche et à la ventouse qui termine le corps, les fibres transverses se développent beaucoup en formant des anneaux, et ces animaux peuvent, par ce moyen, coller les deux parties sur les corps et retirer en dedans le centre de la ventouse par la contraction des fibres longitudinales, et former ainsi le vide.

Chez les autres ANNÉLIDES, surtout chez les DORSIBRANCHES, on ne trouve plus cette gaîne générale dont je viens de parler, mais bien des muscles longitudinaux se rendant d'un segment à l'autre. Outre ces muscles, il en existe encore qui meuvent les cirrhes ou pattes de ces animaux ; et ces organes présentent une disposition particulière qu'on ne trouve que chez les ANNÉLIDES.

J'ai dit plus haut que les cirrhes étaient des soies roides qui traversaient transversalement les téguments ayant une de leurs extrémités libres en dehors et l'autre dirigée vers l'axe du corps. Leur partie intérieure, beaucoup plus longue que l'extérieure, est maintenue en place et mise en mouvement par plusieurs muscles disposés autour, comme les haubans autour d'un mât, et peuvent ainsi faire mouvoir la partie extérieure des cirrhes dans toutes les directions pour s'en servir à faire avancer le corps, à peu près comme on meut les rames d'une chaloupe.

§ II. *Dissection et conservation.*

Pour voir les muscles des ANNÉLIDES, on doit ouvrir le corps le long du dos, où il y a le moins de ces organes ; mais comme ces animaux se contractent en les plaçant pour les tuer dans une liqueur irritante, ce qui rend leur corps informe, je conseille de les noyer dans de l'eau qu'on fait légèrement tiédir ; ils s'allongent en rampant dans le fond du vase, s'affaiblissent et finissent bientôt par mourir dans l'état d'extension. On les fixera, pour les disséquer, avec des épingles sur des plateaux en liége; et après les avoir ouverts tout le long du dos, on rabattra sur les côtés les deux lèvres de la fente qu'on aura faite. En ouvrant le corps par les côtés, on verrait les muscles des membres tous en raccourci.

On conserve ces préparats dans la liqueur.

ARTICLE II.

DU SYSTÈME MUSCULAIRE DES MYRIAPODES.

§ Ier. *Anatomie.*

Les MYRIAPODES étant pourvus de pattes bien complétement organisées pour la marche, ces membres sont pourvus de *muscles* assez nombreux qui les mettent en mouvement, et autrement disposés que ceux qui meuvent les cirrhes des Annélides ; en même temps, les arceaux des segments étant solides, les muscles qui les font mouvoir sont également plus nombreux que chez ces derniers, et diversement disposés. Ces organes ressemblent déjà beaucoup à ceux des Insectes et des Crustacés, mais se répètent avec la même forme dans chaque segment. Dans la partie dorsale, il n'y a guère qu'un seul muscle allant d'un segment à l'autre et occupant toute la largeur des arceaux ; mais dans la partie inférieure, les muscles sont bien plus nombreux : on y trouve non-seulement ceux qui meuvent les pattes, mais encore plusieurs autres de formes et de dispositions différentes qui meuvent les segments, les uns pour les rapprocher et les autres pour les écarter, en même temps qu'il y en a d'obliques pour faire tourner les segments les uns sur les autres.

Enfin, on trouve sur les côtés plusieurs muscles verticaux qui rapprochent les deux arceaux pour déprimer les segments.

Le premier article des pattes ou la hanche est mis en mouvement par plusieurs muscles, les uns *extenseurs*, les autres *fléchisseurs*, *adducteurs, abducteurs* ou *rotateurs des pattes ;* mais les articles suivants ne sont guère mus que par deux muscles, un *extenseur* et un *fléchisseur.*

§ II. *Dissection et conservation.*

Quoique les MYRIAPODES aient un corps vermiforme, il est beaucoup plus convenable de les ouvrir par le côté pour voir leurs muscles, que de les ouvrir par le dos ou par le ventre ; car de ces deux dernières manières on coupe une foule de muscles qui se rendent de bas en haut, tandis que par le côté on n'en endommage aucun : c'est-à-dire qu'il faut ouvrir le corps en le coupant par le milieu , comme je l'indique dans l'article suivant au sujet des Insectes. Par ce moyen, on obtient le profil intérieur, vu par le plan médian ; et quoique le corps de ces animaux soit souvent un peu déprimé , la moitié latérale ne présente cependant pas une cavité tellement profonde qu'on n'y puisse voir facilement tous les organes.

Les segments étant d'ordinaire très-mobiles les uns sur les autres, on déchirerait facilement les muscles si on voulait couper le corps en deux dans toute sa longueur sans prendre de précaution, et d'autant plus que les segments fendus deviennent encore plus mobiles dans leurs parties ; d'où il serait presque impossible de faire un préparat un peu passable dans lequel on pût examiner ou étudier une partie quelconque, toutes étant plus ou moins endommagées.

Le seul moyen à employer pour parer à ces inconvénients est de se servir des moules anatomiques, dont j'ai donné plus haut la description. Pour cela, on choisira un sujet qui n'ait pas séjourné trop longtemps dans la liqueur, ou du moins dont les chairs ne soient pas ramollies; mais surtout un sujet qui n'ait pas été plié et replié, ce qui déchire nécessairement les muscles , et on le coule par la moitié latérale dans du plâtre bien fin. Comme le corps est généralement dépourvu de poils qui puissent se prendre dans le plâtre et servir à maintenir les segments en place , il faut attacher à chacun de ces derniers une petite épingle crochue plantée dans la partie libre de chaque cerceau. Le corps pris par sa moitié dans le plâtre, on coupe la moitié libre jusqu'au plan médian en l'enlevant par petites parties, et l'on procède, du reste, comme pour les Insectes.

La tête étant déprimée, les muscles s'y montrent en raccourci lorsqu'on l'ouvre par le côté, comme cela a également lieu pour les Insectes; il faut la disséquer en l'ouvrant par en haut ou par-dessous, ainsi que je l'indique pour ces derniers ; et voyez pour les préparations des organes masticateurs l'article relatif à l'appareil digestif des Myriapodes.

On conserve les préparats dans la liqueur.

ARTICLE III.

DU SYSTÈME MUSCULAIRE DES INSECTES.

§ Ier. *Anatomie.*

En partant des ANNÉLIDES, placés au degré le plus bas des ANIMAUX ARTICULÉS, l'organisation de ces derniers se complique de nouveau progressivement, surtout pour les organes locomoteurs, et arrive à son point culminant dans les premiers ordres de la classe des INSECTES ; d'où cette complication diminue de nouveau dans les ordres placés à la suite, ainsi que dans les autres classes du même embranchement. Chez les ANNÉLIDES les *membres* sont nuls dans les premiers genres ; dans les suivants ils sont rudimentaires, deviennent dans les genres les mieux organisés des organes de reptation déjà fort compliqués, et arrivent enfin à prendre chez les MYRIAPODES la forme de véritables *pattes* très-propres à la course. Chez les INSECTES, ces pattes, réduites à trois paires, conservent à peu près la même forme que chez ces derniers, en se modifiant toutefois dans leurs diverses parties; mais les organes du mouvement se compliquent dans cette classe d'un nouvel appareil, celui du *vol*, consistant en deux paires d'*ailes* obtenues par de simples plis des téguments des deux articles du thorax ; et ces ailes sont mises en mouvement par plusieurs muscles spéciaux, qui cependant ne sont dans le fond que les analogues de ceux qu'on trouve chez les MYRIAPODES, ou plutôt chez les LARVES D'INSECTES, dont le corps est également vermiforme; mais ces muscles se modifient considérablement par les métamorphoses. Aussi l'organisation des INSECTES est-elle aussi compliquée que celle des Vertébrés supérieurs, et surtout relativement aux muscles.

Ayant publié en 1828 une monographie anatomique du *Melolontha vulgaris*, dans laquelle j'ai décrit entre autres tous les muscles de cet insecte, donné comme type de sa classe, j'y renvoie ceux qui désirent connaître cette partie de l'organisation de ces animaux, et me borne à indiquer simplement ici les noms de ces organes dans leur ordre de classification d'après leurs fonctions.

CHAP. Ier. *Des muscles de la tête.*

> ART. Ier. *Des muscles moteurs de la tête.*
> Élévateur de la tête,
> Abaisseur de la tête,
> Rotateur de la tête,
> Fléchisseur de la tête,
> Rétracteur de la jugulaire,
> Élévateur oblique de la jugulaire,
> Élévateur droit de la jugulaire.

> ART. II. *Des muscles des antennes.* — Fléchisseur en arrière de l'antenne, prétracteur de l'antenne, élévateur de l'antenne, abducteurs et adducteurs des articles de l'antenne.

> ART. III. *Des muscles du labre.* — Élévateur.

> ART. IV. *Des muscles des mandibules.* — Adducteur de la mandibule, abducteur de la mandibule.

> ART. V. *Des muscles des mâchoires.* — Abducteur de la branche transverse, prétracteur de la branche transverse, adducteur de la branche transverse ; fléchisseur de la mâchoire, adducteur de la mâchoire ; abducteur du galea , adducteur du galea ; adducteur du palpe , abducteur du palpe ; abducteurs et adducteurs des articles du palpe.

> ART. VI. *Des muscles de la lèvre.* — Élévateur de la lèvre ; abaisseur de la langue ; élévateur du palpe, abducteur du palpe, abaisseur du palpe.

> ART. VII. *Des muscles moteurs du pharynx.* — Prétracteur du pharynx, élévateur du pharynx, constricteur du pharynx.

CHAP. II. *Des muscles du corselet.*

> ART. Ier. *Des muscles moteurs du corselet.* — Rétracteur supérieur du corselet, rétracteur inférieur du corselet, élévateur du corselet, rotateur du corselet ; occluseur du stigmate.

> ART. II. *Des muscles de la première paire de pattes.* — Premier fléchisseur de la hanche , second fléchisseur de la hanche, troisième fléchisseur de la hanche , quatrième fléchisseur de la hanche ; extenseur de la hanche ; extenseur du trochanter, fléchisseur du trochanter ; abducteur de la cuisse ; extenseur de la jambe, fléchisseur de la jambe ; extenseur du tarse, fléchisseur du tarse ; extenseur des crochets , fléchisseur des crochets.

CHAP. III. *Des muscles du thorax.*

1re DIVISION. *Des muscles du prothorax.*

> ART. Ier. *Des muscles moteurs des élytres.* —Rétracteur de l'écusson, abaisseur de l'écusson ; extenseur de l'élytre, adducteur de l'élytre, fléchisseur de l'élytre.

Art. II. *Des muscles des pattes moyennes.* — Premier fléchisseur de la hanche, second fléchisseur de la hanche, troisième fléchisseur, court extenseur de la hanche, long extenseur de la hanche; extenseur du trochanter, fléchisseur du trochanter.

(Les muscles de la cuisse, de la jambe et du tarse sont semblables à ceux de la première paire de pattes.)

2ᵉ DIVISION. *Des muscles du métathorax.*

Art. Iᵉʳ. *Du muscle expirateur dans le métathorax.*

Art. II. *Des muscles moteurs des ailes.* — Prétracteur de l'apophyse épisternale postérieure, fléchisseur latéral de la même apophyse, abaisseur du tergum, rétracteur de l'aile, abaisseur du diaphragme, abaisseur de l'aile, élévateur de l'aile, prétracteur de l'aile, extenseur antérieur de l'aile, extenseur postérieur de l'aile; releveur de la grande cupule; relaxateur de l'aile, fléchisseur de l'aile.

Art. III. *Des muscles des pattes postérieures.* — Premier fléchisseur de la hanche, second fléchisseur, troisième fléchisseur, quatrième fléchisseur, cinquième fléchisseur; premier extenseur de la hanche, second extenseur de la hanche, troisième extenseur; extenseur du trochanter, fléchisseur du trochanter.

(Les muscles moteurs de la cuisse, de la jambe et du tarse sont les mêmes que dans la première paire de pattes.)

CHAP. IV. *Des muscles de l'abdomen.*

Art. Iᵉʳ. *Des muscles moteurs des segments.* — Prétracteur supérieur du second segment, prétracteur inférieur du second segment, prétracteur inférieur du troisième segment, prétracteurs supérieurs des autres segments, prétracteurs inférieurs des autres segments; élévateur du dernier arceau supérieur, abaisseur du dernier arceau supérieur; occluseur des stigmates abdominaux.

Art. II. *Des muscles moteurs des pièces anales du mâle.* — Élévateur de la pièce anale inférieure, abaisseur de la pièce anale inférieure; rétracteur antérieur de la même pièce anale, rétracteur postérieur de la même pièce.

Art. III. *Des muscles du cloaque du mâle.* — Élévateur du cloaque, rétracteur du cloaque, transverse du cloaque, rotateur du cloaque.

Art. IV. *Des muscles du rectum.* — Abaisseur du rectum, fléchisseur latéral du rectum, sphincter de l'anus, dilatateur de l'anus.

Art. V. *Des muscles de la verge.* — Rétracteur de la gaîne de la verge, prétracteur de la gaîne, extracteur de l'étui de la verge;

fléchisseur de la pince, extenseur de la pince; extracteur de la
verge, intracteur de la verge; constricteur du prépuce, constricteur du canal éjaculatoire, éjaculateur.

ART. VI. *Des muscles des pièces anales, du cloaque, du rectum et de l'oviductus dans la femelle.* — Élévateur de la
pièce anale, abaisseur du cloaque, abaisseur de l'anale inférieure,
rétracteur postérieur de l'anale; élévateur du cloaque, rétracteur
du cloaque, transverse du cloaque : abaisseur du rectum, fléchisseur latéral du rectum ; dilatateur de l'anus, sphincter de l'anus;
rotateur du cloaque, rétracteur oblique de l'oviductus, long rétracteur droit de l'oviductus, court rétracteur droit de l'oviductus, sphincter de la vulve.

§ II. *Dissection et conservation.*

Les muscles des INSECTES étant généralement plus mous à l'état frais
que ceux des Vertébrés, et par là plus difficiles à distinguer et à disséquer, on doit faire macérer préalablement le corps de ces animaux
pendant quelques jours dans de l'alcool affaibli, comme celui dont on
se sert pour conserver les préparats anatomiques, afin de raffermir un
peu ces organes, et les rendre par là plus faciles à être disséqués. Cependant, lorsque ces animaux ont séjourné pendant long-temps dans
ce liquide, les muscles se racornissent et se détachent nettement de
leurs insertions sur les téguments, de manière qu'on éprouve la plus
grande peine à les couper sans les déplacer. Cette solution de continuité a en outre le désavantage de ne pas permettre de bien s'assurer
des points d'attache de ces organes, qu'on reconnaît cependant encore assez souvent par leurs empreintes sur les téguments. En procédant avec soin, on peut toutefois se servir encore de ces individus
ainsi altérés, ce défaut donnant même l'avantage d'être dispensé de
couper les muscles à leurs attaches ; et comme ils sont fixés aux parties circonvoisines par de légers liens fournis par les trachées, ils se
maintiennent assez bien en place pour ne pas se déranger, et l'on peut
tout aussi bien étudier leurs rapports que sur des sujets frais ; et
lorsqu'il s'agit de les enlever, on n'a qu'à couper leurs tendons avec
le microtome.

La plupart des muscles des INSECTES étant disposés de manière qu'ils
se présentent moins en raccourci lorsqu'on les voit de profil que lorsqu'ils sont vus d'en haut ou d'en bas, on reconnaît mieux leur disposition en les préparant par les côtés, et cela en commençant par la
couche formant le plan médian ou le profil intérieur, où ces organes
se montrent d'ordinaire aussi en entier ; ce qui n'aurait pas lieu si
l'on commençait par la couche sous-cutanée. Dans certains cas, on em-

ploie cependant de préférence ce dernier procédé; par exemple, pour les pattes, qui n'ont pas de parties symétriques, ou bien pour la tète, qui étant le plus souvent déprimée, a ses muscles et autres organes placés de manière qu'on les voit en raccourci par le côté. Il vaut, de là, bien mieux disséquer ces dernières parties par la face supérieure; et, en thèse générale, on doit ouvrir le corps par le côté où l'on voit les organes le moins en raccourci.

Pour mes préparations principales, j'emploie toujours la moitié droite du corps, afin d'avoir la tète de l'animal à gauche. Cela n'est pas rigoureusement nécessaire; mais en étudiant les choses constamment par le même côté, on reconnaît plus facilement les analogies qui existent entre elles, et l'on saisit surtout mieux les modifications de détails. Quoique cela paraisse au premier moment un soin bien minutieux et fort inutile, on en verra bientôt l'avantage par la difficulté qu'on éprouvera à reconnaître la ressemblance lorsqu'on examinera tout à coup un animal dans une position renversée. C'est aussi pour faciliter à ceux qui voudraient étudier les objets d'après des figures que je les place toujours dans la même disposition, et autant que possible dans le même ordre.

Pour faire le préparat du profil intérieur d'un insecte, on coupe avec le tranchoir le corps de l'animal en deux parties, ayant soin de laisser celle de droite plus grande que la gauche, afin de ne point léser les organes placés au plan médian.

Cette opération se fait facilement sur les INSECTES dont les téguments ne sont pas très-durs; mais, à l'égard des COLÉOPTÈRES, il faut agir avec précaution.

On fixe ensuite la moitié conservée sur un plateau en liége sans planter les épingles dans l'intérieur du préparat, si toutefois cela est possible, et l'on place la pièce dans un bassin plein d'eau. On enlève d'abord par parcelles tout ce qui appartient à la moitié sacrifiée du corps, en approchant ainsi petit à petit du plan médian, ayant toujours le plus grand soin de ne pas trop ébranler la moitié qu'on veut conserver, afin de ne pas désunir les organes qui s'y trouvent. En arrivant près du plan médian, il faut aussi faire bien attention de ne pas entamer les objets impairs qui s'y trouvent. La pièce ainsi préparée pour la véritable dissection, l'eau dans laquelle elle est plongée fait détacher tous les fragments des organes qu'on a détruits, et on les enlève avec soin, soit au moyen de brucelles, soit avec les aiguilles courbes ou un pinceau, soit enfin, pour les plus petites parties, en agitant simplement l'eau en soufflant dessus.

Pour pousser plus loin la véritable dissection, ou plutôt pour la commencer, on procédera du reste absolument de la même manière que pour les Vertébrés; avec cette seule différence que, vu la petitesse des objets, on est obligé de se servir d'instruments plus fins ; et c'est non-seulement de mes plus petits scalpels que je fais usage, mais le plus souvent encore des aiguilles courbes et du microtome, les ciseaux ordinaires ne pouvant plus servir du tout. On procède ainsi par couches jusqu'à la dernière ou la plus latérale.

Lorsque le corps de l'animal est mou, ou bien lorsque ses téguments, quoique solides, sont formés de pièces très-mobiles les unes sur les autres et se déplacent facilement quand l'animal est fendu en deux, on doit faire usage, pour maintenir les parties, des moules anatomiques décrits dans la première partie de cet ouvrage.

Le corps saisi dans le plâtre par la moitié qu'on veut conserver, on taille d'abord le plâtre, en lui donnant en dessus une surface plane ou légèrement convexe, passant un peu au-dessus du plan médian du corps ; coupant ensuite avec le tranchoir ou avec les ciseaux le corps au niveau de ce plan qui sert de guide, l'animal se trouve divisé. Continuant ensuite à tailler une seconde fois le moule jusqu'au niveau réel du plan médian du corps, on obtient un niveau qui peut servir de base pour prendre une foule de mesures qu'on y rapporte.

Pour préparer des pièces qu'on veut disséquer par le plan sous-cutané des muscles, il faut couper les téguments avec le plus grand soin en glissant dessus le tranchoir presqu'à plat, afin de n'enlever que juste l'épaisseur de ces derniers ; et la taille doit être faite dans le sens de la direction des fibres musculaires attachées à ces téguments, c'est-à-dire il faut que la lame n'aille pas à rebours de ces fibres pour ne pas les rebrousser. Il faut aussi avoir soin de ne pas trop scier, afin de ne pas déchirer les muscles sous-cutanés. Une fois une petite ouverture faite, on l'agrandit facilement avec le tranchoir.

Les divers articles des pattes, ceux des antennes et des palpes étant généralement très-petits, on a la plus grande peine à les tenir pour les ouvrir avec le tranchoir. Pour cela, j'imprime la pièce suivant sa longueur dans un morceau de cire, où elle se trouve à la fois retenue par les saillies du moule et par le collant de cette substance. Si cela ne suffit pas, je les fixe avec un peu de colle à bouche sur un corps solide, et, d'autres fois, je me contente de l'appuyer simplement sur le doigt.

Les préparats des muscles des INSECTES doivent nécessairement être conservés dans de la liqueur, et, autant que possible, dans un endroit obscur ; ces organes noircissent promptement lorsqu'ils sont exposés à la lumière, et ils se détériorent bientôt.

Voyez, pour la préparation des organes masticateurs, l'article relatif à l'appareil digestif des Myriapodes et des Insectes.

ARTICLE IV.

DU SYSTÈME MUSCULAIRE DES CRUSTACÉS.

§ Ier. *Anatomie.*

Les *muscles* des CRUSTACÉS, étant à peu près disposés comme ceux des Insectes, n'en diffèrent pas d'une manière notable. Je dois cependant faire remarquer que chez les DÉCAPODES les principaux muscles du torse, ceux servant au mouvement des pattes et des organes buccaux, sont le plus souvent renfermés chacun dans une cellule solide aux parois de laquelle ils adhèrent; de manière qu'il faut ouvrir ces cellules pour les voir. Ces cavités ne sont, comme je l'ai fait remarquer en parlant du têt, que le premier article des pattes ou la véritable hanche, qui s'est confondue avec le tronc en devenant immobile, et renferme ainsi naturellement les muscles qui doivent mouvoir l'article suivant resté mobile. Ces pièces fixes font généralement saillie de bas en haut dans le tronc, et présentent vers leur partie supérieure ou interne une ouverture plus ou moins large par où arrivent les vaisseaux et les nerfs. Souvent cependant ces cavités sont petites et ne logent pas tous les muscles qui meuvent le premier article de la patte, et plusieurs de ces organes sont placés dans la cavité générale du corps et plongent simplement par l'une de leurs extrémités dans les cellules; ou bien ces dernières sont presque nulles. C'est ainsi que souvent les muscles des mâchoires, et surtout ceux des mandibules, sont placés dans la cavité générale du torse.

On remarque en outre chez ces animaux la particularité qui n'existe ni chez les Myriapodes ni chez les Insectes, que leur gésier est pourvu de plusieurs muscles qui s'y rendent des parois du têt pour mouvoir les pièces de l'appareil de la rumination renfermé dans cette partie du canal intestinal.

Les yeux, toujours composés et en eux-mêmes immobiles, sont portés ensemble pour chaque côté sur des pédicules mobiles mis en mouvement par des muscles fixés dans la tête ou le tronc.

Les muscles de l'abdomen ou de la queue sont bien les analogues de ceux qu'on trouve chez les Insectes, mais ils en diffèrent considérablement par leurs dispositions, formant, surtout dans les *Astacus*, une masse très-compliquée qui demande à être préparée avec méthode pour qu'on puisse comprendre comment ces organes sont disposés les uns à l'égard des autres.

Les *muscles* des STOMAPODES ressemblent beaucoup à ceux des Décapodes, mais se rapprochent un peu plus des dispositions ordinaires chez les autres animaux articulés à téguments solides.

§ II. *Dissection et conservation.*

Pour faire des préparats des muscles des CRUSTACÉS, il faut choisir des sujets qui ne soient pas très-rapprochés de leur prochaine mue, vu qu'alors ces organes, ainsi que les nouveaux téguments auxquels ils tiennent et qui sont encore membraneux, se détachent avec la plus grande facilité des anciens, prêts à être abandonnés.

On disséquera, comme chez les Insectes, par le profil intérieur; à moins qu'un cas particulier ne le demande autrement. Mais comme le têt est le plus souvent fort dur, il sera impossible de le couper avec le tranchoir; et l'on devra employer de préférence des ciseaux ordinaires pour les petites espèces, ou bien l'ostéotome pour les grandes; ayant surtout soin de ne pas établir la première taille très-près du plan médian du corps, dans la crainte d'endommager les organes qui s'y trouvent placés, et particulièrement le gésier, qui, ainsi que je l'ai fait remarquer dans le paragraphe précédent, est mis en mouvement par plusieurs muscles. On fera même très-bien de sacrifier entièrement l'une des moitiés du corps pour ne pas endommager l'autre. La coupe longitudinale faite, on fixera la pièce sur un plateau en liége, et on procédera par les moyens ordinaires à la véritable dissection, qui doit toujours avoir lieu sous l'eau.

Plusieurs petites espèces aquatiques, telles que les DAPHNIDES, les *Argulus*, etc., ont le corps si transparent qu'on voit assez bien leurs organes intérieurs à travers les téguments; et l'on peut ainsi sans dissection, et même sur le vivant, étudier assez bien la disposition de plusieurs de leurs muscles. C'est par ce moyen que j'ai parfaitement bien vu les muscles moteurs des yeux chez les *Daphnia,* petits BRANCHIOPODES de deux à trois millimètres de long.

Les préparats de muscles de CRUSTACÉS doivent être conservés dans la liqueur, mais qui ne doit pas être acide, afin qu'elle ne ramollisse pas les parties du têt auxquelles sont fixés les muscles.

ARTICLE V.

DU SYSTÈME MUSCULAIRE DES CIRRHIPÈDES.

Anatomie, dissection et conservation.

Les *muscles* de ces animaux sont tous excessivement petits et pas encore décrits, si ce n'est celui qui lie l'animal à ses valves. Ce muscle forme de chaque côté de la tête un gros faisceau transversal qui s'épanouit de suite en une large membrane ou manteau dont la lame externe constitue les valves, que ce muscle sert à rapprocher.

Pour faire des préparats de muscles de ces animaux, et d'ailleurs de tous leurs organes, il faut commencer par enlever l'une des valves; on fixe l'autre sur un plateau en liége, au moyen des agrafes décrites dans la première partie de cet ouvrage, et l'on procède ensuite à la véritable dissection par les moyens ordinaires. On peut aussi enlever les deux valves à la fois, si l'on veut éclairer le corps par en dessous.

ARTICLE VI.

DU SYSTÈME MUSCULAIRE DES ARACHNIDES.

§ Ier. *Anatomie.*

La disposition des *muscles* des ARACHNIDES est à peu près celle des Crustacés, avec cette différence essentielle que dans le tronc ils rayonnent tous sur le centre occupé par le sternum, et que ceux qui meuvent directement les hanches des pattes s'attachent la plupart au sternum cartilagineux placé au milieu du tronc; enfin, que cette pièce est elle-même suspendue et mise en mouvement par plusieurs muscles partant soit du bouclier, soit du sternum extérieur, en rayonnant sur le même centre. Tous ces muscles sont fort nombreux, chaque hanche en recevant souvent jusqu'à neuf; ce qui fait pour les quatre paires et les mâchoires quarante-cinq paires.

Les muscles de l'abdomen des *Scorpio* ressemblent encore assez à ceux des Crustacés, Décapodes et Stomapodes; mais dans les ARANÉIDES ils prennent une disposition bien différente. Chez ces animaux les segments abdominaux sont tous confondus en une seule pièce de la consistance de cuir, doublés en dedans d'une membrane musculeuse ou musculo-fibreuse fort mince, divisés en nombreux faisceaux transverses, irrégulièrement coupés par des raphés en une foule de petits compartiments.

Dans le bas de l'abdomen se trouvent plusieurs pièces cartilagineuses faisant suite au sternum intérieur du tronc, et auxquelles se fixent plusieurs muscles qui les meuvent; enfin, postérieurement, il y a quelques muscles qui meuvent les filiaires.

Dans l'intérieur des pattes on trouve d'ordinaire deux muscles dans chaque article, destinés à étendre et à fléchir celui qui suit. Mais les crochets qui terminent les tarses chez les ARANÉIDES sont mis en mouvement par deux muscles qui naissent déjà dans le premier article du tarse, traversent le second par leurs ventres, et le suivent par les tendons pour s'insérer l'un en dessus et l'autre en dessous aux deux crochets à la fois. En entrant dans le troisième article du tarse, ces tendons passent dans une petite coulisse des bords supérieur et inférieur de ce dernier, d'où résulte qu'ils meuvent également cette partie, que l'un étend et que l'autre fléchit.

§ II. *Dissection et conservation.*

Les muscles des ARACHNIDES étant la plupart dans une disposition verticale, il est surtout nécessaire de les disséquer par le profil intérieur du corps ; mais il devient fort difficile de bien faire la première coupe longitudinale, vu que non-seulement le bouclier, le sternum extérieur et les pattes sont extrêmement mobiles et se déplacent facilement, ce qui cause de nombreuses ruptures des muscles ; mais encore le sternum cartilagineux, plus solide que les muscles, s'oppose à ce que cette coupe soit faite avec facilité. On est cependant obligé quelquefois, vu la rareté des sujets, de chercher à ménager, au moins en partie, le côté qu'on ne conserve pas, à proprement parler, afin d'y trouver encore quelques parties sur lesquelles on puisse vérifier certains faits.

Lorsqu'on possède le nombre de sujets voulu et qu'on n'ait pas à les ménager, on fera la préparation sur l'une des moitiés latérales du corps, en sacrifiant entièrement l'autre ; et alors on commence par fixer le sujet par le côté sur un plateau en liége, après avoir coupé le plus près possible du corps toutes les pattes du même côté, en ne laissant que des tronçons fort courts. On prend cette précaution pour que ces membres, en faisant levier, ne détruisent pas en se mouvant les muscles intérieurs.

Le corps fixé sur le plateau, on coupe par petites pièces toutes les parties qu'on veut sacrifier, en commençant par les pattes et allant de proche en proche jusqu'au centre, ayant soin de ne pas toucher au sternum intérieur. Celui-ci entièrement mis à nu et faisant saillie sur la moitié du corps qu'on veut conserver, on le coupe d'un seul coup longitudinalement le long de sa ligne médiane, soit avec le tranchoir, soit avec des ciseaux, en le soutenant avec une brucelle ; et l'on obtient ainsi une section parfaitement nette du corps.

Si, au contraire, on veut ménager un peu le côté enlevé, on fait la taille longitudinale en deux ou quatre coupes. Par la première on fend le sternum extérieur, sans enfoncer davantage le tranchoir ; cette pièce est ordinairement fort mince ; par la seconde coupe on fend le labre entre les deux mandibules et les mâchoires ; par la troisième, le bouclier ; et enfin, en enfonçant la lame du tranchoir plus profondément dans les deux dernières coupes, on fend d'un seul conp le sternum cartilagineux, et le tronc tombe en deux pièces. Mais il faut user de beaucoup d'adresse.

C'est principalement pour faire des préparats des muscles du tronc des ARANÉIDES que je fais usage de moules anatomiques, les pièces de cette partie se disjoignant facilement, surtout lorsqu'elles sont coupées en deux : d'où l'on risque de tout abîmer si on ne trouve pas le moyen de les maintenir en place. On coupe pour cela les pattes droites à la moitié de leur longueur, ayant soin de ne pas trop les faire mouvoir. On enduit ensuite la moitié conservée du corps, au moyen d'un pinceau, avec du plâtre très-délayé pour le faire pénétrer dans tous les interstices, et surtout entre les poils s'il y en a, pour coucher ensuite le corps par le côté dans du plâtre à la consistance de crème ; et l'on procède du reste comme il est indiqué au sujet des muscles des Myriapodes.

On conserve ces préparats comme ceux des Insectes.

TROISIÈME DIVISION.

DU SYSTÈME MUSCULAIRE DES MOLLUSQUES.

On ne trouve que fort peu de muscles distincts chez les MOLLUSQUES ; mais la majeure partie de leur corps, formant l'enveloppe extérieure, n'est qu'un lacis plus ou moins épais de fibres musculaires feutrées, dans lequel il est fort difficile de reconnaître la direction de ces dernières ; de manière que presque le tout se réduit à des préparations de tissus.

ARTICLE PREMIER.

DU SYSTÈME MUSCULAIRE DES CÉPHALOPODES.

§ Ier. *Anatomie.*

La forme générale de ces animaux dépendant principalement de la masse musculaire qui constitue l'enveloppe extérieure, je dois décrire ici en peu de mots le corps entier, afin de mieux faire comprendre la position des muscles, dont j'ai à signaler l'existence et la situation.

Le corps des CÉPHALOPODES, et surtout celui des *Sepia*, type de la classe, a la forme d'un sac dont l'ouverture est dirigée en dessous lorsque ces animaux marchent ; et c'est de cette ouverture que sortent la tête et le cou. Sur le devant, les parois du sac sont épaisses et musculeuses, et son bord antérieur est simple, transversal et libre ; mais en arrière il forme une large saillie angulaire s'avançant librement sur le cou, saillie produite par l'extrémité inférieure de la coquille contenue dans le dos de l'animal.

Le *cou*, sortant de la partie postérieure du sac, où il se continue avec le corps proprement dit , est gros, cylindrique et dirigé en dessous, en se renflant bientôt pour former la *tête*. Celle-ci présente de chaque côté un *œil* énorme, fort semblable à celui des Vertébrés, et dont je parlerai avec quelques détails au chapitre XIII de cet ouvrage. Le sommet de la tête, formant l'extrémité inférieure du corps, est couronné de huit gros prolongements coniques charnus, ou *pieds*, placés en cercle et portant sur leur face interne quatre séries de petites *ventouses* en forme de godets pédiculés , au moyen desquelles ces animaux s'attachent et marchent dans toutes les directions en s'élevant sur leurs pieds ; et c'est de cette disposition des pieds placés à la tête qu'est tiré le nom de CÉPHALOPODES assigné à cette classe de Mollusques.

Outre les huit membres locomoteurs dont je viens de parler, les *Sepia* et plusieurs autres genres en ont encore deux autres analogues, mais beaucoup plus longs et grêles, servant plus spécialement à la préhension, et désignés de là sous le nom de *bras*, nom que beaucoup de naturalistes donnent aussi aux membres locomoteurs, en les appelant tantôt d'une façon et tantôt de l'autre. Ces bras sont insérés entre la première et la seconde paire de pieds, mais plus haut dans le fond d'une grande cavité latérale de la tête, dans laquelle ils peuvent se retirer en entier en se repliant plusieurs fois sur eux-mêmes de manière à n'être aucunement visibles au dehors. Ce sont deux longs pédicules cylindriques terminés par un élargissement oval garni seul de ventouses semblables à celles des pieds, et au moyen desquelles ces animaux saisissent les objets et se tiennent accrochés.

Au centre des dix membres se trouve la *bouche*, orifice arrondi, formé de deux *lèvres* circulaires concentriques donnant dans une grande *cavité buccale*, dans laquelle est placée une grosse masse musculeuse ovale constituant proprement le *pharynx*. Cette masse, creuse dans son centre et dont la cavité se continue avec l'œsophage, est armée, à l'orifice donnant dans la bouche, d'un *bec* corné très-vigoureux, fort semblable à celui des perroquets ou des oiseaux de proie, dont il diffère toutefois en ce que la mandibule la plus crochue est placée du côté du ventre de l'animal, c'est-à-dire également en dessus comme chez les oiseaux. Ces Céphalopodes marchent la tête en bas.

Au-devant du cou on voit proéminer de l'intérieur du sac un gros cône creux ou *entonnoir,* dont le sommet, dirigé en dessous, est percé d'une ouverture ronde. Cet entonnoir à parois épaisses et musculeuses a son bord supérieur évasé, libre dans toute sa moitié antérieure, en appuyant contre les parois du sac, tandis que postérieurement cet organe est confondu avec le corps proprement dit de l'animal, formant la partie postérieure du sac ; et sur les côtés ce même bord se termine aux cartilages choaniens contenus dans l'entonnoir.

De ces cartilages part ensuite un repli musculeux entourant postérieurement le cou en formant une collerette dirigée en haut. Chacun
de ces cartilages donne en outre insertion à un gros faisceau musculeux se portant verticalement en haut dans l'intérieur du sac, en adhérant dans toute sa longueur à la face antéro-latérale du corps dont il
fait partie, en se prolongeant jusqu'au milieu à peu près de la cavité
du sac, où il se perd entièrement dans les parois de ce dernier. Enfin
d'autres muscles moins distincts se rendent des mêmes cartilages plus
ou moins transversalement en dedans, soit dans l'entonnoir, soit dans
la face antérieure du cou.

Le sac, légèrement déprimé d'avant en arrière, présente le long de
ses bords latéraux une longue crête charnue ou *nageoire*, que sa faible
largeur dans la *Sepia* rend peu efficace pour la nage.

Sous les téguments du dos se trouve placée la coquille, étendue dans
toute la longueur du sac et renfermée dans une cavité ou *capsule* à
laquelle elle n'adhère nullement, comme en général toutes les coquilles intérieures des Mollusques; et cette capsule est doublée d'une membrane séreuse assez épaisse en arrière, où elle double les téguments, et
très-faible en avant, où elle correspond à la cavité viscérale de l'animal, et se trouve elle-même doublée de ce côté par le péritoine, auquel
elle est liée par du tissu cellulaire lâche.

Au milieu de la tête se trouve le *cartilage crânien*, percé au
centre d'une grande ouverture que traverse l'œsophage ainsi que
d'autres organes, et dans lequel sont creusés latéralement les orbites
et les vestibules des organes de l'ouïe. C'est à ce cartilage que s'insèrent la plupart des muscles de la tête, du cou et des membranes.

Dans les téguments de la partie postérieure du cou est contenu le
cartilage cervical, auquel s'insèrent les muscles superficiels de cette
partie du corps; et à la base des deux premières paires de membres,
du côté de la face ventrale, est placé dans la tête le *cartilage anté-
céphalique;* enfin, le long des côtés du sac, se trouvent sous les
téguments les deux *cartilages ptérifères*, auxquels sont insérées les
deux nageoires. Ces cartilages sont situés le long de la capsule de la
coquille, et appliqués sur les muscles latéraux du sac, auxquels ils
n'adhèrent que par du tissu cellulaire; de manière que les nageoires
ne tiennent au reste du corps que par les téguments, et forment ainsi
comme un appendice de ces derniers.

Les téguments du sac se fléchissent dans son intérieur, et y forment
vers le milieu un diaphragme extrêmement mince séparant la cavité en
deux parties, dont la supérieure, occupant le fond du sac, renferme
une partie des viscères, et l'inférieure, véritable cavité du sac, est elle-
même partagée en deux par le bord évasé de l'entonnoir, lequel, en
appuyant contre les parois, laisse au-dessus une cavité close communi-

quant à l'extérieur par l'orifice de ce même entonnoir, et renfermant les branchies, l'anus, ainsi que les organes génitaux, et nommée de là *cavité branchiale* ou *respiratoire ;* tandis que la partie la plus inférieure du sac, placée autour de l'entonnoir et du cou de l'animal, ne renferme que ces derniers.

La cavité branchiale est elle-même partagée dans le fond en deux parties latérales par une cloison mitoyenne formée d'un repli très-mince de la membrane séparant cette cavité de la viscérale supérieure.

Les branchies ont la forme de deux pyramides composées de nombreux feuillets superposés, et sont insérées de chaque côté au milieu de la face ventrale du corps, ayant leur sommet dirigé en dessous et en dehors, et suspendues dans toute leur longueur à une bride membraneuse de la cavité du sac. A la base de la branchie gauche se trouve un petit tube charnue formant la *verge*, et chez les femelles les orifices des oviductus , mais un de chaque côté ; enfin , au milieu de la face ventrale du corps est un gros tube impair, dirigé en dessous dans l'entonnoir, et constituant l'extrémité du *rectum,* qui donne également issue à l'encre.

Le sac , fort épais dans ses parois, est formé d'un tissu de fibres musculaires disposées principalement en travers, mais fort difficiles à démêler.

L'entonnoir, également musculeux, forme par sa face postérieure la partie infra-antérieure du corps proprement dit; et plus haut, dans la cavité branchiale, les parois de ce dernier sont beaucoup plus minces, quoique musculeuses , et recouvrent la cavité viscérale prolongée depuis la tête jusqu'à l'extrémité du corps.

La masse du cou et de la tête est formée principalement de muscles longitudinaux se rendant du tronc dans la base des pieds et des bras, et se trouvent croisés par quelques muscles transverses, dans la description desquels je ne puis pas entrer ici.

Les pieds sont formés d'une masse musculeuse renfermant dans le milieu une cavité tubuleuse dans laquelle passent les vaisseaux et les nerfs. Quoique la direction des fibres musculeuses des pieds soit difficile à reconnaître, on y distingue cependant plusieurs couches, surtout apparentes chez les *Octopus*, dont les pieds sont plus gros. La première constitue chez ces derniers une lame qui double les téguments, et se trouve elle-même formée à la face externe de fibres transversales, et plus en dedans de fibres longitudinales. Sous cette lame vient une masse plus considérable de fibres placées suivant la longueur des membres, et au centre enfin les fibres sont rayonnées.

Les ventouses des *Sepia* sont trop petites pour pouvoir être disséquées ; celles plus grandes des *Octopus* sont mises en mouve-

ment par plusieurs muscles spéciaux : les uns se rendent du pourtour
sur la surface du pied, et servent à les faire changer de place ; d'autres
fibres disposées circulairement forment le godet de chaque ventouse,
et plus particulièrement ses bords ; tandis que dans le centre les fibres
sont rayonnées.

Les mandibules du bec sont mises en mouvement par plusieurs muscles formant le pharynx, masse ovale placée dans le fond de la cavité
buccale , et dans laquelle le bec est enchâssé. Ce bec ne forme ainsi
pas, comme chez les Oiseaux, l'orifice de la bouche, mais bien l'entrée du pharynx, et fait simplement saillie au dehors.

Les *Loligo* offrent une organisation à peu près semblable à celle
des *Sepia*, dont ils diffèrent principalement en ce que leur coquille
est de consistance cornée et non calcaire ; que leurs nageoires ne garnissent que la partie supérieure du sac, mais font plus de saillie que
chez les *Sepia*. On y distingue parfaitement trois couches de fibres
musculaires, deux superficielles, transversales, formant des faisceaux
parallèles fort gros, droits, espacés, et placés à côté les uns des autres
avec une très-grande régularité. La couche moyenne est au contraire à
fibres longitudinales dirigées obliquement de bas en haut, et en dedans,
plus serrées, moins distinctes et moins régulières. Le long de la partie
interne ou dorsale de chaque nageoire règne une large bande musculeuse à fibres longitudinales appartenant à cette couche moyenne , et
dont la face antérieure adhère au cartilage ptéryfère. Dans le reste
du corps, et surtout dans le sac, il est, de même que chez les *Sepia*,
très-difficile de reconnaître la direction des fibres, qui sont toutefois
le plus souvent transversales.

Les *Octopus* diffèrent des *Sepia* en ce qu'ils n'ont pour toute coquille que quelques grains calcaires placés dans les téguments ; qu'ils
sont privés des deux bras, et n'ont en conséquence que les huit pieds,
d'où le nom qu'on leur a donné. Les membres ne portent que deux
rangées de ventouses, et ces animaux sont en outre dépourvus de
nageoires.

A la base de chacune des branchies se trouve au côté interne un
petit tube communiquant dans une poche intérieure contenant les
branches de la veine cave et les corps jaunes, que CUVIER a nommés
à tort *cavité veineuse* , ce qui semble indiquer que c'est un sinus
sanguin.

§ II. *Dissection et conservation.*

Pour voir les muscles de l'intérieur du sac des CÉPHALOPODES , et
surtout des *Octopus*, des *Sepia* et des *Loligo*, on doit fendre le sac
le long de la face antérieure, en partant de l'ouverture, mais un peu
à côté de la ligne médiane , pour ne pas léser la cloison qui divise

longitudinalement la partie supérieure de ce sac en deux moitiés latérales. On fera ensuite une seconde taille de l'autre côté de cette cloison, afin d'ouvrir les deux cavités. De cette manière on laissera entre
les deux fentes une bande étroite du sac, à laquelle est fixée la cloison, et servant à la maintenir lorsqu'on voudra bien voir sa disposition; mais il faut avoir soin de ne pas trop enfoncer le scalpel pour ne
pas ouvrir l'une des cavités viscérales placées le long du corps et formées par des membranes très-faibles, surtout la plus supérieure, placée dans le fond du sac, où la cloison est fort étroite, et les parois du
sac par conséquent très-rapprochées de cette cavité.

Le sac ouvert, on fendra également l'entonnoir dans sa longueur,
et après avoir examiné l'orifice de l'anus, on y placera de suite une ligature pour empêcher la sortie de l'encre, qui noircirait le préparat.
Il est sans doute inutile de dire qu'avant même il faut avoir soin de ne
pas fortement comprimer l'animal en le maniant, afin de ne pas faire
écouler cette encre avant d'avoir pu sous-lier son canal excréteur. La
bourse contenant cette encre étant placée chez les *Octopus* au-dessous des branchies à la face antérieure du corps et sous des téguments
très-faibles, il faut avoir soin de ne pas l'ouvrir par inadvertance en
disséquant d'autres parties.

On rabat les parties latérales du sac sur le plateau en liége, où on
les fixe avec des épingles, et l'on voit parfaitement les principaux muscles dont j'ai parlé plus haut, ainsi que toutes les parties contenues
dans le sac. Quant aux muscles de la tête et des pieds, on pourra les
examiner sur différentes faces se répétant dans chaque pied.

La direction des fibres étant souvent fort difficile à reconnaître sur
des individus tout à fait frais, on devra les examiner sur ceux qui ont
séjourné pendant quelque temps dans de l'alcool affaibli, où elles sont
plus fermes et plus apparentes.

ARTICLE II.

DU SYSTÈME MUSCULAIRE DES GASTÉROPODES.

§ I. *Anatomie.*

Les GASTÉROPODES ont le corps allongé, plus ou moins cylindrique
ou ovale en dessus, sans membres, mais formant en dessous un disque
aplati, ou *pied*, sur lequel ils rampent : d'où le nom qu'on a donné
à cette classe.

Ces animaux semblent se partager en deux divisions. La plus nombreuse en espèces a le corps distingué en deux parties dont l'une constitue le corps proprement dit, et l'autre une véritable hernie naturelle
nommée *tortillon*, sortant du milieu du dos, et renfermant en

grande partie les viscères ; hernie elle-même reçue dans la coquille calcaire conique , contournée d'ordinaire en spirale. Dans les autres GASTÉROPODES , formant la seconde division , le corps est réduit à la première partie, ces animaux n'offrant aucune trace de la hernie ; mais on trouve souvent chez eux une coquille intérieure ou extérieure, placée sur le dos, mais qui n'est que rarement un peu spirale.

Chez tous les GASTÉROPODES la partie antérieure du corps est tronquée sans former de *tête* distincte ; mais elle reçoit toutefois ce nom comme portant la *bouche*, placée à son extrémité, et deux ou quatre *tentacules* sensitifs , ainsi que deux *yeux* simples. La partie postérieure du corps se termine au contraire le plus ordinairement en une languette triangulaire recevant le nom de *queue*, quoique le pied s'y prolonge dans toute sa longueur.

Le corps est recouvert d'une lame charnue , en forme de bouclier plus ou moins débordant, nommée le *manteau*, mais qui n'occupe chez un très-grand nombre d'espèces que la partie moyenne du dos. C'est du milieu de ce manteau que sort la hernie.

Les espèces sans hernie, respirant par des *branchies*, ont ces organes disposés sur diverses parties du corps et affectant différentes formes, suivant les ordres. Chez les NUDIBRANCHES ils présentent l'apparence de petits arbuscules placés sur le dos, tandis que chez les INFÉROBRANCHES et les CYCLOBRANCHES ce sont au contraire des séries de lamelles situées sous les bords du manteau ; et chez les Gastéropodes à hernie les organes de la respiration , soit branchies, soit poumons, sont toujours placés sous la coquille, et généralement dans la première partie de la hernie.

Les *Doris*, type des espèces sans sac herniaire et sans coquille , ont le corps ovale, bombé et recouvert d'un manteau débordant de toutes parts. Chez les *Limax*, type de celles à coquille rudimentaire intérieure, le corps est au contraire fort allongé, cylindrique en dessus dans sa partie antérieure, et atténué en pointe à son extrémité postérieure ; et le manteau, beaucoup plus court que le corps, n'occupe que la partie antérieure de ce dernier, et ne lui adhère que dans sa moitié postérieure, formant en avant une lame libre sous laquelle la tête peut se retirer ; et dans la partie adhérente se trouve une coquille en forme de petite lame mince, ovale et plane, renfermée dans une cavité ou *capsule* fort grande, dont elle occupe la partie postérieure sans adhérer en rien aux parois. Cette coquille rudimentaire se trouve au-dessus de la cavité respiratoire, et déjà au lieu où se fait la hernie chez les espèces à coquilles spirales extérieures.

Chez les Gastéropodes sans hernie la cavité viscérale occupe toute la longueur du corps en se prolongeant d'ordinaire jusqu'à l'extrémité de la queue.

Les espèces à coquille extérieure non spirale, telles que les *Patella*, ont un corps ovale, à manteau débordant de toutes parts avec les branchies, en forme d'une série de lamelles, sous les bords de ce dernier; et, quoiqu'il n'y ait point de hernie proprement dite, le milieu du dos n'est recouvert que d'une tunique extrêmement faible, semblable à celle du sac herniaire des autres Gastéropodes, et se trouve protégé par la coquille, qui recouvre tout le corps.

Enfin, chez les Gastéropodes à hernie et à coquille spirale, comprenant l'ordre des PECTINIBRANCHES et la plupart des PULMONÉS et des TECTIBRANCHES, et dont on a un exemple dans les *Helix* (colimaçons), le manteau n'occupe que la partie moyenne du dos, comme chez les *Limax;* et c'est de son milieu que sort le sac herniaire, qui prend la forme d'un cône plus ou moins allongé, contourné en spirale comme la coquille qui le recouvre : d'où le nom de *tortillon;* et chez ces animaux la plupart des viscères, qui dans les autres Gastéropodes se trouvent dans le pied, sont au contraire renfermés dans la hernie.

Ce tortillon est formé d'une expansion péritonéale revêtue d'une lame tégumentaire si mince qu'on a de la peine à séparer les deux feuillets, et a de là besoin d'être recouverte par une coquille qui la garantit contre les corps étrangers, mais à laquelle il n'adhère qu'au milieu à peu près de la longueur de la columelle.

Dans la partie la plus antérieure de la cavité viscérale, répondant à la tête, se trouve généralement chez tous les GASTÉROPODES une grosse masse musculeuse ovale, constituant le *pharynx* et formée d'un grand nombre de muscles bien distincts qui se recouvrent dans différentes directions pour servir aux mouvements des organes buccaux, et dont les superficiels se rendent sur les parois du corps, avec lesquelles ils se confondent.

Immédiatement derrière cette masse se trouve le *cerveau*, placé au-dessus de l'origine de l'*œsophage;* et sous ce dernier, le principal renflement central du système nerveux, ou *névrosome sous-œsophagien.* Au milieu du corps sont placés l'*estomac* et la majeure partie des *intestins* avec les *organes génitaux.* Enfin le *foie* et une partie des *circonvolutions intestinales* occupent l'extrémité postérieure de la cavité viscérale, et surtout le tortillon.

Les organes de la respiration des espèces à coquille extérieure se trouvent toujours placés sous cette dernière, dans la partie la plus antérieure du sac herniaire.

Les parois de la partie principale du corps des GASTÉROPODES sont formées d'un lacis presque inextricable de fibres musculaires produisant par leurs contractions des flexions en tous sens du corps. En examinant cependant ce tissu avec quelque attention dans un *Limax*, on remarque que la partie inférieure, ou le pied, est plus particulièrement formée de fibres transversales, partant de la région moyenne pour se rendre en dehors vers les bords du pied, et ces fibres sont croisées par d'autres longitudinales plus fines.

La partie supérieure du corps est au contraire composée de plusieurs couches : la première intérieure, à fibres transversales mêlées d'obliques très-espacées, les unes allant de dedans en dehors et en avant, et les autres en sens contraire ; la seconde couche est plus particulièrement formée de fibres obliques ; la troisième est à fibres longitudinales, fortes et serrées le long des bords latéraux du pied, et devenant de plus en plus faibles et plus espacées vers la région dorsale; enfin la couche la plus superficielle est de nouveau à fibres transversales mêlées d'obliques.

En faisant ramper un *Limax* ou un *Helix* sur une plaque de verre de manière à voir la face centrale du pied pendant que l'animal chemine, on y remarque une bande longitudinale d'environ 5 millimètres de large, prolongée de la tête à la queue, et dans cette bande des ondulations allant d'arrière en avant. On compte à peu près de dix à onze de ces ondes qui se suivent et partagent la bande en autant de parties. Ces ondes sont dues aux fibres de cette bande, qui soulèvent la partie correspondante du pied pour la porter en avant et la poser de nouveau, absolument comme le font les *Iulus*, en soulevant et en portant en avant à la fois un certain nombre de leurs pieds successifs. Sitôt qu'une partie du pied est portée en avant, celle qui suit commence à se détacher, et ainsi jusqu'à l'extrémité de la queue ; ce qui produit les ondes qu'on aperçoit.

Cette bande devient saillante en plaçant l'animal dans quelque liqueur qui contracte le corps. Mais en la disséquant je n'ai rien pu trouver de plus que dans les parties latérales du pied.

Tous les GASTÉROPODES ont en outre plusieurs muscles spéciaux bien distincts et plus ou moins vigoureux, servant à contracter le corps pour le faire rentrer dans lui-même et dans la coquille lorsqu'elle existe.

Chez les *Helix*, par exemple, une très-large lame musculeuse, formée des fibres qui constituent la couche interne de la région latérale antérieure du corps proprement dit, se détache de la région dorsale de ce dernier, le long de la moitié postérieure de l'origine du sac herniaire, et pénètre dans celui-ci, contourne la columelle, se rétrécit de plus en plus, et s'y fixe après avoir fait un tour de spire.

Deux autres muscles fort vigoureux, ou les *rétracteurs du corps*, constituant une paire, se fixent au même point de la columelle que le muscle précédent, sur lequel ils sont immédiatement appliqués. Ces deux muscles, après avoir également fait un tour de spire, pénètrent

26.

dans le corps proprement dit, se divisent en plusieurs chefs placés
au-devant les uns des autres, et vont, en se dirigeant en avant et en
dessous, se confondre avec le tissu musculeux des bords latéraux du
pied de la partie antérieure du corps dans toute sa longueur.

Les deux faisceaux les plus antérieurs de chacun de ces muscles,
formant les *rétracteurs des tentacules*, s'en détachent librement
et pénètrent, l'un dans le grand tentacule, et l'autre dans le petit en
se fixant au sommet.

Un autre muscle, ordinairement impair, les deux étant réunis, ou
le *rétracteur de la tête*, forme une large bandelette fixée au même
point de la columelle et est appliqué sur le milieu des deux muscles
dont je viens de parler. Ce muscle pénètre avec eux dans la partie
antérieure du corps proprement dit en se dirigeant vers la tête. A une
petite distance en arrière du cerveau, les deux muscles qui composent
ce tronc commun se séparent et passent dans le collier de l'œsophage,
anneau formé par le cerveau et les névrosomes moyen et inférieur de
la moelle épinière, et qui traverse aussi l'œsophage, sous lequel ces
deux muscles sont placés, et vont se fixer à la partie infra-postérieure
de la masse musculeuse qui constitue le pharynx.

Le muscle *rétracteur de la verge* est un cordon grêle, filiforme, fixé au manteau près du bord antérieur du sac herniaire, d'où
il se porte en avant et à droite pour aller s'insérer à la base de la
verge, placée à droite en arrière de la tête.

Les GASTÉROPODES SCUTIBRANCHES et CYCLOBRANCHES offrent dans
leurs muscles des différences assez grandes, comparés à ceux des autres ordres. Chez les premiers on trouve, dans le genre *Halyotis*,
encore un véritable sac herniaire, quoique fort petit, reçu dans une
coquille dont le dernier tour de spire est si grand qu'il constitue la
coquille presque entière, laquelle prend de là la forme d'un large
bouclier ovale recouvrant le milieu du dos, et se trouve de tous côtés
débordée par le manteau. Cette coquille adhère au corps de l'animal,
comme chez les PULMONÉS et les PECTINIBRANCHES, par un seul muscle, mais formant un très-gros tronc placé à peu près au centre
de la coquille, et par conséquent au milieu du dos, tandis que
tout autour le manteau est détaché. Sous la majeure partie de la portion antérieure gauche de ce dernier se trouve, comme chez les PEC-
TINIBRANCHES, la cavité branchiale : de même ouverte en avant pour
donner un libre accès à l'eau ; mais, outre cette grande ouverture,
le plafond de cette cavité est fendu longitudinalement dans le milieu, et la fente correspond à une série de trous percés dans la coquille, par où l'eau peut également entrer et sortir ; et les branchies
forment de chaque côté deux pyramides composées de petites lamelles
superposées.

Dans le genre *Fissurella*, voisin des *Halyotis*, la disposition des muscles ainsi que celle de la coquille s'éloignent déjà beaucoup plus de ce qu'on voit chez les PECTINIBRANCHES en se rapprochant davantage de celle qui caractérise les CYCLOBRANCHES et les ACÉPHALES OSTRACODERMES. En effet, la coquille n'a plus rien de spiral et présente la forme d'un cône droit très-évasé recouvrant le milieu du manteau, et spécialement la cavité respiratoire, comme chez les *Halyotis*; mais il n'y a plus de véritable hernie, et le muscle par lequel l'animal tient à sa coquille n'est plus central, comme chez ces derniers, et forme au contraire un grand anneau ouvert en avant comme un fer-à-cheval par lequel le manteau est fixé aux bords de la coquille. Dans la partie centrale de cet anneau, le manteau ne présente qu'une lame mince formant le plafond de la cavité branchiale, et celle-ci communique au dehors au-dessus du cou, entre les deux branches du fer-à-cheval, par une large ouverture, comme chez les PECTINIBRANCHES et les *Halyotis*, et en outre par une seule ouverture percée au sommet de la coquille, rappelant les trous de la coquille de ce dernier genre ; et les branchies, également en forme de pyramides feuilletées, sont placées symétriquement aux deux côtés du dos.

Dans les *Emarginula* tout est disposé comme chez les *Fissurella*; seulement il n'y a point de trou au sommet de la coquille, mais une petite fente au bord antérieur, qui semble indiquer d'une autre manière la série des trous des *Halyotis*.

Chez tous les SCUTIBRANCHES le *cœur* est placé près de la partie postérieure des branchies, et son *ventricule* est traversé par le *rectum*, comme chez les MOLLUSQUES ACÉPHALES.

Dans l'ordre des CYCLOBRANCHES la coquille, en forme de cône très-évasé chez les *Patella*, est absolument disposée comme dans les genres *Fissurella* et *Emarginula*, en adhérant au corps également par un muscle en forme de longue bande courbée en fer-à-cheval ; mais les branchies, au lieu de se trouver dans une cavité antérieure du manteau, forment une série de lamelles placées tout autour du muscle, sous les rebords de ce dernier, excepté en avant, où les branches de ce muscle sont écartées.

§ II. *Dissection et conservation.*

On conçoit, d'après ce que je viens de dire des muscles des GASTÉROPODES, que les préparations de ceux de l'enveloppe se bornent en grande partie à des dissections de tissus, mais dont on peut toutefois faciliter l'étude en faisant préalablement tremper pendant quelques jours ces animaux dans de l'alcool affaibli. Quant à la préparation des muscles spéciaux, il suffit, pour mettre la masse musculeuse du pharynx à découvert, d'ouvrir la partie antérieure du corps, le long de la ligne médiane, et de rabattre sur le côté les bords de la fente, en les fixant au plateau avec des épingles, et l'on détache les muscles assez nombreux qui la composent en les séparant par couche, ce qui est facile malgré la petitesse des objets.

Pour ce qui concerne les autres muscles spéciaux, tels que ceux qui retirent la tête sous le manteau, ou dans l'intérieur de la coquille chez les PECTINIBRANCHES et les PULMONÉS, il faut commencer par enlever petit à petit toute la partie extérieure de la coquille, excepté celle du sommet de la spire, où les muscles ne se prolongent pas, et ne laisser inférieurement que la partie cachée ou columellaire, qui servira de support au tortillon. On ouvrira ensuite le corps en dessus, depuis la tête jusqu'au bord antérieur du sac herniaire, et l'on poursuivra la fente le long du milieu des tours de spire de ce dernier, jusque vers le sommet de la coquille, en traversant la cavité respiratoire occupant la moitié antérieure et supérieure du dernier tour de spire.

Le corps ainsi ouvert, on rabat les lèvres de la fente qu'on coupe au ras des bords de la columelle ; soulevant ensuite les viscères, et mieux encore en les enlevant avec précaution, on trouve les muscles rétracteurs du corps appliqués contre la columelle.

Pour faire des préparations des muscles de GASTÉROPODES PECTINI-BRANCHES et PULMONÉS, et en général pour préparer tout autre organe intérieur de ces animaux, il faut se servir, autant que possible, d'individus non contractés ; car dans ceux rentrés en eux-mêmes, pour se cacher dans leurs coquilles, on trouve tout renversé dans un état où il est difficile de reconnaître la position normale des organes. Quant aux GASTÉROPODES PULMONÉS, il est assez facile de les avoir bien étendus, vu qu'il suffit de les faire périr par asphyxie en les tenant pendant quelque temps submergés dans de l'eau légèrement tiède, qu'on fait préalablement bien bouillir afin de la purger de l'air qu'elle tient en dissolution. Ils ne tardent pas à sortir de leur coquille pour chercher l'élément respirable, s'étendent et, s'affaiblissant graduellement sans éprouver d'irritation qui les fasse contracter, ils périssent bientôt en restant étendus ; mais il ne faut pas les mettre de suite après dans une liqueur caustique et irritante, car ils s'y contracteraient encore par l'effet de leur grande irritabilité. J'en ai vu qui se sont réduits ainsi de plus de la moitié de leur longueur dans de l'alcool, après être restés noyés pendant vingt-quatre heures. Je conseille en conséquence de les laisser plusieurs heures dans l'eau dans laquelle ils sont morts, et de les mettre ensuite dans une liqueur conservatrice très-faible, qu'on rend peu à peu plus concentrée. Pour ce qui est des Gastéropodes aquatiques à coquille spirale, tels que les PECTINIBRANCHES, le même procédé ne peut être employé, et je n'ai jamais pu parvenir à les faire bien étendre.

ARTICLE III.

DU SYSTÈME MUSCULAIRE DES ACÉPHALES.

§ Iᵉʳ. *Anatomie.*

Les *muscles* libres des ACÉPHALES sont encore moins nombreux que chez les Gastéropodes, ces animaux manquant de la masse musculeuse du pharynx. Nous avons vu, en parlant des parties solides, que le corps des OSTRACODERMES était renfermé entre deux valves latérales, auxquelles il est fixé par plusieurs muscles; qu'il est plus ou moins comprimé, allongé dans le sens des valves, et toujours placé contre la charnière, mais n'atteint pas chez tous les bords opposés des valves. Il ne se divise point en parties principales bien distinctes, et l'on n'y remarque surtout aucune trace de tête, caractère d'où est tiré le nom donné à la classe. La *bouche*, qui indique simplement l'endroit où devrait se trouver la tête, est un simple orifice sans organes masticateurs situé à l'extrémité antérieure du corps, le plus souvent près de la commissure des valves, au-devant de la charnière, au côté opposé au ligament; et l'*anus* est placé à l'autre extrémité du corps, également vis-à-vis la jonction des valves. La partie supérieure du corps avoisinant le ligament et la charnière constitue toujours le sac viscérale, et renferme entièrement le *foie*, l'*estomac* et la majeure partie des *intestins*, et quelquefois aussi des prolongements de l'*ovaire*. Plus en arrière, au milieu du dos, est le *cœur*, traversé par le rectum. La partie inférieure du corps forme, dans ceux qui sont les mieux organisés, une masse musculeuse allongée, constituant le *pied*, rappelant par sa position, et quelquefois par sa conformation, celui des Gastéropodes; mais ne sert guère à un véritable rampement, et simplement à pousser le corps en avant, ou bien à fixer momentanément l'animal. Si ce n'est chez les *Pectunculus*, qui ont, dit-on, un pied discoïde comme celui des Gastéropodes. Ce pied, fort volumineux dans certaines espèces, est très-petit et en forme de langue chez d'autres, pour disparaître même complétement dans les *Ostrea* et genres voisins. La plupart des auteurs qui ont parlé de ces animaux disent que le canal intestinal pénètre dans le pied et y fait plusieurs circonvolutions; mais c'est une erreur venue de ce qu'on a généralement appelé pied toute la partie antérieure du corps, quoiqu'il soit toujours bien distinct de celle qui renferme les viscères placés au-dessus.

Le corps est renfermé entre deux lames membraneuses latérales ou *manteau*, doublant les valves auxquelles elles adhèrent dans leur pourtour, à l'exception de leur partie dorsale, où les deux lames se continuent l'une sur l'autre. Cette adhérence a lieu au moyen d'un

bourrelet musculeux plus ou moins large, formé principalement
de fibres rayonnant vers le centre des valves, et dont une partie se
prolonge, d'un côté, à une petite distance dans le milieu de la lame,
en y formant une couche extrêmement mince, et de l'autre vers le
bord des valves en formant un *limbe* mince, bordant ce bourrelet et
appliqué contre les valves; mais la partie centrale des deux lames du
manteau n'est qu'une membrane très-mince, non fibreuse, dans laquelle se prolonge souvent l'ovaire.

Le bord interne du bourrelet du manteau se prolonge dans beaucoup d'espèces en une crête musculeuse, plus ou moins saillante, dirigée en dedans vers la crête opposée, qu'elle peut joindre, et forme
avec elle une cavité close sans que les valves ne soient jointes, et dans
laquelle est placé tout le corps. Cette crête est surtout très-saillante
chez les *Lima*.

Les *branchies* forment d'ordinaire de chaque côté deux grandes
lames composées chacune de deux feuillets fixés latéralement le long
du corps au moyen de trois bandes très-étroites, en apparence ligamenteuses, constituant leurs *bases*, les deux feuillets moyens appartenant aux deux branchies n'en ayant ensemble qu'une seule. Ces
branchies, dirigées en bas vers le bord des valvules, sont appliquées
l'une sur l'autre contre le corps, et librement recouvertes par le
manteau qui n'adhère à ce dernier qu'au-dessus des branchies.

Chez beaucoup d'OSTRACODERMES, tels que les *Anodonts*, les deux
valves sont réunies par deux muscles *clôteurs*, cylindriques, excessivement gros, allant transversalement de l'une à l'autre, et servant à les rapprocher avec force pour clore la coquille. Ces deux
muscles, dont l'un est placé à l'extrémité antérieure du corps, plus
bas et au-devant de la bouche, et l'autre à l'extrémité postérieure
au-devant de l'anus, ne se fixent point au manteau, lequel se réfléchit autour d'eux en leur formant une gaîne, de manière que ces
muscles sont réellement placés hors de la cavité, comme les viscères
des Mammifères sont hors de la cavité du péritoine. Mais outre ces
deux muscles clôteurs des valves, quelques genres, et entre autres les
Venus, en ont encore un troisième, que personne n'a indiqué, que
je sache. C'est un véritable digastrique, dont chaque ventre s'attache à l'une des valves en arrière du centre de ces dernières, par
un large empatement fixé seulement par son pourtour, à l'exception
de sa partie postérieure où cet empatement est détaché de la valve,
de manière que son empreinte sur celle-ci a la forme d'un fer-à-cheval,
et se continue dans les deux branches avec l'empreinte du bourrelet
du manteau. C'est sans doute cette forme de l'empreinte de ce muscle
qui a fait dire à CUVIER, qui n'a probablement examiné que les valves,
qu'il y avait là, chez le *Tellina*, un repli du manteau dans lequel se

retiraient les deux siphons dont leur manteau est pourvu ; tandis que
ce prétendu repli n'existe pas. Ce muscle se rétrécit graduellement chez
les *Venus*, en se portant obliquement en dedans et en arrière pour se
continuer avec celui du côté opposé, par une partie moyenne fortement étranglée en une espèce de tendon intermédiaire. Ce muscle est
placé sur le trajet d'une cloison transversale que le manteau forme
vers sa partie postérieure, et partage la cavité de ce dernier d'abord
en deux parties, une très-grande, antérieure, ou *cavité respiratoire*, renfermant la bouche, le pied et les branchies ; et une postérieure, beaucoup plus petite, largement ouverte en arrière, dans
laquelle sont placés les deux siphons musculeux du manteau, dont je
parlerai un peu plus bas. Cette cloison part du bord inférieur du
manteau, et se porte en haut, passe immédiatement derrière le
muscle *clôteur moyen* ou digastrique, et se replie ensuite obliquement en arrière, contourne en arrière le muscle clôteur postérieur,
et rejoint au-dessus de ce dernier le bord du manteau. Outre ces deux
cavités, il en existe encore chez les *Venus* une troisième moyenne
qu'on peut nommer *dorsale* ou *anale*, dans laquelle se trouvent
placés le muscle clôteur postérieur, le *rectum* passant derrière ce
muscle, la partie postérieure du corps viscéral, l'*ovaire* et le *cœur*.
Cette cavité est séparée de la postérieure par la cloison dont je viens
de parler, et de l'antérieure par une autre toute petite, partant de la
face antérieure du muscle clôteur moyen, pour se porter obliquement
en haut sur l'extrémité des bases des branchies, et se continue latéralement en une membrane fort mince qui se rend du bord postérieur
de la branche externe en arrière sur le muscle clôteur postérieur.
C'est dans cette cavité que s'ouvrent le rectum et l'ovaire. Elle communique au dehors par un gros tube cylindrique musculeux ou *siphon anal*, dont l'orifice est immédiatement au-dessus du tendon
du muscle clôteur moyen ; et elle communique avec la cavité antérieure du manteau par une simple fissure placée entre la partie postérieure de la base des feuillets moyens des branchies et le corps. La
cavité antérieure, ou respiratoire, quoique largement ouverte lorsque
les valves sont écartées, communique encore avec l'extérieur quand
elles sont jointes par un autre tube musculeux ou *siphon respiratoire*, entièrement semblable à celui que je viens de décrire, et sous
lequel il est placé, en s'ouvrant dans la cavité antérieure immédiatement sous le tendon du muscle clôteur moyen.

Outre les muscles dont je viens de parler appartenant principalement aux valves qu'ils rapprochent et le bourrelet musculeux du
manteau, le corps est fixé aux valves par une paire de muscles *releveurs postérieurs du manteau*, faisceaux musculeux qui terminent supérieurement la cloison, et placés dans la commissure de cette

dernière et la partie postérieure du manteau, dans laquelle le bourrelet ne se prolonge pas; partie simplement appliquée contre les valves, et le faisceau musculeux contourne avec la cloison le muscle clôteur postérieur et se fixe à la valve au-dessus de celui-ci.

Quant au corps proprement dit de l'animal, il est fixé aux valves par trois paires de muscles, dont l'une supra-antérieure ou *prétracteurs du corps* forme un petit faisceau attaché à la valve près de la charnière. Ce faisceau se porte en arrière et étale ses fibres sur la partie supérieure du corps, en les croisant avec celles des autres muscles.

La seconde paire, ou les *releveurs antérieurs du corps*, forme de chaque côté un faisceau plus fort que celui de la première paire et fixé au bord de la valve en dehors et en arrière de ce dernier, d'où il se porte en dedans et en dessous, s'unit à celui du côté opposé pour ne constituer avec lui qu'un seul gros muscle dont le faisceau principal des fibres forme le bord antérieur du sac viscéral; tandis que les superficielles s'écartent et s'étalent dans les parois latérales de ce même sac, en se prolongeant également jusque dans le pied.

La troisième paire, ou les *rétracteurs du corps,* bien plus vigoureux que les deux premiers, s'insère aux valves en haut du muscle clôteur postérieur, au-devant du releveur du manteau. De cette attache le muscle se porte obliquement en dessous, en dedans et en avant, s'unit à celui du côté opposé, et, après avoir formé avec lui un gros faisceau commun, il étale, comme les deux premiers, ses fibres sur la partie postérieure du sac viscéral, en les prolongeant de même jusque dans le pied. C'est dans la bifurcation que forment les deux muscles que passent le rectum et l'aorte; et dans la cavité ménagée au-devant d'eux, entre le dos de l'animal et le manteau, se trouvent en avant et en arrière l'*ovaire,* et dans le milieu le *péricarde.*

Les parois de la partie viscérale du corps sont formées exclusivement par les fibres de ces trois paires de muscles, qui s'y entre-croisent obliquement, et forment une lame épaisse, d'un tissu serré, et adhèrent aux viscères; car il n'y a pas réellement de cavité viscérale.

Le *pied* est, comme celui des Gastéropodes, une masse charnue, fort épaisse et longue; mais comprimée, à bord inférieur aigu, creusé d'un sillon longitudinal, et dans lequel les fibres musculaires semblent s'entre-croiser dans tous les sens: il est du moins fort difficile de reconnaître leur direction, et il serait surtout trop long de l'indiquer ici.

On retrouve en partie les mêmes muscles chez les autres OSTRACODERMES: mais pas tous. Chez les *Anodonts* il manque le clôteur moyen des valves, ainsi que la cloison postérieure du manteau, et les siphons sont réduits à un simple orifice du manteau placé sous le bord supérieur au-devant même du muscle clôteur postérieur. Chez les *Lima,* il manque de plus le muscle clôteur antérieur, et le pied est réduit à un très-petit disque placé au-devant d'un gros pédicule cylindrique, et ne peut guère servir qu'à fixer momentanément l'animal. Enfin les autres muscles prennent des dispositions différentes dues aux changements que le manque du clôteur antérieur et la petitesse du pied ont causés. Chez le *Mytilus edulis*, le muscle clôteur antérieur manque également; le postérieur est proportionnellement plus petit que chez les *Venus*, et on retrouve chez eux la cloison postérieure du manteau avec un rudiment du muscle clôteur moyen, et un seul tube très-gros mais fort court, communiquant de l'extérieur dans la cavité moyenne du manteau ainsi que dans la postérieure et l'antérieure. Le muscle prétracteur du corps manque; mais le rétracteur est, par contre, plus développé; étant divisé en cinq paires de muscles grêles entièrement distincts les uns des autres, inséré en une série sur une ligne parallèle au bord postérieur des valves, et ne s'unissant, ainsi qu'à ceux du côté opposé, que sous le milieu du sac viscéral, à la base du pied qui prend ici la forme d'une longue langue cylindrique, grêle, qui ne peut guère servir à la locomotion. Enfin, chez les *Ostrea* le pied manque complétement.

En comparant les ACÉPHALES aux GASTÉROPODES, pour tâcher de reconnaître la liaison qui existe entre les animaux des deux classes, je ferai remarquer, ainsi que je l'ai déjà fait plus haut dans la première partie de cet ouvrage, que par l'ensemble de leur organisation les ACÉPHALES approchent le plus des GASTÉROPODES SCUTIBRANCHES. Comme eux, ils sont hermaphrodites parfaits et n'ont point de cavité viscérale proprement dite; le foie et les ovaires forment, chez les uns et les autres, une masse remplissant la partie postérieure du corps, et dans laquelle est creusé le canal alimentaire qui leur adhère de toute part. Le cœur a de même deux oreillettes, et le ventricule est traversé par le rectum, particularité qui ne se trouve chez aucun autre animal.

Quant à la forme générale du corps, très-différente au premier aperçu, elle se laisse facilement ramener au même mode. En effet, si dans les *Fissurella* et les *Emarginula* on suppose la petite ouverture de la coquille prolongée d'une extrémité à l'autre, de manière à diviser cette dernière en deux valves égales, on aura presque transformé ces animaux en Acéphales ostracodermes. Le manteau, très-mince dans le milieu, adhérera aux deux valves par le bourrelet de son bord; le cœur, placé sous la ligne médiane dorsale chez les SCUTIBRANCHES, se trouvera sous la commissure supérieure des deux valves, et l'on retrouvera l'analogue du trou moyen du manteau des *Fissurella* dans l'ouverture dorsale du manteau des *Anodontes*, qui livre de même passage à l'eau et aux excréments. Quant aux branchies placées sur le dos, dans une cavité spéciale chez les SCUTIBRANCHES, on n'a qu'à supposer cette cavité ouverte sur les côtés comme elle l'est

en avant pour que les deux lames du manteau soient libres, et les
branchies à peu près placées dans le même lieu que chez les ACÉ-
PHALES; et si, ainsi qu'on le prétend, certains Acéphales, tels que
les *Pectunculus*, les *Psammobia* ou autres, ont le pied en forme
de disque en dessous, et rampent à la manière des Gastéropodes,
ce devra probablement être ces espèces qu'il faudra placer en tête
de la classe.

Le corps des *Ascidia*, de l'ordre des TUNICIERS, et spécialement
celui de l'*Asc. microcosmus*, est renfermé dans un sac clos de toutes parts, et qu'on peut comparer, pour sa disposition seulement, à
une coquille d'Ostracoderme qui serait close, et n'offrirait que deux
ouvertures fort petites, dont l'une donnerait directement dans la cavité branchiale placée ici au centre du corps, et dont l'autre serait
l'orifice anal; mais aucune des deux ne communique avec la cavité
proprement dite de ce sac, lequel entoure librement le corps de l'animal, qui y est simplement suspendu par les bords des deux orifices,
et non plus par des muscles clôteurs devenus inutiles.

Ce sac est formé d'une tunique musculeuse plus ou moins épaisse,
suivant la région, mais composée de plusieurs couches fort distinctes,
dont les fibres sont dirigées en sens différents, et la plus intérieure
est doublée de plusieurs feuillets superposés d'une membrane extrêmement mince, fibreuse, paraissant organisée comme les séreuses; et
ces feuillets, après avoir doublé le sac, se réfléchissent, sans aucun
doute aussi, sur le corps proprement dit contenu dans ce dernier, mais
où l'on n'en distingue réellement qu'un seul.

La couche musculeuse la plus extérieure est revêtue d'une lame
fibreuse blanche, dure, qui lui adhère intimement, et constitue un
véritable *derme* lui-même couvert d'un *épiderme* très-dur, corné,
dans lequel on n'aperçoit pas de fibres.

Ce sac, très-irrégulièrement ovale, est fixé par son extrémité inférieure sur quelque corps étranger, dans les fissures duquel la substance
pénètre comme le feraient de véritables racines, et vers l'extrémité
supérieure est l'orifice par où entre l'eau servant à la respiration et en-
traînant les particules des substances dont ces animaux se nourrissent;
ouverture entourée d'une espèce de lèvre circulaire froncée pouvant
ouvrir ou resserrer l'orifice selon la volonté de l'animal.

En avant, vers la partie supérieure du sac, est une seconde ouverture à peu près semblable placée souvent sur une saillie et formant
l'*orifice anal*.

Dans la partie inférieure de la cavité du sac on remarque, au côté
opposé à l'anus, l'orifice assez grand d'un canal ramifié creusé dans la
portion la plus épaisse de la tunique musculeuse du sac, et dont la
principale branche contourne la partie la plus inférieure de ce dernier

pour revenir en avant vers l'anus; mais je n'ai pas pu assez examiner ces canaux pour déterminer à quoi ils servent.

Le corps proprement dit des *Ascidia* correspond en quelque sorte exclusivement au manteau des Ostracodermes. Il forme une bourse ovale beaucoup plus petite que la cavité du sac dans laquelle il est contenu et librement suspendu au moyen de deux prolongements en forme de tube se rendant aux orifices extérieurs dont j'ai parlé. L'un de ces prolongements, ou *tube respiratoire*, se porte à peu près verticalement du sommet de la bourse à l'orifice supérieur; et l'autre, ou *tube anal*, est plus ou moins horizontal, se rendant de la partie moyenne antérieure du corps en avant à l'ouverture inférieure.

Le corps, ainsi que les deux tubes, sont revêtus d'une membrane très-mince et molle, en apparence séreuse, qui se continue avec la pellicule intérieure du sac. Cette première tunique en recouvre une autre *musculeuse* fort épaisse formant les parois de la bourse, et composée de deux couches dont la superficielle, fort mince, est principalement formée de deux ordres de fibres, dont les unes verticales, partant du tube supérieur, se prolongent jusque vers l'extrémité inférieure du corps; et les autres, plus ou moins horizontales, venant du tube anal, se rendent en arrière en croisant les verticales.

La seconde couche, ou la profonde, est au contraire composée de faisceaux fort gros presque transversaux occupant les deux faces latérales du corps; mais entre les deux tubes se trouve une large bande de muscles verticaux se rendant de l'un à l'autre.

Cette tunique musculeuse est recouverte en dedans, dans ses parties inférieures et latérales postérieures, de grosses masses très-molles et jaunes, spongieuses, en apparence glanduleuses, et paraissant être le *foie*. Enfin, la cavité générale ou respiratoire, placée au centre de la bourse, est revêtue d'une membrane fort mince et molle très-peu adhérente qui y forme un certain nombre de larges plis longitudinaux simples, constituant les *branchies;* disposition tout à fait différente de celle qu'on remarque chez les Ostracodermes. Ces plis partent tous de la base du tube respiratoire, et se portent en bas en longeant les parois de la cavité dans tout son pourtour, et se recourbent dans la partie inférieure de celle-ci pour se rendre à la *bouche*, orifice placé à une petite distance sous le tube anal, mais qui est plutôt le *cardia*.

Le long de la ligne dorsale, depuis la base du tube respiratoire jusqu'à l'extrémité inférieure du sac, est un canal ouvert dans toute sa longueur par une fente étroite, et dont les extrémités se terminent simplement par des bouts arrondis. Je n'ai pas pu en déterminer l'usage, et CUVIER le figure sans exprimer son opinion sur sa fonction.

A côté du pli gauche de ce canal est un gros vaisseau qui le longe dans toute sa longueur, et que ce savant a reconnu être l'artère branchiale.

Le canal alimentaire est creusé dans l'épaisseur du foie et contenu dans les parois droites de la bourse que forme le corps proprement dit.

§ II. *Dissection et conservation.*

Pour préparer les muscles des ACÉPHALES OSTRACODERMES, et en général tous les autres systèmes d'organes, il faut commencer par enlever avec précaution l'une des deux valves sans endommager le corps. Si l'individu est encore vivant, il serre tellement ses valves au moindre attouchement, qu'il est impossible de rien entreprendre sur lui sans forcer les valves avec violence; et alors on les casse si elles ne sont pas très-fortes, et les débris déchirent le corps, ou bien l'instrument qu'on y introduit pour couper les muscles clôteurs abîme tout. Chez l'animal mort, au contraire, où les muscles sont relâchés, le ligament les force, écarte le plus possible les valves, et rien n'est plus aisé alors que d'en enlever une sans rien déranger du reste. Lorsqu'on a donc à opérer sur un animal vivant, on le mettra quelques instants dans de l'alcool ou bien dans de l'eau qu'on fait lentement chauffer; sitôt qu'elle arrive à une température un peu élevée, l'animal périt, et on le reconnaît à cela même que les valves s'écartent. On le retire alors de suite afin qu'il ne se racornisse pas par la chaleur. Quant à ceux qu'on plonge dans de l'esprit de vin, même affaibli, ils y périssent également très-vite. Les valves étant béantes, on y introduit la lame d'un scalpel qui coupe peu, et mieux encore un grattoir; on commence par décoller tout autour le limbe du manteau, qui n'a que quelques millimètres de large; puis on détache le bourrelet musculeux en glissant l'instrument à plat contre la valve; et enfin, en opérant de même, on coupe aussi les muscles clôteurs le plus près de leur attache. Les valves s'écartent alors d'elles-mêmes tout à fait, et l'on n'a plus qu'à décoller la partie centrale du manteau, qui tient fort peu, mais où il faut agir avec précaution pour ne pas la déchirer. Toutes ces opérations faites, la valve tient encore par les muscles élévateur, prétracteur et rétracteur du corps, qu'il faut détacher avec précaution, étant placés tout à fait au fond, où l'on risque de déchirer le foie, les branchies, et surtout le cœur. Enfin, on coupe le ligament, et l'on fixe la valve dans laquelle l'animal reste sur un plateau en liége au moyen de trois ou quatre agrafes qu'on plante autour. En examinant la valve qu'on a détachée, on y voit souvent très-bien les empreintes des muscles qui y étaient insérés, et l'on peut s'en servir non-seulement pour se guider dans la recherche des petits muscles, mais aussi pour prendre des mesures, afin de pouvoir remettre ces muscles en place dans le cas où où les aurait dérangés; mais on n'aperçoit pas ces empreintes sur les coquilles de toutes les espèces.

Après avoir examiné le manteau dans tous ses détails, on le coupe près de son insertion, en en laissant toutefois une partie pour le reconnaître plus tard, et ne pas le confondre avec quelque membrane propre au corps.

Enfin, on procède à la dissection proprement dite comme pour les autres Mollusques.

Quant à la conservation, on fera bien de laisser l'animal attaché à la valve dans laquelle on l'a préparé; mais il faut garder le préparat dans un liquide non acide qui détruirait la coquille.

Pour préparer les muscles des *Ascidia*, appartenant à l'ordre des TUNICIERS, il faut ouvrir le sac extérieur le long du milieu de l'une des faces, en soulevant les téguments afin de ne pas blesser le corps proprement dit, placé dans l'intérieur. On y fera d'abord une fente dans toute la longueur, et ensuite trois ou quatre transversales croisant celle-ci, afin de pouvoir rabattre les lambeaux qu'on forme; et ouvrant ainsi largement le sac, on met le corps à nu.

Après avoir examiné le tissu de l'enveloppe extérieure dans les divers lambeaux qu'on enlève, on étudie la disposition des fibres musculaires superficielles du corps proprement dit; et enlevant également d'un côté seulement cette première lame de muscles, on trouve dessous la seconde, qu'on voit du reste mieux au côté opposé par la face intérieure, après avoir enlevé la muqueuse et les lames branchiales qui recouvrent les parois de la cavité respiratoire, et plus profondément le canal intestinal placé dans la paroi droite.

QUATRIÈME DIVISION.

DU SYSTÈME MUSCULAIRE DES ZOOPHYTES.

§ 1er. *Anatomie.*

Quoique les Zoophytes soient des animaux très-contractiles, ce n'est cependant encore que chez quelques ENTOZOAIRES, ainsi que chez les ÉCHINODERMES des deux premiers ordres, qu'on trouve des *muscles* bien distincts. Il est vrai qu'à l'exception de ces derniers, dont l'organisation est aujourd'hui fort bien connue dans la plupart de ses parties par le beau travail de M. TIEDEMANN, les ZOOPHYTES n'ont encore été étudiés que très-superficiellement.

D'après M. OTTO, professeur d'anatomie à Breslau, les *Strongylus*, de la classe des ENTOZOAIRES, ont leurs téguments doublés d'une couche musculeuse composée de deux lames, dont l'une, immédiatement sous-cutanée, est formée de fibres circulaires; et l'autre, interne, de fibres longitudinales formant huit bandes allant d'une extrémité du corps à l'autre, et séparées par de profonds sillons.

Le même savant découvrit aussi ces muscles chez les *Ascaris lumbricoides* femelles, où les téguments sont également doublés de fibres musculaires circulaires ; et ces animaux ont plus en dedans quatre filets longitudinaux, allant d'un bout du corps à l'autre, dont deux latéraux plus larges, que M. Otto regarde seuls comme des muscles, et deux moyens, un ventral et un dorsal, très-fins, qu'il croit devoir considérer comme des cordons nerveux.

Cette couche musculeuse sous-cutanée se retrouve ensuite chez les FISTULIDES, premier ordre des ÉCHINODERMES, et en partie seulement chez les STÉLÉRIDES ou troisième ordre, mais non plus chez les ÉCHINIDES, dont le têt est immobile.

Les *muscles* forment, chez les *Holothuria*, de même que chez les Entozoaires, une couche à fibres transversales, croisée en dedans par dix larges bandes de fibres longitudinales rapprochées par paires, allant de la bouche à l'anus, en partageant ainsi le corps en cinq parties égales rayonnant autour de l'axe du corps. Postérieurement, on remarque en outre une foule de filets musculeux se rendant des téguments sur le cloaque qu'ils maintiennent en place, et paraissant destinés à le dilater pour y attirer l'eau servant à la respiration.

On remarque sur tout le corps des FISTULIDES, voisins des *Holothuria*, ou sur une partie seulement, selon les genres, une foule de petits tubes charnus, rétractiles, servant de *pieds*, qui manquent complétement dans d'autres genres. Ces organes ont la faculté de s'attacher par leur extrémité en y formant la ventouse, et fixent ainsi non-seulement le corps, mais servent même à la locomotion. J'en parlerai encore au chapitre de la circulation. On ne trouve, du reste, aucun muscle apparent chez ces animaux.

La bouche des ÉCHINIDES est entourée d'un appareil de mastication très-vigoureux, mis en mouvement par plusieurs *muscles* bien distincts, mais qu'il serait impossible de décrire ici ; et je renvoie à leur sujet à l'ouvrage de M. TIEDEMANN.

Le corps est également divisé en cinq parties placées autour d'un axe, comme chez les *Holothuria ;* mais le têt, l'analogue de l'anneau cartilagineux qui entoure la bouche de ces dernières, forme une enveloppe calcaire générale qui double les téguments par tout le corps ; et ce têt, entièrement immobile dans ses parties, se trouve recouvert d'une peau molle et contractile au gré de l'animal pour mouvoir les épines sur lesquelles ce dernier roule dans sa locomotion ; ce qui prouve que cette tunique renferme les muscles correspondant à ceux qui doublent les téguments des *Holothuria*, mais qu'on n'a pas encore pu distinguer.

De même que chez les Fistulides, les téguments mous, ainsi que le têt subjacent, sont percés d'une quantité considérable de petits trous formant les ambuloires, d'où sortent des *pieds* tubuleux tout à fait semblables à ceux de ces derniers.

Les STÉLÉRIDES ont le corps couvert d'une peau coriace également contractile, sous laquelle on ne trouve plus la couche de fibres transversales distincte de la membrane qui double la cavité viscérale, mais bien dans chaque rayon une bande impaire assez épaisse placée le long de la voûte entre les deux mésocœcum. Ce sont les seuls muscles que je connaisse chez ces animaux, et qui ont échappé à M. TIEDEMANN. Le corps est cependant contractile dans différents sens, ces animaux pouvant fléchir leurs rayons et soulever le corps sur leurs extrémités pour marcher dans toutes les directions.

Sous le milieu de chaque rayon, on remarque une profonde gouttière qui le parcourt dans toute sa longueur, et de laquelle sortent les *pieds* tubuleux semblables à ceux des autres ÉCHINODERMES.

Chez les ACALÈPHES, on découvre encore quelques fibres paraissant être musculaires, telles que sur la vessie des *Physalia*, et surtout à ses deux extrémités; mais toutes les parties du corps des ACALÈPHES sont évidemment musculaires, ces animaux pouvant fortement se contracter, et surtout leurs *tentacules préhenseurs*, qui s'attachent fortement au corps au moyen de petites ventouses dont ils sont garnis, ventouses fort apparentes sur les quatre tentacules du bord de l'ombrelle des *Eurybia;* et toutes les tentacules des ACALÈPHES paraissent entrer en érection au moyen d'un liquide qui les remplit de la même manière que les pieds des ÉCHINODERMES; et l'on aperçoit également sur ces filets préhenseurs des indices de fibres longitudinales et transversales qu'on suppose être musculaires.

Quoi qu'on n'ait pas encore reconnu de muscles distincts chez les POLYPES, il est également évident que certaines parties de leur corps en sont pourvues, ces animaux pouvant se mouvoir avec facilité, et même marcher et nager.

Les *Actinia*, dont le corps, en forme de cylindre court et gros, repose sur une base arrondie très-large sur laquelle elles marchent, comme les GASTÉROPODES sur leur ventre, ont cette partie du corps formée d'un tissu à fibres confuses, nécessairement musculeuses. Il en est de même de leurs *tentacules* avec lesquels ces animaux peuvent saisir fortement les corps qu'ils avalent. J'en dirai autant des *Hydra*, qui marchent à la manière des *Hirudo*, en s'accrochant alternativement avec leur bouche et avec l'extrémité de leur corps en formant la ventouse. Mais toutes ces parties n'ont pas encore été étudiées avec soin.

§ II. *Dissection et conservation.*

Pour voir le mieux les muscles des *Holothuria*, il faut ouvrir le corps le long de sa face inférieure, et rabattre ensuite les deux lè-

vres de la fente en fixant l'animal sur un plateau en liége ; on aperçoit très-bien , par cette disposition , les muscles peauciers et ceux
du cloaque.

Les *Echinus* , au contraire , doivent être sciés en travers à égale
distance des pôles de leur têt , sans cependant trop enfoncer la scie.
Si l'on veut en même temps voir le canal intestinal tournant en spirale
dans la cavité, on enlève les viscères, et l'on découvre au milieu de la
pièce inférieure la lanterne avec les muscles et les ligaments qui unissent les organes masticateurs.

On ouvre le corps des STÉLÉRIDES en coupant tout le corps horizontalement en deux moitiés, afin d'avoir d'une seule pièce toute la partie
supérieure où sont les muscles longitudinaux. Mais on peut aussi
l'ouvrir par le procédé indiqué au chapitre de l'appareil digestif.

De l'une et de l'autre manière , on trouve les vésicules des petits
pieds placées aux deux côtés de la série des spondyles. Voyez, pour ces
pieds , le chapitre du système circulatoire.

CHAPITRE VI.

DES MEMBRANES SÉREUSES.

Dans tout l'embranchement des VERTÉBRÉS , dans celui des MOLLUS-
QUES chez beaucoup de ZOOPHYTES , et dans la classe des ANNÉLIDES
seulement parmi les ARTICULÉS , les cavités intérieures qui n'ont pas
d'orifice direct à l'extérieur ont leurs parois tapissées d'une membrane extrêmement mince , toujours humectée par sa propre perspiration, d'où on l'a nommée *membrane séreuse,* et dont la fonction principale est d'empêcher, précisément par l'effet de cette *sérosité*
qui la lubrifie , les organes qu'elle revêt de contracter des adhérences
entre eux , ce qui gênerait et annulerait même entièrement leurs
mouvements , et par là leurs fonctions.

PREMIÈRE DIVISION.

DES MEMBRANES SÉREUSES DES VERTÉBRÉS.

C'est dans le premier embranchement que les membranes séreuses
sont le plus distinctes et le plus nombreuses ; on en compte trois
grandes, deux moyennes , et un grand nombre de petites. Les premières sont l'*arachnoïde* , qui tapisse la cavité crânienne ; la *plè-*

vre, qui revêt la cavité pectorale, et le *péritoine*, qui double la cavité abdominale. Les secondes sont la *séreuse du péricarde* et la *tunique vaginale*, qui double la cavité du scrotum. Quant aux petites, on les distingue en plusieurs espèces : la *membrane de Demours* revêt les chambres antérieure et postérieure de l'œil ; la *capsule du cristallin* contient le cristallin ; l'*hyoloïde* revêt la cavité postérieure du même appareil et contient l'humeur vitrée ; les *bourses* et les *gaînes synoviales* doublent les articulations arthrodiales, ainsi que les coulisses de beaucoup de tendons ; enfin, les cavités de tous les vaisseaux sanguins et lymphatiques sont revêtues d'une membrane séreuse, mais qu'on considère simplement comme formant la tunique la plus intérieure de ces vaisseaux.

Toutes ces membranes sont des lames très-minces formées d'un tissu cellulaire condensé, fibreux, dans lesquelles il n'existe, selon les uns, ni vaisseaux, ni nerfs, lesquels se trouvent placés immédiatement dessous, et constituent ce que ces savants appellent la membrane vasculaire ; tandis que d'autres considèrent ces deux membranes comme n'en formant qu'une. Quoi qu'il en soit, les séreuses ont, par leur contexture et leur composition chimique, se résolvant en grande partie en gélatine, la plus grande analogie avec le tissu cellulaire, les aponévroses, et même avec le derme, dont elles semblent être des prolongements éloignés ; et, si je leur consacre ici un chapitre à part, c'est qu'elles entrent plus particulièrement dans la composition des viscères, et doivent être décrites avec eux.

Quant au liquide qui lubrifie ces membranes, liquide tout à fait semblable au sérum du sang, il ne paraît pas être sécrété par elles, mais dû à la perspiration des organes subjacents ; mais la synovie paraît être sécrétée par les parois des poches qui la renferment.

ARTICLE PREMIER.

DES MEMBRANES SÉREUSES DES MAMMIFÈRES.

§ Ier. *Anatomie.*

C'est dans la classe des *Mammifères* que les *membranes séreuses* sont le mieux connues, ayant été si souvent étudiées dans leurs plus minutieux détails chez l'*homme;* mais on ne décrit d'ordinaire séparément que la plèvre et le péritoine, comme étant très-complexes et appliqués sur plusieurs organes ; tandis qu'on ne fait mention des autres qu'au sujet des parties qu'elles revêtent.

Toutes ces membranes sont généralement fort minces et assez adhérentes aux organes qu'elles recouvrent, et dont elles forment la tunique la plus extérieure. Elles ne sont formées que d'un tissu fibreux très-fin qui ne semble être que du tissu cellulaire condensé et renfermant toujours une quantité de vaisseaux, en grande partie destinés à la nutrition des organes subjacents. J'ai déjà dit qu'elles laissaient continuellement suinter une liqueur aqueuse, mais elles la repompent aussi constamment au moyen des vaisseaux lymphatiques dont elles sont chargées ; de manière que cette sérosité ne s'accumule pas dans l'état normal, et ne fait qu'humecter simplement les parois pour les empêcher d'adhérer.

Cette sérosité contient chez les MAMMIFÈRES beaucoup d'albumine, et il est probable que sa composition est à peu près la même chez les autres animaux, où elle n'a pas encore été analysée.

La cavité osseuse du crâne est doublée par la *dure-mère*, qui n'est réellement qu'un prolongement du périoste extérieur, lequel se prolonge dans la cavité de la tête par les divers trous donnant passage soit à la moelle épinière, soit aux vaisseaux et aux nerfs ; et cette membrane est elle-même tapissée par une membrane séreuse extrêmement mince, dont la ténuité lui a fait donner le nom d'*arachnoïde*, la comparant à une toile d'araignée. Elle forme, comme la plupart des séreuses, un sac sans ouverture qui, après avoir recouvert la dure-mère, se réfléchit sur l'encéphale qu'elle revêt également sans cependant s'enfoncer entre ses circonvolutions ; mais elle pénètre dans les cavités du cerveau ou ventricules, qu'elle tapisse de même.

La *plèvre*, membrane tout à fait semblable, recouvre les parois de la cavité pectorale ; mais il y en a deux, une à droite et une à gauche, adossées dans le plan médian, en formant une cloison verticale ou *médiastin*, étendue de la colonne vertébrale au sternum, et bornée en bas par le diaphragme. Après avoir formé cette cloison, les plèvres se portent sur les deux poumons en formant leur tunique superficielle, et se continuent ensuite tout autour des adhérences de cet organe avec les parties des plèvres qui tapissent ces parois. C'est dans le médiastin qu'est placé le cœur.

Le *péritoine*, ou membrane séreuse de la cavité abdominale, est bien plus vaste que les autres, s'étendant non-seulement sur la surface des organes que cette cavité renferme, mais forme encore divers prolongements servant de ligaments suspenseurs à une foule d'organes.

En cherchant à caractériser les membranes séreuses, on a trouvé qu'elles formaient des sacs complets sans ouverture, ne contenant rien qu'un peu de sérosité, et excluant tous les organes qui semblent au premier aperçu être placés dans l'intérieur de la cavité. Mais ce caractère de continuité complète n'est pas aussi général qu'on le pensait, et depuis long-temps on a remarqué qu'il existait une ouverture au péritoine, là où la cavité abdominale communique chez les femelles, par les trompes de Fallopius avec la matrice, et de là à l'extérieur. Mais aussi là la muqueuse offre en conséquence une ouverture semblable, et les deux membranes paraissent se continuer entre elles et n'en constituent réellement qu'une seule.

En passant d'un organe à l'autre, le péritoine leur forme divers ligaments auxquels on donne des noms différents pour les distinguer. C'est ainsi qu'en se rendant du diaphragme sur le foie il forme les *ligaments suspenseurs* de ce dernier, le *ligament coronaire* et les *ligaments transversaux droit et gauche*, renforcés par un prolongement fibreux partant du centre phrénique. En se détachant du dessous du foie pour passer sur la face supérieure de l'estomac, le péritoine forme une autre lame qu'on nomme le *petit épiploon* ou *épiploon gastro-hépatique*. Ce ligament est formé de deux feuillets, l'un venant de la partie antérieure du foie, et l'autre de la partie postérieure ; le premier s'applique sur la face antéro-supérieure de l'estomac, le second sur la face infra-postérieure, et les deux se rejoignent à la grande courbure de ce viscère, pour s'appliquer l'un à l'autre et former une large toile qui pend devant le paquet des intestins placés au-dessous. Arrivé vers la partie inférieure de la cavité abdominale, ce double feuillet, nommé *grand épiploon* ou *épiploon gastro-colique*, se replie sur lui-même en arrière, et remonte pour gagner le bord inférieur du colon transverse qu'il reçoit entre ses deux feuillets ; et après s'être rejoints le long du bord postérieur de cet intestin, les deux feuillets forment ensemble le *mésocolon transverse*, ligament suspenseur de cet intestin, et vont ensuite se continuer avec le péritoine, qui tapisse la paroi postérieure de la cavité abdominale, en passant par le feuillet antérieur devant le duodénum et le pancréas, pour se continuer avec le feuillet infra-postérieur du foie. Le grand épiploon est ainsi composé de quatre feuillets formant un sac dont l'intérieur communique avec la cavité générale par l'*hiatus de Winslow*, ouverture placée sous le foie, entre les vaisseaux hépatiques et le ligament *hépato-duodénal*, ligament du péritoine qui passe du grand lobe du foie au duodénum.

De la partie externe gauche de l'estomac, le péritoine passe devant la rate et se jette sur la paroi abdominale, mais forme entre les deux viscères un ligament nommé *épiploon gastro-splénique*.

Le péritoine, qui tapisse la région dorsale, en arrivant en haut et en bas à l'origine de l'artère mésentérique supérieure, suit ce vaisseau et ses branches qu'il contient dans un large repli très-étendu ou *mésentère*, que ces deux feuillets forment. Ces mêmes feuillets se rendent tout le long sur le tube intestinal, le reçoivent entre eux, le contournent et se continuent l'un par l'autre, de manière que l'intestin est contenu dans le fond d'un pli du péritoine.

Le mésentère prend sur le colon droit ou ascendant le nom de *mé-socolon droit*, sur le gauche ou descendant celui de *mésocolon gauche*, et sur le rectum celui de *mésorectum*.

Le duodénum, le cœcum et la partie inférieure du rectum étant appliqués contre les parois de la cavité abdominale, le péritoine passe sur eux sans leur former de ces ligaments.

Arrivé dans la partie inférieure de la cavité abdominale, le péritoine, après avoir tapissé la paroi antérieure de la cavité, s'en détache derrière les pubis pour se jeter sur la vessie, et de là, chez la *femme*, sur la matrice, en formant les deux *ligaments larges* qui se continuent latéralement et postérieurement avec la partie du péritoine qui tapisse les parois. Entre la vessie et la matrice, la même membrane forme les deux *ligaments antérieurs de la matrice*.

Chez l'*homme*, où les ligaments larges n'existent pas, le péritoine, en quittant le rectum, se porte en avant et en haut sur la vessie pour former le *ligament postérieur de la vessie*.

Le péritoine passe sur les reins en se moulant sur ces organes; mais, comme ils sont adhérents par toute leur face postérieure chez l'*homme*, il ne leur forme pas de ligament.

Chez les autres MAMMIFÈRES, le péritoine offre la même disposition générale, avec des différences de détail dans lesquelles je ne puis pas entrer ici.

La membrane *séreuse* du péricarde est une poche doublant le péricarde et réfléchie sur le cœur.

La *tunique vaginale séreuse*, placée dans le scrotum, entre la tunique vaginale fibreuse et l'albuginée ou tunique propre du testicule, a été dans l'origine, avant la naissance, une simple partie du péritoine, enveloppant le testicule avant sa sortie de l'abdomen. Mais cette glande, en tombant dans le scrotum, entraîne cette partie du péritoine, qui lui forme une enveloppe complète, et finit même par se séparer du péritoine pour former une bourse fermée de toute part.

§ II. *Dissection et conservation.*

On ne prépare guère les membranes séreuses séparément des organes qu'elles enveloppent. Pour les étudier sur chacun, on les enlève en les détachant mécaniquement avec le manche d'un scalpel ou simplement avec le doigt. On examine ces fragments sous le microscope, et dans l'eau, pour voir leur structure cellulo-fibreuse. Quant aux expansions qu'elles forment, on les étudie sur les organes auxquels elles servent de liens. Les épiploons formant de vastes membranes libres, on peut les enlever facilement et les conserver, soit à l'état sec, soit dans la liqueur.

ARTICLE II.

DES MEMBRANES SÉREUSES DES OISEAUX.

§ Iᵉʳ. *Anatomie.*

On retrouve chez les OISEAUX l'arachnoïde et la membrane séreuse du péricarde à peu près dans les mêmes conditions que chez les Mammifères ; mais, comme il n'y a pas de diaphragme, la plèvre et le péritoine se trouvent confondus en une seule membrane ; enfin, comme les testicules restent en tout temps placés près des reins dans l'intérieur de l'abdomen, la tunique vaginale séreuse n'existe pas distinctement du péritoine.

La partie correspondant à la plèvre, c'est-à-dire celle qui revêt les poumons, offre ensuite cette particularité, qu'elle se continue dans l'intérieur de cet organe par plusieurs orifices dont la surface de cet organe est percé, pour livrer passage à l'air qui se rend des poumons dans les sacs aériens. Ces prolongements se continuant avec la tunique muqueuse qui revêt en dedans les bronches, il en résulte que, là aussi, la plèvre présente des ouvertures communiquant à l'extérieur. Du reste ces membranes ne présentent, ainsi que le péricarde, pas de différences remarquables avec celles des Mammifères ; seulement les prolongements du péritoine varient selon la forme et la disposition des organes dont ils dépendent.

§ II. *Dissection et conservation.*

On prépare et l'on conserve les membranes séreuses des OISEAUX absolument comme celles des Mammifères.

ARTICLE III.

DES MEMBRANES SÉREUSES DES REPTILES ET DES CHÉLONIENS.

§ I. *Anatomie.*

L'*arachnoïde* et la membrane *séreuse du péricarde* sont absolument de même que dans les deux classes précédentes, et la *tunique vaginale* est, comme chez les Oiseaux, une simple partie du *péritoine* ; enfin cette dernière membrane et la *plèvre* sont également confondues en une seule, vu qu'il n'y a pas non plus de véritable diaphragme ; mais la partie qui revêt les poumons ne communique pas dans l'intérieur de ses organes, ces animaux n'ayant pas de poches aériennes comme les Oiseaux. Chez certaines espèces le péritoine prend une teinte noirâtre.

§ II. *Dissection et conservation.*

Les préparats des membranes séreuses se font et se conservent comme ceux des animaux supérieurs.

ARTICLE IV.

DES MEMBRANES SÉREUSES DES POISSONS.

§ Ier. *Anatomie.*

L'*arachnoïde* et la *séreuse du péricarde* sont toujours faciles à distinguer chez les POISSONS; mais la *plèvre* disparaît, vu qu'il n'y a pas chez ces animaux de cavité pectorale renfermant un poumon.

Le *péritoine* est fort souvent noirâtre, et de là facile à distinguer. Chez d'autres espèces il prend une teinte nacrée, et devient quelquefois tellement fort qu'il prend un aspect entièrement aponévrotique sur les parois externes ou costales; ce qui indique encore l'analogie qui existe entre ces deux espèces de membranes fibreuses.

§ II. *Dissection et conservation.*

On enlève très-facilement le péritoine chez les espèces de POISSONS où il est coloré, par la raison qu'on le distingue mieux, et qu'en général il est peu adhérent; et on le conserve comme celui des autres Vertébrés.

SECONDE DIVISION.

DES MEMBRANES SÉREUSES CHEZ LES ANIMAUX
DES TROIS DERNIERS EMBRANCHEMENTS.

§ I. *Anatomie.*

Il n'existe pas, ainsi que je l'ai déjà fait remarquer, de véritables membranes séreuses chez les ANIMAUX ARTICULÉS : aussi leurs viscères sont-ils généralement flottants dans la cavité qui les renferme. Chez plusieurs ANNÉLIDES on trouve bien plusieurs cloisons fibreuses transversales, disposées comme des diaphragmes, qui se rendent de l'intersection de chaque segment en dedans sur le canal intestinal ; mais il paraît qu'elles appartiennent plutôt au système syndesmoïque qu'aux membranes séreuses.

Chez les CRUSTACÉS on trouve souvent un tissu filamenteux qui lie les organes entre eux; mais il ne forme pas de véritables membranes; et chez les autres ANIMAUX ARTICULÉS les organes ne sont maintenus en place que par les vaisseaux et les nerfs qui s'y rendent.

Dans l'embranchement des MOLLUSQUES on trouve au contraire souvent de véritables membranes séreuses tapissant les cavités viscérales, mais qui ne peuvent plus recevoir les noms spéciaux qu'on leur donne chez les Vertébrés, si ce n'est celui de *péritoine*, comme tapissant les cavités abdominales.

Chez les CÉPHALOPODES le sac est doublé d'une muqueuse très-mince qui se continue par l'ouverture avec les téguments extérieurs; et sur le devant du corps proprement dit, partie contenue dans ce sac, cette membrane devient plus mince encore et ressemble réellement beaucoup à une séreuse qui formerait seule les cavités viscérales; mais en l'examinant avec quelque soin, on voit non-seulement que c'est la continuation pure et simple des parois de la bourse et de l'entonnoir, mais qu'elle contient même dans son épaisseur de nombreuses granulations dures qui la rendent rude; et cette membrane se dédouble du reste en deux feuillets, dont l'extérieur est une muqueuse, et l'intérieur, excessivement mince, une véritable séreuse, formant des ligaments suspenseurs à la plupart des viscères contenus dans les diverses poches que ces membranes forment.

Chez les *Octopus* on distingue plusieurs de ces poches péritonéales, indiquées par CUVIER. La plus inférieure, étendue depuis la tête jusqu'au niveau des branchies, renferme l'œsophage, le jabot, les glandes salivaires et la partie inférieure de l'aorte. La seconde, placée entre la première et la cavité du sac, renferme le foie et la bourse à l'encre. Une troisième, au-dessus de la première, contient principalement l'estomac. Deux autres, une à droite et une à gauche, placées plus haut encore, contiennent l'estomac spiral et la majeure partie du canal intestinal. Enfin une sixième, occupant le fond du sac, renferme les organes sécréteurs du sperme, ou les ovaires.

On trouve également un *péritoine* bien distinct chez beaucoup de GASTÉROPODES; quelquefois même il est fort épais et forme diverses lames qui pénètrent entre les viscères en y adhérant pour leur servir de ligament; mais il ne forme pas de véritable mésentère, comme chez les Vertébrés. Ces lames sont fixées aux parties voisines, et, entre autres, aux parois de la cavité viscérale, par du tissu cellulaire filamenteux très-distinct, surtout chez les *Helix* et genres voisins.

La capsule de la coquille des *Limax* est tapissée par une séreuse qu'on peut détacher par lambeaux; et, comme la cavité est close, cette lame ne communique pas avec les téguments. Dans les *Aphysia* à coquille en partie extérieure au contraire, elle se continue avec la peau ; ce qui prouve aussi l'analogie qui existe entre ces deux espèces d'organes.

Chez les ACÉPHALES le *péritoine* est généralement peu apparent.

Dans l'embranchement des ZOOPHYTES on ne trouve de membrane séreuse que chez les ÉCHINODERMES, animaux dont l'organisation est de nouveau fort compliquée. Ils ont une véritable cavité viscérale tapissée par un *péritoine* bien distinct, formant des prolongements mésentériques, auxquels le canal alimentaire est suspendu.

Les *Holothuria* ont un *mésentère* qui part le long du bord des muscles longitudinaux latéraux pour se rendre sur le canal intestinal, dont il forme la première tunique. Chez les *Echinus* toute la coquille est doublée d'une membrane péritonéale molle, laquelle forme un repli mésentérique servant de ligament suspenseur au canal intestinal, qu'il suit dans sa disposition spirale.

Chez les *Asterias* la cavité viscérale est également doublée d'un *péritoine* très-mince, mais bien distinct. Il forme au milieu, au-dessus de l'estomac, qui occupe la partie centrale du corps, un ligament *infundibuliforme* par lequel ce viscère est suspendu à la voûte. De ce ligament partent ensuite deux plis, ou *mésocœcum*, se rendant dans chacun des rayons, qu'ils longent à une petite distance de leur ligne médiane, en descendant de la voûte sur les deux cœcum que chaque rayon contient.

Aux angles rentrants des rayons est placé en outre un pli du péritoine, ou *ligament falciforme*, descendant de la partie centrale des téguments vers ces angles, et se prolongeant sous l'estomac vers la bouche. Chacun de ces ligaments sépare un ovaire en deux parties, et l'un d'eux contient, entre ses deux lames, le cœur et le canal graveleux. Il est indiqué extérieurement par une plaque d'une forme particulière qui n'existe pas aux autres rayons.

On retrouve même encore chez les *Actinia*, de la classe des POLYPES, un véritable *péritoine* bien distinct, formant des plis mésentériques, qui se rendent en rayonnant des parois de la cavité viscérale sur l'estomac pour le tenir en place.

§ II. *Dissection et conservation.*

On prépare et l'on conserve les membranes péritonéales en même temps que les viscères, et on examine leur structure par les procédés ordinaires. Voyez pour cela l'appareil digestif.

FIN DU TOME PREMIER.

TABLE DES MATIÈRES

- DANS LE PREMIER VOLUME.

❧

432 TABLE DES MATIÈRES.

FIN DE LA TABLE DU PREMIER VOLUME.

ERRATA DU PREMIER VOLUME.

Page	ligne	au lieu de	lisez
7	5	neurosome................	névrosome.
29	30	HÉTÉROBRANCHES.............	HÉTÉROPÓDES.
35	13	BATOIDE.....................	BATOÍDE.
50	26	plate-bande................	plate-forme.
51	33	les tables sont de la sorte........	ces tables sont dé là.
99	31	retirer....................	retirez.
102	32	activité....................	acidité.
138	40	(ac et bc)..................	(ae et be).
146	16	pût........................	peut.
152	42	(b, c).....................	(bc).
153	4	(a, b).....................	(ab).
182	43	les organes.................	ces organes.
186	26	les fonctions................	des fonctions.
192	14	ou bien en le...............	en le.
194	7	chez d'autres...............	chez certains.
196	32	ANAURES....................	ANOURES.
—	39	ANAURES....................	ANOURES.
198	3	mince.....................	même.
202	40	celui de...................	celui des.
213	11	loin, chez les APTÈRES (puces), les.	loin chez les APTÈRES (puces) Les
216	33	cette.....................	ce.
226	35	séparés par un pédicule.........	pédiculé.
228	23	formant...................	fermant.
235	16	dans la bouche..............	vers la bouche
—	—	dans le milieu..............	vers le milieu
237	26	gros......................	grosse.
238	24	les coquilles................	la coquille.
246	30	montent...................	moulent.
261	25	forme.....................	ferme.
264	14	molaire....................	malaire.
272	38	fermé.....................	formé.
277	36	mieux.....................	moins.
301	24	les.......................	ces.
324	38	animaux font...............	animaux y font.
332	11	connue...................	commune.
—	35	dessous...................	dedans.
333	10	haut......................	bout.
339	40	maintenue, relevée...........	maintenue relevée,
343	27	des divers.................	de divers.
359	42	s'appliquent................	s'appliquant.
—	43	;.........................	,
361	31	ils........................	elles.
363	36	au-dessus..................	au-dessous.
364	16	se........................	la.

Page	ligne	au lieu de	lisez
396	35	Oiseaux. Ces	Oiseaux : les.
—	—	marchent.	marchant.
398	14	gauche.	droite.
401	10	sensitifs.	sensitives.
404	7	le grand	la grande.
—	—	le petit.	la petite.
—	17	qui.	que.
—	21	au manteau	plancher de la cavité respiratoire.
408	40	les.	ses.
416	42	ambuloires.	ambulacres.
417	16	musculaires.	musculeuses.
—	18	ils.	elles.
—	19	garnis.	garnies.
—	33	lesquels.	lesquelles.